U0190550

中　国　手　工　纸　文　库

Library of Chinese Handmade Paper

中国手工纸文库

Library of Chinese Handmade Paper

汤书昆
总主编

广西卷

Guangxi

陈　彪

主编

中国科学技术大学出版社

University of Science and Technology of China Press

图书在版编目（CIP）数据

中国手工纸文库.广西卷/陈彪主编.—合肥：中国科学技术大学出版社，2021.5
国家出版基金项目
"十三五"国家重点出版物出版规划项目
ISBN 978-7-312-04666-7

Ⅰ.中… Ⅱ.陈… Ⅲ.手工纸—介绍—广西 Ⅳ.TS766

中国版本图书馆CIP数据核字（2019）第176594号

中国手工纸文库

广西卷

项目负责 伍传平 项赟飚
责任编辑 杜军和 马 瑞
艺术指导 吕敬人
书籍设计 敬人书籍设计 吕 旻+黄晓飞

出版发行 中国科学技术大学出版社
安徽省合肥市金寨路96号，230026
http://press.ustc.edu.cn
https://zgkxjsdxcbs.tmall.com
印 刷 北京雅昌艺术印刷有限公司
经 销 全国新华书店
开 本 880 mm×1 230 mm 1/16
印 张 39.5
字 数 1 123千
版 次 2021年5月第1版
印 次 2021年5月第1次印刷
定 价 2280.00元

总 序

造纸技艺是人类文明的重要成就。正是在这一伟大发明的推动下，我们的社会才得以在一个相当长的历史阶段获得比人类使用口语的表达与交流更便于传承的介质。纸为这个世界创造了五彩缤纷的文化记录，使一代代的后来者能够通过纸介质上绘制的图画与符号、书写的文字与数字，了解历史，学习历代文明积累的知识，从而担负起由传承而创新的文化使命。

中国是手工造纸的发源地。不仅人类文明中最早的造纸技艺发源自中国，而且中华大地上遍布着手工造纸的作坊。中国是全世界手工纸制作技艺提炼精纯与丰富的文明体。可以说，在使用手工技艺完成植物纤维制浆成纸的历史中，中国一直是人类造纸技艺与文化的主要精神家园。下图是中国早期造纸技艺刚刚萌芽阶段实物样本的一件遗存——西汉放马滩古纸。

西汉放马滩古纸残片
纸上绘制的是地图
1986年出土于甘肃省天水市
现藏于甘肃省博物馆

Map drawn on paper from Fangmatan Shoals in the Western Han Dynasty
Unearthed in Tianshui City, Gansu Province in 1986
Kept by Gansu Provincial Museum

Preface

Papermaking technique illuminates human culture by endowing the human race with a more traceable medium than oral tradition. Thanks to cultural heritage preserved in the form of images, symbols, words and figures on paper, human beings have accumulated knowledge of history and culture, and then undertaken the mission of culture transmission and innovation.

Handmade paper originated in China, one of the largest cultural communities enjoying advanced handmade papermaking techniques in abundance. China witnessed the earliest papermaking efforts in human history and embraced papermaking mills all over the country. In the history of handmade paper involving vegetable fiber pulping skills, China has always been the dominant centre. The picture illustrates ancient paper from Fangmatan Shoals in the Western Han Dynasty, which is one of the paper samples in the early period of papermaking techniques unearthed in China.

一
本项目的缘起

从2002年开始，我有较多的机缘前往东邻日本，在文化与学术交流考察的同时，多次在东京的书店街——神田神保町的旧书店里，发现日本学术界整理出版的传统手工制作和纸（日本纸的简称）的研究典籍，先后购得近20种，内容包括日本全国的手工造纸调查研究，县（相当于中国的省）一级的调查分析，更小地域和造纸家族的案例实证研究，以及日、中、韩等东亚国家手工造纸的比较研究等。如：每日新闻社主持编撰的《手漉和纸大鉴》五大本，日本东京每日新闻社昭和四十九年（1974年）五月出版，共印1 000套；久米康生著的《手漉和纸精髓》，日本东京讲谈社昭和五十年（1975年）九月出版，共印1 500本；菅野新一编的《白石纸》，日本东京美术出版社昭和四十年（1965年）十一月出版等。这些出版物多出自几十年前的日本昭和年间（1926~1988年），不仅图文并茂，而且几乎都附有系列的实物纸样，有些还有较为规范的手工纸性能、应用效果对比等技术分析数据。我阅后耳目一新，觉得这种出版物形态既有非常直观的阅读效果，又散发出很强的艺术气息。

1. Origin of the Study

Since 2002, I have been invited to Japan several times for cultural and academic communication. I have taken those opportunities to hunt for books on traditional Japanese handmade paper studies, mainly from old bookstores in Kanda Jinbo-cho, Tokyo. The books I bought cover about 20 different categories, typified by surveys on handmade paper at the national, provincial, or even lower levels, case studies of the papermaking families, as well as comparative studies of East Asian countries like Japan, Korea and China. The books include five volumes of *Tesukiwashi Taikan* (*"A Collection of Traditional Handmade Japanese Papers"*) compiled and published by Mainichi Shimbun in Tokyo in May 1974, which released 1 000 sets, *The Essence of Japanese Paper* by Kume Yasuo, which published 1 500 copies in September 1975 by Kodansha in Tokyo, Japan, *Shiraishi Paper* by Kanno Shinichi, published by Fine Arts Publishing House in Tokyo in November 1965. The books which were mostly published between 1926 and 1988 among the Showa reigning years, are delicately illustrated with pictures and series of paper samples, some even with data analysis on performance comparison. I was extremely impressed by the intuitive and aesthetic nature of the books.

我几乎立刻想起在中国看到的手工造纸技艺及相关的研究成果，在我们这个世界手工造纸的发源国，似乎尚未看到这种表达丰富且叙述格局如此完整出色的研究成果。对中国辽阔地域上的手工造纸技艺与文化遗存现状，研究界尚较少给予关注。除了若干名纸业态，如安徽省的泾县宣纸、四川省的夹江竹纸、浙江省的富阳竹纸与温州皮纸、云南省的香格里拉东巴纸和河北省的迁安桑皮纸等之外，大多数中国手工造纸的当代研究与传播基本上处于寂寂无闻的状态。

此后，我不断与国内一些从事非物质文化遗产及传统工艺研究的同仁交流，他们一致认为在当代中国工业化、城镇化大规模推进的背景下，如果不能在我们这一代人手中进行手工造纸技艺与文化的整体性记录、整理与传播，传统手工造纸这一中国文明的结晶很可能会在未来的时空中失去系统记忆，那真是一种令人难安的结局。但是，这种愿景宏大的文化工程又该如何着手？我们一时觉得难觅头绪。

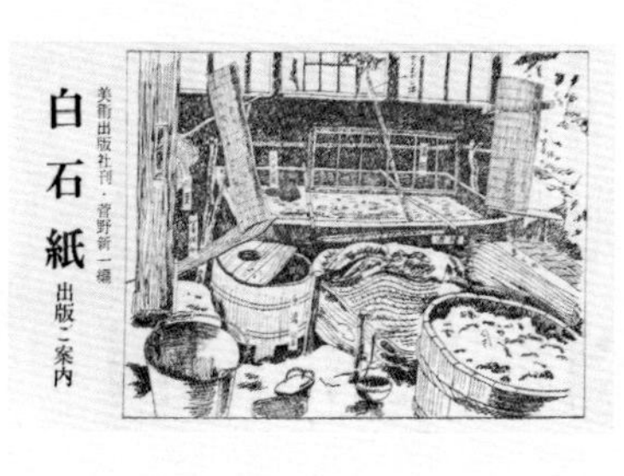

《手漉和纸精髓》
附实物纸样的内文页
A page from *The Essence of Japanese Paper* with a sample

《白石纸》
随书的宣传夹页
A folder page from *Shiraishi Paper*

The books reminded me of handmade papermaking techniques and related researches in China, and I felt a great sadness that as the country of origin for handmade paper, China has failed to present such distinguished studies excelling both in presentation and research design, owing to the indifference to both papermaking technique and our cultural heritage. Most handmade papermaking mills remain unknown to academia and the media, but there are some famous paper brands, including Xuan paper in Jingxian County of Anhui Province, bamboo paper in Jiajiang County of Sichuan Province, bamboo paper in Fuyang District and bast paper in Wenzhou City of Zhejiang Province, Dongba paper in Shangri-la County of Yunnan Province, and mulberry paper in Qian'an City of Hebei Province.

Constant discussion with fellow colleagues in the field of intangible cultural heritage and traditional craft studies lead to a consensus that if we fail to record, clarify, and transmit handmade papermaking techniques in this age featured by a prevailing trend of industrialization and urbanization in China, regret at the loss will be irreparable. However, a workable research plan on such a grand cultural project eluded us.

2004年，中国科学技术大学人文与社会科学学院获准建设国家“985工程”的“科技史与科技文明哲学社会科学创新基地”，经基地学术委员会讨论，“中国手工纸研究与性能分析”作为一项建设性工作由基地立项支持，并成立了手工纸分析测试实验室和手工纸研究所。这一特别的机缘促成了我们对中国手工纸研究的正式启动。

2007年，中华人民共和国新闻出版总署的“十一五”国家重点图书出版规划项目开始申报。中国科学技术大学出版社时任社长郝诗仙此前知晓我们正在从事中国手工纸研究工作，于是建议正式形成出版中国手工纸研究系列成果的计划。在这一年中，我们经过国际国内的预调研及内部研讨设计，完成了《中国手工纸文库》的撰写框架设计，以及对中国手工造纸现存业态进行全国范围调查记录的田野工作计划，并将其作为国家“十一五”规划重点图书上报，获立项批准。于是，仿佛在不经意间，一项日后令我们常有难履使命之忧的工程便正式展开了。

2008年1月，《中国手工纸文库》项目组经过精心的准备，派出第一个田野调查组（一行7人）前往云南省的滇西北地区进行田野调查，这是计划中全中国手工造纸田野考察的第一站。按照项目设计，将会有很多批次的调查组走向全中国手工造纸现场，采集能获

In 2004, the Philosophy and Social Sciences Innovation Platform of History of Science and S&T Civilization of USTC was approved and supported by the National 985 Project. The academic committee members of the Platform all agreed to support a new project, “Studies and Performance Analysis of Chinese Handmade Paper”. Thus, the Handmade Paper Analyzing and Testing Laboratory, and the Handmade Paper Institute were set up. Hence, the journey of Chinese handmade paper studies officially set off.

In 2007, the General Administration of Press and Publication of the People’s Republic of China initiated the program of key books that will be funded by the National 11th Five-Year Plan. The former President of USTC Press, Mr. Hao Shixian, advocated that our handmade paper studies could take the opportunity to work on research designs. We immediately constructed a framework for a series of books, *Library of Chinese Handmade Paper*, and drew up the fieldwork plans aiming to study the current status of handmade paper all over China, through arduous pre-research and discussion. Our project was successfully approved and listed in the 11th Five-Year Plan for National Key Books, and then our promising yet difficult journey began.

The seven members of the *Library of Chinese Handmade Paper* Project embarked on our initial, well-prepared fieldwork journey to the northwest area of Yunnan

取的中国手工造纸的完整技艺与文化信息及实物标本。

2009年，国家出版基金首次评审重点支持的出版项目时，将《中国手工纸文库》列入首批国家重要出版物的资助计划，于是我们的中国手工纸研究设计方案与工作规划发育成为国家层面传统技艺与文化研究所关注及期待的对象。

此后，田野调查、技术分析与撰稿工作坚持不懈地推进，中国科学技术大学出版社新一届领导班子全面调动和组织社内骨干编辑，使《中国手工纸文库》的出版工程得以顺利进行。2017年，《中国手工纸文库》被列为“十三五”国家重点出版物出版规划项目。

二 对项目架构设计的说明

作为纸质媒介出版物的《中国手工纸文库》，将汇集文字记

调查组成员在香格里拉县白地村调查
2008年1月

Visiting Baidi Village of Shangri-la County in January 2008

Province in January 2008. After that, based on our research design, many investigation groups would visit various handmade papermaking mills all over China, aiming to record and collect every possible papermaking technique, cultural information and sample.

In 2009, the National Publishing Fund announced the funded book list gaining its key support. Luckily, *Library of Chinese Handmade Paper* was included. Therefore, the Chinese handmade paper research plan we proposed was promoted to the national level, invariably attracting attention and expectation from the field of traditional crafts and culture studies.

Since then, field investigation, technical analysis and writing of the book have been unremittingly promoted, and the new leadership team of USTC Press has fully mobilized and organized the key editors of the press to guarantee the successful publishing of *Library of Chinese Handmade Paper*. In 2017, the book was listed in the 13th Five-Year Plan for the Publication of National Key Publications.

2. Description of Project Structure

Library of Chinese Handmade Paper compiles with many forms of ideography language: detailed descriptions and records, photographs, illustrations of paper fiber structure and transmittance images, data analysis, distribution of the papermaking sites, guide map

录与描述、摄影图片记录、样纸纤维形态及透光成像采集、实验分析数据表达、造纸地分布与到达图导引、实物纸样随文印证等多种表意语言形式，希望通过这种高度复合的叙述形态，多角度地描述中国手工造纸的技艺与文化活态。在中国手工造纸这一经典非物质文化遗产样式上，《中国手工纸文库》的这种表达方式尚属稀见。如果所有设想最终能够实现，其表达技艺与文化活态的语言方式或许会为中国非物质文化遗产研究界和保护界开辟一条新的途径。

项目无疑是围绕纸质媒介出版物《中国手工纸文库》这一中心目标展开的，但承担这一工作的项目团队已经意识到，由于采用复合度很强且极丰富的记录与刻画形态，当项目工程顺利完成后，必然会形成非常有价值的中国手工纸研究与保护的其他重要后续工作空间，以及相应的资源平台。我们预期，中国（计划覆盖34个省、市、自治区与特别行政区）当代整体的手工造纸业态按照上述记录与表述方式完成后，会留下与《中国手工纸文库》伴生的中国手工纸图像库、中国手工纸技术分析数据库、中国手工纸实物纸样库，以及中国手工纸的影像资源汇集等。基于这些伴生的集成资源的丰富性，并且这些资源集成均为首次，其后续的价值延展空间也不容小视。中国手工造纸传承与发展的创新拓展或许会给有志于继续关注中国手工造纸技艺与文化的同仁提供

to the papermaking sites, and paper samples, etc. Through such complicated and diverse presentation forms, we intend to display the technique and culture of handmade paper in China thoroughly and vividly. In the field of intangible cultural heritage, our way of presenting Chinese handmade paper was rather rare. If we could eventually achieve our goal, this new form of presentation may open up a brand-new perspective to research and preservation of Chinese intangible cultural heritage.

Undoubtedly, the *Library of Chinese Handmade Paper* Project developed with a focus on paper-based media. However, the team members realized that due to complicated and diverse ways of recording and displaying, there will be valuable follow-up work for further research and preservation of Chinese handmade paper and other related resource platforms after the completion of the project. We expect that when contemporary handmade papermaking industry in China, consisting of 34 provinces, cities, autonomous regions and special administrative regions as planned, is recorded and displayed in the above mentioned way, a Chinese handmade paper image library, a Chinese handmade paper technical data library, a Chinese handmade paper sample library, and a Chinese handmade paper video information collection will come into being, aside from the *Library of Chinese Handmade Paper*. Because of the richness of these byproducts, we should not overlook these possible follow-up

更多元的机遇。

毫无疑问，《中国手工纸文库》工作团队整体上都非常认同这一工作的历史价值与现实意义。这种认同给了我们持续的动力与激情，但在实际的推进中，确实有若干挑战使大家深感困惑。

三
我们的困惑和愿景

困惑一：

中国当代手工造纸的范围与边界在国家层面完全不清晰，因此无法在项目的田野工作完成前了解到中国到底有多少当代手工造纸地点，有多少种手工纸产品；同时也基本无法获知大多数省级区域手工造纸分布地点的情况与存活、存续状况。从调查组2008~2016年集中进行的中国南方地区（云南、贵州、广西、四川、广东、海南、浙江、安徽等）的田野与文献工作来看，能够提供上述信息支持的现状令人失望。这导致了项目组的田野工作规划处于“摸着石头过河”的境地，也带来了《中国手工纸文库》整体设计及分卷方案等工作的不确定性。

developments. Moving forward, the innovation and development of Chinese handmade paper may offer more opportunities to researchers who are interested in the techniques and culture of Chinese handmade papermaking.

Unquestionably, the whole team acknowledges the value and significance of the project, which has continuously supplied the team with motivation and passion. However, the presence of some problems have challenged us in implementing the project.

3. Our Confusions and Expectations

Problem One:

From the nationwide point of view, the scope of Chinese contemporary handmade papermaking sites is so obscure that it was impossible to know the extent of manufacturing sites and product types of present handmade paper before the fieldwork plan of the project was drawn up. At the same time, it is difficult to get information on the locations of handmade papermaking sites and their survival and subsisting situation at the provincial level. Based on the field work and literature of South China, including Yunnan, Guizhou, Guangxi, Sichuan, Guangdong, Hainan, Zhejiang and Anhui etc., carried out between 2008 and 2016, the ability to provide the information mentioned above is rather difficult. Accordingly, it placed the planning of the project's fieldwork into an obscure unplanned route,

困惑二：

中国正高速工业化与城镇化，手工造纸作为一种传统的手工技艺，面临着经济效益、环境保护、集成运营、技术进步、消费转移等重要产业与社会变迁的压力。调查组在已展开了九年的田野调查工作中发现，除了泾县、夹江、富阳等为数不多的手工造纸业态聚集地，多数乡土性手工造纸业态都处于生存的"孤岛"困境中。令人深感无奈的现状包括：大批造纸点在调查组到达时已经停止生产多年，有些在调查组到达时刚刚停止生产，有些在调查组补充回访时停止生产，仅一位老人或一对老纸工夫妇在造纸而无传承人……中国手工造纸的业态正陷于剧烈的演化阶段。这使得项目组的田野调查与实物采样工作处于非常紧迫且频繁的调整之中。

困惑三：

作为国家级重点出版物规划项目，《中国手工纸文库》在撰写开卷总序的时候，按照规范的说明要求，应该清楚地叙述分卷的标准与每一卷的覆盖范围，同时提供中国手工造纸业态及地点分布现

贵州省仁怀市五马镇
取缔手工造纸作坊的横幅
2009年4月

Banner of a handmade papermaking mill in Wuma Town of Renhuai City in Guizhou Province, saying "Handmade papermaking mills should be closed as encouraged by the local government". April 2009

which also led to uncertainty in the planning of *Library of Chinese Handmade Paper* and that of each volume.

Problem Two:
China is currently under the process of rapid industrialization and urbanization. As a traditional manual technique, the industry of handmade papermaking is being confronted with pressures such as economic benefits, environmental protection, integrated operation, technological progress, consumption transfer, and many other important changes in industry and society. During nine years of field work, the project team found out that most handmade papermaking mills are on the verge of extinction, except a few gathering places of handmade paper production like Jingxian, Jiajiang, Fuyang, etc. Some handmade papermaking mills stopped production long before the team arrived or had just recently ceased production; others stopped production when the team paid a second visit to the mills. In some mills, only one old papermaker or an elderly couple were working, without any inheritor to learn their techniques ... The whole picture of this industry is in great transition, which left our field work and sample collection scrambling with hasty and frequent changes.

Problem Three:
As a national key publication project, the preface of *Library of Chinese Handmade Paper* should clarify the standard and the scope of each volume according to the research plan. At the same time, general information such as the map with locations of Chinese handmade

状图等整体性信息。但由于前述的不确定性，开宗明义的工作只能等待田野调查全部完成或进行到尾声时再来弥补。当然，这样的流程一定程度上会给阅读者带来系统认知的先期缺失，以及项目组工作推进中的迷茫。尽管如此，作为拓荒性的中国手工造纸整体研究与田野调查就在这样的现状下全力推进着！

当然，我们的团队对《中国手工纸文库》的未来仍然满怀信心与憧憬，期待着通过项目组与国际国内支持群体的协同合作，尽最大努力实现尽可能完善的田野调查与分析研究，从而在我们这一代人手中为中国经典的非物质文化遗产样本——中国手工造纸技艺留下当代的全面记录与文化叙述，在中国非物质文化遗产基因库里绘制一份较为完整的当代手工纸文化记忆图谱。

汤书昆
2017年12月

papermaking industry should be provided. However, due to the uncertainty mentioned above, those tasks cannot be fulfilled, until all the field surveys have been completed or almost completed. Certainly, such a process will give rise to the obvious loss of readers' systematic comprehension and the team members' confusion during the following phases. Nevertheless, the pioneer research and field work of Chinese handmade paper has set out on the first step.

There is no doubt that, with confidence and anticipation, our team will make great efforts to perfect the field research and analysis as much as possible, counting on cooperation within the team, as well as help from domestic and international communities. It is our goal to keep a comprehensive record, a cultural narration of Chinese handmade paper craft as one sample of most classic intangible cultural heritage, to draw a comparatively complete map of contemporary handmade paper in the Chinese intangible cultural heritage gene library.

Tang Shukun
December 2017

编撰说明

1

《中国手工纸文库·广西卷》按桂东北地区、桂西北地区、桂南地区三个区域划分一级手工造纸地域，形成“章”的类目单元，如第二章“桂东北地区”。章之下的二级类目以县为单元划分，形成“节”的类目，如第二章第一节“全州瑶族竹纸”。

2

本卷各节的标准撰写格式通常分为七个部分：“××××纸的基础信息及分布”“××××纸生产的人文地理环境”“××××纸的历史与传承”“××××纸的生产工艺与技术分析”“××××纸的用途与销售情况”“××××纸的相关民俗与文化事象”“××××纸的保护现状与发展思考”。如遇某一部分田野调查和文献资料均未能采集到信息，将按照实事求是原则略去标准撰写格式的相应部分。

3

本卷设专节记述的手工纸种类标准是：其一，项目组进行田野调查时仍在生产的手工纸种类；其二，项目组田野调查时虽已不再生产，但保留着较完整的生产环境与设备，造纸技师仍能演示或讲述完整技艺和相关知识的手工纸种类。

4

广西壮族自治区的很多手工造纸地为少数民族聚居区域，县名按中国地名使用规范应标注出全称，考虑到多民族地区的县名构成往往较复杂，如“龙胜各族自治县”，为兼顾地名的使用规范与简洁，本卷所有“节”的标题及“节”下一

Introduction to the Writing Norms

1. In *Library of Chinese Handmade Paper: Guangxi,* handmade papermaking sites are categorized in three major regions, i.e., Northeast Area of Guangxi Zhuang Autonomous Region, Northwest Area of Guangxi Zhuang Autonomous Region, and South Area of Guangxi Zhuang Autonomous Region, with each area covering a whole chapter, e.g., “Chapter II Northeast Area of Guangxi Zhuang Autonomous Region”. Each chapter consists of sections covering introductions to handmade paper of different counties. For instance, first section of the second chapter is “Bamboo Paper by the Yao Ethnic Group in Quanzhou County”.

2. Each section of a chapter consists of seven sub-sections introducing various aspects of each kind of handmade paper, namely, Basic Information and Distribution, The Cultural and Geographic Environment, History and Inheritance, Papermaking Technique and Technical Analysis, Uses and Sales, Folk Customs and Culture, Preservation and Development. Omission is also acceptable if our fieldwork efforts and literature review fail to collect certain information.

3. The handmade paper included in each section of this volume conforms to the following standards: firstly, it was still under production when the research group did their fieldwork: secondly, the papermaking equipments and major sites were well preserved, and the handmade papermakers were still able to demonstrate the papermaking techniques and relevant knowledge, in case of ceased production.

4. Many handmade papermaking sites in Guangxi Zhuang Autonomous Region are inhabited by multiple minority groups. Accordingly, their official names include all the ethnic group names, e.g., Longsheng Autonomous County, which is complicated. In this volume, for the purpose of brevity, we employ a concise naming mode: the paper name, the ethnic group the papermaker belongs to, and the

级类目的标题均直接标示为“××（县域）（+民族）+纸名”，而不出现民族县名全称及“县”这一称谓，如“大化壮族纱纸”（大化县的全称应为“大化瑶族自治县”）。

5

本卷造纸点地理分布不以测绘地图背景标示方式，而以示意图标示方式呈现。每一节绘制三幅示意图：一幅以市为单位，绘制造纸点在市的分布位置示意；一幅为从县城到造纸点的路线示意图；一幅为现存活态造纸点和历史造纸点在县境内的位置示意图。在标示地名时，均统一标示出县城与乡镇两级，乡镇下则直接标注造纸点所在村。本卷中涉及的行政区划名称，均依据调查组田野调查当时的名称，以尊重调查时的真实区划名称信息。

6

本卷对造纸点的地理分布按“造纸点”和“历史造纸点”两类区别标示。其中，历史造纸点选择的时间上限项目组划定为民国元年（1911年），而下限原则上为20世纪末已不再生产且基本业态已完全终止，1911年以前有记述的造纸点不进行示意图标示。因广西壮族自治区域历代造纸信息多样性、多变性突出，本卷示意图上的历史造纸点原则上以调查组通过田野工作和文献研究所掌握的信息为标示依据。

7

本卷珍稀收藏版原则上每一个所调查的造纸村落的代表性纸种均在书中相应章节附调查组实地采集的实物纸样。采样足量的造纸点代表性纸种于书中均附全页纸样，不足量的则附1/2、1/4或更小规格的纸样，个别因停产等原因导致采样严重不足的则不附实物纸样。

county name,instead of using the complete name. For instance, Sha Paper by the Zhuang Ethnic Group in Dahua Yao Autonomous County is named “Sha Paper by the Zhuang Ethnic Group in Dahua County”, in which irrelevant information is omitted.

5. In this volume, we draw illustrations instead of authentic maps to show the distribution of local papermaking sites. In each section of this volume, we draw three illustrations: the first one shows the location of each papermaking site in a specific city; the second one draws roadmap from county centre to the papermaking sites; the third one shows the distribution of papermaking sites still in production or in history in a county. We provide county name, town name and the village name of each site. All the administrative divisions' names in this volume are the ones in use when we made the field investigation, reflecting the real situation of the time.

6. In the distribution maps we cover both papermaking sites and the historical ones, which refer to papermaking sites that were active from the year of 1911 to the end of the 20th century, and were no longer involved in papermaking for present days. Papermaking sites before the year of 1911 are excluded in this study, together with the sites that had ceased production by the end of the 20th century. The papermaking sites marked in our maps are consistently based on our fieldworks and literature review, for the variety and variability of papermaking literature in Guangxi Zhuang Autouomous Region.

7. For each type of paper included in *Library of Chinese Handmade Paper: Guangxi (Special Edition)*, we attach a piece of paper sample (a full page, 1/2 or 1/4 of a page, or even smaller if we do not have sufficient samples available) to the section. For some sections no sample is attached due to the shortage of sample paper (e.g., the papermakers had ceased production).

8. All the paper samples in this volume are tested based on the

本卷对所采集纸样进行的测试参考了宣纸的技术测试分析标准（GB/T 18739—2008），并根据广西地域手工纸的特色做了调适，实测或计算了所有满足测试分析足量需求已采样手工纸的厚度、定量、紧度、抗张力、抗张强度、白度、纤维长度和纤维宽度8个指标。由于所测广西壮族自治区手工纸样的生产标准化程度不同，因而所测数据与机制纸或宣纸的标准性存在一定差距。

（1）厚度▸所测纸的厚度指标是指纸在两块测量板间受一定压力时直接测量得到的厚度。以单层测量的结果表示纸的厚度，以mm为单位。
所用仪器▸长春市月明小型试验机有限公司JX-HI型纸张厚度仪。

（2）定量▸所测纸的定量指标是指单位面积纸的质量，通过测定试样的面积及其质量计算定量，以g/m^2为单位。
所用仪器▸上海方瑞仪器有限公司3003电子天平。

（3）紧度▸所测纸的紧度指标是指单位体积纸的质量，由同一试样的定量和厚度计算而得，以g/cm^3为单位。

（4）抗张力▸所测纸的抗张力指标是指在标准实验方法规定的条件下，纸断裂前所能承受的最大张力，分纵向、横向测试，若测试纸样无法判断纵横向，则视为一个方向测试，以N为单位。
所用仪器▸杭州高新自动化仪器仪表公司DN-KZ电脑抗张试验机。

（5）抗张强度▸所测纸的抗张强度指标一般用在抗张强度试验仪上所测出的抗张力除以试样宽度来表示，也称为纸的绝对抗张强度，以kN/m为单位。
本卷采用的是恒速加荷法，其原理是抗张强度试验仪在恒速加荷的条件下，把规定尺寸的纸样拉伸至撕裂，测其抗张力，计算出抗张强度。公式如下：

$$S=F/W$$

公式中，S为试样的抗张强度（kN/m），F为试样的抗张力（N），W为试样宽度（出于测试仪器的要求，为定值15 mm）。

（6）白度▸所测纸的白度指标是指被测物体的表面在可见光区域内相对于

technical test and analysis standards of Xuan Paper in China (GB/T 18739—2008), with modifications adopted according to the specific features of the handmade paper in Guangxi Zhuang Autonomous Region. Eight indicators of the samples are tested and analyzed, including thickness, mass per unit area, tightness, resistance force, tensile strength, whiteness, fiber length and width. Handmade paper samples we test stick to various production standards. Therefore, the statistical data we obtain may vary from those of machine-made paper and Xuan paper.

(1) Thickness ▸ the values obtained by using two measuring boards pressing the paper. In the measuring process, the result of a single layer represents the thickness of the paper, and its measurement unit is mm. The measuring instrument (specification: JX-HI) employed is produced by Yueming Small Testing Instrument Co., Ltd. in Changchun City.

(2) Mass per unit area ▸ the values obtained by measuring the sample mass divided by area, with the measurement unit g/m^2. The electronic balance (Specification: 3003) employed is produced by Fangrui Instrument Co., Ltd. in Shanghai City.

(3) Tightness ▸ mass per unit volume, obtained by measuring the mass per unit area and thickness, with the measurement unit g/cm^3.

(4) Resistance force ▸ the maximum tension that the sample paper can withstand without tearing apart, when tested by the standard experimental methods. Both longitudinal and horizontal directions of the paper should be covered in test, or only one if the direction cannot be ascertained, with the measurement unit N. The testing instrument (Specification: DN-KZ) employed is produced by Gaoxin Automation Instrument Co. in Hangzhou City.

(5) Tensile strength ▸ the values obtained by measuring the sample maximum resistance force against the constant loading, then divided the maximum force by the sample width, with the measurement unit kN/m.

In this volume, constant loading method was employed to measure the maximum force the material can withstand without tearing apart. The formula is:

$$S=F/W$$

完全白（标准白）物体漫反射辐射能的大小的比值，以%表示，即白色的程度。所测纸的白度指标是指在D65光源、漫射/垂射照明观测条件下，纸对主波长475 nm蓝光的漫反射因数，表示白度测定结果。

所用仪器▸杭州纸邦仪器有限公司ZB-A色度仪。

（7） 纤维长度/宽度▸所测纸的纤维长度/宽度指标是指从所测纸里取样，测其纸浆中纤维的自身长度/宽度，分别以mm和μm为单位。测试时，取少量纸样，用水湿润，并用Herzberg试剂染色，制成显微镜试片，置于显微分析仪下，采用10倍及20倍物镜进行观测，并显示相应纤维形态图各一张。

所用仪器▸珠海华伦造纸科技有限公司XWY-VI型纤维测量仪。

9

本卷对每一种调查采集的纸样均采用透光摄影的方式制作成图像，显示透光环境下的纸样纤维纹理影像，作为实物纸样的另一种表达方式。其制作过程为：先使用计算机液晶显示器，显示纯白影像作为拍摄手工纸纹理透光影像的背景底，然后将纸样平铺在显示器上进行拍摄，拍摄相机为佳能5DⅢ。

10

本卷引述的历史与当代文献均一一注释，所引文献原则上要求为一手文献来源，并按统一标准注释，如“韦丹芳.贡川壮族纱纸的考察研究[J].中国科技史料，2003，24（4）：291-311”“全州县志编纂委员会.全州县志[M].南宁：广西人民出版社，1998：320”。所引述的田野调查信息原则上要标示出信息源，如“2014年4月、7月和9月，调查组三次前往全州东山瑶族乡石枧坪村林排山村民组进行调查。据时年59岁的造纸户奉永兴口述……”“2013年7月和2014年7月、9月，调查组三次前往龙胜龙脊镇马海村田寨组进行调查。据蒙焕春、蒙焕斌等造纸户介绍……”等。

S stands for tensile strength (kN/m), *F* is resistance force (N), and *W* represents width (as required by the testing instrument, width adopted here is 15 mm).

(6) Whiteness ▸ degree of whiteness, represented by percentage (%), which is the ratio obtained by comparing the radiation diffusion value of the test object in visible region to that of the completely white (standard white) object. Whiteness test in our study employed D65 light source, with dominant wavelength 475 nm of blue light, under the circumstances of diffuse reflection or vertical reflection. The whiteness testing instrument (Specification: ZB-A) is produced by Zhibang Instrument Co., Ltd. in Hangzhou City.

(7) Fiber length and width ▸ Fiber length (mm) and width (μm) of sample paper were tested by dying the moist paper sample with Herzberg reagent, the specimen was made and the fiber pictures were taken through ten times and twenty times lens of the microscope.The fiber testing instrument (Specification: XWY-VI) is produced by Hualun Papermaking Co., Ltd. in Zhuhai City.

9. Each sample paper included in *Library of Chinese Handmade Paper*: *Guangxi* was photographed against a luminous background, which vividly demonstrated the fiber veins of the samples. This is a different way to present the status of the paper samples.Each piece of sample paper was spread flat-out on the LCD monitor giving white light, and photographs were taken with Canon 5DIII camera.

10. All the quoted literature are original sources and documented as the footnotes. For instance, “Wei Danfang. Investigation and Study on the Sha Paper by the Zhuang Ethnic Group in Gongchuan Town [J]. Historical Materials of Chinese Science and Technology, 2003, 24(4): 291-311” and “Quanzhou County Annals Compilation Committee. The Annals of Quanzhou County [M]. Nanning: Guangxi Renmin Press, 1998: 320”. Sources of information based on our fieldworks are also identified, e.g., “In April, July and September 2014, the research team went to Lingpaishan Villagers’ Group of Shijianping Village of Dongshan Yao Town in Quanzhou County three times. Feng Yongxing, a 59

11

本卷所使用的摄影图片主体部分为调查组成员在实地调查时所拍摄，也有项目组成员在既往田野工作中积累的图片，另有少量属撰稿过程中所采用的非项目组成员的摄影作品。由于项目组成员在完成本卷过程中形成的图片的著作权属集体著作权，且在过程中多位成员轮流拍摄或并行拍摄为工作常态，因而对图片均不标示拍摄者。

12

考虑到本卷中文简体版的国际交流需要，编著者对本卷重要或提要性内容同步给出英文表述，以便英文读者结合照片和实物纸样领略本卷的基本语义。对于文中一些晦涩的古代文献，英文翻译采用意译的方式进行解读。英文内容包括：总序、编撰说明、目录、概述、图目、表目、术语、后记，以及所有章节的标题、图题、表题与实物纸样名。“广西手工造纸概述”是本卷正文第一章，为保持与后续各章节体例一致，除保留章节标题英文名及图表标题英文名外，全章的英文译文作为附录出现。

13

《中国手工纸文库·广西卷》的术语收集了本卷中与手工纸有关的地理名、纸品名、原料与相关植物名、工艺技术和工具设备、历史文化5类术语。术语选择遵循文化、民族、工艺、材料、历史特色表达优先，核心内容与关键概念表达优先的原则，力求简洁精练。各个类别的术语按术语的汉语拼音先后顺序排列。每条中文术语后都给以英文直译，可以作中英文对照表使用。因本卷涉及术语很多且在文中多处出现，以及因语境之异具有一定的使用多样性与复杂性，因此术语一律不标注出现的页码。

year-old papermaker, told that ...” and “In July 2013, July 2014 and September 2014, the research team went to Tianzhai Villagers' Group of Mahai Village in Longji Town of Longsheng three times. Meng Huanchun, Meng Huanbin and other papermakers introduced that ...” etc.

11. The majority of photographs included in this volume were taken by the research team members when they were doing fieldworks of the research. Others were taken by our researchers in even earlier fieldwork errands, or by the photographers who were not involved in our research. We do not give the names of the photographers in the volume, because almost all our researchers are involved in the task.

12. For the purpose of international academic exchange, English version of some important parts is provided, namely, Preface, Introduction to the Writing Norms, Contents, Introduction, Figures, Tables, Terminology, Epilogue, and all the headings, captions and paper sample names. For the obscure ancient texts included, we use free translation to present a more comprehensible version. “Introduction to Handmade Paper in Guangxi Zhuang Autonomous Region” is the first chapter of the volume, and its translation is appended in the appendix part.

13. Terminology is appended in *Library of Chinese Handmade Paper: Guangxi*, which covers Places, Paper Names, Raw Materials and Plants, Techniques and Tools, History and Culture, relevant to the handmade paper research in this volume. We highlight cultural and national factors, as well as unique techniques, materials, and historic features, and make key contents and core concepts our priority in the winnowing process to avoid a lengthy list. All the terms are listed following the alphabetical order of the Chinese character. As a glossary of terms, both Chinese and English versions are listed for reference. Different contexts may endow each term with various implications, so page number or numbers are not provided in this volume.

目 录

Contents

第一章
广西手工造纸概述

Chapter I
Introduction to Handmade Paper
in Guangxi Zhuang Autonomous Region

第一节 广西手工造纸业的历史沿革

Section 1
History of Handmade Paper in Guangxi Zhuang Autonomous Region

一 明代以前岭南一带有关纸的记载

1 Records of Handmade Paper in Lingnan Area Before the Ming Dynasty

广西手工造纸业起源于何时，调查组目前未找到明确的古代文献记载。自汉代发明造纸术后，纸的使用和造纸技术逐步得以推广。早在三国时期，江南一带的百姓就已经开始使用构树皮造纸。三国吴陆玑在《毛诗草木鸟兽虫鱼疏》中记载："榖，幽州人谓榖桑或楮桑，荆、扬、交、广谓之榖，中州人谓之楮……今江南人绩其皮以为布，又捣以为纸，谓之榖皮纸，长数丈，洁白光辉，其里甚好。"[1] 榖是通常说的构树，可见在可靠的文献记载里，约1800年前的江南地区已经掌握了构树皮造纸的技术，而所造的皮纸纸幅已相当长，质量也相当好。

[1] [清]丁晏. 毛诗草木鸟兽虫鱼疏校正[M]//续修四库全书·经部·诗类: 448.

唐代，广州地区已经明确有了皮纸加工生产的记录。唐代刘恂《岭表录异》中记载：“广管罗州多栈香树，身似柳，其花白而繁，其叶如橘，皮堪作纸，名为香皮纸。灰白色有纹，如鱼子笺。”[2]罗州，地处两广交界处，约在今广东省廉江市北一带，早在唐代当地就利用栈香树皮，生产一种“香皮纸”。此外，晚唐段公路在《北户录》一书中也提到罗州的这种“香皮纸”[3]。这些唐人记载说明，罗州出产的香皮纸是名闻当时的。

[2]
商壁，潘博.岭表录异校补[M].南宁:广西民族出版社,1988:117.

[3]
[唐]段公路.北户录附校勘记[M].北京:中华书局,1985: 42.

除了皮纸外，岭南一带竹纸生产的历史也甚早。北宋著名词人苏轼留下的诗文《记岭南竹》云:“岭南人当有愧于竹。食者竹笋，庇者竹瓦，载者竹筏，爨者竹薪，衣者竹皮，书者竹纸，履者竹鞋，真可谓一日不可无此君也耶?”[4]岭南乃古百越族所居，传统认为其范围包括今天的广东、海南和广西大部。苏轼诗文中这段表述，为我们提供了一则北宋时期岭南一带有关竹纸的珍贵史料。从文中表述的逻辑上我们大体可以推断，苏轼生活的时代，岭南一带竹资源丰富，当地人就地取材，生产、制造并使用以竹为原材料制成的各类生活用品。诗文中提及的“竹纸”，应该也是以当地的竹为原料生产而成的。岭南地域广袤，不太可能存在将当地竹子运往岭南以外地区，由外地制成竹纸后，再返销岭南的情况。另外，北宋时期文教事业发达，其背后必有造纸、印刷等技术的支撑和传播，当时岭南地域竹纸生产的技术应当已具备相当好的基础和环境。由此我们可以推定北宋时期岭南一带竹纸的生产和使用已经流行。

[4]
[宋]苏轼.苏轼文集：卷七十三·杂记[M].北京：中华书局,1986: 2365.

总体上看，明代以前广西一带仍属南疆僻远之地，书写文化的发育较弱，因此所能获得的手工造纸的记载甚少。

海南省儋州市东坡书院的苏东坡像（王敏 提供）
Statue of Su Dongpo at Dongpo Academy in Danzhou City of Hainan Province (provided by Wang Min)

二 明代广西造纸业的发展

2 Development of Handmade Paper in Guangxi Zhuang Autonomous Region in the Ming Dynasty

广西地区造纸业在明代已经发育。至少在16世纪的明代中期，广西史书上不仅有了手工纸生产的确切记录，手工纸质量也得到了"极佳"的声誉。

明万历三年（1575年），蔡迎恩、甘东阳修纂的《广西太平府志》卷二记载，"纸，城西军家所作"[5]，即当时太平府城西的军家村造纸。太平府治所为今广西崇左市江州区。明嘉靖年间（1522～1566年）出版的《南宁府志·货物》中，将"竹纸"与铅、茶、竹麻、蔗糖等并列为当地物产的条目[6]。明万历版《广西通志·物产》[7]，以及后来清康熙二十二年（1683年）《广西通志·食货》中都有"桂林镜面纸、宾州纸极佳"[8]的记录。

宾州是明代广西手工纸的重要产地之一。特别值得关注的是，明代广西宾州所产的宾州纸，已经突破一般民间日用的范围，被大量运用到军事上，成为制作纸质甲胄的重要材料。纸质甲胄，也称纸铠或纸甲，早在南朝时期就见于史籍记载，唐宋时期开始成规模地运用到军事战争中，直到明清时期仍活跃在战场上。据明代谢肇淛（1567～1627年）《百粤风土记》记载，宾州纸是当地制作纸甲的重要材料，"其纸出自柳之宾州，裹以旧絮，杂松香，熟槌千杵，外固以布，缀而缝之。每甲费白金六七钱许耳"[9]。和传统铁甲相比，这种纸甲的制作成本相对低廉。

到明代末年，广西造纸业态的记载已经比较多见。在明末大旅行家徐霞客的《徐霞客游记·粤西游日记》中，崇祯十一年（1638年）六月至七月，徐霞客在广西游历期间曾数次记录了制造土纸、购买纸张、焚纸敬神、评价纸质、取纸拓碑的场景。在融县铁旗岩冒雨游览时，遇一山洞，"洞入颇深，而无他歧，土人制纸于中，纸质甚粗，而池灶烘具皆依岩而备"[10]。另有一次他站在上林县城西韦龟山上，感叹此处，"真世外丹丘也""数十

[5] 吴小凤.明清广西商品经济史研究[M].北京：民族出版社,2005: 84.

[6] 广西通志馆旧志整理室.广西方志物产资料选编：上[M].南宁：广西人民出版社,1991: 123.

[7] 广西通志馆旧志整理室.广西方志物产资料选编：上[M].南宁：广西人民出版社,1991: 6.

[8] 广西通志馆旧志整理室.广西方志物产资料选编：上[M].南宁：广西人民出版社,1991: 12.

[9] 广西通志馆旧志整理室.广西方志物产资料选编：上[M].南宁：广西人民出版社,1991: 53.

[10] [明]徐霞客.徐霞客游记[M].北京：中华书局,2009: 229.

广西宜州市会仙山景区徐霞客铜像
Bronze Statue of Xu Xiake at Huixian Mountain Scenic Spot in Yizhou City of Guangxi Zhuang Autonomous Region

家倚山北麓，以造纸为业，栖舍累累，或高或下，层嵌石隙，望之已飘然欲仙”[11]。数十家村民都以造纸为业，且聚集在一起，颇有专业造纸村的色彩。

[11] [明]徐霞客.徐霞客游记[M].北京：中华书局,2009: 318.

清初的广西地方志书文献中多有各地造纸活动的记载。如清雍正十一年（1733年）《广西通志》卷三十一记载："纸，（桂林府）各州县出。"[12]"榖纸，田州、土州各土司俱出。以榖木为之，因名。草纸，（思恩府）旧城土司出。"清初地方志书还记载柳州府、罗城、兴安、岑溪等地也有造纸活动。由于清初志书所记内容，实为明代至清初之事，这些能反映明代广西各地造纸分布的情况。

[12] 广西通志馆旧志整理室.广西方志物产资料选编：上[M].南宁：广西人民出版社,1991: 17.

由上述文献记载可知，明代广西的造纸手工业分布很广，北到桂林府各县，西至罗城，西南至思恩府各土司州和太平府，包括中部的上林、宾阳，东南岑溪等地，可谓遍布今广西地域。

从实物资料上看，因纸易腐而难持久保存，位于岭南潮湿之地的广西地区迄今发掘或保存的古纸极少，所发现的唐宋时期"过山牒文"[13]，其所用纸也难以断定为广西本地所造。1956年，在广西金秀瑶族自治县大瑶山征集到一套明代手工竹帘捞纸工具，这是非常珍贵的古代抄纸设备，它的发现可确证当时广西大瑶山这样的深山地区也已经有了手工纸的本地化生产。[14]

[13] 广西少数民族社会历史调查组.瑶族过山牒文汇编[C].北京：中国科学院民族研究所,1964.

[14] 覃尚文,陈国清.壮族科学技术史[M].南宁：广西科学技术出版社,2003: 291.

三 清代广西造纸业的发展

3 Development of Handmade Paper in Guangxi Zhuang Autonomous Region in the Qing Dynasty

从现存文献资料来看，清代广西手工造纸业出现了一些前所未有的特点。

第一，各地的手工造纸业比以往分布得更加普遍，并成为重要的营生行业。在清雍正十一年（1733年）前后，形成了"（桂林府）各州县出"的基本格局。[12]清代刊印的容县、灵川、新宁、北流、凌云、兴安、思恩、泗城、梧州、藤县、昭平、岑溪等州县方志中大多有设篷制造土纸，或圩场交易土纸的记录。造纸业的地位更加重要，每逢农业灾荒歉收的年份，造纸业保全百姓性命的作用尤其突显，"遇荒年，藉力役以全活者甚众"[15]。

[15] [清]易绍惠,封祝唐.(光绪)容县志：卷六[M].台北：成文出版社,1974: 308.

第二，手工纸生产规模迅速扩大，一些地方形成了较大体量的造纸产业聚集。清乾隆年间（1736～1795年），容县造纸业已经非常繁荣，纸槽、纸篷和从业人数都达到了新的历史高度，其造纸作坊“每槽司役五六人，岁可获百余金，至乾隆间多至二百余槽”[15]。

第三，出现了官府经营的纸厂和造纸公司。清雍正十一年（1733年）《广西通志》卷三十一中记载：“竹纸出六垌，近设官厂制，颇光洁。”[12]官府经营纸业的努力一直延续到清代末年。光绪三十二年（1906年），由官库拨银6 000两，创办“兴安造纸公司”，厂址设在兴安县属华江六垌栏杆坪，由吕笃任总办，戴哲文任会办兼教习，兴安造纸公司为广西较早的近代造纸厂。该公司雇用管理人员8人，生产工人31人，采用苏打法生产，原料用竹片、稻草、芜花等。主要设备有纸槽6个，苏打蒸煮锅2个，半机械压纸机1部。产品为时仄纸、防寒纸，月产11万张。后因产品质量差、亏损严重而倒闭。[16]

[16] 兴安县地方志编纂委员会.兴安县志[M].南宁：广西人民出版社,2002: 327.

竹茶寰宇記引茶經云容州黃家洞有竹茶葉如嫩竹土人作飲甚甘美
蔗餹羣芳譜以嶺南出者爲勝容地多植杜蔗取漿作餹成片謂之片餹餹色極黃
無滓以入口酥融者爲上
蠶絲近年出市頗多有金銀二色商人販赴東省織爲綢亦有本土自織者但其法
未工生絲易裂熟絲多毛且土染色澤不鮮然以作中衣亦可禦寒
火紙一波順里出舊志康熙間有閩人來容教作福紙創紙蓬於山間春初採扶竹
各種筍之未成竹者漬以石灰漚於山池越月碾漉成絮濯以清流又匝月下槽
隨撈隨焙因而成紙每槽司役五六人歲可獲百餘金至乾隆間多至二百餘槽
如遇荒年藉力役以全活者甚衆
鹼即俗之梘沙本草云石鹼土人採蒿蓼輕鬆之木掘坎浸水漉起曝乾燒灰以原
水淋汁煎成可澣衣新語廣人以山蕉豆梗或黃花苺燒而沃之而熬其灰以爲
鹼熬深則成沙曰鹼沙淺則成水曰鹼水以鹼沙爲角黍光瑩而香

光绪《容县志》中有关纸的记载
Records about paper in *The Annals of Rongxian County* during Guangxu Reign

四 民国时期广西造纸业的发展

4 Development of Handmade Paper in Guangxi Zhuang Autonomous Region During the Republican Era

从文献资料看，民国时期，广西的手工造纸业呈现出一些近代化特点。

第一，这一时期出现了较大规模的纸厂，新增了许多造纸地点。阳朔、宜北、天河、信都、桂平、贺县、来宾、隆安、平乐、迁江、融县、宾阳、三江等州县的方志中提到了造纸，其中不乏关于手工纸生产、用途和贸易具体翔实的记录。正是从这个时候开始，广西开始出现规模较大的纸厂。比如，1936年阳朔县“纸厂约十余家，每厂造成之纸多则百余担，少亦数十担”[17]。1937年前后宜北县“治安乡广容村有大纸厂一座”[18]，每“百斤获价三元至五元不等”[18]。

[17] 张岳灵，黎启勋.（民国）阳朔县志：第四编[M].台北：成文出版社，1975：264.

[18] 覃玉成.（民国）宜北县志[M].台北：成文出版社，1967：115.

第二，手工造纸产品种类、用途多样化，不少销往外地。首先，手工纸产品有多种用途，除了书写文字和焚化敬神等功能以外，还用于制作纸炮，如宜北手工纸“以竹浸没，加以石灰。迨数月，竹腐成浆，用木捣滥，作炮纸”[18]。其次，不少手工纸还销往外地。《宜北县志》写道：“邑人工业远让他邑，且狃于古制，不知改良器具，出品陋劣，价值过低。”[18]然而，仍然能够在纸品一项，“运下怀远发售”[18]。1936年，阳朔县的土纸“产量每年约千担，足供全县之用”[17]，进而手工纸产品开始尝试走向外地市场。只是手工纸贸易还处于起步阶段，“有销至平乐、荔浦、桂林者，为数无多”[17]。1920年前后，桂平县的罗秀纸“每年出口不少”[19]。

[19] 黄占梅，程天璋.（民国）桂平县志：卷二十九 [M].台北：成文出版社，1968：996.

一个值得关注的现象是，逐步增长的纸品贸易冲击了旧有的手工纸产品经营模式，并带来了广西造纸业的洗牌。在纸品贸易的背景下，一些地方的造纸业出现了供大于求的现象。1934年前后，贺县的造纸业呈现出前所未有的危机：“近日粗纸不销，里松、程家、永庆等处纸厂四十余间，能继续开设者不及半数。造纸工人改图别业。”[20]

[20] 韦冠英，梁培煐，龙先钰.（民国）贺县志：卷四 [M].台北：成文出版社，1967：245.

民国《宜北县志》中关于手工纸的记载
Records about handmade paper in *The Annals of Yibei County* during the Republican Era

第三，土纸的品种和名目增加较快。民国时期的广西造纸行业出现了许多纸的新称谓。有以出产地命名的贡川纱纸、罗秀纸、桂花竹纸，其中贡川纱纸出自那马县贡川圩（现大化县贡川乡），“罗秀纸出（桂平）县南罗秀圩”[19]，桂花竹纸出自昭平县桂花乡（现文竹镇）；有以用途命名的表宣纸或火煤纸，“多用以包什物、作纸条”；有以原料命名的纱纸、榖纸、皮纸和竹纸；有以造纸技术来源命名的湘纸；另外还有全料（最细的纸）、复纸（粗纸）、福纸、土纸等多种名目。手工纸称谓的增加从一个侧面反映出民国时期广西手工纸生产经营的快速变化和手工纸产品及其技术来源的多样化。

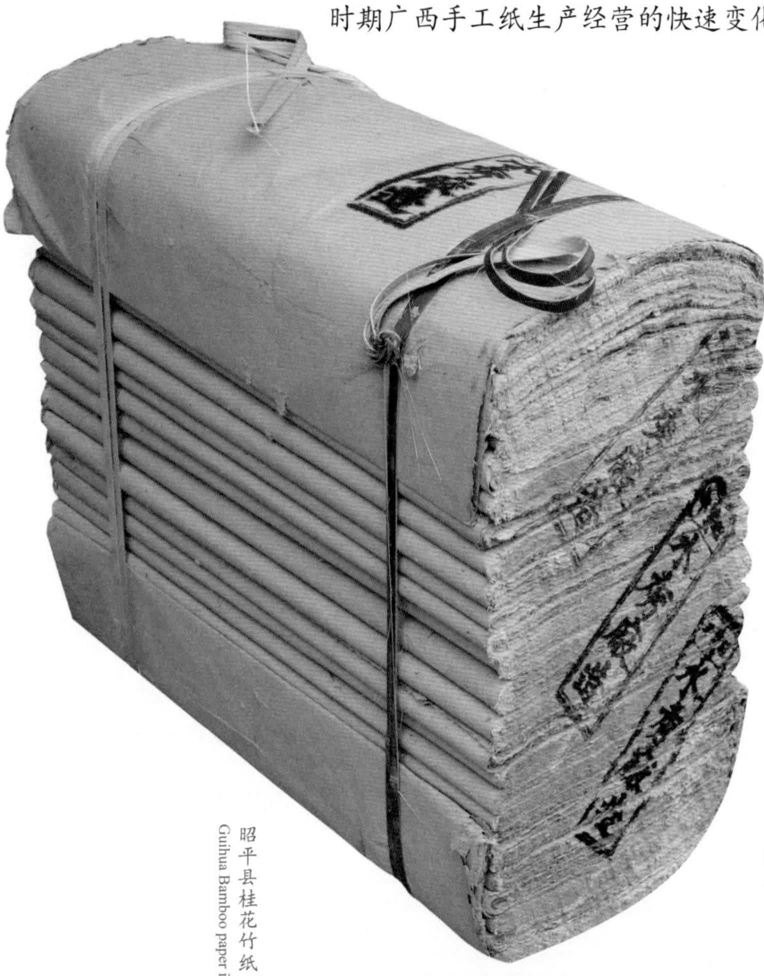

昭平县桂花竹纸
Guihua Bamboo paper in Zhaoping County

民国二十五年（1936年）出版的《融县志》对当地竹纸制造有较详细记载：“今述制纸之南竹，大者径五六寸。由地下茎四布发笋，解箨成林。老而坚致，于密叶未敷，贞筠尚稚之际，截裁成段，投入石灰池沤之。经一定程度，取出碓碾，使纤维绒细。然后加入一种胶质树叶之汁，混和如糜。置大桶中，用工具曰纸帘，抄撮澄滤即成。张页用日光晒干，谓之晒纸；用火力焙干，谓之焙纸。最细者曰全料，次曰东纸，为写字、包裹、习用之纸。最粗者曰复纸，可裱硬盒。”[21]

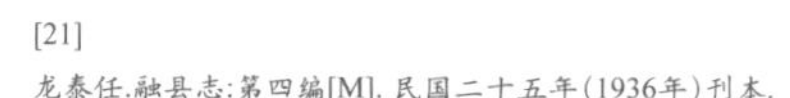

[21]
龙泰任.融县志:第四编[M]. 民国二十五年(1936年)刊本.

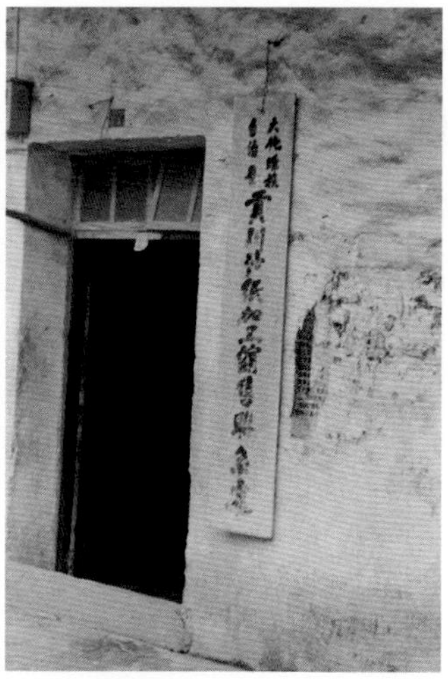

大化县贡川纱纸加工销售联系处旧址
Former site of Gongchuan Sha Paper Processing and Marketing Liaison Office in Dahua County

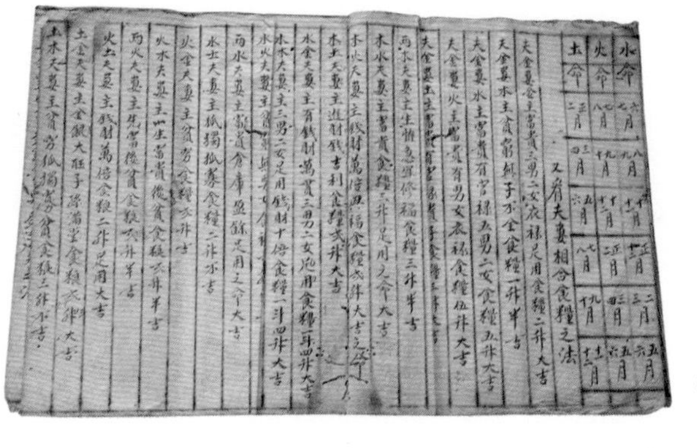

灵川兰田瑶族乡的湘纸手抄本
Handwritten copy using Xiang paper in Lantian Yao Town of Lingchuan County

五 广西手工造纸发展中的重要时点

5 Key Time-points of Handmade Paper Development in Guangxi Zhuang Autonomous Region

在已经掌握的明代方志资料中，尚未看到手工造纸技艺进入广西的时间及其技术来源的记载。从明嘉靖年间（1522～1566年）广西出现竹纸生产具体产地的记载开始，到清代史志第一次明确记录造纸技艺传入的说明，再到20世纪40年代末，其间大约400年，有一些值得关注的重要时间节点。

明嘉靖年间（1522～1566年）：广西出现竹纸生产的具体记载。[5]

万历年间（1572～1620年）：出现“桂林镜面纸、宾州纸极佳”的记载。[8]

崇祯十一年（1638年）：徐霞客记载融县铁旗岩造纸作坊和上林县城西韦龟山造纸村落。[11]

清康熙年间（1662～1722年）：福建人来到容县设篷造竹纸。同治十二年（1873年）《梧州府志·物产》中记载：“闽潮来容始创纸篷于山中。”[22]光绪二十三年（1897年）《容县志》中记述得更加翔实：“《旧志》康熙间，有闽人来容教作福纸，创纸篷于山间。春初采扶竹各种笋之未成竹者，渍以石灰，沤于山池。越月，碾漉成絮，濯以清流，又匝月下槽。随捞随焙，因而成纸。”[15]

乾隆年间（1736～1795年）：官府在（今兴安县）六垌设厂制纸。[12]

同治年间（1862～1875年）：福建人来到昭平县种竹造纸。“竹纸，查县属归化、懃江、佛丁、丹竹、仙回、马江等处，皆有纸厂制造之。初因同治年间，有王姓来自闽疆，侨居太区丹竹上泗冲一带，见该地山岭旷弃，且土质最宜种竹造纸，乃携竹六本来昭种植，渐以繁兴，藉造竹纸，迄今垂七十年。”[23]

光绪年间（1875～1909年）：汉人进入凌云县等地瑶族聚居区租借竹山开设造纸厂，瑶族人渐渐学会汉族造纸技术，最初和汉人联合办厂，继而自行办厂造纸。[24]

[22]
[清]吴九龄,史鸣皋.（同治）梧州府志[M].台北:成文出版社,1961: 92.

[23]
李树枘,（民国）昭平县志:卷六[M].民国二十三年(1934年)刊本.

[24]
邓文通.瑶族传统科技中的造纸术[J].广西民族学院学报(自然科学版),2001,7(2): 126-128,150.

光绪三十二年（1906年）：官库再次拨银在兴安县六垌创办“兴安造纸公司”，后因产品质量差、亏损严重而倒闭。[16]

民国二十六年（1937年）：那马县纱纸“年产达到九十二万一千余斤，约为一万零二百余担”，其中大部产于贡川圩，人称贡川纸。[25] 1938年，“广西造纸工业试验所造纸试验场”于灵川县甘棠渡设立，有工人53人，以旧书报为原料，生产书写纸，年产1 328吨，1941年迁往桂林龙船坪[26]。

[25]
黄现璠,黄增庆,张一民.壮族通史[M].南宁:广西民族出版社,1988: 460.
[26]
灵川县地方志编纂委员会.灵川县志[M].南宁:广西人民出版社,1997: 342.

第二节
广西手工造纸的生产现状

Section 2
Current Production Status of Handmade Paper in Guangxi Zhuang Autonomous Region

一
手工纸业态发育对地方经济、技术发展的促进

1
Promotion of the Handmade Papermaking Industry to the Development of Local Economy and Technology

广西地处边远，历史上经济长期落后于江南和中原地区，手工纸发展的经济技术基础明显薄弱。明代广西经济有一定发展，然而直到民国初期，经济与技术发展相对滞后的格局并没有改变。这种情况在一些地区一直延续到民国中期。民国二十四年（1935年），《迁江县志》记述道："邑人工业鲜有研究，如陶工只知制砖瓦，土木石工只知制粗椅桌、筑陋室、凿石凳，缝织手工、油糖榨工、酿酒诸事现尚俱少进步。"[27]民国二十六年（1937年），《邕宁县志》中写道："本省工业无论任何市场，皆粗笨窳陋。""在昔闭关时代，耕而食，织而衣，尚能自给自足。迩来国内外之工业品输入激增，制法既精，成本亦廉，遂令我之原有手工业不能在各市场与外货相竞衡。"[28]

[27]
黄旭初，刘宗尧.（民国）迁江县志[M].台北：成文出版社,1967: 174.
[28]
莫炳奎.（民国）邕宁县志[M].台北：成文出版社,1975: 724.

不过，明代中晚期到民国时期，手工造纸业的逐步发展也对广西部分地区的经济、技术产生了显著的影响。

首先，造纸业为地方石灰生产、铁制木制生产工具制造等上游和配套行业创造了新的市场机会。特别是手工纸生产快速发展以后，石灰的需求量较之前有了明显的规模化增长。调查组在田野调查中看到，虽然广西手工造纸大部分工具设备仍主要依靠"自给自

宾阳纸伞
Paper umbrella in Binyang County

宾阳纸扇
Paper fan in Binyang County

足”，但也有若干工具无法由造纸行业内部从业者自主生产制作。如灵川县造纸户砍伐竹子用的山刀，用于在手工纸上打出印记的铁冲等都需要从市场上购买。

其次，造纸业为纸扇、纸伞、爆竹、印刷等行业的发展带来了近距离、低成本的原料供应。近代以来，宾阳等地所产的纸扇、纸伞的行销区域可以达到广西各地以及湖南、云南、贵州等地。宾阳制伞业每年都要从那马县贡川圩大批购买纱纸作为原材料，用桐油或用猪血加石灰涂在纱纸上，做成伞面。[29] 造纸业的发展还在当地催生了印刷等其他非农产业的发展，带来了新兴行业的就业。

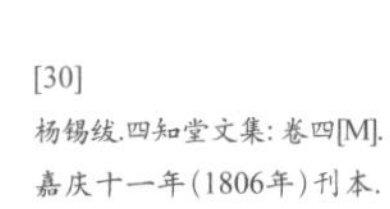

[29]
朱霞.广西壮族手工造纸及用纸习俗的调研[J].云南社会科学,2004(3): 89-92.

手工造纸业不仅为一部分百姓创造了新的谋生手段，也为地方带来了一个新兴行业群的发展。这对于改变农民“业农之外，从不知行商坐贾之事，每岁完纳钱粮及婚丧一切日用之需，均取给米谷”[30]的格局产生了积极的作用。

[30]
杨锡绂.四知堂文集: 卷四[M].嘉庆十一年(1806年)刊本.

二 手工纸业态发育与地方文化传统的紧密关联

2 Close Connection Between the Development of Handmade Papermaking Industry and Local Cultural Tradition

明中期至清末的几百年间，广西的地域社会文化处于慢节律的稳态演进过程中，手工造纸业的存续和发展拥有比中东部快速近代化的地区更为稳固和完整的传统型文化生态。

数百年来，纸在广西地方各个阶层的社会生活中扮演了非常重要的角色。百姓的物质生活、精神生活和宗教信仰从未离开纸的陪伴。

明末徐霞客游历临桂清秀岩时就曾看见当地人焚纸拜神的情景：“登崖蹑峤，丛石云屏，透架石而入，上书‘灵成感应’四大字，知为神宇。入其洞，则隙裂成龛，香烟纸雾，氤氲其间，而中无神像，外竖竿标旗，而不辨其为何洞何神也。”[31]

[31] [明]徐霞客.徐霞客游记[M].北京：中华书局,2009:205.

历史上，广西百姓的出生、婚配、丧葬等人生礼俗，以及编修谱牒、订立契约、抄写经书等世俗或信仰生活中都普遍可以看到纸的存在。据民国二十五年（1936年）《来宾县志》记载，来宾地方人家嫁女时，“女家自制并备插髻花左右各一柄，纸制或擘绒为之，五色错杂”[32]。婚礼上摆放果品的盛器，“或纸制寿桃形，表里漆之使坚”。“纱纸又名绵纸，染深绛色，翦长条阔八九分，复横翦其半，略如锯齿……朱纸方二寸许，对角书吉祥连语四字或五字，字各一纸粘其上”[32]。

[32] 宾上武,翟富文.(民国)来宾县志：下编[M].台北：成文出版社,1975:432-433.

手工造纸业对于广西社会进步的意义还体现在它创造了百姓在造纸、印刷等相关行业的就业机会，从而出现了一批按月计薪的产业工人。民国二十九年（1940年）《平乐县志》记载：“造纸工工资以月计，由桂钞二十元至四十元不等，视艺之优劣及纸之粗细为差，膳食自备。”[33]

[33] 张智林.(民国)平乐县志[M].民国二十九年(1940年)刊本.

近代以来，手工造纸对于民族地区发展的影响依然具有较为重要的意义。广西境内有的民族聚居地分布在造纸原材料丰富的大山之中，这些地方植物资源非常丰富，特别适合竹子、构树和各种纸药植物等造纸原辅材料的生长，为发展手工造纸业提供了非常有利的条件。发展手工造纸业不仅创造了新的谋生手段，同时客观上增进了各民族之间的经济社会交往。调查组在2008～2016年共8年的多轮调查中了解的业态信息是：21世纪初，广西的手工造纸业态已大面积萎缩，仍然在从事手工纸生产的村落已不到20个。幸运的是，除了汉族外，壮族、瑶族、苗族等少数民族都有比较完整的活态传统手工造纸技艺保留下来，相对完整的多民族手工造纸业态仍依稀可见。

三 广西当代的手工造纸业态分布情况

3 Current Distribution of Handmade Papermaking Industry in Guangxi Zhuang Autonomous Region

调查组在广西的调查始自2008年8月，截至2016年7月，足迹到达8个市20个县24个造纸村落，调查期间仍在从事手工纸生产的有14个县（含县级市）15个村落（见表1.1），调查时已停产的有9个村落。

需要说明的是，表1.1中“纱皮”为当地对构树皮的习惯性称谓。纸药中，一些纸药没见到实物或不能确定具体名称的，则用当地习俗名表示。表1.1所列的民族只是调查村落中最主要的造纸民族，同时其他民族造纸的情况也存在。此外，因竹子种类多，同时一个地方可能用多种竹子造纸，在表中也不再细分。纸药、干纸方式亦以调查时当地常见的为准。

由表1.1可见，广西手工造纸的民族主要有汉族、壮族、瑶族和苗族，原料有构树皮、小构树皮、斜叶榕、竹子、糯稻草和龙须草，打浆方式有手捶、脚踩、脚碓、水碓、机器打浆等，纸药有猕猴桃藤、神仙滑、岩壁滑、小蓝叶、蜀葵、木芙蓉等，也有多地不用纸药，成纸方式有抄纸、浇纸，干纸方式有焙、晒、晾等，体现了广西手工纸原料与工艺的多样性。

表1.1　调查组调查的广西手工造纸信息
Table 1.1　Handmade papermaking information in Guangxi Zhuang Autonomous Region investigated by the project team

地址	民族	原料	打浆方式	纸药	成纸方式	干纸方式	现状
全州县东山乡	瑶	竹子	脚碓	猕猴桃藤	抄纸	晒	生产
龙胜县龙脊镇	壮	竹子	脚踩	神仙滑、岩壁滑、小蓝叶	抄纸	晒	生产
灵川县兰田乡	瑶	竹子	机器打浆	膏药树叶等	抄纸	晒	生产
临桂区宛田乡	瑶	竹子	脚踩	神仙膏叶等	抄纸	晒	生产
临桂区四塘镇	汉	稻草	脚碓	无	抄纸	晒	停产
永福县百寿镇	瑶	竹子	机器打浆	膏药	抄纸	晒	生产
资源县中峰乡	瑶	竹子	脚踩	山姜子叶	抄纸	晒	停产
融水县红水乡	瑶	小构树皮、糯稻草	手捶	蜀葵、木芙蓉	浇纸	晒	生产
融水县香粉乡	苗	竹子	水碾	胶树叶	抄纸	焙	停产
昭平县文竹镇	汉	竹子	机器打浆	癞木叶	抄纸	焙	生产
都安县安阳镇	汉	龙须草	机器打浆	榆木胶	抄纸	焙	生产
都安县高岭镇	壮	纱皮	机器打浆	构叶	抄纸	晒	生产
大化县贡川乡	壮	纱皮	机器打浆	构叶	抄纸	焙	生产
乐业县同乐镇	汉	竹子	脚碓	老须杉等	抄纸	晾	生产
凌云县逻楼镇	瑶	竹子	脚碓	天松木根、野棉花等	抄纸	晒	生产
靖西市同德乡	壮	纱皮、斜叶榕	手捶	"栲剋"	抄纸	晒	生产
隆林县介廷乡	汉	竹子	水碓	仙人掌、皮子滑、野棉花	抄纸	晒	停产
宾阳县思陇镇	汉	竹子	水碓、脚踩	无	抄纸	晒	生产
隆安县南圩镇	壮	纱皮	手捶	"咪号"	抄纸	晒	生产
岑溪市南渡镇	汉	竹子	水碓	无	抄纸	晒	停产
容县浪水乡	汉	竹子	水碓	嫩竹造纸用榕胆树叶；老竹造纸不用	抄纸	晒	停产
北流市石窝镇	汉	竹子	水碓	无	抄纸	晒	停产
博白县那林镇	汉	竹子	水碓	无	抄纸	晒	停产
博白县松旺镇	汉	竹子	水碓	无	抄纸	晒	停产

融水瑶族造纸所用的小构树
Small paper mulberry tree for papermaking by the Yao Ethnic Group in Rongshui County

融水瑶族造纸所用的糯稻草
Glutinous rice straw for papermaking by the Yao Ethnic Group in Rongshui County

斜叶榕
Ficus tinctoria

灵川瑶族造纸所用竹子
Bamboo for papermaking by the Yao Ethnic Group in Lingchuan County

都安书画纸厂造纸所用龙须草
Eulaliopsis binata for papermaking in Du'an Calligraphy and Painting Papermaking Factory

第三节 广西手工造纸的保护与研究现状

Section 3
Current Preservation and Researches of Handmade Paper in Guangxi Zhuang Autonomous Region

一 广西手工纸文化遗产的保护状况

1
Preservation Status of Handmade Paper Cultural Heritage in Guangxi Zhuang Autonomous Region

广西壮族自治区是在中国较早开展非物质文化遗产保护及手工造纸技艺传承工作的省级区域。2006年1月1日，《广西壮族自治区民族民间传统文化保护条例》（自治区第十届人民代表大会常务委员会2005年4月1日通过）正式颁布实施，其保护内容包括民族民间传统生产、制作工艺和其他技艺等。

2005年9月9日，广西壮族自治区人民政府颁布了《广西壮族自治区人民政府关于加强我区非物质文化遗产保护工作的意见》(桂政发〔2005〕47号），《自治区级非物质文化遗产代表作申报评定暂行办法》《广西壮族自治区非物质文化遗产保护工作厅际联席会议制度》作为附件一并颁发。

2007～2014年，广西共评选了五批自治区级非物质文化遗产代表性项目，其中手工纸项目有：大化瑶族自治县“贡川纱纸制作工艺”(2007年，第一批)、乐业县“把吉造纸技艺”(2010年，第三批)、凌云县“凌云火纸制作技艺”(2012年，第四批)、隆安县“隆安构树造纸技艺”(2014年，第五批)、靖西县“靖西东球供纸制作技艺”(2014年，第五批)。此外，还有多项纸扎、纸伞等相关技艺入选自治区级非物质文化遗产代表性项目名录，如全州县“全州民间剪纸技艺”(2010年，第三批)、宾阳县“宾阳油纸伞制作技艺”(2014年，第五批)、荔浦县“荔浦纸扎工艺”（2014年，第五批)等。

作为非物质文化遗产项目的主管单位，广西壮族自治区文化厅（以下简称文化厅）在手工纸的传承与保护方面做了大量的工作，以下仅列举2015年以来的一些工作：

2015年12月，文化厅公布第四批自治区级非物质文化遗产代表性项目传承基地展示中心和生产性保护示范基地（户）名单，在百色市乐业县同乐镇六为村把吉屯建设自治区级非物质文化遗产代表性项目“把吉造纸技艺”生产性保护示范基地。

2016年，文化厅拨付专项资金在靖西市同德乡建设自治区级非物质文化遗产代表性项目“东球供纸制作技艺”生产性保护示范户。

把吉造纸技艺
Baji papermaking techniques

2016年4月，文化厅成立广西非物质文化遗产扶贫工作专家组，负责对全区贫困地区拟依托非物质文化遗产项目资源实现脱贫致富的贫困户提出建议，并指导开展相关工作。该项工作覆盖手工造纸技艺。

2016年4月9日，在广西民族博物馆举行的“桂风壮韵三月三——2016广西‘壮族三月三’文化活动”中，文化厅官网开设了“欢度三月三”专栏。此外，广西很多市县也开展了相关活动，手工造纸等传统技艺往往是其中的重要内容之一，如2015年南宁“三月三”文化艺术节中就有隆安构树造纸技艺的展示表演。

2016年5月，文化厅印发《2016年广西非物质文化遗产项目帮扶工作方案》，增强对传统手工的艺术性和实用性认识，引领地方传统手工艺达到非物质文化遗产保护与致富双赢互利，促进当地就业百姓增收的效果，让非物质文化遗产助推扶贫工作。该项工作覆盖手工造纸技艺。

东球供纸制作技艺
Dongqiu Tribute papermaking techniques

广西『壮族三月三』文化活动中的隆安手工纸展位（隆安县文化馆 提供）
Long'an Handmade Paper Show Booth for March 3 Festival of the Zhuang Ethnic Group in Guangxi Zhuang Autonomous Region (provided by Long'an County Cultural Museum)

二 广西手工纸研究现状综述

2 Current Overview of Handmade Paper Researches in Guangxi Zhuang Autonomous Region

据调查组已掌握的文献信息，目前对整个广西手工纸进行较为系统介绍的，主要是《壮族科学技术史》书中田雨德所写的“造纸技术”部分，介绍了广西造纸技术的传入与发展、造纸原材料、纱纸的生产工艺及操作、竹纸的生产工艺及操作。除了手工纸外，还简要介绍了机制纸在广西的出现、手工竹纸机械化科研试验的情况等。[34]龚经华的《广西造纸工业概况和梧州市造纸业发展的经过》一文，以机制纸为主，也介绍了广西手工纸产区的分布，以及他到产区调查时纱纸的制作步骤。[35]

[34] 田雨德. 造纸技术[M]//覃尚文,陈国清.壮族科学技术史.南宁：广西科学技术出版社,2003: 290-298.

[35] 龚经华.广西造纸工业概况和梧州市造纸业发展的经过[Z]//中国人民政治协商会议梧州市委员会梧州文史资料选辑：第7辑,1984: 68-80.

广西手工纸按原料可分为皮纸、竹纸、草纸，迄今未发现广西草纸的相关研究，而皮纸也只有纱纸有相关研究，以下分别简述广西纱纸的研究、广西竹纸的研究以及其他研究的相关情况。

（一）广西纱纸的研究

广西纱纸的研究最起码可追溯到20世纪二三十年代。当时广西的新式机械工业尚停滞在官办阶段，而广西原有的手工业，如土布、麻布等，“因资本主义商品的侵入之结果，已日就衰败与消减，即幸有苛存者，亦仅能于艰苦环境中利用最低廉之劳力，在一甚为狭小之市场内，挣扎度日，以苟延残喘而已”[36]。而纱纸业“（大约是民国十三年以前）在都、隆、那曾繁荣一时，可是近几年以来，渐入衰落时期，至一蹶不振”[37]。在这种背景下，一些学者开始了对广西纱纸的调查，他们的调查地点集中在都安、隆山、那马三地。

[36] 千家驹.广西省经济概况[M].上海：商务印书馆,1936: 94.

[37] 广西省政府建设厅.调查都隆那纱纸工业报告[J].建设汇刊,1938(2): 261.

广西建设厅刊印的《调查都隆那纱纸工业报告》[37]是一份较详细的调查报告，文中介绍了纱纸业的现状，分析了纸民的分工问题和他们的生活状况，以及纸商的盘剥手段。还介绍了纱纸和纱皮的交易方式，并对纸户的资本、制造纱纸的成本及工具等进行了描述。

刘炳新发表的《关于广西都、隆、那纱纸业的调查报告》是一份不可多得的20世纪30年代广西纱纸业资料。[38]报告介绍了三县纱纸业的现状、纱树皮原料及纱纸的交易情况，并以案例方式研究了宾阳人杨威在隆山筹设茂兴隆纸厂的情况及产地的纱纸庄情况，是了解都、隆、那三地纱纸庄的一份珍贵史料。

[38] 千家驹.广西省经济概况[M].上海：商务印书馆,1936: 120-145.

[39]
陈汉流.那马县的纱纸业[J].正路,1937(1).

陈汉流发表的《那马县的纱纸业》[39]一文描述了那马纱纸业的现状，分析了造成那马纱纸业不振的原因，并提出了改良纱纸业的路径建议，文末附有纱纸制造方法，罗列当地造纸的11道工序，并谈及胶水的制作方法。

[40]
汪汝霖.考察隆山纱纸制造情形报告书[J].广西省政府化学试验所创刊,1936(1).
[41]
本省筹设纸厂之商榷[J].广西省政府化学试验所创刊,1936(1).

汪汝霖发表的《考察隆山纱纸制造情形报告书》[40]一文对纱纸的原料做了详细的介绍，对纱纸和胶水的制作方法也有简单提及。同年在《本省筹设纸厂之商榷》[41]一文中，作者描述了纱纸的制作方法、原料的产地、价格等问题。关于制作方法的介绍分为七个部分，基本上讲清了工艺，但是不够详细。文章的重点在于探讨纱纸的改良问题。

[42]
霍铭彝.纱纸土法制造[N].广西日报(桂林版),1948-11-21.

霍铭彝发表的《纱纸土法制造》[42]一文详细介绍了纱树的分布情况及纱树从砍伐到剥皮的具体过程。该文还将纱纸的工艺分九道工序来描述，并介绍了部分工具如纸槽的规格及胶水的配制方法。这是一份不可多得的民国晚期纱纸制造工序的记录与研究。遗憾的是，霍铭彝没有对纱纸生产中全套工具的规格进行一一描述，当时工具的具体情况不得而知。

[43]
构树皮碱法制纸浆试验[N].中央日报(桂林版),1947-12-10.

《构树皮碱法制纸浆试验》[43]一文则是政府对纱纸进行技术改良尝试的结果，作者详细介绍了碱法制浆的试验程序和结果。

1949年以前，研究的着眼点更多在于纱纸技术的改良，对工艺过程很少进行详细的描述，更未见谈及纱纸在壮族社会里的文化意义这一类主题。

[44]
韦承兴.都安纱纸业的过去和现在[Z]//都安瑶族自治县志办公室,都安瑶族自治县政协文史组.都安文史:第1辑,1986: 38-57.

韦承兴《都安纱纸业的过去和现在》[44]一文内容较为系统丰富。该文首先对纱纸业起源进行了探讨，认为纱纸的起源最晚当在清朝光绪年间；接着较为详细地介绍了中华人民共和国成立以前纱纸业的生产经营概况，包括纱纸的生产及其经济地位、纱纸的生产程序、纱纸的运销、纱纸的捐税、纱纸的用途；最后，依次介绍了抗日战争时期和1949年以后的纱纸业情况。

[45]
韦丹芳.贡川壮族纱纸的考察研究[J].中国科技史料,2003,24(4): 291-311.

韦丹芳发表的《贡川壮族纱纸的考察研究》[45]一文中，采用人类学田野调查的方法，对广西壮族贡川纱纸生产的工艺操作、工艺技艺、纸药及烤炉（褙纸工具）的制作等进行了详细的科技史描述，对田野资料进行了比较研究，以展示纱纸工艺在现代的变迁。通过对其环境和经济的描述，发现壮族的纱纸工艺与环境密切相关，并由技术衍生出一套相应的文化。

[46]
韦丹芳.传统工艺的传承困境及对策：以广西贡川纱纸工艺为例[J].广西民族大学学报(哲学社会科学版),2007, 29(4): 33-38.

韦丹芳发表的《传统工艺的传承困境及对策——以广西贡川纱纸工艺为例》[46]一文采

用参与观察法和问卷调查法对贡川纱纸业的传承情况进行调查，认为纱纸工艺背后文化心理的缺失、纱纸工艺僵化单调、产品缺乏创新等是贡川纱纸传承陷入困境的主要原因，并提出要有意识地对传统纱纸进行革新。

韦丹芳在《广西贡川壮族纱纸工艺比较研究》《贡川壮族纱纸的科技人类学考察》等文中对广西贡川壮族纱纸工艺进行了比较研究[47]，并从科技人类学的角度考察贡川壮族纱纸[48]。

万辅彬、韦丹芳和孟振兴合著的《人类学视野下的传统工艺》[49]一书，借助韦丹芳早年在贡川进行手工纸调查时搜集到的材料，阐述了作为传统工艺的纱纸对当地经济的意义，同时也讨论了当地人借助纱纸缔结的人际关系。

韦丹芳和赵小军的《广西贡川造纸技术的人类学研究》[50]一文则以他们对贡川壮族纱纸工艺的田野调查作为案例，对科技人类学的定义和特点等进行了阐述。

朱霞在《广西壮族手工造纸及用纸习俗的调研》[29]一文中从技术与民俗两个方面对广西大化县贡川壮族手工“纱皮纸”进行了调查，认为该纸具有许多特色，在当地壮族的日常生活和礼仪习俗中具有重要价值。

陈彪对隆安联造村壮族纱纸制作工艺及相关状况进行了实地考察，发现联造村黄国价

[47] 韦丹芳.广西贡川壮族纱纸工艺比较研究[C]//万辅彬，杜建录.历史深处的民族科技之光:第六届中国少数民族科技史暨西夏科技史国际会议论文集.银川：宁夏人民出版社,2003: 90-101.

[48] 韦丹芳.贡川壮族纱纸的科技人类学考察[M]//秦红增,韦丹芳,等.手工艺里的智慧:中国西南少数民族文化多样性研究.哈尔滨：黑龙江人民出版社,2011: 22-89.

[49] 万辅彬,韦丹芳,孟振兴.人类学视野下的传统工艺[M].北京：人民出版社,2011.

[50] 韦丹芳,赵小军.广西贡川造纸技术的人类学研究[M]//张柏春,李成智.技术的人类学、民俗学与工业考古学研究.北京：北京理工大学出版社,2009: 27-60.

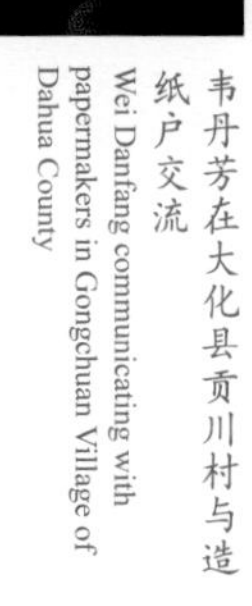

韦丹芳在大化县贡川村与造纸户交流
Wei Danfang communicating with papermakers in Gongchuan Village of Dahua County

龙胜县马海村壮族造纸
Papermaking by the Zhuang Ethnic Group in Mahai Village of Longsheng County

夫妇生产的纱纸具有一定的经济效益，究其原因是当地只有他们夫妇造纸，供应量小。虽然“隆安构树造纸技艺”已入选第五届自治区级非物质文化遗产项目名录，但其传承与发展仍存在一定的不确定性。[51]

[51]
陈彪.广西隆安联造村壮族纱纸调查研究[J].广西民族学院学报(自然科学版),2018,24(1): 23-28.

（二）广西竹纸的研究

[52]
梁浦云.贝江文化和贝江的制纸业[Z]//政协融水苗族自治县委员会.融水文史资料: 第2辑,1985: 85-97.

梁浦云发表的《贝江文化和贝江的制纸业》[52]一文对融水县竹纸的起源、发展及衰落进行了较为深入的分析。曹仕谦发表的《融水县各种行业史话》一文中提到明末清初始有湖南籍人在紫佩村建立简单的造纸作坊造竹纸，同时还介绍了融水多个村寨的造纸情况，特别讲述了民国初期梁品三从事革新，从上海购进化学药物，采用稻草作原料，试制白玉纸获得成功，曾获得国际巴拿马赛会第三名，获银质金边奖牌一枚。[53]这些都是了解融水竹纸历史的重要资料。

[53]
曹仕谦.融水县各种行业史话[Z]//政协融水苗族自治县委员会.融水文史资料: 第6辑,1990: 33-64.

21世纪初，邓文通[24]在借鉴前人关于瑶族社会历史的调查资料的基础上，通过深入的田野调查，提出广西地区的手工造纸大概于清末民国初由汉族地区传入瑶族地区的观点，并较为详细地描述了凌云县林塘村瑶族造纸的工艺和生产过程，分析了造纸术在蓝靛瑶地区面临失传的原因。

[54]
廖国一.传统与创新: 乐业县把吉村高山汉古法造纸与旅游开发研究[J].广西右江民族师专学报,2004,17(04): 39-44.
[55]
王宗培.昭平竹纸[Z]//政协昭平委员会.昭平文史,2000:271-273.
[56]
昭平县政协办.文竹乡毛、楠竹简史[Z]//政协广西昭平县委员会办公室.昭平文史: 第15辑,2003: 49.
[57]
覃主元.壮族传统手工艺的有效保护与实践：以广西马海村造纸、雕刻工艺为例[J].中国科技史杂志,2011,32(3): 431-439.
[58]
覃主元.壮族濒危传统手工艺的困境与出路: 以制陶、湘纸手工艺为例[J].广西民族师范学院学报,2012,29(1): 1-5.

2004年，廖国一[54]在调查乐业县把吉古法造纸的生产技术和工艺流程、把吉手工纸与地方民俗文化后，提出把吉古法造纸具有重要的历史价值和旅游开发价值，应做好其保护、旅游开发的规划和宣传工作。以旅游来说，可将其与世界著名的自然景观大石围天坑联合起来开发。

王宗培的《昭平竹纸》[55]一文简明扼要地介绍了昭平竹纸的历史、原料、工艺、用途、销售等情况。《文竹乡毛、楠竹简史》[56]一文对昭平县文竹乡种竹、造竹纸的历史进行了较为全面的梳理。

覃主元在2011年和2012年发表的两篇文章[57，58]中，以田野调查资料为基础，通过对广西龙胜马海村壮族造纸手工艺历史与现状的分析对比，描述了传统手工造纸的流程，对壮族传统手工造纸工艺发展面临的问题提出了传承与保护的建议与措施。

乐业大石围天坑
Dashiwei Sinkhole in Leye County

（三）广西手工纸的其他研究

[59]
韦丹芳.广西壮、汉、瑶族民间造纸技术的调查研究[J].广西民族学院学报,2004,10(3):24-27.

韦丹芳在《广西壮、汉、瑶族民间造纸技术的调查研究》[59]一文中对广西民间现存的三种造纸技术进行比较研究，认为广西少数民族至今仍保留着较为原始纯粹的造纸工具及造纸方法，这对复原中国古代的造纸技术与研究造纸工艺发展史有重要参考价值。

[60]
贝维静.滇桂民族手工造纸技术多样性研究[D].南宁:广西民族大学,2010.

贝维静在《滇桂民族手工造纸技术多样性研究》[60]一文中认为：滇桂民族保留下来的手工造纸工艺、工具以及原料具有多样性的特点；技术多样性的形成受到环境、经济和文化多样性的影响。

[61]
陈虹利，韦丹芳.西南民族地区手工造纸研究综述[J].广西民族大学学报(自然科学版),2010,16(4):21-27.

陈虹利、韦丹芳的《西南民族地区手工造纸研究综述》[61]一文，对国内出版的广西、云南、四川、贵州、西藏五省（自治区）的手工造纸学术论著和论文进行梳理，展示西南少数民族手工造纸研究的脉络及研究中存在的问题。例如，五省（自治区）的手工造纸研究明显不平衡，重田野考察而缺文献考证，研究受到作者学科背景知识的显著影响等。

第二章
桂东北地区

Chapter Ⅱ
Northeast Area of Guangxi Zhuang Autonomous Region

第一节

全州瑶族竹纸

广西壮族自治区
Guangxi Zhuang Autonomous Region

桂林市
Guilin City

全州县
Quanzhou County

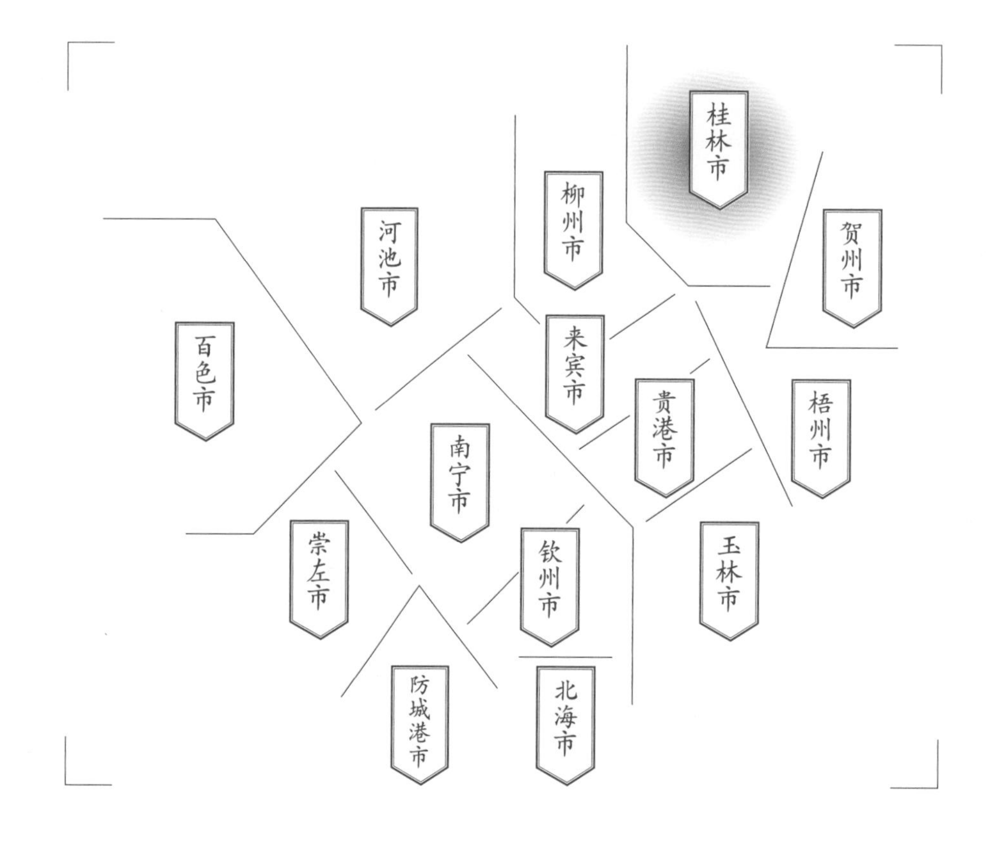

调查对象

东山瑶族乡石枧坪村瑶族竹纸

Section 1
Bamboo Paper by the Yao Ethnic Group in Quanzhou County

Subject

Bamboo Paper by the Yao Ethnic Group in Shijianping Village of Dongshan Yao Town

一

全州瑶族竹纸的基础信息及分布

1

Basic Information and Distribution of Bamboo Paper by the Yao Ethnic Group in Quanzhou County

据《全州县志》记载，1949年前，全州县便存在生产火纸、表清纸的纸厂及石印、木刻等印刷作坊。[1] 调查组通过走访调查，发现东山瑶族乡石枧坪村林排山村民组仍有瑶族造纸户造竹纸，当地称为火纸。

⊙1

纸厂 Papermaking Factory

二

全州瑶族竹纸生产的人文地理环境

2

The Cultural and Geographic Environment of Bamboo Paper by the Yao Ethnic Group in Quanzhou County

全州县位于广西东北部，隶属于桂林市，县治全州镇。东面、北面与湖南省道县、双牌县、零陵区（原永州）、东安县、新宁县交界，西与资源县接壤，西南与兴安县相邻，南面与灌阳县交界。

全州县建制历史悠久，秦始皇帝二十六年（公元前221年）于今县地置零陵县，属长沙郡。西汉元鼎六年（公元前111年），始建洮阳县，治所在今永岁乡。隋开皇九年（589年），并洮阳、零陵、观阳（今灌阳）三县置湘源县，治所设于今全州镇柘桥村，以湘水而名。五代后晋天福四年（939年），置全州，州治今柘桥村；后周显德三年（956年），州治从柘桥迁至

[1] 全州县志编纂委员会.全州县志[M].南宁：广西人民出版社,1998: 320.

路线图
全州县城
↓
石枧坪村
Road map from Quanzhou County centre to the papermaking site (Shijianping Village)

全州瑶族竹纸生产地分布示意图

Distribution map of the papermaking site of bamboo paper by the Yao Ethnic Group in Quanzhou County

考察时间
2014年4月/7月/9月

Investigation Date
Apr. / July / Sept. 2014

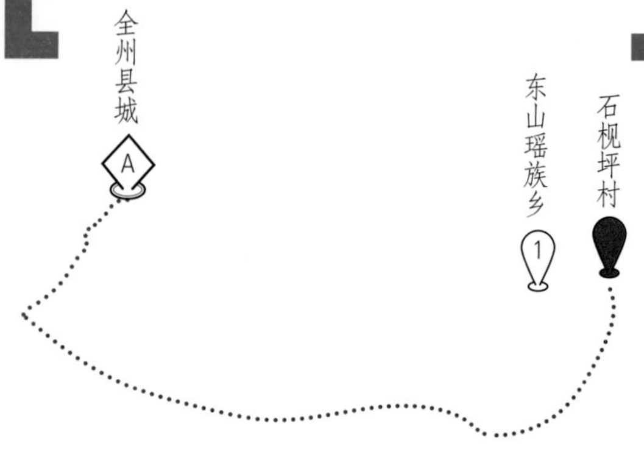

全州县城
A
东山瑶族乡
1
石枧坪村

地域名称

A 全州县 全州镇
1 东山瑶族乡
2 安和乡
3 咸水乡
4 绍水镇
5 大西江镇

造纸点名称

石枧坪村 造纸点

位置分布

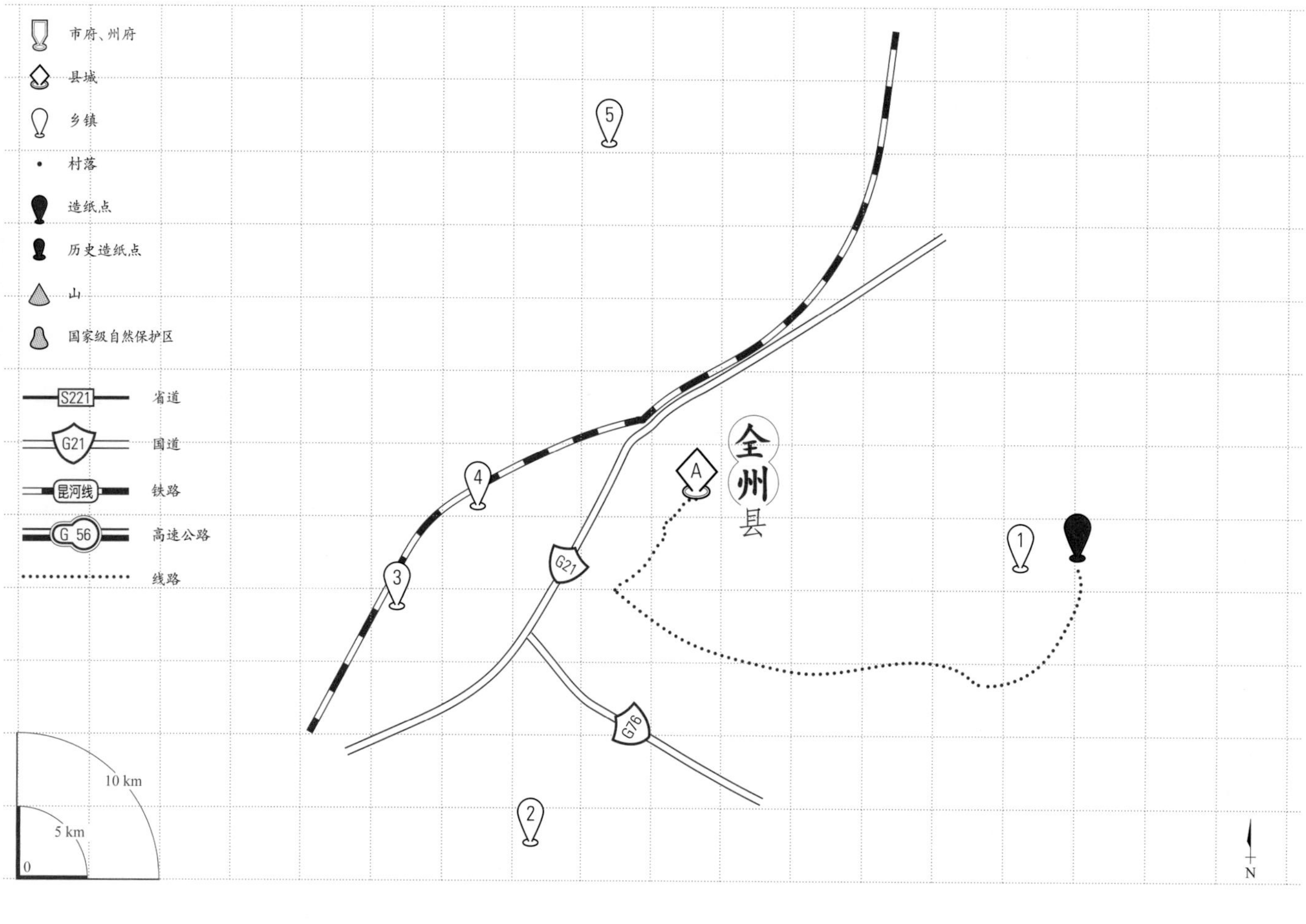

市府、州府
县城
乡镇
村落
造纸点
历史造纸点
山
国家级自然保护区
S221 省道
G21 国道
昆河线 铁路
G 56 高速公路
线路

全州县
A
1
2
3
4
5
G21
G76
10 km
5 km
0
N

今全州镇。元至元十四年（1277年）改全州为全州路。明洪武元年（1368年）改为全州府；洪武九年（1376年）降为全州，隶湖广永州府；洪武二十七年（1394年）八月，改隶广西桂林府。自此，全州为广西属地。至清，延称全州，仍隶桂林府。民国元年（1912年）废州改为全县。1959年，改为全州县至今。

全州县行政面积4 021.19 km^2，县境地域宽广，境内南北长99.23 km，东西宽85.77 km。[2]全县辖9镇10乡，2014年末全县户籍总人口83.28万，其中农村人口75.54万，瑶、苗、回等少数民族3万多人。[3]全县地处岭南亚热带季风区，气候温和，雨量充沛，四季分明。多年平均气温17.8℃，平均无霜期299天，平均降水日163.3天，降水量1 519.4 mm。[4]境内长6 km以上的河流共123条，多年平均水资源总量7.268×10^9 m^3，境内诸河流中，除湘、灌、罗三江可以通航外，其余各支流水浅流急，利于截流筑坝，引水灌田。全州县气候资源等适合发展农业、林业及多种经营生产，是全国现代农业示范区和自治区循环农业试点县、自治区粮食生产先进县。

全州承荆楚之文运，兼潇湘之灵秀。千年湘山古寺，昔称“楚南第一禅林”。汉洮阳城遗址，古迹犹存。炎井河谷，二十里一线江天，仰观蔽天古木，俯听奔流击石。炎井温泉，入浴称心快意。天湖水库，烟波浩渺。其他尚有虹饮桥、燕窠楼等。[5]

东山瑶族乡位于县境东部，东北与湖南省交界，南与灌阳县相邻，西与白宝乡、两河乡接壤。清属恩乡，民国二十二年（1933年）属恩德区，民国三十一年（1942年）属镇东乡。新中国成立之初属两河区，1951年9月为东山自治区，1958年改称东山瑶族公社，1961年改名东山区，1968年称为东山公社，1984年定名东山瑶族乡至今。乡政府驻地清水，距县城37 km。乡总面积365 km^2，东西长36 km，南北相距33 km。耕地面积27.4 km^2，其中水田17.6 km^2，旱地9.8 km^2，主种水稻、红薯、玉米。全乡宜林面积约235.53 km^2。1990年，全乡林地面积约109.87 km^2。林木以松、杉为主，次为竹、油桐等。东山瑶族乡共0.71万户，3.3万人，境内素为瑶族聚居之地，瑶族人口达2.47万。境内石灰岩广布，水资源缺乏，易受干旱。1949年后，修建了上坪、东方红、大塘等小型水库，总库容1.38×10^7 m^3，灌溉农田约7.73 km^2。[5]

[2] 全州县志编纂委员会.全州县志[M].南宁：广西人民出版社，1998: 25.

[3] 广西壮族自治区地方编纂委员会.广西年鉴2015[M].南宁：广西年鉴社,2015: 347-349.

[4] 全州县志编纂委员会.全州县志[M].南宁：广西人民出版社,1998: 57-62.

[5] 全州县志编纂委员会.全州县志[M].南宁：广西人民出版社,1998: 46.

三
全州瑶族竹纸的历史与传承

3
History and Inheritance of Bamboo Paper by the Yao Ethnic Group in Quanzhou County

据清雍正十一年（1733年）修《广西通志》卷三十一《物产·桂林府》记载，“纸，各州县出”[6]，这说明最迟在清前期，桂林一带的各州县就普遍产纸了。

据民国二十二年（1933年）《全县志》载，（全州）竹类大都为造纸原料[7]。全州竹类资源丰富，1990年共有竹林面积约46.73 km^2，约占森林总面积的3%。全州竹有南竹、毛竹、厘竹、斑竹等，主要分布于绍水、咸水、焦江、东山、文桥等乡镇。[8]

据《全州县志》载，1949年前，咸水乡、绍水镇、大西江镇等地山区，有用竹子或禾草制造火纸、表清纸和桂花纸的简陋纸厂。1958年，有安合、庙头、文桥、东山、石塘、凤凰、龙水、城关、七一等公社造纸厂9家，从业者180人，以禾草、麦秆、甘蔗渣、竹子等为原料，生产表清纸、禾夹纸、桂花纸、火纸等。但由于劳动生产率低，1961年基本停办。

2014年4月、7月和9月，调查组三次前往全州东山瑶族乡石枧坪村林排山村民组进行调查。据时年59岁的造纸户奉永兴口述，林排山造纸最早始于其祖父奉福秀，造纸技术由祖父从湖南祁阳学来，后传给父亲奉贵进，再传给奉永兴。2010年起，奉永兴因年事已高，交由女婿盘福国（时年43岁）和女儿奉友妹造纸，奉永兴和妻子李龙花偶尔帮忙。据此推断，林排山造纸有近百年历史。

东山瑶族乡石枧坪村林排山村民组一直持续生产手工纸。20世纪70年代，林排山有14户人家，家家造纸，最多时有4个纸厂，没有纸厂的造纸户，往往仅需宴请纸厂主家一次，即可在主家纸厂闲置时前去造纸。20世纪80年代后造纸户逐渐减少，90年代中期只有奉永兴、奉远兰、盘子良三家造纸，2010年以来主要是盘福国一家造纸。

[6] 广西通志馆旧志整理室.广西方志物产资料选编:上[M].南宁:广西人民出版社,1991: 17.

[7] 广西通志馆旧志整理室.广西方志物产资料选编:上[M].南宁:广西人民出版社,1991: 459.

[8] 全州县志编纂委员会.全州县志[M].南宁:广西人民出版社,1998: 206-208.

四 全州瑶族竹纸的生产工艺与技术分析

4 Papermaking Technique and Technical Analysis of Bamboo Paper by the Yao Ethnic Group in Quanzhou County

(一) 全州瑶族竹纸的生产原料与辅料

全州竹纸所用原料主要为当年生的嫩毛竹，造纸户一般在农历三四月到小满之间到周边山上砍刚出杈子、还没出叶，当地称为“开枝不上叶”的嫩竹。小满后的竹子偏老，不好打烂，纸黄一些；而第二年竹子老了，抄不出纸。

全州造竹纸时，必须用纸药，当地称为滑浆。其制法是将取回来的猕猴桃藤的叶子摘掉，用木槌将其捶烂，然后拧成团置于槽子中，需要时不断搓揉，将滑浆挤出到槽子里。一次约捶1 kg猕猴桃藤，可抄2个垛子（抄1天得到的纸为1个垛子，数量不定，通常为1 000～2 000张），可用2天。

全州造竹纸时，需用石灰。1担竹子（当地习称竹麻）放5 kg石灰，所用石灰为广灰，以前是造纸户自己烧，2012年开始用购买的，40元/100 kg。他们认为自己烧的石灰干净一些，质量好一些。

⊙1

⊙2

⊙1 摘猕猴桃藤叶 Plucking Chinese gooseberry leaves

⊙2 捶猕猴桃藤 Beating Chinese gooseberry branches

(二) 全州瑶族竹纸的生产工艺流程

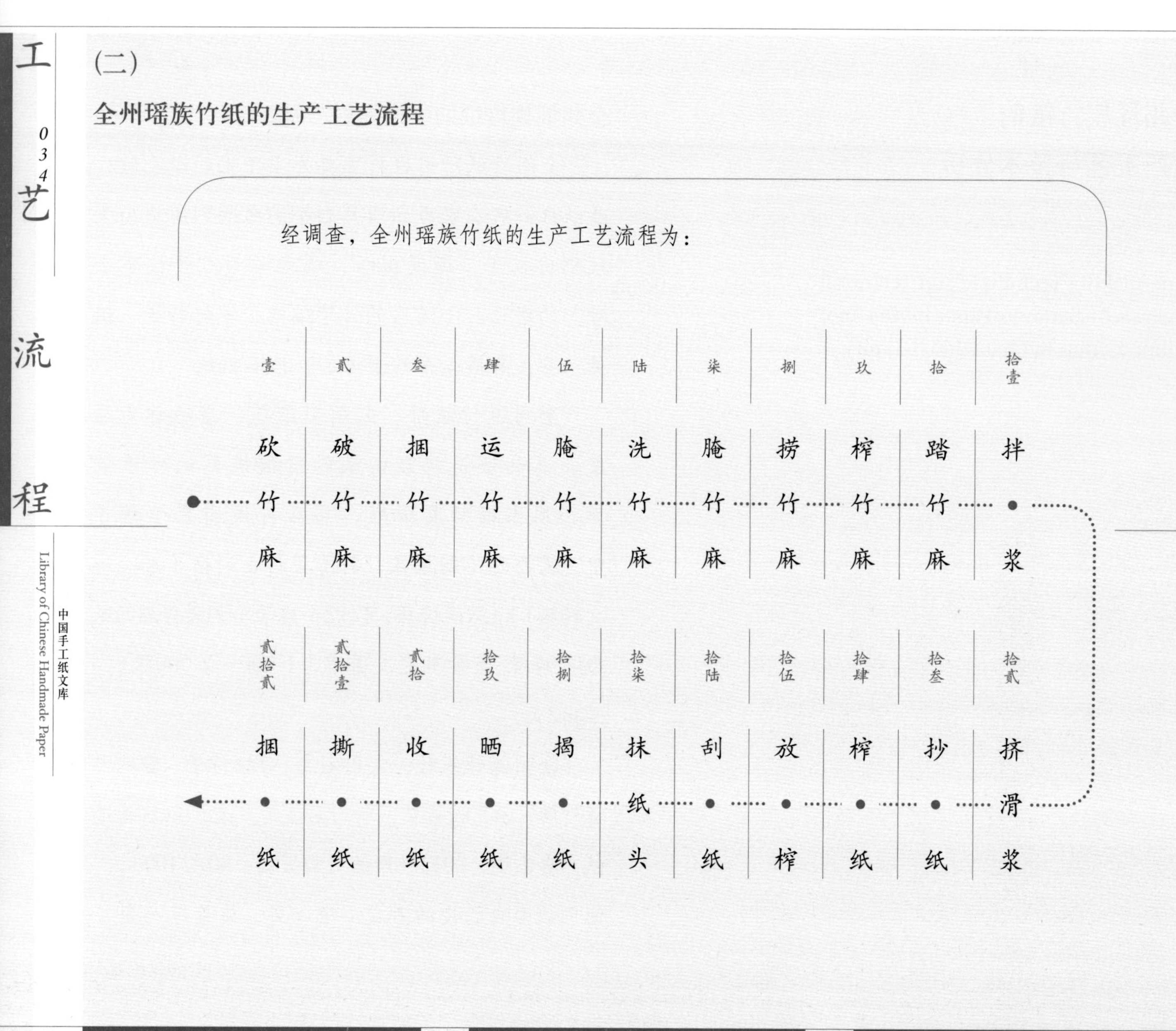

壹 砍竹麻 1

每年农历三四月到小满之间，造纸户用镰刀到周边山上将竹麻砍下来，一天最多可砍70～80根。

贰 破竹麻 2

用柴刀将竹麻砍断到约133 cm (约4尺)长，再用钩刀将其破成一指宽。

叁 捆竹麻 3

用竹篾（竹子破成3～4瓣竹篾）将破好的竹麻捆成捆，再用绞棍绞紧。一般15～18 kg一捆，30～36 kg一担。

肆 运竹麻 4

将捆好的竹麻扛或挑到竹麻塘。如用肩扛则一次一捆，如用肩挑则一次一担。

伍 腌竹麻 5

将竹麻放入竹麻塘，把竹篾解开，一层竹麻铺一层石灰，接着用锄头敲，使石灰沉下去。一般，第一层放2～3担竹麻，第二层4～5担，越往上竹麻越多。最上面铺上竹篾，再用石头压。加满水，腌40天。竹麻塘一次可放120多担竹麻。

陆 洗竹麻 6

⊙1

穿高过膝盖的胶鞋在竹麻塘里用脚踩竹麻，然后用手洗竹麻，洗好后将其放在竹麻塘的田坎上；逐渐洗，逐渐放水。1949年前没有胶鞋，造纸户在脚上涂桐油，赤脚或穿草鞋去踩。调查时，因竹麻量少，洗竹麻时赤脚，洗后将竹麻直接放在旁边。

⊙1

⊙1 洗竹麻 Cleaning the bamboo materials

柒

腌竹麻

7 ⊙2⊙3

铺3根木头或老竹子在竹麻塘底部，将竹麻置于其上，再盖上塑料布（以前没有塑料布时铺八茅草、四叶草等），其上用竹篾片、石头压。后加满水，腌7天，接着把竹麻塘里的水（当地称为苦水）放掉；再加水，腌一个月，放水；过7天后再加满水。

⊙2

⊙3

捌

捞竹麻

8

当用手可折断竹麻时，即可捞起。捞时，用多少取多少。为捞竹麻方便，每捞一次，就放一次水，但要保证剩下的水将竹麻一直泡着，不要有竹麻在水面以上。

⊙4

玖

榨竹麻

9 ⊙5～⊙7

将捞出来的竹麻挑到纸厂，将两担竹麻放到榨板上，其上用压板等压好。用榨索将榨杆和滚筒捆好，用手杆压榨，压不下去时，松榨一次，加一块码子后继续榨，竹麻约需榨4小时才会干。榨竹麻很有讲究，好的竹麻榨得越干越好，那样可以踏得更细，“融化”得更好，当地称为更容易“融头”；不太好的竹麻，榨到半干即可，太干反而踏不细。据奉永兴、盘福国介绍，当年的嫩竹麻，同时石灰又好，腌竹麻后石灰洗得干净，手插进去都不会伤手的是好竹麻。

⊙5

⊙2/3 腌竹麻 Soaking the bamboo materials

⊙4 挑竹麻 Carrying the bamboo materials

⊙5/6 榨竹麻 Pressing the bamboo materials to squeeze water out

⊙6

⊙7

拾 踏竹麻

10 ⊙8 ⊙9

把一担竹麻放到碓坑里，左脚踩碓，左手拉绳，右手持竹麻钩，将竹麻往贴石头的洞眼中拨，边打碓边拨。必须打中碓坎眼，否则易将竹麻打出去。竹麻踏细后称为纸浆。通常下午捞完纸后踏竹麻，一担竹麻要踏3小时，第二天捞完。

⊙8

⊙9

拾壹 拌浆

11 ⊙10～⊙12

在槽桶里加入适量水，当地说法是“一担竹麻百担水”，然后把一担竹麻制成的纸浆一次性放到槽桶里；接着用耙头左右划圈，将纸浆打散；再用撩叉把没踏细的竹麻筋捞出来，竹麻筋可再踏细使用；接着用“篾搭搭”压，两端再各用一块石头压，不让纸浆漂起来。最起码抄200张（2刀）纸后才把“篾搭搭”取出来。

⊙10

⊙11

⊙12

⊙7 榨好的竹麻 Pressed bamboo materials

⊙8/9 踏竹麻 Stamping the papermaking materials with a foot pestle

⊙10 拌浆 Making the paper pulp

⊙11 打浆 Stirring the paper pulp

⊙12 捞筋 Picking out the residues

拾贰
挤滑浆

12 ⊙13⊙14

将摘掉叶子，并已捶烂的猕猴桃藤置于槽桶中，用手不断搓揉，将滑浆挤出，再用帘架上下左右将滑浆与水搅匀。抄3～4刀（300～400张）纸后，盖湿纸时，如果纸不好揭离纸帘，就加滑浆。滑浆少，纸浆上不均匀；滑浆太多，纸又太薄。纸的厚薄除了与滑浆多少有关外，还与抄纸速度有关。抄得快就薄，抄得慢就厚。当地有一形象的说法：飙水走路就薄，柔水走路则厚。

⊙13

⊙14

拾叁
抄纸

13 ⊙15～⊙17

抄一张纸需抄两帘水。头帘水称为刮水，双手持帘架由外往里刮，然后水往右倒；二帘水称为穿水，双手持帘架从右往左挖水，之后水往右倒。左边为纸头，右边为纸尾，纸头比纸尾厚些。抄好第一张纸后，将其翻盖于下水板上方的废帘子上，其后的湿纸依次盖于前面的湿纸上。前三张纸叫纸壳子，要抄厚些，以保护后面的纸。若槽桶面上无浆了，用帘架上下左右搅，搅起适量纸浆。1小时可抄约300张纸，半天可抄完一担竹麻制成的纸浆，共约1 200张。抄纸非常辛苦，不仅需要技术，也很需要体力。奉永兴说一帘水有20 kg。这也是年轻人不愿意继承手工造纸技术的重要原因之一。

⊙15
⊙16
⊙17

⊙13 挤滑浆
Squeezing *Actinidia chinensis* vine as adhesive

⊙14 搅滑浆
Stirring the papermaking mucilage with a papermaking screen

⊙15 抄纸——头帘水
Scooping the papermaking screen for the first time

⊙16 抄纸——二帘水
Scooping the papermaking screen for the second time

⊙17 盖湿纸
Turning the papermaking screen upside down on the board

⊙18

⊙19

拾肆
榨纸
14
⊙18～⊙23

抄完后，用手将湿纸垛四周的纸渣去掉，然后在纸垛子上盖废纸帘或一张干纸，其上依次放上水板、两根条板、几块码子、凹码，接着把纸杆置于凹码上，用手先轻压，再逐渐用力。之后取下纸杆，换上榨杆，套上榨索，将纸杆插在滚龙的滚子眼里，先轻轻压，再逐渐使劲，其中放榨2～3次，每次加一块码子。榨到纸垛不出水就认为干了，用棕丝将四周的水抹掉。

⊙20

⊙21

⊙22

⊙23

⊙18 去纸渣 Removing the papermaking waste with hands

⊙19 放干纸 Putting dry paper on the board

⊙20/22 压榨 Pressing the paper

⊙23 抹水 Wiping away water

拾伍 放榨

15 ⊙24⊙25

把榨索松开，将榨杆等松掉，将纸垛背回家。

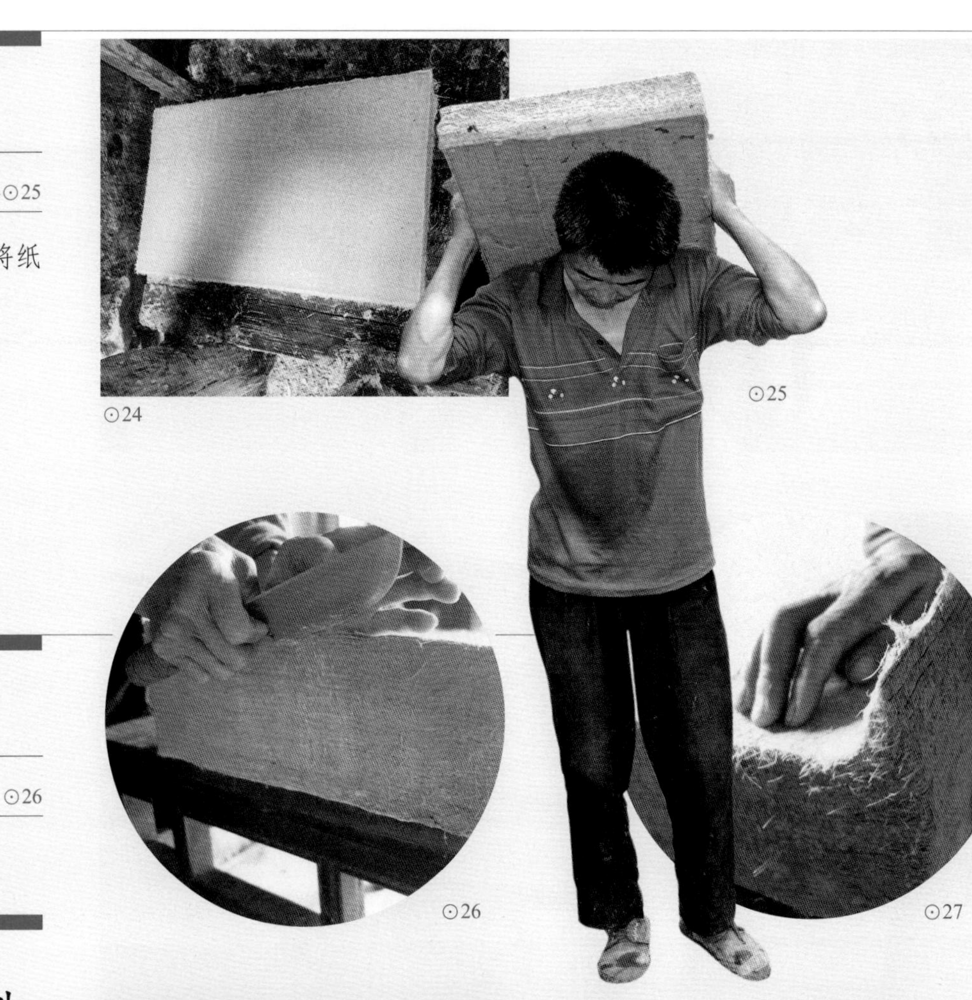

⊙24

⊙25

拾陆 刮纸

16 ⊙26

用刀将纸头从下往上刮。

⊙26

⊙27

拾柒 抹纸头

17 ⊙27

用手将纸头从下往上抹，将其抹松。

⊙28

拾捌 揭纸

18 ⊙28⊙29

用手将右下角的纸头揭起来，将整个纸头撕开，从左往右撕开大约1/3，每两张间隔1～2 cm，5张为一摞（也叫一个纸头），将其整体撕开，后对折。纸薄的难撕，厚的好撕。20世纪70年代末还用长约87 cm、宽约47 cm的细帘子，9张为一摞，后因小帘子造纸不划算，换成了现在的帘子。

⊙29

拾玖 晒纸

19 ⊙30

将一摞摞纸放到地上晒，一天即可干。如遇雨天，则将纸垛放在家里。

⊙24 纸垛 Paper pile

⊙25 背纸垛 Carrying paper pile

⊙26 刮纸 Trimming the deckle edges with a knife

⊙27 抹纸头 Sorting the paper from the bottom up

⊙28/29 揭纸 Peeling the paper from the lower right corner

⊙30
晒纸
Drying the paper in the sun

贰拾
收　纸
20

将一摞摞纸收回来，每2刀（200张）之间头尾互换，便于计数且两端厚度相同。

贰拾壹
撕　纸
21

卖的纸不用撕，只需捆好。使用的时候才将一摞摞纸一张张撕开。

贰拾贰
捆　纸
22

10刀（1 000张）作为一捆，用竹篾捆一道即可。这就完成了整个造纸过程。

1978年以前还生产过用于书写的湘纸，当地也称虎皮纸，其工序和现在的有所不同，具体如下：

削青

将整根竹子置于木马上，人坐在竹子上，手持削刀两边的把手，从上往下将青皮削掉。削完皮后，再用刀将竹子砍断成大约1.5 m的长度。

脚踏

用脚踩20遍，将其踩融。不能用碓踏。

抄纸

用长约87 cm、宽约47 cm的细帘子抄纸。

烤纸

将抄好的纸直接贴到纸焙（即用细青篾织成两块平整光滑的长2 m、宽2 m的“竹搭搭”，对搭成三角形状）上，纸焙中间生火，利用其热量将纸烤干。

据奉永兴介绍，湘纸生产延续到20世纪70年代末，他见过但没生产过。造湘纸的技术是祁阳秦家老界的谢品正来村里教授的，造湘纸是村的集体事业，由奉贵进、奉贵球、奉贵重等负责。该纸成品为黄色，因该纸较一般纸细滑轻薄，不宜榨压，抄好便直接贴在竹搭搭上烘干，大概5分钟可烘干1张。最少需4人操作，其中2人抄纸、1人烧火、1人收纸，一天可抄1刀（100张），卖给本地居民用于书写。最远卖到永州府一带，2～4元/千克。

⊙31

⊙31
削青示意
Showing how to strip the bamboo bark

(三)

全州瑶族竹纸生产使用的主要工具设备

壹 竹麻塘 1

上宽下窄，规格不一。一般长约3 m，宽约1.67 m的，可放120多担竹麻；长约4 m，宽约2 m的，可放200担竹麻。

贰 碓 2

木制，所测碓长200 cm，碓坎眼上直径16 cm，下直径9 cm。

⊙32

叁 槽桶 3

所测槽桶内侧长220 cm，宽93 cm，高95 cm。抄纸时，人所站处凹进去。有块木头，可整体拆开。

肆 耙头 4

木制，所测耙头长110 cm，柄长22 cm，中宽10 cm。

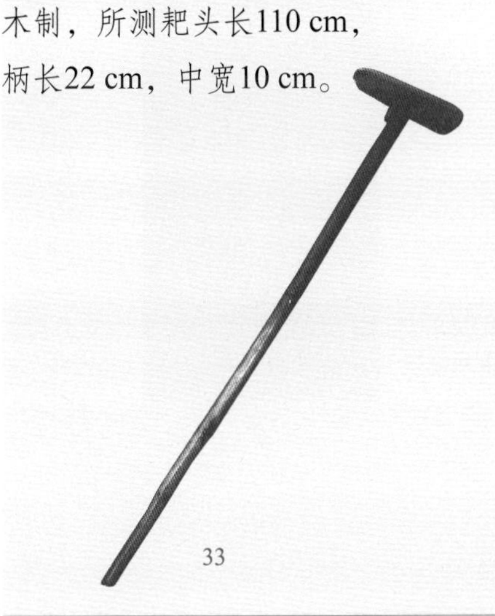

33

伍 帘子、帘架 5

所测帘子长71 cm，宽46.5 cm；内侧长63 cm，宽38.5 cm。图中两个实线框之间的部分为帘子耳朵。以前的帘子长约80 cm，宽40～43 cm，帘子耳朵也比现在大些。帘架为木制，所测帘架外侧长76.5 cm，宽55 cm。

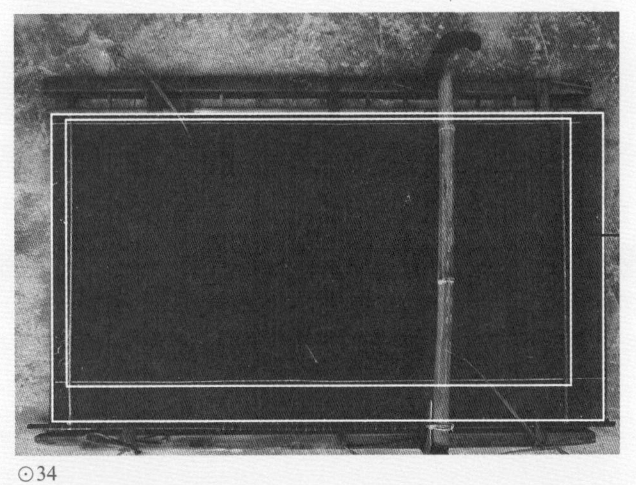

⊙34

⊙32 碓 Wooden pestle for beating the papermaking materials

⊙33 耙头 Rake for stirring the papermaking materials

⊙34 帘子、帘架 Papermaking screen and its supporting frame

陆 木榨 6

所测木榨如图所示。

榨索
榨杆
矮墩
纸杆（所标为插纸杆的孔）
滚龙
凹码
码子
条板
上水板
下水板
高墩

⊙35

各部件名称及所测尺寸如下：

高墩，距地高约150 cm。

矮墩，距地高约95 cm，两矮墩间距74 cm。

滚龙，直径30 cm，洞直径11 cm。

下水板，长85 cm，宽47 cm，高4 cm。

上水板，长88 cm，宽60 cm，高5 cm。

榨杆，长335 cm。

纸杆，木制，长130 cm，直径6 cm。

榨索，由竹麻制成，用于将纸杆和滚龙套在一起。

⊙36

⊙35 木榨 Wooden Presser

⊙36 纸杆 Wooden stick for squeezing the paper

(四)

全州瑶族竹纸的性能分析

所测全州石枧坪村瑶族竹纸为2013年所造，相关性能参数见表2.1。

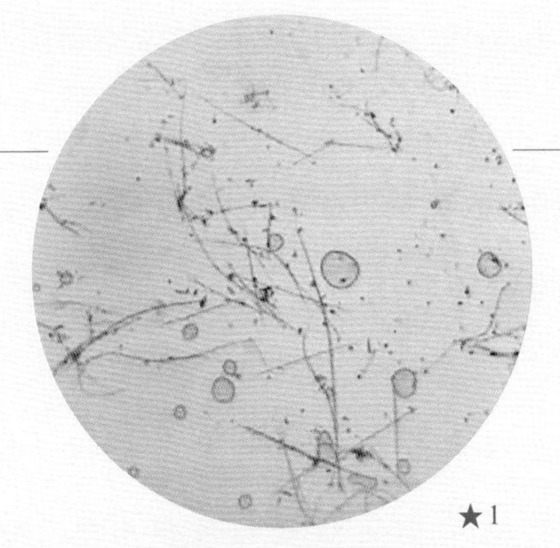

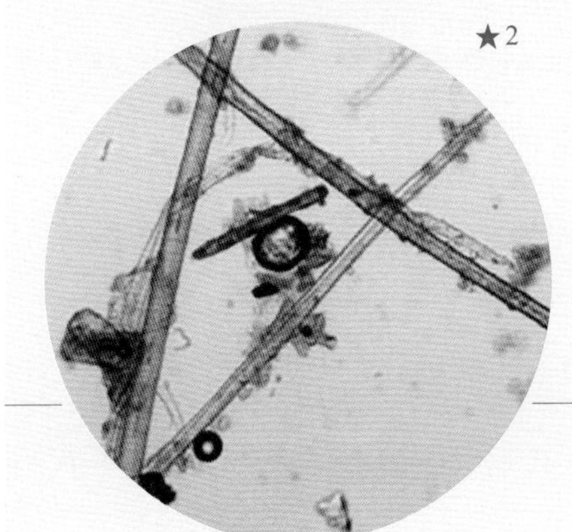

表2.1　石枧坪村竹纸的相关性能参数
Table 2.1　Performance parameters of bamboo paper in Shijianping Village

指标		单位	最大值	最小值	平均值
厚度		mm	0.246	0.131	0.184
定量		g/m^2	—	—	42.8
紧度		g/cm^3	—	—	0.233
抗张力	纵向	N	14.18	5.96	9.41
	横向	N	7.51	4.62	5.80
抗张强度		kN/m	—	—	0.51
白度		%	16.74	15.80	16.35
纤维长度		mm	8.12	0.55	1.83
纤维宽度		μm	59	1	11

由表2.1可知，所测石枧坪村竹纸厚度较大，最大值比最小值多87%，相对标准偏差为21%，说明纸张薄厚不均匀。经测定，石枧坪村竹纸定量为42.8 g/m^2，定量较大，主要与纸张较厚有关。经计算，其紧度为0.233 g/cm^3。

所测石枧坪村竹纸纵、横向抗张力差别较大，经计算，其抗张强度为0.51 kN/m。

所测石枧坪村竹纸白度平均值为16.35%，白度较低，这应与石枧坪村竹纸没有经过蒸煮、漂白有关。相对标准偏差为2.0%。

所测石枧坪村竹纸纤维长度：最长8.12 mm，最短0.55 mm，平均1.83 mm；纤维宽度：最宽59 μm，最窄1 μm，平均9 μm。在10倍、20倍物镜下观测的纤维形态分别见图★1、图★2。

★1
石枧坪村竹纸纤维形态图（10×）
Fibers of bamboo paper in Shijianping Village (10× objective)

★2
石枧坪村竹纸纤维形态图（20×）
Fibers of bamboo paper in Shijianping Village (20× objective)

五
全州瑶族竹纸的用途与销售情况

5
Uses and Sales of Bamboo Paper by the Yao Ethnic Group in Quanzhou County

(一)
全州瑶族竹纸的用途

全州竹纸有以下用途:

1. 书写

传统全州竹纸中的精品——湘纸,较为细腻、光洁,具有较好的润墨性,以前都用于书写。

2. 换谷子

1刀纸换5 kg谷子。到20世纪70年代末,奉永兴还挑纸去别人家换谷子。

3. 妇女用纸

直到20世纪90年代初,当地及周边一些妇女还用全州竹纸作为妇女用纸。

4. 祭祖

全州竹纸一直以来最重要的用途是祭祖,至今仍如此。全州竹纸是很受欢迎的祭祖用纸。近年来,也有不少机制祭祖用纸,这极大地挤压了全州竹纸的市场空间。

(二)
全州瑶族竹纸的销售情况

20世纪80年代时,一刀纸卖15元;90年代时涨到每刀纸20元;2013年时为每刀纸25元。一般是夫妇两人造纸,家里其他人帮忙。以前一家造纸多的时候有一千多刀,少的时候也有三四百刀。

所造出的纸,大部分是东山乡及毗邻的湖南双排县何家洞乡的村民上门买。有些放到亲戚家,让周边人上门买,也有的挑出去走村卖。

六
全州瑶族竹纸的相关民俗与文化事象

6
Folk Customs and Culture of Bamboo Paper by the Yao Ethnic Group in Quanzhou County

(一)
非常有特色的造纸孝歌

调查组2014年4月29日了解到，奉永兴有本手抄的孝歌，其中有《造纸》。调查组成员当时请他唱。他说孝歌一般只适宜在孝家孝堂歌唱；不办丧事时，农历初一、十五不能唱孝歌，不吉利；即使不是初一、十五，也不能在家里或家门口唱，离家一段距离才能唱。而当天刚好是农历初一。当年调查组又一次去调查时，9月6日晚，他在离家几十米外唱了一段。以下是根据奉永兴手抄本核对、整理的《造纸》孝歌歌词。

造　纸

说有源来道有因，造纸之事说源根。
混沌年间无纸化，撕破绫罗奏上天。
奏得苍天不忍见，东王公公下凡尘。
东王公公收竹米，西王老母收竹芽。
先栽三年不生笋，后栽四年笋不生。
混沌年间风雨顺，雷神动土笋发芽。
刚刚生出七根笋，蝗虫钻了四根心。

⊙1

⊙1
奉永兴手抄的《造纸》孝歌
A poem about papermaking transcribed by Feng Yongxing

四月八日上山砍，五月五日拖下江。
除了头来去了尾，除头除尾要中间。
拿根担杆绑连连，一担挑在干塘边。
有了竹麻无石灰，就把石灰说源根。
每日又把塘子打，又请刘公上矿山。
打矿打了三天半，打得矿子堆如山。
刘公就把矿子挑，矿子挑在窑头上。
有了矿子又无柴，又请刘公上山砍。
砍一岭来并一槽，将柴挑在窑头上。
矿子和柴打齐了，窑公窑母把窑装。
烧了三天并三夜，一窑石灰白如霜。
五担竹麻三担灰，腌得竹麻软如棉。
有了竹麻无槽桶，就把槽桶说根源。
西眉山上有棵树，万古千秋不落叶。
毛山仙人拿把斧，拿把斧子手中存。
半边砍来半边长，丢了斧子喊皇天。
喊得天王来答应，狂风吹树地中眠。
飞马扬州请博士，勒马柳州请张良。
请得张良鲁班到，墨斗斧子到山上。
鲁班仙师用一计，除头去尾要中间。
墨笔一画做两段，墨线一打板成行。
毛山仙人置把锯，置把棉锯二人拉。
西眉山上驾个马，西眉山下架个尖。
远看山上落大雪，近看锯雪落连连。
你也扯来我也拉，锯灰纷纷落两边。
你也筛*来我也筛，锯雪纷纷落两头。
大板筛去十二块，小板筛出十二双。
大板拿来做桶底，小板拿来做桶墙。
有了桶来无帘子，就把帘子说根源。
竹尾连连扣成正，马尾双双捆成连。
蔡伦先师会造纸，槽头造纸有名人。
六月六日把槽起，槽头造纸不周全。
先造三张不成纤，后造四张不成绵。
造纸郎君无主意，绑着槽头喊皇天。
太白星君把凡下，指引郎君砍桦浆。
砍来三斗桦浆粉，拿在槽头做药方。
先造三张成了纤，后造四张成了绵。
刚刚造出五色纸，五色纸来有分明。
莫道白纸无用处，亡者出世写文章。
莫道蓝纸无用处，亡者登山写对联。
莫道红纸无用处，亡者出世写灵牌。
莫道绵纸无用处，孝家买田写契章。
莫道黄纸无用处，亡者出世做钱财。
有了纸来无钱锅，就把钱锅说根源。
炉头祖师会铁匠，铁炉立在庙门前。
口做炉来手做锤，膝头上面打三年。
打铁郎君身出巧，先打前心后打边。
前头打个半边月，后来打个月团圆。
打过通宇通天下，打了宝字保万年。

奉永兴的孝歌是从村对面岭上南家岭村奉庭长处学习、抄录的，据说孝歌文本以前可以在永州府狮子坪三姊妹处购得。当地瑶族老人过世时，必须守夜，为让帮忙的人及客人不睡觉，守护、悼念亡灵，孝家就请附近有名的孝歌师傅前来唱孝歌，也有师傅不请自来。唱孝歌有起歌堂、坐歌堂、散歌堂等环节，内容丰富，歌调简单统一，多有锣鼓配合。《造纸》多在守灵下半夜散歌堂超度亡魂时唱，依次唱造纸、造香、造钱、造酒、造茶这五造，其他内容可根据需要选唱。

孝歌多靠口耳相传，不同地方、不同师傅所唱孝歌的内容往往有所差异。调查组多方调查，了解到全州县永岁乡伍家村伍井明师傅有另一版本《造纸》孝歌，两篇文字略有差异，但大致意思相同。

* “筛”是当地方言，动词，意同“锯”。

造　纸

一对鼓棍打鼓边，打鼓唱歌闹掀天；
老人死了难相见，一命呜呼到九泉。
三魂七魄已走远，儿女哭得好可怜；
今晚唱歌到两点，散歌堂内说根源。
别的言语我不唱，先把造纸唱在先；
混沌年间无纸化，剪破绫罗奏上天。
玉皇大帝来看见，东王公公下凡间；
东王采来竹子种，西王老母栽竹园；
先栽三年不见笋，后栽四年也枉然。
混沌九年风雨顺，雷神震动笋出园；
生出七根嫩黄笋，四根又被虫钻穿。
余下三根连天长，竹林露出尾巴尖；
四月八日上山砍，五月五日拖出园。
竹子拖到山下去，除头去尾留中间；
又把竹子来捶烂，一担挑到干塘边。
有了竹麻又无碱，就把石灰说根源；
先把开山童子请，童子来到矿山前。
手拿锤子打炮眼，又把炸药放中间。
耳听轰隆一声响，矿山崩下一半边；
又把挑夫郎君请，担担挑到窑旁边。
有了石头又无柴，请得樵夫到山间；
砍了矛柴数百担，柴干挑到窑旁边。
矿子和柴打齐了，窑公窑母把窑填；
先把窑心来装满，后装窑尾尖又尖。
装好灰窑又无火，火德星君下凡间；
烧了三天并三夜，石头烧得白如盐。
五担竹麻三担灰，化烂石灰用水源；
泡了七天并七夜，腌得竹麻软如棉。
有了竹麻无槽桶，又把槽桶说根源；
西眉山下一棵树，永不落叶千万年。
毛山仙人把山上，拿把斧子在手间；
这边砍来那边长，丢了斧子喊皇天。
喊得天上狂风起，吹倒大树笑开颜；
请得张良鲁班到，除头去尾留中间。
西眉山上骂个马，西眉山下架个尖；
你也拉来我也扯，锯灰纷纷落两边。
近看两边落锯粉，远看好似雪飞天；
大板拿来做桶底，小板用来做桶边。
棉木扁担软又软，一担挑到纸槽边；
造纸郎君下槽起，蔡伦先师下凡间。
六月六日来造纸，槽头造纸不周全；
先前造纸无经验，造出纸来如雨连。
先造三张不成纤，后造四张不成绵；
造纸郎君无法想，眼泪汪汪喊皇天。
玉皇大帝他听见，命令太白下凡间；
太白星君来化变，变成人间一老年。
金星就把郎君劝，一二从头说根源；
少了滑浆来打纤，所以造纸不成绵。
造纸郎君听得讲，急急忙忙到山间；
采来三斗滑浆粉，放到造纸槽里边。
先造三张成了纤，后造四张成了绵；
刚刚造出七张纸，七张纸来有根源。
一张写表奏上天，二张写表奏阴间；
三张好把文章写，四张写契买良田；
还有一张五色纸，孝家用来写对联；
余下两张是火纸，孝家用来打纸钱。
有了纸来又无凿，又把钱凿说根源；
炉头祖师是铁匠，急急忙忙下凡间；
口做炉来手做锤，膝头上面打三年；
中间打个四边眼，先打钱心后打边；
打个通字通天下，打个宝字保万年。
打不烂来凿不穿，打纸郎君不周全；
打得烂来凿得穿，一根麻绳对眼穿；
十个铜钱穿一串，十串刚好为一千；
如若穿得一千串，刚刚合为一万钱。
有了纸钱无火化，燧成祖师下凡间，
燧成钻木来取火，烧化纸钱敬苍天。
往日造纸为哪样，初一十五敬祖先；
今日造纸为哪样，孝家化在灵堂前；
超度亡魂把天上，超度灵魂到九泉。

(二)

纸钱有讲究

把一摞纸逐张撕开，理齐后对折，接着将其切开；后沿着长边两端各三分之一处将其切开；再沿切后的长边对折，切开。如此，一张纸切成了12小张，下一步即可打纸钱。将一叠切好的纸置于打纸墩上，用带钉的钱凿钉住，后右手持木棰，左手扶钱凿，打4行，每行9个，即每张纸钱有36个钱。据奉永兴介绍，七铜八铁九金十银，每行9个代表金，是最好的。隆重的祭祀，要烧36 000钱，即需用1 000张纸钱。

(三)

祭蔡伦

每年第一次造纸前都要在纸厂祭蔡伦。

祭祀时，主祭的造纸户口念：“公元××××年××月××日，请起蔡伦来造纸，受礼门前财纸，纸化钱少，火化钱多。”后烧几张纸钱即可。

⊙1

⊙2

(四)

祭山郎土地

砍竹麻前也需化纸给保管竹子的山郎土地，包括土公、土母、土子、土孙。祭祀时，口念：“山郎土地受礼门前，大塘门前财纸，喜欢受领。”之后也是烧几张纸钱即可。

(五)

祭祀用纸

全州一带汉族农民在猪患了病后，便在猪栏前焚香化纸，还在猪栏上放一把菜刀，以示降服病魔。猪崽生下后，要在猪栏前挂米筛、贴红纸，以示庆贺。[9]

⊙3

⊙1 打纸墩、木棰、钱凿 Beating pad, mallet and chisel

⊙2 撕纸 Splitting the paper layers

⊙3 切纸 Cutting the paper

[9] 广西壮族自治区地方志编纂委员会.广西通志:民俗志[M].南宁:广西人民出版社,1992:24-25.

(六)

造纸相关俗语

1. 竹麻不吃小满水

全州竹纸所用原料为当年生的嫩毛竹。造纸户奉永兴、盘福国强调在小满之前必须砍完竹子，小满前竹嫩些，好打烂，造出的纸白一些；小满后，竹子老了，不好打烂，造出的纸偏黄；而第二年的竹子就更老了，不能抄纸。

2. 一担竹麻百担水

这形象地说明了造竹纸需要较多的水，因此竹麻塘、纸厂一般都选在水源较充足且水质较好的地方。

3. 飙水走路就薄，柔水走路则厚

纸的厚薄除了与滑浆多少有关外，还与抄纸速度有关，抄得快就薄，抄得慢就厚，当地有一形象的说法：飙水走路就薄，柔水走路则厚。即抄纸速度快的，水在帘子上流动速度就快，纸薄；反之则厚。

4. 水里捞鱼虾公贵

据奉永兴介绍，“水里捞鱼虾公贵”是说本想在水里捞鱼，因为看不见，即使捞不到鱼，捞到虾也很好。抄纸也类似，抄纸时看不到纸，抄出来后才能看到湿纸，湿纸虽不像“鱼”那样值钱，但也像“虾”那样值点钱。

5. 一担石灰九担水，咬得竹麻细绵绵

这形象地说明了腌竹麻时，所用石灰与水的比例。腌竹麻时，合适的比例，可更有效地将竹麻里的各种非纤维的东西去除，得到更好的细绵绵的竹麻。

⊙4

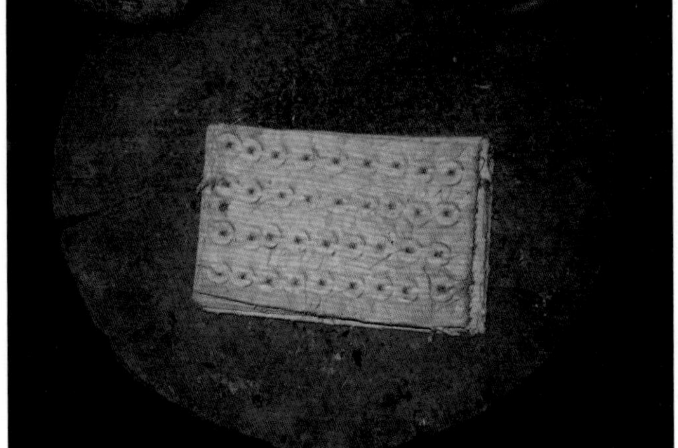

⊙5

⊙4 打纸钱 Making joss paper

⊙5 纸钱 Joss paper

(七)

真钱、假钱

据奉永兴介绍，当地民俗认为：用手工纸做的纸钱，化后即烧后，老祖宗能收到；而用机制纸做的纸钱及冥币都是假钱，化后老祖宗收不到。

七 全州瑶族竹纸的保护现状与发展思考

7 Preservation and Development of Bamboo Paper by the Yao Ethnic Group in Quanzhou County

东山瑶族乡石枧坪村林排山村民组一直持续生产手工竹纸。20世纪70年代，林排山家家造纸，80年代后逐渐减少，90年代中期只有奉永兴、奉远兰、盘子良三家造纸，2010年以来只有盘福国夫妇造纸，而2014年则是专门为配合调查组的调查而造纸。全州瑶族竹纸濒临衰亡。

根据调查组对整个广西手工纸的调查，全州瑶族竹纸最起码在广西区域内有以下特点：

1. 唯一一个有榨竹麻工序的

广西其他地方一般洗干净竹麻、滤水后就进行打浆等相关工艺，而石枧坪村造竹纸在这之间还有一个榨竹麻工序。

2. 较为独特的纸文化

全州瑶族竹纸有很多相关民俗及文化事象，不少都较为独特，如纸钱中“七铜八铁九金十银”的说法，每行9个钱眼代表金。更为独特的是有专门的《造纸》孝歌。

虽然以前全州瑶族竹纸质量好的也叫湘纸，但基于上述特点，和桂林其他产湘纸的地方，如灵川、龙胜、临桂、永福等相比，全州瑶族竹纸的工艺和文化有其独特性。

针对全州瑶族竹纸的现状，调查组认为目前最迫切的是当地文化部门与相关研究机构合作，对全州瑶族竹纸的技艺和相关历史、文化进行系统、深入的挖掘和整理，并利用影像、录音、文字等多种手段进行记录。万一以后不再生产，还可以保留较为完整的资料，便于未来的研究，甚至在必要时进行复原生产。值得一提的是，调查组2014年7月、9月前去调查时，全州县文化局邀请全州县广播电视台较为完整地拍摄了全州瑶族竹纸的生产技艺，并于当年9月11日在全州县广播电视台《全州新闻》上播出《我县东山手工造纸技艺面临失传》的新闻，保留了珍贵的资料。

⊙1

⊙1 全州县广播电视台拍摄全州瑶族竹纸的技艺
Local TV station shooting the papermaking technique of bamboo paper by the Yao Ethnic Group in Quanzhou County

竹纸

Bamboo Paper
by the Yao Ethnic Group
in Quanzhou County

石枧坪村竹纸透光摄影图
A photo of bamboo paper in Shijianping
Village seen through the light

第二节

龙胜壮族竹纸

广西壮族自治区
Guangxi Zhuang Autonomous Region

桂林市
Guilin City

龙胜各族自治县
Longsheng Autonomous County

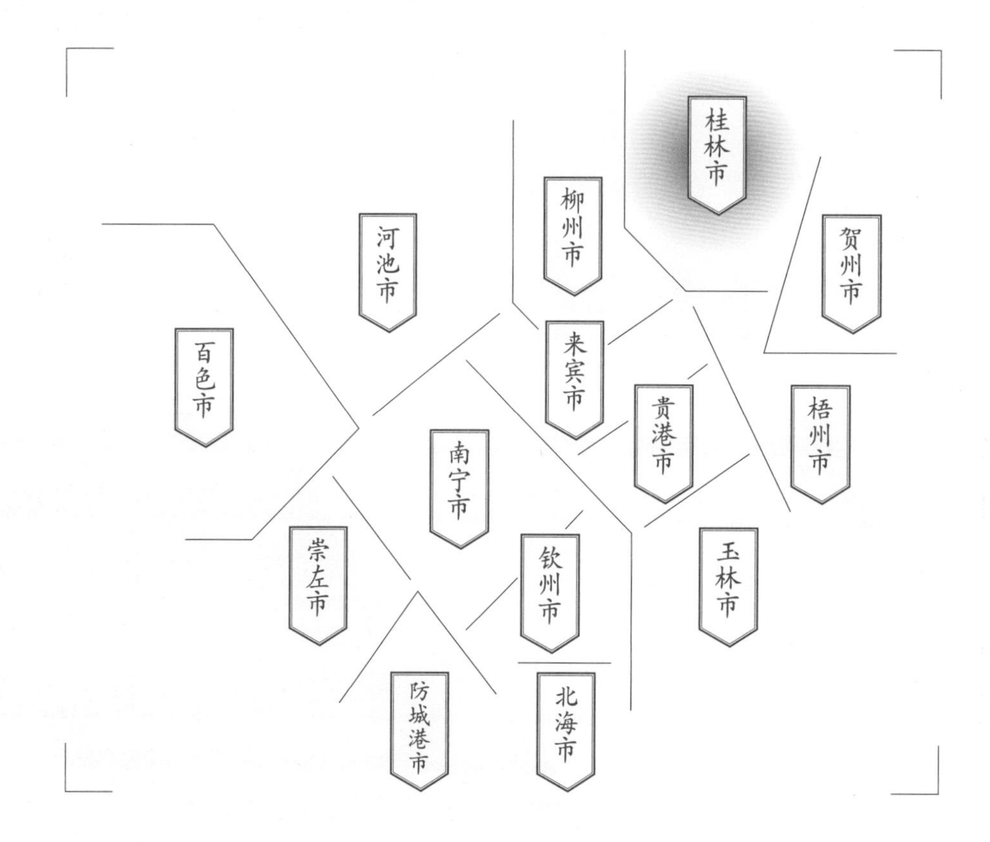

调查对象

龙脊镇
马海村
壮族竹纸

Section 2
Bamboo Paper
by the Zhuang Ethnic Group
in Longsheng County

Subject

Bamboo Paper by the Zhuang Ethnic Group
in Mahai Village of Longji Town

一
龙胜壮族竹纸的基础信息及分布

1
Basic Information and Distribution of Bamboo Paper by the Zhuang Ethnic Group in Longsheng County

据调查，龙胜竹纸主要集中在龙脊镇（原和平乡，2014年经广西壮族自治区人民政府批复改为龙脊镇）马海村的田寨组、老寨组、毛竹组、六家湾组，金江村的雨落组，黄江村的黄蜡组、渔磨组等。据蒙焕春、蒙焕斌等造纸户介绍，江底乡、龙胜镇也有造纸。主要是壮族造纸，也有瑶族、汉族造纸。竹纸在当地称为草纸或火纸，以前还曾生产用于书写的湘纸，也叫改良纸。

二
龙胜壮族竹纸生产的人文地理环境

2
The Cultural and Geographic Environment of Bamboo Paper by the Zhuang Ethnic Group in Longsheng County

龙胜各族自治县，隶属于桂林市，位于广西东北部，地处越城岭山脉西南麓的湘桂边陲。东接兴安县、资源县，南连灵川县、临桂区，西邻柳州市融安县、三江侗族自治县，北靠湖南省城步苗族自治县，西北毗湖南省通道侗族自治县。

龙胜县境在两汉、三国时期属荆州武陵郡镡成县地；晋至隋，属始安郡地（郡治桂林）；唐龙朔二年（662年），置灵川县，属灵川县地；五代后晋天福八年（943年），置义宁县，属义宁县地。明代于义宁县城西北三十里（15 km）司坪置巡检司（桑江口），治理义宁县西北（今龙胜境）庶政，明末，桑江口巡检“裁汰”。清顺治末年（1657~1661年），复置桑江司，仍属义宁县管辖。乾隆六年（1741年），将桑江司管辖的义宁县西北部置龙胜理苗分府（亦称龙胜厅），直属桂林

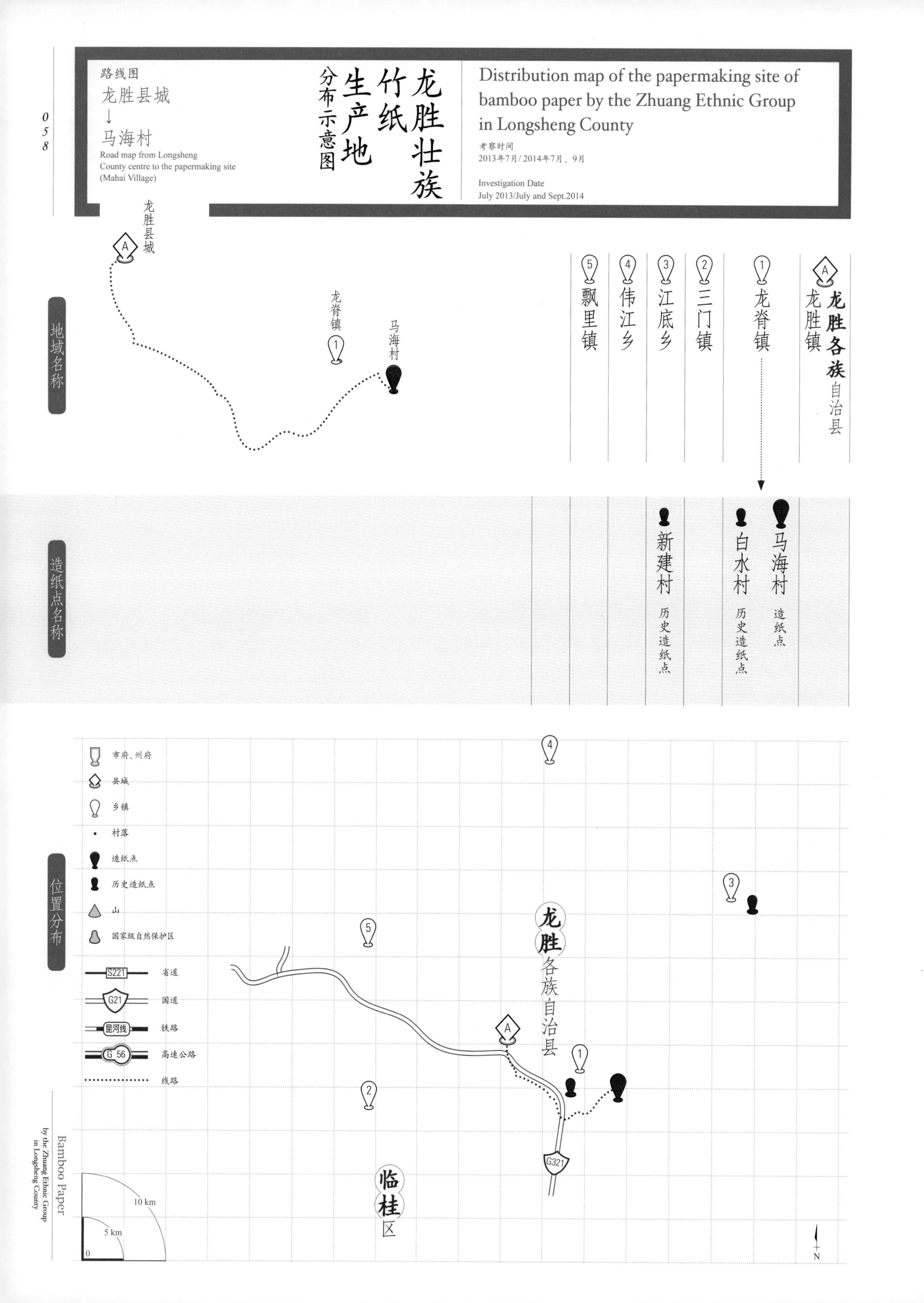
路线图
龙胜县城
↓
马海村
Road map from Longsheng County centre to the papermaking site (Mahai Village)
龙胜壮族竹纸生产地分布示意图
Distribution map of the papermaking site of bamboo paper by the Zhuang Ethnic Group in Longsheng County
考察时间
2013年7月/2014年7月、9月
Investigation Date
July 2013/July and Sept.2014
地域名称
龙胜县城
龙脊镇
马海村
龙胜各族自治县
龙胜镇
龙脊镇
三门镇
江底乡
伟江乡
飘里镇
造纸点名称
马海村 造纸点
白水村 历史造纸点
新建村 历史造纸点
位置分布
市府、州府
县城
乡镇
村落
造纸点
历史造纸点
山
国家级自然保护区
S221 省道
G21 国道
昆河线 铁路
G 56 高速公路
线路
龙胜各族自治县
临桂区
G321
10 km
5 km
0
N

府，龙胜之名始见史册。民国元年（1912年），龙胜厅改为龙胜县，属桂林府。1951年8月19日，龙胜实行民族区域自治，改称龙胜各族联合自治区（县级），1955年9月改称龙胜各族联合自治县，1956年12月改称龙胜各族自治县。[10]

龙胜县总面积2 538 km^2，耕地面积179 km^2，粮食播种面积108 km^2，林地面积1 781 km^2。梯田层层，森林辽阔，宜农宜林。林田之间，牧草、经济作物丰盛，可发展多种经营。全县辖6镇4乡。2014年末，全县共18.10万人，其中农业人口15.27万[3]，苗、瑶、侗、壮等少数民族人口占绝大多数[10]。龙胜境内多山，重峦叠嶂，有“九山半水半分田”之称。龙胜旅游资源丰富，有“天下一绝”的国家AAAA级景点龙脊景区、国家森林公园花坪原始森林自然保护区等。[3]

⊙ 1

⊙ 2

龙脊梯田位于龙脊镇。镇政府所在地距县城12 km，距桂林76 km。全镇总面积237.3 km^2，共有耕地面积约12.5 km^2，其中水田面积约6.5 km^2，旱地面积约5.9 km^2。果林面积约1.2 km^2。全镇辖有15个行政村，186个村民小组，有瑶、壮、汉等民族居住人口约1.5万。龙脊镇森林资源十分丰富，森林覆盖率为78.1%；水资源丰富，电力开发潜力广阔。龙脊镇有“四宝”：龙脊辣椒、龙脊茶叶、龙脊香糯和龙脊水酒。此外，龙脊镇还有较有地方特色的木雕技艺。

⊙ 1 龙脊梯田木雕
Wood carving of the terrace fields in Longji Town

⊙ 2 瑶族甩发舞（蒋新福 提供）
Sway Hair Dance by the Yao Ethnic Group (provided by Jiang Xinfu)

[10] 龙胜县志编纂委员会.龙胜县志[M].上海：汉语大词典出版社,1992: 1-2.

⊙1
龙脊梯田（蒋新福 提供）
Terrace fields in Longji Town (provided by Jiang Xinfu)

三
龙胜壮族竹纸的历史与传承

3
History and Inheritance of Bamboo Paper by the Zhuang Ethnic Group in Longsheng County

《龙胜县志》记载："和平圩于清末首倡成圩，是县内最早的圩镇。集市贸易物质有……草纸等，成千上万群众聚集于此交流物质。"[11]可见，龙胜手工纸的历史至少可以追溯至清末。

龙胜手工纸造纸原料主要是竹子。林业为龙胜县国计民生的重要组成部分。1926年，龙胜、灌阳、兴安、全州为广西四大林区[12]。龙胜县竹林面积约30.27 km^2，占森林面积的2.6%，主要品种为可用于造纸的南竹（毛竹）、四方竹、罗汉竹等。南竹在清代就有种植的记载，1981～1987年期间，又进行人工造林，种植南竹约1.24 km^2，使其总面积达29.33 km^2，共656万余株。全县各村均种植南竹，其中规模较大的有和平乡的大柳、白水、白石、海江、大寨等村，江底乡的城岭、矮岭等村，瓢里乡的大云村等[13]。

⊙1

虽然造纸原料丰富，但是龙胜地处越城岭南麓，境内重峦叠嶂，坡陡谷深，以前交通不便，素有"山峰接云天，沟谷陡又深，对山喊得应，走路要半天"的说法。1943年以前，陆路均属山径古道。[14]地理环境的阻隔，也限制了龙胜手工纸的发展。

据《龙胜县志》记载，1949年前，在竹资源丰富的和平乡的马海、白水、黄江，江底乡的建新，日新乡的上孟等地，农户历来自行生产土纸，品种有桂花纸、湘纸和大板纸。从业者以农民为主，他们在农闲时生产土纸出售，产量最高的年份是1955年，达9 762担。[15]1954～1956年，政府对手工业进行社会主义改造，个体手工业减少，家庭造纸作坊统一由生产队经营，由个体季节性生产转为集体常年性生产。1958～1959

⊙1
调查组成员与造纸户蒙仕周、蒙焕斌父子合影
A researcher with Meng Shizhou (father) and Meng Huangbin (son)

[11] 龙胜县志编纂委员会.龙胜县志[M].上海：汉语大词典出版社,1992: 8.

[12] 龙胜县志编纂委员会.龙胜县志[M].上海：汉语大词典出版社,1992: 153.

[13] 龙胜县志编纂委员会.龙胜县志[M].上海：汉语大词典出版社,1992: 160-162.

[14] 龙胜县志编纂委员会.龙胜县志[M].上海：汉语大词典出版社,1992: 234-236.

[15] 龙胜县志编纂委员会.龙胜县志[M].上海：汉语大词典出版社,1992: 230-231.

年，县财政拨款建立国营企业22个，其中有造纸厂。但由于一哄而起，缺乏科学依据和调查研究，大部分厂刚上马就被迫下马。遗憾的是，《龙胜县志》没有提及该造纸厂的经营及所生产的手工纸的情况。60年代后，造纸产量下滑严重，并且各年份产量极不稳定，1961年仅为92担。1967～1977年，大多数造纸作坊停办。1978年，造纸作坊逐渐恢复。1984年时，马海村共120户，户户造纸，年产1 680担，产值12.6万元[16]，户均收入1 050元左右，产量最高户产纸22担。

表2.2 《龙胜县志》记载部分年份土纸生产情况（单位：担）
Table 2.2 Production statistics of handmade paper recorded in *The Annals of Longsheng County* (unit：dan)

年份	产量	年份	产量	年份	产量
1949	390	1956	3 349	1963	478
1950	750	1957	4 438	1964	1 246
1951	879	1958	5 522	1965	2 375
1952	1 604	1959	5 789	1966	1 788
1953	2 586	1960	391	1979	3 072
1954	7 667	1961	92	1980	4 177
1955	9 762	1962	101	1987	6 743

2013年7月和2014年7月、9月，调查组三次前往龙脊镇马海村田寨组进行调查。据蒙焕春、蒙焕斌等造纸人介绍，蒙迪瞭是马海村蒙家第一代祖先，当年蒙迪瞭兄弟几人从龙胜泗水乡三寨的老寨迁至马海，并定居于此。马海蒙家后裔承嗣是按照“迪良文进光，应其仕焕呈，家庆国思远，天开福寿长”的辈分排行的。截至调查组调查时，蒙家已经传到第12代的“庆”字辈，其家族在马海村已延续200多年。据蒙焕春、蒙焕斌介绍，蒙家造纸始于第6代“应”字辈的蒙应宣，在清末或民国初年，至今已有百余年历史。蒙焕斌家的造纸谱系是：

蒙焕斌15岁开始造纸，和蒙焕武至今仍然年年造纸。

特别值得一提的是潘瑞琼（壮族，1945～），他是龙脊镇黄江村人，曾先后任小学教师、和平乡乡长，退休后随妻子蒙月娟（1948～）居住于马海，其妻15岁开始造纸。为了弘扬马海造纸技术和文化，2010年潘瑞琼开始学习造纸。据潘瑞琼说，黄江村很多壮族人都会造纸，但村里的竹子都为瑶、汉两族所有，故不少壮族人到马海村帮忙造纸，也有的到灵川县九屋乡西岭、门布等寨子及兴安县金石乡帮忙造纸。潘瑞琼的高祖父曾造过纸，其上不详。调查时，因无家谱在，他只能记到曾祖父的名字，其传承谱系如下：

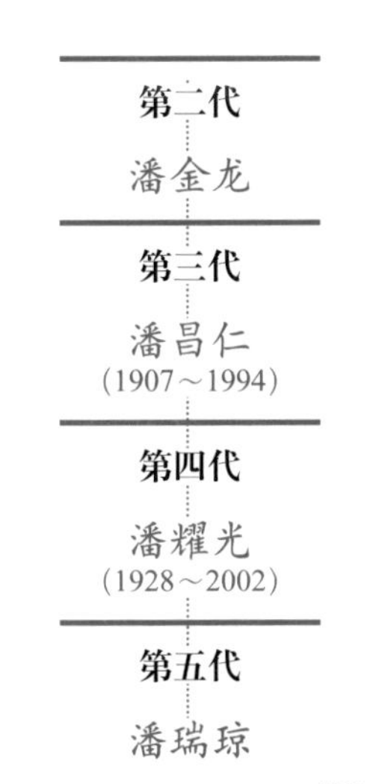

[16] 龙胜县志编纂委员会.龙胜县志[M].上海：汉语大词典出版社,1992: 215-217.

此外，根据蒙仕周、蒙焕斌等造纸户口述，在集体生产时期，马海村曾有几个小组，每个小组有一个纸厂。1982年分田到户后，家家造纸。从90年代中期开始，当地的竹子更多用来加工成竹筷、凉席等竹制品，或者直接卖竹子赚钱。而因造纸工序多、耗时耗力、赚钱不多，当地的造纸户逐渐减少。调查时，只有蒙焕斌、蒙焕武仍然年年造纸，并拥有马海村当时唯一一套完整的造纸工具。其他造纸户若要使用，则需事先与他们协调好使用时间。马海村尚在造纸的还有蒙焕芬（1953～）、蒙呈林、蒙焕义、廖炳贤、潘瑞琼等几户，大约每两年造纸一次，产品多为自用。

四 龙胜壮族竹纸的生产工艺与技术分析

4 Papermaking Technique and Technical Analysis of Bamboo Paper by the Zhuang Ethnic Group in Longsheng County

（一）龙胜壮族竹纸的生产原料与辅料

龙胜竹纸所用原料按当地造纸户的说法，用的是毛竹、南竹，其中南竹更多。竹子长到出现3～5个分支就可以砍，一般在农历四五月，其中四月较多。根据地理环境不同，时间也有所不同，天气暖和就早些，否则就晚些。但都是在小满之前砍，当地俗语称“竹麻不吃小满水”。

以前造湘纸，只能用好竹子。但目前生产火纸基本上用病竹，变废为宝。

大多数造纸户都种有竹子，如果没有或者不够也可以买。2013年调查时，一般围径0.33 m（当地指距地高1.5 m处，直径0.33 m）的竹子16元/根。

造龙胜竹纸时，必须用纸药，当地称为“膏药”。蒙焕春认为纸药的作用主要是使纸面润滑，不互相粘在一起，便于揭纸。据蒙焕春、蒙焕斌等介绍，纸药有3种：神仙滑、岩壁滑和小蓝叶。

用神仙滑时，先去山上采神仙滑的叶子，将叶子放在锅里用清水煮，称为煮生叶；煮约半小

⊙1

⊙4

⊙2

⊙3

⊙5

时，叶子由绿变黄即可，一槽大约用0.5 kg生叶子，一般煮一锅可用3～4天，也可煮一大锅用十几天。

蒙焕春认为岩壁滑是一种藤本的树，有岩石的山上才有。用岩壁滑时，先采叶子，后用火烤干，接着摘下干叶子，用碓舂成粉，粉越细越好。造纸时，将细粉装在口袋里，置于纸槽里泡水，很快膏药浆就会出来。一般一袋装半斤，可用一天；第二天如能挤出浆，则继续用，否则换新的。

据蒙焕春介绍，小蓝叶生长在大山里，用法和神仙滑一样。调查时没有看到实物。

⊙1/2 神仙滑 Shen Xian Hua (papermaking mucilage)

⊙3 煮好的神仙滑 Boiled papermaking mucilage

⊙4/5 岩壁滑 Yan Bi Hua (papermaking mucilage)

（二）龙胜壮族竹纸的生产工艺流程

经调查，龙胜壮族竹纸的生产工艺流程为：

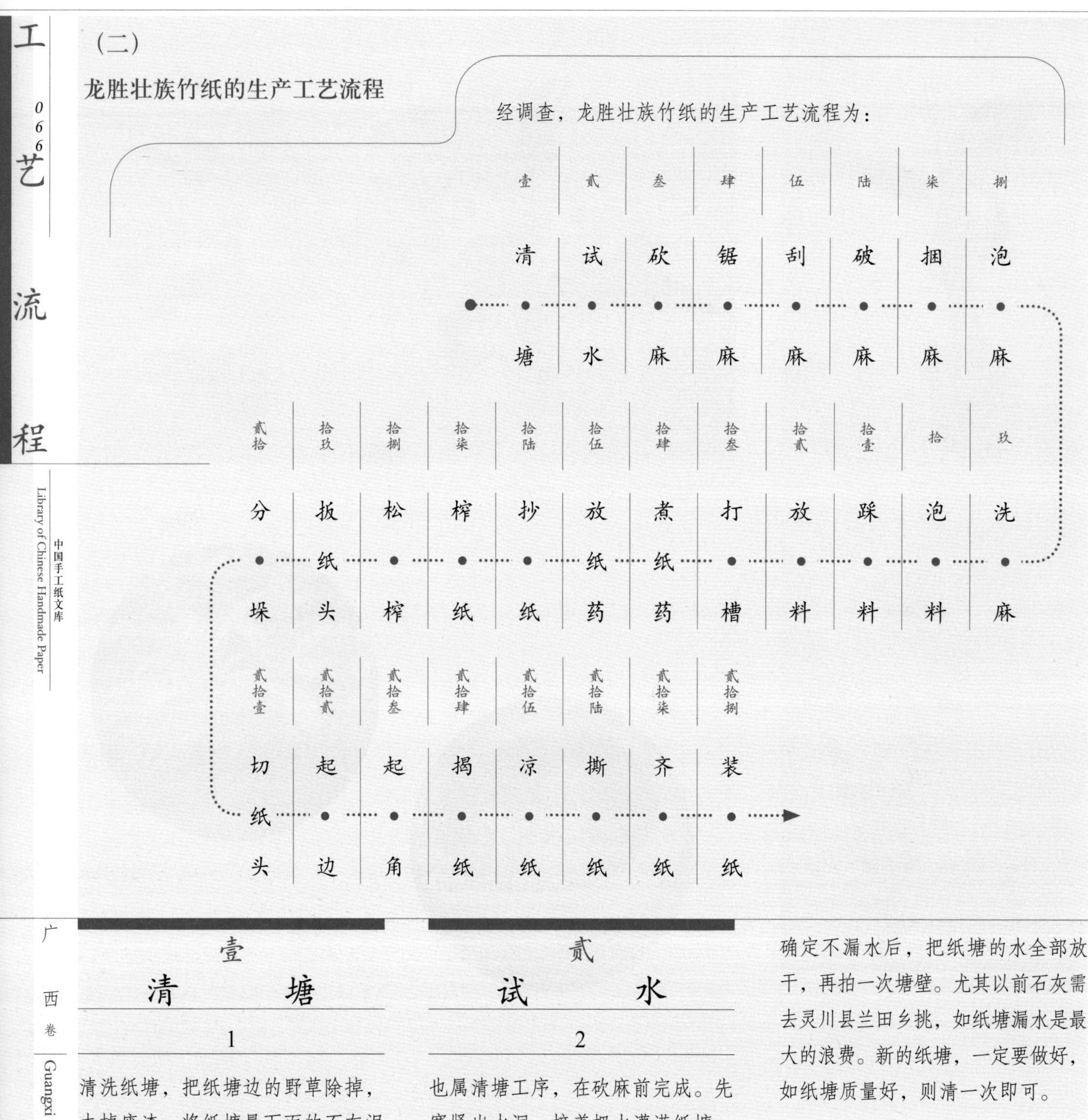

壹 清塘

1

清洗纸塘，把纸塘边的野草除掉，去掉废渣，将纸塘最下面的石灰泥敷在塘壁（即纸塘四壁）上，八成干后，用木板拍平、拍紧，使之四面都光滑，干到九成，再拍一次。

贰 试水

2

也属清塘工序，在砍麻前完成。先塞紧出水洞，接着把水灌满纸塘，在平水边打个记号，过两三天看水面是否降低。如只降低约1 cm，属自然吸收，说明不漏水；但如降低得太多，则是因为漏水，需放干纸塘的水，重新清塘，再试水。

确定不漏水后，把纸塘的水全部放干，再拍一次塘壁。尤其以前石灰需去灵川县兰田乡挑，如纸塘漏水是最大的浪费。新的纸塘，一定要做好，如纸塘质量好，则清一次即可。

叁
砍　　麻

3

农历四五月去山上，将竹子沿平地的根部砍下来。如果为了节约原料，也可挖到地下10 cm左右。造纸户认为根部含料多，造的纸好，如不挖出来用，就浪费了。如果容易砍，1人1天可砍100根；如去毛山，因为要修除野草，只能砍40～50根。平均50～60根。在马海，竹子砍下来后就称竹麻，也简称麻。竹麻内壁为白色，如因虫子咬而变黄了，该部分必须去掉，否则因其已变质，没纤维，踩不烂，用该部分所造的纸前后几张都要作废。

⊙1

肆
锯　　麻

4　⊙1

用锯子将竹麻截成大约1.5 m长的小节，方便搬运及泡麻。

⊙2

伍
刮　　麻

5　⊙2⊙3

将一节竹麻放到刮麻架上，用刮刀将外层青皮刮掉。

⊙3

陆
破　　麻

6　⊙4⊙5

用刀将刮了青皮的竹麻破成3～4 cm宽，粗的一般破成6瓣，细的破成2瓣。同时把节疤去掉，因为节疤很难泡烂，会像沙子一样留在纸帘上，很容易弄烂纸张。

⊙4

⊙5

⊙1 锯麻示意 Showing how to lop the bamboo materials with a saw

⊙2/3 刮麻示意 Showing how to strip the bamboo materials

⊙4/5 破麻示意 Showing how to lop the bamboo materials

柒
捆麻
7

用竹篾将破好的竹麻捆成捆，一捆约25 kg，一担约50 kg。如力气大，也可多捆一些。

捌
泡麻
8

把竹麻运到纸塘边，然后一把把横放在纸塘里，放满一层后，将竹篾解开，后均匀撒上石灰，再用挑竹麻的扁担将石灰打到竹麻里去。根据塘深浅不同，一般可放4～5层，另有小部分竹麻可竖放在两侧。装满后，因石灰会沉下去，最上面一层要多撒约1/3的石灰。平均100 kg竹麻撒上6～7 kg石灰粉。

接着在最上面的石灰上横竖各放2根4～5 cm宽的竹片，再用10～25 kg的石头压竹片，不让竹麻浮起来。一般农历四五月开始泡，水要盖住竹麻，泡40～60天，一般泡2个月的最好。也有的泡3个月，但是泡的时间太长竹麻会烂掉。

泡麻可以一个人做，也可以一家人一起做，1人1天或2人半天可泡完40～50担。小的纸塘可放20～30担，较大的可放100担。

泡麻时，如因螃蟹、虫子钻纸塘等原因造成石灰漏出去就会非常麻烦。故需要时不时去查看水是否减少，如泡了约50天发现开始漏水，则尽快洗麻；如泡的时间短，则需找到漏水地方，并用石灰补好，但这种情况很少出现。

玖
洗麻
9

拿开石头、竹篾，用钩锄将竹麻钩起来，在纸塘里来回将粘在竹麻上的石灰粉漂洗出去，然后将竹麻放在纸塘的围坎上。洗完后把水放掉。接着用4～5根木头垫在纸塘底部，大约横向70 cm垫一根，其上排满竹片，再把竹麻整齐摆放于竹片上。摆完竹麻后，再在其上横向盖约5 cm厚的稻草、木皮，接着放3～4块篾子，再压上石头。

纸塘两头也用竹片垫上，不让竹麻接触塘壁。两头的竹麻低于水下3～6 cm；中间的竹麻如能被水泡过更好，如不能泡过，最多可高出水面30 cm，一般高15 cm左右。随着竹麻逐渐腐化，会逐渐收缩下去。洗麻后，两侧不能再放竹麻，因很容易浸不过。一般2～3人1天完成，也有1人1天完成的。

拾
泡料
10

灌满清水，刚开始半个月左右放一次污水，再灌清水。放三次水后，再灌满清水，直至竹麻腐烂。泡到中间的麻已经平水，则基本上变软了；泡到水变黑，则竹麻成熟，变成纸料，简称料。泡料共需两个月。

拾壹
踩料
11 ⊙6⊙7

把纸塘的水放干，晾3～4天。如需急用，也可放干水后，马上取出使用，此时水分多些，料重些。取料时，把稻草揭开一小部分，从一头取过去，一天踩多少料就取多少。将取出来的料放在料编上，赤脚斜着踩，踩时一手抓浮棍，一手拄竹棍，两手平衡，脚好用力。从一侧踩到另一侧称为一遍，踩完一遍倒过来再踩。一般一次放两担料，要踩5～6遍，需2～2.5小时。有时踩得不够细，可在踩后再用刀剁一下。

⊙6 ⊙7

⊙6 踩料示意 Showing how to stamp the papermaking materials

⊙7 剁料示意 Showing how to chop the papermaking materials with a knife

拾贰
放 料

12 ⊙8

加约3/5槽水，后把料放进纸槽。

⊙8

拾叁
打 槽

13 ⊙9～⊙11

用打槽棍打槽，后用捞筋爪捞筋。打完后将压料编放在纸槽里，两头放上砖头或石头，料逐渐被压下去，约压20分钟后，加满水，并把洞塞上。

⊙9

⊙10

⊙11

拾肆
煮 纸 药

14

踩料前就需将纸药煮好。

⊙12

拾伍
放 纸 药

15 ⊙12

把煮好的纸药倒入布袋中，使劲挤，将纸药加入纸槽里，用帘架将纸药抖散，称为抖纸药，使之均匀溶在上层水里。头一次叫放纸药，后面叫加纸药。

拾陆
抄 纸

16 ⊙13～⊙17

抄纸分两道：第一道回捞，手持纸帘架由外往里将纸浆捞在帘上；第二道向前捞，右手沿左手旋转，右手往前捞，往左前方送水。前两道方向不同，纤维纵横交错排列。抄纸时，左边是纸尾，右边是纸头；贴在帘子一面是光面，表面是粗面，也叫背面。在纸垛上，光面朝上。

⊙13

⊙14

⊙15

⊙8 放料 Adding the papermaking materials in water

⊙9 打槽 Stirring the papermaking materials

⊙10 捞筋 Picking out the residues

⊙11 放压料编 Pressing papermaking materials with a special tool

⊙12 加纸药 Adding in papermaking mucilage

⊙13/14 抄纸——回捞 Scooping the papermaking screen from outside to inside

⊙15 抄纸——向前捞 Scooping the papermaking screen from inside to outside

⊙16

⊙16
抄纸——盖纸
Turning the papermaking screen upside down on the board

将废纸帘置于底板上，将抄好的第一张纸，即底纸翻盖于废纸帘上。其后所抄的纸依次盖在先前的湿纸上。底纸大约相当于普通纸5张厚，用于垫底，保护其上的纸。晾干后，底纸主要用于包装。

抄了一半后，中午回去吃饭前，在纸垛上放两张干的普通纸，并在两张纸中间插一根稻草，便于分垛。下午抄的第一张亦是底纸。

⊙17

拾柒
榨纸

17　⊙18～⊙23

抄完一天的纸后，在纸垛上放一张干纸和废纸帘，压上盖板和两根横垫方，横垫方均匀放在中间最受力的地方，否则易一边厚一边薄，其上再放凳子和枕码。接着用两根竹子插在短柱和垛方之间，以免压榨时力向外，纸垛也向外倒。将扳杆置于枕码的凹槽中，插入榨桥下，先用手缓慢压，压不下去后，换成榨杆继续用手缓慢压。再次压不下去时套上榨纸缆，将扳杆插在榨筒洞里缓慢扳。压不动后，松榨，加一凳子，继续按照之前的方式压。压到用布抹纸垛四周，基本上没有水流出来时，人踩到扳杆上压。至纸垛很硬，手压不进纸垛时，即可松榨。用布将纸垛四面的水和渣子抹掉。

⊙18

⊙19

⊙20

⊙21

⊙22

⊙23

⊙17 普通纸与底纸
Normal handmade paper and the bottom piece made in papermaking procedures

⊙18 放干纸
Putting a piece of dry paper on the paper pile

⊙19 放废旧纸帘
Putting an old papermaking screen on top of the paper pile

⊙20/23 榨纸
Pressing the paper with a wooden presser

拾捌

松榨

18

将榨纸缆松开，依次取下榨杆、枕码、横垫方、盖板和废纸帘。

拾玖

扳纸头

19

用手将纸头掰掉，纸头回收再利用。

贰拾

分垛

20

将纸垛从中间插稻草处分开成两个纸垛。

贰拾叁

起角

23 ⊙28

用一镊子将切过的纸角轻轻揭起来。

⊙28

贰拾壹

切纸头

21 ⊙24⊙25

将纸垛搬回家，后将其翻转，用刀从上往下切掉纸头的一纸角两侧。

⊙24

⊙25

贰拾贰

起边

22 ⊙26⊙27

用手掌慢慢由下往上揉纸头及纸的两个长边，小孩、老人力气小，不好起边，一般由中年人做。

⊙26

⊙27

贰拾肆

揭纸

24 ⊙29～⊙31

另一人将起好角的纸一张张揭开到大约中间，其后每两张纸间隔约2 cm，揭开4张纸即1把纸后，将扫纸棍插在1把纸中间，后用扫纸盒将其两侧扫平，再放到纸垛上，并用扫纸盒将其和前面的纸压实。

⊙29

⊙30

⊙31

⊙24 切纸头 Trimming the deckle edges

⊙25 切了纸头的纸垛 Paper pile after trimming

⊙26/27 起边 Sorting the paper

⊙28 起角 Peeling a corner of paper with a tweezer

⊙29/31 揭纸 Peeling the paper down

贰拾伍
晾 纸

25 ⊙32⊙33

揭了较多纸后，将其一把把置于屋内地上晾干。

⊙32

⊙33

贰拾陆
撕 纸

26 ⊙34

纸晾干后，将其一张张撕开。

⊙34

贰拾柒
齐 纸

27

将纸分别沿长边在凳子上弯成弧形，理整齐，后沿短边同样理整齐。够80张纸即1刀纸后，最上面一张折个纸角，便于计数。

贰拾捌
装 纸

28 ⊙35～⊙39

先放一张底纸于地上，后放上20刀纸，即1头纸，其上再放一张底纸、两块方木板，用绳子将其捆紧，接着用竹篾捆，再去掉绳子，将竹篾缓慢移到纸垛中间。

装纸时，每2刀之间齐头（中间叠起来的一边），撕开的头互换，一则高度更一致，二则可明显分成一刀。

捆纸一般用泡竹麻后的竹篾，去掉青皮及里面的白瓤，只用中间那层白皮，取长的在石灰池泡一个月后洗干净，放在火上烘干。捆前拿去泡水，再晾至半干，还有一定湿度，才能捆绑。

这样就完成了整个造纸过程。

⊙39

⊙35

⊙36

⊙37

⊙38

⊙32/33 晾纸 Drying the paper in the shadow

⊙34 撕纸 Splitting the paper layers

⊙35/39 装纸 Packing the paper

以前造湘纸时，有些工序不太一样，主要差别如下：

壹 抄纸 1

湘纸抄三道，第一道回捞，手持纸帘架由外往里将纸浆捞在帘上；第二、三道向前捞，右手沿左手旋转，右手往前捞，往左前方送水。第一道捞回来，水流完出前边，立即捞第二道；第二道刚流出左边，又捞第三道，这样得到的纸更光滑。前两道方向不同，纤维纵横交错排列，第三道使之覆盖。

贰 榨纸 2

湘纸只能榨到90%左右，不能榨得太干，否则贴不上墙。判断湘纸干湿程度，将一个手指弯曲，在纸垛从上往下划，所划过处变干，2～3秒后水又渗出来，就可以了。如渗得太快，说明太湿，继续压；如渗得太慢，说明太干。若只是表面十几张太干，只需在焙纸前在纸垛上喷点水。但是这种情况很少。

叁 扳纸头 3

草纸要扳纸头，湘纸无此工序。草纸的纸帘比湘纸窄些，其纸头部分可起支垫的作用，如没纸头部分，即纸帘变小，不好抄纸，且不太均匀。湘纸如有纸头，就有点浪费，虽然纸头还可以再用。

肆 起角 4

将纸垛翻过来，揭起纸角，即抄纸的右前角，也是稻草印所在处。起一次角一般够焙一墙（称一焙）并且多一张，以防万一撕烂了可补上去，一墙可焙上下两行，一共24～26张。

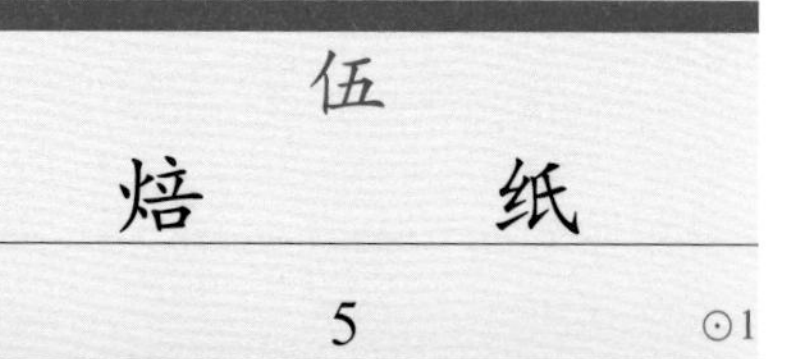

伍 焙纸 5

⊙1

⊙1

将起角后的纸垛放在焙纸凳（和纸焙一样长，便于拉纸垛）上。左手拉纸角，从右前往左后拉，同时右手持扫把将纸托起来，贴在焙墙上；第一次先由下往上刷右上角，再一次刷左上角、左下角、右下角、中间。当地形象地称这一工序为：左手拉，右手焙。如是一人焙纸，一般焙完两墙后，第一墙即可收。如果两人焙纸，通常一人负责一边，包括起角、焙纸。当地造纸户认为焙纸更需要技术。

陆 撕纸 6

纸干后，双手从上往下将纸撕下来。

柒 齐纸 7

撕完一焙纸，将纸沿长边在凳子上弯成弧形，理整齐，后沿短边同样理整齐。够100张后，将最上面一张折个纸角，便于计数。

⊙1 焙纸（潘瑞琼 提供）
Drying the paper on the wall (provided by Pan Ruiqiong)

捌 装纸 8

⊙2⊙3

将一头纸（30刀纸）夹在两块装纸板中间（长宽比纸小约2 cm，四面留边约1 cm），用绳子捆好，置于压榨机上或直接用重物压。先用锯子锉，后用光滑石头磨光。锉到绳子处时，稍往两边移。将湘纸按刀沿长边对折，依次同方向叠起，上下各用一张底纸将其包起来，但不用完全包住。用竹篾捆三道，然后用石头将两个侧面磨光，再从中间将两侧面捆一道。装纸时，取4～5张放在底纸上面。买纸的人取出那几张纸，和原来的纸样进行比对，看质量是否一致。湘纸比现在的草纸略大些，而改良纸又比湘纸更大些。

⊙2

⊙3

玖 打商标 9

⊙4⊙5

盖上“景和堂”“正和堂”等商标，各家都不一样。看印章，就知道是哪家生产的；品牌好的免检，价格也高一些。没有品牌的每次都要检查，且价格低一些。

⊙4

⊙5

(三) 龙胜壮族竹纸生产使用的主要工具设备

壹 纸塘 1

泡麻用，倒梯形，上宽下窄，大小差异较大。所测正在泡竹麻的纸塘长400 cm，宽260 cm。

⊙6

贰 刮麻架 2

由一根大竹子（正竹）和两根小竹子（撑竹）搭成。所测大竹子长2.5 m，距地1 m处有一挂麻钩。

⊙7

⊙2 锯子 Saw

⊙3 石头 Stones for polishing the paper

⊙4 打商标 Stamping the brand seal on the paper

⊙5 『景和堂』商标 Seal of Jing He Tang, a papermaking factory

⊙6 纸塘 Papermaking pool

⊙7 刮麻架 Frame for stripping the materials

叁
刮麻刀
3

刀为铁制，刀柄为木制，所拍刮麻刀大概用了50年。

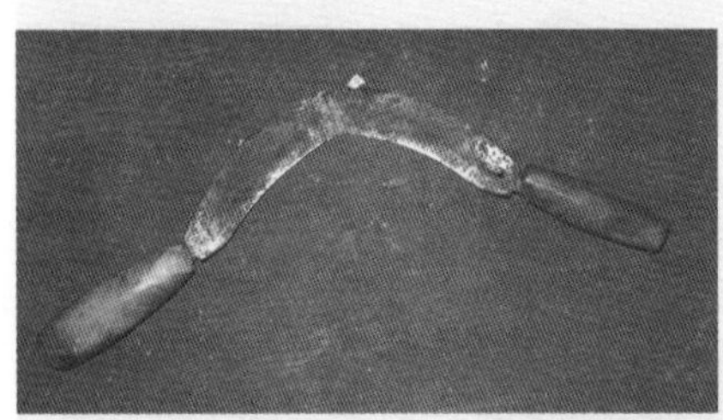
⊙8

肆
纸　帘
4

浙江师傅到马海用当地南竹制成。20世纪80年代时，一张纸帘的工钱需100多元。所测纸帘外长65 cm，宽34 cm，隔线里面长56 cm，宽30.5 cm。帘杆为粽巴杆，即包粽子的粽巴叶上的杆。

⊙9

伍
纸帘架及扶手
5

所测纸帘架长68 cm，宽35 cm，内侧长61 cm，宽31 cm，四侧为樟木，里面为南竹片。

扶手即U形木架，抄纸时置于纸帘上，用来固定纸帘并确定纸的大小。帘架、扶手都是造纸户自家制作的。

⊙10

陆
踩料编
6

用竹篾编织成，踩料用，边为木制。长164 cm，宽81 cm。长边高32 cm，两侧边高22 cm。

⊙11

柒
压料编
7

所测长144 cm，宽49 cm。用来在抄纸前将纸浆压下去。

⊙12

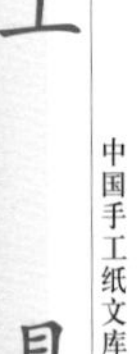

⊙8 刮麻刀 Knife for stripping the materials

⊙9 纸帘 Papermaking screen

⊙10 纸帘架与扶手 Frame for supporting the papermaking screen and its handle

⊙11 踩料编 Mat for stamping the materials

⊙12 压料编 Frame for pressing the materials

捌
纸 槽
8

木制，上宽下窄，所测纸槽上长162 cm，宽79 cm；下长158 cm，宽60 cm；高71 cm。抄纸时，插在近身一侧的纸槽边上部的半边竹筒称为挡槽边，用于挡水。

纸槽内有一槽内架，所测槽内架长165 cm，木柄长15 cm。

⊙13

⊙14

玖
打槽棒
9

木制，所测打槽棒长134 cm。木柄长19 cm，宽16 cm。

⊙15

拾
打槽棍
10

木制，所测打槽棍长119 cm。

⊙16

拾壹
捞筋爪
11

竹制，有5个爪，所测捞筋爪长43 cm。

⊙17

⊙13 纸槽 Papermaking trough
⊙14 槽内架 Frame inside of the papermaking trough
⊙15 打槽棒 Stick for beating the papermaking materials
⊙16 打槽棍 Stick for beating the papermaking materials
⊙17 捞筋爪 Rake for picking out the residues

拾贰 榨梁 12

当地把整套压榨工具称作榨梁，其所含部分工具及名称如图所示，所测尺寸如下。

短柱（矮柱），在榨筒两侧，直径约20 cm，高70 cm。

抬龙（榨桥），长300 cm。

长柱（高桩），高155 cm（距抬龙），两个肩膀（名长柱串，宽36 cm和33 cm）距抬龙85 cm和125 cm。

水板，放在抬龙上。

榨杆，木制，所测大榨杆总长370 cm，细端直径为14～15 cm。

扳杆，木制，长160 cm。

榨筒，木制，长70 cm，左侧到洞中心20 cm，洞直径9 cm，洞深33 cm。

⊙18

拾叁 缆绳 13

用青竹皮和白竹皮绞在一起，约3 mm厚，5 m长，打成圈或对成四折，拧一下，在石灰池里泡一个月，清水洗干净后，再泡1～2天，将石灰水去除干净，在火炕上烘至干透，用绳子捆住。一根一根泡。用前先泡水1～2天，完全吸水后软和，拧成股（一股2根，一般2～3股）。用完缆绳后将其置于小火上烘干，最起码也得晾干，使之不发霉，用时再拿下来，保管好的可以用十几年。如果直接放到纸房里，容易发霉。

⊙19

拾肆 纸焙 14

侧面为梯形。图20～21所示纸焙长458 cm；上部为木板，宽33 cm；侧面长145 cm，高136 cm。侧面朝外用木板支撑，并有木板门，里面内侧用竹篾编成竹席，外侧用石灰、棕丝等。

也有其他尺寸的纸焙，如图22所示，纸焙侧面长400 cm，斜面长150 cm，高145 cm；上部木板宽24 cm，下宽74 cm。内侧两根木头相距约33 cm。第一个烟囱离外面76 cm，有三个相连的火灶，第一个较矮些。火道口约长22 cm，宽22 cm。

⊙20

⊙21

⊙18 榨梁 Device for pressing the paper

⊙19 缆绳 Rope for binding the paper

⊙20/22 纸焙 Drying wall

⊙22

(四)

龙胜壮族竹纸的性能分析

所测龙胜马海村壮族竹纸为2013年所造，相关性能参数见表2.3。

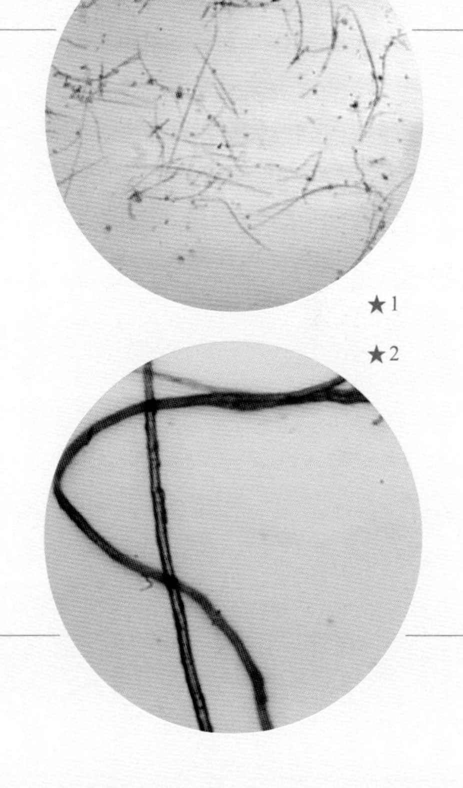

★1

★2

表2.3　马海村竹纸的相关性能参数
Table 2.3　Performance parameters of bamboo paper in Mahai Village

指标		单位	最大值	最小值	平均值
厚度		mm	0.198	0.121	0.152
定量		g/m²	—	—	38.0
紧度		g/cm³	—	—	0.250
抗张力	纵向	N	23.48	16.57	19.19
	横向	N	14.02	9.20	11.91
抗张强度		kN/m	—	—	1.04
白度		%	34.88	34.06	34.65
纤维长度		mm	3.95	0.59	1.92
纤维宽度		μm	26	1	9

由表2.3可知，所测马海村竹纸厚度较小，最大值比最小值多64%，相对标准偏差为18%，说明纸张薄厚分布并不均匀。经测定，马海村竹纸定量为38.0 g/m²，定量较小，主要与纸张较薄有关。经计算，其紧度为0.250 g/cm³。

马海村竹纸纵、横向抗张力差别较大，经计算，其抗张强度为1.04 kN/m。

所测马海村竹纸白度平均值为34.65%，白度较低，这应与马海村竹纸没有经过蒸煮、漂白有关。相对标准偏差为0.8%。

所测马海村竹纸纤维长度：最长3.95 mm，最短0.59 mm，平均1.92 mm。纤维宽度：最宽26 μm，最窄1 μm，平均9 μm。在10倍、20倍物镜下观测的纤维形态分别见图★1、图★2。

★1
马海村竹纸纤维形态图(10×)
Fibers of bamboo paper in Mahai Village (10× objective)

★2
马海村竹纸纤维形态图(20×)
Fibers of bamboo paper in Mahai Village (20× objective)

五
龙胜壮族竹纸的用途与销售情况

5
Uses and Sales of Bamboo Paper by the Zhuang Ethnic Group in Longsheng County

(一)
龙胜壮族竹纸的用途

龙胜竹纸有以下用途：

1. 书写

传统龙胜湘纸具有较好的润墨性，以前广泛用于抄写经书、药书，家里写黄历、写字等，据造纸户介绍可以两百年都不生虫。

2. 祭祀

龙胜竹纸一直以来最重要、销量也最大的用途是作为祭祀用纸，目前基本上用于祭祀。逢年过节打成纸钱烧，数量不限。要是老人过世最少需要半担，并打成纸钱。

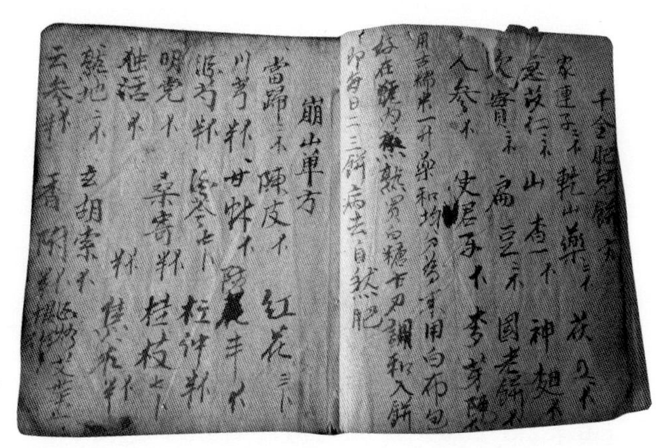

⊙1

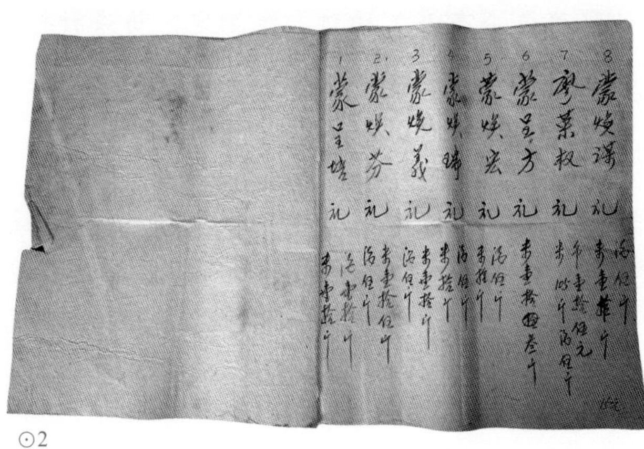

⊙2

⊙1 药书 Medical book

⊙2 礼簿 Gift money book

龙脊镇群众十分相信风水，如其祖坟一丈以内被人挖掘，则被认为对其家庭发展不利。此后，如果墓主家中人畜不安，庄稼不盛，就惟挖掘者是问，罚他九吊九百文铜钱，并备羊一只，香纸若干，去为墓主“安龙谢土”。[17]

龙胜壮族人在农历二月初二开锄挖田，壮语称“朝呐”。先在常年秧田中挖几锄，倒一箕牛粪，插香，焚纸钱，以示敬“田神”。1949年后逐渐消失。[18]

（二）

龙胜壮族竹纸的销售情况

1949年前，大部分造纸户将纸挑到灵川县兰田乡、全州县去卖。灵川县兰田乡交通比马海方便，当时有一个纸的批发市场。批发商习惯到兰田收纸，故虽然马海到兰田相距32 km，但大部分造纸户都把纸挑到兰田去卖。此外，也有一部分造纸户把纸挑到全州去卖。

据调查，龙胜壮族竹纸曾经出现过三种：湘纸、改良纸、火纸。

湘纸与火纸的工艺差别主要在抄纸时湘纸抄三道而火纸抄两道，湘纸需焙纸等。湘纸100张为1刀，30刀为1头，2头为1担。

改良纸在1976～1992年生产。按照收纸人的要求改变了尺寸。1担为60刀，1刀为100张，火焙，长约53 cm，宽约39 cm，更光滑。销往浙江、福建等。

改良纸和湘纸工艺基本一致，造纸户认为改良纸比湘纸质量略好一些。

湘纸较火纸细腻一些，也用过湘纸烧。湘纸基本没有纸筋，如有则价格减一半。

集体生产时，造一担纸所得工分如下：抄纸60个工分，焙纸50个工分，踩料（含柴火）45个工分，装纸20个工分，泡竹等是集体工。当时从早到晚抄纸，可抄半担，得30个工分。抄纸工分多，是因为抄纸最讲究技术，抄得不好的话会一个地方厚，一个地方薄。而当时干农活，男的一天10工分，女的8工分。造纸比做农活划算多了。

因后来供销社不再收购，大约从1990年起就全部改做火纸。火纸4张为1把，20把为1刀，即80张为1刀；20刀为1头，2头为1担。供销社不再收购后，基本靠零售，清明、过年、七月半等节日每家往往买一两刀。

1982年包产到户后，大部分造纸户挑纸到灵川卖，改良纸甲级64元/担；湘纸甲级每担51.5元，乙级每担48.5元，丙级每担46.5元。

70年代时，火纸30元/担，以后造纸的人越来越少，纸价不断升高，2010年420～430元/担，2013年500元/担，2014年800元/担。一般是夫妇两人造纸，有儿子、媳妇帮忙。一般一天抄一头纸，一年可抄纸20多天，最多一个月。调查组所测龙胜竹纸长53 cm，宽30 cm。

集体生产时，一般一次送80担纸到和平乡供销社，外销。

1972年后，交通方便了，基本都在和平乡卖，也有的到龙胜卖。火纸是和平圩集市贸易的主要物资之一。[11]本地人主要上门购买。

[17] 广西壮族自治区地方志编纂委员会.广西通志·民俗志[M].南宁：广西人民出版社,1992:177.

[18] 龙胜县志编纂委员会.龙胜县志[M].上海：汉语大词典出版社, 1992: 103.

六 龙胜壮族竹纸的相关民俗与文化事象

6 Folk Customs and Culture of Bamboo Paper by the Zhuang Ethnic Group in Longsheng County

(一) 造纸俗语

1. 竹麻不吃小满水

一般在农历四五月砍竹子，更多是在四月。根据地理环境不同，时间有所不同，天气暖则早些，否则晚些，但都在小满前砍。造纸户们认为一旦过了小满，竹子就老了，不适合造纸。

2. 砍麻竹不超五枝

长出三四枝的新竹子是最好的，如果超过五枝竹子就老了，会有白色的杂质。

3. 九五足张

1990年以前火纸也焙，但抄得小一些、粗一些、厚一些。一面墙可焙2排，1排16张，共32张，三面墙可得96张，为1刀。火纸拿一张夹在前面，叫扉纸，用于确定质量，故里面只剩下95张，称为九五足张。坏的纸还要去掉。改良后，1刀为100张，认为九六足张。

4. 九六足张，四排做一刀

湘纸一刀100张，焙纸时，一面墙25张（上面13张，下面12张），四面墙总共100张。但若坏了或少了三四张也无所谓，不减价。

5. 白纸白绵绵，一打就成钱

造得好的纸，颜色较白，且有绵绵的质感。但其仍然只是纸，打过后，才能得到纸钱。

⊙1

⊙1 潘瑞琼在马海村 Pan Ruiqiong in Mahai Village

(二) 造纸山歌

造纸强度大，且不少工序都是重复性劳动，因此很枯燥。传统砍麻、打槽或抄纸时往往都唱造纸山歌。遗憾的是传统的造纸山歌已经很久没人会唱了。2010年，潘瑞琼开始学习造纸，越发了解到造纸的艰辛。在近几年的学习造纸及造纸过程中，他写了一首现代的造纸山歌，将造纸的全过程和造纸的艰辛等融为一体，并教给马海村的造纸户以及有兴趣的村民唱。现将《造纸山歌》全文记录于下：

笋皮落空就开枝，砍它落地就削皮。
石灰浸泡成纸料，是我山区大出息。
我们老人慢慢爬，男女同来砍竹麻。
草深林密销路远，满脸汗滴不管它。
担担竹麻重如柴，谈谈笑笑下山来。
泡好竹麻造纸卖，藕种塘中望花开。
再拿砍刀断竹节，妹握削镰刮青篾。
竹节砍断情不断，大路平平自有车。
哥破竹麻喜洋洋，男女老少共同帮。
为了前程无限美，幸福生活乐无疆。
中国造纸先发明，流传千年代代新。
片纸能缩天下意，妙笔可作古今情。
先祖千秋纸上留，古国文明妙笔收。
点缀云烟千幅画，流传天下永千秋。
四月嫩竹节节高，长满山坡随风摇。
抬头指向云霄顶，立身根固万年牢。
竹麻捆捆堆在山，你也挑来我也扛。
同寨姐妹来协助，团结友爱永发扬。
山区农民奔小康，又种竹来又种粮。
皮鞋好配牛仔裤，猪肝瘦肉配粉肠。
好棉才能纺好线，好蔗才能榨好糖。
好山才能出好笋，竹好才能利益长。
生活美好幸福长，山种竹来田种粮。
养猪养牛又造纸，钱鼓腰包粮满仓。
张张香纸薄又白，壮家造纸了不得。
工艺流传千古在，心灵手巧好角色。
造纸过程几道工，从头到尾不轻松。
得钱拿到茧手上，几多血汗在其中。
马海从古到今天，造纸为生在世间。
古法造纸今还在，大家造纸换油盐。
壮家造纸远文明，民族文化得传承。
留得纸香传后代，万紫千红总是春。
常绿青草一枝花，原料造纸是竹麻。
好料好纸在马海，造纸技术在壮家。
黄金贵重纸无价，劳动辛勤耕耘它。

容集记载千秋事，四大发明振中华。
竹子葱青好刚强，耐得风雨耐得霜。
青竹全身都是宝，松梅竹友最吉祥。
今日造纸古今传，精工考究美名扬。
技艺超群功底在，如今纸价在洛阳。
祖先发明造纸术，流传千代到今日。
宝贵遗产留后代，再现发明好时机。
今日又是艳阳天，担担竹麻白绵绵。
一担竹麻一担汗，脚软腰酸心里甜。
竹麻堆到纸塘边，双手拉来堆中间。
多泡石灰得好料，先下苦劳后才甜。
竹麻捆捆堆塘中，撒满石灰白蒙蒙。
栽莲就望得好藕，好花十里也得香。
一个纸塘四四方，竹麻堆在水中央。
麻软才能出好料，造出好纸万年扬。
四月大地竞芬芳，担担竹麻堆满塘。
经常看水不间断，料好造出纸也香。
纸塘清水变污色，料已沤熟到时刻。
把水放干鲜草盖，码料齐得软又白。
昔日造纸几十年，留下技术传世间。
莫忘祖先好传统，优秀文化代代传。
文房四宝各有长，状元及第翰墨香。
洛阳纸贵传千里，上榜家珍盖地方。
马海竹林郁葱葱，千蔸万蔸砍不穷。
年年大发心中美，桃花依旧笑春风。
四月艳阳当空照，嫩竹脱下虎纹袍。
剥皮净身从容去，甘为壮家架金桥。
文房四宝各有长，状元及第翰墨香。
洛阳纸贵传千里，上榜家珍盖地方。
先祖千秋纸上留，古国文明妙笔收。
点缀云烟千幅画，流传天下永千秋。
丹桂开花十里香，壮家造纸要发扬。
山山岭岭种竹子，前辈辛劳永不忘。
年近九十也是哥，双手扯来打啰唆。
两张扯做一张看，火焚哪管厚和薄。

两个大嫂我小哥，今日同来起纸角。
不管起得多和少，一天到晚乐呵呵。
大路不平慢慢修，江水不平慢慢流。
我们年老慢慢做，老牛过河慢慢游。
八十奶奶起纸棱，眯缝双眼抖不停。
莫嫌老鸦爪子慢，衔石喝水也为生。
想学手艺靠苦功，种子发芽靠春风。
如今就靠政策好，吹落桃花满地红。
年轻抄纸好在行，不是吹牛乱扯淡。
一天抄得一担纸，落了日头有月光。
丹桂花开十里香，壮家造纸要发扬。
多种竹子多出笋，马海面貌换新装。
大海万里波连波，山溪条条通大河。
老辈留下造纸路，我们后班继续学，
手握竹竿纸也乖，慢拉慢扯自然开。
年年月月都这样，难怪腰弓直不来。
一个篱笆三个桩，一个好汉几个帮。
全靠老人多协助，祝愿你们永健康。
风风雨雨八十秋，心底空空无所求。
酒茶饭后闲无事，邀得几老扯喉头。
大树脚下好躲阴，难报老人一片心。
不讲报酬多奉献，仁义美德值千金。
张张香纸白蒙蒙，花了农家九道工。
一把拿来随火化，轻烟缥缈上天空。
南竹造纸白又黄，湿纸摆了几拱房。
干来挑到圩上卖，不知换得几大洋。
可怜几个公和奶，开始造纸你就来。
你们健康心欢喜，留张合影抵工钱。

(三)
分工合作

以前龙胜生产湘纸时，一般是男的抄纸，女的焙纸，小孩起角。改革开放后，各自承包。根据各个家庭的不同情况，女的也抄纸，男的也焙纸，但主要是女的焙。现在生产火纸，一般是男的抄纸，女的起角、撕纸和晾纸。

(四)
共享

近年来，只有蒙焕斌、蒙焕武兄弟年年造纸，也只有他们有全套的造纸工具和设备。马海村目前只有一个纸槽、一个踩料编（2～3年换一次）、一个木榨。如果其他造纸户需要用，就需要先和蒙焕斌、蒙焕武商量好使用时间。

除了纸槽、踩料编外，也有几家一起使用的纸塘。

(五)
纸钱有讲究

打纸钱时，先将1把4张纸一起对折再对折，后将纸置于一木板上，左手持钱錾，右手持木棰敲击钱錾，打出所需的钱眼后再将纸割开，即得16张纸钱。

⊙1

⊙2

1. 红喜事：纸钱打双

红喜事，如结婚、生日、办三朝酒（小孩出生三天之后，有时出生一个月也叫三朝以后）、盖房子等所用的纸钱是双的，即一张纸钱上的"钱眼"数为双数。

打5排，一般每排12个，也有一排打10个、14个的。蒙焕春认为10个为一小吊，50个为一大吊，以

⊙3

前一吊铜钱是指50个铜钱。如果打得多就认为多一些零钱。

2. 白喜事：打单不打双

白喜事所用的纸钱打单不打双。也是打5排，一般每排13个，这种比较常用；也有的每排打11个，但太短，老人过世不太常用，但都是单数。老人上山（安葬）后，可以用双的，但也是用单的更多一些。

至于打单不打双的原因，造纸户只知道这是一代代流传下来的，他们还提到烧香时可以烧3根、5根或7根，也不能是双数。

(六)

借纸青

龙脊镇的壮族和侗族，在新中国成立前有借纸青的做法。富户将造纸用的原料竹麻砍回沤在纸塘里，到了可以造纸的时节，有的农民出工为富户造纸，将造好的纸运到圩镇上去卖，所得纸款一半交回纸主，一半由该农民借用。一年后，借纸款的农民须将全部纸款还给纸主。[19]

七 龙胜壮族竹纸的保护现状与发展思考

7 Preservation and Development of Bamboo Paper by the Zhuang Ethnic Group in Longsheng County

⊙1/2 打纸钱 Making joss paper

⊙3 纸钱 Joss paper

龙胜竹纸曾经有过三种：湘纸、改良纸、火纸。它们广泛用于书写和祭祀，在龙胜、灵川、全州等地都有较多销售，其中改良纸还远销浙江、福建等。

但随着时代的发展，龙胜壮族竹纸目前只生产火纸，只用于祭祀。纸主要在龙脊镇卖，也有的到龙胜县城卖。本地村民主要上门购买，销售区域也基本限制在龙胜县内。

如前所述，造纸的人越来越少，纸价不断升高，2010年420～430元/担，2013年500元/担，2014年800元/担。不考虑竹子、石灰和造纸设备折旧等成本，造一担纸大约需12个工，则平均一个工2013年才约40元，即使到2014年也不到70

[19] 广西壮族自治区地方志编纂委员会.广西通志 民俗志[M].南宁：广西人民出版社,1992: 52.

⊙1

⊙ 1
龙脊马海梯田
Terrace fields in Mahai Village of Longji Town

元。造纸效益较低，是造纸人数越来越少的重要原因。而只生产火纸，火纸的质量不太高，用途相对低端，也造成其价格不太可能有较大的上升空间。

针对龙胜壮族竹纸的现状，潘瑞琼与蒙焕斌等做了相当多的保护工作。

首先，潘瑞琼组织并较为系统地拍摄了壮族竹纸制作过程的视频及图片，保留下了相当珍贵的影像资料。

其次，潘瑞琼与蒙焕斌共同努力，于2014年8月开始新建一传统纸焙，拟恢复一部分火焙的火纸甚至湘纸生产。

⊙2

⊙3

此外，龙胜壮族竹纸引起了当地相关部门的关注，例如《桂林日报》2014年5月15日以《大山里的原始造纸术》为题进行了整版的报道。

在此基础上，潘瑞琼也希望龙胜壮族竹纸能申请成为市级甚至自治区级非物质文化遗产，得到更多的支持，引起更多人的关注。

最后，目前龙胜壮族竹纸的主要生产地龙脊镇马海村，距著名的龙脊梯田核心景区仅仅几千米，而马海梯田也很有代表性，如能将壮族竹纸、木雕以及壮族民俗生活等纳入龙脊梯田的旅游项目里，既可丰富龙脊梯田旅游的文化内涵，同时也能让更多人了解龙胜壮族竹纸，这很可能对龙胜壮族竹纸的传承与保护起到带动的作用。

⊙2
新建的传统纸焙
Newly-built traditional drying wall

⊙3
《大山里的原始造纸术》报道
An article named *Ancient Papermaking Technique in Mountainous Area* published on *Guilin Daily*

竹纸

Bamboo Paper
by the Zhuang Ethnic Group
in Longsheng County

马海村竹纸透光摄影图
A photo of bamboo paper in Mahai Village
seen through the light

第三节

临桂

手工纸

广西壮族自治区
Guangxi Zhuang Autonomous Region

桂林市
Guilin City

临桂区
Lingui District

调查对象

宛田瑶族乡平水村
四塘镇岩口村
手工纸

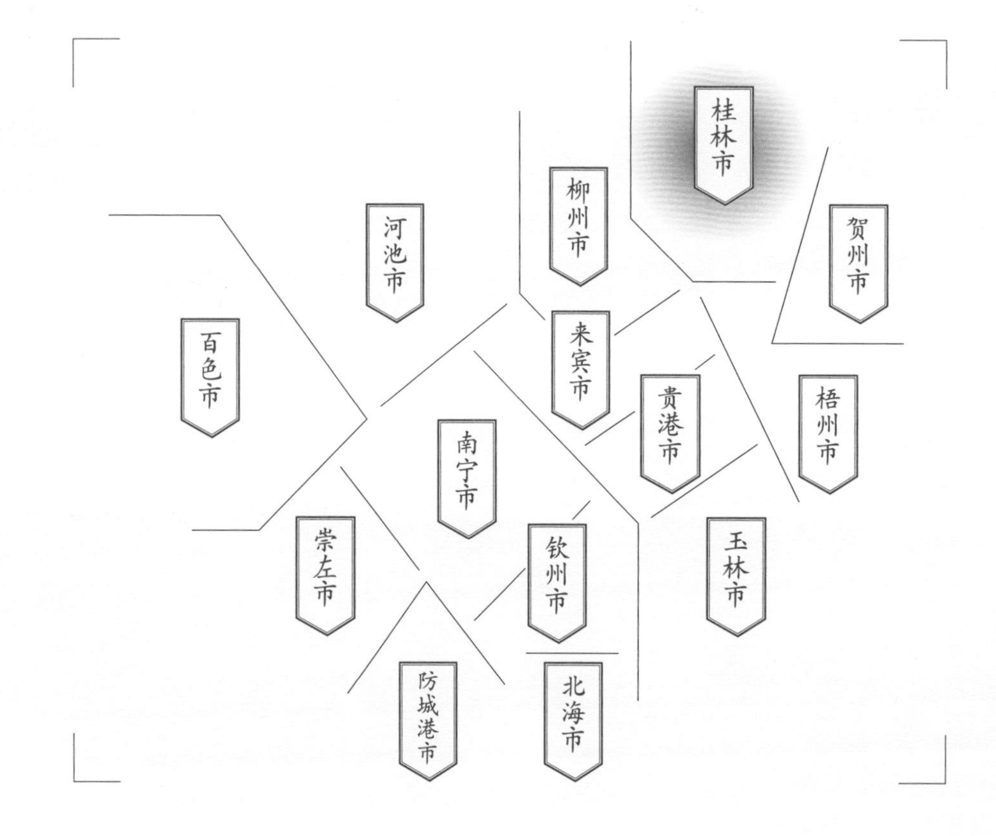

Section 3
Handmade Paper
in Lingui District

Subjects

Handmade Paper in Pingshui Village of Wantian Yao Town, Yankou Village of Sitang Town

一 临桂手工纸的基础信息及分布

1 Basic Information and Distribution of Handmade Paper in Lingui District

临桂手工纸曾广泛分布于临桂的多个乡镇，如宛田、南边山、黄沙[20]、四塘等。2014年5月和9月，调查组两次到临桂调查，发现宛田瑶族乡平水村上财村民组仍有瑶族造纸户用竹子制造的竹纸，当地称为火纸。此外，四塘镇岩口行政村田心自然村曾是造纸极其兴盛的村落，曾用草制造草纸，大约从1953年开始就不再造纸。

二 临桂手工纸生产的人文地理环境

2 The Cultural and Geographic Environment of Handmade Paper in Lingui District

临桂区位于广西东北部，隶属于桂林市，西南邻永福县，东接秀峰区，东南靠雁山区。

临桂建县于汉代元鼎六年（公元前111年），至今已有2 000多年的历史。从三国到清末，始安（临桂）县城一直是郡、州、路、府的治所，故有“桂郡首邑”之称。秦时，县境属桂林郡。汉初，属南越王国，元鼎六年(公元前111年)，置始安县，为临桂区行政建置之始，隶零陵郡，东汉改为始安侯国。三国吴甘露元年(265年)，分零陵郡南部置始安郡，始安县为其辖地。南朝宋属始建国。梁天监六年(507年)，在苍梧、郁林境内设桂州，始安县属之。隋、唐属桂州始安郡。唐至德二年(757年，一说贞观八年即634年)，因“附郭桂州”，改名临桂。五代至清，临桂县名未变。1912年，临桂县撤销，直属桂林府。1913年后撤

[20] 临桂县志编纂委员会.临桂县志[M].北京：方志出版社，1996: 202.

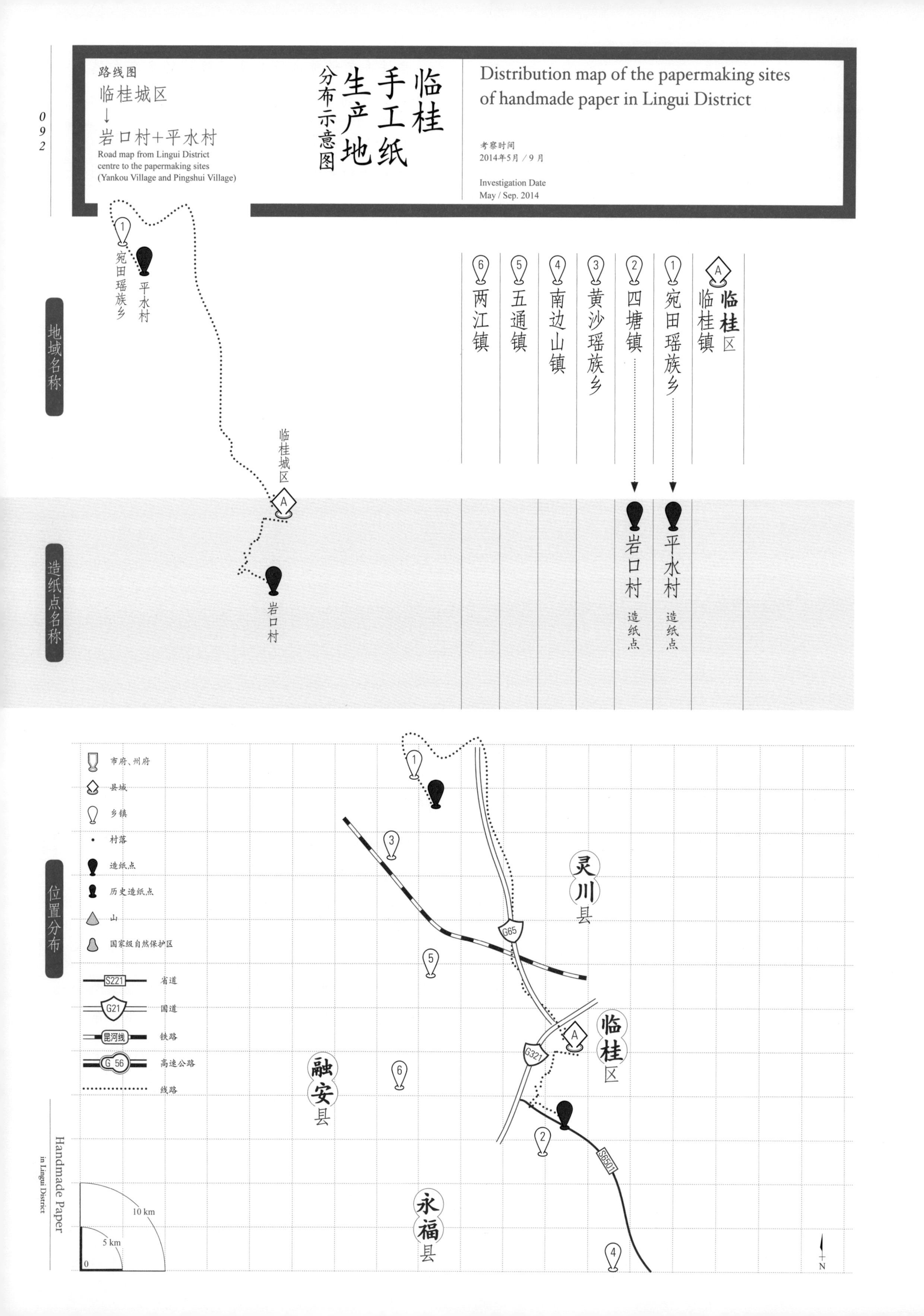

路线图
临桂城区
↓
岩口村+平水村
Road map from Lingui District centre to the papermaking sites (Yankou Village and Pingshui Village)
临桂手工纸生产地分布示意图
Distribution map of the papermaking sites of handmade paper in Lingui District
考察时间
2014年5月／9月
Investigation Date
May / Sep. 2014
宛田瑶族乡
平水村
临桂城区
岩口村
地域名称
造纸点名称
位置分布
临桂区 临桂镇
宛田瑶族乡
四塘镇
黄沙瑶族乡
南边山镇
五通镇
两江镇
平水村 造纸点
岩口村 造纸点
市府、州府
县城
乡镇
村落
造纸点
历史造纸点
山
国家级自然保护区
S221 省道
G21 国道
昆河线 铁路
G56 高速公路
线路
灵川县
临桂区
融安县
永福县
G65
G321
S6501
10 km
5 km
0
N

府复县，更名桂林县，1940年1月从桂林县划出城区及近郊设桂林市，县复名临桂县。[21]2013年1月18日，经国务院批准，临桂县撤县设区。[22]2015年5月25日，桂林市临桂区正式挂牌成立。[23]

临桂区总面积2 202 km^2，耕地面积475 km^2，粮食播种面积483 km^2，林地面积约645 km^2。全区辖11个乡镇，2014年末有49.22万人，[3]聚居着壮、瑶、回、侗、苗等少数民族[24]。临桂地处低纬度地区，属亚热带季风气候。四季分明，热量丰富，雨量充沛，气候温和湿润。1961～1990年，年均气温19.2 ℃，年均降水量1 862.7 mm，历年平均霜期53天。[25]临桂森林资源丰富，1989年对森林资源进行第四次调查，木材蓄积量191.76万立方米；毛竹林95.8 km^2，毛竹蓄积量2 160万根。[26]2014年时，林地面积1 330 km^2。盛产罗汉果、甘蔗、马蹄、葛根、淮山、食用菌等。[3]临桂人杰地灵，人才辈出，是有名的“状元之乡”“将军之乡”“冠军之乡”。从唐至清，广西共出过9名状元，其中5名出自临桂。唐乾宁二年（895年），赵观文殿试第一，成为广西第一个状元。清代名臣陈宏谋的玄孙陈继昌，从清嘉庆十八年至二十五年（1813～1820年）连中三元，成为清代两个三元及第者之一。光绪十五年至十八年（1889～1892年），科举考试共开三科，其中己丑科状元张建勋、壬辰科状元刘福姚均为临桂人。壬辰科除刘福姚外，临桂还有7人及进士第，“一县八进士，三科两状元”的佳话一时广为流传。民国时期，国民政府代总统李宗仁、国防部长白崇禧都是临桂人。在新民主主义革命、社会主义革命中，临桂也是人才辈出，如广州起义领导人之一黄锦辉、中国人民解放军副总参谋长李天佑上将、对越自卫反击战中的战斗英雄李定申和杨息任等都是其中的杰出代表。[24]临桂的体育健儿有曾“五破一平”世界纪录的举重名将肖明祥[24]，奥运冠军唐灵生、李婷等[27]。

主要旅游景区（点）有李宗仁故居、白崇禧故居、陈宏谋故居、红溪、义江缘、十二滩漂流段、蝴蝶谷瑶寨等。[3]

四塘镇位于临桂区东南部，为清代名臣陈宏谋故里。清以前，桂林往西的大道经此，因距桂林四十里（20 km^2），故名四塘。2013年5月，由乡改为镇。镇人民政府驻四塘圩，距区政府所在地12 km。全镇总面积167.39 km^2，耕地面积39.11 km^2，其中水田33.47 km^2，旱地5.64 km^2。

⊙1

⊙2

⊙1/2 李宗仁故居（蒋新福提供）
Former residence of Li Zongren (provided by Jiang Xinfu)

[21] 临桂县志编纂委员会.临桂县志[M].北京：方志出版社,1996: 37.

[22] 中华人民共和国国务院.国务院关于同意广西壮族自治区调整桂林市部分行政区划的批复（国函〔2013〕17号）[Z], 2013-01-18.

[23] 唐晓燕.临桂撤县改区正式揭牌[N].南国早报,2015-05-26, A1·13版.

[24] 临桂县志编纂委员会.临桂县志[M].北京：方志出版社,1996:1-2.

[25] 临桂县志编纂委员会.临桂县志[M].北京：方志出版社,1996: 65-74.

[26] 临桂县志编纂委员会.临桂县志[M].北京：方志出版社,1996: 189.

[27] 刘福刚，孟宪江.中国县域经济年鉴[M].北京：社会科学文献出版社,2008: 202.

⊙1

2013年，全镇人口46 008人。四塘镇地处丘陵、平原地带，出产水稻、红薯、大豆等，为广西商品粮基地之一。所产马蹄个大皮薄，甜脆无渣，2002年获“桂林首批名优农产品”称号，远销广东、福建、湖南、浙江等地。[28, 29]田心自然村属岩口行政村，距四塘镇约7 km，村东北面与桂林城南毗邻，中间仅隔一道山坳。在这山坳间，清朝时，朱若东为村中人去桂林求学便利，修了一条步行到桂林只需40分钟的石板路。在田心村，男女老少都对“横山府，池头县；田心村，翰林院；一门九进士，父子三翰林”的民谣耳熟能详。父子三翰林指的是朱若东及其两个儿子朱依鲁、朱依灵，九进士除了他们外，还有许霖、许受之、许晓峦、徐步云、徐登云等人。[30]而在许氏宗祠内的《田心村简介》所列的九进士里没有许受之、许晓峦，有许双翊、许晋祁、关榕祚。

田心村四周建有圆拱石门5扇，建筑精巧，至今保存完好。坐落在村子正南面的石拱门顶端刻有朱若东的父亲朱亨衍题写的“承薰门”。此外，村里还有字冢。2014年5月，调查组前去调查时，老村支书许富安说他读私塾时，农历每月初一、十五，先生让学生将废弃的纸张置于字冢前焚烧。

宛田瑶族乡位于桂林市西北部，东靠灵川县，北接龙胜县，南连中庸镇、五通镇，西与黄沙瑶族乡相邻，于1984年被批准为瑶族乡。[31]全乡总面积342.32 km^2，全乡耕地面积15.304 km^2，其中水田面积10.403 km^2，旱地面积4.901 km^2，森林覆盖率达85%。2013年，全乡辖15个村委会，22 465人，有瑶、壮、苗、汉等民族，其中瑶族人口有11 269人，占全乡人口的49.08%。盛产毛竹和杉木，是临桂区的林业大乡。2013年，全乡造林3 km^2，毛竹低产改造1.33 km^2；向国家提供木材3 521 m^3，毛竹53.5万根。[32]用竹子所造的草纸为其土特产之一，宛田圩是临桂手工纸等特产的主要集散地[33]。

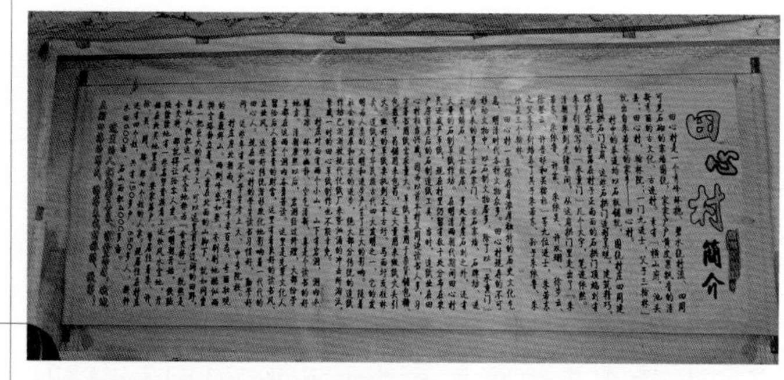

⊙2

⊙3

⊙4

⊙1 白崇禧故居（刘发刚 提供）
Former residence of Bai Chongxi (provided by Liu Fagang)

⊙2 许氏宗祠内的《田心村简介》
Brief Introduction to Tianxin Village in the ancestral hall of the Xus

⊙3 承薰门
Chengxun Gate

⊙4 字冢
Epigraph fo the words

[28] 广西桂林市临桂区志编纂委员会.临桂年鉴2014[M].北京：方志出版社,2015: 232.

[29] 临桂县志编纂委员会.临桂县志[M].北京：方志出版社,1996: 48.

[30] 文萍,李金兰.一村九进士：临桂四塘田心村文化传奇[Z]//政协广西临桂县委员会文史资料委员会.临桂文史：第16辑,2004: 130-135.

[31] 临桂县志编纂委员会.临桂县志[M].北京：方志出版社,1996: 125.

[32] 广西桂林市临桂区志编纂委员会.临桂年鉴2014[M].北京：方志出版社,2015: 239-240.

[33] 临桂县志编纂委员会.临桂县志[M].北京：方志出版社,1996: 53.

三
临桂手工纸的历史与传承

3
History and Inheritance of Handmade Paper in Lingui District

临桂手工纸应有较久远的历史。清嘉庆七年修、光绪六年补刊的《临桂县志》卷八《舆地志二·物产八》"方竹"条，引用了明人张所望（1556～1635年）《梧浔杂佩》："岭南人当有愧于竹。食者竹笋，庇者竹瓦，载者竹筏，爨者竹薪，衣者竹皮，书者竹纸，履者竹鞋，真可谓一日不可无此。君也桂人，虽不尽如其人，取用于竹者，亦不少云。"文中就提到了竹纸。此外，"猫竹"条，引用了《金通志》："大者可屋，嫩者可纸。"[34]立于乾隆三十二年（1767年）的临桂田心自然村老庙遗址上的《三村公约碑》中记载了与纸有关的公约。该公约共有十二条内容，其中三条直接涉及纸。具体为：

一禁损毁道路，以便行人。路途崩塌，尚赖修补，如有漂洗纸料及引水灌田损毁者，概罚银三钱外，仍督令修整。

一禁偷取纸料，以固生业。村人漂洗纸料，以供捞纸营生。如有偷取者，即同鼠窃，罚银一两五钱。

一禁裁减纸样，以除欺伪。村人造纸为业，务遵原式，方为公平。如有改小纸帘及短少张片者，罚银五钱。

公约中四分之一的内容涉及纸，说明当时田心手工纸业已形成一定规模，并可能是以出售为主，商品化的程度比较高。

⊙6

⊙5

⊙5
《三村公约碑》全景（图中右边的碑为《三村公约碑》）
A panorama of *Sancun Convention Monument* in Tianxin Village(the monument is on the right)

⊙6
《三村公约碑》
Sancun Convention Monument

临桂商业的发展促进了本地手工纸生产和发展。据《临桂县志》记载，清末便有大批外籍商贾到临桂经商，临桂手工纸也作为主要

[34] [清]蔡呈韶,等.临桂县志[M].台北:成文出版社,1967: 189.

商品之一销往境内外各地。[35]民国时期，由于战事频繁，货币混乱，通货膨胀，商业活动受到影响。1933年《广西各县概况》记载，桂林县“地方经济窘迫，商业零落，今昔比较，相差一半，商店倒闭者颇多”，营业者主要以经营土纸等各类农副产品和土特产品为主。[36]出口商品尤以土纸等农副产品为大宗。1934年，桂林、义宁两县出口土纸数量见表2.4。[35]

表2.4 1934年桂林县、义宁县出口土纸统计表
Table 2.4 Handmade paper export statistics in Guilin County and Yining County in 1934

地名	数量（担）	货值（毫币，元）
桂林县	4 000	20 000
义宁县	1 000	6 000

1949年前后，境内宛田、南边山、黄沙等山区农民已用土法生产草纸、湘纸，全县年产量2000担以上。据1951年7月农村经济调查统计，全县有个体商业和手工业户2 546户，从业人员10 084人，其中手工造纸是主要行业之一。1952年产2 027担，1955年产3 510担，1957年农村生产合作社生产草纸375吨，1965年产6 418担。20世纪70年代后，因竹林蓄积量下降，原竹价格上涨，制作草纸经济效益不高，草纸产量下降。1980年，全县仅产1 651担，1990年降至1 570担。[37]

除本地集贸市场交易外，手工纸还作为农副产品、土特产品、日用工业品被商贩、企业或政府收购。1934年，桂林县共收购粗纸4 000担。经过1958年的“大购大销”活动，1964年的统购、派购、单项换购与议购等办法，1985年的合同订购和议购，到1990年，土纸仍是县内收购的主要产品之一[38]，不同年份毛竹、草纸的收购价格见表2.5。[39]

表2.5 不同年份宛田市场毛竹、草纸收购价格表(单位：元)
Table 2.5 Price of bamboo and handmade paper of Wantian market in different years (unit: yuan)

年份	毛竹（30cm，百根）	草纸（甲级，万千克）
1952	—	1140
1957	27	1352
1965	36	1900
1973	75	1900
1983	95	2950
1985	95	放开价格
1986	124	
1988	170	
1990	180	

2014年5月和9月，调查组两次来到临桂，分别调查了四塘镇岩口行政村田心自然村用草制造的草纸和宛田瑶族乡平水村上财村民组的瑶族村民用竹子制造的竹纸。

据时年76岁的许富安口述，他们先祖迁自安徽桐城。祖上在朝廷做武官，明洪武年间，随靖江王来桂林。清朝后，先祖离开桂林市区，最后

⊙1

[35] 临桂县志编纂委员会.临桂县志[M].北京：方志出版社,1996: 344-346

[36] 临桂县志编纂委员会.临桂县志[M].北京：方志出版社,1996: 319.

到田心村，那时田心村已有草纸生产，至今已有十几代。时年79岁的周子克也听祖上说过，明朝时的田心村便有造纸。周子克、许富安都提到：清朝时田心村家家户户造纸；民国时，桂林开始有机制纸销售，造纸户稍有减少；1950年前后，田心村有60多户人家，仍有约80%户造纸；之后桂林有了机制纸厂，草纸销量骤减，大约1953年以后就不再制造草纸。

另据周子克介绍，其母亲曾经造过纸，周子克目睹过其造纸过程。

⊙2

⊙3

⊙1
调查组成员与许富安于许氏宗祠前合影
Local secretary Xu Fu'an and a researcher in front of the ancestral hall of the Xus

⊙2
黄顺方家族谱
Huang Shunfang's family genealogy

⊙3
调查组成员与造纸户黄顺方、黄流龙合影
A researcher with papermakers Huang Shunfang and Huang Liulong

据宛田瑶族乡平水村上财村民组时年74岁的造纸户黄顺方介绍，黄家原姓盘，其祖先名叫盘笑开，迁自广东绍州府。后因故改为黄姓，故有“盘黄两姓”的说法。其谱系如下：

盘龙维→盘笑开→盘凤桥→盘贵朝→黄财有→黄园愧→黄全升→黄文良→黄明富→黄金保→黄维品→黄顺方→黄流龙

黄顺方13岁开始造纸，现在尽管儿女们不希望他继续造纸，但他仍然坚持。黄流龙约16岁开始造纸，近年来因出任村干部，不再造纸，但有空时也会协助黄顺方造纸。

另据造纸户李顺兴介绍，20世纪80年代平水村家家造纸，90年代大部分人家还在造纸，但已开始逐渐减少。2004年村里公路修通后，大部分村民选择卖竹子赚钱，2005年后外出打工的村民（尤其是青年）逐渐增多，从事造纸的人越来越少。截至调查时，村中仅有十几户仍在造纸。

[37] 临桂县志编纂委员会.临桂县志[M].北京：方志出版社,1996: 254.

[38] 临桂县志编纂委员会.临桂县志[M].北京：方志出版社,1996: 330-332.

[39] 临桂县志编纂委员会.临桂县志[M].北京：方志出版社,1996: 451.

四 临桂手工纸的生产工艺与技术分析

4
Papermaking Technique and Technical Analysis of Handmade Paper in Lingui District

(一) 临桂手工纸的生产原料与辅料

宛田瑶族乡平水村上财村民组瑶族造纸所用原料为当年生的嫩南竹。据造纸户黄顺方介绍，一般清明刚过至小满间，在老竹子的根附近长出南竹，长高开脩到尾巴，还没长叶子时就砍，一天可砍100根左右。小满后，竹子变硬了，不能用，当地称为竹麻不吃小满水。砍竹子时，有"砍丑不砍好"的说法。丑的竹子包括长虫的、不好看的、小的，但如有生虫的，需把生虫的部分去掉。好竹造纸更好，但农家往往舍不得砍。2014年调查时，围径33 cm（距地4.5 m处竹子的周长）的竹子16～17元/根。围径越大，价格越高。

四塘镇岩口行政村田心自然村造纸用水稻草。

纸药在平水村上财村民组当地叫作纸滑。当地有多种纸滑，其中一种是神仙膏的叶子，神仙膏是当地人对一种树的称呼。把神仙膏的叶子放在锅里，加清水煮，沸腾后再煮十几分钟即可。一次最少煮一天的量（大约0.5 kg湿叶子），也可煮几千克乃至十几千克的湿叶子，煮好后放在清水里泡，半个月之内都可以用。

⊙1

⊙2

⊙3

⊙4

⊙1/2
神仙膏树
Raw material of papermaking mucilage

⊙3
煮纸药
Boiling the papermaking mucilage

⊙4
纸药（神仙膏）
Papermaking mucilage (Shen Xian Gao)

（二）

临桂手工纸的生产工艺流程

根据调查组深入宛田瑶族乡平水村上财村民组的实地调查，其竹纸生产的工艺流程为：

壹	贰	叁	肆	伍	陆	柒	捌	玖	拾	拾壹	拾贰	拾叁
砍竹麻	去竹伢	锯竹麻	刮竹皮	剖竹麻	捆竹麻	下塘	洗竹麻	沤竹麻	踩竹麻	打槽	加滑	捞纸

拾肆	拾伍	拾陆	拾柒	拾捌	拾玖	贰拾	贰拾壹	贰拾贰	贰拾叁	贰拾肆	贰拾伍	贰拾陆
去撕边	榨纸	刮水	松榨	去余边	背垛	起纸	晒纸	收纸	撕纸	上垛	磨边	捆纸

壹 砍竹麻

1

每年清明至小满间，造纸户用刀到山上去砍当年生的嫩竹麻。

贰 去竹伢

2

将竹麻上的竹伢，即竹竿上的枝丫和竹尾去掉。

叁 锯竹麻

3

⊙1

用锯子将竹麻锯成长约1.2 m的一段段。一段这样的竹麻当地叫作一筒竹麻。

⊙1

肆 刮竹皮

4 ⊙2

将一筒竹麻置于剖架钩上，用刮刀将竹皮（即外层青皮）刮掉。一人一天可刮100根左右。

⊙2

伍 剖竹麻

5 ⊙3

用钩刀将刮去竹皮后的竹麻剖成一片片，直径大的剖成10片，小的剖成6片。一般一人锯竹麻，一人刮竹皮，一人剖竹麻。

⊙3

陆 捆竹麻

6 ⊙4

用钩刀将一根竹片的头层竹白篾（即最里面那层竹白篾）去掉，再剖成两根，分别为白篾和青篾，均可用来捆竹麻。一捆竹麻约有40 kg重。

⊙4

⊙1 锯竹麻示意 Showing how to lop the bamboo materials with a saw

⊙2 刮竹皮示意 Showing how to strip the bamboo bark

⊙3 剖竹麻示意 Showing how to halve the bamboo materials

⊙4 剖竹篾示意 Showing how to halve the bamboo strips

柒

下塘

7

将捆好的竹麻挑到麻塘，一捆捆放下去，大的麻塘，可并排放3排，每2排间紧密排列，不留间隔。放好一层竹麻后，扯开竹篾，加水平齐竹麻，后加石灰，100 kg竹麻需加8 kg石灰。接着再放第二层竹麻，工序同上。最上面一般用两根竹片、若干块石头压紧，泡60天左右。大的麻塘能放40～50担，小的只能放20担。

以前造纸户都赤脚操作，脚上可涂桐油，2004年开始穿水鞋下塘。

捌

洗竹麻

8

在麻塘里将泡好的竹麻洗干净，放在麻塘边，然后将麻塘里的石灰水放掉，但是不用清洗麻塘。

玖

沤竹麻

9 ⊙5⊙6

在麻塘底部垫6根老竹子，其上整齐摆放竹麻，接着用塑料布、草、竹篾等盖好，再用竹片、石头压。其后换三塘水，尽可能将石灰全部洗掉，造纸户认为那样竹麻才沤得烂。第一塘水：当天加水，3天后放水，再沤3天；第二塘水：加水，3天后放水，再沤3天；第三塘水：加水，7天后放水，再沤15天。最后再加水，造纸前才把水全部放掉。从加第一塘水起，一般60天后竹麻即可沤好。

⊙5 ⊙6

⊙5/6 沤竹麻 Soaking the bamboo materials

拾

踩竹麻

10 ⊙7⊙8

把竹麻捞起来，挑到踩麻编上，侧脚踩，需踩3遍。一般一个人2小时可踩40 kg竹麻，可供1个人捞纸1天。也可2~3人一起踩。

⊙7

⊙8

拾壹

打槽

11 ⊙9⊙10

将踩好的竹麻一次性放进纸槽，用拱耙将其拱散。再用扫纸棍搅，同时捞竹麻筋。接着放掉一半水，再加满水。

⊙9

⊙10

拾贰

加滑

12 ⊙11

用拱耙将竹麻搅起一部分，用手挤装了纸滑的袋子，将其加入纸槽。用扫纸棍将纸滑扫散，使之和水充分混合。

⊙11

⊙7 捞竹麻 Lifting the bamboo materials out of water

⊙8 踩竹麻示意 Showing how to stamp the bamboo materials

⊙9 打槽 Stirring the papermaking materials

⊙10 捞筋 Picking out the residues

⊙11 加滑 Adding in papermaking mucilage

拾叁

捞 纸

13 ⊙12

当地捞纸需舀两道水。第一道从外往里舀，水往前流；第二道从右往左舀，水往右流。第一道水不光滑，第二道水上去纸才光滑。一人一天可捞约2 000张。

⊙12

拾肆

去 撕 边

14 ⊙13

用手把撕边去掉。造纸户认为留有撕边，纸帘不会掉到后面去，否则不好拿起纸帘。

⊙13

拾伍

榨 纸

15 ⊙14～⊙16

在纸垛上依次放塑料布、压板、2个垫枕、几个木墩、枕头、扳杆，先用手缓缓压，再将脚踩在榨子的底板上，继续用手压。压不动后，换榨纸杆，用榨纸绳将榨纸杆和滚筒套起来，将手杆插在滚筒眼里，先缓慢压，再使劲压。压不动后，人踩上手杆去压。榨后纸垛约为原高的四分之一。

⊙14

⊙15

⊙16

⊙12 捞纸 Scooping and lifting the papermaking screen out of water

⊙13 去撕边 Removing the deckle edges with hands

⊙14/16 榨纸 Pressing the paper

拾陆
刮　水
16 ⊙17

用刮子刮近人一侧的纸垛边，将水刮掉。

⊙17

拾柒
松　榨
17 ⊙18

榨干后，即可松榨。

⊙18

拾捌
去　余　边
18 ⊙19⊙20

松榨后，将一方形木棒置于纸垛的纸头下部，双手由上往下按，将余边去掉。余边放回纸槽，第二天打槽时打散后继续用。

⊙19

⊙20

拾玖
背　垛
19 ⊙21

将纸垛背回家。

⊙21

⊙17 刮水 Swaying away water

⊙18 松榨 Unleashing the pressing device

⊙19 去余边 Removing the deckle edges with hands

⊙20 放回纸槽的余边 Removed edges waiting for reuse

⊙21 背垛 Carrying the paper pile

贰拾
起　纸

20　⊙22～⊙25

起纸时一般三个人合作。一人用手将纸头的两个角由下往上揉松后将纸角揭开，称为揭纸角；一人将纸撕开到合适处，每两张之间间隔1～2 cm，4张为一匹，称为摆纸；一人将整匹纸揭离纸垛，右手持扫纸棍插到一匹纸中间，用扫纸盒将纸扫平，整齐码放在纸编上，再用扫纸盒将纸扫平，称为扫纸。一般当天晚上把捞的纸起完，如果没空放1～2天也没关系。但是如果放的时间太长，纸干了，就不好起了。

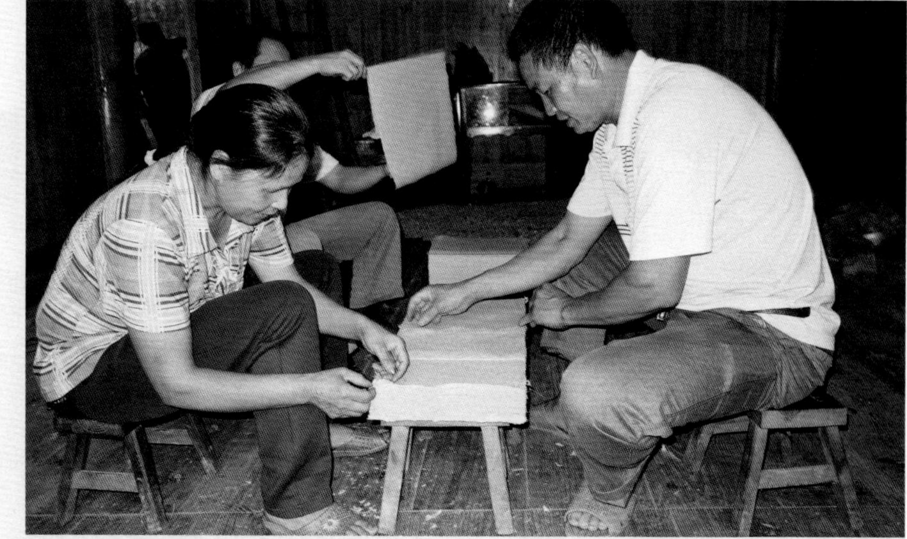
⊙22

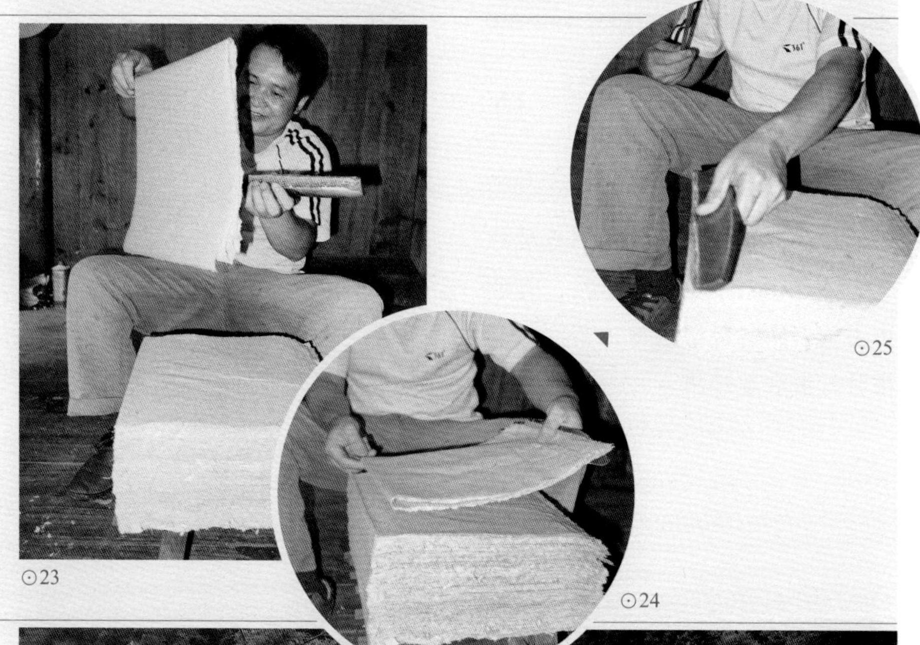
⊙23　⊙24　⊙25

贰拾壹
晒　纸

21　⊙26

太阳好时，直接将纸一匹匹放在地上晒，若太阳大，2小时即可干。下雨时，可在火炕上面的竹竿上烘干。但烘的纸有火烟，没有晒的好，通常先堆放在家，等待有太阳时，再拿去晒。

⊙26

⊙22 起纸 Peeling the paper corner

⊙23/25 扫纸 Flattening the paper

⊙26 晒纸 Drying the paper in the sun

贰拾贰 收　　纸

22 ⊙27

将晒干的纸收回来，10匹为1把，错落堆放好。

⊙27

贰拾叁 撕　　纸

23 ⊙28

将纸一张张撕开，抖齐，每一把最上面的纸折一个角，便于计数。

⊙28

贰拾肆 上　　垛

24 ⊙29

将大约8把纸放在一压纸板上理齐，然后放于另一块压纸板上。如此反复，一共放50把纸（1头），其上下各用一张厚纸壳保护，也可只用一张。接着盖上另一块压纸板，用绳子将两块压纸板捆紧。

⊙29

⊙30

⊙31

贰拾伍 磨　　边

25 ⊙30⊙31

依次用磨纸锯、粗磨纸石、细磨纸石去磨纸垛的两个长边。纸头只用粗、细磨纸石去磨。磨好的纸叫磨边纸，没磨的叫毛边纸。

⊙27 堆纸 Piling the paper up

⊙28 撕纸 Splitting the paper layers

⊙29 上垛 Putting the paper on board

⊙30 磨纸锯磨边 Trimming the deckle edges with a saw sharpener

⊙31 粗磨纸石磨边 Trimming the deckle edges with a stone tool

⊙32

⊙33

贰拾陆 捆纸

26 ⊙32⊙33

用三根塑料绳穿过压纸板的凹槽，将其捆好，后将压纸板松开即可。1997年前都用青竹皮捆纸。现在两种方式都有。

据周子克口述，田心村草纸生产的大致工艺流程为：

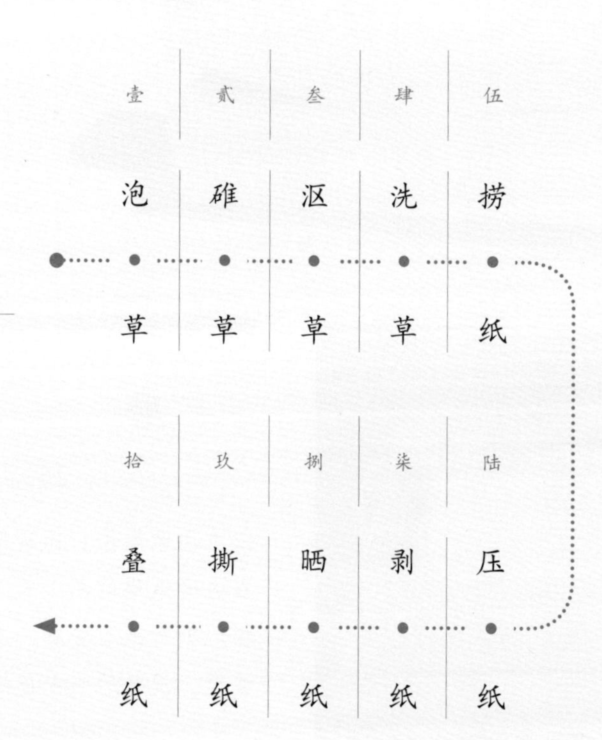

壹	贰	叁	肆	伍
泡草	碓草	沤草	洗草	捞纸
拾	玖	捌	柒	陆
叠纸	撕纸	晒纸	剥纸	压纸

壹 泡草

1

将稻草置于水沟里泡软，至手一按就塌下去即可。如果想快一些，也可用水煮草。

⊙32 捆纸 Binding the paper

⊙33 松压纸板 Taking the upper board away

贰
碓　　草
2

将泡好的稻草放在石臼里碓。

叁
沤　　草
3

加一定量的石灰到碓好的草里，沤一周左右，可以将草里的一些黄色物质漂白。

肆
洗　　草
4

将沤好的草放到纸槽里，加水，用棍子搅拌均匀，然后将水放掉，再加清水。

伍
捞　　纸
5

用竹帘捞纸，将得到的湿纸置于石台上。

陆
压　　纸
6

在湿纸垛上垫上木板、木块、压杆，压杆一侧插入一石头洞，另一侧用绳子套上一块几十斤的石头，压到压杆平直，就压好了，而且纸的厚薄均匀。

柒
剥　　纸
7

用手将纸一张张剥下来。

捌
晒　　纸
8

用刷子将纸一张张贴到外面墙上，只贴一层，靠太阳晒干或风吹干。因有屋檐，即使下雨也不会被淋。

玖
撕　　纸
9

纸干后，一张张撕下来。

拾
叠　　纸
10

将撕下来的纸理齐。100张为一贴，按贴卖，最少卖半贴。

（三）

临桂平水村瑶族竹纸生产使用的主要工具设备

壹 刮刀 1

铁制，中间弯，两头有柄，便于刮竹皮。

贰 麻塘 2

泡麻用，一般深约1 m，长宽不定。所测麻塘长265 cm，宽193 cm。

叁 踩麻编 3

竹篾编成，所测踩麻编长195 cm，宽90 cm。

⊙1

⊙2

肆 纸槽 4

上宽下窄，所测纸槽上部内侧长196 cm，宽82 cm，底部长宽分别窄约10 cm。纸槽里有一水桥，便于放帘架；左右两侧各有一块木板，便于放常用工具、物品；纸槽边上放有半边竹筒，捞纸时起到挡水的作用，保护捞纸人。

⊙3

⊙1 刮刀 Drawknife

⊙2 麻塘 Pool for soaking the papermaking materials

⊙3 纸槽 Papermaking trough

伍 拱耙 5

把手竹制，柄木制。所测拱耙的把手长110 cm，柄长18 cm，柄宽11.5 cm。

陆 纸帘 6

竹制，各部分名称及尺寸如图所示。所测纸帘上有“〇〇五年黄流庆号李松清造”字样，该纸帘是湖南邵东人李松清2005年到当地为黄流庆所造。所测纸帘长61 cm，宽35 cm（不计纸帘箭），所捞纸长55 cm，宽29 cm。

柒 纸帘架 7

木制，各部分名称及尺寸见图。所测纸帘长67 cm，宽40 cm。

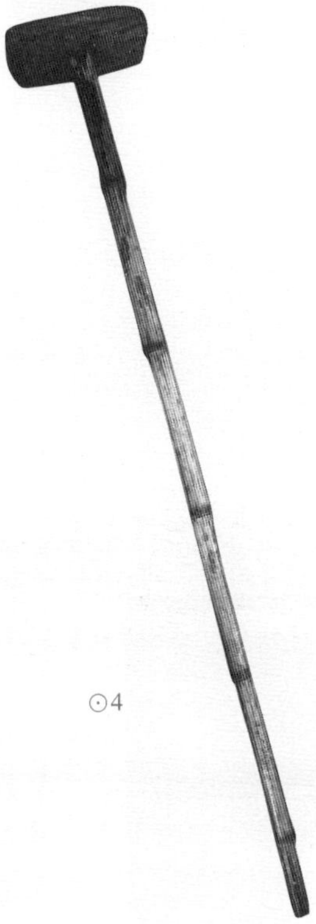

⊙4

纸帘钉
纸头子
纸帘箭
干线
撕边

⊙5

纸帘钩
纸帘桥
挽手

⊙6

⊙4 拱耙 Wooden stirring rake

⊙5 纸帘 Papermaking screen

⊙6 纸帘架 Frame for supporting the papermaking screen

捌
榨
8

所测榨为木制，各部分名称及尺寸如下。

地龙：大小将军柱间260 cm，造纸户说总长3 m。

底榨板：长97 cm，宽54 cm，高9 cm。

竹篾片：竹制，长71 cm，宽50 cm。

榨纸杆：长313 cm，直径约14 cm。

扳杆：也称手杆，长156 cm，直径约7 cm。

大将军柱：距地高142 cm，直径约26 cm，长均约26 cm，即两大将军柱内侧距离。中间为扁挑，下端、上端距地分别为100 cm和130 cm。

小将军柱：距地高78 cm，总长1 m，两个小将军柱内侧相距72 cm。

滚筒：两小将军柱间，直径32 cm，长约70 cm，正常的滚筒眼是正方形的，边长约8 cm。

⊙7

⊙8

⊙9

⊙7 榨纸杆 Pressing bever

⊙8 扳杆 Lever of the pressing device

⊙9 榨 Pressing device

玖 扫纸盒 9

竹制，所测扫纸盒长33 cm，两端宽3.5 cm，中间5.5 cm。

拾 扫纸棍 10

竹制，所测扫纸棍长39 cm，也有长一些的。

⊙10

拾壹 纸编 11

竹制，所测纸编长30 cm，宽28 cm，用于盛放打好的纸。

⊙11

拾贰 压纸板 12

木制，各部分名称及尺寸见图。

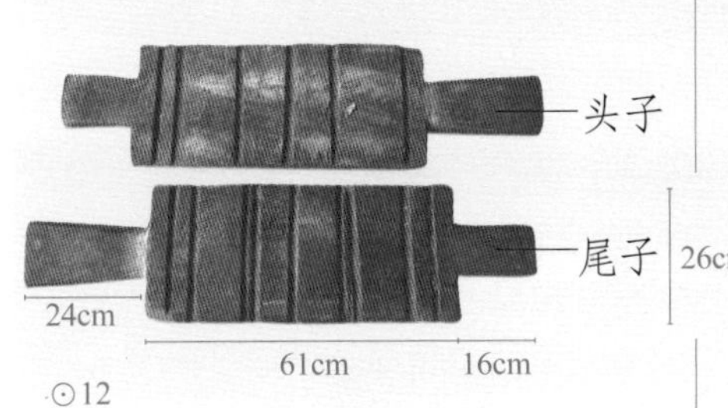

⊙12

拾叁 磨纸锯 13

锯条长29 cm，
锯面宽10 cm，
厚8.5 cm，
锯柄长8 cm。

⊙13

拾肆 磨纸石 14

一粗一细，大小不一。先粗磨，后细磨。

⊙14

⊙10 扫纸盒与扫纸棍 Tools for screeding paper
⊙11 纸编 Frame for placing the paper
⊙12 压纸板 Pressing board
⊙13 磨纸锯 Saw sharpener
⊙14 磨纸石 Ston tools for flattening the paper

(四) 临桂岩口草纸生产使用的主要工具设备

壹 大灶 1

煮浆用。中部直径140 cm，高170 cm。用石灰、石头、黄泥即三合土制成，具体比例不详。外侧用木棒槌打过，至今可见捶打的痕迹。

贰 捞纸槽 2

底部及四边均是石板。上大下小，上长90 cm，宽90 cm，下长75 cm，宽35 cm，高60 cm。

叁 搁纸板 3

在捞纸槽左侧，所测搁纸板长100 cm，宽75 cm。搁纸板内侧有小水槽，槽内长87 cm，宽57 cm。

⊙1

⊙2

⊙1
大灶
Stone device for boiling the materials

⊙2
捞纸槽与搁纸板
Papermaking trough and stone board for placing the paper

(五)

临桂瑶族竹纸的性能分析

调查组没能采集到四塘镇岩口行政村田心自然村用草制造的草纸的纸样，所测的是宛田瑶族乡平水村上财村民组2014年造的瑶族竹纸，相关性能参数见表2.6。

★1

★2

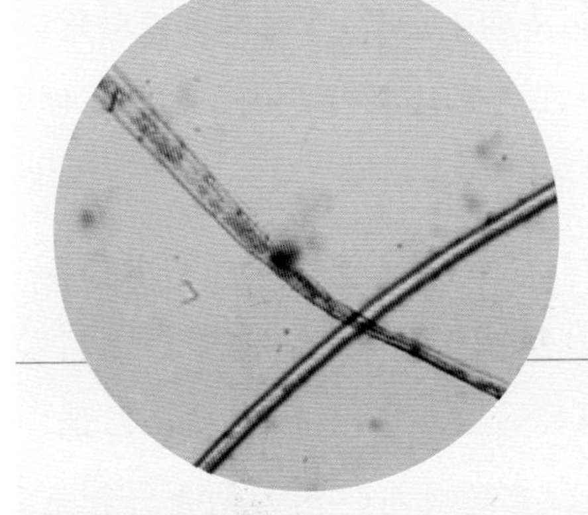

表2.6　平水村竹纸的相关性能参数
Table 2.6　Performance parameters of bamboo paper in Pingshui Village

指标		单位	最大值	最小值	平均值
厚度		mm	0.142	0.080	0.107
定量		g/m^2	—	—	24.2
紧度		g/cm^3	—	—	0.226
抗张力	纵向	N	4.19	2.08	3.21
	横向	N	8.68	3.20	5.44
抗张强度		kN/m	—	—	0.29
白度		%	29.87	29.32	29.60
纤维长度		mm	8.08	0.04	1.82
纤维宽度		μm	43	1	10

由表2.6可知，所测平水村竹纸厚度较小，最大值比最小值多78%，相对标准偏差为19%，说明纸张薄厚分布并不均匀。经测定，平水村竹纸定量为24.2 g/m^2，定量较小，主要与纸张较薄有关。经计算，其紧度为0.226 g/cm^3。

平水村竹纸纵横向抗张力差别较小，经计算，其抗张强度为0.29 kN/m。

所测平水村竹纸白度平均29.60%，白度较低，这应与平水村竹纸没有经过蒸煮、漂白有关。相对标准偏差为0.6%。

所测平水村竹纸纤维长度：最长8.08 mm，最短0.04 mm，平均1.82 mm；纤维宽度：最宽43 μm，最窄1 μm，平均10 μm。在10倍、20倍物镜下观测的纤维形态分别见图★1、图★2。

★1
平水村竹纸纤维形态图(10×)
Fibers of bamboo paper in Pingshui Village (10× objective)

★2
平水村竹纸纤维形态图(20×)
Fibers of Bamboo paper in Pingshui Village (20× objective)

五
临桂手工纸的用途与销售情况

5
Uses and Sales of Handmade Paper in Lingui District

(一)
临桂手工纸的用途

在宛田瑶族乡平水村上财村民组调查时，所见的是小纸，该纸实测长约55 cm，宽约29 cm。6元/把，每把40张。大纸长约56 cm，宽约29 cm。以前大纸每把100张，1981年后降为80张，1986年降为60张，1990年至今为40张。

1. 临桂宛田瑶族乡平水村竹纸的主要用途

（1）祭祀用纸：宛田瑶族乡平水村竹纸目前主要用途是祭祀用纸。逢年过节和农历每个月的初一、十五祭祀过世的老人家，都需要烧竹纸制作的纸钱。而清明和七月半更有讲究，其中清明上坟，每个坟山上要有一吊钱吊（挂清），当地也称为一条“纸龙”，另外要烧4匹（16张）纸打成的纸钱。

挂清的钱吊制法如下：将1匹纸沿长边对折，宽边对折再对折，将宽边割开，打3排，每排9个。撕开后，原来一张纸分成4张小纸（所测长55 cm，宽7 cm）。因长边对折，每张小纸有3排，每排18个钱。4张小纸称为一吊钱吊。

所测纸钱长14.5 cm，宽14 cm。将一匹纸，长边对折再对折，宽边对折，用刀割开。打上5排，每排5个钱。黄顺方说，以前老人家传下来的规矩，打单不打双。烧时最少烧一匹纸打成的纸钱，也可烧2匹、3匹、4匹的纸钱。

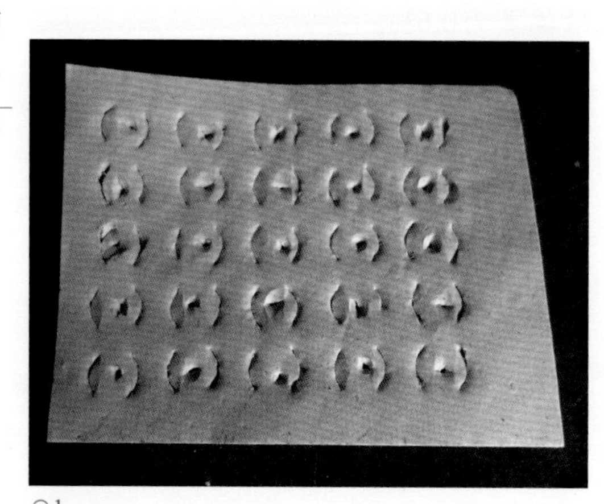

⊙1

⊙1
田心村所用的现代纸钱
Modern joss paper in Tianxin Village

田心村传统的纸钱亦是用竹纸制造，同样是打上5排，每排5个钱，但原因不详。所拍现代纸钱长18 cm，宽13.5 cm。据说以前也是这么大小。

过年、清明、七月十五时，要用鸡肉、猪肉（清明时还用清明粑，即糯米粑），还有三茶四酒五果(即要用三杯茶、四杯酒、五样果)做贡品。

七月十五时，汉族用钱包（也是用火纸做成）将一匹纸钱包起来。瑶族不包。

中元节，民间称此节为“七月半”或“鬼节”。在农村，七月初七子时后打开大门，烧香纸迎接祖先并举行秋季祭祀，在香火神位下的供桌上摆3杯酒、3双筷子、3碗饭，以及梨、藕等果品。还用洗脸盆盛水，水面放一张纸钱，意为给祖先洗脸后进食。此后每天早晚烧香纸供奉。七月十四或十五日“送祖宗”，供奉的食品更为丰盛。瑶族称此节为“过小年”，仪式较汉族简单，此日各家把神龛里的木偶神像搬到供桌上，烧香纸，贡品有酒、肉等，由师公“报年”（说明今天过节）。[40]

（2）包装：包草药、糖、饼干，以前没袋子，只能用纸来包。不能包盐，容易回潮。即“包干不包湿”。

（3）以前造得好的竹纸，称为湘纸，主要用于读书写字。

2. 临桂四塘镇岩口行政村田心自然村草纸的主要用途

田心自然村草纸相对粗糙，不适于写字，主要用于包装糖、盐等。

（二）临桂手工纸的销售情况

宛田瑶族乡平水村一年做三季纸，即在清明前、农历七月十五前、过年前这三个季节造纸。近年来竹纸主要是拉到临桂宛田、龙胜县城及三门镇卖给纸商，少量直接卖给老百姓。周边村民往往直接上门买，也有些纸商上门买。

竹纸数量多的按头卖，少的按把卖。1把40张，也称为1刀，1头为50把。调查时，1把竹纸零售价为6元。普通造纸户如黄顺方家一年约造1 000把纸，销售额约6 000元；有些造纸较多的，一年可造3 000～4 000把，约有2万元的收入。

据黄顺方、黄流龙口述，不同年份宛田瑶族乡平水村竹纸价格见表2.7。

1985～2006年，竹纸价格基本没变。黄顺方、黄流龙认为，1985年时竹纸价格为0.9元/把，价格相对较高，因此很多人又重操造纸旧业，从而造成产量较大，价格也就一直没有提上去。他们还提到，一直以来大约4把纸可以买1 kg猪肉，现在猪肉价格正好是在24元/千克。

表2.7 不同年份宛田瑶族乡平水村竹纸价格
Table 2.7 Price of bamboo paper in Pingshui Village of Wantian Yao Town in different years

年份	价格（元/把）
1981	0.4
1983	0.7
1985	0.9
2006	1.0
2007	1.5
2008	2.5
2009	3
2010	4
2011	4.5
2012	5.5
2013	6

四塘镇岩口行政村田心自然村的草纸主要是挑到桂林去卖。据周子克、许富安口述，以前只有桂林有杂货店，四塘乃至临桂都没有集市。

此外，据《临桂县志》记载，在1988年，土纸、纸质雨伞还作为土产品出口到东南亚国家和我国港澳地区。[41]

[40] 临桂县志编纂委员会.临桂县志[M].北京：方志出版社,1996: 772.

[41] 临桂县志编纂委员会.临桂县志[M].北京：方志出版社,1996: 264,346.

六
临桂手工纸的相关民俗与文化事象

6
Folk Customs and Culture of Handmade Paper in Lingui District

调查组在宛田瑶族乡平水村了解到不少当地手工纸的相关民俗与文化事象。而四塘镇岩口行政村田心自然村已有六十多年不造纸，所调查的周子克、许富安虽时已年近八十，但都没有造过纸。除了了解到田心自然村纸钱也是打单不打双外，没能了解到更多当地手工纸的相关民俗与文化事象。

(一)
造纸歌

据黄顺方口述，因破竹、捞纸较单调且辛苦，以前在破竹、捞纸时往往都唱造纸歌。但传统的造纸歌他已经不会唱，现在唱的是自己编的，主要讲社会发展、生活变好、造纸赚钱等内容。

(二)
相关俗语、谚语

1. 竹麻不吃小满水

宛田瑶族乡平水村的造纸户一般在清明至小满期间去砍竹子。他们认为，过了小满，竹子变硬，不能用。当地形象地称为“竹麻不吃小满水”。

2. 砍丑不砍好

丑的竹子包括长虫的、不好看的、小的，但用时要把长虫的部分去掉。好的竹子也可以用，但一般不舍得砍。“砍丑不砍好”体现了造纸户对竹资源的充分利用，可以说造纸用“丑”竹是变废为宝。

3. 打单不打双

宛田瑶族乡平水村挂清所用的钱吊打3排，每排9个；纸钱打上5排，每排5个钱。黄顺方说以前老人家传下来的规矩，打单不打双。

田心村传统的纸钱同样是打上5排，每排5个钱，打单不打双。

4. 老人过世不愿用机制纸

在当地，老人希望过世后的钱吊和纸钱用手工竹纸制作。他们认为手工竹纸制作的是真钱，机制纸制作的是假钱。

5. 足不足，九十六

以前造大纸，1把100张，但96张也算足数。

七
临桂手工纸的保护现状与发展思考

7
Preservation and Development of Handmade Paper in Lingui District

(一)
临桂手工纸的保护现状

手工纸在临桂历史上起到较为重要的作用。以前书写、包装、祭祀等都广泛用到手工纸，且手工纸、纸质雨伞还销往桂林等地，甚至销往港澳地区和出口东南亚国家。[41]

目前黄顺方家一年约造1 000把纸，销售额约6 000元。由于造纸所用的“丑”竹，包括长虫的、不好看的、小的，属于变废为宝，可以说造纸所用的竹子不需要成本。其成本主要是石灰和造纸设备折旧。一人一天可捞纸50把，一年造约1 000把纸只需捞20天，即一天所捞纸可卖300元，其他工序所花时间约比捞纸要长一些，折算下来，不计算石灰和造纸设备折旧等成本，一人一天约有超过100元的收入。尤其是有些造纸较多的造纸户，一年造3 000～4 000把，约有2万元的收入。粗看起来，这是还可以的收入，但实际情况并不乐观。以宛田瑶族乡平水村为例，大约200户人家，20世纪80年代，全村家家造纸；90年代后大部分人家还造纸；2004年公路修通后，打工和卖竹子的多了很多；现在大约还有十几家造纸。

2014年时，围径33 cm（距地4.5 m处竹子的圆周长）的竹子16～17元/根。围径越大，价格越高，而且竹子相当好卖。近十余年来，造纸的人数急剧减少，可以说是社会发展的必然趋势。如果造纸的人多，产量变大，由于火纸主要用于祭祀这一低端用途，其价格就很有可能会降低，从而导致一部分人再退出手工造纸行业。

前已述及，四塘镇岩口行政村田心自然村的草纸约1953年后就不再造。

(二)
临桂手工纸的发展思考

临桂手工纸的传承与发展，调查组认为可从以下方面考虑：

1. 更系统、深入地挖掘和记录临桂手工纸的技艺和相关历史、文化

针对目前临桂手工纸的传承态势，当地政府、文化部门可与相关研究机构合作，对宛田瑶族乡平水村瑶族竹纸的技艺和相关历史、文化进行系统、深入的挖掘和整理，并利用影像、录音、文字等多种手段进行记录。万一以后不再生产，还可以保留较为完整的资料，便于未来的研究，甚至在必要时进行复原生产。

而对四塘镇岩口行政村田心自然村的草纸，则可考虑采取博物馆式的保护方式，在较广泛地调查田心及周边乡村，做好相关史料的收集、整理工作的基础上，尽可能多地了解其历史、工艺和相关文化等，收集相关工具、纸样，保留下更为丰富的资料。

2. 争取纳入非物质文化遗产保护的体系

在深入研究的基础上，将临桂手工纸技艺申报为非物质文化遗产项目，将临桂手工纸的传承与保护纳入非物质文化遗产保护体系，使其获得更广泛的关注。

3. 多宣传，尽可能让更多人了解临桂手工纸

调查组前去调查时，恰好桂林摄影家协会、临桂电视台同时去宛田瑶族乡平水村拍摄瑶族竹纸技艺，随后临桂电视台还播放了《黄顺方与他的造纸哲学》影片。这让临桂甚至其他地方的人对临桂手工纸有了更多的了解。这样的宣传有助于更多人了解临桂手工纸，也更有利于临桂手工纸传承与发展。

⊙1
田心村造纸遗址
An abandoned papermaking site in Tianxin Village

123

临桂瑶族竹纸

Bamboo Paper by the Yao Ethnic Group in Lingui County

平水村竹纸透光摄影图
A photo of bamboo paper in Pingshui Village seen through the light

第四节

灵川瑶族竹纸

广西壮族自治区
Guangxi Zhuang Autonomous Region

桂林市
Guilin City

灵川县
Lingchuan County

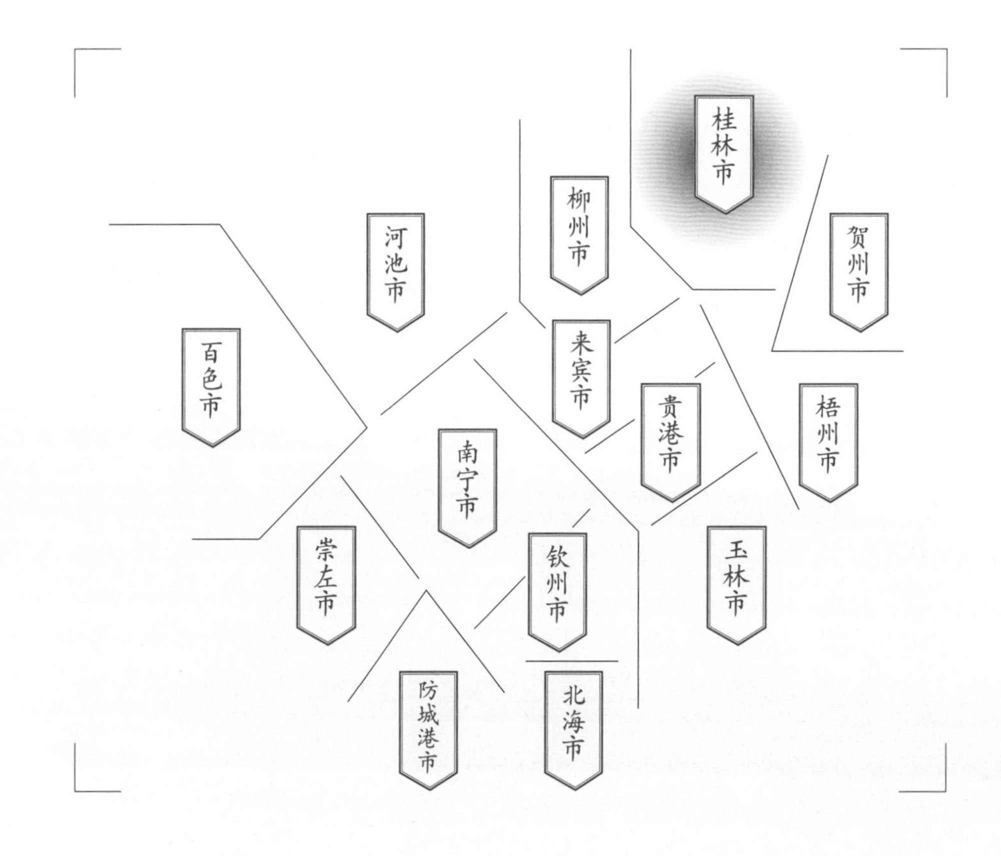

调查对象
兰田瑶族乡
南坳村
瑶族竹纸

Section 4
Bamboo Paper by the Yao Ethnic Group in Lingchuan County

Subject
Bamboo Paper by the Yao Ethnic Group in Nan'ao Village of Lantian Yao Town

一 灵川瑶族竹纸的基础信息及分布

1 Basic Information and Distribution of Bamboo Paper by the Yao Ethnic Group in Lingchuan County

灵川县历史上生产的手工纸主要有三种：第一种是旧称的“竹纸”，薄而透明，这是以粉单竹为原料的精制手工纸，产量较少，价格较高。当年这种纸的产量本就不高，纸的实物现在已很难看到。第二种是火纸，厚而不透明，价格低廉，通常作为祭祀用纸。这种纸是目前仅存以竹子为原料生产的土纸。第三种是湘纸，也是以竹子为原料，其厚度、透明度、价格都介于前两种纸之间，以前用途也最广泛。机制纸出现以后湘纸逐渐失去了市场空间，目前已经停产。这三种手工纸都以竹子为原料，因此可以统称为竹纸。

历史上，兰田瑶族乡许多村落都有长年从事湘纸和火纸生产的人家。目前调查组仅在兰田乡南坳村的冷水塝、深潭王等少数交通不便的村落发现还有村民从事手工纸生产。在兰田乡的一些村落，人们只是把机械加工竹制品过程中产生的边角料用于制造机制的火纸。

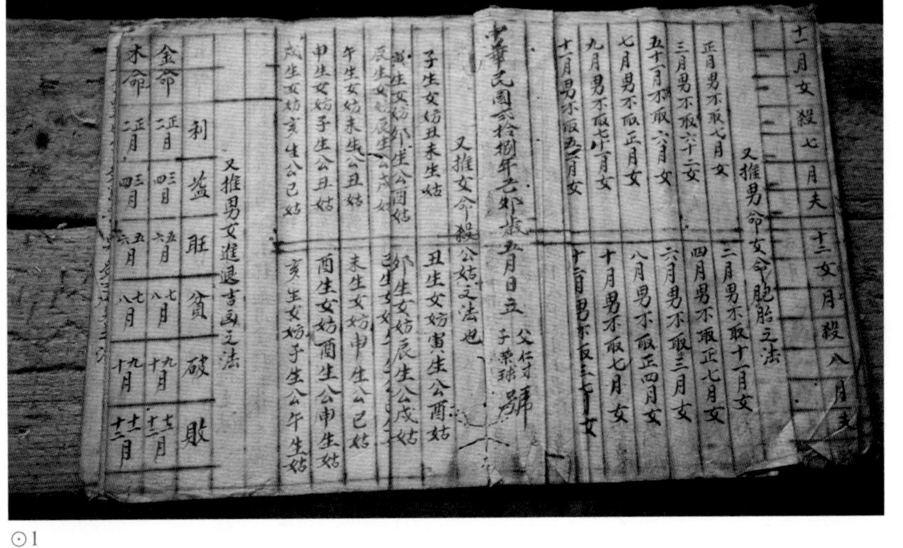

⊙1

⊙1
在兰田瑶族乡发现的湘纸手抄本择吉黄历
Manuscript almanac written on Xiang paper found in Lantian Yao Town

路线图
灵川县城
↓
南坳村
Road map from Lingchuan County centre to the papermaking site (Nan'ao Village)

灵川瑶族竹纸生产地分布示意图

Distribution map of the papermaking site of bamboo paper by the Yao Ethnic Group in Lingchuan County

考察时间
2009年3月

Investigation Date
Mar. 2009

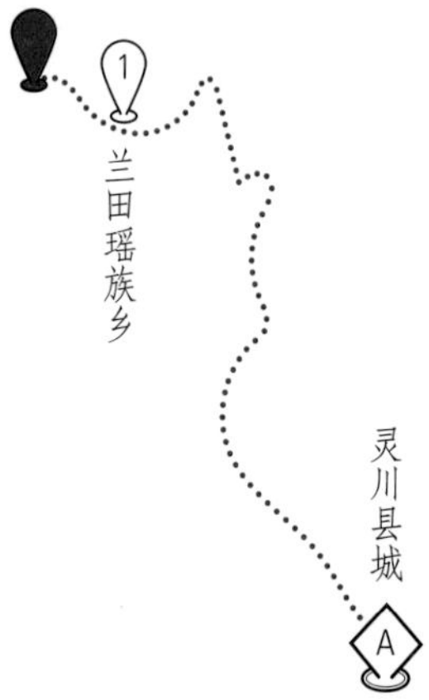

南坳村
兰田瑶族乡
灵川县城

地域名称

灵川县 灵川镇
① 兰田瑶族乡
② 灵田镇
③ 公平乡
④ 潮田乡
⑤ 海洋乡
⑥ 潭下镇

造纸点名称

南坳村 造纸点

位置分布

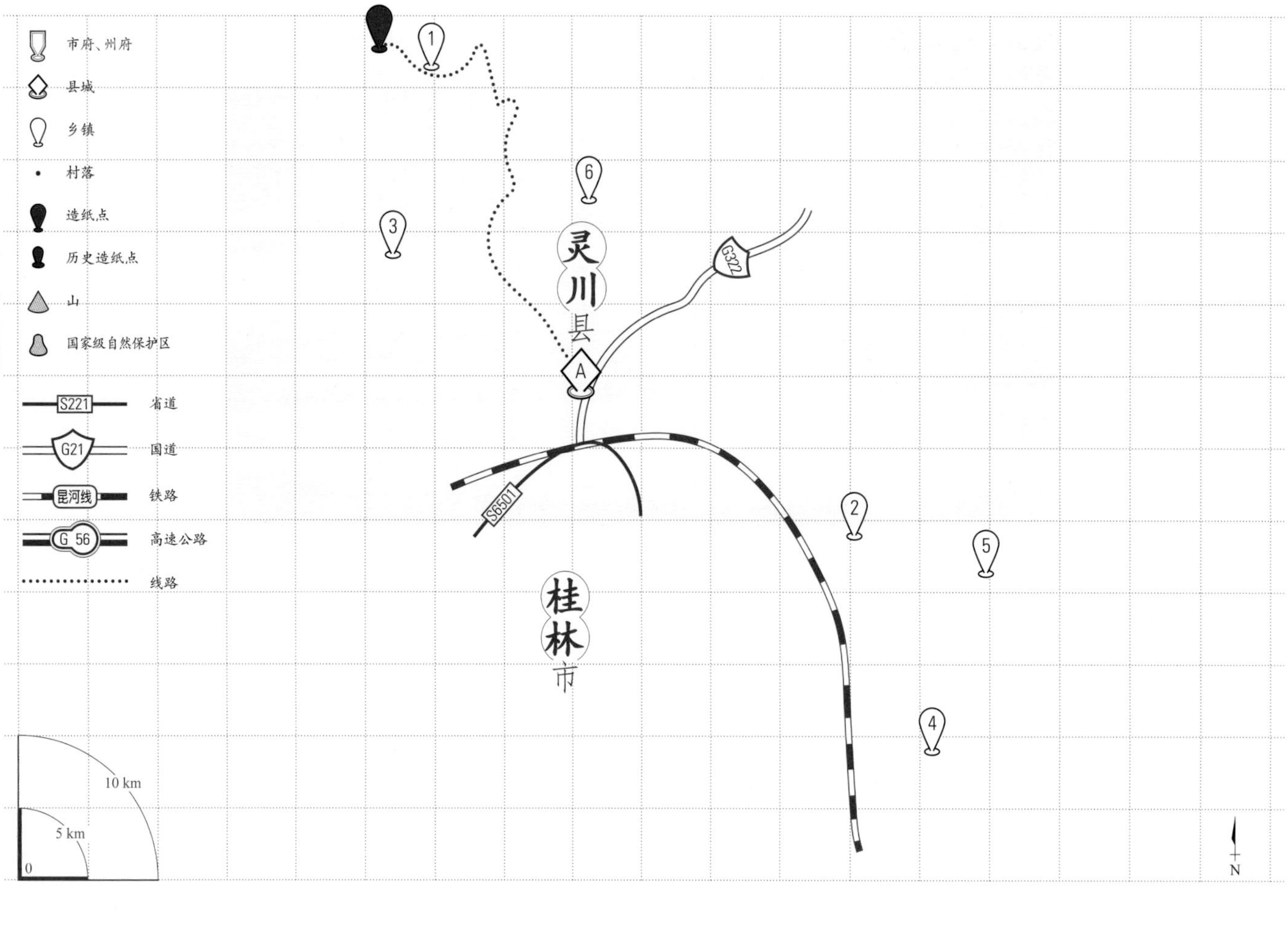

市府、州府
县城
乡镇
村落
造纸点
历史造纸点
山
国家级自然保护区
S221 省道
G21 国道
昆河线 铁路
G 56 高速公路
线路

灵川县
桂林市
G322
S6501
10 km
5 km
0
N

二
灵川瑶族竹纸生产的人文地理环境

2
The Cultural and Geographic Environment of Bamboo Paper by the Yao Ethnic Group in Lingchuan County

灵川是桂东北经济区域中心城市桂林的近郊县，人文区域属楚尾越头之地，为“历代楚粤往来之要冲”，隶属于桂林市。其地处湘桂走廊南端，北连兴安县，南环桂林市，皆为漓江水系地段。[42]

灵川县建置之前，古属百越之地。战国属楚，秦为桂林郡地，汉属零陵郡始安县，唐初属桂州始安县地。唐龙朔二年（662年，一说武德四年(621年)），析始安置灵川县，属桂州。五代先属楚，后归南汉。宋隶广南西路静江府。元隶广西行中书省静江路。明、清属桂林府。1954年6月，灵川县与临桂县合并为一县，称临桂县。1961年6月，复置灵川县。[43]

灵川土地总面积2 257 km^2。全县“八山半水分半田”，全县人均土地面积高于广西人均水平，林地人均面积高于广西和全国人均水平。[42]森林覆盖率近50%。地属亚热带季风区，雨量充沛，气候温和，四季分明，无霜期达320天。境内地形复杂，河流纵横，水资源、动植物资源丰富，植物以松、杉、竹为主，共1 415种。其中有银杏、香花木等国家重点保护植物20余种。风景资源有山、岩、江、泉、洞、峡、湖、瀑、树、洲等十个门类，风格独特。青狮潭为广西22处自治区级风景名胜之一。土特产品亦多，尤以银杏(又名白果)、毛竹、柑橘最为著名。银杏有“活化石”之称，灵川银杏果实以其早熟、皮薄、果仁大而饮誉中外。灵川有竹林约64.33 km^2，毛竹立竹量占广西的1/5，年产百余万根，有“毛竹之乡”之称。[44]东江是广西第二大毛竹生产基地，东江毛竹以其通直、节长、光泽、柔韧、少虫蛀而享有盛誉。灵川还有九屋香菇、定江大蒜、潮田白菜、薏米、茶叶等，均蜚声桂林，久销不衰。

灵川县的竹纸生产主要

[42] 灵川县地方志编纂委员会.灵川县志[M].南宁：广西人民出版社,1997: 1.

[43] 灵川县地方志编纂委员会.灵川县志[M].南宁：广西人民出版社,1997: 36.

[44] 灵川县地方志编纂委员会.灵川县志[M].南宁：广西人民出版社,1997: 70.

集中在县域西北部盛产毛竹的兰田瑶族乡山区。兰田瑶族乡地处越城岭余脉、青狮潭水库上游，西与临桂区宛田瑶族乡交界，北与龙胜县龙脊镇（原和平乡）接壤，东南被青狮潭水库环抱。全乡总面积116.7 km^2，境内高山重叠，96%的面积为山地，平均海拔高度约800 m，最高海拔1 722 m。年均日照少于1 430小年时，年均气温18 ℃，年降水量2 450 mm，是全县降雨最多的地区。兰田瑶族乡辖3个村委会，2014年末共1 595户，2015年总人口6 373人，居住着瑶、壮、汉、回等多个民族，其中瑶族人口占33.4%，壮族人口占28.2%。[45] 2008年的乡政府统计数据表明，居民人均年收入3 000元，其中70%以上来自毛竹和木材销售，其余来自农业和养殖，外出务工者不多。毛竹销售和加工是居民的主要经济支柱。

兰田是灵川县两个瑶族乡之一，兰田瑶族主要包括三个姓氏。一是居住在兰田南坳、两合的赵姓盘瑶。赵姓于明末清初从广东韶州府乐昌县海洋坪转昭平、临桂、兴安等县迁来灵川县兰田。康熙四十七年进入兰田乡南坳深潭王，俗称海洋坪盘瑶。另外两姓是盘姓和邓姓。据其族谱记载，两姓的祖籍同为广东韶州府乐昌县，明景泰年间迁至兴安县犀牛望月地居住，之后又迁灵川、临桂等地。目前仍在从事手工纸生产的冷水涔自然村是纯瑶族居民村落，包括上冷水涔（8户）、中冷水涔（18户）、十二盘村（也叫下冷水涔，19户），约有百余人口。

冷水涔瑶族寨中给人印象最深的景致，一是依山而建的吊脚楼，二是山脚下的一处处纸槽。纸槽一般选在山脚下面，这主要是出于两个考虑，一是方便运送制造竹纸的原料，二是方便从山上引水造纸。

冷水涔瑶族居民受汉族文化的影响程度较高。走进兰田冷水涔，从服饰上已经很难分辨出他们与汉族居民的不同。上世纪50年代以前，妇女戴花头巾，挂胸兜，穿宽大裤脚的黑布裤；男子穿对襟、低领的黑衣，穿宽大裤脚的黑布长裤。现在这里已经没有人穿着瑶族传统服装，甚至整个村落仅剩一套传统的瑶族女装。

瑶族有本民族的语言，没有本民族文字，一般通用汉字。冷水涔瑶家日常交往通用桂柳话*和普通话，当地瑶族互相交流使用瑶语。

瑶族信仰一方面长期受到汉族道教文化的深度影响，神祇、程式、法器都加入了汉族道教的元素；另一方面信仰意识和仪式仍然具有强烈的原始信仰的特点，基本教义保留了民族的内涵。兰田瑶族传统节日主要是正月二十的禁风节。这天禁忌大声喧哗、砍树或者发出大响声的劳作，以免来年招致风吹倒房屋和庄稼。其他节日基本与汉族相同。今天在冷水涔村已经没有大规模、仪式化的宗教活动，只是祖先崇拜仍然得以比较完整地保留下来。据村中70多岁的盘富羽老人介绍，20世纪六七十年代瑶族村民的家谱烧掉了，家中传了四代的一本关于风水和禁忌的书也被付之一炬。

[45] 灵川县地方志编纂委员会.灵川年鉴2015[M].南宁：广西人民出版社.2016: 356.

* 桂柳话，系西南官话的一种，即北方方言西南次方言桂柳片，通行于广西北部柳州、桂林、河池、百色，以及中部的来宾等市。

⊙1

⊙2

⊙1
兰田瑶族乡的吊脚楼
Yao ethnic residence in Lantian Yao Town

⊙2
冷水涔自然村瑶族女装
Woman wearing Yao Ethnic clothing in Lengshuicen Natural Village

三
灵川瑶族竹纸的历史与传承

3
History and Inheritance of Bamboo Paper by the Yao Ethnic Group in Lingchuan County

根据桂林文史专家廖江先生的研究，元代楚地就有以竹麻为原料的草纸。200多年前，楚地核心区的造纸技术由湖广行省的澧、沅、靖、辰、武冈、宝庆等地，经湖广大道（湘桂古道）传入越城岭山区。据说，清嘉庆年间，有一谢姓湖南人因在原籍“犯事”逃到灵川县九屋黄梅（又名竹山堡）打工，有感于竹林茂密而利用率低，便向山主进言发展造纸业。他利用湖南的技术和广西的竹资源在一个叫马鞍（后叫纸厂）的地方造竹纸（此处旧址后来在水利建设中淹没于水库里）。开始所造之纸质粗而厚，后经改进，纸细薄而透明，因其师源湖南，取名“湘纸”。这家纸厂出现以后，逐渐在周边形成了十多户造纸作坊，并发展到兴安县华江、两金和灵川县兰田一带。纸的品种也较丰富，包括湘纸、火纸、桂花纸等。清中后期，九屋、兰田、公平等乡山区多有竹农土法生产湘纸、草纸，其中九屋黄梅村、兰田南坳村所产湘纸曾经出口海外。

灵川竹纸生产在民国年间达到鼎盛。从当年县志和乡志的记载中可见土纸生产的一斑：1918～1928年，兰田乡两合村有22个自然村，近200户人家，有纸厂36个。据1929年《灵川县志》“物产”一章记载，灵川县除“稻谷外，竹木纸类尚称富有”“竹、木、桐、茶等虽非少数，究以谷、纸为大宗”“湘纸、表青纸均六、七区出产大宗”。（六、七区均在今灵川县北部）。1931年，全县产土纸6 000担（每担30～40 kg），产值9万元（当时货币）。1938年，灵川县的甘棠渡曾设立“广西造纸工业试验所造纸试验场”，有工人53人，以旧书报为原料，生产书写纸，年产1 328吨（该实验场1941年迁往桂林龙船坪）。[46]到新中国成立前夕，九屋乡有纸厂200余个。当时大些的纸槽主要操作工都在8人以上，每日要完成24～27担竹麻的生产量。

根据1949年的统计资料，全县有36个村546户

1 242人从事造纸业，有造纸作坊（纸槽）182条，年产土纸1.94万担。20世纪五六十年代，仍有多家个体、集体企业以传统方法生产土纸。1976年全县农村圩集手工业社（厂）纳入公社系统管理的38个企业中，有5个企业从事土纸生产，占总企业数的13.16%，从业人数367人，占30.48%，产值16.3万元（按1970年不变价计算），占8.04%，属于支柱行业（见表2.8）。1990年全县有造纸企业9个，产机制纸及纸板200吨，土纸18吨。[46]

他本人16岁就跟着父亲在纸作坊里劳作，掌握了造纸技术。17岁走出家门到广东当了4年兵，复员以后在桂林电厂工作了5年。25岁那年回到家乡，重操旧业，直到今天。他感叹说，现在他的几个孩子都不愿意再从事造纸的工作，估计这门技术无法传承下去了。

表2.8　1976年灵川县纳入公社系统管理的手工业造纸社情况[47]
Table 2.8　Handmade papermaking factories recorded in local commune system in 1976

企业	年末总人数	工人数	总产值（按1970年不变价，单位：万元）	品名	实际产量（担）
青狮潭奈涔造纸社	48	48	3.3	改良纸、土纸	166
九屋胆江造纸社	120	113	3.9	土纸	482
九屋二合造纸社	73	71	3.1	土纸	103
九屋社江造纸社	78	78	3.2	土纸	345
九屋田菜涔造纸社	48	48	2.8	土纸	392
合计	367	358	16.3	改良纸、土纸	1 488

注：本表根据1992年《灵川县志》整理。

伴随机制纸的快速发展，印制书本的湘纸生产日趋衰落，逐渐淡出，仅剩草纸的生产。上世纪90年代中后期，山区公路、电网逐步修通，筷坯机等电动机器开始运进深山，毛竹的用途明显拓宽，人们的谋生手段增多。越来越多当地人生产出口美、澳、日及东南亚等地的竹筷、竹席、竹炭、竹编、香杆和牙签等，以及本地销售的竹椅、竹桌和城乡旅游工艺品。近年来，毛竹作为建筑材料和竹制品原材料的价格上涨较快，2009年春季已经能够卖到每根18元。青壮年大多放弃了传统的手工行业，转而从事利润更高的竹制品生产。

在十二盘自然村，仍在从事土纸生产的盘富羽老人回忆说，他家世代造纸，至少已传四代。

[46] 灵川县地方志编纂委员会.灵川县志[M].南宁：广西人民出版社.1997: 342.

[47] 灵川县地方志编纂委员会.灵川县志[M].南宁：广西人民出版社.1997: 302.

四 灵川瑶族竹纸的生产工艺与技术分析

4 Papermaking Technique and Technical Analysis of Bamboo Paper by the Yao Ethnic Group in Lingchuan County

（一）灵川瑶族竹纸的生产原料与辅料

1. 毛竹

灵川盛产竹子，品种有毛竹、粉单竹等17种之多。目前，灵川竹纸生产的原料是当年生的毛竹。砍竹的时间一般在立夏到小满之间。这时候的竹子有枝杈，还没有竹叶，竹质最佳，适宜抄纸。超出这段时间的竹子都难以造出符合要求的纸：太早的竹子太嫩，没有形成适当的纤维组织，造出来的纸没有筋力；太晚的竹子太老，纤维组织太粗，泡不烂，不容易分解出足够细的竹纤维。

2. 石灰

石灰的作用是腐蚀竹麻。竹麻与石灰的配比是，一担竹麻（大约有30～40 kg）加2.5 kg生石灰。

3. 纸药

当地将纸药称为膏药，其中最常见的膏药是当地称作“膏药树”的树叶熬制而成的纸药。从山上采来树叶后，放入铝锅内熬制，待木棍能够挑起长长的黏液时即可取出备用。纸药用得得当，抄纸时纸浆在纸帘上流得很顺，纸就平整，否则纸容易成团。第二次抄水（即“二道水”）时这个作用尤其突出。

4. 水

抄纸用的水直接用竹笕从山上引到纸槽里。2009年3月调查时，现场检测的pH是5.8，水呈微酸性。

⊙1
制造竹纸的辅料膏药树
Supplementary material of papermaking mucilage for making bamboo paper

(二)

灵川瑶族竹纸的生产工艺流程

经调查，灵川瑶族竹纸的生产工艺流程为：

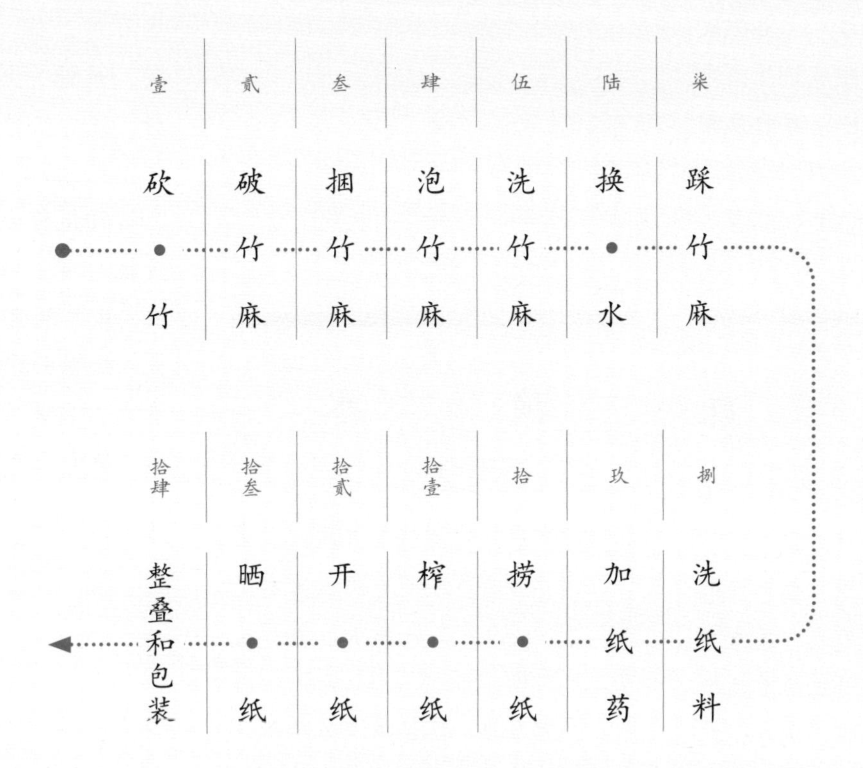

壹 砍竹

1

用直刀把适宜用作造纸原料的竹麻砍下，截成每段约1.6 m长的竹筒，堆好。通常一个劳力每天可以砍70～80根竹麻。竹麻砍好以后，集中运到山脚下加工（俗称拉山）。

⊙2

⊙2 破竹麻 Lopping the bamboo materials

贰
破　竹　麻
2 ⊙2

用钩刀刮去竹麻表面的青衣（俗称刨皮），再用刮刀将竹麻劈成两指宽（约2～3 cm）的竹片（俗称破片）。大的竹子可以破成10片，小些的竹子可以破成6片，有的最细的竹子仅破成两片。

叁
捆　竹　麻
3

用竹篾把破好的竹麻扎成一捆（俗称捆把），一般三根竹子一担麻。

肆
泡　竹　麻
4

俗称泡塘。把捆好的竹麻背到纸塘边。在挖好的纸塘里先撒一层石灰，铺一层竹麻，撒一层石灰，再铺一层竹麻，直到装满纸塘，浅的纸塘能铺4层竹麻，深的可以铺到7层竹麻。纸塘小的可以容纳60担竹麻，大的可以容纳200多担竹麻。等竹麻和石灰装满以后，破竹麻时刮下来的青衣也捆好放入纸塘中竹麻的周围，一次灌入清水，再用十五六块石块压住竹麻。浸泡三个月，不用翻动。

伍
洗　竹　麻
5

俗称水漂。经过三个月的浸泡，竹麻变软，通常捆竹麻的竹篾也已散开。用锄头把竹麻钩起来，用水冲洗，荡掉石灰浆，捞起竹麻放到纸塘边上。放掉纸塘里的石灰水，在纸塘底部放四根竹杠，再把洗好的竹麻平铺到竹杠上。把青衣盖在竹麻上面（现在也有人使用塑料布覆盖），灌入清水浸泡，这叫沤浆。通常一个劳力可以洗20担竹麻，多人合作时效率会更高些。

陆
换　水
6

洗竹麻之后通常要换4～6次水。第一次清水浸泡3天之后换一次水，第二次浸泡6天之后换水，第三次浸泡9天以后换水。以后不论时间，只看水色。水换的次数越多，造出来的纸就越白。如果次数少，则造出来的纸会带黄色。

柒
踩　竹　麻
7

俗称踩纸或做料。把泡好的竹麻搬入纸槽棚，堆在竹编上，抄纸的师傅赤着脚板踩踏搓动竹麻，直到将竹麻踩到入纸槽后能够自然散开为止。在所有的工艺流程中，踩纸的环节最为辛苦。纸料在石灰水中沤制，虽经几次漂洗，碱性仍然比较重。这个工作不仅费力，而且脚板往往会皲裂渗血。通常一个劳力一天踩料4小时，大约可以踩125～150 kg的纸料，这些纸料大约可以捞20～30刀纸。兰田的竹纸生产基本采用的是传统工艺。调查中仅发现一家纸槽有一台用于打碎竹麻的电机，用以减轻造纸师傅踩竹麻的劳动量。

捌 洗纸料

8

把纸料放进装入清水的纸槽里（俗称进槽）。用水耙把纸料打开，再用细竹竿把无法打散的纸筋捞出来，如此重复三次。用小竹编拦在出水口处，防止纸料流出，把水放完，换上清水。

玖 加纸药

9 ⊙3

把装入布袋的纸药放入纸槽内，用手挤出部分纸药，用水耙搅匀纸药和纸浆。春天捞纸的时候用1 kg“青药树”的树叶做的纸药就可以了。秋冬两季叶子老，用量要大，需要1.5 kg。通常捞一天纸需要加三次纸药，如果纸药黏性好，也可以一天加一次。

⊙3

拾 捞纸

10 ⊙4⊙5

即抄纸。用纸帘在装满纸浆的纸槽里捞纸，通常是捞两道水。纸槽里的纸料不多的情况下，可以捞三道水（俗称三拨水），有“一拨浓，二拨清，三拨匀”之说。要求纸帘入水的角度适当，动作灵活，需要经过长期练习才能得其要领。捞纸是技术活，纸薄了不容易揭起来，纸厚了不划算，分寸全在手中掌握。捞起一张纸要反放到纸槽边的木板上，再捞，再放，这样捞起的纸逐渐积累到约数十厘米高。一个劳力一天可以捞大约1 600张纸（俗称一头纸）。一头纸要分成两块，捞纸大约到800张的时候需要在捞起的纸上撒些细木屑，以便分成两块搬运回家。

⊙4

⊙5

⊙3 熬制纸药 Boiling the papermaking mucilage

⊙4 捞纸 Scooping and lifting the papermaking screen out of water

⊙5 放纸 Turning the papermaking screen upside down on the board

拾壹 榨纸

11 ⊙6⊙7

待捞起的纸达到一定的高度以后，将与纸面积相同的厚木板压在纸上，再使用木榨逐步加压。加压的过程中还需要时常用手把纸的侧面抹光滑，帮助水分挤出。施压的动作要慢，否则会使纸垛裂开，纸上出现裂缝。直到在纸的侧面用手指按压不再凹陷时，就认为纸里的水分已挤干，可以停止加压。

⊙6

⊙7

拾贰 开纸

12 ⊙8

移开木榨以后，要把纸边去掉，从中间撒上木屑的地方把纸分成两块，运回家里开纸。先把其中的一块放到宽木凳上，一人开纸，每次开四张。另外一人把揭起的四张纸，轻轻对折一叠，整齐地摞到木凳的另一头。最下面的四张纸不容易分开，一般用作包装的垫纸通常要在当天把捞起的纸开完。

⊙8

拾叁 晒纸

13 ⊙9

传统的湘纸生产是将开好的纸贴在纸焙上焙干再扯下理平。把焙干的纸从纸焙上扯下需要高超的技术。据早年从事过竹纸生产的邓生贵老人回忆说，他初学扯纸时，非缺即裂，无一完纸。看到师傅扯纸哗哗有声，很快就扯下95张纸，理平叠齐，双掌一压、一抹置于纸垛之上。几十年过去，这位老人还感叹师傅的功夫了得，让人看了目不暇接。过去，生产火纸时也有人把开好的纸放在竹架上晾。现在，湘纸已经不再生产，火纸不必展得太平。天晴的时候，一般是把开好的纸搬到山坡上或门前的平地上晾晒。如果遇到天阴下雨，则是把纸晾在家里的竹架上。

⊙9

⊙6 压纸 Pressing the paper with a thick wooden board

⊙7 榨纸 Pressing the paper

⊙8 开纸 Splitting the paper layers

⊙9 晒纸 Drying the paper in the sun

拾肆

整叠和包装

14

⊙10

干透的纸收回来以后要整理、叠摞在一起。按照每叠4张，每刀20叠，每头20刀，每担两头的定数把纸整理好。开纸时最后四张不容易揭开的纸头放在最下面作垫纸。理整齐一头纸后，用裁刀把纸修理平整，就可以包装了。包装时用夹板夹住裁好的纸，4根竹篾要从夹板上留的槽里穿过，把纸捆紧，就可以出售了。过去，每担竹纸上都打有若干长条印记：竹纸商号往往打的是黑色印记，如“义和堂”“和隆堂”“三合堂”等；商品广告往往打的是红色印记，如“本堂制造，九五足张，如假包换”。印记文字有专人用木头刻制，颇为讲究。

⊙10

⊙10 整叠和包装 Sorting and packing the paper

(三)

灵川瑶族竹纸生产使用的主要工具设备

手工纸的加工作坊在当地的俗语中也称作纸棚，使用竹子和木头搭建，结构简单，一间一厂。一间传统的纸棚及周边通常会有纸塘、纸槽、纸焙、踩料床、纸帘、纸榨和竹笕等简单设备。

壹 纸塘 1

纸塘是用来泡竹麻的水塘。常见的纸塘是一个倒置的截头方锥体，尺寸大约是上口4 m×6 m，下口3 m×5 m，深1～1.5 m。

贰 竹编 2

竹编是竹篾编成的竹制品，有大小两种规格。大竹编是约350 cm×100 cm的长方形，用于放置竹麻，在造纸师傅用脚踏踩纸料的时候能够增加碾搓的效果，提高效率。小竹编是约30 cm×38 cm的长方形，置于纸槽内出水口处挡住纸料不使其外流，在洗料后放水前使用。现在，有的纸棚中安装了打碎竹麻的电动机器，节约了很多人力。

叁 踩楼 3

踩楼是放置竹编的厚木板。木制的踩楼长期放置在潮湿的环境中很容易损坏，因而现在多用水泥板或水泥地面代替，并沿用了“踩楼”的叫法。踩楼通常和纸槽并排，高出地面约20 cm。造纸师傅捞纸的时候就站在踩楼上操作。

⊙1

⊙2

⊙3

⊙1 纸棚 Papermaking shed

⊙2 纸塘 Pool for soaking the papermaking materials

⊙3 竹编 Bamboo mat for placing the bamboo materials

肆 竹笕 4

竹笕是引山泉水到纸槽的工具，通常是用长竹劈开、打掉竹节做成。竹笕一根接一根，可以把很远的山泉水引到纸槽里。现在也有人改用塑料管把远处的水引到纸槽里。

⊙4

伍 纸帘 5

纸帘是捞纸的工具，由细竹篾编制而成。捞纸时，纸浆从上面流过，水从纸帘流出，纸料留在纸帘上。纸帘的规格大约是74 cm × 33 cm。纸帘一般都是湖南人制作并到这边销售的，本地没有人会做纸帘。

⊙5

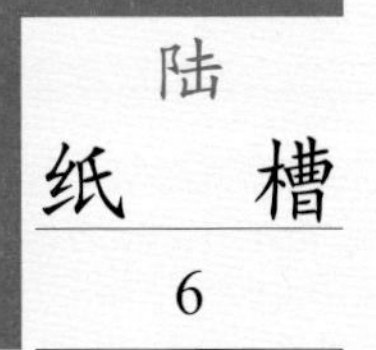

陆 纸槽 6

捞纸时盛放纸浆的水池。传统的纸槽是用约6.67 cm厚的木板制成的，通常长2.5～3 m，宽1 m，深1～1.5 m。做一个这样的纸槽大约需要1 600～1 700元。1990年以前，一般是一户建一个纸槽，后来造纸生意不好，纸槽减少了，改为2～3户造纸户共建一个纸槽。2006年起，冷水浵的造纸户开始使用水泥制成的纸槽。纸槽的上沿口大约是186 cm × 87 cm，底部长宽均略窄约10 cm，深100 cm。纸槽中有3个流水口，上面的流水口用于排出多余的水，通过竹笕流入的水过多时，就从这个口流出，捞纸时堵上。中间的排水口在洗料时使用，洗好纸料放水时，在这个出水口处加上小竹编过滤，打开木塞放水，纸料被留在纸槽里，洗好纸料后再用木塞堵上。最下面的排水口在清洗纸渣时使用。长年捞纸的纸槽一般半个月需要清洗一次。

⊙4 竹笕 Pentrough made of bamboo

⊙5 纸帘 Papermaking screen

柒

纸 榨

7

纸榨是一套利用杠杆原理压出纸中水分的木制设备，通常放置在纸棚内的纸槽边上。它包括若干部件：底板是用于放置刚捞出来的纸的厚木板基座。纸桩约有1 m高，既是作为放置纸的参照物，也是固定上水板的工具。它直立于纸板的边上，微向前倾斜，以备榨纸时纸向外偏斜。“高子”是在压榨纸中水分时作为支点的木桩架，在纸的外侧。“矮子”是固定滚筒的木桩架，与高子相对，在纸的另一头。纸杆是一根大约2.8 m长的圆木杠杆。滚筒是位于矮子的两根木桩中间，与棕绳一起将纸杆向下拉动以对纸施压的部件。扳杆是扳动滚筒向纸施压的工具，直径约10 cm，长1.7 m。此外，还有横串、横木墩、上水板、棕绳等部件。

捌

纸 焙

8

纸焙是用来烘干竹纸的长隧道形火墙。纸焙由两面大约长6 m、宽1.5 m的墙组成，内部可烧炭火加温，外表光滑，可以将在纸榨上压去水分的竹纸烘干。过去造湘纸时用得比较多，造火纸已经少有人使用了。

拾

夹 板 和 裁 刀

10

夹板是包装成品纸时的打捆工具，用厚木板做成，长96 cm，宽27 cm，长的两端做成燕尾状，用作裁纸或捆纸时固定。裁刀是裁纸用的工具。裁刀由三个部分组成，一是长35 cm、直径13 cm的半圆木柱，二是木柱的平面上平行的四根锯片，三是木柱背后19 cm长的木柄。

玖

纸 板 和 纸 棍

9

纸板是防止拉破纸的开纸工具，一般由竹片做成，约30 cm长，6～7 cm宽。纸棍是开纸时挑起纸的小木棍，长40 cm，直径约1 cm。

⊙6

⊙7

⊙6 纸板和纸棍 Board and stick for splitting the paper layers

⊙7 夹板和裁刀 Papermaking tools for binding and cutting the paper

(四)

灵川瑶族竹纸的性能分析

所测灵川南坳行政村冷水涔自然村竹纸的相关性能参数见表2.9。

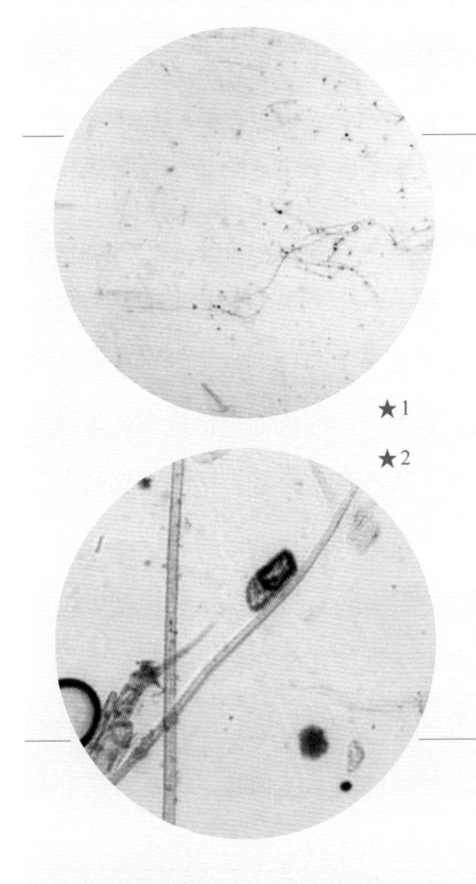

★1 南坳村竹纸纤维形态图(10×) Fibers of bamboo paper in Nan'ao Village (10× objective)

★2 南坳村竹纸纤维形态图(20×) Fibers of bamboo paper in Nan'ao Village (20× objective)

表2.9 南坳村竹纸的相关性能参数
Table 2.9 Performance parameters of bamboo paper in Nan'ao Village

指标		单位	最大值	最小值	平均值
厚度		mm	0.175	0.113	0.145
定量		g/m^2	—	—	36.2
紧度		g/cm^3	—	—	0.250
抗张力	纵向	N	16.45	9.23	13.71
	横向	N	8.51	5.90	7.26
抗张强度		kN/m	—	—	0.70
白度		%	31.28	26.90	30.38
纤维长度		mm	3.11	0.44	1.37
纤维宽度		μm	52	2	10

由表2.9可知，所测南坳村竹纸厚度较小，最大值比最小值多55%，相对标准偏差为14%，说明纸张薄厚分布并不均匀。经测定，南坳村竹纸定量为36.2 g/m^2，定量较小，主要与纸张较薄有关。经计算，其紧度为0.250 g/cm^3。

南坳村竹纸纵、横向抗张力差别较大，经计算，其抗张强度为0.70 kN/m。

所测南坳村竹纸白度平均值为30.38%，白度较低，这应与南坳村竹纸没有经过蒸煮、漂白有关。相对标准偏差为5%。

所测南坳村竹纸纤维长度：最长3.11 mm，最短0.44 mm，平均1.37 mm。纤维宽度：最宽52 μm，最窄2 μm，平均10 μm。在10倍、20倍物镜下观测的纤维形态分别见图★1、图★2。

五 灵川瑶族竹纸的用途与销售情况

5 Uses and Sales of Bamboo Paper by the Yao Ethnic Group in Lingchuan County

(一) 灵川瑶族竹纸的用途

桂北一带在历史上印刷用纸、办公用纸、学生用纸、生活用纸、祭祀用纸都是使用灵川竹纸。湘纸一直是文人用纸，印制书本和制作家谱等都离不了制作精良的湘纸。根据灵川县地方志办公室廖江先生的研究，20世纪40年代初期，国土大半沦陷，桂林一带成为抗日大后方，文人群集，书肆栉比，许多作家的文稿和书报出版物多用蜡纸或木板刻印在湘纸上。1949年以前，桂北城乡无论士农工商，办公用的十行纸、各种家族谱牒、契约文书都是使用湘纸。桂北的读书人从入学堂启蒙的那天起，就和湘纸结下不解之缘，作文本、算术本、图画本、书法本都是用湘纸制作。把透明的湘纸（据说富家子弟也用桂花纸）裁成一定大小，双折订成“本子”，再放进一张柳公权体或颜真卿体的书法字帖，然后照帖涂写，叫作“蒙帖”。对写得较好的字，老师用红笔打上圆圈，以示鼓励，叫“吃红蛋”。

在百姓的日常生活中，包装食糖、食盐、点心、果饼和中药都是用较粗一些的竹纸。用土法生产的竹纸包装，用玉米皮搓成的细草绳捆扎，这是在没有机制纸和塑料包装袋的时代下的主流包装模式。

祭祀神灵和祖先通常使用竹纸制作“纸钱”。机制纸发展起来以后，竹纸的其他实用功能逐渐消失。制作纸钱几乎成为灵川竹纸存在的唯一用途。据了解，当地瑶族百姓一年要祭祖三次。其中，第一次在新年时使用。过去从新年来临开始，要每天烧纸直到正月十五。现在简化了，只是在年三十、年初一和年初二这三天烧纸祭祖，最多烧到正月初四或初五，一般使用大约半刀纸。第二次在清明时，大约使用半刀。第三次在七月十五时，使用四张。

(二) 灵川瑶族竹纸的销售情况

从清朝后期开始，灵川竹纸贸易逐步兴盛起

来。1929年《灵川县志》灵川六、七区物产统计表中记载，湘纸主要产地在小江东和大坪，销往兰田堡、九市、桂林、梧州、柳州。火纸主要产地在流峰、高江、雍江，销往桂林、梧州等地。

民国年间，九屋、兰田等圩场均设有“纸行”，另外还有“义和堂”“和兴堂”等多家坐商。1933年在全县的14个主要圩场中，在九屋、兴隆、公平三个圩土纸为其主要交易品之一。[48]其中，九屋圩场上聚集土纸的范围最大，最远的造纸户在距圩场超过30 km的高山上。这一带大多是崇山峻岭，空身行路已属不易，全凭“挑脚”人力肩挑土纸下来，十分辛苦。

表2.10　1933年有大宗土纸交易的圩场情况
Table 2.10　Handmade paper trade situation in 1933

圩名	九屋	兴隆	公平
经营户数	100	200	100
圩期（农历）	四、九	三、八	二、七
赶圩人数	700～800人	300～400人	200～300人
主要交易	纸、谷、米、猪、山货	纸、山货	纸、米、桐、茶、猪
收入款项	纸、猪、秤、山货捐	纸捐	纸、秤、猪捐

尽管桂北地区竹纸的用量较同类地区要大许多，但本地销量仍然有限。有“桂林帮”（俗称“纸客人”）专门来此采购湘纸回桂林，再通过水路转销广西东南部的梧州以及南洋。这些纸客人是土纸生产经营者的重要客户，受到当地人的普遍尊重和礼遇。交易高峰时期，每圩湘纸上市量在200～300担，约占市场成交金额的一半。每圩下来，当地政府都可以从土纸交易中收入可观的交易税。

民国时期，竹纸经营中的交易各方都很讲究信誉，恪守行规。市场约定，每100张为“一刀纸”，满95张即为足张，谓之“九五足张”，出售竹纸的一方每刀纸绝不会少于95张。挑到圩上出售的土纸当天没有卖掉，就寄存在客栈，或者委托店家出售。客栈或店家都会信守承诺，绝无坑蒙拐骗。收购土纸的一方也特别视商业信誉为生命，如无现款，承诺何时付款，绝不失信。诚信为竹纸的经营者带来了方便，只要他们说一句话，即使没有担保，卖家也可以发上百担土纸的货出去。据一位曾做过纸行伙计的老人回忆，新中国成立前夕，纸行曾发了一批货去香港。由于战争阻隔一时无法按期支付货款，一旦桂北地方稳定下来，桂林纸客人立即将赊欠的货款送来。

1949年以后，国家的社会主义改造和破除迷信政策对土纸的生产和经营产生了一定影响。1952年，政府把那些既非大规模生产又非零售的行业定义为“中间剥削厂”，号召其转型，在竹纸生产经营中占有重要地位的纸行逐步淡出历史舞台。同时，政府对于土纸的销售采取了高税率限制政策。1950～1957年，灵川县实行新的税收制度。1958～1973年，“焚化品”税率为55%，土纸属于焚化品之列；此外还有“纸”类，税率为10%，另外征收工商税。1973～1984年，造纸和售纸的税赋分开，分别征收10%的工商税。1984～1990年，土纸征收6%的增值税。[49]到了1990年，《灵川县志》关于各圩市基本情况统计中，在“上市主要物产”一栏里，仅有规模偏小的兰田一个圩提到了土纸交易，而且排到了肉类、生猪、鸡、鱼、蛋等农产品的后面。这期间整个灵川地区土纸的生产和经营滑落到历史最低水平。

从2000年开始，道路交通情况逐步改善，冷水涔的造纸户再也不用肩挑土纸到兰田或宛田的圩场出售了。现在，一年里有春节、清明、中元节（农历七月十五）三次集中卖纸的时间，其他时间土纸就卖得很少了。纸商通常会在三个节日到来之前的半个月来山里收购土纸。交易方式大多是纸商通过电话提前约好收购时间，造纸户按时把纸送到离家最近的公路边上，直接交货付钱，就可以把纸装上汽车运走。2009年土纸

[48] 灵川县地方志编纂委员会.灵川县志[M].南宁：广西人民出版社,1997: 464-467.

[49] 灵川县地方志编纂委员会.灵川县志[M].南宁：广西人民出版社,1997: 492.

的价格大约每担300元，价钱好的话可以卖到每担320元。近年来灵川县城土产杂货商店里所售火纸基本都是纸质细柔、平整、轻薄，价格相对低廉的机制火纸。本地所产土纸在本地市场的销售非常有限。据来冷水涔收购土纸的纸商介绍，他们是把纸拉到湖南等外省寺庙去销售。

造纸业曾是灵川和整个越城岭山区特定的历史阶段的支柱产业。这个产业不仅利用深山可再生的竹林资源创造了百姓的生活来源，而且也促进了水陆运输、客栈伙铺、石灰生产等多个行业的增长和繁荣。

造纸业迅速促进了水陆运输的增长。应竹纸运出大山的需要，当年灵川出现过一个“纸挑脚”的行当。他们把造纸户生产的竹纸从深山中的各个村寨挑出来到圩场交易，再把石灰等竹纸生产辅料运进山里。竹纸从圩场运到桂林和梧州等地则走水路。1921年，九屋一圩有80余只木船主要从事竹纸的运输。九屋的木船主在龙岩东岸的龙母祠建立“航运帮会”，制订《航运章程》并立碑于祠内，议定每年正月初十开会一次，规定水程和运价。1929年改用竹筏运纸。当时在潭下镇的陈家村就有约50人从事竹筏运纸。溯江而上进山时，船工将两个空筏叠起。顺水而下去桂林时，将2～4个运纸竹筏连起来，首尾相接，一组一组，很是壮观。兰田至桂林的水路单程2天，一个圩期一个来回，安排得十分妥帖。

造纸业的繁荣也促进了客栈和伙铺的发展。客栈是住宿条件较为优越的地方。纸商往来于灵川和桂林、梧州等地之间，饮食住宿的需求促使当地人做起了客栈生意。纸商装扮通常比较特殊，腰围钱袋（或肩搭布兜），衣冠楚楚，饮食、住宿和娱乐都在客栈中进行。伙铺则相对简陋，是过往行人歇脚的地方。圩场上有人家在墙壁上贴有“中伙安宿”一类招牌的就是价格便宜的伙铺。屋内除了煮饭的灶，以及安置碗盏的立柜，并没有多余的东西。吃饭时间客人可以进去买主人煮的饭吃，也可以自己带米煮饭。晚上可以进去住宿，但是没有床，看着哪里合适铺上稻草就是睡觉的地方。有些伙铺条件好些，还预备有蚊帐，挂起来可以罩着一二十人。“纸挑脚”往往会选择住在这里。

民国年间是竹纸生产的高峰时期，石灰生产长年不断，仅兰田每圩上市交易的石灰就多达四五千担。按每月6次、一年72次的圩期计算，兰田一圩石灰的年交易量就多达1.6万吨。在竹纸生产低落的上世纪80年代，全县年均石灰产量仅有2.4万吨，产量最低的年份1985年仅有1.6万吨。

今天，土纸的生产仍然可以为地处偏远和交通不便的瑶族乡村民带来致富的希望。据新华网2007年4月5日的报道，灵川县兰田瑶族乡的深潭王村36户村民家家户户都有手工造纸作坊，每年每户收入5 000～10 000元不等。相对于年人均收入3 000元的山区兰田瑶族乡来说，这自然是一个靠手工造纸致富的村落。

总体上说，上世纪80年代以来，灵川县瑶族手工竹纸的生产经营一直处于萎缩中。手工竹纸生产这种历史上盛极一时的地方经济和文化现象，现在已很难再现往日的繁荣。兰田瑶族乡的一位乡镇干部说，山区的公路通到哪里，手工纸生产就会消失到哪里。手工纸生产的整体衰落是机械代替手工的必然结果。

表2.11　1978～1990年灵川县石灰产量的变化情况（单位：万吨）
Table 2.11　Changes of lime output in Lingchuan County from 1978 to 1990 (unit: ten thousand tons)

年份	产量	年份	产量
1978	2.8	1985	1.6
1979	3.2	1986	3.2
1980	2.7	1987	2.3
1981	3.1	1988	1.9
1982	2.8	1989	2.0
1983	2.9	1990	2.3
1984	1.9		

注：本表根据《灵川县志》整理。

六
灵川瑶族竹纸的相关民俗与文化事象

6
Folk Customs and Culture of Bamboo Paper by the Yao Ethnic Group in Lingchuan County

(一)
纸钱及其制作

当地百姓祭祀祖先时通常焚烧打了孔、裁成纸币大小的土纸，即纸钱。烧纸钱祭祀祖先和神灵的时候，一次取8～10张，但不点数，抓多少就烧多少。村民相信，点数焚纸祭祀不够诚心，会影响祭祀的效果。

制作纸钱的方法，一般是先把4张竹纸对折两次成16层，用铁冲打上印孔，就做成了祭祀时使用的纸钱。铁冲1～2元钱一个，都是由湖南生产。当地百姓对于在纸钱上打印孔有一些讲究：一是说老祖宗传下来的规矩，若不在纸钱上打铁印孔，敬祖先和神灵就不灵验；二是一般需要横打5排，纵打5排，合计25个印孔，不能多，也不能少，切不可打成双数；三是打好印孔以后再裁成手掌大小的方块，就可以祭祀使用了。

在灵川县城里的杂货商店出售的土纸有两种，一种是整刀或成捆出售没有做成纸钱的土纸，另一种是打了印孔，做成纸钱的土纸。

(二)
谚语

“竹麻不吃小满水。”准备制造竹纸的原料要到自己家的责任山上砍竹麻。从小满前十天开始，最多砍到小满那天。这段时间的竹麻只有新的枝条抽出，尚未长出叶子。过了小满，竹麻老了，不能用于制作竹纸，只能留下来长成竹子出售。“竹麻不吃小满水”是要告诉人们，准备原料要符合时宜，方可做出好的竹纸。

“做到老学到老，八十五岁还学考。”在灵川兰田，造纸技术辈辈相传。老辈人传授手工纸技艺的时候会常常把“做到老学到老，八十五岁还学考”这句话挂在嘴边。这句话是老辈人生产经验或人生经验的总结，更是对于后辈的期盼，意在告诉后辈，造纸的技术看似简单，深入进去尚有许多门径需要用心揣摩、终身学习。

(三)

惜纸敬字

灵川县九屋镇江头村（古称江头洲）是北宋理学创始人周敦颐后裔繁衍生息的地方。周敦颐第14代后人于明弘治年间由湖南道州迁徙到此。历史上以文教取胜的古村落，都有建字厨塔的风气。江头村前的护龙桥旁、爱莲家祠对面有座空心砖塔，即是“字厨塔”。此塔除了具有传统村落建筑“把水口”的功能之外，还是用来焚化字纸的火炉。根据周氏家族的传统，凡已破损或不用的纸张，或带有字迹的纸片都不能乱丢乱扔，必须要收集起来，待农历初一、十五拿到字厨中焚化，以示对文字、纸张的爱惜和尊重。年幼的周氏族人刚受启蒙教育的时候，师长就会告诉他们，纸和字不能用脚踩。江头村的村民谨遵祖训，积年累月逐步养成了惜纸敬字的文化传统。

七 灵川瑶族竹纸的保护现状与发展思考

7 Preservation and Development of Bamboo Paper by the Yao Ethnic Group in Lingchuan County

国家重视非物质文化遗产保护的政策唤醒了地方政府及文化管理部门保护兰田瑶族手工竹纸的意识。在灵川县文化管理部门，调查组了解到，当地干部正计划将兰田手工竹纸工艺纳入非物质文化遗产保护的范畴。兰田瑶族乡政府也有意将发展地方经济与保护民族文化结合起来。在招商引资和引入民间力量立体化保护手工纸技艺、民族歌舞、民族节庆、民族服饰等文化遗产的基础上，培养非物质文化遗产的研究和传承人才，推进民族文化旅游，带动民族地区的经济和文化持续与协调发展。多年以来，廖江等文化学者在研究手工竹纸的发展历史以及呼吁政府和社会各界保护传统造纸工艺方面付出了不懈的努力。

兰田瑶族手工竹纸生产的出现、发展、繁荣和衰落是一个符合经济文化发展规律的自然历史过程。今天重新恢复手工竹纸生产在当地经济中的支柱地位已经没有可能。但是，保护乡土文化、恢复民族记忆有着重要的历史和文化价值。

兰田手工纸技艺需要在非物质文化遗产的框架内建立全面和立体的保护体系，形成可持续的保护机制。

第一，发掘民俗、宗教、书画等多种用途的手工纸当代价值。目前，在兰田手工竹纸的三类产品系列中，仅存的一种是最低端的火纸，其使用价值基本被局限在十分狭窄的祭祀范围之内。如果能够在非物质文化遗产保护的框架内，恢复学生习字用纸，开发具有民族特色文化意蕴的传统竹纸，以及高端书画用纸等具有当代使用价值的功能纸，就能够创造手工竹纸新的社会需求。有了不同领域的市场需求，就能让传统手工竹纸的生产成为村民创造财富的手段，进而为手工竹纸发展和保护奠定坚实的社会基础。

第二，拓展以瑶族文化旅游为依托的手工竹纸体验产品。兰田瑶族乡拥有丰富的民族文化旅游资源，加之拥有邻近桂林这座国家重点风景旅游城市的区位优势，具有发展特色文化旅游的优越条件。开发包括兰田瑶族手工竹纸体验在内的桂北民俗文化旅游产品，不仅可以带动兰田民俗旅游经济的发展，同时也可以丰富桂林市的旅游产品种类，增加人文体验产品在桂林旅游结构中的比重。

第三，建立以乡土文化教材为载体的手工竹纸技艺传承体系。形成竹纸的多元消费途径以后，再将兰田手工竹纸制造技艺纳入当地中小学校的乡土文化教材，则这门传统手工技艺就有望进入可持续保护的轨道。

灵川瑶族竹纸

149

Bamboo Paper
by the Yao Ethnic Group
in Lingchuan County

南坳村竹纸透光摄影图
A photo of bamboo paper in Nan'ao Village
seen through the light

第五节

永福竹纸

广西壮族自治区
Guangxi Zhuang Autonomous Region

桂林市
Guilin City

永福县
Yongfu County

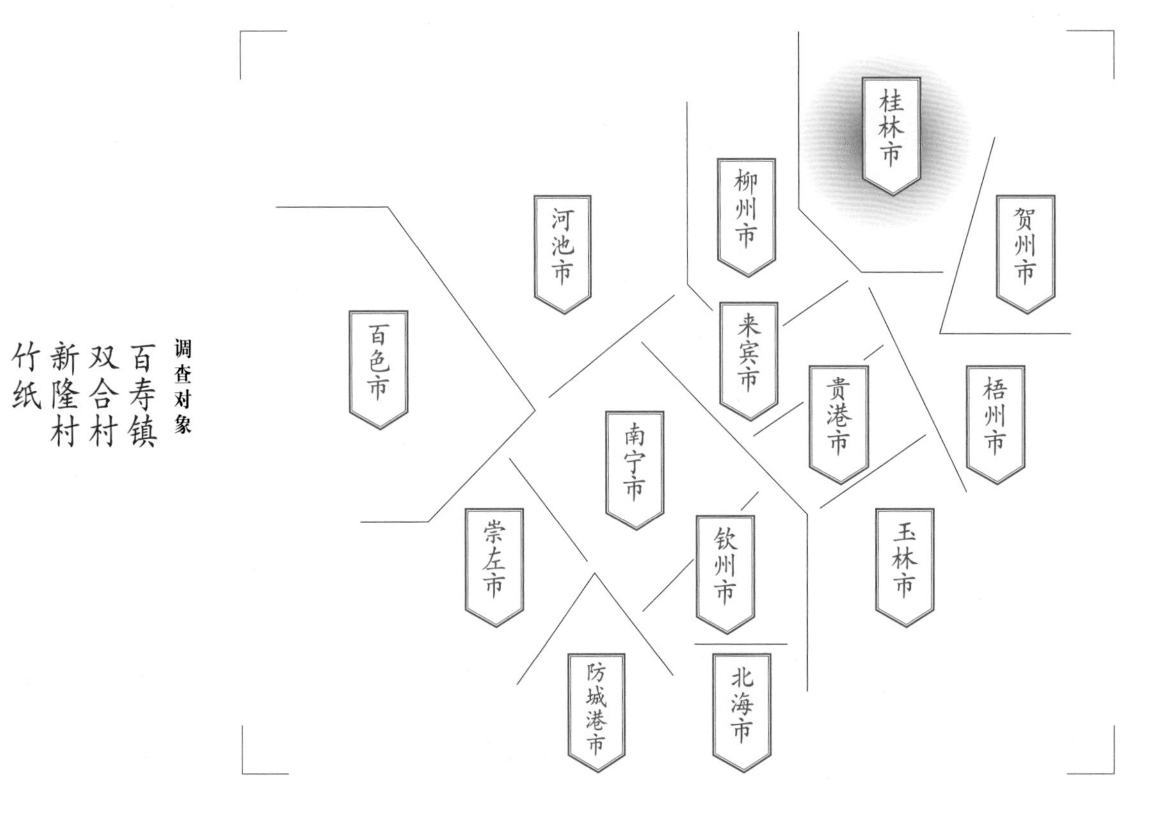

调查对象

百寿镇
双合村
新隆村
竹纸

Section 5
Bamboo Paper in Yongfu County

Subjects

Bamboo Paper in Shuanghe Village and Xinlong Village of Baishou Town

一
永福竹纸的基础信息及分布

1
Basic Information and Distribution of Bamboo Paper in Yongfu County

永福的手工纸都以毛竹为主要原料，也可用金竹、黄竹、铁竹等，造纸户认为毛竹造出的纸质量最好。造纸户制作冬纸历时较长，一般立夏砍竹麻，秋天洗竹麻，直至次年春夏之交才制作完成，因冬季造纸时间最长，故称冬纸。据造纸户袁诗培、黄永雄说，当地几乎所有的民族，包括汉、壮、瑶、苗都曾经造纸。

二
永福竹纸生产的人文地理环境

2
The Cultural and Geographic Environment of Bamboo Paper in Yongfu County

永福县位于广西东北部，桂林西南，隶属于桂林市，东北与临桂区相临，西北与柳州融安县接壤。

晋太康二年（281年），永福县境西部置常安县，东部属始安县地。三国为始安、永丰两县地，属零陵郡。南朝宋并常安入始安。唐武德四年（621年），置永福县，复置纯化县。纯化几经更名，至明代隆庆年间升为州，称永宁。明正统五年（1440年），理定县并入永福县，属桂林府。1952年8月，永福、百寿两县合并，沿用永福县名。[50]

[50] 永福县志编纂委员会.永福县志[M].北京：新华出版社,1996: 49.

永福县面积2 806 km^2，耕地面积270 km^2，农业有效灌溉面积165 km^2，经济作物种植面积87 km^2，林地面积2 128 km^2。截至2014年末，永福县所辖5个镇、4个乡，人口28.46万，其中农村人口25.17万，壮、回、瑶等少数民族人口4.49万。永福县的

路线图
永福县城
↓
双合村＋新隆村
Road map from Yongfu County centre
to the papermaking sites
(Shuanghe Village and Xinlong Village)

永福竹纸生产地分布示意图

Distribution map of the papermaking sites of bamboo paper in Yongfu County

考察时间
2012年11月

Investigation Date
Nov. 2012

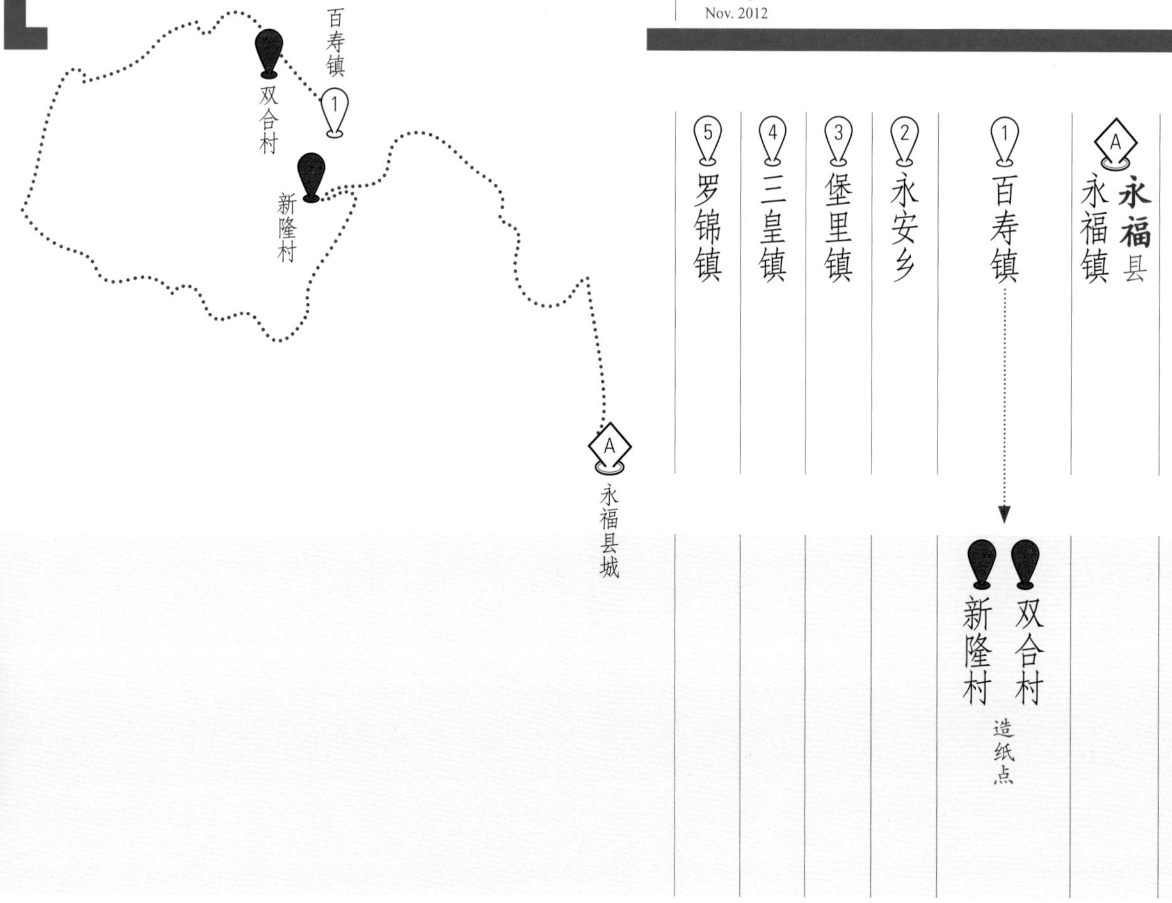

百寿镇
双合村
新隆村
永福县城

地域名称

A 永福县 永福镇
1 百寿镇
2 永安乡
3 堡里镇
4 三皇镇
5 罗锦镇

造纸点名称

双合村
新隆村
造纸点

位置分布

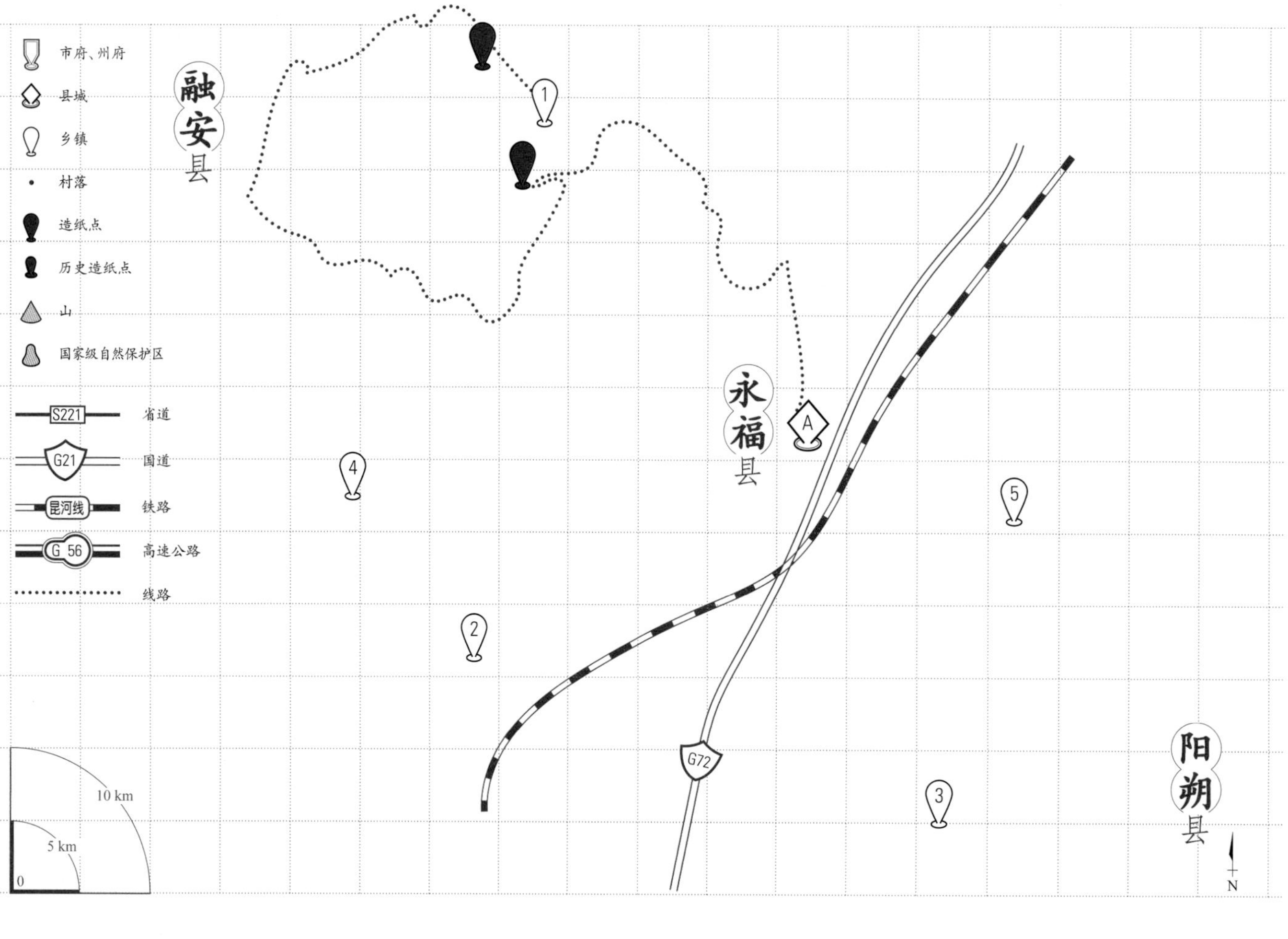

市府、州府
县城
乡镇
村落
造纸点
历史造纸点
山
国家级自然保护区
S221 省道
G21 国道
昆河线 铁路
G56 高速公路
线路

融安县
永福县
阳朔县
G72
10 km
5 km
0
N

地方特产有罗汉果、富硒米、香菇、黄竹笋、砂糖橘等，其中罗汉果、富硒米进入首批中国名优硒产品名录。永福罗汉果成为国家原产地域保护产品，永福县号称“中国罗汉果之乡”。[3]

⊙1

永福县山清水秀，人杰地灵，素有“福寿之乡”的美称。永福县凤山之顶有一“福”字石刻，并由此形成了到石刻前“祈福迎祥”的民俗。与“福”字遥相呼应，县城西北的百寿镇百寿岩石壁上有一“寿”字石刻。全县百岁老人有36位，每10万人中百岁老人13人，超过世界长寿之乡评定标准。2007年，永福县获“中国长寿之乡”的称号。[51]永福县主要旅游景区（点）有江南保存最完整的明代石城——永宁州古城，以及金钟山、板峡湖、窑田岭遗址等。[3]

百寿镇，位于永福县西北，北距桂林68 km，东与永福镇、龙江乡交界，南与永安乡、三皇镇为邻，西接融安县大坡乡、泗顶镇，北靠龙江乡和融安县雅瑶乡。百寿镇历史悠久，设州、县治达500余年。全镇面积412.64 km^2，耕地面积29.06 km^2，其中水田面积约 23.62 km^2。经济以农业为主，兼顾林业，是自治区级林区乡之一。全镇33 439人，居住有汉、壮、苗、瑶、侗、回等民族。1995年被列为自治区级小城镇建设试点镇，2002年被列为自治区级小城镇建设重点镇，2013年被评为广西“历史文化名镇”。镇内百寿岩石刻和永宁城于1980年被列为自治区级重点文物保护单位，2013年被列为国家级重点文物保护单位。地方特产有罗汉果、香菇、木耳、冬笋、黄竹笋、金银花、沙田柚、冬纸等，有全国最大的罗汉果批发市场和桂北优质水果生产基地。[52,53]

⊙2

⊙3

⊙1 永福罗汉果（唐庆甫提供）
Siraitia grosvenorii in Yongfu County (provided by Tang Qingfu)

⊙2 永福百寿镇百寿岩
Chinese character for 『longevity』 on the stone in Baishou Town of Yongfu County

⊙3 永宁城
Ancient Yongning Town

[51] 黄继树.福寿之乡[M].桂林：漓江出版社,2008：序.

[52] 永福县志编纂委员会.永福年鉴2014[M].南宁：广西人民出版社,2014：324.

[53] 永福县志编纂委员会.永福县志[M].北京：新华出版社,1996：76.

三 永福竹纸的历史与传承

3 History and Inheritance of Bamboo Paper in Yongfu County

从现存文献资料来看，最迟在清朝前期就有永福手工纸生产的明确记载。雍正十一年（1733年）《广西通志》卷三十一《物产》中记载，桂林府各州县均生产纸。[6]清光绪九年续修《永宁州志》卷三《舆地志下·物产》记载永宁新增东江纸。[54]永福通常生产的土纸，也称冬纸。[55]

永福县地处中亚热带雨林季风气候区，造纸原料竹资源丰富。1979年的统计数据表明，永福县有毛竹（约34.3 km^2），主要品种有毛竹、黄竹、金竹等，其他种类竹子亦有少许。大片竹林多分布于百寿镇、桃城乡、永安乡、龙江乡、堡里乡、广福乡、罗锦乡等山区。[56]

永福县农村历来有生产土纸的习惯，上述有成片竹林的山区多建有土纸厂，以嫩毛竹为原料。[57]如《永福县志》记载，晚清、民国年间，永福竹纸产量大，从事冬纸生产的人数多，冬纸生产的普及化程度高。《晚清和民国时期统计史料摘编》记载，宣统二年（1910年），永宁州出产杂纸10 000担，永福县出产14 000担。民国年间，永福、百寿两县凡有大片毛竹林的山村，均有土纸生产。[55]《广西民政视察报告累编》记载，百寿县手工业以冬纸为出产大宗，每年约有20 000余石运往长安、柳州一带销售。1927年，百寿县有造纸户450家共900人，每年生产纸7 000担。1931年，永福县“工业品有土纸、油纸伞、小木船、竹筐等”，百寿县“二区雅瑶有纸厂三百余间，每年出冬纸二万余担……”。1934年，百寿县有造纸户45家共875人，年需220万担竹麻。[58]《广西农村》记载，1935年，百寿县尚有纸厂300余间，造纸户450家，共计900人从事造纸作业，产纸7 200担。[55]永福县泡口、四合、银洞、大田、大西、永升、河东、和顺等地毛竹很多，盛产土纸，可惜生产数量未见记载。[58]

根据《永福县志》记载，1951年百寿县土纸上市纳税量为802.75吨，农业合作化和人民公社化后，造纸由生产队统一安排，产量时高时低，但整体呈锐减趋势。1981年农村经济体制改革后，竹林逐步恢复，土纸生产有所增加。[55]1985年，全县有土纸厂23个，均为山区农民个体或联户经营，年产土纸27.5吨。其中，桃城乡的泡口村有10个土纸厂，年产土纸12吨。1990年全县生产土纸50吨。[57]

1949年前，土产、杂货由私商经营。清末，一些商人收购土纸，用木船运往柳州销售。据记载，宣统二年（1910年）销往外地土纸41.5吨。1932年，百寿县内私商收购土纸10吨，运往桂林、柳州等地销售，永福县销往桂林土纸600担。1934年，百寿县销往柳州土纸500担。1946年，永福出口土纸2.3万担。[59]

1949年后，土产、杂货由供销部门专营。先是设临时国营机构，收购土产品。1951年先后在罗锦、堡里、寿城成立贸易收购处，以后在全县各区设立收购处。1949～1955年，国营供销社共收购土纸1 081.6吨。永福县历年来土纸及野生造纸原料收购情况见表2.12。[59]

1950年共调出(含当地销售)土纸295吨，1951～1964年共调出土纸253.55吨，1965～1972年，共调出土纸639.2吨，油纸伞6.19万把。1973～1979年，随着收购数量下降，销售相应减少。据不完全统计，七年间销售油纸伞1.26万把。1981年销售土纸45.75吨，油纸伞24.87万把。1982～1988年，销售土纸414.15吨。[59]

1952年，按照国家政务院规定，开始征收农林特产税，永福县境内冬纸等大宗土特产品，给县财政收入提供了较为充裕的经济来源。[60]

永福竹纸的生产也带动了相关产业的发展，永福县的手工艺品以竹器、藤器、纸扎工艺品、油纸伞等最为有名。纸扎巧匠唐伯轩所扎的龙、狮、马、蜈蚣、蝴蝶、鸳鸯、美人、风筝等惟妙惟肖，为群众所喜爱，1949年前凡重大传统节日，柳州、桂林一带商行均来永福订购。罗锦雨伞为县内工艺品之大宗，其品种有普通油纸伞、印花伞和刮花伞。特别是后两种，玲珑、剔透、美观，既耐用又实惠，深受群众喜爱，在历史上久负盛名。1921年罗锦有王文双、谭曾源分别有

表2.12　永福县历年来土纸及野生造纸原料收购情况表（单位：吨）
Table 2.12　Trade statistics of local handmade paper and papermaking raw materials in Yongfu County (unit: ton)

年份	1953	1954	1955	1956	1957	1958	1959	1960	1961
土纸	228.45	445.8	700.30	377.45	357.7	296.25	394.25	113.80	8.80
野生造纸原料	—	—	—	23.40	26.10	2.75	9.50	4.15	0.30
年份	1962	1963	1964	1965	1966	1967	1968	1969	1970
土纸	27.50	119.55	177.65	318.65	232.15	327.8	276.05	326.60	199.80
野生造纸原料	3.30	6.70	4.00	—	55.35	433.20	—	837.50	5299.60

[54] 广西通志馆旧志整理室.广西方志物产资料选编：上[M].南宁：广西人民出版社,1991:527.

[55] 永福县志编纂委员会.永福县志[M].北京：新华出版社,1996:314-315.

[56] 永福县志编纂委员会.永福县志[M].北京：新华出版社,1996:220-223.

[57] 永福县志编纂委员会.永福县志[M].北京：新华出版社,1996:335.

[58] 永福县志编纂委员会.永福县志[M].北京：新华出版社,1996:299.

[59] 永福县志编纂委员会.永福县志[M].北京：新华出版社,1996:420-424.

[60] 永福县志编纂委员会.永福县志[M].北京：新华出版社,1996:479.

（续表）

年份	1971	1972	1973	1974	1975	1976	1977	1978	1979
土纸	256.15	170.35	209.10	121.75	172.90	179.20	180.55	201.75	222.20
野生造纸原料	7266.95	1697.85	1707.00	1109.9	2893.75	2893.75	2090.95	2377.95	1412.05
年份	1980	1981	1982	1983	1984	1985	1986	1987	1990
土纸	147.75	87.00	101.05	127.25	51.2	72	31.35	31.3	67.40
野生造纸原料	640.20	163.90	197.60	110.80	25.00	—	—	—	—

做伞作坊，分别雇有技工30人和50人，另有小作坊40家。1946年，永福罗锦街有80多户500多人做油纸伞。1958年，罗锦雨伞社迁至永福县城，扩建为永福雨伞厂，但是罗锦仍有油纸伞生产。历史上，永福县油纸伞除销往邻近县省外，还销往我国香港地区，乃至新加坡、马来西亚、德国、法国、美国、芬兰、西班牙等国家。[61]

调查组于2012年11月进入永福百寿镇进行实地调查。百寿镇双合村茫洞袁家队造纸户袁诗培介绍，按照其祖父和父亲袁先高（1907～1995年）所讲，其家族迁徙路线为：河南→四川→湖南→广西（永福）。顺治年间，袁诗培的先祖从三江带了毛竹、金竹、铁竹、黄竹等竹种到茫洞来种，后在当地摸索出造纸技术，至今约20代，世代以造纸为生。父亲袁先高15岁开始造纸，直到1982年因年事太高而放弃造纸。母亲余小凤（1913～1985年）自嫁来后也随父亲一起造纸，父母一年造纸约10 000 kg。哥哥袁诗成也曾造纸。袁诗培自17岁开始造纸，20岁时还造过湘纸，其妻莫菊珍20多岁开始造纸。袁诗培育有两子，长子袁书全、次子袁书业都曾造纸，但因造纸的经济效益太低，他们成家后都放弃了造纸。

袁诗培家的纸厂，被称为老纸厂，是袁诗培的祖父于晚清时所建，袁诗培就在老纸厂出生、成长的。1958年，国家施行生产集中制，纸厂遭到破坏。1968年重建，但是“文化大革命”期间禁止私营，纸厂再次被拆掉。1982年国家落实生产责任制后，袁诗培夫妇再次重建纸厂。目前袁诗培夫妇一年造纸多时约1 000 kg，少时约300 kg。

⊙1

⊙1 调查组成员与黄永雄（左三）等合影
Researchers and a local papermaker Huang Yongxiong (third one from the left)

[61] 永福县志编纂委员会.永福县志[M].北京：新华出版社,1996: 317.

改革开放之初，造纸户逐年增多，造纸成为当地家庭生产的一项重要副业。据袁诗培、黄永雄口述，1990年左右，造纸业达到高峰，当时双合村有300多家造纸，新隆村有20多家造纸。但伴随着纸的大量生产，销售渠道并不顺畅，与此同时，机制纸也在不断发展，因此导致纸价降低，年轻人逐渐退出造纸业，而选择外出打工。1995年后，造纸户明显减少，以双合村为例，只有袁诗培夫妇造纸。调查组了解到的情况是，目前整个百寿镇只有袁诗培夫妇造纸，冬纸的传承状况堪忧。

另一位受访的造纸户是百寿镇新隆村的黄永雄。据他口述，其祖父黄光昌（1904～1957年），父亲黄明辉（1930～2010年），都自小造纸。他于1985～2006年造纸，后因麻塘被毁，又出任村干部，鲜有时间造纸。他的儿子黄首成生于1978年，曾于2000～2005年造纸，此后也放弃造纸，选择其他行业谋生。

⊙2 黄永雄家祖上造的湘纸 Xiang paper by Huang Yongxiong's ancestors

⊙3 调查组成员与黄永雄等考察老纸厂 Researchers visiting the old papermaking site with Huang Yongxiong

四 永福竹纸的生产工艺与技术分析

4 Papermaking Technique and Technical Analysis of Bamboo Paper in Yongfu County

（一）永福竹纸的生产原料与辅料

永福的冬纸以毛竹为主要原料，也用金竹、铁竹、黄竹等。据袁诗培、黄永雄说，使用其他竹子所造的纸，其质量不如毛竹，如使用金竹造出的纸很容易撕烂。造纸户一般选择立夏砍竹麻，秋天洗竹麻，中秋左右开始造纸，延续至第二年春夏之交，因冬季造纸时间最长，故称冬纸。

（二）永福竹纸的生产工艺流程

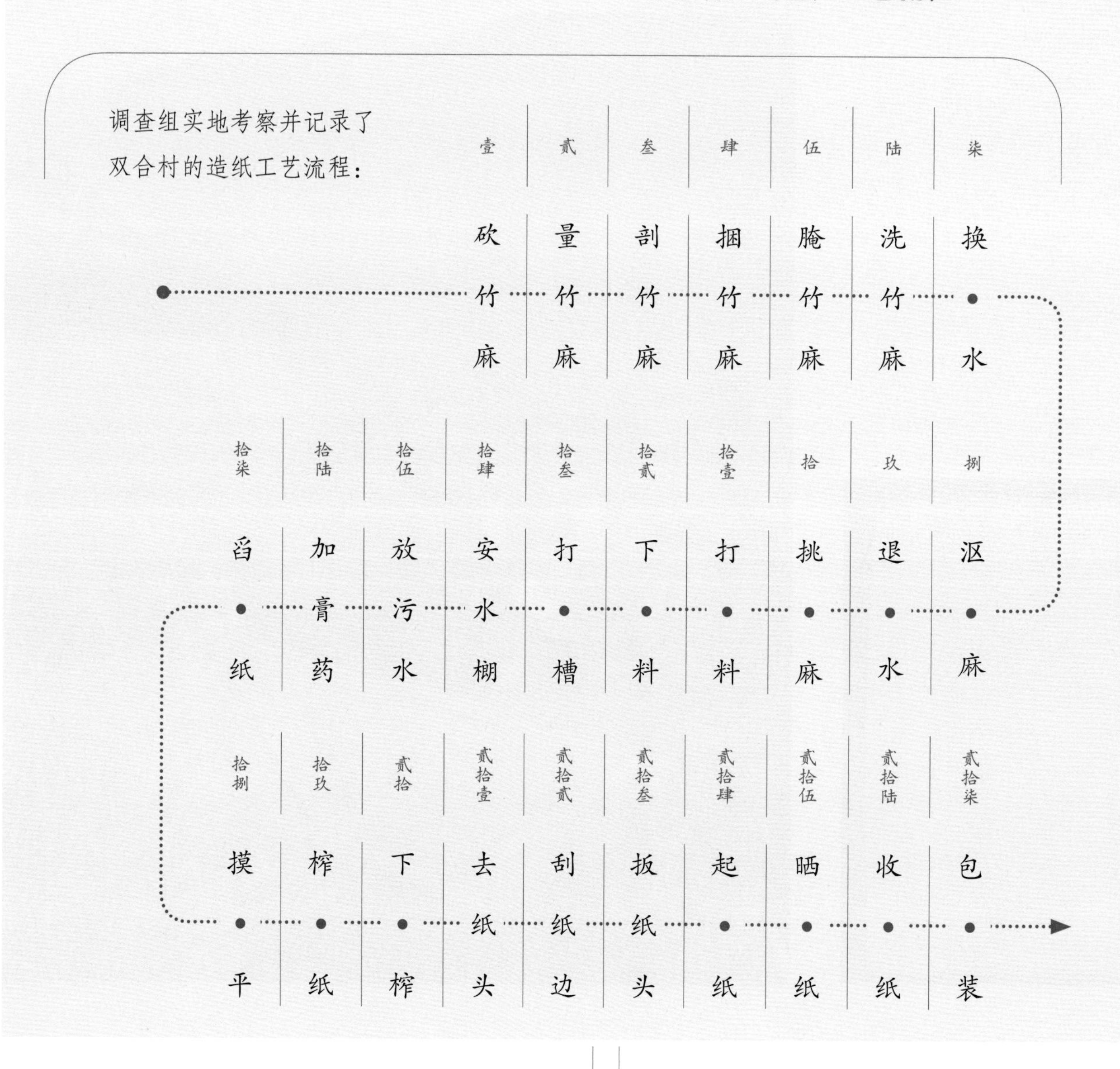

壹
砍竹麻
1

立夏后到小满前，用砍麻刀或斧头砍当年生，刚打开枝条但还没长叶的嫩竹。如不需修竹山（指清理山上的杂草），一人一天可砍50担（约2 500 kg）；如需修竹山，也可砍40担（约2 000 kg）。

贰
量竹麻
2

将竹麻集中起来，将比尺的凹槽靠在竹麻的一端，在比尺尽头的竹麻处划一道线，确定所剖竹麻的长短。

叁
剖竹麻
3

用砍麻刀在竹麻划线处将其砍断，一般1.4 m左右，其长度基本到砍竹麻的人下巴的高度。再将其剖成一片片。一人一天快的可剖40～50担竹麻，少的20担。

肆
捆竹麻
4

将剖好的竹麻用竹篾捆起来，约25 kg一捆，称为一头。

伍
腌竹麻
5

将成捆竹麻搬到麻塘，沿横向整齐堆放好，解开竹篾，在竹麻上铺上一层石灰，用木棍将石灰舂匀。一层竹麻一层石灰，最好控制在6层以内，否则有些竹麻阳光照射不到，不易烂。最上面用石头压，不让竹麻漂起来，如石灰加的量足够，也不会漂起来。加满水，约腌60天。一般100 kg生竹麻用10 kg石灰；如赶时间，七月十五就要生产出纸，也可只腌40天，但石灰用量翻倍，且需刨青，即把竹麻外层青皮刨掉，以加快竹麻腐烂速度。

陆
洗竹麻
6

用手将竹麻上粘的石灰洗干净，然后堆在坎上，待全部洗完后，将麻塘的水排掉，再把竹麻放回到麻塘里。洗麻时不能掺生水，如掺生水，则会起“血洞”，即竹麻肉层会穿孔。一人一天可洗30担左右，几个人一天洗完一麻塘竹麻。

柒
换水
7

灌生水进麻塘，灌满后立即将水排掉。再灌满水，5～7天后再放水，尽量把石灰洗掉。

捌
沤麻
8

换完水后，在竹麻上盖上草，压上石头。若太阳好，辐射强，沤3周左右；若太阳小，辐射弱，则沤4周左右。

玖 退水

9

再灌满水，一般15～20天后，水变得乌黑，同时竹麻也经发酵萎缩掉将近一半，将水放掉，称为退水。退过水，造出的纸才白。退水后即可造纸。若长时间不造纸，则把水灌进去，下次造纸前再将水放掉。把竹麻洗出来后，一个半到两个月间就可以舀纸。

拾 挑麻

10

竹麻沤好后，取出一定量的竹麻放到簸箕里，挑到厂里。

拾壹 打料

11 ⊙1

将竹麻放到打浆机里打，一般要打三遍，将料打细，一次可打25 kg，大约需20分钟。

⊙1

拾贰 下料

12 ⊙2

用刮耙将料刮到簸箕里，然后倒入纸槽。

⊙2

拾叁 打槽

13 ⊙3～⊙5

先用拱耙将竹料打散，然后用耙按顺序刮纸槽，并将附着在耙上的麻渣除去，一般需刮3～4次槽，才能将麻渣除干净。麻渣可用打浆机打碎后再利用。

⊙4

⊙3

⊙5

⊙1 打料 Beating the papermaking materials

⊙2 下料 Adding in papermaking materials

⊙3 拱耙打槽 Stirring the papermaking the materials with a rake

⊙4 刮纸槽 Scraping the residues in the papermaking trough

⊙5 除麻渣 Removing the residues

拾肆
安　水　棚

14　⊙6

将两根合适大小的竹子，称为水棚，一横一竖安在纸槽里。

⊙6

拾伍
放　污　水

15　⊙7⊙8

打槽后，用扫把塞住靠山坡一侧横头（即纸槽的宽边）最下面的黄洞，然后拔开塞黄洞的纸渣，使污水流出来，放掉一半水后，再用纸渣将黄洞塞住，加清水。

⊙7

⊙8

拾陆
加　膏　药

16　⊙9⊙10

加清水，用手挤装有纸药的袋子，挤出的纸药流入纸槽里，接着用响水棍将纸药打散，一般每抄约8 cm厚的纸加一次纸药。

⊙9

⊙10

⊙6
安水棚
Putting two bamboos into the papermaking trough

⊙7
扫把塞黄洞
Putting a broom into the hole as a strainer

⊙8
纸渣塞黄洞
Putting the paper residues into the hole as a plug

⊙9
加纸药
Adding in papermaking mucilage

⊙10
打散纸药
Stirring the papermaking mucilage

⊙11

⊙12

拾柒

舀纸

17　⊙11⊙12

舀纸时需舀两道水。先把纸帘由外往里插进水中，缓缓抬起，水往外倒，称为头帘水；接着将纸帘左边插进水里，由右往左舀水，将水从右边倒出，称为二帘水。舀好水后，将帘架置于水棚上，右手将湿纸的余边去掉一部分。头帘水浑，水也较多；二帘水少些，主要是把纸压紧，如果没有二帘水，纸剥不下来。

第一张纸舀得很厚，称为纸壳子，可对其后的纸起到保护作用。以前用纸壳子做纸面，现在用袋子。

纸槽里还剩一点浓度很稀的纸浆时称为毕槽。如当天太晚，毕槽可以第二天再舀，还可以舀2.5～5 kg纸。

拾捌

摸平

18

将湿纸置于垛子上，用手在纸帘上摸，将纸压紧，然后将纸帘拿开。

拾玖

榨纸

19　⊙13～⊙16

在垛子上依次放上袋子、盖板、侧码、过桥码、小码子、鞍码，先用刮板把垛子的分边去掉，再把水桩拔掉，换上顶板，用顶棍顶住。将大扳杆插在牛肩下，手逐渐加力压大扳杆。大约一刻钟后，换上榨杆，把绞绳套上榨杆，用小扳杆压，压不下去后，换成大扳杆。再压不下去后，人站到大扳杆上，用脚踩。将纸垛压到湿纸垛的三分之一（新麻）或四成（老麻）高，用手压垛子，压不下去时就认为干了。

⊙13

⊙14

⊙15

⊙16

⊙11 舀纸——头帘水 Scooping the papermaking screen for the first time

⊙12 舀纸——二帘水 Scooping the papermaking screen for the second time

⊙13 盖盖板 Putting the cover board on the paper pile

⊙14/16 榨纸 Pressing the paper

贰拾

下　榨

20

松榨，将垛子抬到起纸凳上。

贰拾壹

去　纸　头

21　⊙17

将垛子的纸头置于起纸凳外，手往下用力扳纸头，将其去掉。

⊙17

贰拾贰

刮　纸　边

22　⊙18

将扫纸板压在垛子上，用刮纸板将纸边刮掉。

贰拾叁

扳　纸　头

23　⊙19

用手上下揉纸头，将其揉松。

⊙18

⊙19

⊙17 去纸头 Trimming the deckle edges

⊙18 刮纸边 Scraping the deckle edges

⊙19 扳纸头 Rubbing the deckle edges

贰拾肆 起纸

24 ⊙20～⊙26

⊙20

⊙21

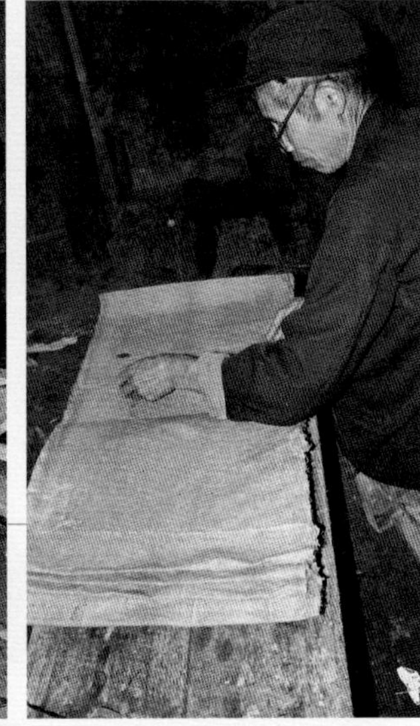

⊙22

⊙23

⊙24

⊙25

⊙26

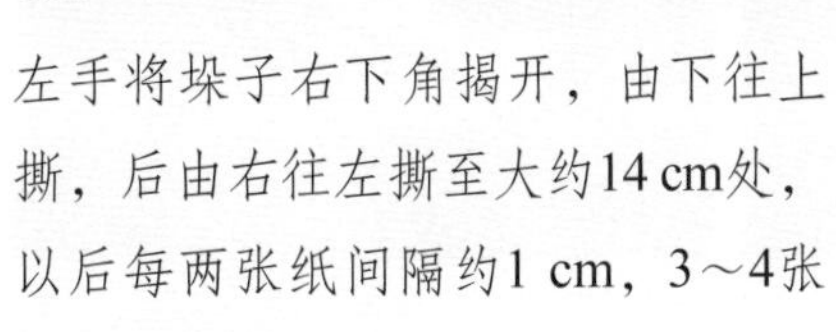

左手将垛子右下角揭开，由下往上撕，后由右往左撕至大约14 cm处，以后每两张纸间隔约1 cm，3～4张为一叠。一叠纸撕开部分往右对折，这样厚些，好拿些。撕开后，往左拉至基本与垛子左边平齐。

⊙20/26 起纸 Splitting the paper layers

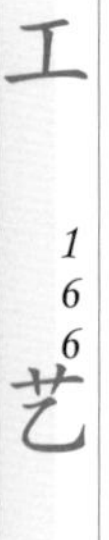

贰拾伍 晒 纸

25 ⊙27⊙28

将一叠叠纸拿到平地上，置于太阳下晒干。太阳大，一般2小时即干；太阳小，需半天甚至一天。如遇阴天，可在室内晾干。

⊙27

⊙28

⊙29

贰拾陆 收 纸

26

将晒干的纸收回来。

贰拾柒 包 装

27 ⊙29

将纸按要求包好，就完成了整个造纸工序。

⊙27 晒纸 Drying the paper in the sun

⊙28 晾纸 Drying the paper in the shadow

⊙29 成品纸 Final product of paper

（三）

永福竹纸生产使用的主要工具设备

壹 比尺 1

用于量竹麻的长度，一端有凹槽，一般1.4 m左右，所测比尺的凹槽距靠钉处大约133 cm。

贰 砍麻刀 2

黄永雄说通常砍麻刀大约比普通菜刀长3.3 cm。所测砍麻刀刀沿长22.5 cm，柄长10 cm。

⊙30

叁 绞棒 3

用于捆麻时拉竹篾。

⊙31

肆 拱耙 4

杉木制成。所测拱耙总长125 cm，直径3 cm。柄长16 cm，宽14 cm，厚5 cm。

伍 耙 5

长130 cm，4个耙齿长90 cm，耙把长40 cm，最宽处13 cm，最窄处9 cm。

陆 纸帘 6

大小略有不同，所测纸帘长84 cm，宽49 cm，用毛竹制成。该纸帘是1993年由湖南陈发家来百寿为吴汉光所造。据调查，百寿造纸所需的纸帘都是由湖南的先生过来制造的。

⊙32

⊙33

⊙30 砍麻刀与绞棒 Knife for lopping the papermaking materials and sticks for binding the bamboo

⊙31 拱耙 Stirring rake

⊙32 耙 Wooden rake for removing the residues

⊙33 纸帘 Papermaking screen

柒 纸槽 7

⊙34

纸槽的长边叫“墙子”，宽边叫“横头”，大小略有不同。袁诗培家的纸槽墙子长242 cm，横头长125 cm，高85 cm。墙子中间有块半圆形水槽（即竹筒），在舀纸时保护衣服不被磨坏，以及不被弄湿。靠山坡一侧横头有两个黄洞，用于排放污水。

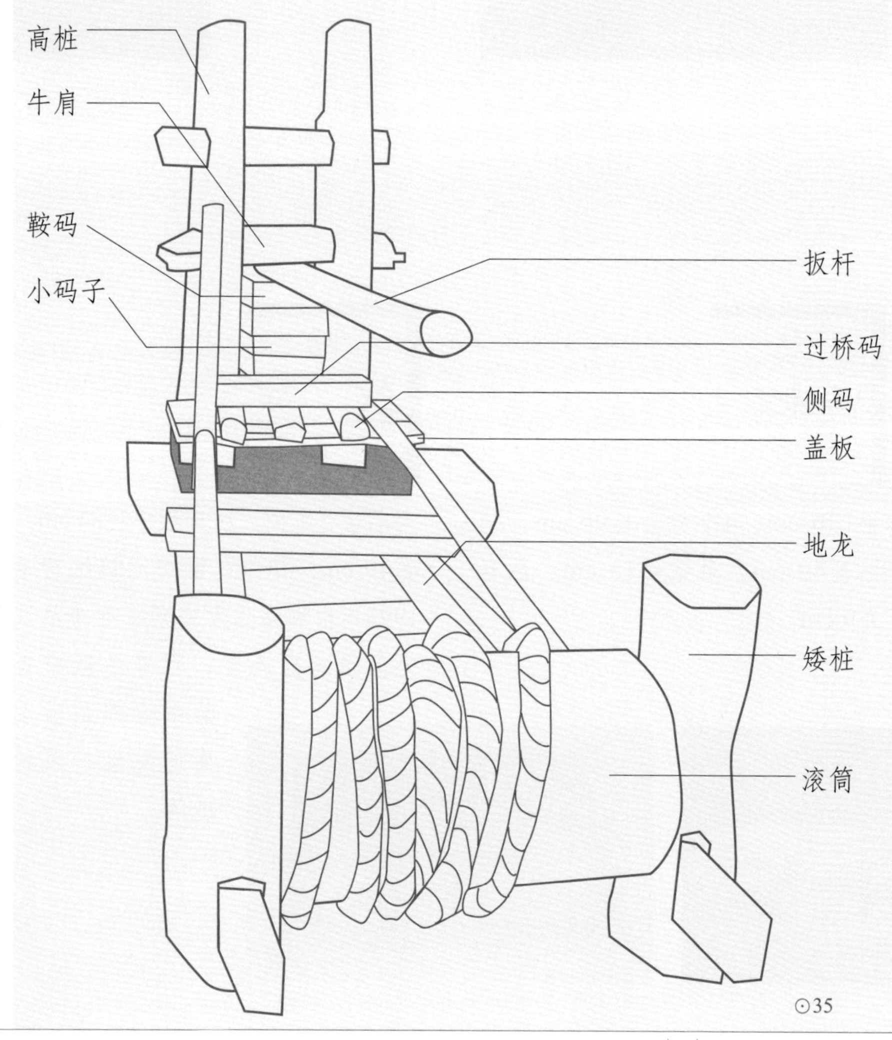

⊙35

捌 榨 8

木制，桂花树材质的最好。各部分名称、所测尺寸及相对位置如下。

地龙：在高桩、矮桩间的部分，长约3 m，长点更好，但太长容易损坏牛肩。

顶板：起固定垛子的作用。

高桩：中间两个叫牛肩，最上面牛肩以上的高桩部分最少有20 cm，受力相对小些。高桩高180 cm，第一个牛肩到地龙74 cm，牛肩高20 cm，不能太小，否则受不了力。两个牛肩相距25 cm。

矮桩：高出地面58 cm，袁诗培提到地下还有20 cm。

滚筒：用硬的杂木制作，要能受力，过去用杉木，现在也用叶花木、三板梨等。长76.5 cm，一般直径40～50 cm，上有一扣钉，用于扣绳子。上有5个洞，直径约12 cm。

⊙34 纸槽 Papermaking trough

⊙35 榨 Pressing device

玖
扫纸板
9

所测扫纸板长48.5 cm，宽6 cm，中间最宽处7 cm。

拾
刮纸板
10

铁制，中间折成近乎直角。与扫纸板配合用于刮纸边。

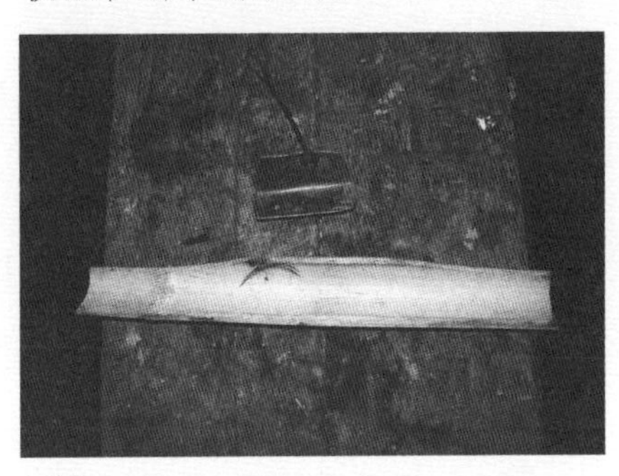
⊙36

拾壹
扫纸棍
11

小圆竹棍，所测扫纸棍长61.5 cm。

(四)

永福竹纸的性能分析

所测永福百寿双合村袁诗培2012年所造冬纸的相关性能参数见表2.13。

表 2.13 双合村冬纸的相关性能参数
Table 2.13 Performance parameters of Dong paper in Shuanghe Village

指标	单位	最大值	最小值	平均值
厚度	mm	0.350	0.260	0.294
定量	g/m^2	—	—	62.4
紧度	g/cm^3	—	—	0.212

⊙36 扫纸板与刮纸板 Tools for screeding the paper

（续表）

指标		单位	最大值	最小值	平均值
抗张力	纵向	N	24.01	9.68	14.12
	横向	N	19.69	9.47	13.83
抗张强度		kN/m	—	—	0.93
白度		%	24.05	22.90	23.43
纤维长度		mm	3.49	0.54	1.65
纤维宽度		μm	29	1	7

由表2.13可知，所测双合村冬纸厚度较大，最大值比最小值多35%，相对标准偏差为11%，说明纸张薄厚分布并不均匀。经测定，该冬纸定量为62.4 g/m^2，定量较大，主要与纸张较厚有关。经计算，其紧度为0.212 g/cm^3。

双合村冬纸纵、横向抗张力差别较小，经计算，其抗张强度为0.93 kN/m。

所测双合村竹纸白度平均值为23.43%，白度较低，这应与该冬纸没有经过蒸煮、漂白有关。相对标准偏差为1.8%。

所测双合村冬纸纤维长度：最长3.49 mm，最短0.54 mm，平均1.65 mm；纤维宽度：最宽29 μm，最窄1 μm，平均7 μm。在10倍、20倍物镜下观测的纤维形态分别见图★1、图★2。

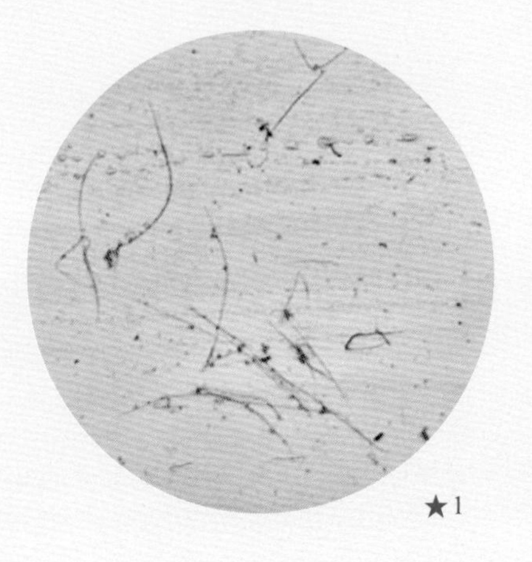

★1
双合村冬纸纤维形态图（10×）
Fibers of Dong paper in Shuanghe Village (10× objective)

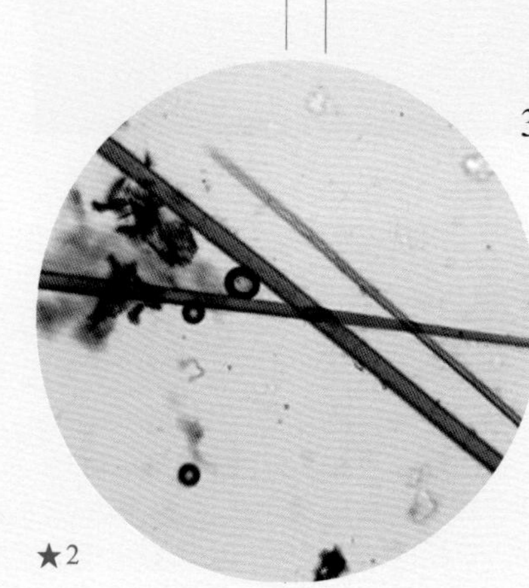

★2
双合村冬纸纤维形态图（20×）
Fibers of Dong paper in Shuanghe Village (20× objective)

五 永福竹纸的用途与销售情况

5 Uses and Sales of Bamboo Paper in Yongfu County

（一） 永福竹纸的基本用途

以前永福手工纸有三个品种，分别是湘纸、火纸和冬纸。其中，冬纸又分成上纸（净麻纸）、中纸和下纸，用途较广。

湘纸：在中秋至重阳期间，竹麻刚腐烂时就造纸，亦以时令命名为桂花纸。湘纸用料很讲究，只用麻肉不用青皮；其工艺也很讲究，打槽时要把粗的纤维、筋都捞掉。造湘纸所用纸帘大小是现在造冬纸纸帘的1/2，而且一帘两纸，所以湘纸的长和宽都只有冬纸的一半。湘纸基本上用于书写。

火纸：所用纸帘、纸的规格和湘纸一样。纤维、筋没有冬纸的长和粗，迎光看，亮度高一些，细腻一些，其质量比冬纸高一些，价格也高一些。火纸好携带，一般一小捆0.5～1 kg。

冬纸：一般立夏砍竹麻，秋天洗竹麻，中秋前后开始造纸，也可以造到第二年春夏之际。因冬季造纸时间最长，故称冬纸。冬天舀纸时，竹麻腐朽，竹麻两头约1 cm有微生物滋生，造成一定损失。第二年春，微生物活动更加频繁，竹麻损失更大。

冬纸又分成三类：上纸，又称净麻纸，只用麻肉不用青皮，纸白净，筋不长，无烂张；中纸，有青皮，稍黄，稍有烂张；下纸，青皮多，纸质粗黑，烂张相对较多。

湘纸、火纸、冬纸（中纸）的价格比大约为6∶4∶3。火纸、冬纸用途基本相同，冬纸便宜一些，产量也大一些。每天舀纸帘数基本一样，故同样的工作时间，湘纸、火纸产量比冬纸少一半。

据袁诗培、黄永雄介绍，永福竹纸主要有以下用途：

永福竹纸的第一个用途是书写。在当地，以前大量的书籍、地契等用湘纸来书写。其纸放置几十甚至上百年后，仍极其细腻，墨迹如新。

永福竹纸的第二个用途是作为医院妇产手术用纸，可用来垫床。用后埋在土里，可以自然降解。这是以前冬纸的主要用途。百寿的造纸户普遍认为冬纸经过阳光暴晒，已经消毒。袁诗培认为冬纸比机制纸更加卫生，因为机制纸在生产过程中使用了硫酸。他还提到很多材料几十年都腐烂不了，破坏环境，冬纸则容易降解。据袁诗培口述，现百寿镇、永福县城都有医院想要冬纸，但他觉得400元/担的价格太低，没有卖。

第三个用途是祭祀，包括结婚、生小孩、逢年过节祭祖等。祭祖需用火纸或冬纸制成特定的纸钱才能用。烧纸钱时，先烧着一点，然后逐步添上去，纸之间有空间，更容易充分燃烧，燃烧时不能用棍子翻纸钱。

第四个用途是丧葬用纸。当地老人过世后，入棺时，在老人身下、两侧都垫上冬纸，用于吸水、防潮，不少于2.5 kg，多的可放15 kg。

可见，永福竹纸曾有较广泛的用途，然而现在只生产冬纸，目前主要用作祭祀、丧葬用纸。

(二)

永福竹纸的销售情况

据袁诗培口述，不同年份不同种类的冬纸价格如表2.14所示。

表2.14 不同年份不同种类的冬纸价格（单位：元/担）
Table 2.14 Price of different kinds of Dong paper in different years (unit: yuan per dan)

年份	下纸	中纸	上纸
1968	16.5	22.6	24
1982	50	60	80
1985	—	140～150	—
1990	—	150～160	—
1995	—	200	—
2000	—	250	—
2005	—	280	—
2008	—	300	—
2012	—	400	—

1968年以前，生产出来的冬纸都由当地供销社收购，当地造纸户称之为国家收购。1985年后，供销社不再收购，主要是纸商来收购，此后造纸户基本上只生产中纸。1990年前，纸价不断上升，吸引了不少人来造纸。1990年左右，由于造纸户多了，纸价基本没有变化，年轻人逐渐出去打工。1995年后，百寿镇双合村只有袁诗培一家还在造纸。他们2009～2010年没有造纸，2011年又开始造纸。

永福竹纸主要是由购买者开车上门购买。生意不好时，造纸户则拉到百寿镇及周边市场去卖。以前销售区域还包括永福县城及三皇乡，桂林市的灵川、荔浦，柳州市区及鹿寨等地。现在由于产量大幅萎缩，纸质也大不如以前，其销售区域急剧萎缩，主要售给周边乡镇的村民，用于祭祀。

永福竹纸的销售，不同纸按不同方式、不同价格来卖：湘纸按张算；火纸按捆卖，一般一小捆

0.5～1 kg，便于携带；冬纸一般按担卖，一担50 kg。

现在的销售模式一般是纸商上门收购，大约400元/担。目前袁诗培夫妇一年最多造1 000 kg纸，即20担，一年销售额仅8 000元。这对于普通农民来说虽不是一笔小数目，但比外出务工者的收入还是低不少，而且造纸比外出务工更加辛苦。

六
永福竹纸的相关民俗与文化事象

6
Folk Customs and Culture of Bamboo Paper in Yongfu County

(一)
纸钱

永福祭祖时，必须先将火纸或冬纸制成纸钱。制纸钱时，先将冬纸沿窄边裁成三条，再将每条裁成6张，即一张冬纸裁成18小张，然后在每一小张纸上打4排，每排7个洞，共28个“钱孔”，象征二十八星宿，当地说法是祭天祭地二八宿。不按上述方式打好不能算作纸钱。

(二)
祭祖

包括逢年过节、结婚、生小孩时祭祖等。

春节、清明和七月十五要祭祖。其中，清明节要上坟，而且基本所有坟都要上，其余节日不上坟，在家祭祀。

结婚时，女方送亲，临出门前，由女方的兄弟祭祖，要烧纸钱，数量不限，一般3～5扎（1扎约0.05 kg），也可以多一些，但一般不会太多。男方在结婚前一两天，新郎要上坟祭祖，但只去最近的一两个，如祖父、曾祖父的。迎亲、拜堂时，新郎自己烧3～5扎纸钱，告知祖先自己已经结婚了。

生小孩也需祭祖。第一次添小孩，不管男女，一定要到祖坟上烧纸钱，家里也要烧纸钱。第二次添小孩，可以不去上坟，只在家里烧纸钱。但如果第一个是女孩，第二个是男孩，也要去上坟，告知祖先自己有了儿子。

(三)
汉族木匠作坊开工

汉族木匠的作坊开工习俗也很特别。新中国成立前，柳城、永福一带，大年三十晚上，主家要在作坊操作的桌凳、锯板架上贴上利市纸。年初二早上开工前，主家在作坊墙壁贴上写有“开工大吉”字样的横联，并在操作的桌凳、锯板架旁烧香、烧纸钱，鸣放鞭炮，同时递给木匠师傅一个小红包，并道声：“开工大吉，恭喜恭喜。”然后木匠师傅动手操作片刻即收工休息，算是开工，以后无论何时来做工均可。[62]

(四)
谚语与俗语

1. 竹麻不吃小满水

毛竹一般于清明出土，在立夏至小满间砍，如果过了小满，竹麻相对老了，不太好用来造纸。

2. 若想纸张好，清槽大浪跑

“清槽”是指响水棍将纸浆搅起来，浆不要太厚、太浓，且要非常均匀。“大浪”是指捞二道水时，水要大、要多，压得纸面整齐、光滑，去水去得整齐，这样造出的纸薄而光滑。

3. 七十二道手脚

在不少地方调查时，都提到造纸有“七十二道工”等说法，在百寿则是说“七十二道手脚”。然而，如上所述，其主要工序仅二十多道，究竟是指哪七十二道手脚呢？按黄永雄的说法，传统造纸过程分成以下五个阶段：

（1）制绞绳阶段：破绞索篾、沤绞索篾、洗绞索篾、晒绞索篾、喷水、制绞索、扎龙头、扎绞索、结尾，共9道工序；

（2）制滑药阶段：采滑药、煮滑药，共2道工序；

（3）破麻阶段：砍麻、放麻、量麻、轮麻、讨麻、放麻、捆麻、挑麻/扛麻、下塘子、腌灰、舂灰、落水，共12道工序；

（4）沤麻阶段：洗麻、齐麻、换水（两次）、沤麻、退水，共5道工序；

（5）制作阶段：剥麻、挑麻、垛料皮、舂/碾料皮、踩麻、打槽、加膏药、打散膏药、放污水、敲水桩、洗帘子、洗滑、起麻、舀纸、刮余边、放盖板、压侧码、压四方码、压鞍码、扳杠、扛榨杆、加绞索、试扳压、榨纸、松绞索、下榨杆、卸码子、松垛、揭盖板、去崩头、翻垛、背垛、刮垛、摸垛、起垛、扫纸、压纸、晒纸、换面晒纸、收纸、齐纸、捆纸、磨纸，共43道工序。

以上共计71道工序。如将沤麻阶段的两次换水作为两道工序，则共72道工序。

[62] 广西壮族自治区地方志编纂委员会.广西通志·民俗志[M].南宁：广西人民出版社,1992:39.

七 永福竹纸的保护现状与发展思考

7 Preservation and Development of Bamboo Paper in Yongfu County

(一) 永福竹纸前景不容乐观

由表2.14可见，调查时冬纸400元/担，是1968年的近20倍，是1982年的6倍多。虽然单从冬纸价格来看，近30年涨到原来的6倍多，但其原料竹子也在涨价，目前一根围径约33 cm（距地1米高处）的竹子18元/根，现多数按重量称，620～630元/吨。15根竹子可造一担纸（50 kg），而单是竹子就可卖270元，和纸价相差不大。当然，袁诗培用自家竹山的废竹子造纸，既可以大大降低成本，同时又变废为宝，将小的、生虫的、裂开的、生得太密的竹子砍掉一部分，更有利于来年竹子的生长，可以说是一举多得。而各种物价尤其是工价，涨得更厉害。但是即使这样，按袁诗培夫妇一年造1000 kg冬纸即20担来计算，一年销售额仅8 000元，其收入并不高。当然，如能像其父母一样一年造10 000 kg冬纸，且保持目前价位，那还是不错的收入，只是如果产量增多了，能否保持这一价格还是未知数。进一步来说，如果每年造10 000 kg，按舀纸300天计算，每天得抄约35 kg，强度极高。因此，袁诗培、黄永雄等认为造纸不如外出务工，这也是20世纪90年代永福造纸户急剧减少的重要原因之一。百寿镇目前仍在常年生产的仅袁诗培一家，他因为年纪大了，不能再出去工作，同时也希望能将这一传统技艺传承下去。

更令人担忧的是，永福传统手工纸的传承态势趋弱，该地传统手工纸一直采取原生态的生存方式，且在开拓当代市场方面几乎是空白，其仅存的狭窄的销售市场也不是很稳定。

(二) 永福竹纸的传承与发展

永福竹纸的传承与发展，可以考虑从以下几个方面着手：

1. 系统、深入挖掘和记录永福竹纸技艺及相关历史、文化

针对目前永福竹纸的传承态势，当地政府、文化部门可与相关研究机构合作，对永福竹纸的技艺和相关历史、文化进行系统、深入的挖掘和整理，并利用影像、录音、文字等多种手段进行记录。万一以后不再生产，还可以保留较为完整的资料，便于未来的研究，甚至在必要时进行复原生产。

2. 申报市级甚至自治区级非物质文化遗产

在深入研究的基础上，将永福竹纸技艺申报为市级甚至自治区级非物质文化遗产，将永福竹纸的传承与保护纳入非物质文化遗产保护体系，也使永福竹纸获得更广泛的关注。

永福竹纸纳入非物质文化遗产保护体系，可以让造纸户有更高的荣誉感和责任感，也可以促进大家对永福竹纸的认识和理解，这对于永福竹纸知名度的扩大，从而扩大市场，具有较为积极的作用。

3. 和旅游资源相结合

百寿镇有百寿岩、永宁古城等旅游资源，同时百寿镇是长寿镇，对百寿镇传统造纸进行适当旅游开发，不但可以丰富百寿镇乃至永福旅游的历史、文化内涵，也将对百寿冬纸的传承与保护起到重要的作用。

冬纸

Dong Paper
in Yongfu County

双合村冬纸透光摄影图
A photo of Dong paper in Shuanghe Village
seen through the light

第六节

资源瑶族竹纸

广西壮族自治区
Guangxi Zhuang Autonomous Region

桂林市
Guilin City

资源县
Ziyuan County

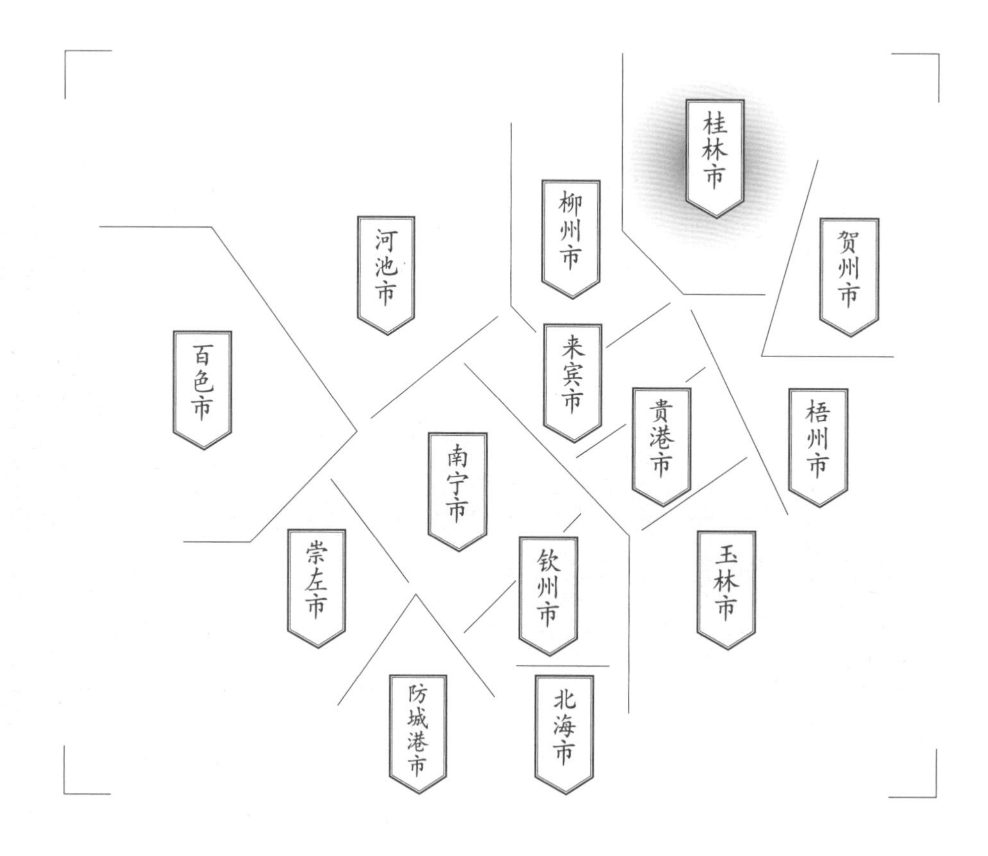

调查对象
中峰乡
社岭村
瑶族竹纸

Section 6
Bamboo Paper by the Yao Ethnic Group in Ziyuan County

Subject

Bamboo Paper by the Yao Ethnic Group in Sheling Village of Zhongfeng Town

一
资源瑶族竹纸的基础信息及分布

1
Basic Information and Distribution of Bamboo Paper by the Yao Ethnic Group in Ziyuan County

《资源县志》记载："土纸亦属于该县的林副产品之一。"[63]但是关于资源土纸的地理分布及其他信息不甚明确。2008年8月，调查组经多方了解，资源县中峰乡社岭村的瑶族村民曾造过竹纸。

二
资源瑶族竹纸生产的人文地理环境

2
The Cultural and Geographic Environment of Bamboo Paper by the Yao Ethnic Group in Ziyuan County

资源县位于广西东北部，隶属于桂林市，全境处于越城岭西麓，金紫山、银竹老山的东南侧。资源县东与全州县毗邻，南与兴安县相连，西南与龙胜各族自治县接壤，西、北分别与湖南省的城步、新宁两县交界。[64]

资源县春秋战国时为楚国荆楚辖地，秦属长沙郡，汉为零陵郡洮阳县地。隋开皇十年（590年），改洮阳为湘源，大业初湘源改属永州。五代后晋天福四年（939年），改县名为清湘。明洪武元年（1367年）改名为全州府，清湘县为其府治。1912年改全州为全县。1935年将全县之西延区、万德乡之大里溪一村及兴安县之车田、浮源两乡，共计十乡建县，以其地处资江之源

[63] 广西壮族自治区资源县志编纂委员会.资源县志[M].南宁：广西人民出版社,1998: 296.

[64] 广西壮族自治区资源县志编纂委员会.资源县志[M].南宁：广西人民出版社,1998：31-32.

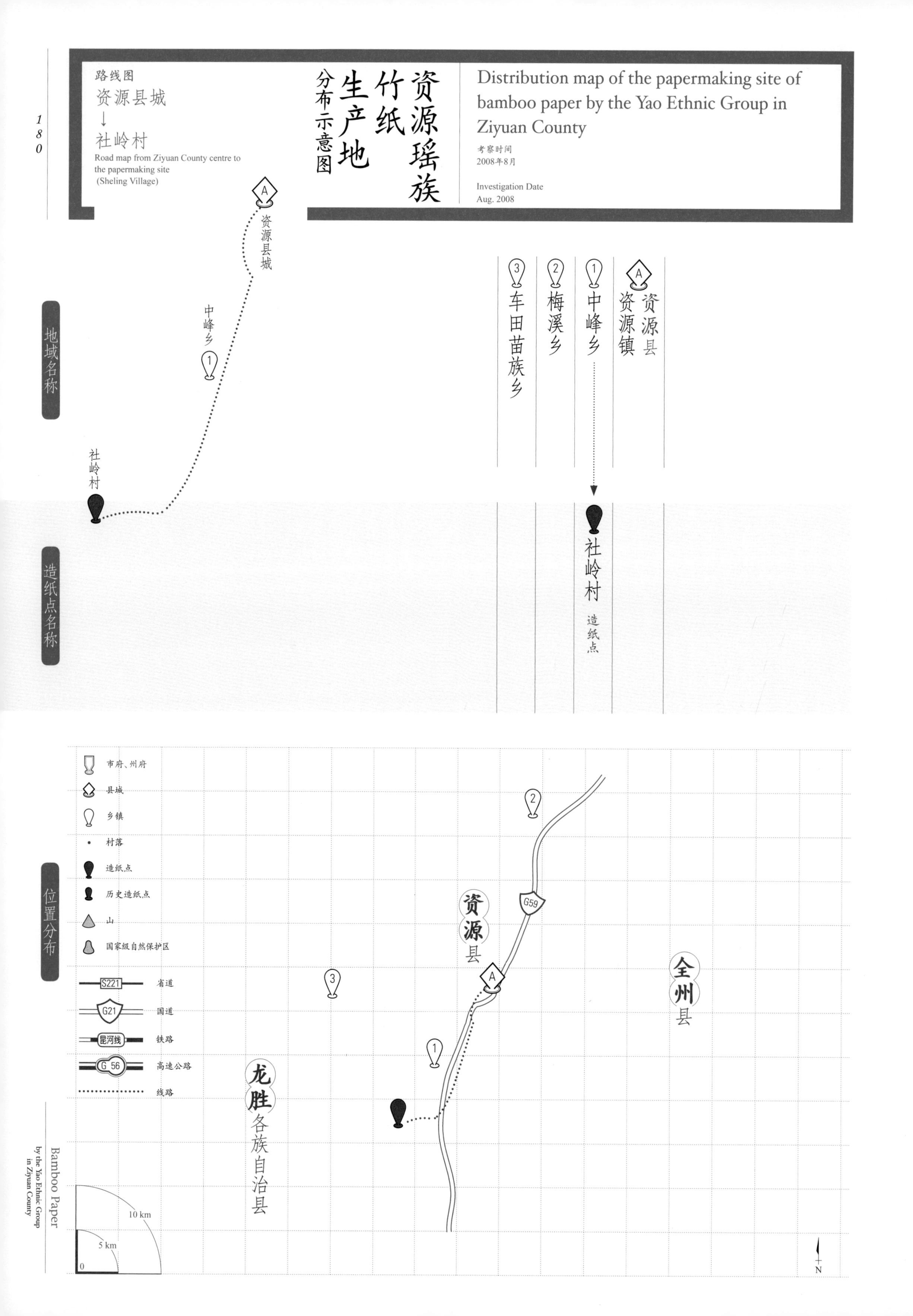

路线图
资源县城
↓
社岭村
Road map from Ziyuan County centre to the papermaking site (Sheling Village)
资源瑶族竹纸生产地分布示意图
Distribution map of the papermaking site of bamboo paper by the Yao Ethnic Group in Ziyuan County
考察时间
2008年8月
Investigation Date
Aug. 2008
地域名称
造纸点名称
位置分布
资源县城
中峰乡
社岭村
资源县
资源镇
中峰乡
梅溪乡
车田苗族乡
社岭村
造纸点
市府、州府
县城
乡镇
村落
造纸点
历史造纸点
山
国家级自然保护区
S221
省道
G21
国道
昆河线
铁路
G 56
高速公路
线路
G59
资源县
全州县
龙胜各族自治县
10 km
5 km
0
N

而定名为资源。1952年8月，撤销资源县建制。1954年6月，恢复资源县建制。[64]

资源县面积1 954 km^2，耕地面积166 km^2，农业有效灌溉面积93 km^2，粮食播种面积92.79 km^2，经济作物种植面积37 km^2，林地面积1 561 km^2。县辖3镇4乡，2014年末17.68万人，其中农村人口15.33万，有瑶、苗等少数民族3.93万人。[3]资源全境属亚热带季风性湿润气候区，因地形地势关系，具有明显的山地气候特征，是广西气温最低，雨量较多，湿度较大，霜、雪、冰期最早、最长的县份之一。年平均气温16.5℃，平均年日照1 305.6小时，平均年降水量1 773 mm。[65]资源县自然资源丰富，1980年，广西壮族自治区人民政府确定资源县为林业重点县的同时，确定资源县为杉木林基地重点县。据1989年调查，县林业用地1 616.61 km^2，其中竹林面积为77.997 km^2，多属中产竹林。[66]

资源县是中国最美生态休闲旅游名县、中国最具国际影响力旅游目的地、广西优秀旅游县，[3]旅游资源丰富，其资江旅游景区为广西八大重点旅游风景区之一。著名诗人贺敬之盛赞“资江漂流，华南第一”。宝鼎瀑布气势磅礴，造型优美，明代旅行家徐霞客赞道：“长如布，转如倾，匀成帘。”八角寨丹霞地貌分布范围达40 km^2，其发育程度及品位之高世界罕见，被誉为“丹霞之魂”。其山势融“泰山之雄，华山之险，峨眉之秀”于一体。此外还有五排河探险漂流、苗族民族风情等旅游资源。[67]河灯歌节是资源县传统的民族民俗节日，过去每年农历七月十三日至十五日，当地人自发携灯，沿河漂放，以唱歌放灯寄托缅怀祖先的情思和消灾避祸的祈愿。1995年开始，资源县委、县人民政府因势利导，使传统节日成了资源的旅游品牌。[68]2014年11月，“资源河灯节”经国务院批准列入第四批国家级非物质文化遗产代表性项目名录。[69]

中峰乡位于县东南部，四周为中低山，中间为资江谷地，地势南高北低。东与全州县绍水镇接界，西与车田乡、两水乡相连，南与兴安县华江乡接壤，北与延东乡（现已并入资源镇）毗邻。中部为冲积盆地，地势开阔平缓。中峰田垌是资源最长、最宽的田垌，也是本县的主要产粮区。资江自南而北纵贯全乡，在境内长26 km，较大支流有大源河、冷源河、龙溪河，水源丰富，为农业生产提供了有利条件。中峰乡是资源县的主要毛竹产区之一，土特产有土纸、罗汉果、香菇等。[70]

⊙1

⊙1 调查组成员与造纸户赵秀全
A researcher and papermaker Zhao Xiuquan

[65] 广西壮族自治区资源县志编纂委员会.资源县志[M].南宁：广西人民出版社，1998：58-61.

[66] 广西壮族自治区资源县志编纂委员会.资源县志[M].南宁：广西人民出版社，1998：285-288.

[67] 《广西壮族自治区概况》编写组.广西壮族自治区概况[M].北京：民族出版社，2008：382-383.

[68] 范建华.中华节庆辞典[M].昆明：云南美术出版社，2012:636.

[69] 国务院关于公布第四批国家级非物质文化遗产代表性项目名录的通知（国发〔2014〕59号）[Z]，2014-11-11.

[70] 广西壮族自治区资源县志编纂委员会.资源县志[M].南宁：广西人民出版社，1998：36.

三 资源瑶族竹纸的历史与传承

3 History and Inheritance of Bamboo Paper by the Yao Ethnic Group in Ziyuan County

资源竹纸生产的历史，从目前有限的文献资料上看，最迟民国时期资源县境内已经有人从事竹纸生产了。

资源县竹林资源丰富，这为本县竹纸生产提供了丰富的原材料，当地百姓可以就地取材，制作竹纸。《资源县志》中记载，可用于造纸的竹子就有毛竹、凤尾竹、慈竹、麻竹、箭竹、苦竹等。[71]土纸属于资源县的林副产品之一。[63]1949年前，资源县当地工业全是手工操作，造纸主要集中在南竹产区。1957年工业总产值253万元，其中造纸及相关文化用品7万元。[72]1963年，资源县商业、供销部门开始收购的主要出口产品有官堆纸、竹篙、玉兰片、冬笋、茶叶等17种。[73]

2008年8月，调查组前往资源县中峰乡社岭村调查。据造纸户赵莲英介绍，她家从事造纸已经有一百多年了，她祖父将造纸技术传给了父亲赵文庄，父亲传给了自己，自己又传给了儿子赵秀全。到20世纪80年代，由于经济效益低，她家不再造纸，当地也已不再制造手工纸。

⊙1

⊙1 调查组成员与赵秀全等造纸户 Researchers visiting papermakers Zhao Xiuquan et al.

[71] 广西壮族自治区资源县志编纂委员会.资源县志[M].南宁：广西人民出版社,1998: 99-100.

[72] 广西壮族自治区资源县志编纂委员会.资源县志[M].南宁：广西人民出版社,1998: 317-318.

[73] 广西壮族自治区资源县志编纂委员会.资源县志[M].南宁：广西人民出版社,1998: 404.

四 资源瑶族竹纸的生产工艺与技术分析

4 Papermaking Technique and Technical Analysis of Bamboo Paper by the Yao Ethnic Group in Ziyuan County

(一) 资源瑶族竹纸的生产原料与辅料

据调查，资源县中峰乡社岭村竹纸的主要原料是当地的竹子，此外，还需用山姜子的叶子做纸药。现在山姜子这种植物在当地已很少见，据赵莲英、赵秀全介绍，在龙胜温泉附近多一些。制作纸药时，先将山姜子的叶子放入水里，加上一定量的石灰，煮5～6小时，直到有黏稠感为止，将黏液转移到木桶里，用时直接取即可。赵莲英、赵秀全认为纸药在造纸过程中的作用是使纸浆分散均匀。

⊙2

(二) 资源瑶族竹纸的生产工艺流程

据调查组实地考察，资源县社岭村瑶族竹纸的生产工艺流程主要为：

壹	贰	叁	肆	伍
砍竹	浸泡	洗竹	发酵	踩料

陆	柒	捌	玖	拾	拾壹	拾贰
打槽	加纸药	捞纸	压榨	焙纸	揭纸	捆纸

⊙2 山姜子的叶子 Leaves of Shan Jiang Zi (raw material of papermaking mucilage)

壹 砍竹

1

每年农历四月初到小满间，造纸户上山用刀将当年刚出“侉枝”、还没长叶子的嫩竹砍下，后用弯刀将不易泡烂的竹子的青皮刮去，再剖成片。

贰 浸泡

2

用竹篾将竹片捆好，拉到原料塘旁。先在塘底撒一层石灰，接着将成捆竹片整齐地摆放在原料塘里，再用刀把捆竹片的竹篾砍断，上面再撒一层石灰。按照一层竹子、一层石灰的次序将原料塘摆满后，加水浸泡一个月。

叁 洗竹

3

浸泡一个月后，在原料塘里将竹料洗干净，然后将塘里的水排放掉。

肆 发酵

4

在原料塘底部放上几根竹子，再将竹料置于竹子上，其上盖草，加水发酵。当塘里的水变黑后，将水排掉，重新加水发酵，约需一个月。如果石灰放得多，发酵时间就短一些；反之则长一些。

伍 踩料

5

竹料变软后，将捞一天纸所需的竹料运到用竹篾编织的浆槽里，赤脚从上到下循环踩料，直到竹料变烂为浆料。

陆 打槽

6

将浆料放到已加水的纸槽里，用两根竹棍不断搅动，将卷到竹棍上的粗料去除，再用拱耙搅料，直到浆料均匀为止。

柒 加纸药

7

将适量纸药加到纸槽，再用拱耙将纸药和浆料搅匀。

捌 捞纸

8 ⊙1⊙2

双手持纸帘架，先由内往外舀水，后平抬起来，再由右往左挑水，水将纸浆均匀冲下去，即得一张湿纸。

⊙1

⊙2

⊙1 舀水 Scooping the papermaking screen

⊙2 挑水 Lifting the papermaking screen out of water

玖
压　　榨
9

在纸垛上依次放上废旧纸帘、盖板、木方等，然后用木榨慢慢施加压力，将纸垛压榨干。

拾
焙　　纸
10　⊙3

松榨，将纸垛背到焙墙旁，用手将一张纸揭开后放在肩上，接着用棕刷将纸刷到焙墙上，一面墙可同时焙10张纸。

⊙3

拾壹
揭　　纸
11　⊙4

纸干后，用手将纸直接从焙墙上揭下，理齐折好。

⊙4

拾贰
捆　　纸
12

将整理好的纸用竹篾捆好，100张为1盒。

⊙3 焙纸示意 Showing how to dry the paper on the wall

⊙4 理纸示意 Showing how to sort the paper

(三)

资源瑶族竹纸生产使用的主要工具设备

壹 纸帘 1

纸帘有两种：一种是一帘两纸的，所测长130 cm，宽35 cm，造出的纸长54 cm，宽33 cm；另一种是一帘一纸的，所测长86 cm，宽54.5 cm，造出的纸长81 cm，宽52 cm。

⊙1

⊙2

贰 纸帘架 2

所测纸帘架长138 cm，宽43 cm，用于盛放一帘两纸的纸帘。

⊙3

⊙4

叁 纸焙 3

据赵莲英、赵秀全介绍，纸焙的制作方法为：先用竹子编成竹篱笆，接着在篱笆内外都敷上泥巴，待泥巴干燥后，再将外侧稍微打磨光滑。纸焙一端封闭，另一端有灶口。焙纸时，在灶口处生火，温度维持在50～60 ℃。由于在灶口处生火，没有直接烧到竹子，只是热量传导过去。烧了一段时间后，会导致竹篱笆内侧的泥巴脱落，但里面的竹篱笆不受影响。

⊙1 一帘两纸的纸帘 Papermaking screen that can make two pieces of paper simultaneously

⊙2 一帘一纸的纸帘 Papermaking screen that can only make one piece of paper each time

⊙3 纸帘架 Frame for supporting the papermaking screen

⊙4 木榨桩 Wooden pressing device

五
资源瑶族竹纸的用途与销售情况

5
Uses and Sales of Bamboo Paper by the Yao Ethnic Group in Ziyuan County

资源县生产的竹纸最主要的用途就是作为民俗丧葬用品。资源竹纸还可以用来书写记事或者作为卫生用纸，那些造得较薄、质量较好的竹纸可以用来书写甚至临摹字帖。

20世纪60年代，资源瑶族竹纸每盒1元钱，20盒为1担。一家2个人造纸，一年可生产50担，即一年销售额可达1 000元，具有较好的经济效益。当时生产的纸主要卖给供销社以及周边的乡村，如本乡的枫木村，兴安县华江瑶族乡、溶江镇等。

六
资源瑶族竹纸的相关民俗与文化事象

6
Folk Customs and Culture of Bamboo Paper by the Yao Ethnic Group in Ziyuan County

(一)
竹麻不吃小满水

资源瑶族造纸，所用的是当年刚出“侉枝”、还没长叶子的嫩竹，一般在每年农历四月初到小满间砍竹。造纸户认为，如过了小满，则竹子老了，不好加工，造出的纸质量也不好。

(二)
仪式用纸

1. 丧葬用纸

资源县传统实行土葬，办丧事时多处要用到手工纸。人去世后，马上烧“落气纸”；入棺后，让死者左手握一饭团或钱袋(袋内盛纸钱灰)；出殡时，幡幛引路(或花圈引路)，沿途孝子不时回头向灵柩跪拜焚化纸钱。[74]

[74] 广西壮族自治区资源县志编纂委员会.资源县志[M].南宁：广西人民出版社,1998:678.

此外，逢年过节祭祖时也需要烧纸。如资源县农村颇为盛行的祭祖节日中元节，农历七月初七至十四日为“祖先回家过节”的日子，各农家每日每餐都于神龛前以饭、菜(以荤居多)、酒、茶、瓜、果、糖等供奉。烧香化纸，虔诚备至。直至七月十四晚烧化封包及纸钱，送祖先归天后方罢。[75]

2. 祭树神用纸

资源县砍树作大梁木时也要择吉日，而且要赶在天没亮、路上没有行人时去。到山上选好树后，要杀一只公鸡，烧香、焚纸钱供祭树神，然后方砍。上梁前，主家要杀一只公鸡，到梁木前烧香纸供祭。[76]

七 资源瑶族竹纸的保护现状与发展思考

7 Preservation and Development of Bamboo Paper by the Yao Ethnic Group in Ziyuan County

资源竹原料丰富，如果充分利用，将能带动当地的经济发展。以前资源交通极其不便，将竹子造成纸再运出去卖是较为理想的方式。而近年来，随着交通条件的逐渐改善，村民可以直接卖竹子。此外，资源、兴安等地不少村民开拓竹子的用途，制作凉席、竹编、竹筷等，也有较好的收益，而且不用付出太多的劳动。

值得一提的是，资源、兴安均有以制作凉席、竹编、竹筷等剩下的边角料为原料，半机械化生产的机制竹纸，可用于民间祭祀。这样不仅充分利用了边角料，而且半机械化生产的竹纸，产量高，成本低，使得传统竹纸的生存空间不断受到挤压。据调查，资源县于20世纪80年代就已经不再生

[75] 广西壮族自治区资源县志编纂委员会.资源县志[M].南宁:广西人民出版社,1998: 681.

[76] 广西壮族自治区地方志编纂委员会.广西通志·民俗志[M].南宁:广西人民出版社,1992:66.

产竹纸。

针对资源瑶族竹纸的现状，调查组认为目前最迫切的是当地文化部门与相关研究机构合作，对资源瑶族竹纸的技艺和相关历史、文化进行抢救性的挖掘和整理，并利用影像、录音、文字等多种手段进行记录，同时尽可能收集一些造纸工具、产品，采取博物馆式的保存方式。

⊙1

⊙1
资源县中峰乡竹林
Bamboo forest in Zhongfeng Town of Ziyuan County

第七节

融水瑶族苗族手工纸

广西壮族自治区
Guangxi Zhuang Autonomous Region

柳州市
Liuzhou City

融水苗族县
Rongshui Miao Autonomous County

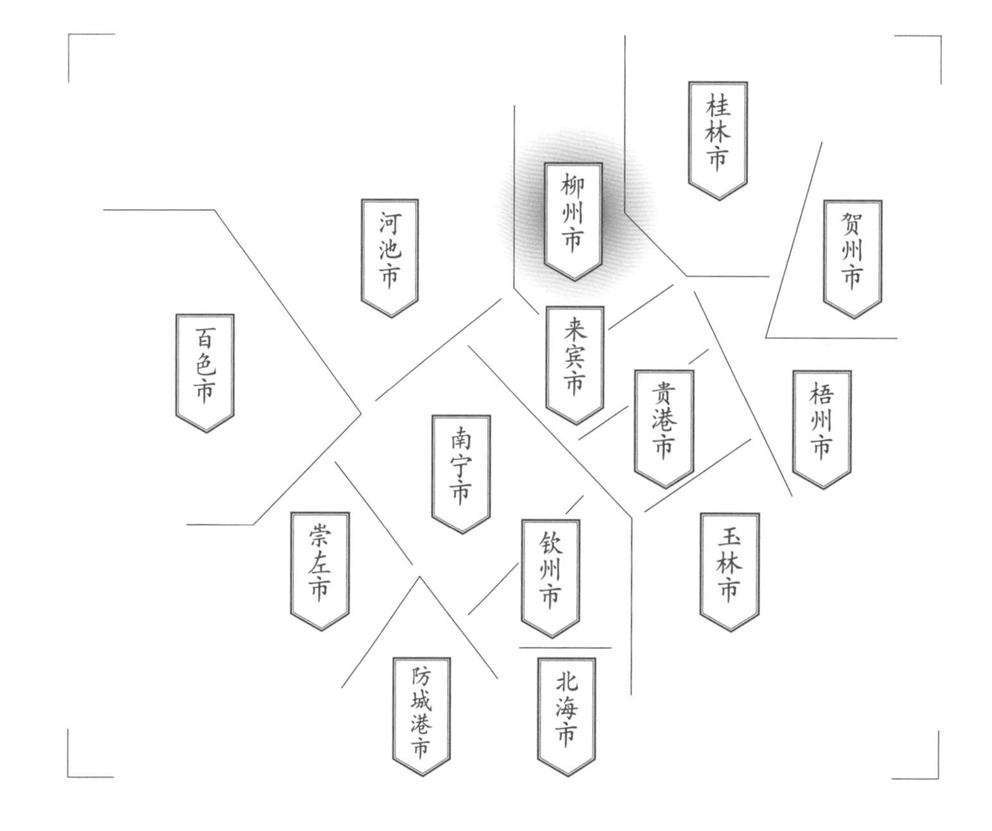

调查对象

红水乡良双村
香粉乡古都村
瑶族苗族手工纸

Section 7

Handmade Paper by the Yao and Miao Ethnic Groups in Rongshui County

Subjects

Handmade Paper by the Yao and Miao Ethnic Groups in Liangshuang Village of Hongshui Town, Gudu Village of Xiangfen Town

一

融水瑶族苗族手工纸的基础信息及分布

1

Basic Information and Distribution of Handmade Paper by the Yao and Miao Ethnic Groups in Rongshui County

融水手工纸曾以贝江一带最为发达，主要分布在贝江两岸的雨卜、古都、香粉三个乡。其代表为“白玉纸”，曾获巴拿马国际博览会银质奖。[77,78]上世纪二三十年代，贝江一带小型的纸厂有九十家，工人在千人以上。后因经营不善及舶来纸大量输入，贝江造纸业逐渐衰落而一蹶不振。[79]据调查，1985年融水县香粉乡古都村最后一次造竹纸。需要说明的是，融水曾经造过竹纸的有汉、壮、苗、瑶、侗等民族，以前壮族工人占70%以上，[80]但在调查组所调查的香粉乡，苗族人口约占一半，造纸人数也较其他民族多。

此外，红水乡良双村大保屯的瑶族村民至今仍用稻草制造草纸、用构树（当地称为“麻”）制造“麻纸”，麻纸以前广泛用于制作雨帽以及抄写经书、画神像、祭祖等。

[77] 龙泰任.融县志：第五编[M].民国二十五年(1936年)刊本.

[78] 广西融水苗族自治县志编纂委员会.融水苗族自治县志[M].北京：生活·读书·新知三联书店,1998: 172.

[79] 广西壮族自治区地方志编纂委员会.广西通志·民俗志[M].南宁：广西人民出版社.1992: 36-37.

[80] 蔡少鹏,李树秀,陆道才,等.融水苗族自治县香粉、古都、雨卜、元宝、东田等地苗族社会历史调查[M]//国家民委《民族问题五种丛书》编辑委员会,《中国民族问题资料·档案集成》编辑委员会.当代中国民族问题资料·档案集成：第5辑,中国少数民族社会历史调查资料丛刊：第106卷.北京：中央民族大学出版社,2005: 661-694.

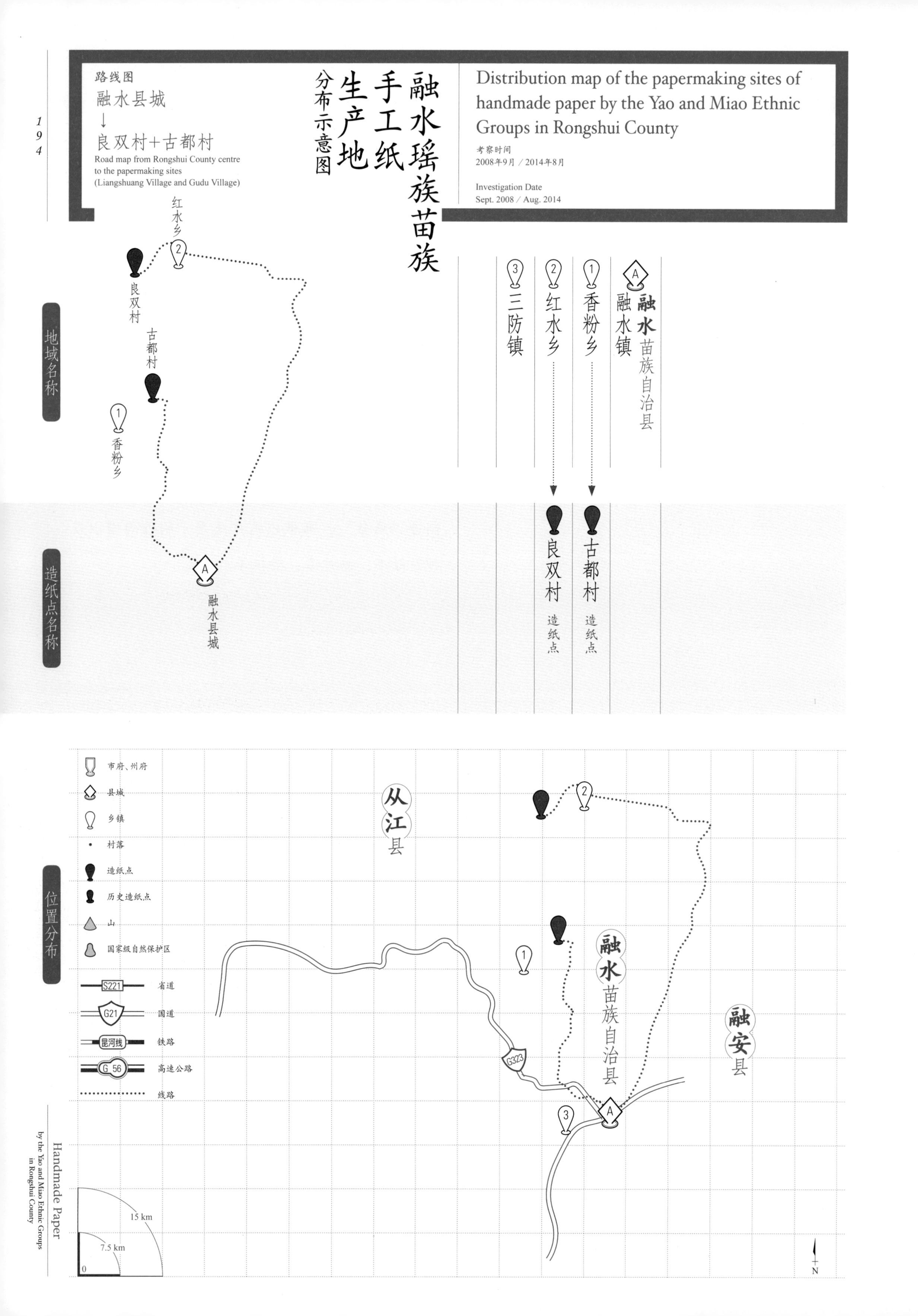

路线图
融水县城
↓
良双村+古都村
Road map from Rongshui County centre to the papermaking sites (Liangshuang Village and Gudu Village)
融水瑶族苗族手工纸生产地分布示意图
Distribution map of the papermaking sites of handmade paper by the Yao and Miao Ethnic Groups in Rongshui County
考察时间
2008年9月 / 2014年8月
Investigation Date
Sept. 2008 / Aug. 2014
地域名称
造纸点名称
位置分布
红水乡
良双村
古都村
香粉乡
融水县城
三防镇
红水乡
香粉乡
融水镇
融水苗族自治县
良双村 造纸点
古都村 造纸点
市府、州府
县城
乡镇
村落
造纸点
历史造纸点
山
国家级自然保护区
S221 省道
G21 国道
昆河线 铁路
G 56 高速公路
线路
从江县
融水苗族自治县
融安县
G323
15 km
7.5 km
0
N

二 融水瑶族苗族手工纸生产的人文地理环境

2 The Cultural and Geographic Environment of Handmade Paper by the Yao and Miao Ethnic Groups in Rongshui County

融水苗族自治县地处广西东北部，隶属于柳州市，东临融安县，南连柳城县，西与河池市环江毛南族自治县、西南与河池市罗城仫佬族自治县接壤，北与贵州省从江县、东北与三江侗族自治县毗邻。[81]

融水县境古属“百越”。秦属桂林郡。汉元鼎六年（公元前111年），为潭中县治。南齐时建元三年（481年），置齐熙县，兼置齐熙郡，郡县治所均在今融水镇。南梁大同元年(535年)，在今县城水东置东宁州。隋初撤齐熙郡，文帝开皇十八年(598年)，东宁州改为融州，齐熙县改为义熙县。隋炀帝大业二年(606年)，撤融州，将义熙县并入始安郡。唐武德四年(621年)，复设融州，辖义熙、武阳、黄水、安修四县。武德六年(623年)，改义熙县为融水县，此为融水得名之始。天宝元年(742年)，改融水县为融水郡，乾元元年(758年)，复为融州。明洪武二年(1369年)，撤融水县并入融州。十年(1377年)，降州为县(称融县)，属柳州府。1949年至1952年7月，融县属柳州专区。1952年11月，成立大苗山苗族自治区(县级)，属宜山专区。1955年改

⊙1 穿盛装的苗族姑娘（容志毅提供）
Girls wearing the Miao Ethnic dresses (provided by Rong zhiyi)

[81] 融水苗族自治县地方志编纂委员会.融水苗族自治县志[M].郑州：生活·读书·新知三联书店,1998: 49-50.

⊙1

⊙2

⊙3

⊙4

⊙1
融水苗族芦笙坡
Lushengpo Festival of the Miao Ethnic Group in Rongshui County

⊙2
香粉乡入口
Entrance to Xiangfen Town

⊙3
香粉乡一景
View of Xiangfen Town

⊙4
红水乡良双村苗寨风景（贾世朝 提供）
Landscape of Miao ethnic residence in Liangshuang Village of Hongshui Town (provided by Jia Shizhao)

称大苗山苗族自治县，属宜山专区，1958年后属柳州地区。1965年改称融水苗族自治县，[81]2002年12月划归柳州市管辖至今。[82]

融水县总面积4 638 km^2，耕地面积558 km^2，农田有效灌溉面积137 km^2，粮食播种面积239 km^2，林地面积3 729 km^2。辖7镇13乡。2014年末，融水县人口51万，其中农村人口40.79万；少数民族人口38.39万，其中苗族21.86万人。[83]县境属典型的中亚热带季风气候。气候温和、雨量充沛、雨热同季，1959～1995年平均气温19.4 ℃，1958～1985 年平均年降水量，山外为1 745.5 mm，山区为2 194.6 mm。[84]全县水资源丰富，河流众多，属西江流域都柳江水系，过境河流为融江。主要河流有贝江、英洞河、大年河、田寨河、泗维河等，境内汇水面积为3 843.9 km^2，占全县干流、支流总汇水面积的82.4%。[85]

融水山清水秀，风景旖旎。主要旅游景区有贝江、雨卜村、元宝山、真仙岩、老子山、龙女沟、田头苗寨村等，是中国最佳民族风情旅游目的地及中国最佳绿色生态旅游目的地之一，还是中国芦笙与斗马文化之乡。[83]

香粉乡位于县境中部，原属四荣乡，1984年分出独立建乡。全乡总面积179 km^2，设8个村公所73个村民委员会83个自然屯。1995年总人口13 420人，居住着苗、瑶、侗、壮、汉5个民族，其中苗族6 579人，占总人口的49.02%。香粉六甲河两岸杉竹成荫，景色迷人，为县苗寨风情旅游点之一。每年农历正月十六日和八月十六日为

[82] 中华人民共和国国务院关于同意广西壮族自治区撤销柳州地区设立地级来宾市并调整柳州市行政区划的批复(国函[2002]88号)[Z].2006-08-08.

[83] 广西壮族自治区地方编纂委员会.广西年鉴2015[M].南宁:广西年鉴社,2015: 343.

[84] 广西融水苗族自治县志编纂委员会.融水苗族自治县志[M].北京: 生活·读书·新知三联书店,1998: 73-76.

[85] 广西融水苗族自治县志编纂委员会.融水苗族自治县志[M].北京: 生活·读书·新知三联书店,1998: 80.

⊙1

香粉古龙坡盛会，坡会内容丰富多彩，有芦笙踩堂、舞狮、对歌、赛马、斗马、斗鸟等。[86]

红水乡位于县境北部，1986年以前属拱洞乡，1986年后独立建乡。全乡总面积133.84 km^2，设8个村公所23个村委会124个自然屯。1995年总人口19 210人，居住有苗、瑶、侗等民族，其中苗族18 574人，占总人口的89.9%。传统节日有红水二月春社节和良双六月初六闹鱼节。二月春社节系融水县东北部山区最隆重的盛会之一，主要为苗族男女青年的聚会，时间持续3～4天。[87]

⊙2

⊙1 红水乡良双村大保屯苗寨一景
View of Miao ethnic residence in Dabaotun of Liangshuang Village in Hongshui Town

⊙2 融水苗族系列坡会宣传栏
Billboard showing the Miao ethnic festivals in Rongshui County

[86] 广西融水苗族自治县志编纂委员会.融水苗族自治县志[M].北京：生活·读书·新知三联书店,1998: 61.

[87] 广西融水苗族自治县志编纂委员会.融水苗族自治县志[M].北京：生活·读书·新知三联书店,1998: 65.

三
融水瑶族苗族手工纸的历史与传承

3
History and Inheritance of Handmade Paper by the Yao and Miao Ethnic Groups in Rongshui County

关于融水手工纸的起源，目前调查组从文献和实地调查中发现有明末清初、清乾隆年间、清咸丰年间和清道光年间四种说法。

明末清初说。曹仕谦在《融水县各种行业史话》一文中写道："据说，融水县在明朝以前书写纸张全是由湖南运来的'湘纸'。明末清初始有湖南籍人在紫佩村建立简单的造纸作坊，利用学底江沿岸毛竹作原料，其后紫佩村人也学习造纸。"他认为紫佩村原名"纸背"，因该村位于纸坊背后之故，其证据是他写文章时，存于紫佩村的同治十二年二月初十清朝融县衙门立的石碑上有"纸背"二字。当时所产纸质粗糙，纸张窄小，只有约67 cm长、27 cm宽，不为使用者所欢迎，销路不畅，到清同治年间便已歇业。他还提到古鼎村也有造纸作坊，几乎全村大半人家都经营纸坊业，故历来把古鼎村称为纸古鼎。古鼎村背隘口尚遗留有沤竹麻造纸的旧迹。[88]此外，调查组在调查时，潘正龙提到他1984年在香粉乡任书记时，曾走访了很多造纸户。据他调查，香粉乡的造纸始于明末，来自福建的造纸师傅在香粉乡群旦屯建了第一个纸槽。当地苗族文化专家贾文勋也持同样观点。

⊙3

⊙3 调查组成员与潘正龙（左一）、贾文勋（右二）、荣成富（右一）合影
A researcher with papermakers Pan Zhenglong (first one from the left), Jia Wenxun (second one from the right), Rong Chengfu (first one from the right)

清乾隆年间说。梁浦云在《贝江文化和贝江的制纸业》一文中认为大概在清乾隆中叶，广东梅县客家人迁到融水，见到漫山遍野的丛林，适合造纸，便向当地人购买造纸原料"竹麻"，造出纸后去融水市场上卖，获利后不断扩大生产。[89]潘正龙也提到清朝中期，约乾隆时期，广东梅州有人搬迁至香粉乡，此后造纸益发兴旺。

清咸丰年间说。田雨德在《壮族科学技术史》的"造纸技术"部分，提到清咸丰年间（1851～1861年）闽粤工匠到融水传艺，用除掉全部粗筋的竹浆做纸，当地叫"全

[88] 曹仕谦.融水县各种行业史话[Z]//政协融水苗族自治县委员会.融水文史资料：第6辑,1990: 33-65.

[89] 梁浦云.贝江文化和贝江的制纸业[Z]//政协融水苗族自治县委员会.融水文史资料:第2辑,1985: 85-97.

料纸”，质地柔韧，轻薄透明，质量甚佳，时称“大方纸”，并创有“落阳兴”的品牌，年产量为3 000担，其中有2 000担运销梧州转粤港及东南亚。[90]

清道光年间说。《融水苗族自治县融水镇社会历史调查》提到位于四荣区六甲河畔的香粉、雨卜、古都三乡的造纸业始于道光年间，造纸工场大多由广东人经营。[91]《融水苗族自治县志》记载和上述相似，并进一步提到是广东梅县商人、嘉应州客家人开设造纸作坊。[78, 92]

可见，融水县最迟清代已有造纸，也可能早至明末清初。至于其准确的起源时间，有待于更深入的研究。

融水县境南部、融江沿河两岸为丘陵地区，生产比较发达，很早就有了商品贸易。在明朝中后期，境内的融水、和睦、永乐就建有圩场。至清代，湖南、广东、福建、江西等地商人陆续进入县境经商，市场逐渐兴旺。乾隆元年(1736年)，县境内已形成大小集市18个。县内私营商行主要集中在融水镇、和睦镇。县城融水商业较繁荣，有纸商3家。[93]1940年，县城大小商铺149家，其中纸商有李仁章、卢义记、李义新。[94]全料纸、冬纸是民国时期融水县商业的大宗商品。[95]当地悠久的商业历史，加上本地丰富的造纸资源，应是融水县造纸业的产生和发展的重要原因。

然而，融水手工纸的发展并不是一帆风顺的。例如，紫佩村所产纸粗糙，纸张窄小，不为使用者欢迎，销路不畅，清同治年间便已歇业；古鼎村也因其纸竞争不过湘纸、贝江纸而于1928年停产。[88]由于造纸工人只知依样画葫芦，不知革新，所造出的纸粗劣，只宜于用作包装与制造冥镪之用，不利于书写文字。只求产量多，不求质量好，规定每日出纸3 200张，粗一些、重约50 kg的称东江纸，略细薄、重约35 kg的称全料纸。当时每50 kg料纸（全料纸）价格在5元左右，每50 kg东纸（东江纸）价格在3元左右。由于产量多，质量差，积滞难销，甚至降价求售。[89]

在融水手工纸的发展过程中，当地的“纸篷会”（又称“纸篷行”)起到了较大的作用。纸篷会成立之前，因套雇工人、偷砍南竹、偷挖竹笋、争夺山场等，纠纷迭出。清光绪末年纸篷会成立，各造纸户莅会订立规章，共同遵守。为了适应市场需求，纸业各个工厂全部实行改良，将每日出纸量改为2 000张，同时把纸张幅度加阔加长。另制新工具“纸签”，增加工人工资，鼓励工人耐心细致工作，务要造出全张纸质光滑、适于文化界使用的好纸。[89]

改良取得明显的成效。民国《融县志》载：“梁镇中，六甲人，清附生。发明稻稿制纸，送巴拿马展览会获二等奖章。”[92]《融水苗族自治县志》引用了该观点，同时提到其后未见推广此项发明成果的记载。[96]《融水县各种行业史话》中则说，造纸户梁品三从上海购进苛性钠、硫酸、漂白粉等化学药物，采用稻草作原料，试制白玉纸成功，在国际巴拿马赛会上获得第三名，获银质金边奖牌一枚。[88]《贝江文化和贝江的制纸业》的表述与之基本一致，区别是说梁品三是纸行的，获得的是第二名，另外还提到当时奖状、奖章仍在。[89]《融水苗族自治县志》也提到香粉雨卜村人梁品三生产的“白玉纸”，于1918

[90] 田雨德.造纸技术[M]//覃尚文，陈国清.壮族科学技术史.南宁：广西科学技术出版社,2003: 290-298.

[91] 龚曼侬,蓝宏芳,吴健华,等.融水苗族自治县融水镇社会历史调查[M]//国家民委《民族问题五种丛书》编辑委员会,《中国民族问题资料·档案集成》编辑委员会.当代中国民族问题资料·档案集成：第5辑,中国少数民族社会历史调查资料丛刊：第106卷.北京：中央民族大学出版社,2005: 495-543.

[92] 广西融水苗族自治县志编纂委员会.融水苗族自治县志[M].北京：生活·读书·新知三联书店,1998: 219.

[93] 广西融水苗族自治县志编纂委员会.融水苗族自治县志[M].北京：生活·读书·新知三联书店,1998: 269-270.

[94] 广西融水苗族自治县志编纂委员会.融水苗族自治县志[M].北京：生活·读书·新知三联书店,1998: 276.

[95] 龙泰任.融县志：第三编[M].民国二十五年(1936年)刊本.

[96] 广西融水苗族自治县志编纂委员会.融水苗族自治县志[M].北京：生活·读书·新知三联书店,1998: 233.

年荣获巴拿马国际博览会银质等奖。[97]《壮族科学技术史》则认为是农户梁品三、梁伯庄生产名为“白玉纸”的竹纸，在1915年巴拿马万国博览会上荣获过二等奖。[90]虽上述资料表述不尽一致，但有共通之处，即融水梁氏改良了纸并在巴拿马博览会上获奖。

融水改良过后的手工纸质量较好，在民国时期畅销各地。当时全县造纸业要算贝江四荣乡为最著名，因那里盛产南竹，原料丰富，又能造长67厘米以上的大方纸，纸质细滑坚韧，可与“湘纸”媲美。据统计，当时贝江一带约有九十户开设了纸厂，平均每户设两个纸槽，需要一个管理人员，每槽需要工人五人，约有一千工人。按每户半年出纸5 000 kg（即100担纸），则90户可出纸450 000 kg。至于原料，每户平均需10 000 kg。[88,89]据1933年的统计，融水县约有千余人“制纸”，都是本地人。[95]据民国《广西年鉴》统计，融县纸业生产情况1934年达到年产8 400担(合420吨)的水平，成为广西五大纸业生产基地之一。产品依然分两等：纤粗质次的“东纸”，多在本地销售；纤细质优的“全料纸”，销往各县市及香港、东南亚等地。[96]1949年后，随着公路延伸，竹价提高，机制纸发展，土纸基本停产，毛竹则多用作建筑用材。[78]

2008年9月，调查组前往融水县香粉乡古都村都景屯调查时，时年78岁的造纸户林福腾说，他家至少已有八代人从事造纸行业，有200年左右的造纸历史。其谱系如下：林上登→林汤华、林炜华→林增财→林宾联→林桂源→林仁广→林辉明→林福腾。他家最后一次造纸是在1985年。

2014年8月，调查组前往融水县红水乡良双村大保屯调查当地手工纸历史。据大保屯小学老师李清介绍，李家到大保屯定居已有八代，辈分用“益进有文成付”六字循环，第一代李益友祖坟还在，但没有石碑。李家世代造纸，据此推算，其家族造纸有约200年的历史。

大保屯手工纸技术是代代相传，但传女不传男，也可直接向村里人学，也不用拜师。以造草纸的赵大妹（1965～）家为例，她外婆将造纸技术传给她母亲赵四妹，母亲再传给她。

大保屯造麻纸的赵娣节(1932～)家也是多代造纸，但由于母亲过世早，她便向村里其他人学习，也没有拜师，约15岁时开始造纸。20世纪80年代中期开始，手工纸受到商品纸的冲击，产量逐年降低。大约2000年，赵娣节将造纸技术传给儿媳邓丙妹（1975～），此后她自己便停止了造纸。

⊙1

⊙1 赵娣节家合影 A photo of Zhao Dijie's family

[97] 广西融水苗族自治县志编纂委员会.融水苗族自治县志[M].北京：生活·读书·新知三联书店,1998: 17.

四
融水瑶族苗族手工纸的生产工艺与技术分析

4
Papermaking Technique and Technical Analysis of Handmade Paper by the Yao and Miao Ethnic Groups in Rongshui County

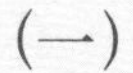

(一)
融水瑶族苗族手工纸的生产原料与辅料

1. 融水瑶族手工纸的生产原料与辅料

融水瑶族草纸所用原料是糯稻草，一般在农历八九月糯米成熟时剪禾，有早有迟。

融水瑶族“麻纸”所用原料有两种：一是“藤麻”，春天出叶子，夏、秋天剥皮；二是“木麻”，多年草本，野生，以前较多，现在较少。我们将“藤麻”照片发给中国科学院昆明植物所杨建昆，经他分析，认为是小构树。调查时没有看到“木麻”。本文中根据当地习惯，主要采用“麻”和“麻纸”的叫法。

融水瑶族造手工纸时，必须用纸药，大保屯也将用于制纸药的植物称为纸药。

纸药有多种，一种纸药树的叶子大，用其大叶子，20多张叶子可造4张草纸或1张麻纸。纸药只用一天，第二天就换新的，这种纸药树的叶子冬天会落完。另一种纸药树的叶子较小，不太好用，在没有那种大叶纸药的时候勉强使用。发纸药照片给中国科学院昆明植物研究所杨建昆，他分析认为小叶纸药是蜀葵，大叶纸药是木芙蓉。

此外还有一种纸药树，一般是冬天用，且只用根。将根洗干净，用刀把外皮刮掉，后泡于水中，泡一天即可用。泡好后，半个月内都可以用。如果觉得纸药水黏度不够了，还可以加纸药。

2. 融水苗族竹纸的生产原料与辅料

融水只用毛竹（当地也称南竹）造竹纸。清明前后笋出土1 m高，立夏时，竹笋壳慢慢掉下来，此时竹子开杈，但还没有长叶子，待壳掉下之后就开始砍竹子作为原料。砍的时候选择尾较

⊙1

⊙2

⊙3

⊙1 『藤麻』——小构树
Paper mulberry tree (papermaking raw materials)

⊙2/3 大叶子纸药——木芙蓉
Raw materials of papermaking mucilage (leaves of *Hibiscus mutabilis linn.*)

⊙4

尖时砍。大约半个月之后，竹子长老了，就不适合用来造纸了。砍竹的最佳时期是4月底到5月初，最迟5月中旬，大约有一个半月。

融水苗族造竹纸需要纸药。纸药以当地俗称胶树叶为原料，在附近山里能够找到。造纸户会购买胶树叶。新鲜的胶树叶，叶子表面有粉，煮好后有滑性，用水煮开后，将叶子捞起来，用冷水洗涤，洗到没有“文水”（即污水）即可。将水倒掉，留下叶子，把叶子放到桶里，用手慢慢搓，大约55分钟即可，从水里拿起来时，有起丝即为合格。

10 kg叶子可制成60 kg胶水，用于一桶纸浆。20世纪80年代初1 kg胶树叶大约0.30元。

⊙4 小叶子纸药——蜀葵
Raw materials of papermaking mucilage (leaves of *Althaea rosea (Linn.) Cavan.*)

（二）

融水瑶族手工纸的生产工艺流程

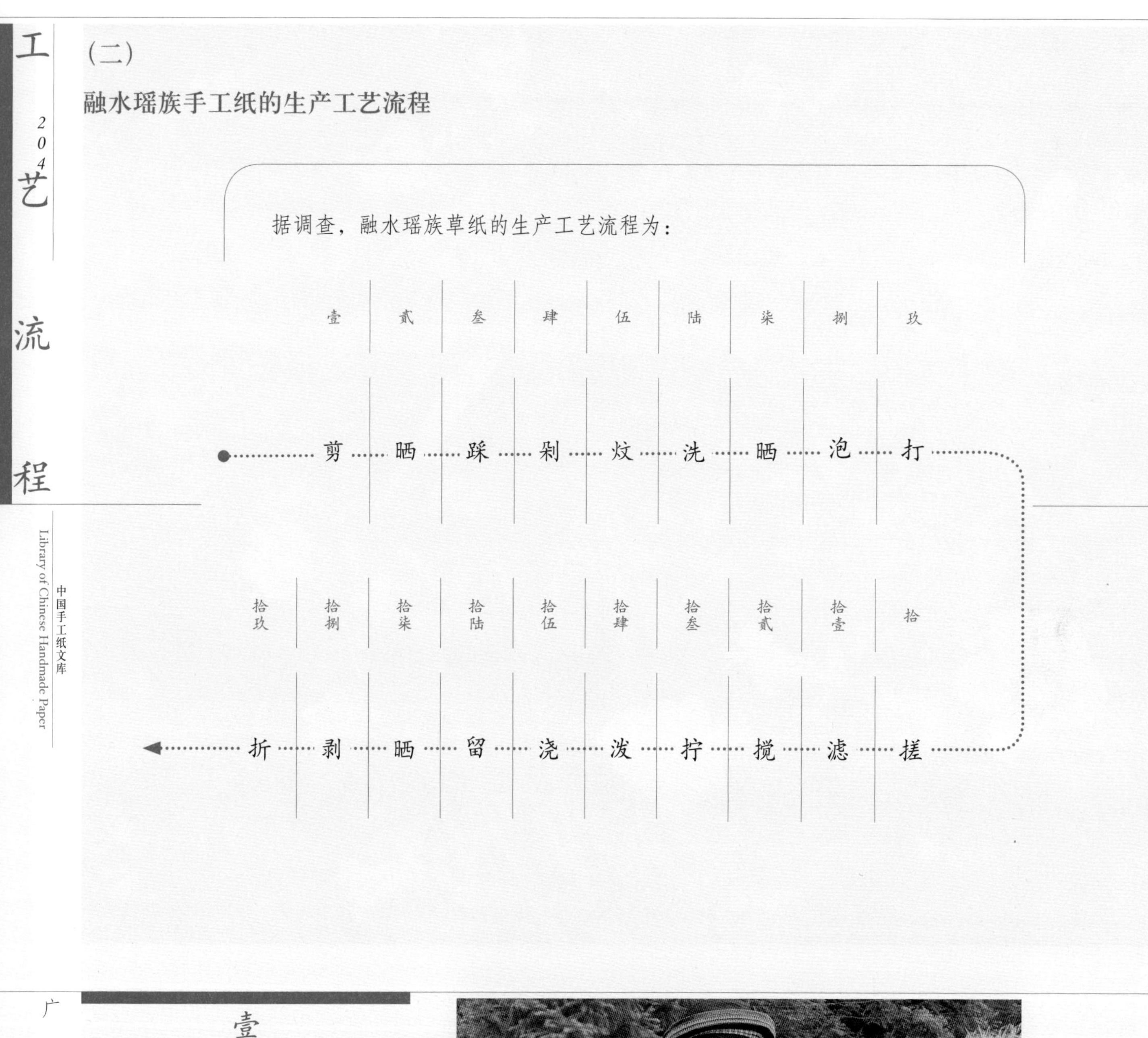

壹 剪

1 ⊙1～⊙3

农历八九月，糯米成熟后，使用禾剪来剪禾，之后将外面的叶子去掉。一人一天可剪大约20小把，两小把合成一大把，一大把大约重5 kg。

⊙1

⊙1/2 剪 Reaping the millet

⊙3 捆 Binding the millet

⊙2

⊙3

贰 晒

2 ⊙4

将捆好的禾置于干净的地上。太阳大，2天即可晒干，太阳小则需晒3～4天。阴雨天晾在屋檐下或者阴凉通风的地方，晾干为止，有时需要一个月。

⊙4

⊙ 4
晒
Drying the millet

叁 踩

3 ⊙5～⊙7

将一把晒干的禾置于地上，用脚将禾上的稻谷踩下来，踩掉大部分稻谷后，用手将禾拢近再踩，尽可能将稻谷都踩下来。踩一把禾约需5分钟，20世纪80年代之后主要用打谷机打。

⊙5

⊙6

⊙7

肆 剁

4 ⊙8

将踩后的禾置于一木墩上，用刀砍去稻穗部分。

⊙8

伍 炆

5 ⊙9～⊙12

将几把稻草浸湿后放到锅里，生火，将石灰置于篮中过滤，撒到稻草上，根据经验来把握量。加水，接着再加入适量的火灰，其上盖一木桶。煮3～4小时，用手摸，软了即可。

⊙9

⊙10

⊙11

⊙5/7 踩 Stamping the millet

⊙8 剁 Cutting the papermaking materials

⊙9 加石灰 Adding in limewater

⊙10 加水 Adding in water

⊙11 加火灰 Adding in plant ash

⊙12 煮 Boiling the papermaking materials

以前只用火灰，20世纪80年代开始用石灰。加石灰的话，稻草易煮烂。以前用大铁锅，一次可以煮30把左右，用约2.5 kg石灰或5 kg火灰，锅上盖木板，煮一个白天或一个晚上。

⊙12

陆 洗

6 ⊙13～⊙16

用铁钳将煮好的纸料钳起来，放在桶里，将灰水倒掉，加清水，用手洗，再将灰水倒掉，反复洗5次左右，直至将纸料洗干净，然后用手拧干。

⊙13 ⊙14

⊙15

⊙16

⊙17

柒 晒

7

将拧干的纸料置于太阳下晒干，如阴雨天则晾干。如果煮的量少，几天可以用完则不用晒。

捌 泡

8

造纸前，将干的纸料放在桶里用水泡10分钟。

玖 打

9 ⊙17

用木棰将置于石板上的纸料捶细，如纸料量多可用木碓舂，一次舂5把纸料。一个人边舂边用木杆翻纸料，约需1小时。可做约12张纸。

⊙13 钳纸料 Picking out the papermaking materials

⊙14/15 洗 Cleaning the papermaking materials

⊙16 拧干的纸料 Papermaking materials after squeezing

⊙17 打 Beating the papermaking materials

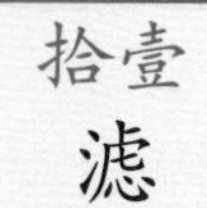

拾 搓

10 ⊙18

用手搓泡在水里的纸药，得到纸药水。

⊙18

拾壹 滤

11 ⊙19

将纸药水经过漏勺加入纸料里，加水。

⊙19

拾贰 搅

12 ⊙20

用叉将纸料和纸药水顺时针搅均匀。

⊙20

拾叁 拧

13 ⊙21⊙22

然后逆时针搅一圈，将纸料渣搅在叉上，用手拿掉。纸料渣可以捶细再利用。

⊙21

⊙22

拾肆 泼

14 ⊙23

将纸帘架置于纸帘板上，用瓢将水倒在纸帘上，两面都要弄湿。纸帘湿了，纸料上的水才易流掉。

⊙23

搓 ⊙18 Rubbing the papermaking materials

滤 ⊙19 Filtrating the papermaking mucilage

搅 ⊙20 Stirring the materials and mucilage together

拧 ⊙21/22 Stirring the papermaking materials and picking out the residues

泼 ⊙23 Pouring water onto the papermaking screen

拾伍
浇

15 ⊙24⊙25

用纸勺将纸料浇到纸帘上，要浇两次。浇头次：先直浇（即从左往右，当地叫直），再往下浇；浇二次：依次从近人一侧往远人一侧浇，如果有些地方纸料少，则补一点。

⊙24

拾陆
留

16 ⊙26

纸帘架留在纸帘板上几分钟，使水尽可能流掉。

⊙25

⊙26

拾柒
晒

17 ⊙27⊙28

将纸帘架拿起来，置于太阳下晒干。太阳大，一天可做3次，阴雨天则须晾1～2天，视天气而定。也可置于火塘边烤干。

⊙24 浇头次 Pouring water for the first time

⊙25 浇二次 Pouring water for the second time

⊙26 留 Waiting for a few minutes until the extra water drain away

拾捌
剥

18 ⊙29⊙30

将纸帘架直放，即长边位于上下方向。用猪肋骨制成的纸刀先揭起纸的右上角，然后从上到下将纸剥开。

⊙27

⊙29

⊙28

⊙30

⊙27 晒 Drying the paper

⊙28 烤 Drying the paper by fire

⊙29/30 剥 Peeling the paper down

拾玖 折

19 ⊙31⊙32

将一张纸按习惯沿着长边对折两次，再沿宽边对折两次。
这样就完成了整个造纸过程。

⊙31

⊙32

折 ⊙31/32 Folding the paper

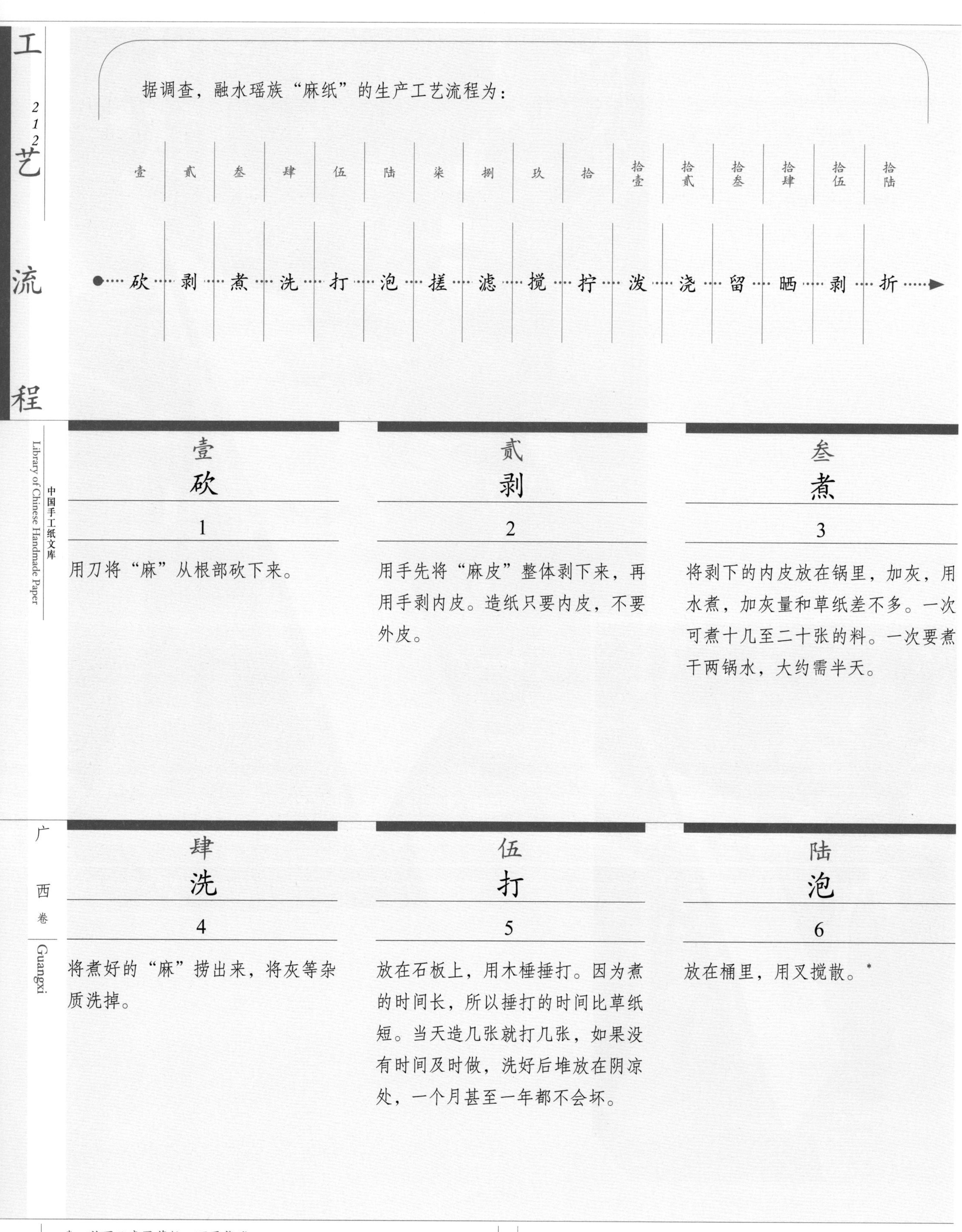

据调查，融水瑶族“麻纸”的生产工艺流程为：

壹	贰	叁	肆	伍	陆	柒	捌	玖	拾	拾壹	拾贰	拾叁	拾肆	拾伍	拾陆
砍	剥	煮	洗	打	泡	搓	滤	搅	拧	泼	浇	留	晒	剥	折

壹 砍 1

用刀将“麻”从根部砍下来。

贰 剥 2

用手先将“麻皮”整体剥下来，再用手剥内皮。造纸只要内皮，不要外皮。

叁 煮 3

将剥下的内皮放在锅里，加灰，用水煮，加灰量和草纸差不多。一次可煮十几至二十张的料。一次要煮干两锅水，大约需半天。

肆 洗 4

将煮好的“麻”捞出来，将灰等杂质洗掉。

伍 打 5

放在石板上，用木棰捶打。因为煮的时间长，所以捶打的时间比草纸短。当天造几张就打几张，如果没有时间及时做，洗好后堆放在阴凉处，一个月甚至一年都不会坏。

陆 泡 6

放在桶里，用叉搅散。*

* 以下工序同草纸，不再赘述。

(三)

融水苗族竹纸的生产工艺流程

据调查，融水苗族竹纸的生产工艺流程为：

壹 砍竹 → 贰 破竹 → 叁 捆竹 → 肆 泡竹 → 伍 松塘（洗塘） → 陆 泡麻 → 柒 剥麻 → 捌 踩麻 → 玖 加纸药 → 拾 调槽 → 拾壹 加水 → 拾贰 搅拌

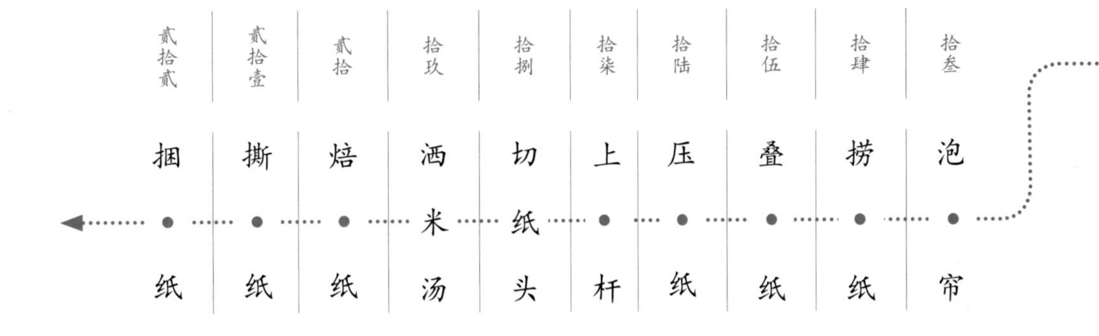

壹 砍竹

1

到周边山上砍竹子，一天可砍70～80条。

贰 破竹

2

先将砍下的竹子截成一米多的竹段，其长度根据塘大小而定。接着用柴刀在一段竹子的断面划若干次，再将柴刀插入竹篾，垂直从上往下将其划开。一般一根竹破成四片，大的有六片、八片。

叁 捆竹

3

剥下一片竹片的青皮，用来捆竹片。少的一捆约有25 kg，多的一捆超过50 kg。

肆

泡　竹

4

先用破成2片的老竹子垫在湖塘底，塘下层是沙泥土（黄泥、沙子、石灰、糯米等）。接着每放一层竹片，就放一层石灰。每两层竹片相互垂直摆放，竹片和石灰重量比大约为十几比一，根据竹子的老嫩和石灰质量而定。最上面用老竹子盖，再用大石头压。一般泡3～4个月，竹子老则时间长一些，石灰少时间也会长一些，但不超过4个月。泡熟后称麻或竹麻。因老竹子不易烂，最下面放老竹子，既方便打捞，又能尽量避免麻片与湖塘底的泥巴接触。上面用大石头压，确保麻片不会浮起来。以前10捆为一担，通常一湖塘可以放120担。

伍

松塘（洗塘）

5

用麻钩把麻取出来，在湖塘里把石灰洗掉，然后再把湖塘洗干净。

陆

泡　麻

6

先放枕木，然后放竹片垫好，再放麻片，白麻与青麻分开放。清水泡3个月以上，软了即可用来造纸。泡麻时，不能让污水进去，否则造出来的纸不白。

柒

剥　麻

7

用手将青色的麻皮剥掉，造纸用的是麻芯，一天最多可剥掉1吨麻芯。一般剥2担，够一个槽一天用。

捌

踩　麻

8

将麻芯放在“麻拼”里，用脚踩，将竹丝（麻筋头）去掉，留下竹肉。若还有麻筋头，用手拿出，用柴刀将其砍碎，再放到水碾里碾碎，成粉后，即可放入麻拼里重新再踩。一担踩两小时后，可放入纸槽。一天踩两担，即踩4小时，算一个工。通常情况下，剥麻、踩麻各需要雇佣一个工人。冬纸（粗纸）料粗，无法用脚踩，只能用水车碾，一次碾4担，需碾半天。

玖

加纸药

9

先把竹麻放下去，再加胶水。放一担竹麻，大约50 kg，最多放一桶半胶水，大约30 kg，由5 kg叶子熬成。老的竹麻放60 kg，只能做粗纸（即纸钱），不能和做方纸的原料混在一起。

拾

调　槽

10

用调浆棍搅拌，大约半小时，先放入一小半水。

拾壹
加 水
11

加水，加到距槽沿5 cm。

拾贰
搅 拌
12

用一竹片转圈搅拌，将胶水搅均匀，一般十几分钟即可。

拾叁
泡 帘
13

将纸帘放入水中浸湿，然后再用竹片搅一次纸槽，即可捞纸。

拾肆
捞 纸
14

先由外往内捞，再由内往外推，最后由左往右平推。推得不平可能会起泡，造的纸不均匀。当地称为捞纸三步：赶入来，送出去，往右推（平推）。一次捞一张纸。

拾伍
叠 纸
15

将湿纸放在架上。以压干后的高度计，约3 cm为一纸头，300～400张纸。老师傅捞纸薄，一纸头可到400张，新师傅一般在300张左右。一天可做4个纸头。

拾陆
压 纸
16

纸上放旧纸帘，用木面板、三块木枕压半小时。

拾柒
上 杆
17

慢慢压，不能急，压至基本上干。用力过大，纸垛会像豆腐一样爆掉。最后人踩到木杆上压，直到用手指压不进去为止。

拾捌
切 纸 头
18

将木枕、木面板等拿起来，焙纸师傅用力将纸垛左上角切掉，切成三角形，大约一指长，切掉部分重新回收利用。切掉纸头，纸才好撕。

拾玖
洒 米 汤
19

用稻草扎成的扫把蘸米汤，洒到墙上，然后将其涂匀，使墙面匀称、平整，一天可洒2～3次。

贰拾
焙 纸
20

将纸揭下来，贴上墙，用松针扎成的扫把（长约50 cm）将其扫匀。一排32张，一边两排，总共可以贴128张。火要均匀，否则纸不平整。要注意控温，火大的话1 小时即干，火小不好干。贴完一轮，前面的也干了。周而复始，一天可焙4个纸头。

贰拾壹
撕 纸
21

用手指甲将一张张纸的纸角挑开，将纸撕下来叠好。如纸焙温度不高，洒一次米汤即可；如纸焙温度高，厚纸在纸焙上可能会掉下来，这时可洒些米汤，然后再贴纸。当地人认为纸越薄越好，韧性越强。

贰拾贰
捆 纸
22

0.5 kg纸大约32张，25 kg纸为一扎。用竹篾捆2道，捆好后用千斤顶压紧。以上就完成了整个造纸过程。

1936年《融县志》对当地竹纸制作有较详细的记载："今述制纸之南竹，大者径五六寸。由地下茎四布发笋，解箨成林。老而坚致，于密叶未敷、贞�尚稚之际，截栽成段，投入石灰池沤之。经一定程度，取出碓碾，使纤维绒细。然后加入一种胶质树叶之汁，混合如糜。置大桶中，用工具曰纸帘，抄撮澄滤即成。张页用日光晒干，谓之晒纸；用火力焙干，谓之焙纸。最细者曰全料，次曰冬纸，为写字、包裹、习用之纸。最粗者曰复纸，可裱硬盒。"[98]

上述过程和调查组所调查的大体相同，其主要区别在于：《融县志》记载用碓碾麻，调查组调查到的是造大方纸将青色的麻皮剥掉后用脚踩，造冬纸用水车碾；此外，《融县志》记载的有晒纸、焙纸两种形式，调查组只调查到焙纸这一形式；最后，《融县志》记载有全料、冬纸、复纸三种，调查组调查到的是大方纸、冬纸，按"最粗者曰复纸"，最粗的冬纸应该就是复纸。

蔡少鹏等人对雨卜、古都、香粉等地造纸业的调查也包括了造纸过程，[80]与调查组所调查到的大体相同。只是按照调查组的调查，竹片泡熟后称麻或竹麻，之前称竹，如砍竹、破竹、捆竹、泡竹，而蔡少鹏等人都称麻，如砍麻、下麻、漂麻等。

(四) 融水瑶族手工纸生产使用的主要工具设备

壹 禾剪 1

形状、规格不一。剪禾处均为金属，手握处为木质。

⊙1

⊙2

贰 纸帘 2

将一块粗白布绷紧在纸帘架上即成纸帘，所用白布需较细、光滑、易漏水。图中外侧纸帘长137 cm，宽77 cm；内侧纸帘长137 cm，宽74 cm。

叁 纸帘架 3

当地所说纸帘架含纸帘及木架。图中外侧纸帘架长172 cm，宽95 cm；内侧纸帘架长168 cm，宽98 cm。

⊙3

⊙1/2 禾剪 Scissors for reaping the millet

⊙3 纸帘、纸帘架 Papermaking screen and its supporting frame

[98] 龙泰任.融县志：第四编[M].民国二十五年(1936年)刊本.

肆
纸　刀
4

由猪肋骨制成，有弧度，不能用金属，否则易将布弄坏。一般长20 cm左右，所测两端直线距离18 cm。竹、木质的纸刀不太好，不弯。

伍
木　棰
5

所测木棰长40 cm，棰头直径8 cm，长20 cm。

陆
石　板
6

所测石板长51 cm，宽49 cm。

⊙4

（五）
融水苗族竹纸生产使用的主要工具设备

壹
麻　拼
1

竹制，长方形。

贰
湖　塘
2

泡竹料用，有大有小，大的可放120担，一担约50 kg。

叁
焙　笼
3

4 m多长，两头烧火，用火砖砌成。然后用石灰（100～150 kg）、黄糖（2 kg）、糯米浆（约6 kg）混合进行涂刷，很耐用，可以用20年以上。
焙笼花了后，可以用石头重新磨光。

⊙4
木棰、石板
Wooden mallet and stone board

(六)

融水瑶族苗族手工纸的性能分析

所测融水古都村苗族竹纸为2015年所造，相关性能参数见表2.15。

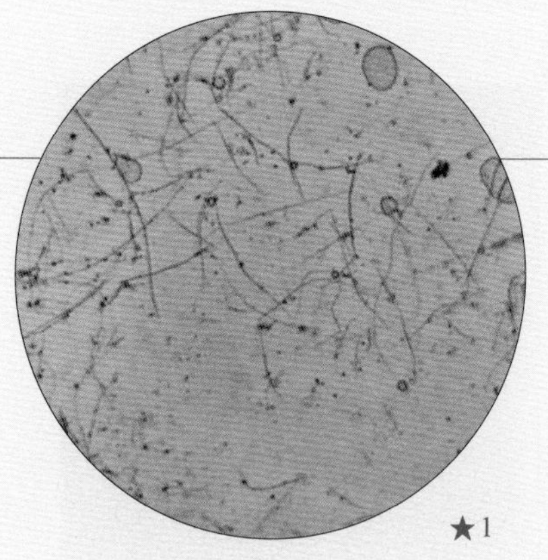

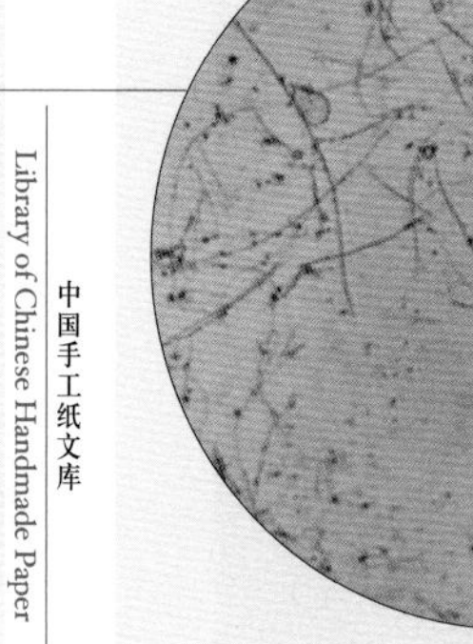

表2.15 古都村竹纸的相关性能参数

Table 2.15 Performance parameters of bamboo paper in Gudu Village

指标		单位	最大值	最小值	平均值
厚度		mm	0.121	0.078	0.095
定量		g/m^2	—	—	26.3
紧度		g/cm^3	—	—	0.277
抗张力	纵向	N	24.71	10.08	17.09
	横向	N	6.74	2.83	5.20
抗张强度		kN/m	—	—	0.74
白度		%	32.04	30.42	31.38
纤维长度		mm	5.92	0.42	1.47
纤维宽度		μm	37	1	9

性能分析

由表2.15可知，所测古都村竹纸厚度差异较大，最大值比最小值多55%，相对标准偏差为14%，说明纸张厚度相当不均匀，这与其用纸勺将纸料浇到纸帘上这一工艺有关。经测定，古都村竹纸定量为26.3 g/m^2，定量较大，纸张较厚。经计算，其紧度为0.277 g/cm^3。

古都村竹纸纵、横向抗张力差别较小，应与其为浇纸法所造，纵横向不明显有关。经计算，其抗张强度为0.74 kN/m。

所测古都村竹纸白度平均值为31.38%，白度较低，差异较大，这应与古都村竹纸蒸煮不够彻底有关。相对标准偏差为2.1%。

所测古都村竹纸纤维长度：最长5.92 mm，最短0.42 mm，平均1.47 mm；纤维宽度：最宽37 μm，最窄1 μm，平均9 μm。在10倍、20倍物镜下观测的纤维形态分别见图★1、图★2。

★1 古都村竹纸纤维形态图(10×)
Fibers of bamboo paper in Gudu Village (10× objective)

★2 古都村竹纸纤维形态图(20×)
Fibers of bamboo paper in Gudu Village (20× objective)

五 融水瑶族苗族手工纸的用途与销售情况

5
Uses and Sales of Handmade Paper by the Yao and Miao Ethnic Groups in Rongshui County

(一) 融水瑶族手工纸的用途与销售情况

1. 融水瑶族手工纸的用途

(1) 雨帽用纸。

21世纪前，瑶族、苗族做雨帽时用到当地的“麻纸”和草纸。纸上单面涂桐油，晾干后备用。尖头的雨帽其内侧为纸，外侧用纸剪成八角形，主要起到装饰的作用。两层纸之间为棕丝。

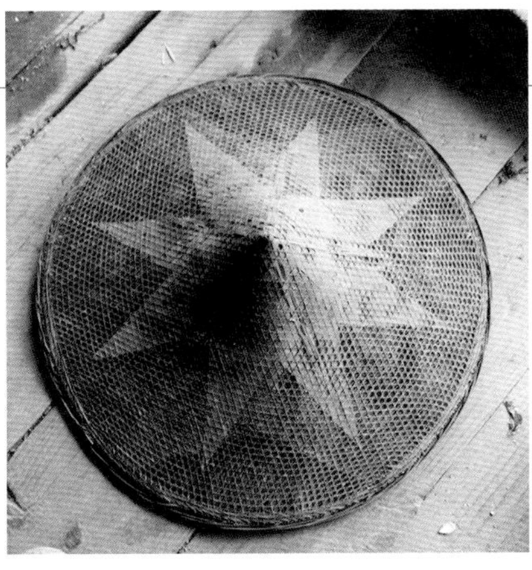
⊙1

⊙2

⊙3

(2) 抄写经书、画神像。

因“麻纸”结实耐用，保存时间长，当地以前抄写经书、画神像都用“麻纸”，至今还保存有清代的经书和神像。抄写经书用的是单张“麻纸”，画神像一般将3张“麻纸”连在一起使用。

(3) 挑花用纸。

当地瑶族、苗族女性的全身装扮，大量使用挑花花边，鲜艳美观。挑花时，先用纸剪成式样贴在各种不同颜色的布上，后用各种不同颜色的线，按照纸剪成的式样一针一线地挑成各种图案。

(4) 祭祖用纸。

⊙1/2
雨帽
Rain hat

⊙3
用融水瑶族『麻纸』写的经书
Scriptures written on Ma paper by the Yao Ethnic Group in Rongshui County

直至20世纪80年代，周边老人过世时，都用“麻纸”包住整个身体。融水草纸一直以来最重要且销量最大的用途是祭祀用纸，至今如此。逢年过节打成纸钱烧，数量不限。老人过世最少需半担草纸，并且打成纸钱。

2. 融水瑶族手工纸的销售情况

融水瑶族手工纸和纸帘大小基本一致，长约137 cm，宽约75 cm。以前一家一般会有一到两位女性成员造纸，一般年产麻纸一百多张，草纸两三百张，用来换取钱或粮食。基本上1张麻纸可以换2.5 kg玉米，0.5 kg草纸换0.5 kg玉米。没有玉米，也可以用大米换或者用钱买。

调查时，草纸3元/张，麻纸10元/张。主要是自家用，也卖给周边村民。

(二)
融水苗族竹纸的用途与销售情况

1. 融水苗族竹纸的用途

(1) 书画、印刷用纸。

主要是大方纸，纸质细腻、光洁度较高，可用于书画、印刷。当地有时也将用于书画的大方纸称为“宣纸”。

(2) 草稿纸。

比大方纸略差的竹纸，可用作草稿纸，供学生学习使用或者记一些不需要长久保留的资料等。

(3) 烟纸。

以前很多人直接用竹纸包裹烟丝做香烟。

(4) 纸钱。

竹纸用作纸钱，在很多地方都是重要的用途。据潘正龙、林福腾介绍，香粉乡的普通竹纸也主要是用作纸钱，但当地用得少，主要销往广东。

(5) 其他用途。

在当地医药单方中也经常使用竹纸。如民国《融县志》载：“月经不调，竹纸三十张烧灰，淡酒半斤，和匀顿清，温服极效。”[99] 民国《融县志》另有多处记载：“牙疼”条，“用韭菜子烧烟熏之，牙虫即出。法用笔管，纸糊喇叭口，可以收烟效，甚神”；“小儿食积”条，“硝二三两，用纸包好，放布袋内，缚儿脐上，甚效”；“淋浊”条，“鸡蛋一只，项上敲开一孔，入生大黄末三分，纸糊，煮熟，空心服，四五日愈”；“头风”条，“生姜三片，将纸包好，打湿，火煨熟，乘热贴印堂两太阳，即愈”。[99]

2. 融水苗族竹纸的销售情况

1949年前，贝江一带造纸业在融水镇桥头街设立纸业栈这一销售机构，各纸厂将纸运到融水镇交由纸业栈销往各地，如融水、三江、柳城、罗城、柳州、南宁、桂林、梧州、香港等地。此外，在融水镇的纸店有李仁章、李义和、李仁子等三四家，李仁章纸店主要是销售本家纸厂所产的纸，李仁子是几家纸厂集股经营的纸店。这些纸店除了大量收购，也“代客买卖”，从中获利。每年在融水镇集散的纸约几千担：销售最好的是大方纸，每担60元，约有两千担外运；土纸每担5元，多在当地销售。[91] 据《融水苗族自治县志》载，1934年产纸约8 400担(合420吨)，其中纤粗质次的“冬纸”多在本地销售，纤细质优的“全料纸”，销往各县市、香港以及东南亚等地。[96]

据潘正龙、林福腾等介绍，20世纪80年代初时，香粉乡的竹纸除了在融水卖外，还卖到三江、柳州及广东。主要是上述地方的纸商上门成捆买，本地用得少。

[99] 龙泰任.融县志：第九编[M].民国二十五年(1936年)刊本.

六 融水瑶族苗族手工纸的相关民俗与文化事象

6 Folk Customs and Culture of Handmade Paper by the Yao and Miao Ethnic Groups in Rongshui County

(一) 行业组织及行规

光绪末年，随着融水贝江制纸业的壮大，成立了“纸篷会”，又称为“纸篷行”，召集造纸户主莅会订立规章制度，来规范当地造纸行业的发展。具体的行规有：

(1) 凡属纸业同仁，理应同声相应，同气相连，遵守会章，不可互相歧视，有碍乡情。

(2) 维持秩序，杜绝套雇工人。

(3) 严禁偷砍南竹，冬至后一律不准挖笋。春笋出地，各家要看管好猪牛。如有故意违背禁约，偷砍南竹及偷挖竹笋者，查处时严加处罚。每条竹笋罚银五元，绝不宽恕。

(4) 因各处竹林多数归本会各户所有，除一部分农民有竹林外，尚有多数农民没有竹林，当他们需要用到南竹时，如问到某户索取十条或数十条，应予以照顾给予。[100]

(二) 祭土地公

融水以前造竹纸时，每年开塘即洗麻时要找风水先生选日子，并在所选日子的清晨祭土地公，祈求土地公保佑造出好纸。祭土地公时，孕妇不能参与。

(三) 造纸民歌

融水县造纸行业具有较长的历史，民间曾流传关于造纸的民歌，如：“古鼎妹仔叫个妮，背个饭筲加个棰，人家问妹去做甚？我去纸坪捶缆归。”所谓“捶缆”即是将造纸原料竹捣烂，又叫捶竹麻。[101]

(四) 俗语

1. “这边焙，那边收，三十晚上光溜溜”

用于形容焙纸师傅工作

[100] 政协融水苗族自治委员会.融水文史资料：第2辑,1985: 89-90.

[101] 政协融水苗族自治委员会.融水文史资料：第6辑,1990: 35.

辛苦，收入不高。当时不是给钱，而是给米粮，造纸师傅没有什么钱。

2.“捞纸师傅冷手，踩浆师傅冷脚，焙纸师傅伤肝”

形象地体现了不同工种的造纸师傅工作的艰辛：捞纸师傅捞纸时，手经常在水里泡着，冷手；踩浆师傅赤脚踩浆，冷脚；焙纸师傅因焙纸时有细细的灰尘，对肝的影响大。

3.“一捞一斗石，三十晚上没有裤”

夸张地表现捞纸工的辛苦。捞纸有斗石那么重，极耗体力，然而收入很低，低到都没钱买裤子在大年三十晚上穿。

(五)

瑶族女性造纸

融水红水乡良双村瑶族采用浇纸法所生产的草纸、“麻纸”都是由女性且一般是中老年女性来造。按当地说法，以前老妇人不能上山干活，于是就在家造纸。

七
融水瑶族苗族手工纸的保护现状与发展思考

7
Preservation and Development of Handmade Paper by the Yao and Miao Ethnic Groups in Rongshui County

融水瑶族手工纸处于间歇性生产的状态，有需求就生产，没需求则不生产。因其手工纸的用途基本被其他纸或材料取代，因此，融水瑶族手工纸很难取得大规模的发展。

融水苗族竹纸虽在20世纪80年代曾有扶贫贷款支持，当时还有七八个人成立了一个纸厂，但资金不到位，只坚持了四五年就彻底停产。1985年，在融水苗族竹纸不再生产之际，香粉乡原书记潘正龙买了几十刀大方纸，之后不断送人。调查组2008年去调查时，他将仅剩的几十张送给调查组。潘正龙认为保护融水苗族竹纸的成本高，再恢复生产不太可能，也没有必要。

针对融水瑶族和苗族手工纸现状，调查组认为目前最迫切的是当地文化部门与相关研究机构合作，对融水瑶族和苗族手工纸的技艺和相关历史、文化进行系统、深入的挖掘和整理，并利用影像、录音、文字等多种手段进行记录，保留较为完整的资料，便于未来的研究，必要时进行复原生产。尤其是融水苗族竹纸，其在历史上具有相当重要的作用，应抢救性地挖掘整理。

融水瑶族手工纸虽然处于间歇性生产的状态，但原料一直有，浇纸法造纸工序较为简单，而且不时还有少量的需求，短时间内应该不会消亡。融水瑶族手工纸是广西唯一的浇纸法手工纸，同时一个造纸点用两类原料、两种纸药，这在广西也是唯一的。目前，融水瑶族手工纸已被列入县级非物质文化遗产保护名录，因其在广西手工造纸的唯一性，调查组觉得可以将融水瑶族手工纸申报为柳州市甚至自治区非物质文化遗产项目，纳入非物质文化遗产保护体系，给予一定的支持，应该可以较长久地实现活态传承。

草纸

Straw Paper
by the Yao Ethnic Group
in Rongshui County

良双村草纸透光摄影图
A photo of straw paper in Liangshuang Village
seen through the light

『麻纸』

Ma Paper
by the Yao Ethnic Group
in Rongshui County

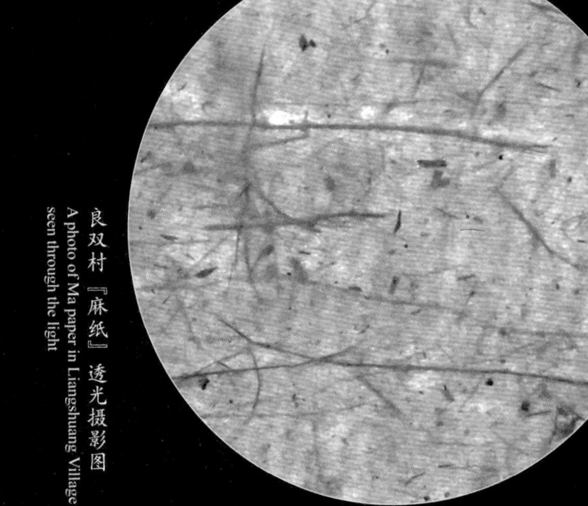

良双村『麻纸』透光摄影图
A photo of Ma paper in Liangshuang Village
seen through the light

融水苗族竹纸

Bamboo Paper
by the Miao Ethnic Group
in Rongshui County

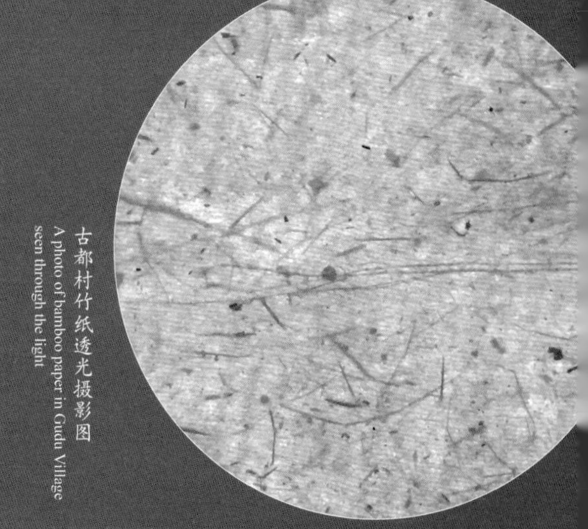

古都村竹纸透光摄影图
A photo of bamboo paper in Gudu Village
seen through the light

第八节 昭平竹纸

广西壮族自治区
Guangxi Zhuang Autonomous Region

贺州市
Hezhou City

昭平县
Zhaoping County

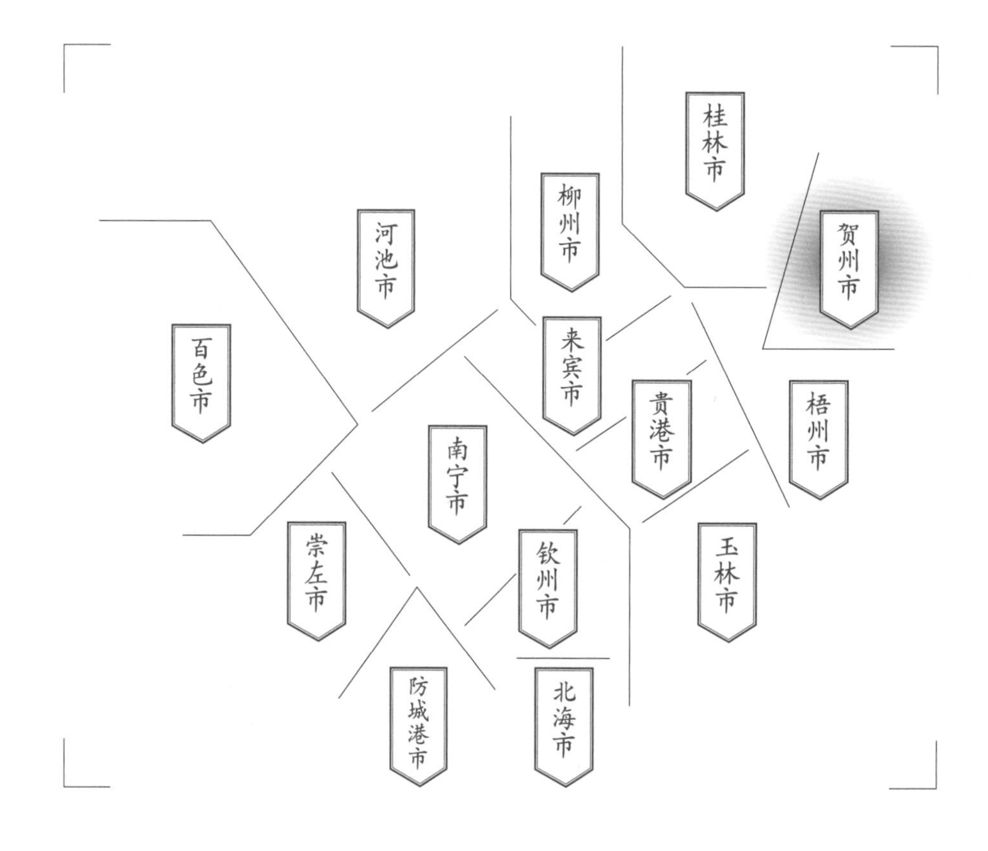

调查对象
文竹镇纸社村竹纸

Section 8
Bamboo Paper in Zhaoping County

Subject
Bamboo Paper in Zhishe Village of Wenzhu Town

一

昭平竹纸的基础信息及分布

1

Basic Information and Distribution of Bamboo Paper in Zhaoping County

昭平竹纸因其盛产于昭平县原桂花乡（今文竹镇），得名“桂花竹纸”。昭平竹纸又分竹纸和湘纸两种[102]：竹纸较粗糙，多作日常杂用或用于店铺包装物品；湘纸用料精细，制造工艺要求较高，纸张细腻、洁白，较薄，主要用于书写，因其制造技术源于湖南而得名。

昭平竹纸在清末民国初就蜚声海外。[102]民国期间，造纸厂遍布桂花乡，散布抚河、勤江流域各乡村，各地村民均在竹山就地建厂造纸。20世纪30年代至1955年是桂花竹纸生产与销售的鼎盛时期。据1954年统计，全县共有造纸厂418间，其中桂花乡有254间。[103]桂花竹纸作为传统大宗出口商品，畅销南方各省并远销东南亚，享誉中外。[104]

20世纪70年代初，随着机械造纸的迅速发展，手工竹纸逐渐被机制纸取代，80年代仅有少量生产。[102]调查组2008年对昭平竹纸进行调查时，湘纸的实物已很难找到，而普通竹纸目前也仅有文竹镇佛登冲的一家手工竹纸厂生产。本文所称的“昭平竹纸”主要是指纸质较为粗糙的普通竹纸，在介绍历史、用途时也兼及湘纸。

[102] 昭平县志编纂委员会.昭平县志[M].南宁：广西人民出版社,1992: 248-249.

[103] 昭平县志编纂委员会.昭平县志[M].南宁：广西人民出版社,1992: 314-315.

[104] 昭平风物志编委会.昭平风物志[M].南宁：广西民族出版社,1992: 198.

路线图
昭平县城
↓
纸社村
Road map from Zhaoping County centre to the papermaking site
(Zhishe Village)

昭平竹纸生产地分布示意图

Distribution map of the papermaking site of bamboo paper in Zhaoping County

考察时间
2008年8月～2018年4月

Investigation Date
Aug. 2008 to Apr. 2018

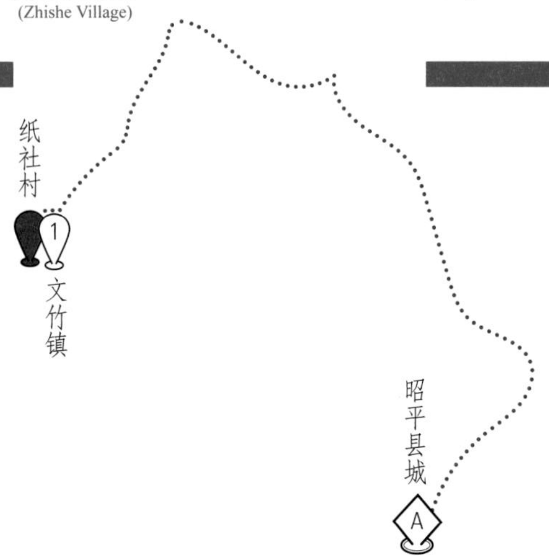

纸社村
1
文竹镇
昭平县城
A

地域名称

A 昭平县

昭平镇

1 文竹镇

2 五将镇

3 黄姚镇

造纸点名称

纸社村 造纸点

位置分布

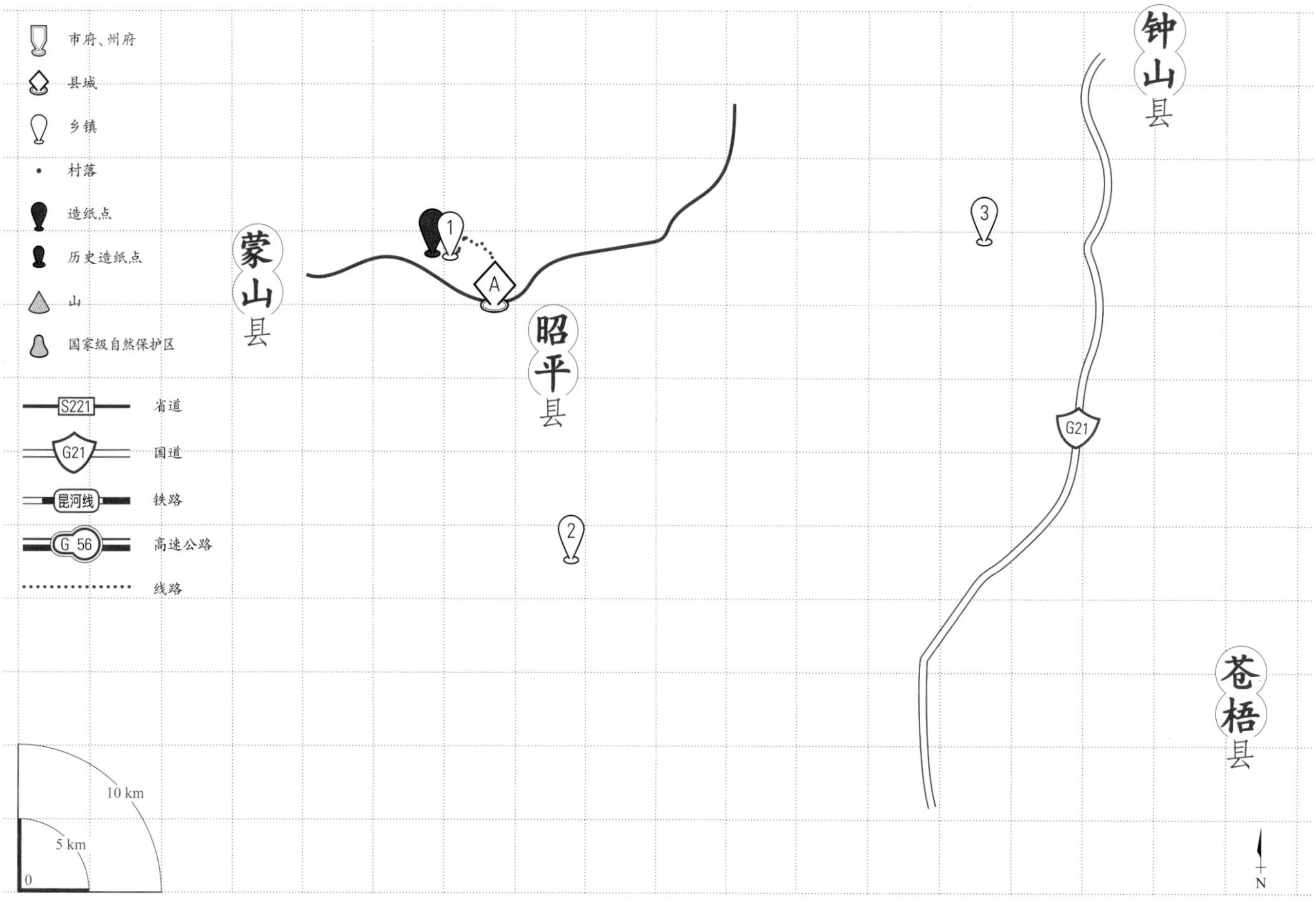

市府、州府
县城
乡镇
村落
造纸点
历史造纸点
山
国家级自然保护区
S221
省道
G21
国道
昆河线
铁路
G 56
高速公路
线路
蒙山县
1
A
昭平县
2
3
钟山县
G21
苍梧县
10 km
5 km
0
N

二
昭平竹纸生产的人文地理环境

2
The Cultural and Geographic Environment of Bamboo Paper in Zhaoping County

昭平县位于广西东部，隶属于贺州市，跨桂江中游，素有“广右咽喉”之称。东邻平桂区，西接梧州市蒙山县，东南与梧州市苍梧县毗连，西南与梧州市藤县交界，北与钟山县及桂林市荔浦县、平乐县相依。

古为百越地，秦始皇三十三年（公元前214年），置桂林郡，县地属之。汉初九十余年，县地属南越国。汉元鼎六年（公元前111年）武帝平定南越，置苍梧郡，辖临贺、猛陵等县，县地大部属临贺县，部分属猛陵县。东汉时期仍属苍梧郡。三国时期，县地仍属临贺、猛陵两县。两晋和南朝宋，因袭汉制，县地仍属临贺、猛陵两县。南朝梁以后主要属静州管辖。隋朝时期县地分布于静州、梧州、富州等地，后属始安郡。唐朝时期分属静州、梧州。后又属岭南道、富州、苍梧、岭南西道等地。五代时期属南汉。

宋代属广南路、广南西路。徽宗宣和六年（1124年），龙平县改名招平县，意谓招抚平定，因“招”字不雅，故用光明、明亮的“昭”代替，定名为昭平县，仍属昭州，这是昭平县得名之始。后又复名龙平县。元初，龙平属昭州，隶属于广西行中书省。

明代复置昭平县，自此以后昭平县名沿用至今。清代，昭平县属平乐府。民国时期，昭平县属于广西省政府。

解放初，昭平隶属平乐专区，1958年改属梧州专区，1971年改属梧州地区[105]，1997年改属贺州。[106]

昭平县行政区域面积3 273 km^2，县内粮食播种面积266 km^2，山地面积2 869 km^2，山地占全县总面积87.6%，全县宜林山地约2 724.7 km^2。县辖9个镇和3个乡。2014年末人口44.25万，其中农村人口38.38万，壮、瑶等少数民族人口4.94

⊙1

⊙1 昭平黄姚古镇带龙桥 Dailong Bridge in Huangyao Ancient Town of Zhaoping County

[105] 昭平县志编纂委员会.昭平县志[M].南宁：广西人民出版社,1992: 36-38.

[106] 贺州市地方志编纂委员会.贺州市志：上[M].南宁：广西人民出版社,2001: 57.

万。[107]县境内群山起伏，河谷深切，平地狭小，可谓“九山半水半分田”，素有“昭平不平”之说。森林植被繁茂，遍布松、杉、樟、檫、枫、油茶、八角、玉桂、毛竹等林木资源，为广西重点林业县之一。还有丰富的农副和林副土特产品，勤江茶油、桂花竹纸、黄姚豆豉早就蜚声海外，松香、八角、茶叶、柚果也远销东南亚各国。全县有野生植物1 700多种，野生动物650多种。七冲原始森林位于昭平县文竹镇境内，森林面积74.8 km²，是广西东部天然林保存最好、植被种类最丰富的原生性天然林区，也是华南地区最完整的森林生态体系、省级自然保护区，其中有稀有树种小叶红豆和被誉为“活化石”的珍稀动物鳄蜥。[108]

昭平县东北部的岩溶地区，秀水奇峰，宛若桂林，有孔明岩、读书岩、聚仙岩、九如洞等众多岩洞，千奇百怪，有的可容万人。昭平县东北部的千年古镇黄姚，属喀斯特地貌，发祥于宋朝年间，有着近1 000年历史。自然景观有八大景二十四小景，保存有寺观庙祠20多座，亭台楼阁10多处，多为明清建筑。著名的景点有广西省工委旧址、古戏台、安乐寺等。[109]黄姚古镇2007年被国家文物局列为第三批“中国历史文化名镇”[110]，2009年被国家旅游局批准为AAAA景区[111]。

文竹镇位于昭平县西北面，乡治文竹，故名。辖区地处桂江中游，上通桂林，下达梧州，东北与平乐县接壤，西南与蒙山县接壤。海拔150 m，距县城20 km。明归昭平里，清末属太区，民国设桂花乡，治桂花村。1949年后，设区迁至文竹坪。1984年分文竹公社为文竹、仙回两个乡[112]，1995年改文竹乡为文竹镇*。

文竹镇总面积270 km²，森林面积约246.7 km²，其中生态公益林约140 km²，商品林约106.7 km²。镇辖桂花、大广、七冲、文竹、纸社5个村民委员会。2010年时，全镇总人口10 737人，其中常住人口8 641人，常年外出务工2 096人。汉族8 890人，占总人口的82.8%，少数民族1 847人，占总人口的17.2%。少数民族以瑶族为主，主要集居在七冲村，另有极少数外来嫁入的壮、苗、侗、仫佬等民族的女性散居在各村。*文竹镇森林资源十分丰富，以杉木、松木、杂木为主，活立木蓄积量达$1.16 \times 10^6\ m^3$；有毛竹约20.7 km²，为昭平县重要的毛竹生产基地。

佛登冲是一狭长山谷，全长约8 km，山谷入口处佛登口海拔138 m，距文竹镇镇治文竹坪3 km。内有佛登、桐油坪、狭口、木户、李家、荒田、冲脑7个村民小组。2010年时，有人口539人，均为汉族。其中，属文竹村管辖的是佛登、桐油坪2个村民小组，有人口174人；属纸社村管辖的是狭口、木户、李家、荒田、冲脑5个村民小组，有人口365人。*造纸户农自兵的纸厂距佛登口约6 km。

佛登冲翠竹漫山，泉水潺潺，绿荫如盖的竹间小径，蜿蜒曲折，盘山而上。因少有可供连片建筑房屋的平地，民宅大多建在山坳两侧，独成院落或两家毗邻，依山傍水，掩映在浓绿的竹丛中。在这宛如世外桃源的小山村，村民们过着恬静的生活。

[107] 广西壮族自治区地方编纂委员会.广西年鉴2015[M].南宁:广西年鉴社,2015: 382.

[108] 昭平县志编纂委员会.昭平县志[M].南宁:广西人民出版社,1992: 6.

[109] 王小婷.我爱广西[M].济南:山东画报出版社,2014: 165-166.

[110] 中华人民共和国建设部，国家文物局.关于公布第三批中国历史文化名镇（村）的通知[Z],2007-05-31.

[111] 国家旅游局.旅游局批准什刹海风景区等147家景区为AAAA级景区[Z],2009-01-23.

[112] 昭平县志编纂委员会.昭平县志[M].南宁:广西人民出版社, 1992: 54-55.

* 资料数据由文竹镇统计站提供。

⊙1

⊙2

⊙ 1
昭平黄姚古镇石跳桥
Shitiao Bridge in Huangyao Ancient Town of Zhaoping County

⊙ 2
民宅
Local residence

三 昭平竹纸的历史与传承

3 History and Inheritance of Bamboo Paper in Zhaoping County

昭平县竹纸的发源地是文竹镇纸社村的丹竹、上泗等地。民国《昭平县志》卷六《物产》的“竹纸”条记载：“竹纸，查县属归化、勤江、佛丁、丹竹、仙回、马江等处均有纸厂，制造之初，因同治年间有王姓来自闽疆侨居太区丹竹、上泗冲一带，见该地山岭旷弃且土质最宜种竹造纸，乃携竹六本来昭种植，渐以繁兴，藉造竹纸，迄今垂七十年。”[113]其中所说的归化即指原桂花乡。

文竹镇纸社村丹竹、上泗的王氏家谱记载：“千一郎公之十九世孙义章于清朝嘉庆年间徙来粤西昭平桂花文竹丹竹、上泗居住，原居福建汀州上杭胜运里。”

据丹竹、上泗王姓人介绍，嘉庆年间（1796～1820年），王义章兄弟数人从福建迁移到丹竹、上泗居住，见当地气候温和，土地肥沃，优越的自然环境十分适宜种植毛竹、南竹，即派王望林重返福建采集竹种。王望林挖了许多粗壮的南竹须（也称竹鞭，竹子的地下茎），用包袱包扎，肩挑回到丹竹、上泗，在四周山岭垦荒种下，三五年后便翠绿成林。同治年间（1862～1874年），王佛乾又到福建采集毛竹种回来种植，并摸索着用毛竹、南竹作原料造纸并获得成功。王佛乾是昭平县手工造纸的鼻祖。[114]

以上资料关于福建王氏到丹竹、上泗冲一带的时间虽然不太一致，但同治年间开始有造纸应该没有问题。

居住在文竹境内各个山冲的群众知道丹竹、上泗王姓人种竹成功，纷纷来向他们学习种竹技术。王姓人毫无保留地向来访者传授技术，还送竹种给他们。一个自发的种竹热潮，就这样在文竹一带掀起了。据佛登冲耄耋老人阳常光说，光绪年间，文竹镇大部分山岭已经种植了大

[113] 李树楠.昭平县志：卷六·物产[M].民国二十三年(1934年)刊本.

[114] 昭平县志编纂委员会.昭平县志[M].南宁：广西人民出版社,1992: 19.

片竹林。

但是，竹子的种植并非一帆风顺，文竹地区的毛竹、南竹曾经历过三次严重的自然灾害。一是清朝咸丰年间（1850～1861年），初始种植的南竹进入繁殖生长期，南竹逐渐成片开花死亡。二是1959～1960年发生的毛竹、南竹蝗灾。竹蝗以竹叶为食，对竹子生长危害极大，大面积发生时常常造成竹林成片枯死，广西林科所派技术人员亲临竹山察看，看到灾情严重，无偿调拨一批“六六六烟剂”方消灭蝗灾。三是蝗灾刚过，1961～1971年十年间共有约26.7 km^2毛竹、南竹又逐年开花凋亡，文竹地区的毛竹、南竹生产再次面临严峻局面。[115]

1963年正当竹林凋谢时，纸社村竹农覃仕书采用竹子开花后结下的种子——竹米，人工培育毛竹获得成功，并先后在纸社村佛登、十三冲、巴鲁三地建起了3个共约3.33×10^4 m^2的竹秧苗圃。毛竹种子育苗繁殖被视为毛竹生产科技上的创举而轰动全国。随着该成果的推广应用，毛竹、南竹生产得以逐渐恢复和发展。至1983年文竹镇的毛竹、南竹种植面积已由1949年前的约6.7 km^2发展到约36.8 km^2。[116]1974年，覃仕书的“毛竹种子育苗繁殖”成果分别获得中国科学技术工作者协会和广西壮族自治区科学技术工作者协会科研成果一等奖。[117]是年，珠江电影制片厂在佛登冲拍摄《毛竹繁殖》科教影片[118]，在全国各地放映，文竹镇（当时为文竹公社）名声远扬。

⊙1 捞纸师傅李保艺（1932~2012）
Papermaker Li Baoyi (1932~2012)

宣统年间（1909～1911年），丹竹、上泗周边的石梯、古盏等地百姓，向王姓人学习造纸技术，并建厂造纸。这时，文竹一带已建立了10多间造纸厂，从业者有40多人。很快，造纸技术就流传到仙回、马圣、佛丁、五将、瑶山、马江等地，各山村的百姓也都纷纷在竹山就地建造纸厂。[119]

民国期间，昭平桂花竹纸的生产得到迅速发展。20世纪40年代中期，桂花乡的纸厂增至250多间，直接从业人员达1 000多人。[119]1944～1955年是桂花竹纸生产的鼎盛时期，桂花乡每年的竹纸产量不少于1.5万担，产量最高的年份可达4万担。[103]调查组调查了多个当年参与造纸的老人，如李保艺、阳常光等都说20世纪三四十年代是桂花竹纸的鼎盛时期，与县志记载基本一致。桂花竹纸作为传统大宗出口商品，畅销南方各省并远销东南亚，享誉中外。[120]需要指出的是，《昭平文史》（第15辑）中提到桂花乡造纸“最盛为民国三十三年（1944年）至新中国成立后的1955年，平均年产一百万市斤”[116]，但该数据与后面收购、出口的数据相去甚远，故本文采用县志记载。

1956年后，因自然灾害等各种原因，文竹镇的竹纸生产连遭挫折，产量大幅度下降。1956年产纸600吨，1958年“大跃进”后，产量节节下滑，到1962年时，产量仅有116.95吨。随后竹纸产量逐年有所回升，1965年产量上升到255.55吨。但是，1966年后，竹纸业再遭重创，生产每

[115] 昭平县志编纂委员会.昭平县志[M].南宁：广西人民出版社,1992: 280.

[116] 昭平县政协办.文竹乡毛、南竹简史[M]//政协广西昭平县委员会办公室.昭平文史：第15辑,2003: 48-54.

[117] 昭平县志编纂委员会.昭平县志[M].南宁：广西人民出版社,1992: 474.

[118] 昭平县志编纂委员会.昭平县志[M].南宁：广西人民出版社,1992: 29.

[119] 昭平县志编纂委员会.昭平县志[M].南宁：广西人民出版社,1992: 309.

[120] 昭平风物志编委会.昭平风物志[M].南宁：广西民族出版社,1992: 198.

况愈下，1970年时产量仅2吨，几近停产。1978年改革开放后，竹纸生产又有所恢复，1983年产量47吨，1985年产量31吨。之后，由于竹麻及其他原材料价格不同程度地上涨，造纸成本高涨，而竹纸销售却持续低迷，因此导致本已为数不多的纸厂绝大部分再度停产。1989年产量降至几千千克，竹纸生产再陷困境。[103,116]

传统的昭平竹纸生产，1间厂配备工人4名，分踏料、捞纸、焙纸、杂务4个工种。踏料负责把竹麻踏成纸浆，并把纸浆挑至厂内下槽；捞纸负责捞纸、榨纸、把纸头（榨干的纸）放置好；焙纸负责撕纸、贴纸、焙纸、收纸、齐纸；杂务（也称"做草"）负责折纸、磨纸头、供应柴草和饮食等杂务。工人各司其职，相互配合。现在由于踏料、榨纸工序使用了部分现代化工具，减轻了劳动强度，1间厂只需2名工人即可。

1949年前，纸厂均系私营，由个体或合股开办，极少数财力雄厚者可办厂数间。厂主雇佣工人造纸，以1间厂1天造纸50 kg为标准付给工人报酬。4人所得报酬为4 kg大米，具体分配是：捞纸是最重要的工种，所得报酬最高，可得1.5 kg大米；踏料次之，可得1 kg；焙纸、杂务各得0.75 kg。在众多捞纸师傅当中，有十之二三，技艺高超，捞的纸质量上乘，4人所得报酬稍高，为5 kg大米，具体分配是：捞纸1.9 kg，踏料1.3 kg，焙纸、杂务各0.9 kg。1间厂1天造纸不能少于40 kg，低于此标准，厂主则解雇工人。一般每加工完一壶竹麻即结算报酬，如果需要，平时工人可预支部分报酬。工人自带蚊帐被褥，住宿在纸厂，饮食由厂主提供。一般一壶竹麻6 000多千克，产干纸约1 000 kg，需时20～25天。当时工人的伙食比较好，饭管够，菜一般有新鲜蔬菜、腐竹、咸鱼、米粉等，每人一月至少2 kg茶油。

1949年后，实施社会主义改造，农业生产资料逐步收归集体所有。1950～1955年，在此过渡时期，纸厂维持私营，经营方式沿袭以前。

1956年合作化时，政府把分布在文竹境内各山冲无水田耕作，世代以种竹、卖竹、造纸为主业的竹农组织起来，组建成文竹纸社村。[103]国家为鼓励大力发展毛竹、南竹及竹纸业生产，供应平价粮、油给纸社村居民。纸社村居民也称竹农或称手工业者，为非农业人口，与城镇居民待遇相同。1958年6～9月成立人民公社，农村全面实行农业生产集体所有制。农业生产资料全部收归集体，纸厂属生产队所有。[121]人民公社期间，以1间厂1天造纸40 kg为标准，工人获得的报酬是：捞纸记工分12分，踏料、焙纸各记工分10分，杂务记工分8分。年终结算分红1次，平时工人可预支部分工钱。20世纪六七十年代，1个工分约值0.04元。

1980年9月，昭平县在广西较早推行农业生产家庭联产承包责任制。政府把生产资料分配到户，实行个体经营。[121]但纸厂仍保留集体所有，各家自备原料及纸帘等工具轮流使用纸厂造纸，所产竹纸各自销售。厂房、水碓、捞纸槽、榨盘、焙笼等公共设备共同维护。

王义章兄弟后裔的土法手工造纸技术在当地一代一代地流传下来，至今已有一个多世纪。一百多年以来，造纸工艺基本没有太大变化。现在，为减轻劳动强度、提高生产效率，在踏料、榨纸工序中使用了部分现代化工具。

伴随着现代机械造纸的迅速发展，竹纸生产的衰落已成必然。

以佛登冲为例，20世纪三四十年代，佛登冲就有纸厂48间，50年代中后期有20间，60年代有10间，70年代有6～7间，80年代有5～6间，90年代中前期有2～3间。2000年，佛登冲木

[121] 昭平县志编纂委员会.昭平县志[M].南宁：广西人民出版社,1992: 24-31.

户小组有一家建厂造竹纸，因经济效益不佳，于2010年停产，改做木工活。2003年，农自兵在荒田建厂生产至今，这也是调查组多次调查所了解到的昭平县仍在从事竹纸生产的唯一一家。据农自兵介绍，他祖父农福信（1890～1950年）曾经造纸，农自兵从15岁跟随父亲农庆财（1927～1990年）学造纸开始，一直坚持到现在。假使他祖父20岁才开始造纸，他家也已有百余年的造纸历史。当被问及是否有后辈子孙跟他学习造纸时，他摇头叹息说，估计不会，现在的年轻人宁愿外出打工或做其他工作，也不太愿意从事造纸行业了，在年轻人眼里，这种传统行业，既苦又累，经济效益也不好，生活难以为继，年轻人更不愿被束缚在这山里，看来这门技术真的是难以传承下去了。

⊙1

⊙1
造纸户农自兵、刘金兰夫妇
Papermaker Nong Zibing and his wife Liu Jinlan

四 昭平竹纸的生产工艺与技术分析

4 Papermaking Technique and Technical Analysis of Bamboo Paper in Zhaoping County

（一）昭平竹纸的生产原料与辅料

1. 竹子

适宜造纸的竹子主要是毛竹、南竹等品种。前已述及，文竹镇盛产竹子，品种有毛竹、南竹、丹竹等。据农自兵介绍，用作造纸原料的竹子，以当年生长至立夏、小满间的为最佳。生长不足一个月的竹子太嫩，没有形成适当的纤维组织，造出来的纸强度不够，易破损。而生长时间过长的竹子纤维老化、粗筋太多，不易泡烂，难以分解出足够细的竹纤维，造出来的纸质地粗糙。一般都在立夏开始砍伐生长一个月左右未长叶的嫩竹，为了确保竹子具有良好的质量，砍竹的时间不能超过小满，一年砍伐一次。为达到16%以上的出纸率，厂主对竹子的要求是“寸半径”或“五寸围”——其距根部1 m处的直径不小于5 cm，周长不小于17 cm。直径小于5 cm的竹子，竹壁太薄，出纸率过低，不适宜用作造纸原料。另外，在众多的竹子品种当中，苦竹不太适宜用作造纸原料，因为苦竹纤维坚韧不易分解，粗筋太多，造出的纸质地粗糙、质量低下。一般100 kg竹子可造纸16～18 kg，影响出纸率的因素：一是竹子直径，直径越大，竹壁越厚，出纸率越高；二是泡料时间长短，当年泡料、当年捞纸出纸率高，泡料时间过长，料会逐渐腐烂，出纸率低。

2. 石灰

石灰是重要的辅料，作用是腐蚀竹麻，使竹子分解成适宜造纸的纤维组织。据记载，竹麻与石灰的配比是100∶4。[102]据调查组调查，现在农自兵造纸，竹麻与石灰的配比是100：8。石灰用量较以前多一倍，其原因主要是：第一，竹麻较老，如不加大石灰量，则竹麻的腐蚀程度不够；第二，把腌制好的竹麻制作成纸浆的工艺与以往大不相同，过去是把竹青与竹瓤剥离分别加工，现在则是一起用打浆机碾压。

3. 白胶泥

一种白色黏土，湿土似白色橡皮泥，干土细如滑石粉，但不及滑石粉的光滑度和白度。所起的作用是增加纸张的白度及光滑度。

配制与使用方法（一天用量）：清水15 kg，白胶泥3～3.5 kg，兑成悬浊液，与纸药一起加入捞纸槽内。

白胶泥曾经是造纸的重要辅料，在历史上曾广泛使用[113]。添加白胶泥虽有增加纸张白度及光滑度的优点，但纸张易回潮，如保管不善，一两年内即会发生霉烂，严重时成捆的纸会发霉腐烂，而且所制作的纸钱不易燃烧等。如添加过量问题就更多，这使得添加白胶泥一直以来被经销商及消费者诟病。但是因为添加白胶泥增加了纸

⊙1

⊙1 茂盛的竹林 Flourishing bamboo forest

张的重量，提高了出纸率，所以以前竹纸供不应求时，添加白胶泥基本上是惯例，添加量一般不超过5%。20世纪70年代中期起，竹纸销路逐渐不畅，不再添加白胶泥。

4. 纸药

据农自兵介绍，纸药的作用是增加纸张的柔韧性、纸面的光滑均匀度，而且使得湿纸不粘纸帘，压榨后易撕开，焙纸时利于粘贴在焙笼壁上。如果不加纸药纸张就不粘炉壁，没干就往下掉。

本地人把纸药称为“纸癞”，或“癞”，加纸药过程称为“加癞”。“癞”在当地方言大意是：拿一种物品“治”另一种物品，就像俗语说的“卤水点豆腐，一物降一物”。“纸癞”有“木叶癞”“蕨癞”“藤癞”三种。

(1) 木叶癞。用本地人称为“癞木”的鲜叶熬制。癞木，野生，学名铁冬青，别名白凡树、纸胶树等，中药名为救必应。其制作方法如下：用大铁锅盛水10 kg，煮沸，然后投入6.5～7 kg鲜叶片，旺火煮30分钟左右，此时用手指轻捻叶片可把叶片撕开成两层即可起锅。一般一次加工20 kg鲜叶片，分三锅煮，共可得纸药原汁30 kg。把原汁连同叶片倒入纸药桶，兑清水至250 kg备用。加纸药时只舀其浸出液，一天用量约150 kg，当天捞纸结束后，再往纸药桶加清水150 kg，次日续用。一次熬制的纸药，一般情况下可连续使用15天左右，气温高时使用期限会缩短。当纸药使用了约10天后，有效成分明显减少，每天可采新鲜的野生红蕨2～2.5 kg，去叶，把枝条捶烂，加入纸药桶内浸泡，可延续使用3～5天。据农自兵介绍，添加红蕨只是贪图方便，临时使用而已。一次熬制的纸药可产干纸500 kg，其后需重新熬制纸药。

(2) 蕨癞。用本地人称红蕨的野生植物制作。其制作方法如下：采集新鲜的红蕨约3.5 kg，去叶，把枝条捶烂，加清水250 kg，浸泡1小时后即可使用，一天用量约150 kg，随后更换红蕨枝条，再加清水150 kg浸泡，次日续用。

红蕨的组织中有一种似米粒大小，本地人称为“蕨米”的物质，在捶的过程中易滑脱，难以将其捶烂，因此在加纸药时不可避免地会有少数“蕨米”随药液进入捞纸槽，在捞纸时混在纸张中，混有“蕨米”的纸在撕纸时易造成纸张穿孔，或刮破纸张。同时如用蕨癞，每天均需重新加工红蕨枝条。因此，通常情况下都是使用癞木树叶熬制的纸药，只是在冬季无法及时采集癞木

⊙1 熬制纸药 Boiling the papermaking mucilage

⊙2 盛放在纸药桶里的纸药液 Papermaking mucilage in a bucket

⊙3

树叶时才使用蕨瘢。

(3) 藤瘢。用本地人称"秤砣子"的野生藤本植物制作。其制作方法如下：采其新鲜藤条7.5 kg，去叶，截成约50 cm长短，加清水250 kg浸泡12小时即成。每天用量约150 kg，后加清水150 kg浸泡一晚，次日续用。制作一次可连续使用30天，造干纸约1 000 kg。但其浸出液较黏稠，不易打匀，造出来的纸易厚薄不均，纸质低下。历史上只是在无法采集到瘢木树叶时才偶尔使用，20世纪60年代中期起已无人使用。

5. 水

造纸用水直接用竹笕或胶管从高处引到作坊中。2010年4月调查组调查时，所检测的山泉水pH约为6.0。

⊙4

⊙3 瘢木 *Ilex rotunda Thumb.* (raw materials of papermaking mucilage)

⊙4 红蕨 *Pteridium* (raw materials of papermaking mucilage)

(二)

昭平竹纸的生产工艺流程

调查组自2008年8月至2018年4月，十二次前往昭平县文竹镇纸社村实地调查，此外多次电话采访造纸户农自兵。经调查，制作桂花竹纸的生产工艺流程为：

⊙1

壹	贰	叁	肆	伍	陆	柒	捌	玖	拾	拾壹
放竹麻	破竹麻	捆竹麻	腌竹麻	洗竹麻	漂水	放晒	沤黑水	再漂水	打浆	下槽

拾贰	拾叁	拾肆	拾伍	拾陆	拾柒	拾捌	拾玖	贰拾	贰拾壹	贰拾贰
打槽	加癞	二次打槽	捞筋	捞纸	下帘与起帘	榨纸	撕纸	贴纸	焙纸	收纸

贰拾叁	贰拾肆	贰拾伍	贰拾陆
齐纸	折纸	捆纸	磨纸头

壹 放竹麻

1 ⊙2

每年立夏至小满间，造纸户到周边山上用柴刀砍伐生长了一个月左右未长叶的嫩竹。

⊙2

⊙1 调查组成员请造纸户农自兵核实材料
A researcher inquiring the details from papermaker Nong Zibing

⊙2 放竹麻
Lopping the bamboo materials

贰
破　竹　麻

2　⊙3

将砍下的竹子截成长约1.2 m的竹段，用柴刀破成若干瓣，一般直径7 cm以下的破成2瓣，7～9 cm的破成4瓣，9 cm以上的破成6瓣。

⊙3

⊙4

叁
捆　竹　麻

3　⊙4

25～30 kg作为一捆，用竹篾捆紧。

⊙5

肆
腌　竹　麻

4　⊙5～⊙7

把成捆的竹麻摆放在纸壶里，后把竹篾解开，一层竹麻撒一层石灰，100 kg竹麻需8 kg石灰，接着用木棒把竹麻整理整齐，尽量少留空隙，这一过程称为“下壶”。竹麻、石灰放完后，在最上面纵横方向各放上若干根细竹子对半破开的竹片，并压上石块，称“封壶”。灌满清水浸泡40～60天。在浸泡过程中，如发现水色变红，表明石灰水浓度过低，一般需加撒石灰2次，每次50 kg。这种情况常常是因为下大雨导致纸壶的水漫出，部分石灰流失所致。

⊙6

⊙7

⊙3 破竹麻 Lopping the bamboo

⊙4 捆竹麻 Binding the bamboo

⊙5 解开竹篾 Unleashing the bamboo strips

⊙6 撒石灰 Scattering lime powder

⊙7 腌竹麻 Soaking the bamboo materials

⊙8

伍 洗竹麻

5 ⊙8

在手和腿上涂抹机械用普通润滑脂后，多人用锄头将竹麻疏松后钩起，在纸壶里把竹麻洗干净后摆放在纸壶四周。一般六七个人一天完成。涂抹润滑脂可较好地防止石灰水腐蚀皮肤，2003年以前涂抹茶油。

陆 漂水

6 ⊙9⊙10

把纸壶里的石灰水放干，为避免最底层竹麻腐烂，在纸壶底横向垫上数根圆木，纵向平铺一层竹子，再把洗净的竹麻重新叠好，最上面铺盖茅草、竹子4列，并用石块压稳。接着灌满水，半天后放干水再灌满水，如此循环，每天漂洗两次，10天共20次。

⊙9

⊙10

⊙8 洗竹麻 Cleaning the bamboo materials

⊙9 灌满水 Filling the pool with water

⊙10 放干水 Drain the pool

柒

放　晒

7

漂水结束后，把水放干，在纸壶里晾晒10天。

捌

沤黑水

8

晾晒后再灌满清水浸泡至出现黑水即可，一般需7天。

玖

再漂水

9　⊙11

在捞纸前再漂洗两次。

从浸泡到竹麻泡好整个过程共需约90天，至8月中下旬竹麻已泡好。但因为受农事生产及销纸季节等因素的影响，一般在当年11月中旬至12月中下旬、次年3月初至4月初捞纸，捞纸期间需将纸壶里的水放干。停工期间，则需把纸壶再灌满水，不能让竹麻发干。

⊙11

拾

打　浆

10　⊙12

即碾料。用打浆机把竹麻碾成糊状，供次日用。在打浆过程中，用水管不断往料斗中加水。采用打浆机碾料，其纸浆远不如过去的细腻，造的纸也较以前粗糙很多。

20世纪70年代中期之前人们主要是用脚把竹麻踏烂，称“踏料”。先把竹青与竹瓤剥离：用手拿起一根竹麻，往另一只手的手掌心轻拍一下，使竹青与竹瓤略微分离，然后把竹青与竹瓤掰开。把约占10%的竹青用刀砍成约1.7～3.3 cm长短，干燥后置于石臼内由水碓舂成粉状。竹瓤则由人工赤脚踩烂。踏料使用的主要工具是竹编，用宽1 cm、厚0.5 cm的竹片编成。需要两块，连接在一起似合页状。一块约长200 cm，宽80 cm，斜靠木柱，与地面呈45°角；另一块约长200 cm，宽150 cm，平铺，用木头垫离地面约50 cm。踏料者站在平铺的竹编上，用脚把堆放的竹瓤挑起搁在倾斜的竹编上面反复踩踏成浆。竹瓤踩踏好后，把粉状的竹青撒在纸浆上面，淋水拌匀。踏料者1天负责把300～330 kg竹麻制成纸浆，耗时8～9小时。纸浆就地盛放在平铺的竹编上，沥出部分水分，下午5～6时捞纸结束后，挑到厂内下槽。踏料的地点一般在纸壶旁边，距捞纸槽一般有20～30 m。

20世纪70年代中后期使用水车带动的木碓舂料，80年代初起使用由柴油机或马达提供动力的打浆机把竹麻碾压成浆。

⊙12

⊙11 腌好的竹麻 Soaked bamboo materials

⊙12 碾料 Grinding the papermaking materials

拾壹 下 槽

11 ⊙13⊙14

即把纸浆投放到捞纸槽里，约需1小时。

下槽时，用胶管边灌水边投料，水位高至70 cm时把料投完，料分4～5次投，每次约50 kg，总量约225 kg。每次投料后都用拱棰把料打匀，本地造纸户称“拱”。全部的料投完后再用拱棰把料打匀，并用捞耙把粗筋捞出，重复3次。捞出的粗筋经打浆机重新打浆后继续使用。然后把距槽底高40 cm处的孔打开放水，同时用纸码（方木块）敲打捞纸槽的木板，震动木板使堵塞在板缝的纸筋松动、脱落，让水分从木板的缝隙慢慢渗出，放掉一半水，使水位降至40 cm，这一过程称“隔水”，需7～8小时。至次日凌晨2点左右，把40 cm处的孔塞上，往槽里逐渐灌水。为防止纸浆从槽面溢出，需把捞纸槽最上面的孔打开，在捞纸前再用纸筋把孔塞上。为防止纸浆流失，放水时用长40 cm、宽30 cm的网状竹编遮挡放水孔。把纸浆投放到捞纸槽后的“隔水”与后续的灌水，目的都是把纸浆残留的石灰漂洗干净。下槽一般都是在下午5～6时捞纸结束后进行。

⊙13

⊙14

拾贰 打 槽

12 ⊙15

捞纸前用打槽棍搅拌，把料打匀，并把粗纸筋捞出。打槽棍入水深度约50 cm，搅拌力度要恰当，不能大幅度剧烈搅拌，否则上浮的纸浆过多，无法捞纸。先捞10余张纸，因未加纸药，这些纸较粗厚，垫在榨盘上铺的竹编上，保护之后所捞的纸。

⊙15

拾叁 加 癞

13 ⊙16

即加纸药。每天第一次加四瓢，共约10 kg。捞纸过程中根据情况，当感觉所捞出的湿纸其纸面不均匀、不光滑时再加，每次两瓢，约5 kg。一天约用150 kg。

⊙16

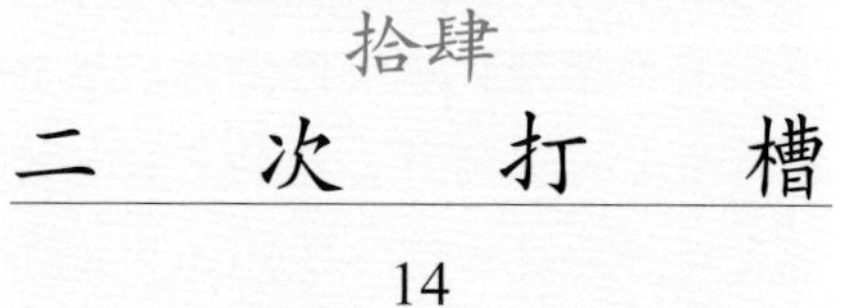

拾肆 二 次 打 槽

14

用1根打槽棍搅拌，再把料打匀。

拾伍 捞 筋

15 ⊙17

用打槽棍把细纸筋捞出。

⊙17

⊙13 用拱棰搅拌 Stirring the pulp with a rake

⊙14 用捞耙捞粗筋 Picking out the residues with a rake

⊙15 用打槽棍把料打匀 Stirring the pulp with a stirring stick

⊙16 加癞 Adding the papermaking mucilage into the pulp

⊙17 用打槽棍捞细纸筋 Picking out the residues with a stirring stick

拾陆
捞　　纸

16　⊙18～⊙21

把纸帘放置在帘床上，在盛满纸浆的捞纸槽里捞纸。通常是捞两道水，第一道水称“打底”，将纸帘与水面呈40°～45°角入水，最先入水的是左下角，成纸后纸张的这一角称“贴角”，纸浆最先从此角进入纸帘，纸帘入水深度10～15 cm，横着往人跟前方向捞，待纸浆均匀荡满纸帘后提离水面约20 cm，纸帘往左运动，左手逐渐抬高，让多余的水分、纸浆从左往右流出。纸帘往右返回后捞第二道水，纸帘左低右高倾斜与水面呈60°～70°角入水5～8 cm往左捞，纸帘往左运动时左手逐渐抬高，右手逐渐降低，利用水流从左往右的冲刷运动，使竹纤维排列整齐有序，多余的水分、纸浆最后从右上角流出。第二道水称“盖浪”，比捞第一道水时纸帘入水深度要浅。

捞纸是一气呵成的连贯动作，分寸全凭个人掌握，不经长期历练，难以捞出厚薄适中、光滑均匀的纸张。

每当捞出的纸厚度达15 cm时，悬浮在上层的纸浆变少，纸药的浓度也逐渐降低。此时用4根打槽棍搅拌，把料打匀，然后加纸药，再把纸药打匀，并用打槽棍把细纸筋捞出，继续捞纸。开始捞纸时水位高约70 cm，捞纸过程中水分会不断损失，水位会逐渐下降，至下午3～4时，大部分纸已捞完，水位会降至约55 cm。此时停止操作10～15分钟，让纸浆沉淀，把距槽底高40 cm处的孔打开放水，使水位下降至约40 cm，加纸药打匀，再把余下的约150张纸捞出。农自兵一般1天工作8小时，可捞纸1 000余张，烘干后重30～33 kg。

捞纸10余天后需清理捞纸槽，当天捞纸结束后，把距槽底高20 cm处的孔打开放水，让杂质随水排出，把水位降至20 cm。清理捞纸槽是为了防止出现“翻槽”现象，因捞纸一段时间后，槽里遗留的石灰、泥沙等杂质过多，水体污浊，如不清理，则纸浆会在槽里发酵，产生大量气体，纸浆不断从槽底往上冒而无法捞纸。生产告一段落或因故停工时，需把槽底部的放水孔打开，把水全部放干，把捞纸槽清理干净。为防止纸浆流失，放水时用长40 cm、宽30 cm的网状竹编遮挡放水孔。

⊙18

⊙19

⊙20

⊙21

⊙18/19 打底 Scooping the papermaking screen for the first time

⊙20 盖浪 Scooping the papermaking screen for the second time

⊙21 打槽棍搅拌 Stirring the pulp with a stirring stick

拾柒
下帘与起帘

17 ⊙22⊙23

左手拇指在上、食指在下捏住帘夹露出部分，把纸帘稍微提起，右手拇指在下、食指在上，顺势捏住帘夹中部把纸帘往跟前拉。当纸帘即将脱离帘床时，左手拇指在外、食指在里顺势捏住帘竹中部，双手把纸帘提至底盘上方，帘竹上的定位销与高靠对齐后，左手松开，右手逐渐把纸帘放下，同时左手4指左右来回从下往上轻抹纸帘的背面，至纸帘平放，此动作称“收泡”，目的是把纸间的气体挤出。如纸间残留有气泡，则纸会糜烂穿孔，压榨后纸无法撕开，严重时会“塌垛”，即当纸垛堆积达一定高度时会发生坍塌。右手松开，即把捞有纸的纸帘反放到底盘上。上述过程称为下帘。

接着右手以4指从左往右轻抹纸帘背面上方（靠帘夹方）1次，此动作称“抹水”，目的是使上下两张纸贴紧，用力要恰当，以帘背渗水为宜。然后左手拇指在上、食指在下捏住帘竹中部，往下轻压一下使上下两张纸贴紧，再向上稍提纸帘，使纸与帘先少许分离，停顿片刻再把纸帘逐渐提起，直至纸、帘完全分开。上述过程称为起帘。

下帘与起帘时，手指都不能触碰到湿纸，否则会损坏纸张。“收泡”“抹水”时指头上翘，指尖不触帘，以四指的中部接触纸帘。

为便于榨纸后搬运，需对纸进行“分坨”：约30 cm为一坨，即每当捞出的纸厚约30 cm时就在纸垛左下角的纸面上先放置一长20 cm、宽0.5 cm、厚0.1 cm的薄竹片，竹片的一端外露2 cm作标记，再铺上一张干竹纸，便于压榨后分开。

⊙22

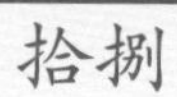

拾捌
榨纸

18 ⊙24～⊙27

捞纸结束后，用榨盘把纸榨干。农自兵每日捞纸1 000余张，纸垛高约90 cm，但在长时间静置过程中，纸垛会不断渗出水分，逐渐“消水”收缩，到压榨时约为80 cm。消水为正常现象，如纸垛不消水，反而无法压榨，甚至在下帘与起帘工序中纸垛就会崩塌，用农自兵的话说就是纸垛变成了一团“糯米糍”。农自兵认为不消水的主要原因有：竹麻、纸浆漂洗得不干净，纸浆残留石灰；竹麻腐蚀过度，纤维遭破坏，失去弹性，纸张内部不能搭建成正常的“骨架”状结构，孔隙过少，水分不能顺利渗出。

⊙23

⊙22 高靠与定位销 Marks for counting the paper

⊙23 起帘 Lifting the papermaking screen from wet paper

榨纸分两步：

第一步称为压水

在纸面上依次放废旧纸帘、压水帘床、1～2块纸码，静置数分钟，让纸垛在稍微有重物压的状态下进一步消水，使纸面更加平整。在压水过程中分别用半圆竹刀与长竹刀把“帘屎”，即纸垛四周溢出的纸浆刮净。

第二步称为压榨

除去纸码、压水帘床和纸帘，在纸面上放置厚木板、数块纸码和千斤顶，把纸垛压榨至25～30 cm，即榨纸前的1/3左右。开始时压力不宜过大，仔细观察榨出水分的流量，逐渐加压，如压力过猛会造成纸张断裂，严重的甚至会裂开成4瓣。当用拇指轻按纸垛侧面如无渗水、无凹陷时，表明水分即已榨干，榨纸整个过程约耗时1小时，可榨除约70%的水分。榨干的纸称“纸头”，分三坨，每坨厚8～10 cm、重约40 kg。把纸头取出放置一晚。

拾玖 撕 纸

19 ⊙28～⊙31

在桌面上放置一长竹棒，左端用一方木块垫起，取一坨纸头搁在竹棒上，纸的“贴角”要处于垫有木块的左端。先用手轻揉纸头侧面四周，使纸少许疏松分离，然后捏起10余张纸的“贴角”轻揉1～2下，并用力吹气，使纸张分开，左手拇指、食指捏住纸的“贴角”把纸撕开约1/4处时换作拿刷把的右手，刷把要紧贴纸面以增大纸张的受力面积，左手移至左下角，拇指、食指捏住纸角，以右手使力为主，双手配合把纸撕开。经压榨的纸只能从“贴角”撕开。

⊙24

⊙25

⊙26

⊙27

⊙28

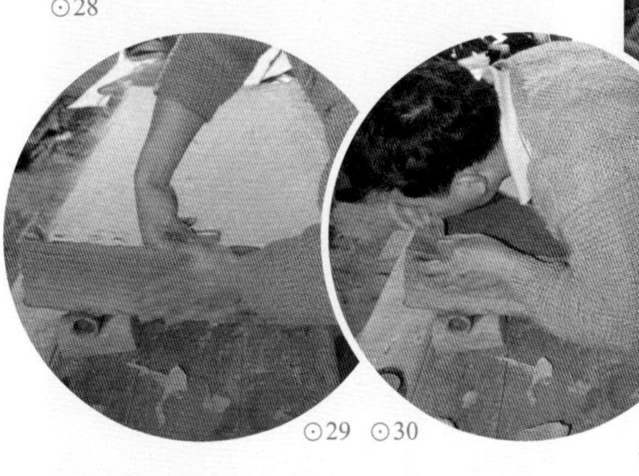

⊙29 ⊙30

⊙31

⊙24 压水 Pressing the paper

⊙25 用圆竹片刮纸浆 Removing the redundant paper pulp with a round bamboo sliver

⊙26 用单刃竹刀刮纸浆 Removing the redundant paper pulp with a bamboo sliver

⊙27 压榨 Pressing the paper

⊙28 搁纸头 Putting the paper on a bamboo stick

⊙29 揉纸边 Rubbing the paper edge

⊙30 吹贴角 Blowing the paper to split layers

⊙31 撕纸 Splitting the paper layers

贰拾
贴　　纸
20 ⊙32

从"贴角"开始，用刷把反复刷5～7次，使整张纸紧贴焙笼壁上，一次可贴纸40张。

⊙32

贰拾壹
焙　　纸
21 ⊙33

在焙笼两端的烧火口同时烧火，烧干柴（竹子、木头）约75 kg，约需90分钟。待尚有少量明火时用水泥盖板把烧火口盖严，即可开始焙纸。烧火一次可焙纸一天。紧贴焙笼壁上的纸，焙10分钟左右即干。

⊙33

贰拾贰
收　　纸
22 ⊙34

双手分别拿住纸上方左右两角，将烘干的纸从焙笼壁上揭下。

⊙34

贰拾叁
齐　　纸
23 ⊙35

将揭下的纸叠放整齐。

贰拾肆
折　　纸
24 ⊙36

将纸沿长边左右各三分之一往中间折，30张为1刀。

⊙35

⊙36

⊙32 贴纸 Pasting the paper on the drying wall
⊙33 焙纸 Drying the paper on the wall
⊙34 收纸 Peeling the paper down
⊙35 齐纸 Sorting the paper
⊙36 折纸 Folding the paper

贰拾伍

捆　　纸

25　⊙37

20刀为1捆，上下各用一两张没加纸药前捞的粗厚纸包裹，然后用竹篾捆好。每刀重0.9～1 kg，每捆重18～20 kg。

⊙37

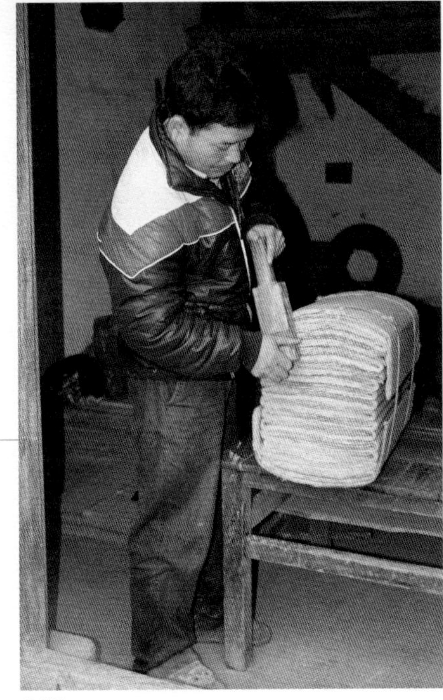
⊙38

贰拾陆

磨　纸　头

26　⊙38⊙39

先用纸头锯把成捆的纸的毛边修理整齐，再用火砖打磨数次“过细”。用于制作纸钱的纸不需捆绑，整叠磨纸头。以上就完成整个造纸过程。

⊙39

民国《昭平县志》的“竹纸”条记载其大致工艺流程：“于二三月间，择笋之出箨未老者刈裂成片，浸入灰砂池内，长短依池度为限，每铺竹一列，用石灰撒匀，第二、三、四各列皆如之。上用石及茅草压盖历四十日，取出剥去外皮，洗去黑水，再浸四十日。践踏使溶成糊状，煮白梵木叶或纸胶叶等水和入，如取纸色白者加白胶泥少许，另过小池，以纸帘入池捞取纸糊，俟糊荡漾满帘抽起，滤去水分，纸以成张。然后铺贴于藏火复壁，烘之使干，遂成竹纸。制纸之竹以黄竹、毛竹、吊丝竹、真竹、撑篙竹为佳，其余各竹亦可制纸，惟成色稍次。”[113]上述工艺流程和本调查组调查的工艺流程基本一致，其区别主要在于：

（1）造纸原料：民国时期“制纸之竹以黄竹、毛竹、吊丝竹、真竹、撑篙竹为佳，其余各竹亦可制纸，惟成色稍次”，现在主要是毛竹、南竹等品种；民国造纸所用竹子生长期基本控制在一个月内，现在不太讲究，超过一个月的也砍，故纸较粗糙。

（2）腌竹麻：民国时期腌40天，现在腌40～60天。

（3）外皮：民国时期剥外皮，现在不剥。

（4）打浆方式：民国时期用脚踏，现在用打浆机打浆。

（5）纸药：民国时期用白梵木叶或纸胶叶等，现在用木叶癞、蕨癞、藤癞。

⊙37 捆纸 Binding the paper

⊙38 用纸头锯修理纸的毛边 Trimming the deckle edges with a saw sharpener

⊙39 用火砖过细 Polishing the paper with a firebrick

桂花竹纸现在主要用于制作纸钱，纸钱的制作方法如下：

（1）取一叠厚5～6 cm的竹纸，用薄木板条（上刻有纸钱长度标记，木板宽度即为纸钱宽度）作尺子，拿铅笔在张纸上画好20 cm × 7 cm纸钱大小的长方形。

（2）把整叠纸移至厚木板上，用钱锥在每张纸钱上打上三个圆孔。

（3）以圆孔为中心，在两边用钱凿各打上一月牙形印记。

圆孔与月牙形印记组成的钱眼代表铜钱，每张纸钱打上铜钱印记三枚。斩纸刀、钱锥、钱凿要涂抹茶油，以减少摩擦阻力。

（4）用木棰击打斩纸刀斩裁纸钱，把纸钱裁开，即成纸钱成品。

⊙40

⊙41

⊙42

⊙43

⊙44

⊙45

⊙40 画上纸钱尺寸 Marking the size of joss paper

⊙41 打月牙形印记 Perforating the paper to make joss paper

⊙42 打好钱眼的纸 Joss paper with holes

⊙43 给斩纸刀抹茶油 Smearing tea oil on the cutting knife

⊙44 斩裁纸钱 Cutting the joss paper

⊙45 纸钱成品 Final product of joss paper

(三)

昭平竹纸生产使用的主要工具设备

竹纸的加工场地叫作纸厂，一般建在房屋附近，一间一厂，因陋就简，用竹木搭棚，四周围以竹片、木片，顶盖杉树皮。外有纸壶，内有捞纸槽、榨盘、焙笼等工具设备。

⊙46

壹 纸壶 1

用来腌竹麻的水塘。所测纸壶上大下小，纸壶口长8.3 m，宽3.5 m；底长7.5 m，宽2.7 m，深1.3 m。纸壶四周及壶底均用水泥浆涂抹，以防渗水。该纸壶可腌竹麻约10 000 kg，造干纸约1 500 kg。

⊙47

贰 打浆机及柴油机 2

农自兵的纸厂现用柴油机提供动力，利用打浆机把竹麻碾成糊状。

⊙48

⊙49

⊙46 纸厂外景 Papermaking factory

⊙47 纸壶 Pool for soaking the papermarking materials

⊙48 打浆机和柴油机 Beating device and diesel engine

⊙49 打浆机内部 Inside view of the beating device

叁
打浆槽
3

打浆机碾出的纸浆盛放在打浆槽备用。以前并无打浆槽，2003年农自兵建厂时建成此式样。建造材料为水泥、细沙、火砖、石块等。先砌一长310 cm、宽110 cm，一头高70 cm、另一头高75 cm的土台子，略低的一头与捞纸槽连接在一起，在略高的另一头再砌一小平台安装打浆机。里面靠墙为壁，在正面砌高15 cm的砖墙为外缘。为利于纸浆沥水，在槽底横放数根直径3～5 cm的竹子，再纵铺一层直径3～5 cm的竹子，在与捞纸槽连接处的槽底造一近似圆底铁锅的小坑，安置排水管，沥出的污水汇集于此排出槽外。

⊙50

肆
捞纸槽
4

也称抄纸槽，是用来盛纸浆捞纸的池子。传统的捞纸槽都是用厚约6 cm的木板制成的，2003年农自兵建厂时改成现在的式样。三面用水泥、细沙、火砖、石块等砌成，正面用厚约6 cm的杉木板做成，通过预置的螺杆安上，为便于捞纸时操作，板的下部稍微向里倾斜。捞纸槽长220 cm，口宽140 cm，底宽115 cm，深85 cm。在槽的底部，高20 cm、40 cm和70 cm处各有直径约3.3 cm的放水孔，平时用纸筋塞好。正面用厚木板制作，一是因为在"隔水"时需从木板的缝隙渗出部分水分，再就是因为在捞纸过程中帘床会与槽的正面发生摩擦，如用水泥、沙石制作会很快磨坏帘床，采用木质材料制作可减少对帘床的磨损。另外，在捞纸时人的腹部会与槽的正面木板频繁接触。为改善人体与木板接触时的舒适程度，在木板与人体接触的部位放置一长40 cm、直径8 cm的半圆竹片。

⊙51

⊙50 打浆槽 Beating trough

⊙51 捞纸槽 Papermaking trough

伍 榨盘 5

用于榨除湿纸垛的大部分水分，2003年农自兵建厂时做成此式样，分固定部分与可拆除部分，其各部分名称及所测尺寸如下所示。以前榨盘的式样不详。

固定部分有：

（1）底盘。即榨盘底部的方木梁、厚木板、竹席的组合。所测长110 cm、宽13 cm 、厚12 cm的方木梁三根，木板长100 cm，宽80 cm，厚7 cm，固定在方木梁上，竹席用竹篾编成，长85 cm，宽65 cm，垫在木板上。

（2）高墩。长200 cm，宽、厚均为12 cm的方木梁两根，垂直固定在底盘上。

（3）榨梁。长98 cm，宽、厚均为12 cm的方木梁两根，安装在高墩上端，在榨梁下方正中安上长40 cm、宽22 cm、厚6 cm的木板。木板下方再安上长33 cm、宽20 cm、厚1 cm的铁板，榨纸时千斤顶往上顶住铁板正中。

（4）高靠。高80 cm、宽4 cm、厚3 cm的方木条，垂直固定在底盘左边。

（5）低靠。高40 cm、宽4 cm、厚3 cm的方木条，垂直固定在底盘右边，外套一长60 cm、直径6 cm的竹筒，竹筒可上下伸缩，随着纸垛厚度的增加，相应调节竹筒的高度，竹筒最高可升至80 cm。

以下部分可拆除，榨纸时再安装：

（1）拉杆。长200 cm、宽9 cm、厚6 cm的方木条两根，榨纸时上连榨梁，下接底盘。

（2）纸码。长63 cm、宽7 cm、厚7 cm和长50 cm、宽14 cm、厚5 cm的方木块各两块，长50 cm、宽14 cm、厚8 cm的方木块6块。

（3）厚木板。长86 cm、宽62 cm、厚5 cm，一块。

（4）圆钢条。长80 cm，直径3 cm，一根。

（5）千斤顶一台。

榨盘各受力的木质部件均采用质地比较坚硬的梨木制作。

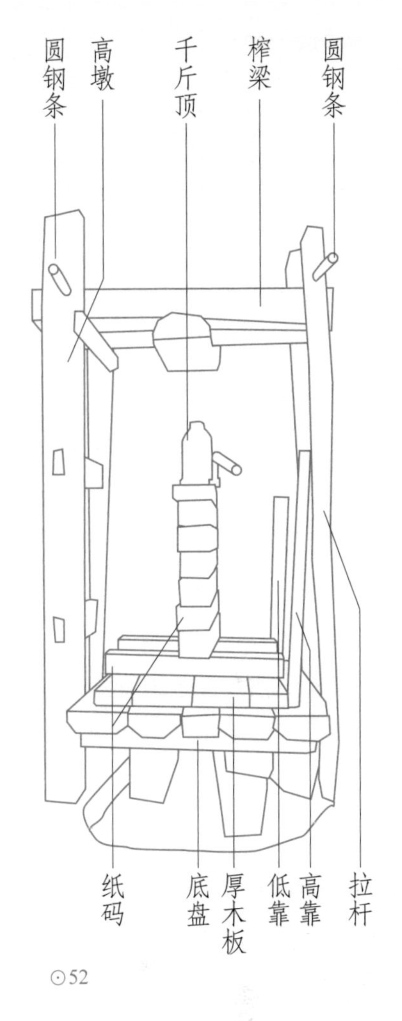

⊙52

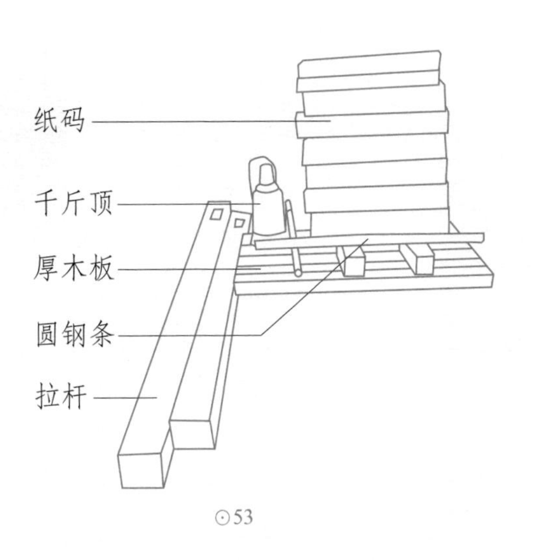

⊙53

⊙52 榨盘 Wooden pressing device

⊙53 榨盘可拆除部分 Movable part of the pressing device

陆 焙笼 6

烘焙湿纸的焙笼。形似长隧道，所测焙笼长8.5 m，高2 m，底宽0.8 m，顶宽0.5 m。两端各开有高70 cm，宽40 cm的烧火口。焙壁用40 cm × 13 cm × 13 cm泥砖砌成。外壁抹一层由稻草灰、石灰和水调制成的浆，稻草灰与石灰的配比是10∶6，为了增加黏性，调制好的浆需经半月沤制方可使用。不能用水泥浆，水泥浆干后不粘纸。抹浆也很有讲究，抹浆时不能留下

⊙54

⊙55

接缝。抹好浆后，打磨光滑，以利贴纸，整道工序需一天完成。使用多次后，焙笼外壁会慢慢出现裂缝，当裂缝过多不粘纸或出现冒烟情况时，需对裂缝进行修补。补缝用的材料是：将0.5 kg火灰（灶膛里的灰烬）与0.3 kg石灰混合均匀后加水调成糊状，沤制半个月后使用。

柒 癞缸 7

盛放纸药的容器。先前为大木桶，所测木桶高90 cm，桶口直径78 cm，桶底直径68 cm；现为水泥、细砂、火砖砌成的小水池。

⊙56

捌 帘床 8

放置纸帘捞纸的木框，长105 cm，宽65 cm。木框用樟木板制作，左右两头的板宽5 cm、厚1.5 cm，上下两边的板宽2 cm、厚1.5 cm，在上下两边木板上均匀钻13个直径7 mm的圆孔，插入13根用老毛竹削制而成、直径约7 mm的竹棍。在左边的木板正中钉入一个高、宽均为5 mm的薄铁片作为纸帘的定位点。手柄由铁匠用直径8 mm的圆钢条锻造而成，手握部分膨大中空，左手柄固定在帘床上，右手柄可摘除，下部末端呈钩状，捞纸时钩住帘床。

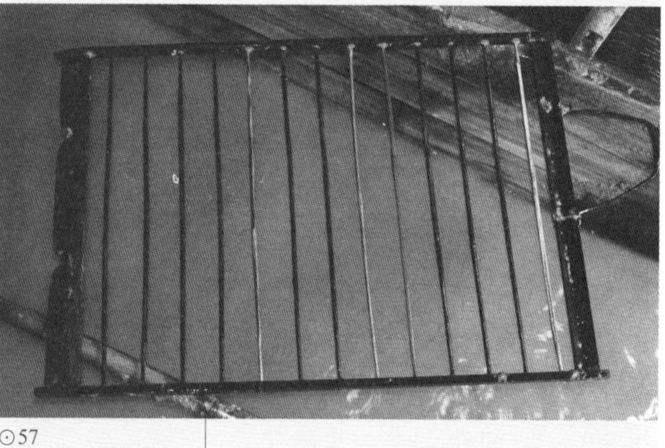

⊙57

⊙54 焙笼 Drying wall

⊙55 焙笼壁裂缝 Cracks in a drying wall

⊙56 癞缸 Papermaking mucilage bucket

⊙57 帘床 Frame for supporting the papermaking screen

玖 纸帘 9

造纸的关键工具，长84 cm，宽60 cm。由 360根长84 cm、直径0.8 mm的细竹丝（纬线）和蚕丝线（经线）交织而成。竹丝之间间隔0.8 mm，蚕丝线68 道，丝线之间间隔 1～1.5 cm不等。纸帘编织好后刷上三次产自海南的生漆防腐。纸帘在买回后需稍作加工方能使用：（1）在纸帘上方安上“帘竹”。帘竹可用细竹子或杉木条制作，两端与纸帘平齐，直径约1.2 cm。（2）在帘竹适当位置钉入一竹钉作为定位销。定位销的位置要视榨盘高靠的位置而定，该纸帘的定位销位于从左往右15 cm处，长1 cm，直径0.3 cm。依靠定位销定位，使纸张整齐摆放在榨盘底盘的恰当位置。（3）在纸帘下方安上“帘夹”。纸帘买来时不分正反面，安上帘夹的面即为正面。帘夹为一长91 cm、宽1 cm、厚0.1 cm的薄竹片，帘夹右端与纸帘平齐，左端露出帘外7 cm，此即为纸帘的左下角。（4）在纸帘正面两端往里1.5 cm处各编入一直径0.3 cm的粗棉纱线。两棉纱线间距81 cm，其作用一是加固纸帘，二是限定纸张长度，两棉纱线间距即是捞出纸张的长度。该纸帘捞出来的纸长81 cm，宽58 cm。纸帘如果保管得好，可用10年。

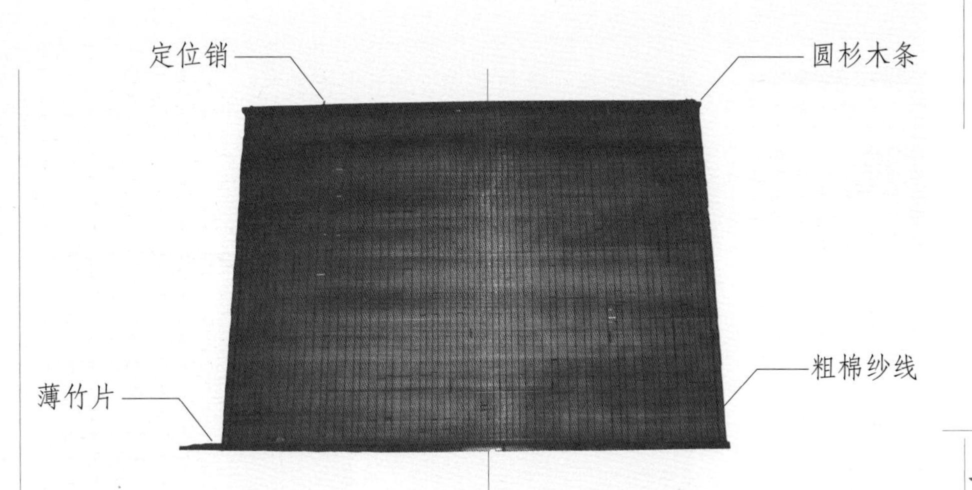

⊙58

拾 打槽棍 10

5根小指粗的细竹，长约1.7 m。其中4根用来搅拌，1根用来捞比较细的纸筋。

⊙59

⊙58 纸帘 Papermaking screen

⊙59 打槽棍 Stirring sticks

拾壹
捞 耙
11

用来搅拌、捞粗纸筋。由6片长约1.3 m、宽3 cm的竹片做成，上部即手握部分捆紧，下部张开成耙状。

拾贰
拱 棰
12

用来搅拌。圆杉木制作，半球形，直径15 cm，厚10 cm，中钻一直径3~4 cm圆孔，插入长1.5 m、直径3~4 cm的竹子做柄。

⊙60

⊙61

拾叁
压水帘床
13

在榨纸的第一步骤中使用。用方木条做框，在框内均匀安上25片左右宽约1 cm的竹片。所测压水帘床长86 cm，宽60 cm。

⊙62

⊙60 捞耙 Rake for picking out the residues

⊙61 拱棰 Stirring stick with a half round weight in the one end

⊙62 压水帘床 Pressing frame

拾肆
刷　把
14

即毛刷。用松毛即针叶松的叶子制成，贴纸时，用来刷纸，使之均匀粘贴在焙笼壁上。所测刷把长40 cm，宽15 cm，厚2.5 cm。

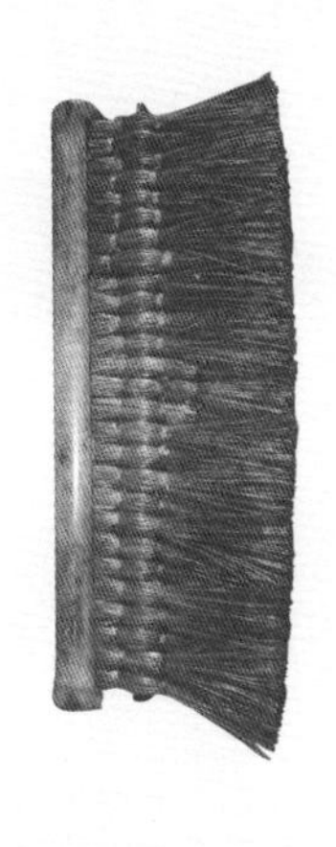

⊙63

拾伍
纸头锯
15

用以修理纸的毛边，杉木制作。总长28 cm，锯身长18 cm，宽7 cm，厚5.5 cm；锯柄长10 cm，直径4 cm。锯身均匀镶入4片长14 cm的锯片。操作时为便于手握，在锯身的背面还开有一宽3 cm、深2 cm的凹槽。

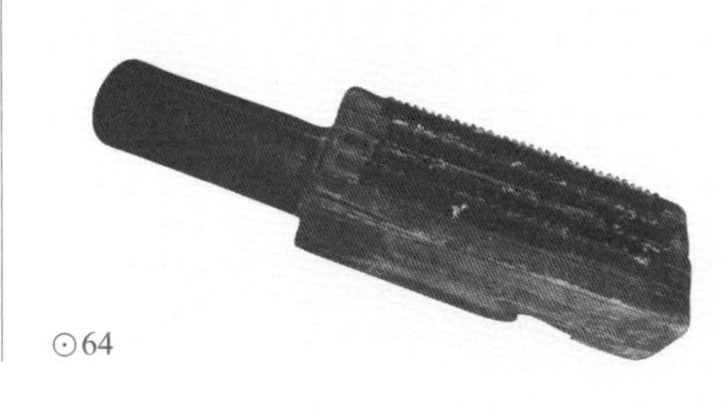

⊙64

拾陆
火　砖
16

即半块青砖。修边“过细”时使用。

⊙65

拾柒
半圆竹刀
17

刮“帘屎”工具。长15 cm、直径4 cm的半圆竹片，两边削成刀刃状。

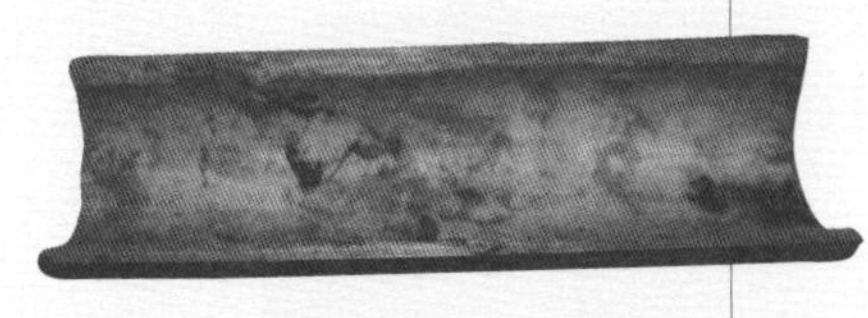

⊙66

拾捌
长竹刀
18

刮“帘屎” 工具。长110 cm、宽2.5 cm的竹片，一边削成刀刃状。

⊙67

⊙63 刷把 Brush for pasting the paper on the drying wall

⊙64 纸头锯 Saw sharpener

⊙65 半块青砖 Firebrick for polishing the paper

⊙66 半圆竹刀 Bamboo sliver

⊙67 长竹刀 Long bamboo knife

制作纸钱需要用到以下工具：

壹 钱凿 1

所测钱凿的凿身长18 cm，宽1 cm，厚0.3 cm，凿口月牙形。木柄长19 cm，直径4 cm。

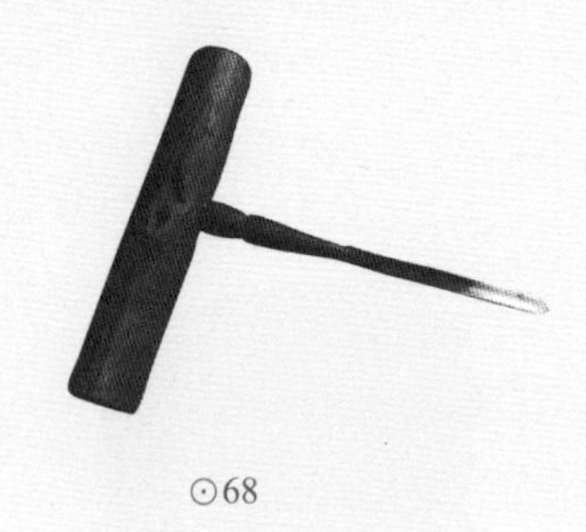

⊙68

贰 钱锥 2

所测钱锥的锥身长12 cm、直径0.5 cm，木柄长20 cm、直径4 cm。

⊙69

叁 斩纸刀 3

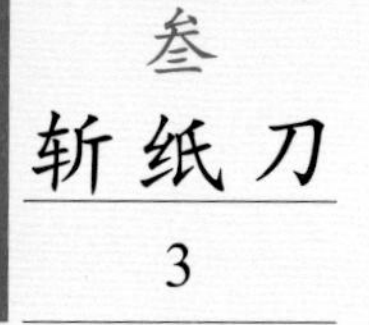

所测斩纸刀总长71.5 cm，刀身长21.5 cm、宽11 cm，刀背厚1 cm，木柄长50 cm、直径3 cm。

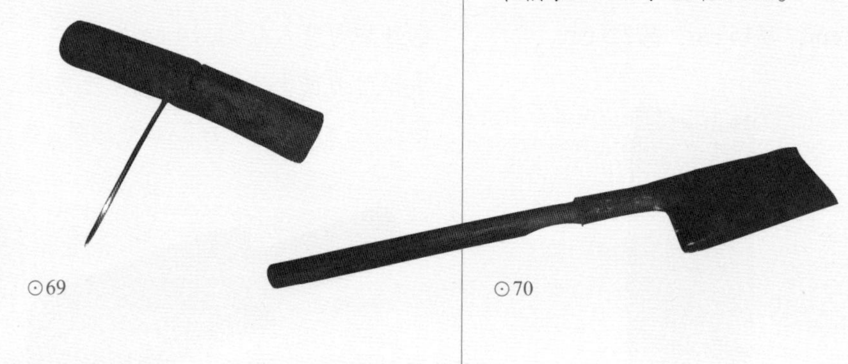

⊙70

肆 木棰 4

所测木棰总长75 cm，棰身长28 cm、直径12 cm，柄长47 cm、直径4 cm。

⊙71

伍 厚木板与薄木板条 5

所测厚木板长88 cm、宽63 cm、厚5 cm，所测薄木板条长84 cm、宽7 cm、厚2 cm。

⊙72

以上设备及工具，除纸帘、柴油机、打浆机、千斤顶、圆钢条等需购买外，其余均为自制。

⊙68 钱凿 Chisel for making joss paper

⊙69 钱锥 Cone for making joss paper

⊙70 斩纸刀 Cutting knife

⊙71 木棰 Wooden mallet

⊙72 厚木板与薄木板条 Thick wooden board and thin wooden strip

(四)

昭平竹纸的性能分析

所测昭平纸社村竹纸为2009年所造，相关性能参数见表2.16。

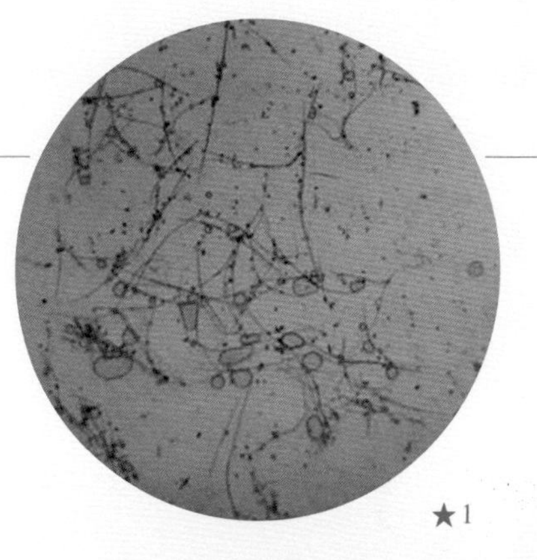

★1

★2

表 2.16　纸社村竹纸的相关性能参数
Table 2.16　Performance parameters of bamboo paper in Zhishe Village

指标		单位	最大值	最小值	平均值
厚度		mm	0.320	0.210	0.266
定量		g/m²	—	—	51.5
紧度		g/cm³	—	—	0.194
抗张力	纵向	N	23.58	13.77	19.36
	横向	N	27.14	11.02	15.59
抗张强度		kN/m	—	—	1.17
白度		%	26.50	25.50	25.97
纤维长度		mm	5.93	0.62	1.60
纤维宽度		μm	47	1	12

由表2.16可知，所测纸社村竹纸厚度较大，最大值比最小值多52%，相对标准偏差为15%，说明纸张厚度分布并不均匀。经测定，纸社村竹纸定量为51.5 g/m^2，定量较大，主要与纸张较厚有关。经计算，其紧度为0.194 g/cm^3。

纸社村竹纸纵、横向抗张力差别相对较小，经计算，其抗张强度为1.17 kN/m，抗张强度较大。

所测纸社村竹纸白度平均值为25.97%，白度较低，这应与纸社村竹纸没有经过蒸煮、漂白有关。相对标准偏差为1.4%。

所测纸社村竹纸纤维长度：最长5.93 mm，最短0.62 mm，平均1.60 mm；纤维宽度：最宽47 μm，最窄1 μm，平均12 μm。在10倍、20倍物镜下观测的纤维形态分别见图★1、图★2。

★1
纸社村竹纸纤维形态图(10×)
Fibers of bamboo paper in Zhishe Village (10× objective)

★2
纸社村竹纸纤维形态图(20×)
Fibers of bamboo paper in Zhishe Village (20× objective)

五
昭平竹纸的用途与销售情况

5
Uses and Sales of Bamboo Paper in Zhaoping County

(一)
昭平竹纸的用途

历史上，昭平竹纸的应用范围十分广泛，可以说昭平竹纸的面世，极大地丰富了人们的生活，是书写、日常生活及祭祀、殡葬所不可缺少的物品。

1. 书写用纸

尤其是湘纸，纤薄，纸质细腻、柔韧，书写流畅，是当时书写纸的上品。昔时，昭平的许多学生所用的写字本都是用湘纸制作，即把湘纸裁成一定大小、对折，用棉纱线装订而成。普通竹纸虽显粗糙，但仍适宜书写，而且价格较便宜，不及湘纸的1/3，家境贫寒的学子往往使用普通竹纸制作的写字本。即便到了20世纪六七十年代，仍有学生使用普通竹纸制作的草稿本。湘纸还是办公用纸，政府部门用于行文录事等；人们的书信往来也离不开湘纸。[102]人们在日常生活中用昭平竹纸书写借据凭证、账本、记事本等，至今还偶有人使用。本地有的书法家认为昭平竹纸可与宣纸媲美，竹纸本色淡黄，使得书法作品显得古

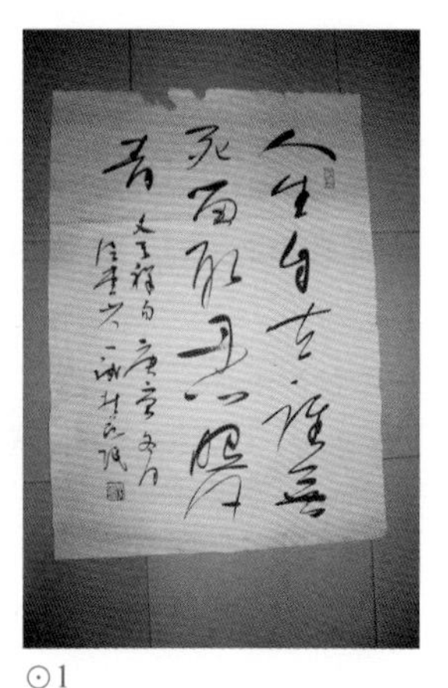
⊙1

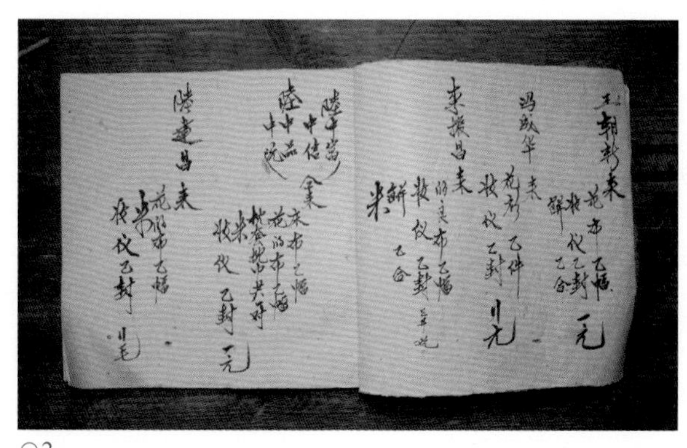
⊙2

⊙1
创作于昭平竹纸上的书法作品
Calligraphy on bamboo paper in Zhaoping County

⊙2
1986年用昭平竹纸制作的记事本
Notebook made of bamboo paper in Zhaoping County in 1986

色古香，别具韵味，至今仍有书法家或书法爱好者使用。

2. 印刷用纸

有一个非常著名的例子。1944年秋，日寇逼近广西省府所在地桂林，《广西日报》从桂林疏散到昭平。1944年11月1日～1945年9月30日，《广西日报》在昭平出版《广西日报（昭平版）》。在沦陷区的群众对抗日新闻如饥似渴，报纸供不应求，除畅销桂东地区各县外，还传递到广东省连县、曲江和湖南省江华、临武等地，每天发行量达四千多份。自发刊至停刊止，共出版295号，成为桂粤湘边区敌后的一支新闻尖兵，为抗日战争的胜利做出了巨大的贡献。由于昭平四周桂林、柳州等城市相继被日寇占领，物质供应十分紧张，纸张匮乏，《广西日报（昭平版）》其后期用纸即是昭平竹纸。

3. 包装用纸

以前店铺出售的零散商品的包装及老百姓在日常生活中食盐、食糖、饼干等食品及药材等的包装都使用昭平竹纸。[102]

4. 卫生用纸

昭平竹纸具有柔软、吸水性强、吸足水分后不易烂、易于清理等优点，以前个人卫生用纸主要是桂花竹纸。此外，昭平县的卫生医疗机构有相当长的时期都在使用昭平竹纸，主要在妇检、分娩等消毒要求相对较低的妇科手术当中吸收污血等。2006年前，仅昭平县人民医院每年的使用量就超过1 000 kg。

5. 祭祀用纸

祭祀用纸主要是竹纸制作的纸钱，其次是竹纸剪裁的纸衣。

清明节扫墓，本地人称“拜山”，每座坟墓烧纸钱约0.05 kg。

春节、元宵、清明、端午、中元、中秋、冬至等农历节日，本地百姓一般都要举行祭祀仪式，需烧纸钱若干。在农村尤为讲究，要分别在以下地方进行：（1）在三岔路口被人们敬奉的石头前或年代久远的大树下，敬奉“白公”；（2）在天井敬奉“天神”；（3）在大门敬奉“门神”；（4）在厅屋即房屋的正厅敬奉祖宗；（5）在厨房敬奉灶君。每次需烧纸钱约0.1 kg。也有人每逢初一、十五都焚纸敬祖。

农村的一些村寨，在农历二月、八月间的社日有聚会“吃社”的习惯。分春社和秋社，立春的第五个戊日为春社，立秋的第五个戊日为秋社。当日，同社农户，捐钱集米，共祭“社公”聚餐畅饮，互立盟言，互相济助，并祈求社公保佑家庭和睦，身体健康，六畜兴旺。[122]每个社日需烧纸钱1.5～2.5 kg。

农村的一些村寨，大都建有宗族祠堂，在举

⊙3

⊙3 祭祀用纸钱 Joss paper used in sacrificial ceremony

[122] 昭平县志编纂委员会.昭平县志[M].南宁：广西人民出版社，1992：531.

行联宗祭祖活动时，纸钱是不可缺少的物品。

本地少数的祈福、还福、问凶吉、驱鬼神等民俗祭祀活动中，指定要使用手工竹纸制作的纸钱，认为手工竹纸用料纯正、不含杂质，做出来的纸钱是“真钱”，每次需烧纸钱约0.05 kg。而机制纸多数是用竹木加工后的下脚料、废纸、旧纸箱等作原料制造，杂质太多，用其做出来的纸钱被视为“假钱”。

基于同样原因，本地的少数百姓在进行的祭祀活动时都更喜欢使用手工竹纸制作的纸钱。另外，生活在桂江上的船家，以捕鱼航运为业，一年四季，浮家泛宅，受疍家文化影响，他们十分注重日常所举行的祭祀活动，对祭祀活动使用的纸钱尤为讲究，非用“真钱”不可。

用竹纸剪裁纸衣，1张竹纸可剪裁纸衣6套。有的祭祀仪式，需焚烧纸衣。如按当地习俗农历七月十四是中元节，有些人家当晚11时要举行烧香燃烛，撒水饭，并焚烧纸衣2～4套。

6. 殡葬用纸

殡葬用纸除纸钱、纸衣外，还有用竹纸制作的纸屋。按本地习俗，亲人亡故要做道场，超度亡灵，俗称“打斋”。一般要在厅屋停尸1～3天，需烧纸钱2.5～3.5 kg，烧纸衣2～4套。当16个“大力士”徒手把棺材从厅屋抬到门前的地坪停放时，为避免沾染所谓的“秽气”，要用竹纸垫手，需竹纸1～1.5 kg。在棺内放置纸钱若干，如亡者腹胀如鼓，则需在棺内垫放竹纸数层，1～1.5 kg，吸收万一渗出的体液。在墓地要焚烧纸屋一座。[124]

当地有对已故亲人进行二次安葬的习俗。即在第一次安葬3～5年后，一般在清明节，择好时辰，挖开坟墓，捡出遗骨，俗称“拾金”，把遗骨另置金埕，择风水宝地重新安葬。[123]在“拾金”过程中，定要用竹纸擦拭、摆放遗骨，用量约 15张，2016年时每张零售价1元。

1949年前，问仙求神、祭神送鬼等迷信活动颇为盛行。1949年后，政府对封建迷信活动加以禁止，祭祖、打斋等活动一度绝迹。改革开放后，被禁止的传统习俗有所恢复，但随着人们思想观念的更新，带有迷信色彩的祭祀活动逐渐减少。

从上述可知，历史上昭平竹纸是重要的日用品，其应用已经渗透到了百姓生活的方方面面。

(二)
昭平竹纸的销售情况

昭平竹纸的贸易始于清末，盛于民国。民国《昭平县志》的“竹纸”条记载：“此物为本邑出产大宗，销流之广远及云贵、川黔、钦廉、越南。”[113]据1992年《昭平县志》记载，20世纪三四十年代是昭平竹纸销售的黄金时期。桂花竹纸除在国内畅销外，还远销新加坡等东南亚各国，蜚声海外。[119]

1949年前竹纸生意概由私商经营。其销售模式是：纸厂一般不作零售，竹纸大多由邻近街市的杂货店或货栈（货栈当时也称平码行，主要开展大宗货物的代购代销等业务，需资金较多，多为合股开办）先行收购，然后再作零售、批发或转运外销。[124]据不完全统计，1934年全县收购竹纸1.5万担，20世纪40年代，全县每年收购竹纸4万多担[125]，1944～1947年每年出口外销竹纸3万担。[119]清末民国初，昭平县城就有和泰、同德、茂昌、古赞记、范和吉等商号经营竹纸等土特产品的出口外销业务。[126]

造纸厂一般大都有一上刻“昭平桂花××厂造”字样的木印，用花红粉稀释作颜料，在自家生产的每捆竹纸上盖此红色印记以示识别。据农自兵口述，图⊙2中所示为水秀厂的木印，经测长22 cm，宽7 cm，厚5 cm，制作于20世纪20年

[123] 昭平县志编纂委员会.昭平县志[M].南宁：广西人民出版社,1992: 536.

[124] 昭平风物志编委会.昭平风物志[M].南宁：广西民族出版社,1992: 199-200.

[125] 昭平县志编纂委员会.昭平县志[M].南宁：广西人民出版社,1992: 373.

[126] 昭平县志编纂委员会.昭平县志[M].南宁：广西人民出版社,1992: 384.

代中期，该厂厂主王胜文于20世纪60年代去世，享年70余岁。

另外，在昭平县城、梧州、桂林等地的杂货店或货栈，但凡经营桂花竹纸生意的，都备有一个长方形木印，长约30 cm，宽约12 cm，上刻“昭平桂花竹纸”六个正楷大字，亦用花红粉稀释作颜料，在每捆桂花竹纸的正面和侧面，均盖上此红色印记，然后再行销售。不论是本地顾客还是外地客商只要看见桂花竹纸的印记，便认定是正宗的桂花竹纸，可放心购买。后来，昭平县境内非桂花乡生产的竹纸卖给杂货店或货栈后，店主也一律在竹纸上盖上“昭平桂花竹纸”的大红印记。桂花竹纸质量上乘，销路广泛，因而名噪一时。[124]

⊙1

⊙2

历史上，桂花竹纸是价格较为昂贵的商品。1931～1937年每担竹纸的售价是21～25元（毫银），与其他商品交换时，每14千克竹纸可换：大米1担；黄糖32.5千克；茶油15千克；桐油21.5千克；柴591千克；猪肉8千克；斜布0.35匹；火柴0.6箱；煤油1瓶。[127] 1940～1944年，每担竹纸0.25万元，每担湘纸0.8万元。[102] 1944年9月梧州沦陷后，土特产销路受阻，每担竹纸的价格由2 500元跌至1 000元，纸厂纷纷停产，桂花乡250多间纸厂还剩下不到30间维持生产。1945年8月梧州光复后，土特产销路畅通，竹纸价格又暴涨到每担7 000元，纸厂又纷纷重新恢复生产。[127]

1949年后实行计划经济，商品统购统销。初时竹纸由县贸易公司组织购销，1952年开始由基层供销社统一代购。[125] 20世纪70年代，每50千克竹纸收购价格是：顶级的35元，中级的30元，次级的28元。竹纸等商品出口业务由国家外贸部门主管，1958年出口桂花竹纸494.3吨，1965年为608.5吨，此后逐年减少，1983年仅为42吨，以后再无出口。[128]

时至今日，昭平竹纸的贸易早已风光不再。据农自兵介绍，他的纸厂自2003年建厂至今，年均产竹纸1 000 kg左右，350 kg整张出售，其余制作成纸钱，都是以14元/千克的价钱销售给本地的杂货店，获利微薄。

（三）
昭平竹纸经济的发展与衰落

昭平竹纸是昭平县山区在一个特定历史时期因地制宜发展起来的重要产业，极大地促进了当地经济的发展与繁荣。造纸业充分利用了深山可再生的丰富竹林资源，不仅解决了部分贫苦山民的生活来源，亦促进了当地水陆运输、石灰生产与经营、饮食、旅栈等相关行业的发展。

⊙1 昭平桂花水秀厂的木印
Wooden seal of Guihua Shuixiu Factory in Zhaoping County

⊙2 盖上印记的竹纸
Stamped bamboo paper

[127] 昭平县志编纂委员会.昭平县志[M].南宁：广西人民出版社，1992: 437.

[128] 昭平县志编纂委员会.昭平县志[M].南宁：广西人民出版社，1992: 385-386.

造纸业迅速刺激了水陆运输的增长。造纸厂虽均设在竹山附近，便于就地取材，但所需的辅料石灰和白胶泥，则由厂方雇佣劳力从异地肩挑运送。同时也应竹纸运出大山的需要，当年昭平县城曾经出现过“挑夫”这一行业。过去昭平县城有部分贫苦居民，为了生计，专给纸厂当挑夫。每日清晨从县城挑一担三四十千克重的石灰或白胶泥，翻山越岭送到桂花乡的纸厂，然后又从纸厂挑一担三四十千克重的竹纸返回县城。披星戴月，风雨无阻，虽然辛苦，但所得尚能养家糊口。[124]20世纪50年代初，从桂花乡的纸厂每挑运一担40 kg重的竹纸到昭平县城，所得报酬为2.5～3 kg大米。所需石灰及石灰石大多产自桂江上游的桂林平乐一带，经桂江顺流而下，运到桂花口（地名）、昭平县城。竹纸的外销，主要也是走桂江水路，上溯桂林，下达梧州。当年，素有桂北“黄金水道”之称的桂江航运十分发达。

造纸业推动了石灰生产与石灰经营的进一步发展。昭平县沿河一带缺乏煅烧石灰的原料石灰石，需从抚河上游平乐采运石料回本地烧制。民国时期年产石灰约0.8万担。当时从桂花口至木格乡，沿江两岸有石灰窑数10座，仅富裕口就有行记、恒记、怡昌、联盛4座窑，[129]至1959年抚河两岸的石灰窑发展到109座。1959～1965年从平乐黑山脚等处共调运石灰6 850吨、石料15 101吨回县。[130]民国时期昭平县内有许三元[131]等10多家经营石灰生意的石灰铺。[130]

造纸业繁荣了饮食、旅栈等服务行业。民国时期，桂花竹纸交易活跃，南来北往的客商，都需要饮食、住宿，这也促进了当地饮食、旅栈生意的发展。当年在昭平县城经营饮食业的有同健、谭同益、黄义生、黄新发、黄亚东、黄宜梅6家，经营旅栈的有周永来、周新兴、陈日进、陈绍兴、莫继昌、李宝安、东来7家。[131]

造纸业衍生了“经营竹纸”活动。当时，不少纸厂都会遇到资金短缺的情况。于是就有放高利贷者在纸厂附近开店铺，借贷造纸所需的石灰、器具等实物给纸厂，月息2分，出纸后则以纸折价偿还，获利颇丰。这种高利贷形式被称作“经营竹纸”。20世纪40年代，大抵每家这样的店铺都与20～100家纸厂有这种交易关系。桂花乡的王振英就是当时造纸行业最大的放高利贷者。[132]经营竹纸属于高利贷剥削，但它解决了造纸厂的燃眉之急，使造纸生产得以为继，客观上对造纸业的发展起到了一定的积极作用。

手工纸的生产，催生了一门专门的工艺技术——纸帘编织。纸帘是手工纸生产过程中使用的最为关键的工具。据张贵生外孙女韩云清介绍，纸帘主要由细竹丝和蚕丝线交织而成，工艺技术要求非常高，非一般人所能，一般一人需耗时半个月才能制作一张。纸帘价格较高，民国时期一张纸帘可交换50 kg大米。20世纪60年代之前，本地使用的纸帘均为在昭平县城经商的湖南籍人士张贵生制作。张贵生把制作纸帘的技术传授给女婿韩仕周。1962年张贵生去世后，纸帘由韩仕周制作，直至1979年。经长期耳濡目染及父亲的悉心传授，韩仕周的二女儿韩云清也学会了制作纸帘的技术。1979年，韩仕周平反恢复工作后，由韩云清继续制作纸帘。当时纸帘的售价是每张16～17元。由于手工纸生产的日益萎缩，纸帘的销量越来越少，及至无人问津，1980年底韩云清被迫停止了纸帘的制作。至此，昭平县制作纸帘的历史画上了句号。

1968年昭平镇白泡基（地名）创建了昭平县第一间机械造纸厂——昭平纸厂。1969年1月试产，12月正式投产，初时以竹子为主要原料，1970年即生产书写纸45.97吨，此后改用松木为主要原料，生产规模不断扩大，产量逐年上

[129] 昭平县志编纂委员会.昭平县志[M].南宁：广西人民出版社，1992: 320.

[130] 昭平县志编纂委员会.昭平县志[M].南宁：广西人民出版社，1992: 375.

[131] 昭平县志编纂委员会.昭平县志[M].南宁：广西人民出版社，1992: 370.

[132] 昭平县志编纂委员会.昭平县志[M].南宁：广西人民出版社，1992: 224.

升。[103]机制造纸的迅速发展，使得桂花竹纸的生产衰落成为必然。首先，以书写为首要用途的湘纸生产遭到重大打击。机制纸表面光滑均匀、强度高，更适宜书写、印刷，有着湘纸无法比拟的优点。湘纸迅速被机制纸取代，生产急剧萎缩，至20世纪70年代中期已经不再生产，率先退出了历史舞台。竹纸的包装功能也逐渐被各种款式的塑料袋、专用包装材料取代。在卫生用纸方面早已摒弃了粗糙的竹纸而使用柔软舒适的机制卫生纸。由于竹纸会渗漏，易污染床单被褥，形成二次污染，给病人带来感染细菌的风险，自2006年起改用专门的一次性医用材料后，卫生医疗机构已不再使用桂花竹纸。20世纪80年代初机制纸纸钱一经面世，便以其价格低廉的优势迅速占领市场，手工纸纸钱销量大减，在殡葬方面使用的纸屋也采用彩色机制纸制作。在机制纸的不断挤压下，手工纸生存空间愈来愈小，产量迅速下滑，20世纪90年代初，昭平县手工纸生产的发源地——丹竹、上沺等地已鲜有人制造手工纸。全县的手工纸纸厂由最多的418间锐减到仅存1间，文竹镇的手工纸年产量由最高的200多万千克下降到目前的1 000 kg。手工纸的用途，已基本被机制纸或其他制品所替代，制作纸钱几乎成为了手工纸唯一的用途，也是桂花竹纸能延续至今的重要原因。在历史上盛极一时的桂花竹纸已成明日黄花，很难再现往日的辉煌。现代生活中已难觅桂花竹纸的踪迹，桂花竹纸濒临灭绝。

谈到目前的窘境，言谈中农自兵也流露出诸多无奈，他说："现在最大的问题是竹子价格上涨，竹麻收购困难，造纸成本高。"他举例：一根直径7～8 cm的竹子，可作为造纸原料部分重约20 kg，可卖4元，若生长一年后可卖6元。因卖竹较赚钱，现在老百姓只是间伐一些生长在竹林周边、妨碍其他作物生长的竹子作造纸原料。关于造纸成本，农自兵是这样核算的，每生产30 kg纸，原材料支出是：竹子185千克，按0.2元/千克计算，需37元；石灰15千克，按0.5元/千克计算，需7.5元；干柴75千克，按0.36元/千克计算，需27元；柴油1.2升，按7元/升计算，需8.5元；设备折旧、消耗约40元。以上合计120元，平均每千克纸的原材料成本是4元。人工投入约为5.5个工：（1）捞纸，2人劳作一天，2个工；（2）下壶、洗竹麻、制作纸药等前期工序约3.5个工。目前在文竹本地帮人捡茶叶，妇女一人一天可挣到40～50元，所以一个工按50元算，5.5个工可折算275元，平均每千克纸的人工成本约9.2元。原材料成本与人工成本两项合计，每千克纸的总成本是13.2元，竹纸销售价是每千克14元，卖1 kg纸仅获纯利0. 8元。从上可知，造纸投入的人工成本占到了总成本的三分之二以上。所以农自兵说，造纸其实赚的是人工钱。谈到竹纸的前景，农自兵说："如果造纸成本继续涨高，竹纸销售价格必然要相应提高。但是如果手工纸纸钱每千克零售价超过20元的话，估计很多人会改用便宜的机制纸纸钱了。现在竹纸销量越来越少，只是农闲时开工，一年下来，造纸收入约1万多元，占家庭总收入的三分之一左右。"

⊙1

⊙1 机制纸钱 Machine-made joss paper

六
昭平竹纸的相关民俗与文化事象

6
Folk Customs and Culture of Bamboo Paper in Zhaoping County

(一) 谚语

1. 竹麻不吃小满水

在本地一般要到清明毛竹、南竹竹笋才破土而出，因而有“清明笋平平”的说法，待竹子生长一个月左右，尚未长叶，此时的嫩竹最适宜造纸，所以一般在立夏即开始砍伐竹子，最多砍伐十多天。过了小满，竹子已太老，不适宜造纸。“竹麻不吃小满水”是提醒人们要在小满前砍竹，砍伐到竹质最佳的造纸原料。

2. 做到老学到老

在本地，造纸这门技术一般都是代代相传的，老辈人常常用“做到老学到老”这句话来告诫晚辈，造纸技术看似简单，其实在不少道工序里都蕴含着许多只可意会不可言传的奥秘，需用心揣摩，不断学习。据农自兵介绍，有些人就是造了一辈子的纸，也学不到其精髓。他的父亲农庆财捞出来的纸每刀重量都在0.60～0.65 kg之间，纸面均匀光滑、厚薄适中，为竹纸中上品。其技艺已是炉火纯青，这是大多数捞纸师傅无论如何都做不到的。

3. 先刮帘屎再榨纸

在榨纸之前要把纸垛四周溢出的纸浆刮干净，使纸边平整。

(二) 习俗

1. 敬奉蔡伦

蔡伦是造纸的鼻祖。当年开工捞纸，先请风水先生择定黄道吉日，在这一天要举行敬奉蔡伦的仪式。在蔡伦的神位前焚纸、烧香、燃烛，奉上鸡、猪肉以及烟、酒、茶等贡品，虔诚膜拜，祈求蔡伦保佑一年生产平安顺利。开工后如感觉捞纸不顺畅，则在神位前燃香三炷，意在驱除不良因素，使捞纸恢复正常。传说，从前造纸是不用“癞”的，即不使用纸药，造出的纸较粗糙。一日，蔡伦云游到此，工人们正在忙碌，也不知蔡伦是何方神圣，对其不理不睬，蔡伦转身飘然离去。即刻，槽内波浪翻滚，捞纸不成，工人面面相觑，惊骇不已。随后才如梦方醒，赶紧把蔡伦迎回，毕恭毕敬，细问缘由。这时，蔡伦手指对面山不远处的一棵树说，你们把此树的叶子摘下煮水，加入捞纸槽即可。工人照办，果然造出来的纸细腻光滑，工人大喜。从此以后，造纸就用“癞”了。后来人们为了感谢蔡伦，也就有了敬奉蔡伦的习俗。其实，蔡伦的神位也很简单，取一直径寸许、长约20 cm、有节的小竹子，在节上10 cm处贴上一圈红纸，节下部分削尖，然后在纸厂内寻一方便祭祀又不影响平时操作的吉利地方插下，再在竹筒上方的墙壁贴上写有“蔡伦先师之神位”字样的红纸即成。敬奉时，把香插在竹筒内，其他贡品则以簸箕盛之，摆在地上。一年生产结束的那一天，再次敬奉蔡伦，感谢蔡伦一年来的保佑，并祈求来年造纸更加顺利。仪式结束后，纸厂主人即给工人结算工酬，并宴请工人。至20世纪五六十年代，每间纸厂都供奉有蔡伦的神位。近年来造纸已很少举行敬奉蔡伦的仪式了。

2. 打槽棍根数有讲究

打槽棍有5根：1根用来捞细纸筋；其余4根，1根代表1人，表示同一个纸厂的4人合作造纸。

3. 做纸钱、用纸钱有讲究

钱凿、钱锥、斩纸刀要经道士“开光”后方可开始使用，否则，所造出来的纸钱百姓会视为“假钱”，无人购买。据农自兵介绍，他在推销纸钱时往往有店主会问“制钱工具开过光吗？是不是假钱？”货主不能也不敢撒谎，必须如实相告，不然会受到神灵的惩罚。

本地百姓在祭祀、做法事、殡葬时都要焚烧纸钱。

⊙1

⊙1 敬蔡伦 Offerings to Cai Lun

七
昭平竹纸的保护现状与发展思考

7
Preservation and Development of Bamboo Paper in Zhaoping County

昭平竹纸生产的出现、发展、繁荣和衰落是一个符合社会发展、经济发展和文化发展规律的自然历史过程，今天重新恢复手工纸生产在往日的地位已无可能。但是，保护乡土文化，恢复民族记忆，让人们了解自己的历史和文化，继承文化遗产，让这一门技术得以传承，同时也使得"桂花竹纸"所蕴含的地方文化得以保存，有着重要的历史意义和文化意义。

昭平竹纸目前产量小，销路尚可，效益也还可以，但并不高。据调查，至2008年佛登冲木户小组还有一户人家造纸，因经济效益不好于2009年停产，改做制作农村房屋大门、小门等的木工活，制作一副门（门框、门扇）并负责安装的工钱是：大门300元，小门220元。劳作一天一人收入约80元，经济效益要好于造纸。

昭平竹纸的传承与保护目前主要问题有三：一是适用范围小。目前所造的昭平竹纸相对粗糙，不再应用于书写、卫生等方面，也已不用于包装，主要用于制作纸钱，在殡葬等特殊场合使用。二是造纸成本高，导致销售价格偏高，在价格上无法与机制纸竞争。三是销售区域窄，近年来只在文竹及周边乡镇使用。

昭平竹纸由盛转衰，有着极其复杂的原因。但在目前，制约昭平竹纸发展的主要因素是造纸成本过高，老百姓不太愿意接受价格相对高昂的手工纸纸钱。目前在昭平，用于书法练习的机制毛边纸，长40 cm，宽34 cm，每张0.07元；1 kg昭平竹纸（长80 cm，宽60 cm）约30张，14元，每张0.47元，按面积1张竹纸约相当于4张毛边纸，但价格约是毛边纸的7倍。折算为相同面积，昭平竹纸价格约是毛边纸的2倍。由于目前造手工竹纸也仅仅是赚人工钱，其价格基本上不太可能下降。

国家重视非物质文化遗产保护的政策，进一步加强了地方政府和文化管理部门保护"桂花竹纸”的意识。据调查组成员与昭平县文化和体育局领导交流，昭平县人民政府已于2009年把“桂花竹纸”手工制造技术列入了县级保护名录。下一步努力将该项目申报为市级乃至自治区级非物质文化遗产保护项目，同时尽可能争取对手工纸传承人实行保护性资助，并帮助其拓展销售渠道，尽可能维持目前的生产规模，不使其进一步萎缩，并通过文字、录音、录像等多种形式，使这一珍贵的民族手工技艺得以保存。

此外，加强宣传，让“非遗”进校园、进社区，使得更多人尤其是青少年学生对本地区的历史文化、传统工艺有更多的理解，使“非遗”进入活态传承与保护体系。

最后，如果造纸户能改进制造工艺，提高纸的质量，以适应不同领域的市场需求，生产性保护就有可能成为现实。除了书画创作外，近年来，国家大力提倡素质教育，青少年学生当中有不少的书法练习者需用大量纸张。如能生产纸质细腻、适宜书写且价格适中的书法用纸，桂花竹纸可能会迎来新的发展机遇。

竹纸

Bamboo Paper in Zhaoping County

纸社村竹纸透光摄影图

A photo of bamboo paper in Zhishe Village seen through the light

第三章
桂西北地区

Chapter Ⅲ
Northwest Area of Guangxi Zhuang Autonomous Region

第一节

都安书画纸

广西壮族自治区
Guangxi Zhuang Autonomous Region

河池市
Hechi City

都安瑶族自治县
Du'an Yao Autonomous County

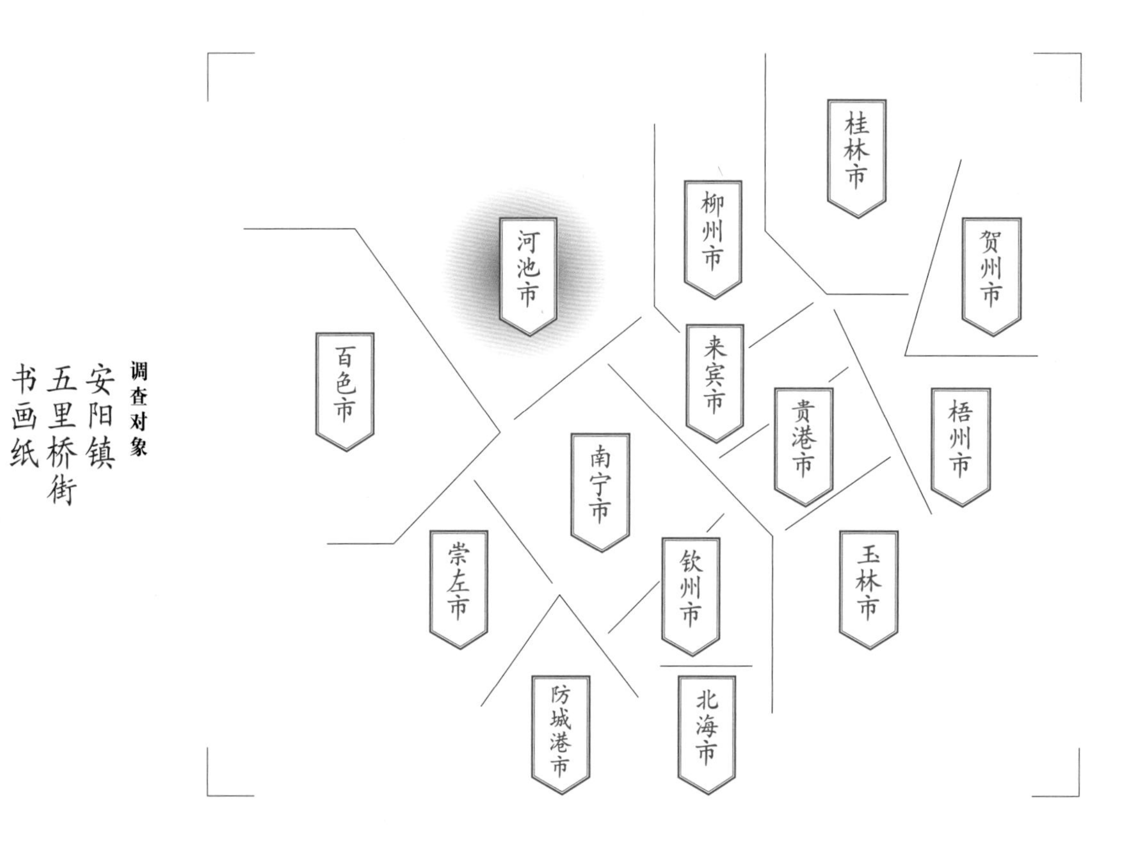

调查对象

安阳镇五里桥街书画纸

Section 1

Calligraphy and Painting Paper in Du'an County

Subject

Calligraphy and Painting in Wuliqiao Street of Anyang Town

一
都安书画纸的基础信息及分布

1
Basic Information and Distribution of Calligraphy and Painting Paper in Du'an County

都安书画纸是在继承和发扬都安二百多年历史的纱纸生产工艺的基础上，采用优质的造纸原料，融合现代制浆造纸技术制成的书画纸，可供书、画、裱、拓等用，深受书画界青睐，是都安县的特色品牌。

广西都安县书画纸厂（以下简称都安书画纸厂）位于都安县城南隅的安阳镇五里桥街，古色古香的厂门上，镶嵌着许德珩先生亲笔题写的厂名。

⊙1

二
都安书画纸生产的人文地理环境

2
The Cultural and Geographic Environment of Calligraphy and Painting Paper in Du'an County

都安县隶属于河池市，位于广西腹地偏西，河池市南部，与马山县、大化县、来宾市忻城县相邻。早在更新世晚期（距今约2万多年），就有“干淹人”“九楞山人”等古人类在此生息栖居。[1]

秦始皇三十三年(公元前214年)，今都安地域统属桂林郡地。汉时，属郁林境地。南北朝时期，先后属桂林郡和马平郡。隋代，属郁林郡。唐代，为桂州所领。五代十国时期，属宜州。宋代，属右江道。宋淳化二年（公元991年），东部境地始设置地方行政管理机构富安监，此为都安境内最早设置的地方行政单位。庆历四年（1044年），富安监裁撤，并入柳州府之马平县。元代，属田州路。明初，属思恩军民府地（后改思恩府）。清代，因袭明制。光绪三十年

[1] 都安瑶族自治县志编纂委员会.都安瑶族自治县志[M].南宁:广西人民出版社,1993: 2.

⊙1 都安书画纸厂大门
Gate of Du'an Calligraphy and Painting Papermaking Factory

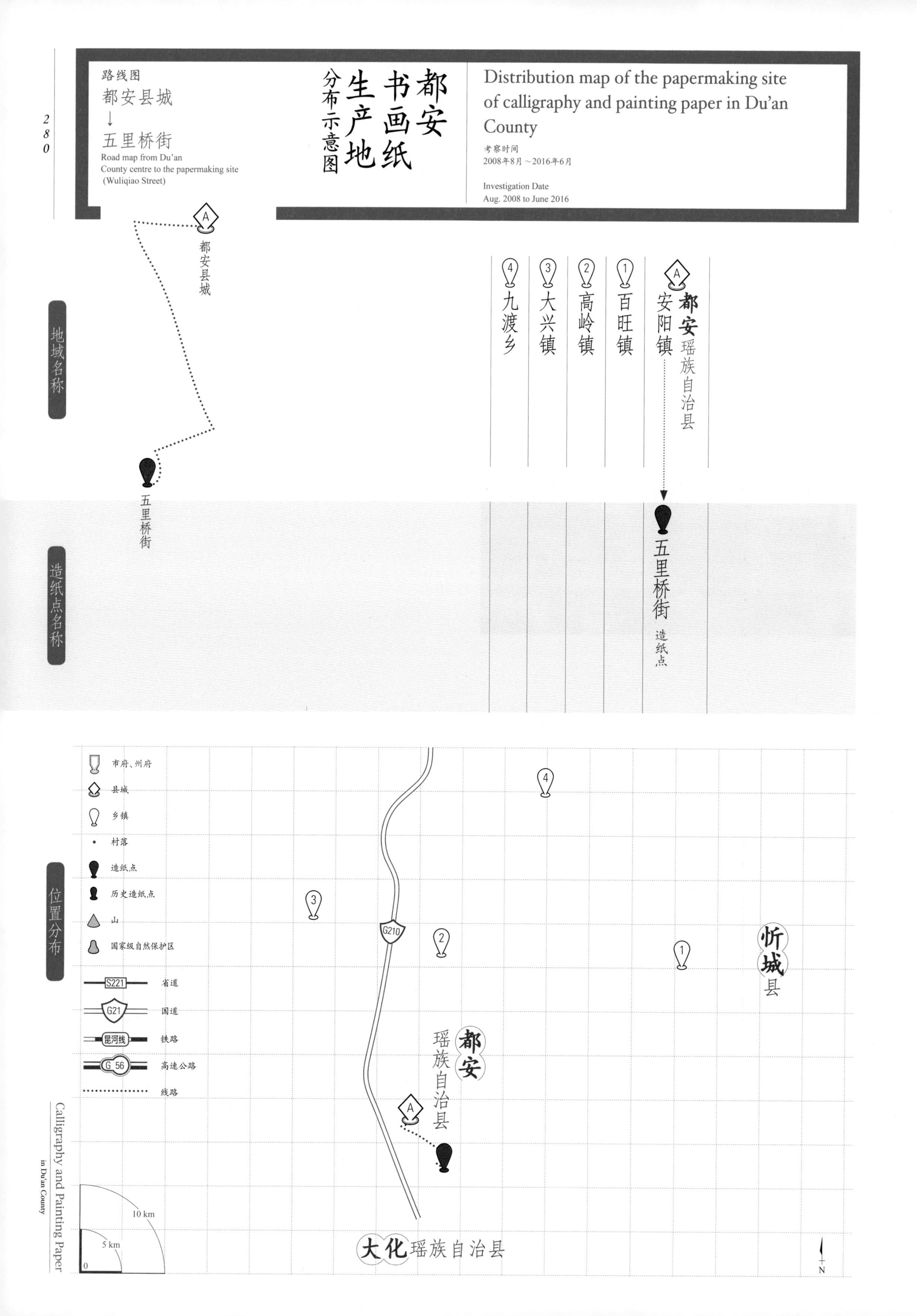

路线图
都安县城
↓
五里桥街
Road map from Du'an County centre to the papermaking site (Wuliqiao Street)
都安书画纸生产地分布示意图
Distribution map of the papermaking site of calligraphy and painting paper in Du'an County
考察时间
2008年8月～2016年6月
Investigation Date
Aug. 2008 to June 2016
地域名称
都安县城
五里桥街
都安瑶族自治县
安阳镇
百旺镇
高岭镇
大兴镇
九渡乡
造纸点名称
五里桥街
造纸点
位置分布
市府、州府
县城
乡镇
村落
造纸点
历史造纸点
山
国家级自然保护区
S221
省道
G21
国道
昆河线
铁路
G 56
高速公路
线路
G210
都安瑶族自治县
忻城县
大化瑶族自治县
10 km
5 km
0
N

（1904年），隶属右江道思恩府。1916年，成立都安县。1955年9月，国务院举行第十八次会议，通过《关于撤销都安县建制，设立都安瑶族自治县的决定》，12月15日，都安瑶族自治县正式成立。1965年5月，划设河池专区，都安划属河池至今。[2]

都安全县总面积4 088 km^2，耕地面积308 km^2，林地面积448 km^2。县辖10个镇和9个乡，2014年末人口70.21万，其中农村人口52.1万，有壮、瑶、苗、仫佬等少数民族68.16万人，其中瑶族16.12万人。[3]都安县地处亚热带季风气候区边缘，全县各地年平均气温18.2～21.7 ℃，平均年降水量1 248.9～1 883.1 mm。[4]都安全县有河流近百条，但大多属季节性溪流，较大的河流有红水河、刁江和澄江。[5]都安植物资源丰富，俗名为“纱皮树”的构树，是都安著名土特产品纱纸的主要原料，龙须草则是都安“龙凤牌”书画纸的主要原料[1]。原属都安县的都阳圩（现属大化）有龙须草的交易市场[6,7]。

都安县内遍布奇峰异洞，岩溶奇观名传海外。1986年、1987年，英国皇家探险队20余人先后两次前来考察，据中英联合洞穴探险队提供的资料称：“洞穴具有恒温、恒湿、低噪音等优越特点，辟作仓库、医院、科研所，为理想的适宜场地，开辟旅游胜地亦极为良好。”洞穴中较著名的有社区山岩洞、桥楞隧洞等。[8]

安阳镇地处都安县中南部，为县治所在地。辖7个社区，行政区域面积52.6 km^2。2014年末，全镇1.65万户，5.73万人，其中农业人口7 474人，有壮族、瑶族、苗族、毛南族、回族、水族等少数民族。2014年人均纯收入达6 511元。[9]

⊙1

⊙1 都安县城全景（莫限涛 提供）
Panorama of Du'an County (provided by Mo Xiantao)

[2] 都安瑶族自治县志编纂委员会.都安瑶族自治县志[M].南宁：广西人民出版社,1993: 31-32.

[3] 广西壮族自治区地方编纂委员会.广西年鉴2015[M].南宁：广西年鉴社,2015: 388.

[4] 都安瑶族自治县志编纂委员会.都安瑶族自治县志[M].南宁：广西人民出版社,1993: 84-86.

[5] 都安瑶族自治县志编纂委员会.都安瑶族自治县志[M].南宁：广西人民出版社,1993: 92.

[6] 都安瑶族自治县志编纂委员会.都安瑶族自治县志[M].南宁：广西人民出版社,1993: 60.

[7] 国务院关于同意广西壮族自治区设立大化瑶族自治县及调整部分县行政区划给广西壮族自治区人民政府的批复[J].中华人民共和国国务院公报,1988 (04): 127.

[8] 都安瑶族自治县志编纂委员会.都安瑶族自治县志[M].南宁：广西人民出版社,1993: 107.

[9] 河池市年鉴编纂委员会.河池年鉴 2015[M].南宁：广西人民出版社,2016: 332.

三
都安书画纸的历史与传承

3
History and Inheritance of Calligraphy and Painting Paper in Du'an County

据《都安瑶族自治县县志》记载："清雍正年间（1723～1735年），境内已有手工纱纸（縠纸）生产。"在清末民国初，纱纸业达于鼎盛，产品远销广东、香港地区和东南亚各国。[10,11]

在继承和发扬都安县有二百多年历史的纱纸生产工艺的基础上，都安书画纸厂采用龙须草所生产的都安书画纸，成为都安县的特色品牌。

2008年8月，调查组第一次到广西都安书画纸厂调查。据该厂副厂长陈兵介绍，厂名有过多次变更。1980年，开始筹建都安瑶族自治县书画纸厂，1981年正式建厂，1983年5月16日注册登记。1992年9月12日变更为"广西都安书画纸厂"，1993年8月10日变更为"广西书画纸厂"，1997年3月7日变更回"广西都安书画纸厂"。

据陈兵介绍，1980年，市场上书画纸紧缺，在广西轻工业厅的支持下，从原来的都安五金厂分出一部分人，并招收了当地的纱纸生产工人，开始筹建都安书画纸厂。1981年正式建厂，是广西唯一以手工工艺生产书画纸的企业。都安书画纸厂与广西轻工研究所联合研制广西书画纸，在田雨德、莫国祯二位专家的指导下，厂里的技术人员在本地传统手工生产纱纸技术的基础上，借鉴外地经验，在设备简陋的厂房里反复试验，采用当地各种造纸原料进行对比试验，最终以龙须草为原料研制出都安书画纸。1981年4月通过广西科委的鉴定，下半年正式批量投产，产品商标为"龙凤牌"。

建厂初期的都安书画纸厂是一个只有18名工人的手工作坊式小厂，没有国家的投资，仅靠有限的贷款来办厂，原料没有保障，加上设备简陋，生产能力很低。当时，虽然市场上书画纸紧缺，但是企业没有知名度，销路打不开，产品无人问津。1984年产值6.45万元，利润仅900

[10] 都安瑶族自治县志编纂委员会.都安瑶族自治县志[M].南宁:广西人民出版社,1993: 348-349.

[11] 韦承兴.都安纱纸业的过去与现在[M]//都安瑶族自治县志办公室,都安瑶族自治县政协文史组.都安文史: 第1辑,1986: 38-57.

元，工人月工资只有18元，工厂陷入困境之中。

面对当时的情况，都安书画纸厂领导认为：一是要提高产品质量，强化全员质量意识，严格执行厂部、车间、班组三级质量检验制度，产品质量精益求精；二是要积极利用各种机会进行宣传，提高企业和产品的知名度。1985年12月29日，该厂在北京人民大会堂广西厅举行“试笔会”，北京各界书画名流200多人应邀赴席试笔。中国书法家协会主席启功先生以“云英妙制胜南朝，工出西南壮与瑶，助我狂书三万字，不伤斑管兔千毫”的诗句赞誉都安书画纸。清朝末代皇帝溥仪之弟溥杰挥笔赋诗盛赞都安书画纸：“得心堪应手，良楮克笔随。西南雅缘结翰墨，洛阳夸贵讵足奇！”全国政协副主席、书法家许德珩因事未能到会，次日，特用都安书画纸为该厂题写了厂名。试笔会上，不少书画家在使用都安书画纸后都赞不绝口。从此，都安书画纸以纸色纯白、质地轻柔、拉力坚韧、吸墨均匀、侧笔无皱而扬名国内外。[10,12]据陈兵介绍，当年笔会的盛况，中央人民广播电台、北京日报等新闻单位均有报道。该笔会使都安书画纸厂及其产品的知名度得以提高，打开了产品销路。

1987年，该厂生产书画纸47.8吨，纱纸5.45吨，总产值43.5万元，销售收入30万元，有职工135人，其中工人129人。[10]据陈兵介绍，该年都安书画纸出口1.93吨（约38.6担），主要出口到日本。1988年7月，自治区拨款75万元支持该厂扩建制浆车间，竣工后达到国内同行业的先进水平。都安书画纸厂初具年产200吨的规模，产品远销韩国、新加坡、日本、泰国等国家。1989年1～5月，出口书画纸35.8吨，计60.87万元，成为全国书画纸行业的出口大户。[10]

⊙1

2016年，都安县因书画纸产业发展条件良好、特点突出，被广西二轻城镇集体工业联合社授予“广西书画纸生产基地”特色产业区域称号（桂二轻[2016]34号）。

都安书画纸厂主要技艺传承人有厂长潘锋亮、副厂长陈兵，以及陆地明、苏继利、潘英意、韦凤琴等人。2016年4月时，都安书画纸厂有员工40人，其中技术人员28人。另有退休职工22人。

⊙2

⊙1 1985年广西都安书画纸厂试纸笔会
A gathering held by Du'an Calligraphy and Painting Papermaking Factory to test the paper in 1985

⊙2 启功先生题诗
Calligraphy written by calligrapher Qigong on calligraphy and painting paper in Du'an Country

[12] 都安瑶族自治县志编纂委员会.都安瑶族自治县志[M].南宁：广西人民出版社,1993: 46.

四 都安书画纸的生产工艺与技术分析

4 Papermaking Technique and Technical Analysis of Calligraphy and Painting Paper in Du'an County

（一）都安书画纸的生产原料与辅料

都安书画纸的主要原料为龙须草。龙须草属多年生草本植物，丛生，茎圆而细长，长1 m以上，下生茶褐色鱼鳞片叶，夏日离茎梢10 cm处长出花梗，缀生多数小花，呈淡绿色。龙须草多生在湿润的山岩隙间，荒坡地带。每年秋季收割当年生的草，收割时，因龙须草根部的白色绒毛会变成白头，故最下面约10 cm不用，其余都能用。

都安及周边的一些市县，如河池市的大化、马山，南宁市和百色市等都有龙须草。近年来，都安有人用龙须草来编织工艺品出口，虽用量较少，但收购价格较高，整体拉高了龙须草的价格。

都安书画纸厂的副厂长陈兵了解到湖南衡河两岸有约30 km^2的紫色土地，不适合种树和粮食，只能种草。种草现在成为衡阳农业的一个产业。2008年开始从湖南衡阳收购龙须草，原料充足，只是贵一些。

龙须草的价格逐年上涨，2007年1 100元/吨，2008年1 400元/吨，2012年1 600元/吨，2013年2 000元/吨。不同产地的龙须草基本上都是4吨草可以造1吨纸，但需要灵活采用不同的制浆参数。

都安书画纸的辅料有烧碱、次氯酸钙、纸药。需要先用烧碱，以一定的比例、压力，经过一定的时间把龙须草加工制成浆（黑浆）。再用次氯酸钙对纸浆进行漂白，分为一段和二段漂白，把黑浆漂白成白浆。

纸药用在捞纸工序，早期用的纸药是榆木胶，俗称“刨花胶”。从山上取回木头，去掉叶子、树皮后，用刨子将木头刨薄，再装入布袋，

◎ 生长在山边的龙须草
Wild Eulaliopsis binata

浸到水池中，使胶质浸出溶入水中而成“胶水”，经过纱网过滤后即可使用。由于榆木胶的原材料缺乏，且都生长在深山，不好找也不好运出来，1996年便开始使用聚丙烯酰胺。

⊙1

（二）

都安书画纸的生产工艺流程

调查组自2008年8月到2016年6月，六次实地考察都安书画纸厂。经调查，都安书画纸的生产工艺流程为：

壹	贰	叁	肆	伍	陆	柒	捌	玖	拾	拾壹	拾贰
收料	存料	切草	蒸煮	粗选	一次洗涤	漂白	二次洗涤	筛选	磨浆	打槽	捞纸

贰拾叁	贰拾贰	贰拾壹	贰拾	拾玖	拾捌	拾柒	拾陆	拾伍	拾肆	拾叁
包装	盖印	验纸	裁纸	选纸	揭纸	晒纸	刮纸	松纸	压榨	压纸

⊙1
调查组成员调查都安书画纸厂
Researchers visiting Du'an Calligraphy and Painting Papermaking Factory

壹

收 料

1

每年的农历五月到重阳节前收购龙须草。收购的原料必须干燥，不能有白头、杂草或者发霉的部分。

⊙2

贰

存 料

2 ⊙2

收购回来的龙须草要存放3个月以上。

叁

切 草

3

用切草机把龙须草切成长2～4 cm的草段。一次切4吨草，需2～3小时，由5～7人完成：2～4人负责搬运草料到切草机旁边；1人在传送带上平铺草料，均匀送草；1人掌握离合器，根据机器运行情况，进退草料，以防原料卡机，这个工作一般由班长负责；1人把草放进蒸球并压实。

肆

蒸 煮

4

蒸球下面放1/3碱水混合液，加4吨 切好的龙须草后盖上蒸球铁盖，在一定的压力、时间内进行蒸煮，期间不用再加水。按照蒸煮曲线，到一定时间稍微放气一次，然后继续蒸煮。符合工艺要求后打开气阀喷浆，利用蒸球的自身压力，将浆冲出到贮浆池得到粗浆，其中纸浆在管道中经过冲刷、爆破，更容易分散开。

伍

粗 选

5

用振框式平筛除去粗浆中的杂物及未蒸解物等。

陆

一 次 洗 涤

6

用浆泵把浆从贮浆池输送到洗浆池，每班2个人把浆里的残碱洗掉。

柒

漂 白

7

根据纸浆量，加入一定量次氯酸钙溶液，使纸浆达到所需的白度，约需1.5小时。

捌

二 次 洗 涤

8

洗去残留的次氯酸钙，得到白浆，约需1小时。

⊙2 龙须草
Dry *Eulaliopsis binata*

玖 筛选

9

用离心筛把较大的沙子、杂草等杂质除掉，再用除砂器除去小沙子。2个人筛需要2～3小时。

⊙3

⊙4

拾 磨浆

10

使用磨浆机磨浆。当天磨当天用，如当天用不完，纸浆就会沉淀、变质。工人多时，一次可磨1吨干纸浆。

拾壹 打槽

11 ⊙3～⊙5

从浆车中用桶舀浆加入纸槽内，一般一次加可捞50～60张约1.3 m规格纸的浆，如果浆加得太多，捞的纸就太厚。加好浆后用打槽棍逆时针打槽，左手在前，右手在后，将纸浆在水里打散，几分钟即可。加一次浆就加一次纸药，根据捞纸的厚薄确定加纸药的量。

⊙5

⊙3 舀浆入纸槽 Pouring the pulp into the papermaking trough

⊙4 打槽 Stirring the pulp

⊙5 加『胶水』 Adding in the papermaking mucilage

⊙6

12 捞纸

⊙6～⊙9

捞纸由2个工人协作完成，为主的称掌帘师傅，为辅的叫抬帘师傅。两人手持竹帘平铺伸入纸槽的浆液中，轻轻平抖，待抖至均匀后缓慢拿出，随后掌帘师傅将吸附在纸帘上的湿纸页翻盖在纸板上，抬帘师傅左手拇指将计数器最下排的一个珠子往左拨。一般一天可捞约1.3米规格的书画纸1 000～1 200张，约2米规格的书画纸500～750张。捞纸工序最为复杂，纸的好坏全看一捞，如稍不注意或纸帘不平衡，则纸厚薄不均。

⊙7

⊙8

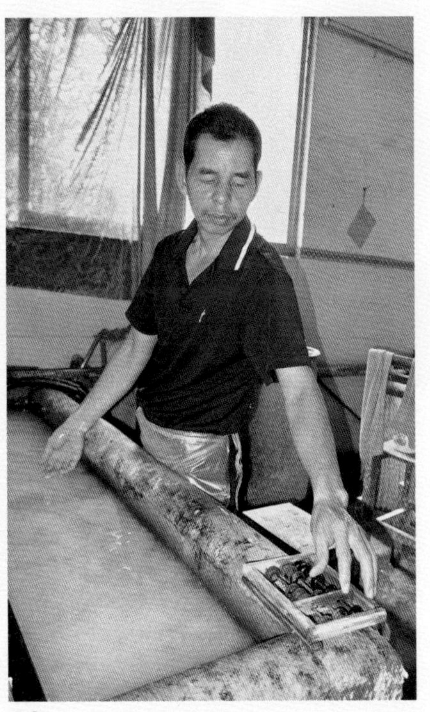
⊙9

⊙6/8 捞纸 Lifting the papermaking screen out of water and turning it upside down on the board

⊙9 计数 Counting the paper

拾叁
压 纸
13 ⊙10

休息时，将帘子置于湿纸贴上，再用帘架压。中午吃饭前，再在帘架上用水泥砖压。压纸既可压去部分水分，又有保护作用。

拾肆
压 榨
14 ⊙11

用配备压力表的油压机压去湿纸中过多的水分。最早是用木榨压榨，后来改为用千斤顶人工压榨，现用油压机，既提高生产效率又能保证质量。如果是约2.7米，约4米等规格的大纸，则用千斤顶进行人工压榨。

⊙11

⊙10

拾伍
松 纸
15 ⊙12

纸压干后，将纸贴取出来，一人或两人用扁担打击纸面，使纸贴变松。

⊙12

拾陆
刮 纸
16

用木板在纸面均匀刮出数道凹痕，注意不能把纸刮破。通过上述两道工序的操作，达到松纸的目的，便于将湿纸剥离。

⊙10 压纸 Pressing the paper

⊙11 压榨 Pressing the paper to squeeze water out

⊙12 松纸 Beating the paper to make it easier to peel down

拾柒
晒　　纸

17　⊙13～⊙15

将纸烘干，称作晒纸。将松好的纸放在晒纸架上，先揭开左上角，后逐渐将整张纸揭开，再用棕刷刷到晒墙上。因温度高，纸干得快，一般摸纸时手感光滑，纸就干了。每面晒墙一般贴5张纸，待第五张贴上后，第一张已经干了，开始收纸。每晒5张纸，约需3分钟。为节约能源，可待纸贴达到一定数量后，连续晒纸7～10天。通常捞纸一个月，晒纸半个月。晒墙以前是土墙，在土墙中烧火。土墙传热慢，生产效率低，且土墙上有沙粒脱落，容易粘在纸面上，形成质量瑕疵。从1987年开始，用铁板制作晒墙，用锅炉蒸汽供热，传热快，受热均匀，生产效率高。

⊙13

⊙14

⊙15

拾捌
揭　　纸

18　⊙16

纸干后，将纸由上往下一张张撕下来并理整齐。

⊙16

拾玖
选　　纸

19　⊙17

根据纸的不同规格、尺寸，将次品挑出。如纸上只是有小毛病，可以裁成略小规格的纸，如毛病较多，则根据情况回炉打浆。回炉浆纤维更细，加一些回炉浆造的纸质量更好，只是成本也更高。

⊙17

⊙13/15 晒纸 Drying the paper in the sun
⊙16 揭纸 Peeling the paper down
⊙17 选纸 Picking the paper

贰拾 裁纸

20

用切纸机将纸裁成合适大小。

⊙18

贰拾壹 验纸

21 ⊙18⊙19

一张一张纸检验，只检验叠纸后处于上面的那头。按100张为1刀理好纸。如发现有质量瑕疵，则取出来。

⊙19

贰拾贰 盖印

22 ⊙20⊙21

一刀纸按要求叠好后，在刀口处盖印，一般盖三个印：厂名、规格、合格标志。

⊙20

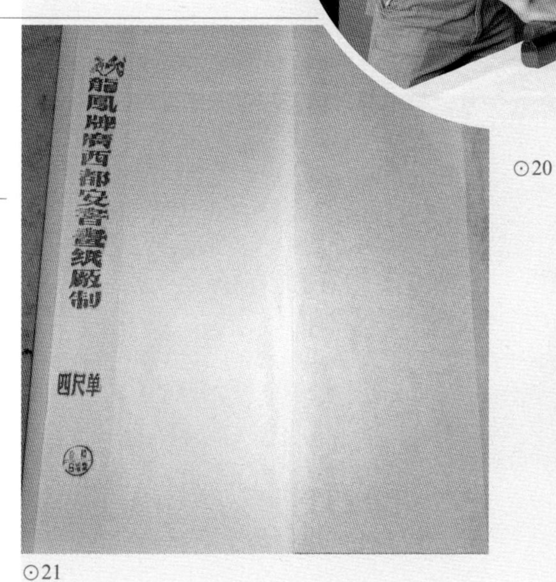

⊙21

贰拾叁 包装

23 ⊙22⊙23

1 m、1.3 m等规格的纸，1箱10刀；1.7 m、2 m规格的纸，1箱5刀；2.7 m规格的纸，1箱1刀；4 m规格的纸，1箱半刀。1995年开始有圆筒包装，50张为一筒。以上就完成了整个造纸工序。

⊙22

⊙23

⊙18 验纸 Inspecting the paper

⊙19 验好的纸 Paper after inspecting

⊙20 盖印 Stamping the paper with seals

⊙21 盖印后的都安书画纸 Calligraphy and painting paper with seals in Du'an County

⊙22/23 包装好的纸 Packed paper

(三)

都安书画纸生产使用的主要工具设备

壹 纸帘、纸帘架 1

纸帘为竹制，根据纸的大小不同采用不同大小的纸帘。纸帘都从四川购进，2015年时，1.3米规格的纸帘1 000元/张，2米规格的纸帘2 000元/张。纸帘架由厂里的工人用杉木制成。

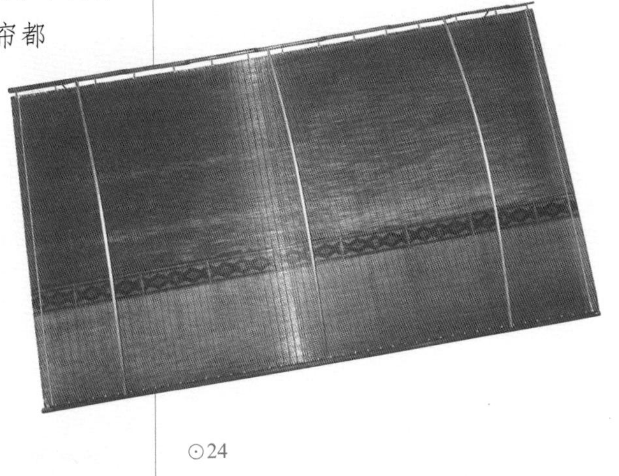

⊙24

⊙25

贰 抄纸槽 2

现用抄纸槽是用砖砌成，在四周敷上水泥。所抄纸的规格不同，抄纸槽大小也不同。

⊙26

叁 计数器 3

计数器有三排，由下往上依次代表个、十、百位，每排左边一个珠子代表五，右边一个代表一。每抄完一张纸，抬帘师傅用左手拇指将计数器最下排的一个珠子往左拨，逢十、百相应进位。

⊙27

⊙24/25 纸帘、纸帘架 Papermaking screen and its supporting frame

⊙26 抄纸槽 Papermaking container

⊙27 计数器 Paper counting apparatus

(四)

都安书画纸的性能分析

所测都安五里桥街书画纸为2007年所造，相关性能参数见表3.1。

表3.1　五里桥街书画纸的相关性能参数
Table 3.1　Performance parameters of calligraphy and painting paper in Wuliqiao Street

指标		单位	最大值	最小值	平均值
厚度		mm	0.088	0.069	0.078
定量		g/m^2	—	—	26.8
紧度		g/cm^3	—	—	0.344
抗张力	纵向	N	16.52	10.11	13.65
	横向	N	13.32	9.94	12.30
抗张强度		kN/m	—	—	0.87
白度		%	69.89	68.51	68.72
纤维长度		mm	8.03	1.29	3.45
纤维宽度		μm	61	1	14

由表3.1可见，所测五里桥街书画纸厚度最大值比最小值多28%，经计算，相对标准偏差为11%。经测定，五里桥街书画纸定量为26.8 g/m^2，定量较小，主要与纸张较薄有关。经计算，其紧度为0.344 g/cm^3，紧度较高。

五里桥街书画纸纵、横向抗张力差别较小，经计算，其抗张强度为0.87 kN/m。

所测五里桥街书画纸白度平均值为68.72%，相对标准偏差为0.19%，白度很高，差异很小。这应与五里桥街书画纸经过蒸煮、漂白，且工艺相当讲究有关。

所测五里桥街书画纸纤维长度：最长8.03 mm，最短1.29 mm，平均3.45 mm；纤维宽度：最宽61 μm，最窄1 μm，平均14 μm。纤维的长度和宽度都较大。在10倍、20倍物镜下观测的纤维形态分别见图★1、图★2。

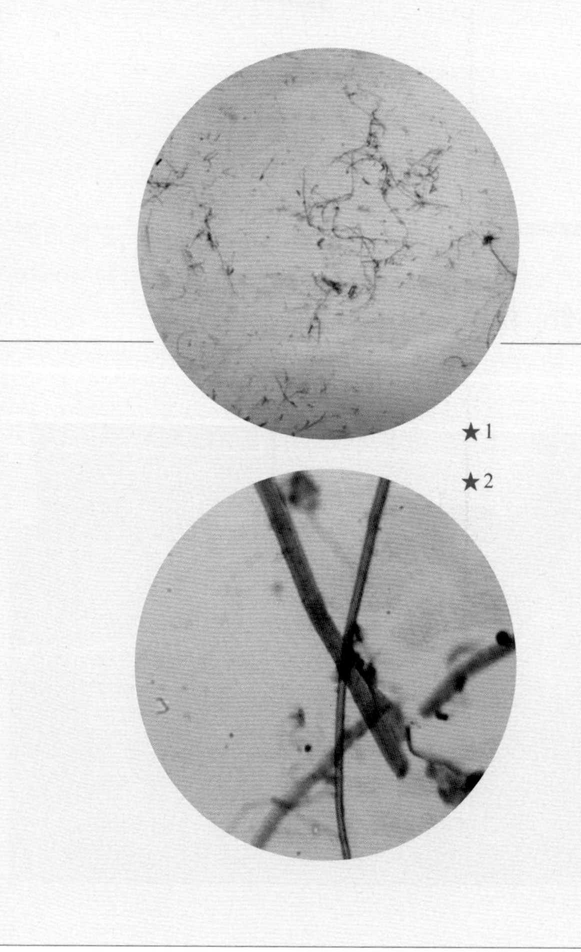

★1 五里桥街书画纸纤维形态图(10×)
Fibers of calligraphy and painting paper in Wuliqiao Street (10× objective)

★2 五里桥街书画纸纤维形态图(20×)
Fibers of calligraphy and painting paper in Wuliqiao Street (20× objective)

五 都安书画纸的用途与销售情况

5 Uses and Sales of Calligraphy and Painting Paper in Du'an County

(一) 都安书画纸的主要用途

据陈兵介绍，都安书画纸纸质洁白、细韧柔软、润墨性佳，书法、绘画是都安书画纸主要的用途，此外都安书画纸在装裱、拓片、古籍印刷等方面也有一定的应用。

都安书画纸厂生产的“龙凤牌”书画纸于1995年11月被选定为《邓小平文选》（线装本）的印刷专用纸，于1996年5月被选定为《毛泽东诗词》（线装本）的印刷专用纸。

⊙1

⊙2

⊙3

《邓小平文选》选用都安书画纸印制

都安讯 最近，中共中央办公厅指定选用广西都安书画纸印制《邓小平文选》线装珍藏本。该厂在产品供不应求的情况下，首先供应质地优良的书画纸给出版社。11月17日，该厂将185件共18.5万张书画纸从南宁发往印制《邓小平文选》的厂家。

（蒙玉光 莫小康）

⊙4

都安书画纸再次进京

《毛泽东诗词》线装本选定该纸为印刷专用纸

都安讯 5月4日，一辆满载“龙凤牌”书画纸的大卡车，从都安瑶族自治县启程开往北京——都安书画纸被指定为《毛泽东诗词》线装本的印刷专用纸。

都安书画纸厂一贯重视产品质量，多年来以质量优、信誉好而得到各界人士的好评。都安“龙凤牌”书画纸这次进京，是继1995年用来印刷《邓小平文选》线装本之后，又一次被指定作为伟人著作的印刷专用纸。这也是党和国家对都安书画纸这一民族产品的关怀与肯定。

（陈兵）

⊙5

⊙1 用于书法创作
Calligraphy and painting paper used for calligraphy

⊙2 用于绘画
Calligraphy and painting paper used for painting

⊙3 都安书画纸曾用于印《邓小平文选》（线装本）和《毛泽东诗词》（线装本）
Calligraphy and painting paper in Du'an County used for printing *Selected Works of Deng Xiaoping* and *Mao Zedong Poetry Collection* (both in thread-bound edition)

⊙4/5 都安书画纸曾用于印《邓小平文选》（线装本）和《毛泽东诗词》（线装本）的相关报道
News reports about calligraphy and painting paper in Du'an County used for printing *Selected Works of Deng Xiaoping* and *Mao Zedong Poetry Collection* (both in thread-bound edition)

2009年第二届世界佛教论坛在江苏无锡举行,"龙凤牌"书画纸被用来印刷佛经。

(二)

都安书画纸的销售情况

都安书画纸销往全国各地,主要是广西全区以及北京、西安、武汉、广州等城市。据陈兵介绍,都安书画纸厂没有自营出口权,主要是通过安徽、上海、广州的进出口公司将都安书画纸出口到日本、韩国。

据陈兵介绍,2015年该厂书画纸中,1.3米规格的150元/刀,2米规格的300元/刀。全年销售21.7吨,收入845 171.19元,上缴税金51 841.01元。

六
都安书画纸的相关民俗与文化事象

6
Folk Customs and Culture of Calligraphy and Painting Paper in Du'an County

(一)

分工合作

在都安书画纸厂,男女有不同的分工。通常男的主要负责切草、蒸煮、打槽、捞纸、压榨等工作;女的主要负责筛选、洗涤、漂白、磨浆、晒纸、选纸、裁纸、验纸、盖印等工作。

(二)

相关书画活动

书法、绘画是都安书画纸的主要用途。据陈兵介绍,都安书画纸厂从20世纪80年代开始,就不断参加各种书画相关活动。例如1985年,都安书画纸厂在北京人民大会堂广西厅举行"试笔会",取得很好的反响,以下再举数例。

1. 北京人民大会堂第二次“试笔会”

1990年，“龙凤牌”书画纸获“轻工部优质产品”称号。1991年5月，广西都安书画纸厂在北京人民大会堂举行第二次“试笔会”。新华社为此发布消息“广西都安书画纸声名再播”。《瞭望》周刊海外版也做了专门报道。

2. 武汉新闻发布笔会

1992年11月，应中南民族学院的邀请，广西都安书画纸厂在武汉举行新闻发布笔会，宋尚武先生题写“笔墨千秋诗与画，舒纸万幅是都安”。该笔会拓宽了都安书画纸在华中的销售市场。

3. “走进都安”民族书画展演活动

2010年12月24～26日，由广西河池市人民政府、广西旅游局、中国民族书画院主办，都安县人民政府承办的中国都安·首届密洛陀文化旅游节——“走进都安”民族书画展演活动成功举办。中国民族书画研究院院长张生礼、广西书法家协会主席韦克义等来自全国各地的40多名书画界人士莅临都安挥毫泼墨，并对当地文化的产业化发展提出可行性建议。

4. “龙凤牌”书画纸被评为旅游文化品类广西旅游必购商品

2014年，由广西壮族自治区旅游发展委员会主办、广西旅游发展集团承办的首届广西旅游必购商品评选活动揭晓。此次评选活动共收到参评作品700多件（套），经过各市推荐，根据评选活动专家评委会对众多参评作品进行初评、复评、终评以及公众网络投票，经活动组委会办公室审定，广西都安书画纸厂“龙凤牌”书画纸被评为旅游文化品类广西旅游必购商品。

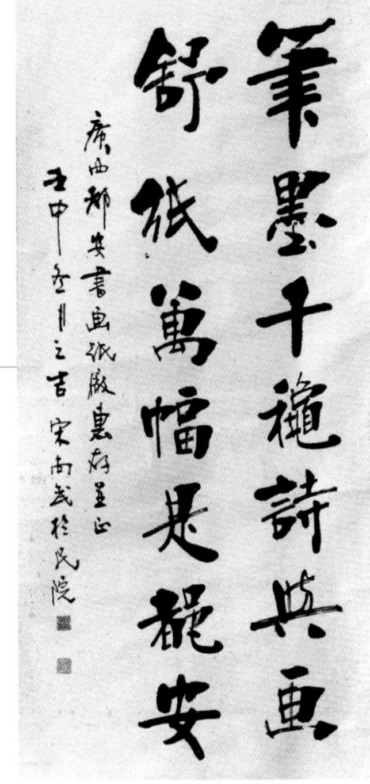

⊙1

⊙2

⊙1
宋尚武先生题字
Calligraphy written by calligrapher Song Shangwu on calligraphy and painting paper in Du'an County

⊙2
都安书画纸厂部分产品
Products of Du'an Calligraphy and Painting Papermaking Factory

七
都安书画纸的保护现状与发展思考

7
Preservation and Development of Calligraphy and Painting Paper in Du'an County

(一)
都安书画纸传承与保护的现状

2009年，都安书画纸厂完成书画纸产量33.2吨，产值134万元，销售49.58万元，上缴税金4.42万元。2010年，完成书画纸产量23.20吨，产值66.96万元，销售66.96万元，上缴税金2.24万元，亏损34.72万元。2015年，销售21.7吨，收入845 171.19元，上缴税金51 841.01元，亏损10.00万元。2016年4月，都安书画纸厂在职职工40人，退休职工22人。

据陈兵介绍，自1999年之后，由于受以下几个因素的影响，都安书画纸产业经济效益严重下滑，企业举步维艰。

1. 环保因素的制约，影响了书画纸的产量

都安书画纸厂在过去年产达400吨规模时，采用了南宁市环保科研所设计的黑液烟道气酸化—混合废水氧化塘处理方法，在处理废水方面取得了良好的效果，为保护周边环境以及企业正常的生产经营发挥了积极的作用。然而，在2005年都安县开发百才新区时，主要的废水处理设施黑液酸化塔、沉渣池和面积为6 667 m^2的专用废水氧化塘全部被拆除、征用，导致目前废水治理流程设施不完善，严重地影响生产的正常进行。

由于废水无法处理，不能购进大量的原料进行生产，每年都要停产4～5个月。大批技术工人外出重新择业，导致产量大大减少，极大地影响了企业经济效益。

2. 一线技术工人匮乏

由于大批技术工人外出重新择业，导致一线技术工人匮乏。目前主要是缺乏抄纸工人，2016年4月仅有4个抄纸槽在生产，抄纸的8名工人年龄在45～60岁，每月的产量不足3吨。虽然经过多方努力，但是一线的技术工人仍然缺乏。

3. 缺乏银行贷款支持，流动资金紧缺

由于受亚洲金融危机的影响，第三次扩建没

能发挥效益，造成未能如期偿还贷款，在银行留下了不良的信用记录。自2000年起，银行不再放贷支持，流动资金紧缺。十多年来，都安书画纸厂都是靠自筹资金维持生产。

在此现状下，都安书画纸厂自2009年开始，在厂区开辟了一个专门区域用于经营龙凤园餐厅，专营都安瑶族饮食。餐厅的工作人员也都是厂里的员工。在没有生产任务的情况下，厂内员工在餐厅工作，增加收入。几年来，龙凤园餐厅经营收入稳定，不仅稳定了员工队伍，同时也在一定程度上改善了厂里的效益。然而，2015年至今，由于各种原因餐厅的经营受到一定的影响，经营收入略有减少。

(二)
都安书画纸传承与保护的思考

1. 都安书画纸厂发展前景的展望

都安书画纸厂发展正处于重要的转折点，机遇与挑战并存，希望与困难同在。主要表现在：

一是书画纸产业发展初步得到县政府的重视。

二是都安书画纸已具备一定的产业基础。都安书画纸厂经过三十多年的生产经营，在生产工艺、市场开拓、经营管理等方面的经验已较为成熟。

三是都安书画纸厂的“龙凤牌”书画纸在中国文房四宝行业中知名度较高，在全国市场以及国外市场占有一定的份额。

四是未来市场需求将进一步上升。随着国家经济的快速发展和文化艺术的繁荣，宣纸、书画纸等文化艺术用纸的使用领域将不断扩大，对宣纸、书画纸的需求量也会有较大的增加。

五是环保因素仍然制约生产的发展。由于不能正常制浆，只能从外地购进成品浆。一方面产品质量不稳定，另一方面生产成本增高。

六是企业缺乏资金的支持，难以维持正常的生产。

七是技术工人的匮乏，致使书画纸产量低，影响了企业的经济效益。

八是原料产地缩小，影响了书画纸产业的后续发展。

2. 都安书画纸厂今后生产经营的思路

由于书画纸行业属传统手工产业，书画纸是文化艺术用品，具有特定的消费群体。产量、销量不能与普通文化用纸相提并论。

调查组多次与陈兵副厂长交流，他认为都安书画纸不宜做大，而应该做精，核心是提高企业的盈利水平。陈兵认为书画纸的生产规模应该维持在年产150吨产量，不适合再扩大。同时，应该向其他产业横向发展，提高企业整体实力。

结合都安书画纸厂的实际情况，根据手工行业小而精的特点，陈兵提到今后的经营思路是：

(1) 在做好节能减排的基础上，调整生产规模，把生产能力控制在年产150吨的规模，依靠“龙凤牌”书画纸为全国文房四宝行业知名品牌的优势，扩大销售面，主营内销兼顾外销，并根据市场需求实行“以销定产”的经营方式。

(2) 走精细生产、清洁生产的发展道路。2008年3月起采取联合制浆的方式，在外地生产成品浆，派出技术人员监督，根据企业的生产工艺制造成品浆，在本地精加工书画纸。通过这一方式既能保证生产符合质量要求的产品，又能减少废水的产生和排放量，达到节能减排、清洁生产、不污染周边环境以及避免给附近居民的生活带来不便的目的。目前，废水经检测已达到排放要求，可以经城市污水管网排入污水处理厂进一步处理。

(3) 加大技术创新力度，提高产品质量档次。通过对原料种类、原料配比、工艺技术条件等方面进行调整和试验，力争使产品质量更上档次，以达到提高盈利水平的目的。

(4) 借助企业的环境优势，实现多种经营。抓好对第三产业的管理，以第三产业的收入来弥补流动资金的不足。同时也要更好地改善职工福利，稳定一线职工队伍。都安书画纸厂所办餐厅目前已取得一定成效。

(5) 依托地域优势、品牌优势，努力打造文化品牌，逐步形成文化产业。

在实施品牌战略上下功夫，把企业品牌和信誉视为企业的生命。拓宽文化产业的发展思路，配合都安县的旅游规划，在做好旅游产品的同时，开发书画纸的延伸产品，将书画纸的使用领域拓展到拓裱、印刷、复制、剪纸等多个方面，赢得市场和客户的信赖，使书画纸产业链不断延伸。

2016年4月，调查组前去调查时，陈兵提到准备把厂区建设成一个包含有介绍都安纱纸历史与都安书画纸历史的文化长廊，名人字画陈列馆，书画家工作室，都安书画纸厂书画院，集生产、展示、体验于一体的生产车间，文房四宝、奇石与地方特色产品销售区域等的文化园。从另一方面配合区域旅游及文化产业的建设，供游客参观、体验，以提高效益，扩大宣传。

⊙1
计数
Counting

书画纸

Calligraphy and Painting Paper in Du'an County

五里桥街书画纸透光摄影图

A photo of calligraphy and painting paper in Wuliqiao Street seen through the light

第二节

都安壮族纱纸

广西壮族自治区
Guangxi Zhuang Autonomous Region

河池市
Hechi City

都安瑶族自治县
Du'an Yao Autonomous County

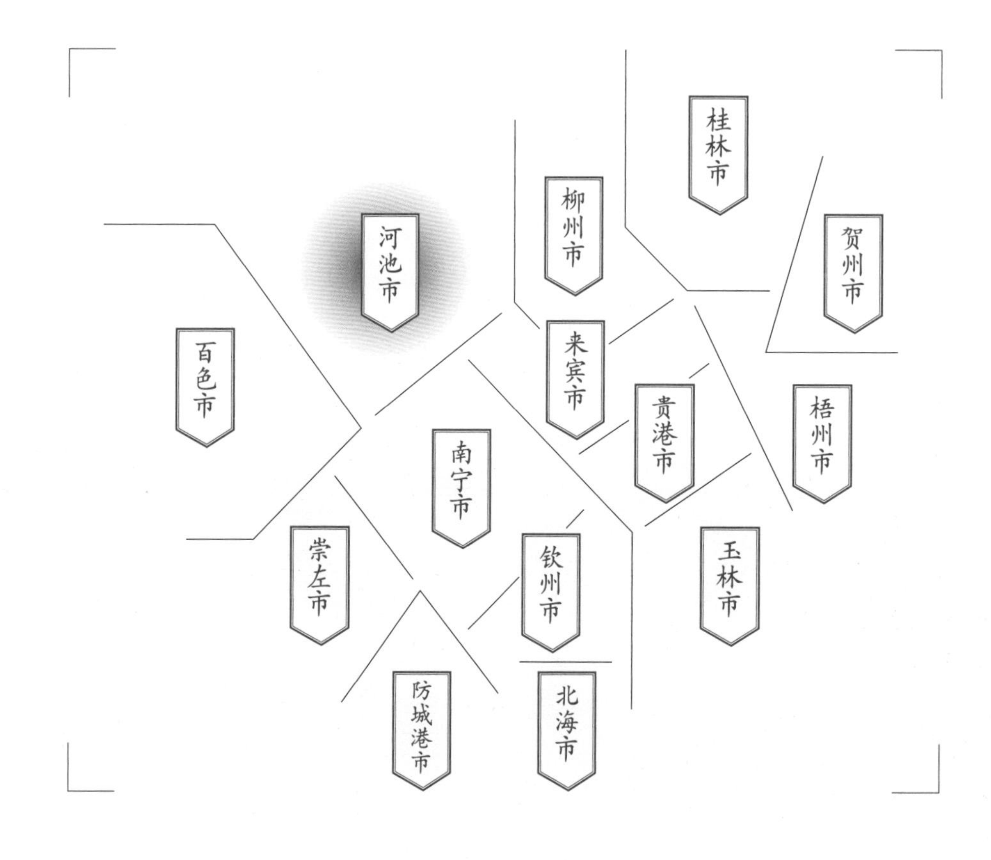

调查对象
高岭镇
弄池村
纱纸

Section 2
Sha Paper by the Zhuang Ethnic Group in Du'an County

Subject
Sha Paper in Nongchi Village of Gaoling Town

一
都安壮族纱纸的基础信息及分布

1
Basic Information and Distribution of Sha Paper by the Zhuang Ethnic Group in Du'an County

据《都安瑶族自治县志》记载，都安县大兴镇“早在100多年前就盛产纱纸、油纸，远销国内外，现仍为群众脱贫致富的门路之一”。[13]都安纱纸声名卓著，行销四方，使得都安素有“纱纸之乡”的美称。纱纸是都安的四宝之一（其余三宝是桐油、南粉、油光帽）。都安纱纸从产量到出口量，在广西同类产品中居首位，200余年声誉不减。[14]都安纱纸大部分集中在县内高岭镇，为壮族手工纸。

⊙1

⊙1 洗皮 Cleaning the bark

[13] 都安瑶族自治县志编纂委员会.都安瑶族自治县志[M].南宁：广西人民出版社,1993: 49-50.

[14] 都安瑶族自治县志编纂委员会.都安瑶族自治县志[M].南宁：广西人民出版社,1993: 2.

路线图
都安县城
↓
弄池村
Road map from Du'an County centre to the papermaking site (Nongchi Village)

都安壮族纱纸生产地分布示意图

Distribution map of the papermaking site of Sha paper by the Zhuang Ethnic Group in Du'an County

考察时间
2008年8月／2009年9月

Investigation Date
Aug. 2008 / Sep. 2009

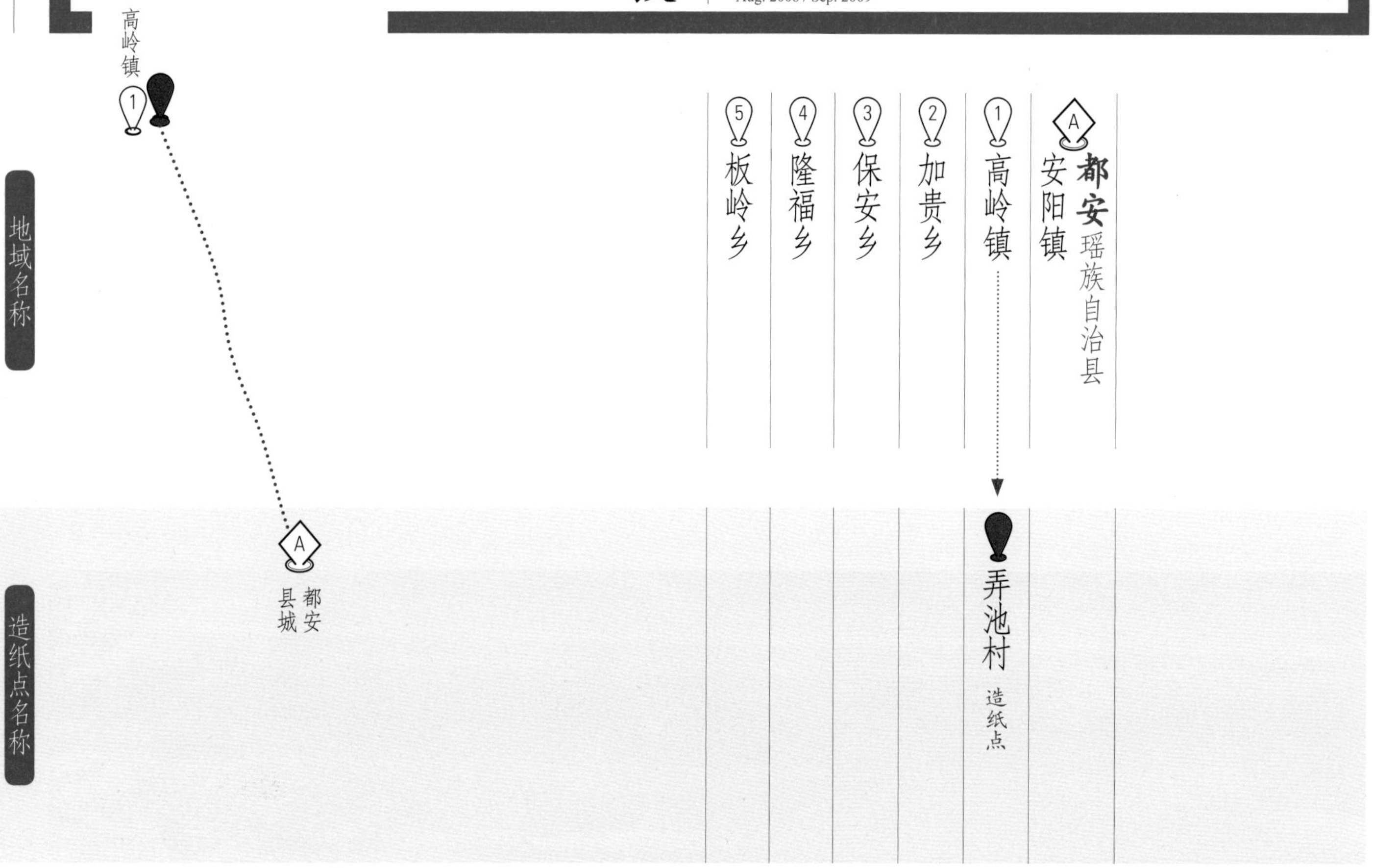

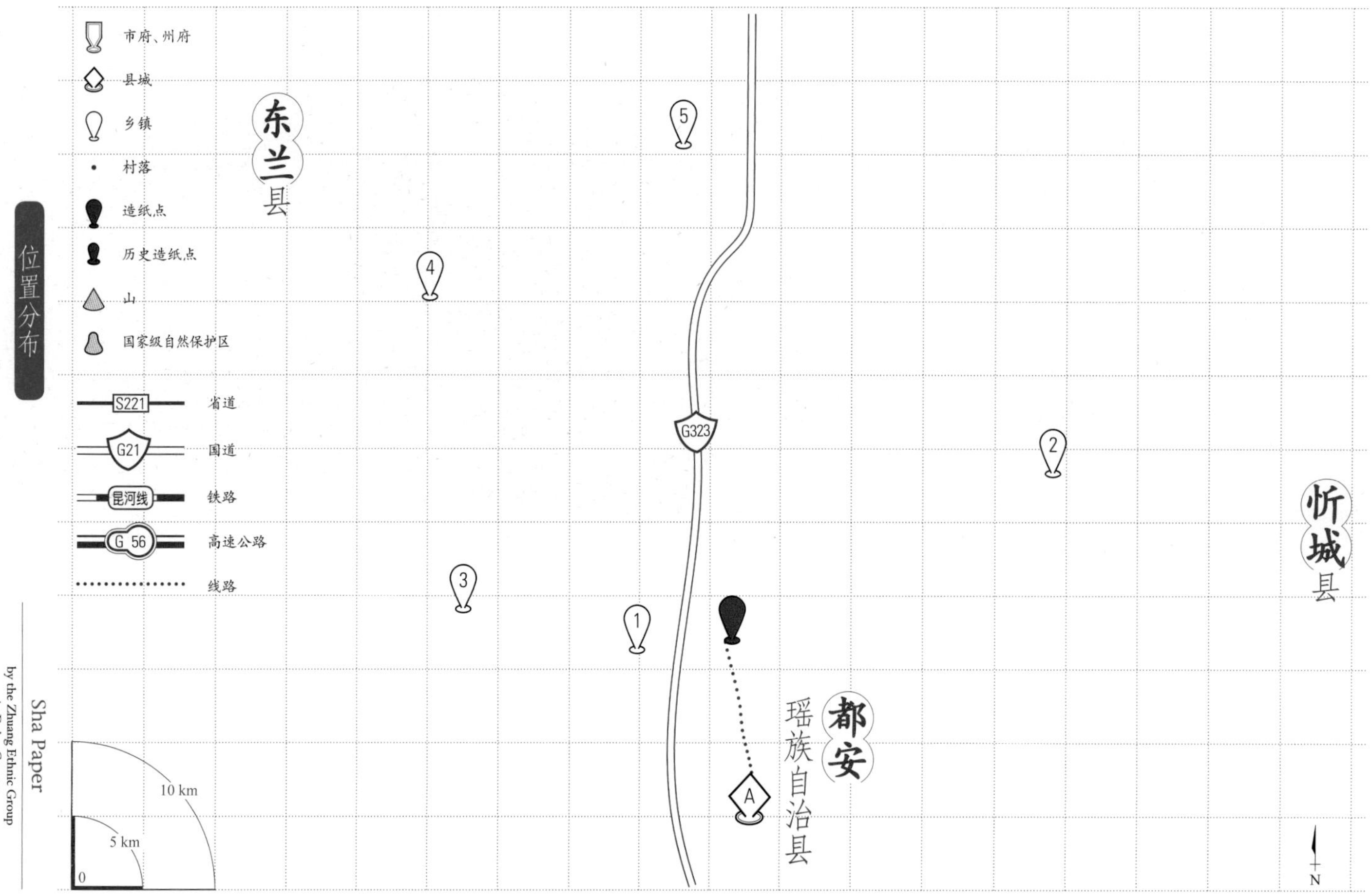

地域名称

都安瑶族自治县
A 安阳镇
1 高岭镇
2 加贵乡
3 保安乡
4 隆福乡
5 板岭乡

造纸点名称

都安县城
高岭镇
弄池村 造纸点

位置分布

市府、州府
县城
乡镇
村落
造纸点
历史造纸点
山
国家级自然保护区
S221 省道
G21 国道
昆河线 铁路
G 56 高速公路
线路

东兰县
忻城县
都安瑶族自治县
G323
10 km
5 km
0
N

二
都安壮族纱纸生产的人文地理环境

2
The Cultural and Geographic Environment of Sha Paper by the Zhuang Ethnic Group in Du'an County

高岭镇位于都安县中部，距县城15 km。民国时期高岭镇系高阳区署和接学乡驻地，属接学乡地。1949年后曾为第三区、高岭区、高兴公社、高岭公社，1984年11月为高岭乡[13]，1994年置镇。2005年，五竹乡撤销，并入高岭镇。[15]

全镇面积308.5 km^2，辖22个村（居）民委员会。2014年末有2.25万户，8.14万人，其中农业人口4.31万，有壮、瑶、毛南、仫佬等少数民族8.09万人。[16]高岭镇地处半山区半平川岩溶河谷地带，地势呈南北走向，东西部为大石山区，最高峰海拔721米。中部属峡谷平川，间有丘陵，澄江河流经乡境。境内响水关昔日曾是都安八景之一，名为“响泉夜月”，山光水色旖旎迷人。民国年间盛产纱纸、南粉，运销国内外。[13]

⊙1

⊙1 高岭一景 View of Gaoling Town

[15] 广西大百科全书编纂委员会.广西大百科全书·地理[M].北京：中国大百科全书出版社,2008: 1103.

[16] 河池市年鉴编纂委员会.河池年鉴2015[M].南宁：广西人民出版社,2016: 333.

三 都安壮族纱纸的历史与传承

3 History and Inheritance of Sha Paper by the Zhuang Ethnic Group in Du'an County

都安境内许多轻工业原料蕴藏量丰富，比如云香竹、芭芒杆、龙须草、红树皮、黄树皮等，其中“云香竹、芭芒杆、龙须草都是造纸主要原料”[17]。另外，构树（当地称为纱树）的树皮纤维细长，是制造纱纸的高级原材料。都安境内为石灰岩地域，气候温和多雨，境内各地均有构树的自然分布。历史上县境内构树皮产量很大。1957年，全县构树树皮的年产量达到1 425吨。[18]

《都安瑶族自治县志》记载：“清朝雍正年间（1723～1735年），都安境内已有手工纱纸生产。”到了清末民国初，手工造纸业达到鼎盛。[19]当时洋纸尚未侵入内地，而海禁已开，故纱纸产销两旺，据记载，“在高岭以至国隆、九顿一带，盛时有纸槽千余具，午夜槌打纱皮声，邻里相闻”“当时境内的造纸户达1 000多家，年产纱纸近25 000担（纱纸的计量单位为刀、把、担。以40张为一刀，10刀为一把，20把为一担），产品远销广东、香港各地和东南亚各国”。1921年，两粤军阀内战兴起，地方政局动荡，交通受阻，再加上机制纸开始大量涌入境内，传统手工纸受到较大冲击，主要表现为造纸户的减少和纱纸产量的锐减。1928年以后，造纸户减少到五六百家，纱纸产量仅有万余担。[20]到了1946年，都安私营造纸户305家，产量仅有1.2万担。[19]

1949年后，在政府的扶持和引导下，传统纱纸业得以恢复和发展。1952年，全县从事纱纸生产户计1 354家，产量达9 133担。到1957年，全县成立了6个纱纸生产合作社，从业人员428人，产纱纸152吨，加上其他个体造纸户的纱纸产量，当年全县纱纸产量达到713吨（合计14 260担），为1949年

[17] 都安瑶族自治县志编纂委员会.都安瑶族自治县志[M].南宁:广西人民出版社,1993: 104.

[18] 都安瑶族自治县志编纂委员会.都安瑶族自治县志[M].南宁:广西人民出版社,1993: 245.

[19] 都安瑶族自治县志编纂委员会.都安瑶族自治县志[M].南宁:广西人民出版社,1993: 348.

[20] 韦承兴.都安纱纸业的过去和现在[M]//都安瑶族自治县志办公室,都安瑶族自治县政协文史组. 都安文史: 第1辑,1986: 41.

后历年纱纸产量最高年份。后陆续兴办了7家纸厂，至1962年全部停办。1970年，开办了都安造纸厂，为国营企业。是年，都安第一造纸厂和第二造纸厂也相继兴建，一些公社或生产队也兴办了集体造纸厂。1972年，4个社办纱纸厂（高岭纱纸厂、高岭六合纱纸厂、古河纱纸厂、拉烈纱纸厂）共生产纱纸61.39吨。[19]

历史上都安境内的手工纸主要包括纱纸、竹纸和书画纸三大类，其中纱纸占主要地位。据民国《广西年鉴》记载，1938年都安出口的大宗商品中就有纱纸，多达8 000余担。[21]据有关统计，1946年县境内私营造纸户中纱纸生产户有305家，而竹纸生产户仅有32家。[19]从目前有限的史料上看，都安手工纸的营销主要依靠在县域内设店销售。据民国《广西年鉴》记载，1947年都安有纸料店30家。[22]1949年后，在相当长的一段时期内，由供销合作社（包括基层供销社、土产公司、日用杂货公司）对土特产品进行收购、推销，其中就包括土纸。随着农村经济体制改革以及市场的开放，农户兼营农副土特产品日益增多，基层供销社农副产品收购从品种到数量均相应减少。历史上由供销合作社对造纸原料及土纸进行收购的情况参见表3.2～表3.5。[23]

表3.2　1965～1987年基层供销社造纸原料及土纸收购情况统计表（单位：吨）
Table 3.2　Purchase volume of papermaking raw materials and handmade paper by the local Supply and Marketing Cooperative from 1965 to 1987 (unit: ton)

年份	1965	1966	1967	1968	1969	1970	1971	1972	1973	1974	1975	1976
龙须草	480.2	618.35	791.35	640.35	682.4	474.1	470.4	718.9	749.85	678.35	788.85	817.05
云香竹		4.85	5712.6	923.3	2833.95	1570.15	2574.9	1130.9	270.95	2823.25	4977.4	6453.15
沙皮	355.7	377.55	225.25	358.7	363.25	280.05	282.5	163.1	183.1	274.1	205.5	246.45
土纸	76.7	12.65	91.95	74.5	43.25	47.5	46.35	57.15	53.75	84.4	36.85	44.15
年份	1977	1978	1979	1980	1981	1982	1983	1984	1985	1986	1987	
龙须草	802.25	917.45	566.8	669.4	748.3	784.3	510.2	238.15	289.3	382.95	690.7	
云香竹	8188	18276.95	16213.35	32200.25	11016.25	19614.25	1254.05	13518.5	9429.4	8295.1	721.19	
沙皮	188.3	212.5	254.4	130.25	915	177.25	375.8	231.4	87.2	181.15	277.5	
土纸	32.7	37	28.1	10.66	14.2	80.4	56.85	8.9	0.3	0.3	35	

表3.3　1975～1987年土产公司造纸原料及土纸纯收购统计表（单位：吨）
Table 3.3　Purchase volume of papermaking raw materials and handmade paper by a local company from 1975 to 1987 (unit: ton)

年份	1975	1976	1977	1978	1979	1980	1981	1982	1983	1984	1985	1986	1987
龙须草	3.55	3.15	2.1	0.9	1.05	0.85	0.2	0.15	31.55	181.05	150.15	181.75	209
沙皮	5.3	3.05	1.9	1.05	5.6	0.15	0.2	0.15	—	—	291.9	286.15	166.9
云香竹	—	—	—	—	—	0.05	30	376.45	5242	5080	2857	4446	2497
土纸	9.2	9.55	15.4	20.7	37.4	—	0.8	—	8.2	2.9	—	—	1.2

表3.4　1975～1987年土产公司造纸原料及土纸纯销售统计表（单位：吨）
Table 3.4　Sales volume of papermaking raw materials and handmade paper by a local company from 1975 to 1987 (unit: ton)

年份	1975	1976	1977	1978	1979	1980	1981	1982	1983	1984	1985	1986	1987
龙须草	—	34.85	74.25	84.75	91.8	360	454.65	446.35	549.25	493.2	142.4	194.6	311.1
云香竹	—	78.8	295.55	329.75	1427.65	30831	6511	19076	11490	13984	3363	4835	3844
土纸	3.5	4.5	5.7	5.15	12.7	7.45	8.45	21.6	3.75	3.65	—	8.15	1.3

[21]　都安瑶族自治县志编纂委员会.都安瑶族自治县志[M].南宁:广西人民出版社,1993: 41.

[22]　都安瑶族自治县志编纂委员会.都安瑶族自治县志[M].南宁:广西人民出版社,1993: 387.

表3.5 1980～1987年日用杂货公司土纸购销统计表（单位：千克）
Table 3.5 Purchase and sales volume of handmade paper by a daily groceries company from 1980 to 1987 (unit: kilogram)

年份	1980	1981	1982	1983	1984	1985	1986	1987
购买	7300	18600	2950	10600	3200	300	—	500
销售	58	7700	12600	10600	5500	—	50	4100

1975～1987年，县供销合作社下设的土产公司收购的土纸累计105.45吨，同一时期累计销售的土纸达85.9吨。[23]

都安手工纸除了销往县域或我国境内各地外，也有相当一部分出口到境外。据记载，解放初期，纱纸等大宗商品的买卖80%为私营或个体商户操持。1956年后，随着社会主义改造的完成，出口商品由国营商业部门统一收购，集中外销。其中，纱纸、书画纸为都安的出口骨干商品。“都安出口商品主要流向日本、新加坡、美国、英国、法国、苏联、越南、缅甸、泰国、印度、柬埔寨、老挝、朝鲜等国家和地区。”[24]各历史时期都安纱纸出口量参见表3.6。[24]

表3.6 1961～1987年纱纸出口量统计表（单位：吨）
Table 3.6 Export volume of Sha paper from 1961 to 1987 (unit: ton)

年份	1961	1962	1963	1964	1965	1966	1967	1968	1969
出口量	—	1.5	101	106	134	110	101	94	76
年份	1970	1971	1972	1973	1974	1975	1976	1977	1978
出口量	111	56	79.13	55.19	55.55	44.93	41.11	45.12	32.99
年份	1979	1980	1981	1982	1983	1984	1985	1986	1987
出口量	21.24	2.16	17.76	39.48	9.98	4.13	0.22	—	6

据《都安瑶族自治县志》记载，高岭有纱纸厂，高岭圩也卖纱纸。此外高岭圩、拉烈圩、弄合圩、豆圩等所卖的农副产品中有造纱纸所需的纱皮。[25]2008年7月，调查组经过多方了解，高岭镇还有造纸户在生产纱纸。2008年8月和2009年9月，调查组两次前往高岭镇进行调查。

关于都安纱纸的历史，造纸户根据自己所了解的，说有几十年甚至更长的历史。以黄瑞耿家为例，其祖父黄建国、父亲黄举朝和他三代都造过纸。而最早于何时造纸，他们就不了解了。

都安纱纸曾有过极其辉煌的历史，以高岭镇为例，最辉煌时一个乡有600多个纸槽，一般一家一个槽，也就是说有600多家造纸，其规模之大可见一斑。然而，随着时代变化，情况也发生了很大变化。2008年8月调查组前去调查时，高岭镇只有20户造纸。而2009年9月第二次调查时，仅剩不足10家，其中弄池村有3家。这3家户主覃宝珍、覃宝立、覃宝信三人是亲兄弟，而他们的父亲不会造纸，当年他们三兄弟学造纸是因为造纸有较好的经济效益。

[23] 都安瑶族自治县志编纂委员会.都安瑶族自治县志[M].南宁：广西人民出版社,1993: 394-401.

[24] 都安瑶族自治县志编纂委员会.都安瑶族自治县志[M].南宁：广西人民出版社,1993: 414-415.

[25] 都安瑶族自治县志编纂委员会.都安瑶族自治县志[M].南宁：广西人民出版社,1993: 59-61.

四
都安壮族纱纸的生产工艺与技术分析

4
Papermaking Technique and Technical Analysis of Sha Paper by the Zhuang Ethnic Group in Du'an County

(一)
都安壮族纱纸的生产原料与辅料

都安壮族纱纸所用原料为构树皮（当地也称纱树皮或纱皮）。所用纱皮部分来源于本地，部分向周边马山、巴马等村民买。但都安一年产纱皮仅50～100吨，主要依靠采购。以前造纸人数较多时，干纱皮一般是4元/千克。2009年调查组再去调查时，因高岭镇只有很少人造纸，干纱皮仅需2.4元/千克。

近年来，都安壮族纱纸所用原料除了纯纱皮外，也逐渐加入了机制纸边。2009年调查时，发现有些造纸户造纸原料配比为90 kg白纱皮加80 kg机制纸边，两者比例接近1∶1。据造纸户介绍，加机制纸边是为了增加纸的拉力和白度。

生产都安壮族纱纸时，必须用纸药，当地称为“胶水”。传统胶水是用木胶，据说离弄池村4～5 km的地方还有木胶树。1996年后，改用化学胶水聚丙烯酰胺，虽然化学胶水价格较高，1 kg需50元，但可以抄约70把纱纸，并且使用起来更为方便。

(二)
都安壮族纱纸的生产工艺流程

经调查，都安壮族纱纸的生产工艺流程为：

壹	贰	叁	肆	伍	陆	柒	捌	玖	拾	拾壹	拾贰	拾叁	拾肆	拾伍
砍树	剥皮	晾皮	煮皮	洗皮	漂皮	打浆	洗皮	打槽	加胶水	抄纸	压榨	晾纸	揭纸	叠纸

壹 砍树 1

构树生长快，一年可长3～5 m。一年砍一次，通常在立春前一个月和立春后半个月砍。在该时间段内砍，构树容易恢复生长。

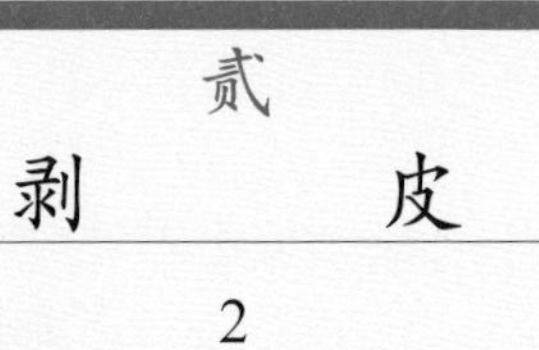

贰 剥皮 2

用手将纱皮剥下，一个人一天可剥50 kg。

叁 晾皮 3

将纱皮置于太阳下晒干。太阳大，1～2天即干；太阳小，需2～3天。

肆 煮皮 4 ⊙1

将大约50 kg纱皮放在铁皮桶里，加5 kg烧碱，盖上盖子，煮2～3小时。以前用石灰，1987年左右开始用烧碱。

伍 洗皮 5 ⊙2～⊙4

用皮钩将铁皮桶上的盖子钩出来，再将煮好的皮捞出来，后拉到河里，一把把串在竹竿上，河水冲洗一天后再来洗涤。一人2～3小时即可将黑皮和残存的烧碱除去。

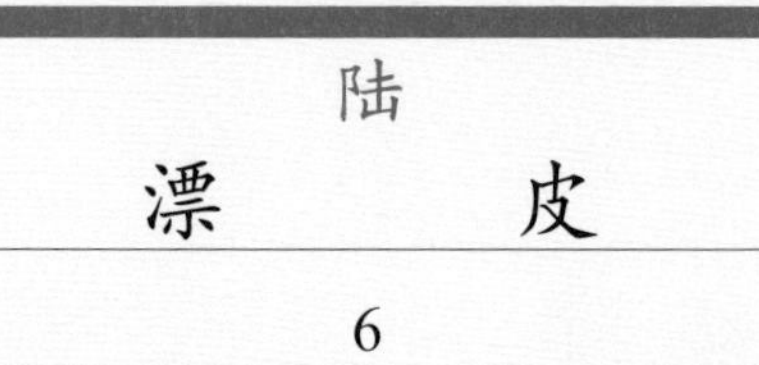

陆 漂皮 6

在水缸里放约75 kg水，加5 kg漂白粉，搅拌均匀后放入纱皮，漂白1小时。

⊙1

⊙2

⊙3

⊙4

柒 打浆 7

将漂好的皮放到打浆机里打5～6分钟。打好的皮浆流到浆池里，用纱布将杂质过滤掉。

⊙1 煮皮 Boiling the bark

⊙2 捞皮 Picking out the boiled bark

⊙3/4 洗皮 Cleaning the boiled bark

捌 洗皮 8

将打好的皮浆放到洗皮筐，一次约放1.5 kg干皮打的皮浆，只需洗2～3分钟。

玖 打槽 9

将洗好的纸浆放到纸槽里，用打槽棍搅拌均匀。

拾 加胶水 10

⊙5⊙6

将化学胶水放在布袋里，置于水桶中，然后用手挤布袋，将胶水挤出来。再用盆将胶水倒到纱布筐里，经纱布过滤后加到纸槽里，用打槽棍搅拌均匀。

⊙5

⊙6

拾壹 抄纸 11

⊙7～⊙11

抄纸前，先在水槽上铺上废旧纸帘，再铺上一张干的纱纸。将纸帘置于帘架上，双手持帘架，缓慢沉入水槽中，再缓缓平抬起来，将水滤掉后，将帘架置于帘架杆上，用纸刮依次轻轻按纸的左右两边，将两边切除。再将纸帘取下，倒扣在湿纸垛上，后轻轻按纸帘头，再将纸帘拿开。这样得到的纸，纸头较厚。

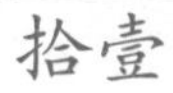

⊙7

⊙8

⊙9

⊙10

⊙11

⊙5 挤胶水 Squeezing the papermaking mucilage

⊙6 加胶水 Adding in papermaking mucilage

⊙7 铺干纱纸 Spreading a piece of dry Sha paper on the papermaking screen

⊙8/9 抄纸 Scooping and lifting the papermaking screen out of water

⊙10/11 盖纸 Turning the papermaking screen upside down on the board

拾贰 压 榨

12 ⊙12

抄完纸后，在湿纸垛上依次盖上旧纸帘、按纸、木块、榨杆，在榨杆的另一端加石头。第一次放10 kg石头，其后每半小时加10 kg，加三四次后，再压榨一晚上。

⊙12

拾叁 晾 纸

13 ⊙13⊙14

第二天早上，松榨，去按纸，将纸垛放到活动小推车上。用手将纸垛的左下角撕开，然后缓缓从左往右将整张纸撕开，再用棕刷将纸一张张整齐刷到墙上，每两张之间间隔1 cm左右。刷纸时，如晾纸的场地多，同一位置贴2～3张，场地少则贴5～6张。晴天一天可晾两次纸，而阴雨天晾一次纸要两天才干。

⊙13

⊙14

拾肆 揭 纸

14 ⊙15⊙16

用手整体将一贴纸的左上角撕开，后由左往右，由上往下揭纸，将揭下来的纸整齐堆起来。

⊙15

⊙16

拾伍 叠 纸

15 ⊙17⊙18

取若干纱纸置于桌上，将木尺放在纱纸面上靠中间位置，一张张数，数出一叠纸后，往木尺上折叠，叠好后直接用尼龙绳捆绑好。

⊙17

⊙18

⊙12 压榨 Pressing the paper

⊙13 去按纸 Removing the top paper

⊙14 撕纸 Splitting the paper layers

⊙15 揭纸 Peeling the paper down

⊙16 纱纸堆 Sha paper pile

⊙17 叠纸 Folding the paper

⊙18 捆纸 Binding the paper

(三)

都安壮族纱纸生产使用的主要工具设备

壹 打浆机 1

21世纪初，为减轻打浆的劳动强度，开始使用打浆机。

⊙19

贰 纸槽 2

以前用石板制造纸槽，现在用水泥制造。所测纸槽槽面长142 cm，宽115 cm，高65 cm。上宽下窄，下面宽度仅为37 cm。

⊙20

叁 纸帘 3

用细竹丝编成。所测纸帘长60 cm，宽58 cm。

⊙21

肆 洗皮筐 4

四周边框为木制，底部为纱布，所测洗皮筐长60 cm，宽50 cm，高10 cm，用于洗纱皮浆。

⊙22

⊙19 打浆机 Beating device
⊙20 纸槽 Papermaking trough
⊙21 纸帘 Papermaking screen
⊙22 洗皮筐 Container for cleaning the bark

(四)

都安壮族纱纸的性能分析

所测都安弄池村壮族纱纸为2007年所造，相关性能参数见表3.7。

表3.7 弄池村纱纸的相关性能参数
Table 3.7 Performance parameters of Sha paper in Nongchi Village

指标		单位	最大值	最小值	平均值
厚度		mm	0.114	0.058	0.073
定量		g/m^2	—	—	17.2
紧度		g/cm^3	—	—	0.236
抗张力	纵向	N	10.80	5.71	8.80
	横向	N	6.74	1.52	4.23
抗张强度		kN/m	—	—	0.43
白度		%	72.03	71.11	71.57
纤维长度		mm	8.12	0.40	3.14
纤维宽度		μm	42	1	14

由表3.7可知，所测弄池村纱纸厚度较小，最大值比最小值多96%，相对标准偏差为25%，说明纸张薄厚差别较大，分布不均匀。经测定，弄池村纱纸定量为17.2 g/m^2，定量较小，主要与纸张较薄有关。经计算，其紧度为0.236 g/cm^3。

弄池村纱纸纵、横向抗张力差别较大，经计算，其抗张强度为0.43 kN/m，抗张强度较小。

所测弄池村纱纸白度平均值为71.57%，相对标准偏差为0.4%，白度很高，差异相对较小。这应与弄池村纱纸经过蒸煮、漂白有关。

所测弄池村纱纸纤维长度：最长8.12 mm，最短0.40 mm，平均3.14 mm；纤维宽度：最宽42 μm，最窄1 μm，平均14 μm。纤维的长度和宽度都较大。在10倍、20倍物镜下观测的纤维形态分别见图★1、图★2。

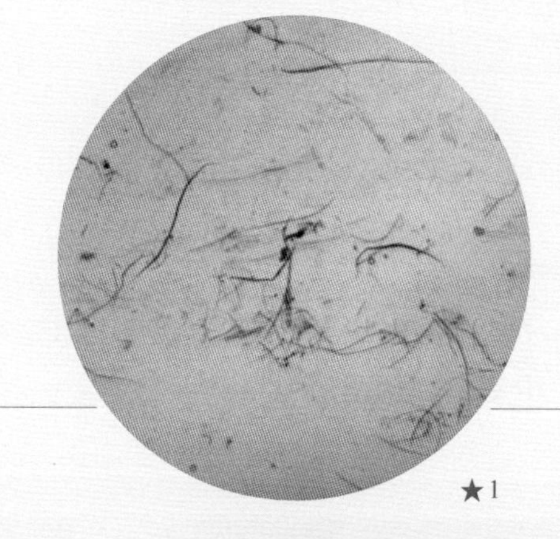

★1
弄池村纱纸纤维形态图（10×）
Fibers of Sha paper in Nongchi Village (10× objective)

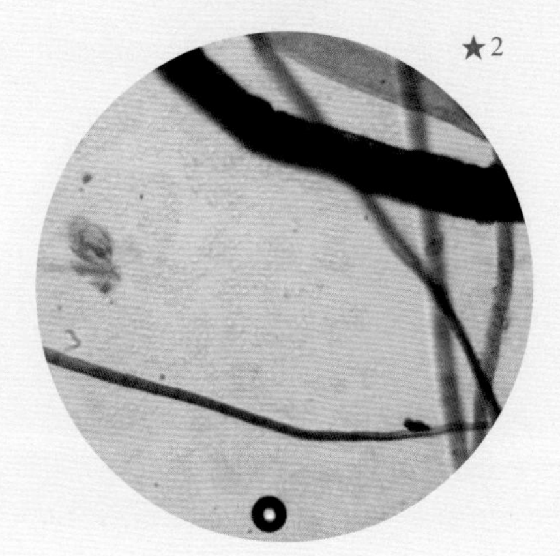

★2
弄池村纱纸纤维形态图（20×）
Fibers of Sha paper in Nongchi Village (20× objective)

五
都安壮族纱纸的用途与销售情况

5
Uses and Sales of Sha Paper by the Zhuang Ethnic Group in Du'an County

(一)
都安壮族纱纸的用途

1. 书画用纸

传统都安纱纸不但纸质绵韧，拉力大，而且具有较好的润墨性，因此可以用作书画用纸。书画用纸一般不加任何机制纸边。

2. 捆钞纸

由于都安纱纸纸质绵韧、拉力大，近年来，一些银行专门到高岭镇定制捆钞纸。这是都安纱纸新开发的一个用途。

3. 妇女用纸

直到20世纪90年代初，当地及周边一些妇女还将都安纱纸用作妇女用纸。

4. 祭祖用纸

都安纱纸纸质绵韧、洁白，是很受欢迎的祭祖用纸，这也是其目前的主要用途。

5. 丧葬用纸

壮族老人过世时，在棺底垫一层筛过的草木灰和爆米花，在面部铺一层白纱纸。[26]

(二)
都安壮族纱纸的销售情况

都安壮族纱纸规格主要有60 cm×53 cm和53 cm×46 cm两种，前者2006年以后就不再生产了，后者为现今主要规格。也有少量纱纸根据顾客要求进行定制。2008年时价格为32元/刀，折合0.08元/张。所造出的纸，主要是都安县、南丹县和天峨县等地的纸商上门收购，再卖到广西各地甚至自治区外。

[26] 广西壮族自治区地方志编纂委员会.广西通志·民俗志[M].南宁:广西人民出版社,1992: 290.

六
都安壮族纱纸的相关民俗与文化事象

6
Folk Customs and Culture of Sha Paper by the Zhuang Ethnic Group in Du'an County

都安壮族纱纸所用原料构树皮，不管是来源于本地，还是周边马山、巴马等地，都是由造纸户向其他村民采购获得的。纱纸的原料供应和生产相分开，这是一种分工合作制。而这种分工合作制，价格较为灵活，主要根据供需情况而定。如果造纸人数较多，纱皮供不应求，价格就高一些；反之，价格就低一些。调查组2008年前去调查时，高岭镇还有20户造纸，当时干纱皮价格为4元/千克；2009年再去调查时，仅有很少几户造纸，价格仅为2.4元/千克。

七
都安壮族纱纸的保护现状与发展思考

7
Preservation and Development of Sha Paper by the Zhuang Ethnic Group in Du'an County

虽然都安壮族纱纸在历史上曾经起到重要的作用，也曾经非常辉煌，单是高岭镇最多时就有600余户造纸，其规模之大可想而知。然而近年来，由于纱纸用途逐渐萎缩，销路不畅，经济效益不高，因此年轻人多不愿意从事造纸工作，造纸人数急剧减少。根据调查组两次调查，2008年时，高岭镇还有20户造纸，年产量1 000件，400万张，到2009年就仅有几户了。

据2009年9月调查，造纸户普遍认为一天抄2把纸，只能获利40元，而打工可得70元，相对来说造纸并不划算。而且抄纸工序多，一般需要2个人合作，所费人力、物力都较多，同时还要承担纱皮、纸价波动带来的影响。

都安壮族纱纸目前的困境有二：

一是用途逐渐萎缩。目前除了大量用于祭祀

外，只有少量用于捆钞。而这两种用途都较为低端，其价格上升空间不大。

二是销路不畅。由于都安壮族纱纸目前主要用于祭祀，而随着机制纸相关祭祀用品的不断发展，对手工纸的需求量受到挤压而逐渐减少。

用途萎缩、销路不畅导致经济效益不高，年轻人不愿意从事造纸工作。而上述困境在目前较难解决。

目前所剩为数不多的几家造纸户，也进行了一些改变和尝试。最主要的是加入机制纸边，除了可增加纸的拉力、提高白度外，还可降低成本和工作量，可在一定程度上提高生产效率，并提高经济效益。然而，生产效率和经济效益的提高仍然有限，同时也在一定程度上改变了都安壮族纱纸的质量和用途，比如加了机制纸边的纱纸就不再适合作为书画用纸了。

都安壮族纱纸发展的可能途径是在维持低端市场的基础上，逐渐发展中高端市场。

维持低端市场，即维持低端纸的生产，可以像现在一样，添加机制纸边。

而逐渐发展中高端市场，即逐渐发展中高端纸的生产，主要是书画用纸、包装用纸等。对于这些中高端纸的生产，不能添加机制纸边，同时必须保证其具有较高的质量。高岭镇发展中高端纸，尤其是书画用纸，应该说具有得天独厚的条件。从历史来看，书画用纸一直是都安壮族纱纸的重要用途之一，直到21世纪，还有一些广西书画家喜欢使用都安壮族纱纸进行创作。从技术来说，虽然现在主要生产普通纱纸，但重新生产书画用纸，没有明显的技术难度，可以尝试恢复传统工艺：煮皮时用石灰而不用烧碱；打浆时用水碓而不用打浆机；用纸焙烤纸而不是自然晒干。从销售渠道来说，目前高岭镇没有专门的书画用纸销售渠道，但可以考虑借助都安书画纸厂的销售渠道进行销售。

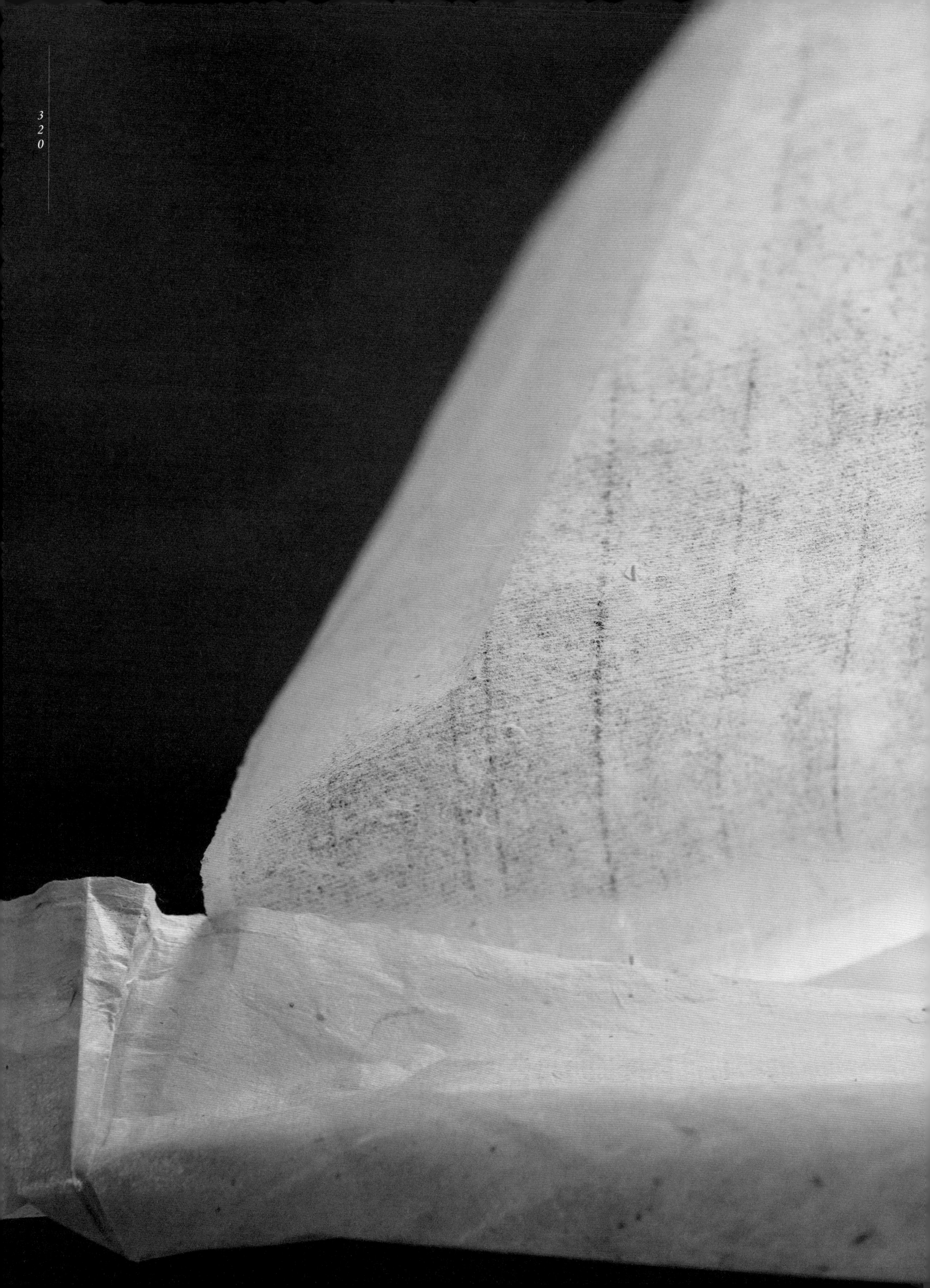

321

都安壮族纱纸

Sha Paper
by the Zhuang Ethnic Group
in Du'an County

弄池村纱纸透光摄影图
A photo of Sha paper in Nongchi Village
seen through the light

第三节

大化壮族
纱纸

广西壮族自治区
Guangxi Zhuang Autonomous Region

河池市
Hechi City

大化瑶族自治县
Dahua Yao Autonomous County

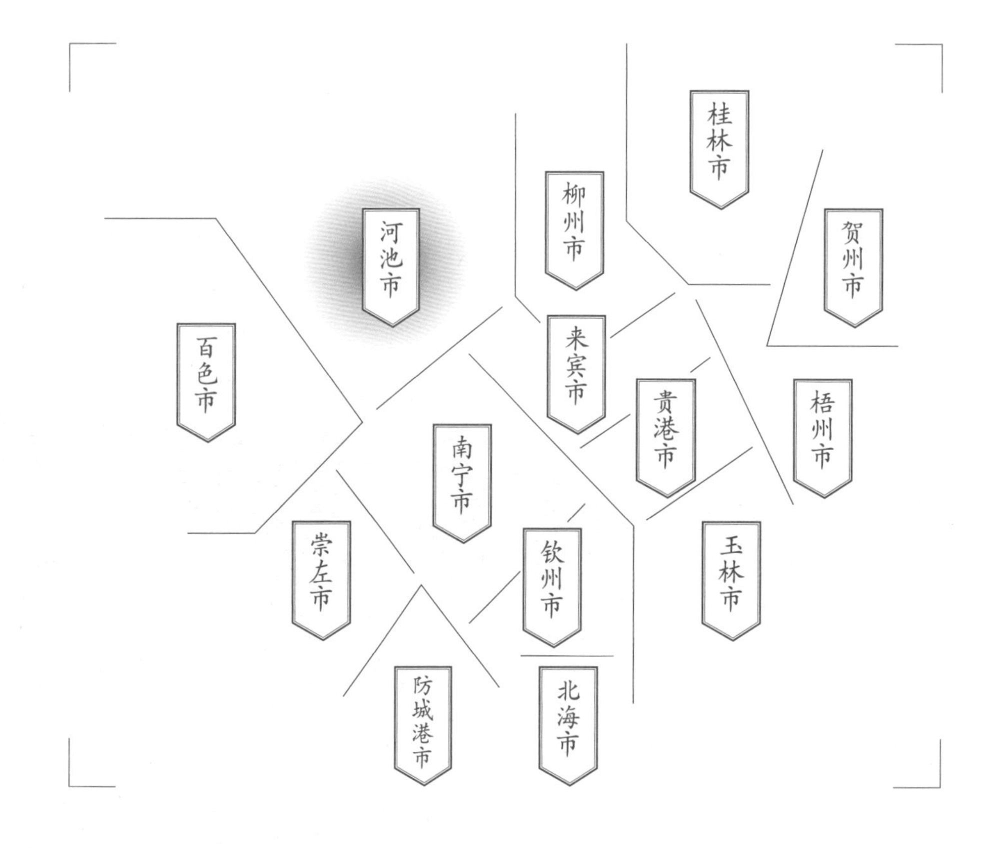

调查对象
贡川乡
贡川村
纱纸

Section 3
Sha Paper by the Zhuang Ethnic Group in Dahua County

Subject

Sha Paper in Gongchuan Village of Gongchuan Town

一 大化壮族纱纸的基础信息及分布

1 Basic Information and Distribution of Sha Paper by the Zhuang Ethnic Group in Dahua County

纱纸，古称楮纸、毂纸，即构皮纸，属于皮纸的一种，广西称之为纱纸。当地称构树为纱树，构树是速生阔叶材种，落叶乔木，属桑科，广西各地都有生长，桂西山区分布尤多。其韧皮纤维长，洁白，为优质的造纸原料，也是我国最早应用于造纸的原料之一。

贡川纱纸为大化县贡川乡所生产的构皮纸。贡川乡的纱纸生产历史悠久，产品远销香港地区以及东南亚等地。贡川纱纸现在主要是贡川乡的贡川、清坡两村出产。据2000年的一份统计材料显示，贡川村全村有650户造纸。纱纸加工在贡川是非常普遍的，多数的家庭将它作为主业来经营。一般经商、外出务工的家庭不做纱纸，其他家庭的收入来源以纱纸加工为主，兼有农业、养殖业等。大化县贡川纱纸加工销售联系处主要负责纱纸的对外销售。2007年，“贡州纱纸制作技艺”入选第一批自治区级非物质文化遗产代表性项目名录。[27]

⊙1

⊙1 大化县贡川纱纸加工销售联系处旧址 Former site of Gongchuan Sha Paper Processing & Sales Liaison Office in Dahua County

[27] 广西壮族自治区人民政府.广西壮族自治区人民政府关于公布第一批自治区级非物质文化遗产名录的通知[J].广西壮族自治区人民政府公报,2007: 9-10.

路线图
大化县城
↓
贡川村
Road map from Dahua County centre to the papermaking site (Gongchuan Village)

大化壮族纱纸生产地分布示意图

Distribution map of the papermaking site of Sha paper by the Zhuang Ethnic Group in Dahua County

考察时间
2008年8月 / 2009年9月

Investigation Date
Aug. 2008 / Sep. 2009

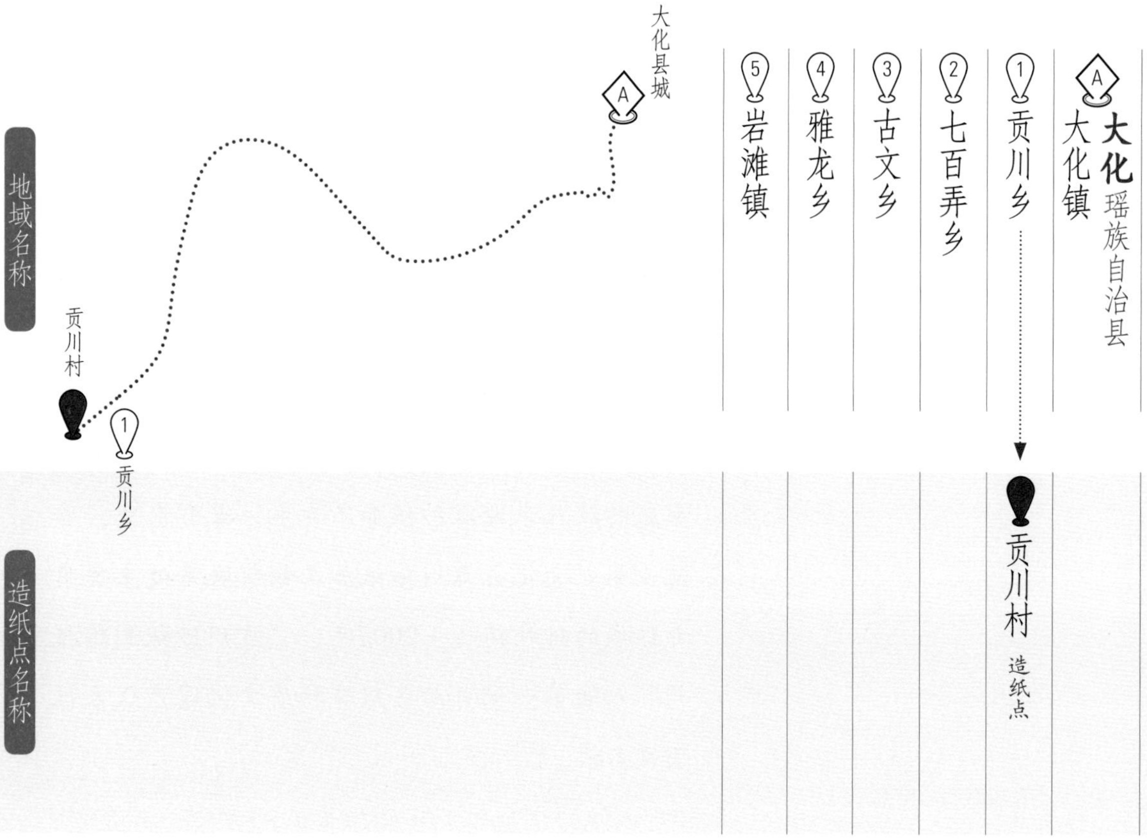

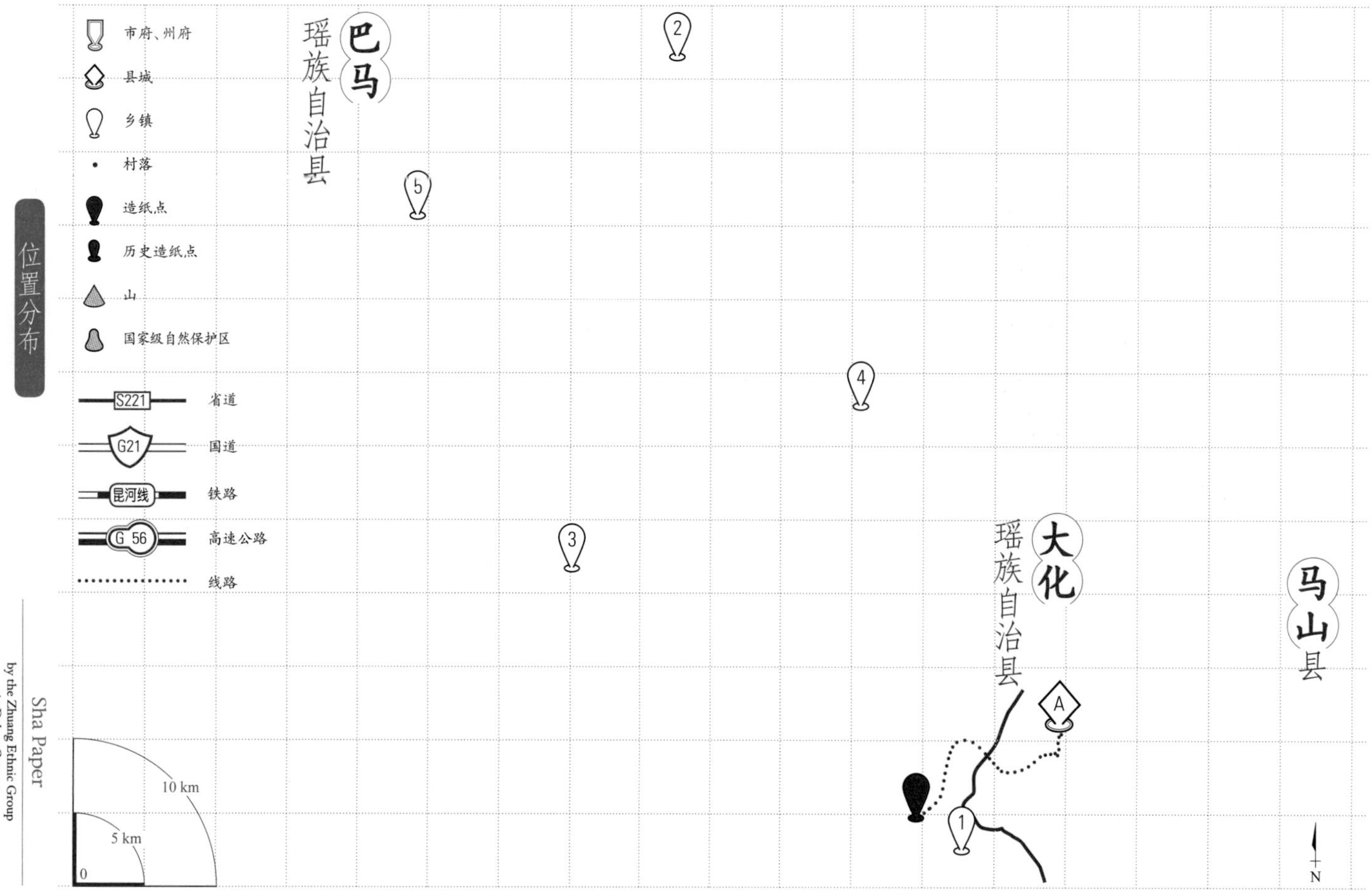

地域名称

大化县城
贡川村
贡川乡

5	4	3	2	1	A
岩滩镇	雅龙乡	古文乡	七百弄乡	贡川乡	大化镇 大化瑶族自治县

造纸点名称

贡川村 造纸点

位置分布

市府、州府
县城
乡镇
村落
造纸点
历史造纸点
山
国家级自然保护区
S221 省道
G21 国道
昆河线 铁路
G56 高速公路
线路

巴马瑶族自治县
大化瑶族自治县
马山县

10 km
5 km
0
N

二 大化壮族纱纸生产的人文地理环境

2 The Cultural and Geographic Environment of Sha Paper by the Zhuang Ethnic Group in Dahua County

大化县位于广西中部偏西，隶属于河池市，红水河自北向南流经县城。东临都安瑶族自治县，西界巴马瑶族自治县，南接平果县和马山县，北临金城江区和东兰县。

大化县域古为百越之地，秦属桂林郡，汉、三国属郁林郡，晋属晋兴郡，隋属郁林郡，唐属思恩州，宋先后属宜州和庆远府，元属思恩土州，明清时隶属思恩府。民国年间，今县域分别属于都安、那马、隆山、东兰、平治、万冈等县辖地。[28]1987年12月23日，国务院批准设立大化瑶族自治县，以都安瑶族自治县的大化、六也、百马、江南、都阳、雅龙、七百弄、板升八个乡和巴马瑶族自治县的板兰乡全部，东山、凤凰、羌圩三个乡的十七个村以及马山县的古感、贡川、永州三个乡镇的二十二个村为大化瑶族自治县的行政区域，县人民政府驻大化镇。[29]

大化县行政区域面积2 753.31 km^2，耕地面积254 km^2，农田有效灌溉面积38 km^2，林地面积1 256 km^2，山地约占全县总面积的90%。县辖3个镇和13个乡。2014年末人口46.05万，其中农村人口37.14万，瑶族人口10.3万。[30]大化县地处亚热带季风气候区，气候温和，雨量充沛。年平均气温18.2～21.3 ℃，年降水量为1 249～1 673 mm。县域地处云贵高原余脉，地势自西北向东南倾斜，地势最高点是七百弄的弄耳山，主峰海拔1 108 m，南部海拔均在150～300 m。县境内以喀斯特地貌为主，石山林立、层峦叠嶂、洼地密集，千姿百态，号称“千山万弄”。[31]

红水河是我国水能资源的“富矿”，流经滇、黔、桂3省（自治区）的24个县市。红水河规划开发10座梯级水电站，其中大化水电

[28] 《大化瑶族自治县概况》编写组，《大化瑶族自治县概况》修订本编写组.广西大化瑶族自治县概况[M].北京：民族出版社，2009: 4.

[29] 国务院关于同意广西壮族自治区设立大化瑶族自治县及调整部分县行政区划给广西壮族自治区人民政府的批复[J].中华人民共和国国务院公报,1988(04): 127.

[30] 河池市地方志编纂委员会.河池年鉴2015[M].南宁：广西人民出版社，2016: 336.

[31] 《大化瑶族自治县概况》编写组，《大化瑶族自治县概况》修订本编写组.广西大化瑶族自治县概况[M].北京：民族出版社，2009: 1-4.

站、岩滩水电站都在大化县域内。[32]

大化县旅游资源丰富，享有“桂西风景新珠”美誉的大化红水河七百弄风景名胜区，因红水河、七百弄而得名，面积为1 300 km^2，集国内外罕见的喀斯特地貌与现代大型水电工程景观、民族风情于一体，因山奇、水秀、湖旷、洞秘、峡险、洼幽、坝雄等闻名中外。1996年4月被广西壮族自治区人民政府定为自治区级风景名胜区，1998年1月被列入建设部呈报国务院审批的第四批国家重点风景名胜区名单。[33]2009年，七百弄地质公园通过评审，列入“国家地质公园”。[34]

此外，大化奇石以“形、色、质、纹”广获国内外专家和奇石收藏家的青睐。[35]2009年9月，大化县委、县政府成功举办首届中国广西大化奇石文化旅游节。[34,36]第四届广西大化奇石文化旅游节暨大化红水河国际垂钓大赛于2016年10月22～23日在广西大化举行。这些活动为大化奇石乃至大化的旅游提供了重要的宣传平台。

贡川乡位于大化县西南部，政府驻地为贡川村，距县城20 km。2014年末，行政区域面积142 km^2，辖8个村民委员会，有壮、汉、瑶三个民族，全乡3 904户。[37]

贡川乡坐落在红水河畔，红水河蜿蜒曲折穿过境内约35 km，两岸风景秀丽，是大化县红水河七百弄风景名胜区八十里画廊的重要组成部分。贡川乡情人湾是其中最具魅力的景点之一。贡川乡内有龙厚和龙眼两座小型水电站，产业有农、林、牧、渔及建筑、运输、加工业等，素有“铝土矿之乡”“纱纸之乡”“鱼米之乡”等美誉。2009年，贡川乡生产纱纸3 310担，总收入331万元。[38]

贡川村是贡川乡政府所在地。当地因为人均土地较少，单靠农业生产无法维持人们日常开销。村中极少有人以农业为主要职业，一年中用于种田的时间仅两个月。清坡村境内主要居住着壮、瑶两个民族。粮食生产以水稻、玉米、黄豆为主，主要经济来源是养鱼、纱纸加工、经商、运输业以及劳务输出等。

⊙1

⊙2

⊙1/2 大化奇石
Natural stone in Dahua County

[32] 《大化瑶族自治县概况》编写组,《大化瑶族自治县概况》修订本编写组.广西大化瑶族自治县概况[M].北京：民族出版社,2009: 43-44.

[33] 《大化瑶族自治县概况》编写组,《大化瑶族自治县概况》修订本编写组.广西大化瑶族自治县概况[M].北京：民族出版社,2009: 167.

[34] 河池市年鉴编纂委员会.河池年鉴 2010[M].南宁：广西人民出版社,2011: 359.

[35] 《大化瑶族自治县概况》编写组,《大化瑶族自治县概况》修订本编写组.广西大化瑶族自治县概况[M].北京：民族出版社,2009: 189-190.

[36] 邱烜.美丽的石头会唱歌：首届中国广西大化奇石文化旅游节圆满落幕[J].当代广西,2009(09): 62-63.

[37] 河池市地方志编纂委员会.河池年鉴2015[M].南宁：广西人民出版社,2016: 341.

三
大化壮族纱纸的历史与传承

3
History and Inheritance of Sha Paper by the Zhuang Ethnic Group in Dahua County

据《广西年鉴》记载，全省产纸之地，可分为五个区域：一是兴安百寿区，所产之纸名曰湘纸；二是融县区，所产之纸名曰冬纸；三是昭平贺县区，所产之纸名曰桂花纸；四是北流容县区，所产之纸名曰福纸或万金福纸；五是都安、隆山、那马区，所产之纸名曰纱纸。[39]其中，湘纸、冬纸、桂花纸、福纸或万金福纸皆以竹子为原料，这些地区可称为竹纸区，都安、隆山、那马三地出产的纱纸是以构树皮为原料，故可称为纱纸区。而广西的四个竹纸区均为汉族或瑶族聚居地，只有纱纸区为壮族聚居地。贡川乡出产的纱纸则是都安、隆山、那马三地纱纸之最，其出产的纱纸在历史上就以质量著称，贡川是广西有名的纱纸之乡。

据现有资料，道光年间贡川就已经出产纱纸，人称“贡川纸”，颇有名气。而在老人的记忆里，在1949年以前纱纸都是各家各户自由生产，“制纱者，采纱者，间接皆纱纸商之雇工……吾人常见有收纱纸而致巨富者，未闻以制纸起家者也”。[40]纱纸在当时是广西有名的三种特种手工业品之一（其他两种为麻布和瓷器），都安、隆山、那马等地区的纱纸品质特别好，曾盛极一时。清代到民国年间，广西全省年产纱纸达数十万担，为当时的广西政府及老百姓带来许多收入。据记载，民国年间，外地商贾在贡川街开设收购纱纸的商家就达13家。[41]20世纪二三十年代记载的广西纱纸资料较为丰富，当时国内机器化生产尚处于起步阶段，广西的新式机械工业尚停滞在官办阶段。广西原有的手工业，如土布、麻布等，“因资本主义商品的侵入之结果，已日就衰败与消减，即幸有苛存者，亦仅能于艰苦环境中利用最低廉之劳力，在一甚为狭小之市场内，挣扎度

[38] 河池市年鉴编纂委员会.河池年鉴2010[M].南宁：广西人民出版社,2011: 361.

[39] 广西统计局.广西年鉴[M].南宁：广西省政府总务处,1935: 423.

[40] 千家驹.广西省经济概况[M].上海：商务印书馆,1936: 132-133.

[41] 《大化瑶族自治县概况》编写组.大化瑶族自治县概况[M].北京：民族出版社,2009: 134.

日，以苟延残喘而已”[42]，而纱纸业“（大约是1924年以前）在都、隆、那曾繁荣一时，可是近几年以来，渐入衰落时期，至一蹶不振”[43]。面对机制纸的冲击，壮族传统纱纸业陷入了困境。为此，广西政府进行了多次调研，并对纱纸技术进行了改良试验。

1949年以后，纱纸业发生了很大的变迁，由家庭式生产转到由纱纸社生产，再到生产队生产，80年代初又回到了家庭式的生产模式中。

四
大化壮族纱纸的生产工艺与技术分析

4
Papermaking Technique and Technical Analysis of Sha Paper by the Zhuang Ethnic Group in Dahua County

（一）
大化壮族纱纸的生产原料与辅料

贡川纱纸的原料包括纱皮、石灰、烧碱、漂白粉和胶水。

1. 纱皮

贡川造纸的主要原料是纱皮（构树皮）。构树，当地称作纱树，又叫肥猪树，属桑科落叶乔木，树皮纤维韧而细长，是造纸的高级原料。产于区内各地，桂西北石山地区甚为普遍。[44]据《广西省经济概况》载，构树皮“隆山县之隆湾、古林、古农等区，都安县之高岭、清水、刁灶等区，那马县之古河、灯排、堆圩等区均产之”[42]。贡川当地人也介绍，1949年前贡川附近有丰富的构树，瑶民或住在深山的农民常以卖构树皮作为他们重要的副业。每年夏季他们砍下树枝，剥皮晒干以后出售。剥皮的工作很繁琐，须先将构树枝放在火上烤热，将皮剥下浸水，再用小刀将黑皮去掉，一人一天只能剥生皮5 kg，合干皮2～2.5 kg。贡川附近的纱皮早已无法满足当地造纸的需求，在改革开放以后，贡川造纸所需

⊙1

⊙1 纱树 Paper mulberry

[42] 千家驹.广西省经济概况[M].上海：商务印书馆,1936: 94,123.

[43] 广西省政府建设厅.调查都隆那纱纸工业报告[J].建设汇刊，1938(2): 261.

[44] 广西植物研究所.广西石灰岩石山植物图谱[M].南宁：广西人民出版社,1982: 146.

纱皮已经全部是从贡川街上的商店里购买的，这些纱皮来自广西的平果、隆安、龙州、宁明、凭祥、大新等地。调查组虽然没有到纱皮产地调查，但从目前贡川纱纸价格不断下降，而纱皮价格却居高不下的现状中可以看出，纱皮原料已严重制约了贡川纱纸业的发展。若纱皮价格居高不下的现状无法得到改善，贡川造纸户将会受到严重影响。

贡川街上卖的纱皮分两种，即黑纱皮和白纱皮。黑纱皮是指未经去掉外皮的纱皮，2001年这种纱皮售价约1.6元/千克，主要用于造厚纸。用黑纱皮来造纸是使用烧碱以后出现的，在蒸煮时增加烧碱量就可以去掉黑皮，但纱纸的韧性会减小，因而黑纱皮只适合于造厚纸。白纱皮则是将外层黑皮刮掉后的纱皮，2005年这种纱皮售价3～3.2元/千克，用于造薄纸。

2. 石灰、烧碱和漂白粉

造纸用的石灰是不用到市场上购买的，几乎每天都会有人用车拉着石灰在清坡、贡川一带卖。石灰在纱纸加工中使用量并不大，一个月造纸所用石灰大约只要5 kg。但是石灰又是必需的，特别是在夏天，石灰的作用主要是防止纸槽和纸药槽中的水变质。各道工序中石灰的用量，将在具体工序中一一介绍。

烧碱和漂白粉是20世纪60年代以后才在造纸中使用的。烧碱在贡川有专门的商店出售，价格约为2元/千克。烧碱主要用于煮纱皮，每煮500 kg纱皮根据纱皮的质量要放50～55 kg烧碱，烧碱的使用加快了纱皮蒸煮的速度。漂白粉一般和烧碱在同一个商店出售，每包25 kg，价格在45元左右。漂白粉的使用是为了增加纱皮的白度，主要用于洗纱皮和碾料这两道工序中。在洗纱皮时，每锅纱皮（500 kg干纱皮）放1包漂白粉；而在碾料时，每碾150 kg干纱皮大约放1.5 kg漂白粉，若纱皮已较白，也可不放漂白粉。

3. 胶水

胶水是纱纸生产中最关键的原料，在造纸中起黏合剂作用，没有它是无法造出贡川纱纸的。贡川使用的胶水是用一种叫做“构叶”的植物制成的。构叶生长在石山上，高者达4 m，矮的也有

⊙2

⊙3

⊙2
白纱皮
White paper mulberry bark for making thinner paper

⊙3
卖『构叶』
Selling Gou Ye (local plant for making mucilage)

1 m左右，此树四季常青，砍完后会长出更多的枝，整个树会变得越来越粗。“构叶”多由瑶族人拿到街上卖，价格为0.6～1元/千克，每逢街日一般都有卖。

造纸户将构叶买回来后，首先要做的是将其晒干，这需要2～4天时间，晒时不能让雨水淋到，否则黏性会减小。叶子晒干后在夏天只能存放半个月，在冬天也不能超过一个月，否则黏性会大大减小。在造胶水前要先将叶子碾碎，一次大约需要0.35 kg。以前是将晒干后的构叶放入石臼里，用木棒杵碎，很花时间，约需40分钟，现在则多是用机器碾碎，放入碾碎机中不到1分钟就可以了。用机器碾碎的纸药，其黏性远不如人工杵碎的。贡川造纸户认为造成“构叶”黏性减小是在机器碾碎过程中温度过高造成的。构叶碾好后就可以生火，装大半锅水，在水冷时将碾好的构叶放入锅中（如果水热了才开始放构叶，做出来的胶水缺少黏性），用一根“人”字形木棍进行搅拌，一直到锅中出现几个拳头大的泡，就表明煮好了。将锅搬下来，再用木棍搅拌，使之变冷，这个过程需要40分钟。然后从石灰槽中取出两个拳头大的熟石灰，用3～4瓢水与熟石灰搅拌均匀。之后将其倒入锅中，用竹竿搅拌均匀，便可以将其倒入药槽中。再从纸槽里舀水到药槽中，直至水满，再用棍子搅拌三分钟就可以了。在胶水中放石灰的目的是使碎叶能够沉淀，并且使胶水不变质。加入石灰的多少取决于气温，温度高时多放一些，温度低时则少放一些。在纸槽中也需要放石灰，夏天每个晚上都要放一些，冬天则一个星期放一次。如果不放石灰，随着气温的升高和捞纸次数的增加，纸槽中的水会发臭，就做不成纸了。当然，石灰也不能放太多，否则纸药的黏性会变小。

（二）大化壮族纱纸的生产工艺流程

贡川纱纸的生产工艺流程为：

壹	贰	叁	肆	伍	陆	柒	捌	玖	拾	拾壹	拾贰
泡纱皮	煮纱皮	洗纱皮	选纱皮	碾料	造糟水	捞纸	压榨	晒纸	揭纸	数纸	切纸

壹

泡纱皮

1 ⊙1

泡纱皮一般是由全家合作来完成的。把买回来的成捆纱皮打开，浸泡在煮锅旁的水池里，2～3小时后，将湿透的纱皮捞起放入铁锅中蒸煮。在没有使用烧碱前，干纱皮须在清水中泡上1～2天，直至纱皮柔软，再捞出来，剔除纱皮上的黑点及腐坏的部分，然后再将纱皮置于石灰水中泡1～2天，方可入锅蒸煮。

⊙1

贰

煮纱皮

2 ⊙2～⊙4

煮纱皮一般由夫妇两人合作完成。煮纱皮时，先在锅里放半锅水，然后烧火直至水开（当地人将锅内的水开始冒水泡时称为水开）后，方可将纱皮放入锅中，第一层先放约50 kg纱皮，然后加10～12.5 kg烧碱，再接着一层纱皮加一层烧碱地放，直至将锅装满，最后用石块压住。现在使用的大锅一次能煮500 kg干纱皮，可供两个人抄纸一个月。煮一锅纱皮用干柴250～300 kg，煮8小时，直到用手可将纱皮撕碎，说明纱皮已煮熟。纱皮煮好后，由于不能立即用完，通常用塑料袋装起来或者放在缸里，上面盖上塑料布。

⊙2

⊙3

⊙4

叁

洗纱皮

3 ⊙5⊙6

这道工序需要全家合作完成。刚出锅的纱皮呈黑色，两人（一般是家中主要劳动力，因为这是个费力活）站在灶头上用木叉将纱皮叉起来放到池子中漂洗。此时进出水口都是打开的，让清水保持流动，大约需要半天时间，流出来的水慢慢变清（刚开始流出的水呈黑色），纱皮也由黑色变成黄色。接着堵住进水口，将纱皮捞到池子边缘，让池子中的水全部流出，再堵住出水口，打开进水口，放约有10 cm深的水进入池子。这时候就可以将装在袋中的漂白粉（500 kg纱皮放25 kg漂白粉）放入池中摇晃，使漂白粉融入水中，再将捞在池边的纱皮放入池中，使纱皮和漂白粉充分接触，这个过程大约需要1小时。经过漂白的纱皮由黄色变成白色，非常柔软，这时候就可以装车回家了。

⊙5

⊙6

⊙1 泡纱皮 Soaking paper mulberry bark

⊙2 煮纱皮 Boiling paper mulberry bark

⊙3/4 煮好的纱皮 Boiled paper mulberry bark

⊙5 洗纱皮 Cleaning paper mulberry bark

⊙6 漂白纱皮 Soaking white paper mulberry bark

肆 选纱皮 4

⊙7

选纱皮一般由妇女、儿童和老人来完成。挑选纱皮的仔细程度由买纸的客户对纸的要求来决定，如果客户要求很严，则必须有一人（一般是老人或妇女）专门负责这道工序，将未被漂白的纱皮全挑选出来。如果老板对纸的色质等要求不高，则只需将纱皮中很硬的部分去掉。500 kg纱皮全家人选一天也就完成了。选好的纱皮装到编织袋中，等待装车去碾。

⊙7

伍 碾料 5

⊙8⊙9

碾料一般也需要夫妇两人合作完成。碾纱皮时，先从水池中放水进碾料池，水约占整个池子的1/3，然后将装好的纱皮拿到池子边，开动柴油机，再将袋子中的纱（造纸户往往简称纱皮为纱）撒放到池子中，待全部放完，再放约1.5 kg漂白粉，以增加纱的白度。随着纱皮的切割，池子中的纱越来越散，这时候往往需要用木棍将纱皮往切割刀处推，使之被充分切割。碾纱皮的时间约为30分钟，判断纱碾好的方法是从池子里拿出一点放到装水的盆子中摇晃，如果摇晃后的盆子看不出有纱，说明已碾好。这时候就可以将柴油机停下，打开塞住池子的木头，让纱和水往另一个池子流，当水流完后，余下的纱则需要用木板往出口处推。待水漏得差不多时，就可以装袋了。用机器碾料，大大提高了效率，但由于切割刀把纱皮切割得太短，做出的纸韧性变小。在柴油机广泛使用之前，全靠人力来捶打纱皮。

⊙8

⊙9

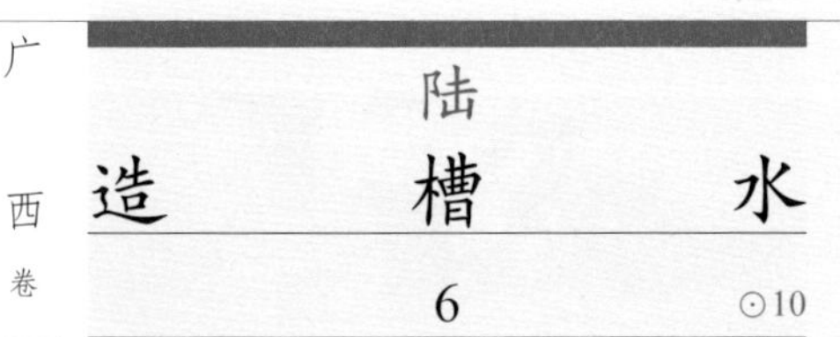

陆 造槽水 6

⊙10

造槽水一般由家中的男人来操作，一年造一次槽水。所谓的造槽水就是将胶水、清水、石灰按一定比例加以搅拌，制成能造纸的水。先将纸槽注满水，然后从与之相连的胶水池中用水瓢往纸槽中倒4～5瓢胶水，再从石灰槽中舀3～4个鸡蛋大小的熟石灰放到纸槽中，打开电动机搅拌约5分钟即可。在没有使用此机械之前，都是使用竹竿搅拌，大约需半小时，直到竹竿划出的水声渐弱，感觉阻力减小时方可。如果再划下去，做出来的纸拉力就很小，极易碎。村里人告诉调查组，造槽水主要根据经验，如果搅拌太久，胶水的黏性会被破坏，就造不成纸了。石灰的作用是防止槽水变质。

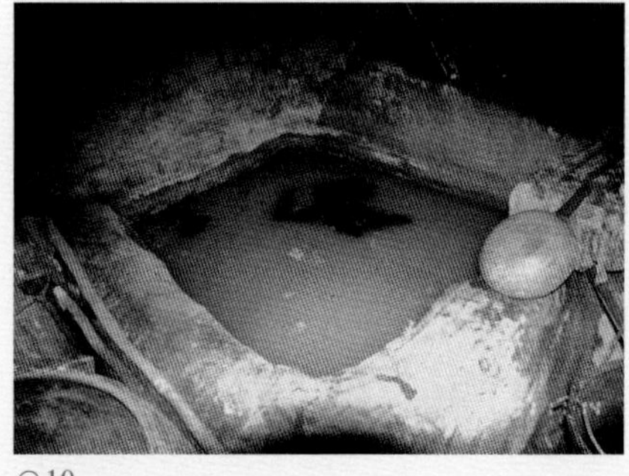

⊙10

⊙7 选纱皮 Picking out the impurities

⊙8 碾料 Grinding the papermarking materials

⊙9 碾好的料 Ground papermaking materials

⊙10 造槽水 Making papermaking solution

柒 捞纸

7 ⊙11～⊙13

捞纸也是由男人来操作的。先从装纱的缸中取出一大瓢纱，散放到纸槽里，将固定在木板上的简易机械插上电，搅拌6～7分钟，直到看见纸槽的四个角落浮有碎纱时，说明纱已搅拌好。从胶水池中舀8～12瓢胶水放入纸槽中，再用一根长竹竿呈椭圆形搅拌，用尽全力搅拌3～4分钟，直到划水的声音变弱、阻力变小方可。熟练的造纸者容易从水声来判断胶水的多少，如果放少了就再放一些；如果放多了，则用多搅拌几下的方法来减少胶水的黏性。在捞纸前还需要将纸帘放到水里泡几分钟，让纸帘湿透，这样纸帘才不会粘纸。

接着用一张干纱纸平铺在纸案的帘子上，并用水使其固定，待纸帘湿透，便可以正式捞纸。捞纸时，双手持帘，呈倾斜状将纸帘架放入纸槽中，双手持纸帘架往前伸，再左右摇晃，使纱均匀分布在纸帘上，然后将纸帘拿出水面，把水倒掉，将纸帘架放到纸槽中间的棍子上，用刮纸刀在纸帘上的固定刻度处切割一下，使湿纸符合规格。将纸帘拿到纸案处，倒扣在纸案上。倒扣湿纸时要小心，先固定好靠近人的这一头，然后再慢慢放下其余部分，将纸帘头往后卷，右手再将纸帘往前上方拉，直至湿纸与纸帘分开，一张纸便做成了。一瓢纱可制作80张纸，在刚捞纸时，只需将纸帘架放在水面上即可，越往后，纸帘架越要往深水处捞，因为纱在纸槽中是均匀分布的，上面的纱捞完了，只能往深处捞。而且在水中摇晃的次数也要多一些，目的是使纱在纸帘上分布得更加均匀。

⊙11

⊙12

⊙13

捌 压榨

8 ⊙14 ⊙15

从纸槽中捞出的湿纸整齐地放到纸案上。纸案由石头砌成，上方用水泥铺成条状，凹凸错开，凸起的部分要高度一致，否则湿纸会不平。

一般情况下，只要不捞纸时就可以压榨，压榨的目的是挤掉湿纸中过多的水分，这需要采用机械的方法。在压榨时，先用一个自制的竹帘压在湿纸上，再用木板压在竹帘上面，木板要很平，否则压出的纸会不平。然后再用两块方木压在木板的两侧，湿纸中的水便会流出，大约过半小时，再将两块更粗的方木压在原来的方木上，以增加重量。再用一根木头穿过放置于地下的呈倒U形的钢筋物，在另一头挂上石头，先挂一个石头，接着每过10分钟再加一块石头，一共加7～8块石头。静置过夜，第二天早上便可以晒纸。

⊙14

⊙15

⊙11 加胶水 Adding in papermaking mucilage
⊙12/13 捞纸 Lifting the papermaking screen out of water
⊙14 加木板 Pressing the paper with a wooden board
⊙15 加石头压榨 Pressing the paper with stones

玖 晒纸

9 ⊙16～⊙18

晒纸的工作是由妇女和老人来完成的。湿纸经过一个晚上的压榨后，纸中的大部分水分已被除去，呈半干状态，已可逐张撕开，这时便可以晒纸。晒纸时，先将半湿的纸放到“坡架子”上，同时将木柄棕毛刷横放在纸上，用右手的拇指和食指在纸的左上方弄一个皱褶，再将这个皱褶往上掀，揭出一个小角，用左手的拇指按住已揭开的角的正面，其余的四个手指扶住纸的背面，稍一用力，纸的右边角也被掀起，然后左手呈倾斜方向用力，右手则由左角往右角缓慢地掀纸，直到掀开纸的一半时，左手不动，右手将纸覆盖在毛刷上，再拿住刷子，左手配合着将整张纸揭离湿纸并往墙上贴。贴纸时先用刷子固定纸的右角，再刷左角，最后从左向右，从上向下刷一遍，整张纸便被固定在墙上。晒纸的高度一般离地面50～180厘米，以晒纸者的高度来定。一面墙可以贴两三层，而且在一张纸的位置上往往可以贴5张湿纸，稍稍错开，为了揭纸时更易于分开。

如果头一天的湿纸晒不完，而要留到第二天才能晒时，则必须将湿纸对折成四，用薄膜盖住，以防水分散失。如果湿纸在没有上墙前就已经变干了，就无法上墙，甚至无法从湿纸中分开，这样的纸只能揉碎，重新打浆。

⊙16

⊙17

⊙18

拾 揭纸

10 ⊙19

揭纸一般由老人和妇女来做。

当地人认为揭纸是轻活和细活，需要的是耐心。揭纸时，先将全部的纸的左角揭开，再用右手将纸往左下方揭开，同时左手扶住纸，将整张纸揭下。需要注意的是在揭纸时速度要快，否则纸容易皱，甚至有些会被撕烂。在揭第二张纸时，必须与前面撕下的纸对齐，其余的纸也要同样对齐，对齐的方法是使两张纸的两个角对齐。对齐的目的是美观，更易于出售。在揭纸之前，人们往往已经清楚地知道一面墙上贴有多少张纸，一般每面墙上晒40张纸，在揭纸时将一面墙的纸揭完就正好是一刀。这样就可以放到四方桌上，用两根方木压住。当再揭下另外的40 张纸时，就可以掉头放在前面那刀纸上。如此反复，以方便计算纸张。

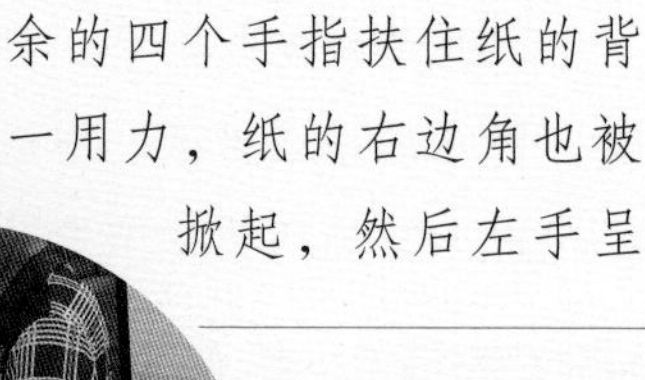
⊙19

⊙20

拾壹 数纸

11 ⊙20

揭好的纸被整齐地放到一个空房中等待出售。在出售前，还必须要数好张数，数纸的工作是由老人和妇女来做的。纸按“刀”计算，每刀40张，在揭纸时已将纸按刀放好，因而在出卖时只需数有多少刀就可以了。

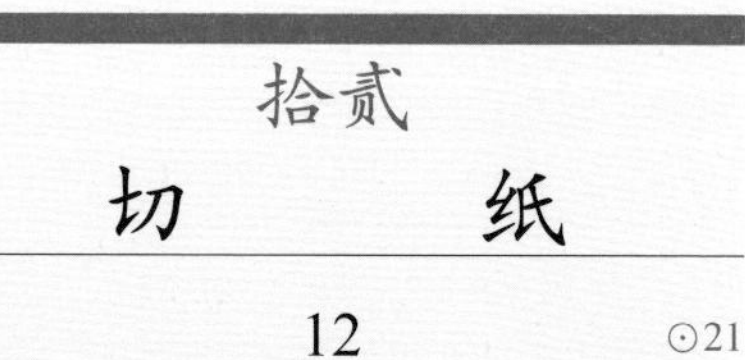

拾贰 切纸

12 ⊙21

⊙21

纸在出售前还必须要完成最后一道工序，那就是切纸。切纸是指将纸头不平的地方切割掉，以便美观。当地有专门切纸的刀，这种刀十分锋利。切纸相当费力，这项工作是由男人来做的。

⊙16/18 晒纸 Drying the paper in the sun

⊙19 揭纸 Peeling the paper down

⊙20 数纸 Counting the paper

⊙21 切好的纸 Trimmed paper

(三)

大化壮族纱纸生产使用的主要工具设备

壹 煮纱工具与设备 1

煮纱工具包括木叉、搅拌棍、扁担、镰刀等。木叉用于将纱皮叉入蒸锅中，搅拌棍用于搅拌烧碱和压纱皮，扁担用于挑纱皮，镰刀则用于切开成捆的纱皮。煮纱的设备包括灶头、锅和水池，贡川村有近20个这样的设备。煮纱皮的灶头被建在水渠旁的空地上。灶头是用砖砌成的，高4 m，长宽各2.5 m。锅是定做的，用生铁做成，直径约1.4 m，深1.8 m，每个锅一次可煮500 kg干纱皮。锅有两种：一种是由生产队集体集资购买的，凡是集资的农户，煮一锅纱交3元钱；另一种是由村子里的几户人家合资购买或个别农户自己购买的，需要煮纱皮的农户，每煮一锅纱交7元钱，柴火自备。水池长10 m，宽约3 m，深0.5 m，主要用于泡纱皮。购买一个这样的锅要1500元，而连灶头、池子一起计算，大约要5 000元。

⊙22

贰 碾料工具与设备 2

碾料的场所设在靠近房子且用水和运送均方便的地方。碾料的设备包括两个水池和一个碾料池，贡川村现有十几个这样的碾纱点。装水的池子长5 m，宽3 m，深1.5 m。这个水池常年保持装满水，特别是在枯水季节，是否能碾料全看这个水池中有没有水。另一个池子长5 m，宽2 m多，深约0.5 m，底部由竹片制成，用于装纱，底部用竹片是为了漏水，以减轻纱的重量。碾料池长5 m，宽3 m，深0.7～0.85 m，呈椭圆形。碾料池里装有专门碾料的机械，这种机械是由特制的两把扇形刀和柴油机组成的，两把刀连成一直线，刀长25 cm，最宽处7 cm，刀柄和刀构成的直线长80 cm，都是由铁制成的。在刀的上方是一扇形水泥制品，用于防止碾纱时纱被溅出。整个装置的造价7 000～8 000元，每个碾纱机一次可碾干纱皮约150 kg，收费6.5元。

⊙23

⊙22 蒸锅 Boiling wok

⊙23 碾纱池 Container for grinding the materials

叁
捞纸工具与设备
3

捞纸是在各家各户的房子旁或厨房旁进行的，要求有一定的空间，能够安放纸槽、纸药槽及一些必要的工具，捞纸的人能够自由出入，并且能够防雨防晒。以前捞纸多是在靠近红水河的地方建一些小作坊来捞纸，现在交通和水渠都很方便，造纸户不必再到红水河旁建小作坊来捞纸了。

捞纸的工具包括：纸槽、纸帘、竹竿、简易机械、纸帘架、刮纸刀等。纸槽呈梯形，上部长1.36 m，下部长0.8 m，深0.5 m，宽1.24 m。纸帘是从清坡村的下雷屯购买的，一张纸帘价格在15～30元，规格有46 cm、53 cm、66 cm、83 cm、89 cm、102 cm不等，每一个纸帘可捞纸60～80把。纸帘架由木棍和铁棍制成，大小由纸帘的大小来决定，呈长方形，是自制的。竹竿长1.5 m，主要用于搅拌和固定纸帘架。刮纸刀由竹片制成，与纸帘同长，宽2 cm，主要用于切割湿纸，使湿纸符合规格。简易机械由电动机和一根长30 cm的铁棍制成，街上有卖，主要用于搅拌纱。

压榨湿纸的工具包括一根木头、几个木块和几块石头。晒纸的工具包括一个插有斜木架的“坡架子”（木制的架子，呈坡状，便于晒纸）和一把木柄棕毛刷。

每一个造纸人家都至少有这样的一套工具，有些人家还拥有碾纱机和煮纱的大锅。

⊙24

表3.8　造纸人家拥有的工具
Table 3.8　Papermaking devices owned by local papermakers

品名	数量（个）	单价（元）	备注
纸槽	1	200	极少数有两个，一般为石制和水泥制
纸帘	1～2	15～50	价钱视规格而定
纸帘架	1	16～20	用钢筋和木头制成，用于托纸帘
简易机械	1	150～230	用于搅拌纱
刮纸刀	1	2	如果是竹制的，则只用1元
瓦缸	3～4	20	装碾好的纱
胶桶	3	3	用于暂时装纱
棕毛刷	1～2	15	用于将湿纸刷上墙壁
瓢	2	2	舀胶水和纱
其他用具	—	—	包括竹竿、纸帘垫等，均为自制

⊙24
纸帘架
Frame for supporting the papermaking screen

与20世纪30年代的工艺相比，纱纸生产发生了巨大的变化，主要表现在：

(1) 从煮纱皮的锅来看，现在用的锅比较大，而且村中出现了专门的煮纱皮户。在民国时期，各家均有专门煮纱皮的锅，那时的锅比较小，煮纱皮时在锅上加一个木桶，以增加容量，但每次也只能煮25～30 kg干纱皮。在放纱皮进锅前，先放一根长绳入锅中，让两头露出在锅外，再将纱皮绑成1～1.5 kg放入锅中，每层放1 kg石灰，一锅需要石灰5 kg。大约煮一小时后便可以两人合作，用露出锅外的绳子将锅底的纱皮翻到上面，再煮一个多小时，直到用手能将纱皮撕碎，便可以出锅。

(2) 在蒸煮和漂洗过程中，加入了烧碱和漂白粉。在1949年前，蒸煮纱皮完全靠草木灰，蒸煮的时间较长，漂洗纱皮往往需要几天时间，那时候没有漂白粉，全靠石灰浸泡和红水河的水冲洗。

(3) 从碾料的方式看，现在已经出现了机械式的碾料工具。在柴油机被使用前，碾料完全靠手工。当时碾料的工具是一块长2 m、宽0.5 m的木板和两个圆柄的方形木棰。晚上吃完饭便开始捶打纱皮，一般是两个人面对面捶打，一个晚上两个人也只能捶打干纱皮5～7.5 kg，仅够第二天用。效率很低，也很费力，但经人工捶打的纱皮做出的纱纸质量很高，韧性也很大。

(4) 从搅拌的方式来看，采用了机械式的搅拌法，大大节省了劳力。在20世纪30年代，仍是人力搅拌，搅拌一次往往要花上半个多小时的时间。

(5) 从晒纸的方式来看，几乎都是凭借阳光自然晒干。只有一户因广东老板对纱纸的质量要求较高，重新采用火炉烤纸。

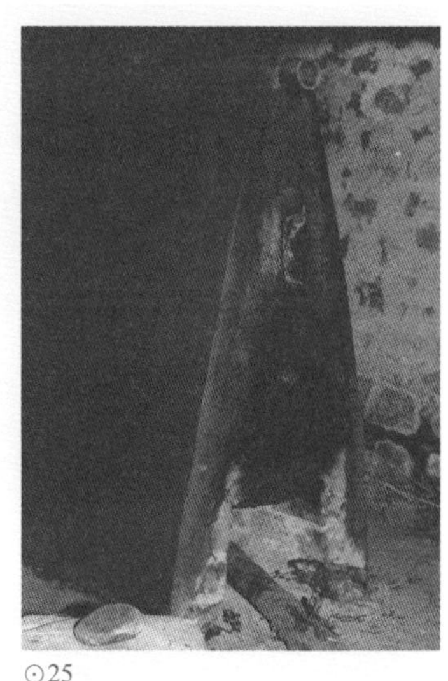

⊙25

表3.9 传统和现代纱纸加工工序比较
Table 3.9 Contrast of the traditional and modern papermaking techniques of Sha paper

工序	传统型	现代型
泡纱皮	到红水河沿岸浅水处泡，时间为1～2天	从水渠引水至煮纱皮处的水池里泡，只需泡湿即可，时间为2～3小时
煮纱皮	锅小，各家各户均有，每次能煮25～30 kg干纱皮，时间约为2小时，煮纱皮时加入草木灰或石灰	锅大，每次可煮500 kg，用时8小时，煮纱皮时加入了烧碱
洗纱皮	在红水河浅水处由河水冲洗，直至纱皮变白，时间为4～5天	煮好后，直接在水池里洗，加入漂白粉，时间为半天
碾料	用人工的方法捶打，工具为木板和木棰，每天晚上在家里加工，效率低	有专门的碾料机器，用柴油机带动，有专人加工
搅拌	人工搅拌，工具为竹竿，费力，时间为半小时以上	机械搅拌，有专门机械，用电带动，省力，时间为5分钟左右
晒纸	用火炉烤	贴在墙上，自然晒干或风干

从以上分析来看，现代工艺采用了一些现代的能源，比如电力和柴油机等，同时采用了现代化学试剂，如烧碱、漂白粉，整个造纸工序并未发生太大变化。在调查中，当地老人均反映，现在做的纱纸远没有传统工艺做的纱纸质量好，他们认为主要原因就是采用了这些机器和化学试剂，尽管节省了劳力，但造出来的纸已完全没有以前全凭人工造出的纸的质量好。

⊙25 火炉 Drying oven

(四)

大化壮族纱纸的性能分析

所测大化贡川村纱纸为2008年所造，相关性能参数见表3.10。

表3.10 贡川村纱纸的相关性能参数
Table 3.10 Performance parameters of Sha paper in Gongchuan Village

指标		单位	最大值	最小值	平均值
厚度		mm	0.151	0.082	0.113
定量		g/m²	—	—	29.9
紧度		g/cm³	—	—	0.265
抗张力	纵向	N	11.57	6.73	8.79
	横向	N	9.67	6.86	8.52
抗张强度		kN/m	—	—	0.58
白度		%	59.58	55.43	56.34
纤维长度		mm	11.48	0.32	3.01
纤维宽度		μm	69	6	23

由表3.10可知，所测贡川村纱纸厚度较小，最大值比最小值多84%，相对标准偏差为21%，说明纸张厚薄差别较大，分布不均匀。经测定，贡川村纱纸定量为29.9 g/m^2，定量较小，主要与纸张较薄有关。经计算，其紧度为0.265 g/cm^3。

贡川村纱纸纵、横向抗张力差别较小。经计算，其抗张强度为0.58 kN/m，抗张强度值较小。

所测贡川村纱纸白度平均值为56.34%，相对标准偏差为2.2%，白度较高，差异相对较小。这应与贡川村纱纸经过蒸煮、漂白有关。

所测贡川村纱纸纤维长度：最长11.48 mm，最短0.32 mm，平均3.01 mm；纤维宽度：最宽69 μm，最窄6 μm，平均23 μm。纤维的长度和宽度都较大。在10倍、20倍物镜下观测的纤维形态分别见图★1、图★2。

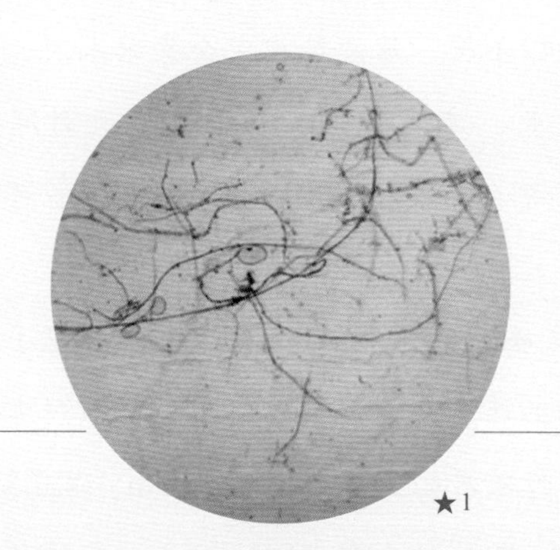

★1
贡川村纱纸纤维形态图（10×）
Fibers of Sha paper in Gongchuan Village (10× objective)

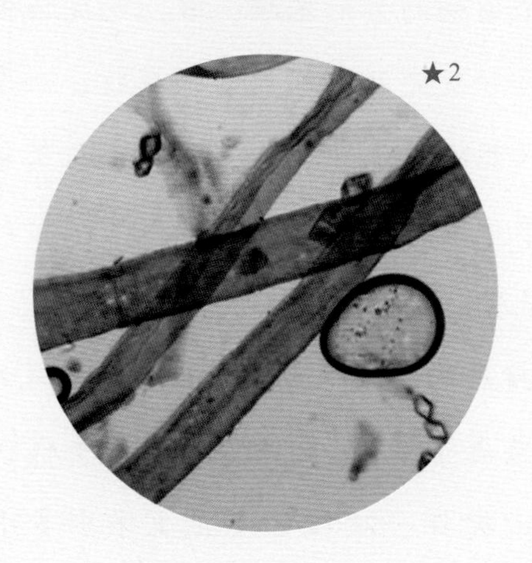

★2
贡川村纱纸纤维形态图（20×）
Fibers of Sha paper in Gongchuan Village (20× objective)

五 大化壮族纱纸的用途与销售情况

5 Uses and Sales of Sha Paper by the Zhuang Ethnic Group in Dahua County

贡川纱纸因纸张纤维长，柔韧性好，光滑度高，并具有洁白、细嫩、防虫蛀、吸墨性强、保存年代久等特点，在当地是他们书写契约、家谱以及经文的最好纸张。销售出去的贡川纱纸历史上主要被用于包装、书画、书籍以及灯笼、雨伞、灯罩、纸扇、风筝制作等方面。最近十几年，贡川纱纸还被广泛用于银行捆钞。出售的纱纸多是由本地商家收购或者是在清明等年节前由外地商家来收购的，销售的范围很大。每个商家都有自己固定的客户，这些客户资料是绝对保密的，以防同行抢生意。这些客户一旦需要纱纸，便会通过电话的方式与当地商家联系，再由贡川商家将纱纸运出。据当地纱纸老板说，在广西的市场主要销往宾阳县城及黎塘镇，在省外的主要市场是广东的广州、深圳，以及上海、黑龙江、香港、澳门等地。出口的纱纸则多是从广州、深圳出去的，主要销往马来西亚、新加坡等地，不过现在能出口的纱纸已经很少了。

纱纸在贡川的交易，有下面几种方式。

(一) 零售

在贡川，纱纸的零售量很小，主要原因是贡川、清坡一带基本上都造纸，平日里的纱纸消费是可以自己解决的，不必上街购买。即使个别人不做纱纸，也总有亲戚做纸。这样，纱纸也会被作为礼物供给不造纸的亲戚用。现在来贡川赶街的多是贡川、清坡和一些住在山里的人，在市场上购买纱纸的多是山里的农民。由于习俗的关系，逢年过节、办丧事时，总需要一定的纱纸，而他们不做纱纸，只能就近在贡川街购买。这一有限的市场，年轻人是不屑去做的，而住在街上或附近的老年人，特别是老年妇女则乐于从事这种零售业务。她们往往在年轻时就做过生意，现在有儿女做纱纸，她们年纪大了，但又不愿意在家吃闲饭，每逢街日就在市场上卖纱纸，能有几块钱的收入也就满意了。市场上这种零星出售的纱纸都是论张卖的，根据规格和质量不同，2001年每一张纱纸的价格分别是4分、6分、8分和1角。她们只在三天一次的街日才摆卖，也只有这时候，垌里人才会出来赶街。平时的街日，每街不过一二摊卖纱纸的；而到了壮族的大节三月三、七月半前夕，在街上出售纱纸的摊位会急剧增加，有时多达十几家。

(二)
定槽

在贡川，定槽的造纸户并不多。根据2002年的调查，贡川只有两个老板跟造纸户以定槽的方式交易，这两位老板分别与7户定槽。定槽的造纸户与老板口头定下合约，交货时间由双方协商。规格和价格都是明确的：两位老板定的都是老规格的纸，即53 cm×60 cm规格的纸，纸的质量要求达到一等品的标准；价格则是按纱皮的价格来定，如果纱皮的价格不变，即使纱纸的市场价有变，定槽的价格也不会跟随市场价变化。以定槽方式交易的造纸户除了老板亲戚外，还有被认为是在村里比较老实、不会造假、造纸技术好的造纸户，

⊙1

⊙1
零售纱纸
Sha paper for sale

也就是说以定槽方式交易的是彼此能够信得过的人。造纸户在日常生活中碰到难事，特别是急用钱或缺少零用钱时，也可以先向老板预支三四千元钱，待纱纸生产出来后再抵扣。造纸户也不用担心纱纸的销路问题，这是与老板以定槽方式交易的造纸户看中的两个好处。在纱纸销路不好时，很多造纸户生产了一堆纱纸，但因价格太低，都不愿意出售，只好存放起来，而定槽的造纸户却不用担心这个问题。但是如果纱纸好卖或者价格上涨，他们也会觉得有点亏。综合起来，他们还是认为定槽比较划算。当然，定槽的老板也是有好处的，他们可以先拿纱纸去卖，待得钱后再支付给造纸户，因为彼此信任，拖一二个月付款不会有问题。

(三)
直接交易

多数造纸户采用直接交易的方式，也就是哪个老板给的价钱高就卖给谁，而老板也是看哪家纱纸质量好，符合他的要求，价钱也比较合适，他就买哪家的纸。选择这样的交易方式，造纸户们认为更自由，可以随着市场的变动而更改自己的纱纸质量和规格。在市场价格高时，可以直接获得更大的利润；在市场价格低时，可以先做好存放起来，待价格高时再出售。

纱纸交易很少有现金交易，除非纱纸特别好卖，或者是外地商家来收购时，才会用现金交易。一般情况下，纱纸出售，都要过一两个星期才能得到钱款，而定槽的则往往要一二个月后才能得到钱款。纱纸有论把卖的（薄纸），也有论千克卖的（厚纸），价格也因质量和规格而异。

纱纸的价格，造纸户是无力决定的。当然，当地商家也是无力决定纱纸价格的，他们也是受制于外地商家。但不管怎样，外地商家给的价格低，当地老板就向造纸户压价，最终受价格影响损失最大的总是造纸户。纱纸价格的变化受多种因素

的影响。在20世纪80年代，由于国家开始允许私人造纸，人们对造纸投入了极大的热情，并获得了较高的利润，造纸户平均投入1元钱，就有1.5元的利润。而到了90年代，随着利润的刺激，贡川一带造纸人数急剧增长，而市场上对纱纸的需求却下降，这时候，造纸户每投入1元钱，他的利润也只有1元钱。而现在，在经济全球化已成为必然趋势的今天，传统的纱纸业受到了极大的挑战，江浙一带产业化的生产致使纱纸价格急剧下降，而原材料纱树皮的价格却在不断上升*，导致贡川造纸者每投入了1元钱，他的利润仅有0.4元。在这种情况下，很多造纸户减少了造纸的时间，有些甚至于不愿意再造纸，一部分年轻人则选择外出打工。

六 大化壮族纱纸的相关民俗与文化事象

6
Folk Customs and Culture of Sha Paper by the Zhuang Ethnic Group in Dahua County

（一）贡川纱纸起源传说

尽管在1949年以前，贡川纱纸是广西三大手工产品之一，对广西经济发展有重要意义，但人们对其历史却知之甚少。我们在调查时，当地人都说他们祖祖辈辈都是造纸的，但纱纸究竟起源于何时已没人能说清，他们只是通过传说故事来表达对纱纸起源的认识。

传说，在汉朝的时候，有一个孝子叫董允，他非常孝顺母亲。但是母亲却不幸患病死了。他很悲伤，就想写一篇祭文悼念他的母亲。但是，当时的纸是用渔网和破布做的，很脆。他想用一种更好的纸来抄写祭文，就试着用纱皮来做，但是每

* 据贡川造纸户介绍，近几年经常有江浙一带的商家来贡川收购纱纸或纱皮，用于造纸。

一次抄出来的纸都是烂的。他想到母亲死了，他却不能做出一张好纸来写祭文，就大哭起来，眼泪和鼻涕流到了刚刚抄好的纸上。压纸时，却发现有鼻涕、眼泪的地方纸不烂。他想可能是这些东西的黏性起了作用。后来他在山上找到一种有黏性的叶子——胶树叶，把这种叶子的黏液加入纸浆后，终于造成了纱纸。

这虽然只是一个传说故事，但是仔细分析起来又能够看出一些真实的影子。朱霞认为，这是一个随着造纸技术一起从中原流传来的、经过本地创造性加工的故事，故事形成的年代不会太早。[45]虽然广西地处祖国边疆，有着独具特色的文化特点，但中原文化一直对它有着持续和强有力的影响。生活在这里的民族不仅吸收了中原文化的思想和观念，还从中原地区学到了生产技术。例如故事中提到的用渔网和破布造纸，这与中原汉代造纸技术是吻合的。同时，故事中提到了用当地山上出产的胶树叶作为纸药终使纸浆变为纸，这反映了壮族人对本地植物资源的充分利用以及中原造纸技术的本土化，是壮族造纸户智慧的结晶。

(二)
日常生活中的纱纸

贡川纱纸以其特有的文化内涵影响着贡川人生活的方方面面，成为他们日常生活的一个重要组成部分。贡川壮族人民日常生活中离不开纱纸。过去，纱纸最重要的用途是作为书写工具，它是壮族人民学习文化、接受教育的重要物质条件，也是人与人之间交流的媒介。除此之外，糊窗户用纱纸，下雨时用纱纸做的纸伞，天热时用纱纸做的纸扇。随着时代的发展，现在机制纸和一些新的材料部分代替了纱纸，但是纱纸的用途仍然很广，尤其在写一些重要契约时，纱纸是必不可少的。纱纸比机制纸经得起岁月的侵蚀，并且由于在制作过程中用石灰泡过，还有抗虫咬的功效，所以，过去重要文书——地契都是用纱纸写的。

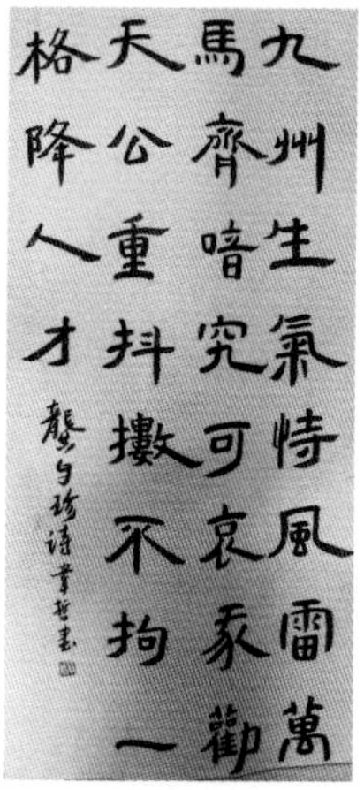

⊙1

⊙2

(三)
婴儿出生时用纱纸

在妇女分娩过程中，纱纸被用来铺在产妇身

⊙1 造纸户家中悬挂的用纱纸书法作品
Calligraphy written on Sha paper hanging in a papermaker's home

⊙2 师公展示他用纱纸抄写的经书
The elder showing the scripture he transcribed on Sha paper

[45] 朱霞.广西壮族手工造纸及用纸习俗的调研[J].云南社会科学，2004(3): 89-92.

下，就像在医院中生小孩时使用的一次性卫生纸一样。待孩子生下来后，就用柔软的纱纸给新生婴儿擦干身子，每个婴儿出生时使用的纱纸多达40张，最少的也要用10张，这是利用了纱纸吸水性强的特性。特别是在乡卫生院建好前，贡川人生小孩全是在自己家里由接生婆帮忙，人们通过焚烧纱纸向祖宗祈祷母子平安，祈祷小孩顺顺利利生下来。婴儿生下来后，家人就杀鸡祭祀祖宗，告诉祖宗小孩已经平安出生了，然后再拿鸡到祠堂前去祭祀，告诉祖宗族里新添了人丁。在祭祀中，当然少不了要用纱纸。他们认为只有通过纱纸，祖宗才能明白是族里人来告诉他们族里又添了新丁，才能保佑小孩健康成长。

(四)
婚姻仪式中的纱纸

在婚礼中用纱纸的机会很少，但在订婚时却必须要用纱纸。那时候，男方要拿一小张纱纸，让媒人拿饼、糖、酒、烟等一起去女方家。由女方家将女方的生辰八字写在纱纸上，再用红纸包好，拿回男方家。男方这时要供奉祖宗，告诉祖宗已将女方的生辰八字带回来，让祖宗来判断女方是否能成为男方家人。具体做法是将红纸包好的生辰八字放到祖宗的香炉下，如果三天之内，家里没有任何不好的事发生，说明祖宗同意了这门亲事；反之，则说明祖宗不同意这门亲事。亲事一旦定下来，男方就一直将女方的八字压在香炉下；若谈不成，男方则将八字还给女方。可以说，在贡川，传统婚姻的最终决定权是在已过世的祖宗。活着的人通过纱纸与祖宗进行沟通，这是贡川的习俗，也是纱纸重要性的体现。在他们看来，通过纱纸让祖宗来判定女方是否适合自己的儿孙，这是一桩婚姻幸福与否的前提。在这个仪式中，纱纸被赋予了最神圣的使命，人们对它恭恭敬敬，期望通过它与祖宗很好地交流，得到祖宗的许可，让一个原本陌生的人成为自己家庭的一员。

(五)
丧葬中的纱纸

贡川人有着尊敬老人的优良传统。老人们辛辛

⊙3

⊙4

⊙3 正在制作仪式用纸
Making ritual paper

⊙4 纱纸（图中白色的纸）制作用于丧礼的纸
Sha paper (white one) used in sacrificial ceremony

苦苦把儿女养大，没有享福就匆匆离去。作为儿女，往往在其葬礼中，为死者准备大量用纱纸制成的祭品，供他在另一个世界中使用，认为这样才对得起死者。这些祭品花样繁多，几乎囊括了人们在阳间的所有物品。在这些纸祭品上，人们赋予了象征的意义，它们寄托着亲人对死者最殷切的哀思和祝愿。通过仪式把这些纸祭品焚烧给死者，希望死者在另一个世界也能衣食无忧，过上和人间一样幸福的生活。同时，这也象征着家族给予死去族人的最深切关怀，使在彼岸的死者不至于孤苦无依，受到冷落。

⊙1

⊙2

(六)
节庆礼仪中的纱纸

贡川村有在传统节日烧纸的习俗，而这一习俗在春节、正月十五、清明节和七月半体现得最为明显。春节，人们要烧冥钱、贴春联、放爆竹，每件事都离不开纱纸。正月十五元宵节，贡川村家家户户都要做灯，他们会将各种颜料涂在纱纸上，再用五颜六色的纸做成各种各样的灯，挂在自家的门口，同时元宵节中各种耍龙、耍狮子活动中的龙和狮子也是用纱纸糊的。清明节祭拜祖先时，各种冥衣冥裤、鞋袜毛巾，坟上插的坟旗、坟标都是用纱纸做的。七月半是鬼节，在那段时间，天天都要烧纸。一般按照性别分为两大纸包，里面有纸衣、纸裤、纸鞋、纸袜子、纸帽和纸围巾等，分别烧给男性祖先和女性祖先。与此同时，纸包上还会写上字，右边写“某年七月十四某家子孙化寄”，中间写“中元节谨寄香烛财帛果饼恭奉某氏高曾祖考（妣）查收”，左边写“外鬼无名不得争夺”，就像邮寄一个包裹。[45]当然，在传统节日中对纱纸的使用也在发生变迁，比如说在春节时不再用纱纸来做花灯，在写春联时用机制纸代替纱纸等。

⊙3

⊙1 清明节前制作上坟用纸 Making joss paper before Qingming Festival

⊙2 制好的清明用纸 Paper used in Qingming Festival

⊙3 村庙 Local shrine

七
大化壮族纱纸的保护现状与发展思考

7
Preservation and Development of Sha Paper by the Zhuang Ethnic Group in Dahua County

(一)
大化壮族纱纸的保护现状

1. 纱纸工艺的传承方式

贡川纱纸工艺的传承，依赖于家庭式的纱纸生产和社区式的纱纸生产两种方式。

家庭式的纱纸生产，是以家庭为单位进行的，其纱纸生产工艺的传承是以上一辈人与下一辈人共同生产劳作从而潜移默化的方式来进行的。贡川人一生下来，就处在这种纱纸生产和技艺传承的氛围中。在很小的时候，就会和母亲及老人一起挑拣纱皮，并跟随父母到煮纱皮的地方玩耍。一般12岁以后，女孩子就会帮助母亲晒纸、拣纱皮，男孩子则会加入到洗纱皮的行列中。待长到十六七岁，他们一般就会正式参与纱纸生产。在劳动中，他们受到长辈的影响，逐步掌握纱纸生产各道工序的经验和技能。在纱纸生产中，父亲还会有意或无意地将煮纱皮、洗纱皮、碾纱皮、搅拌纱皮、捞纸以及放多少石灰等经验和方法传授给儿子。母亲则在家庭分工的基础上，向女儿示范并讲述，在纱纸生产中何时应放多少烧碱、漂白粉及石灰，怎样挑选纱皮，以及晒纸的技巧等。这种言传在纱纸生产中是与身体力行相配合的，是直接的。在晚饭时或晚饭后，一家人坐在饭桌旁或是火塘边（冬天），老人们也会打开话匣子，向年轻人总结白天纱纸生产的经验，讲授生产知识和与纱纸相关的故事。贡川人认为，许多纱纸生产的经验都是在这样的气氛中由上一辈人传授下来的。

社区式的纱纸生产，则是指整个社区的纱纸生产活动给人以示范。只要一进入贡川，便可以看见田野之中，水渠旁边用砖头砌的灶和用石头、水泥做成的池子，灶是用来煮纱皮的，池子则用于清洗纱皮。各家各户的墙上更是贴满了泛黄的湿纱纸，屋子的一角还会偶尔看到一些人在碾料或捞纸。经验的传承也在农户之间互相串门时无意地进行着。每逢雨天，亲戚朋友便会互相串门（特别是妇女，她们往往携带小孩同行），聊一些家常琐事，也会聊聊谁做的纱纸质量

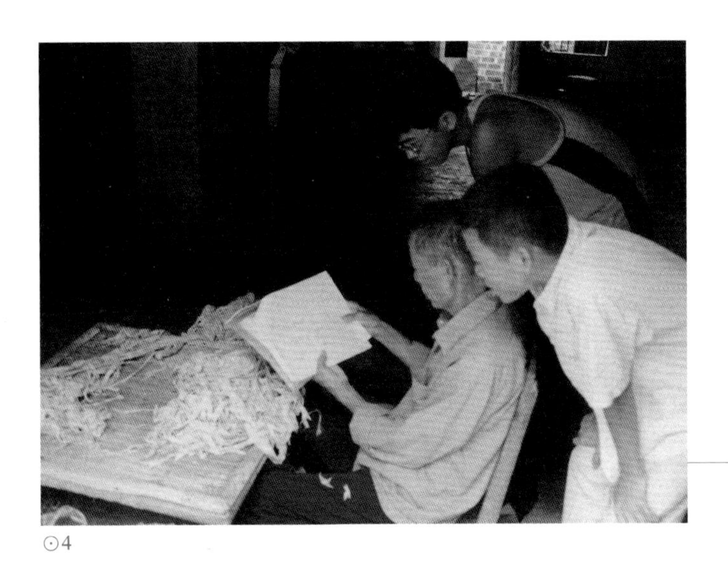
⊙4

⊙5

⊙4 听爷爷介绍历史 Listening to grandfather's introduction about history

⊙5 耳濡目染的传承 Offsprings learning the papermaking technique from what they see and hear

好，谁的又卖了好价钱。这些闲聊也无意中让小孩子获得了经验。在重要的节日、集会、红白事活动中，纱纸技艺的传承也在无意中进行着。这些活动几乎每个月都有，用当地话说是"月月有节，季季有庆"，这就为贡川纱纸的技艺传承提供了更多的机会和场所。

总之，小孩子在这样的一个社区中生活和玩耍，随处见到的都是与纱纸相关的东西，这无疑为他们熟悉和掌握纱纸生产技术起到了熏陶作用。

2. 贡川人对纱纸工艺的认知

贡川人对纱纸工艺的认知将直接影响到贡川传统纱纸业的发展。为了更好地了解贡川人对纱纸工艺的认知，调查组在2006年对贡川纱纸业现状进行了调查。对贡川纱纸业现状的调查除采用参与观察法外，还采用了问卷调查法。调查对象为纱纸生产者、销售者、非纱纸生产者和打工回来的年轻人及在校中学生。先后访谈了60余人，发放问卷110份，收回110份。

在调查中，调查组针对不同人群进行了深入访谈，主要访谈内容包括是否考虑过对纱纸进行深加工、纱纸对他们的意义如何等几个问题。

(1) 对纱纸再加工的认知。

在调查中发现，绝大部分的纱纸生产者不关心产品的深加工问题，他们只关心他们生产的纱纸是否会涨价。仅有极个别的纱纸收购者表示自己曾经考虑过对纱纸进行深加工，但他们能够进行的加工也仅仅是将大张的纱纸裁成小条状，供银行捆扎钞票。

贡川大多数的纱纸生产者都只是按照纱纸老板的要求来生产纱纸，至于对纱纸的深加工，他们普遍认为没有对纱纸进行深加工的条件和能力。

(2) 对纱纸传承的文化意义的认知。

对纱纸传承的文化意义的认知，调查结果分为两种：中青年的纱纸生产者多认为纱纸只是他们养家糊口的一种方式，没有其他意义；50岁以上的老人则普遍认为纱纸的文化意义很重要，但也只有他们这些老人家还有这种认识，年轻人会生产纱纸就很不错了。而被贡川人称为"贡川通"的近80岁的向朝瑞老人认为，纱纸代表着壮族的传统和文化。他说："我们这一代人和现在加工纱纸的年轻人不一样，他们对纱纸没有什么感情。现在的年轻人也不像我们以前那样用毛笔来写字了，他们对我们传统的东西也不太重视了。以前我们的族谱、卖屋契、田契、经书都是用我们自己加工的纱纸来写的，逢年过节、红白喜事也必须要用到纱纸，那时候的人对纱纸都是很重视的。每年在开始做纱纸之前，都要去拜祖宗、拜祖师爷，让他们保佑这一年纱纸生产顺利。现在就不一样了，人们生产纱纸的目的就是为了挣钱，村里人也很少有人再用纱纸了，市场上有比纱纸更加现代化的东西卖。就拿写族谱来说，以前用纱纸和毛笔来写，现在不时兴用这些东西来写了，现在时兴用电脑，听说只要把族谱打到电脑里，想要多少份都可以，方便了。"

我们的抽样调查还发现，熟练掌握纱纸工艺的人年龄偏大，主要分布在45岁以上的人群中，在这个年龄段，熟练掌握此工艺的人达80%以上。从纱纸工艺的掌握情况来看，熟练程度与年龄呈正相关。也就是说，随着年龄的递减，对纱纸工艺的掌握程度迅速下降，而不掌握该技艺的人数急剧上升。贡川壮族纱纸工艺很明显呈现出衰落的迹象，掌握纱纸工艺的一代人渐渐老去，新一代年轻人则排斥纱纸工艺，他们更愿意选择外出打工，选择城市生活。长期如此的话，贡川纱纸工艺可能会和曾经流传此工艺的其他汉族地区一样出现消失的危机。

(二)
大化壮族纱纸的发展思考

1. 贡川纱纸工艺传承与发展的困境

(1) 纱纸工艺背后文化心理的缺失。

1949年前，贡川纱纸曾是广西有名的三种手工产品之一，在广西民众的经济和生活中扮演着重要的角色，贡川也因此成为重要的商业中心，仅贡川一地就有十余家外地商铺进驻。1949年后，传统的纱纸业仍以其实用性而受到充分重视，在国家的号召下，由原本的作坊式一家一户生产转到由纱纸社统一生产，唯一的变化是在当时的政策下，人们不再将纱纸与民俗、迷信联系起来，而只是把纱纸当成一种物品进行生产。改革开放后，人们对传统的纱纸业又有了重新的认识，纱纸的文化属性和商品属性重新回归。而人们对传统纱纸工艺的认识也在近百年的时间里发生了很大的变化。据调查，不同的人群对传统纱纸工艺有不同的看法。60岁以上的老年人大多更加重视纱纸的文化属性，在他们看来，纱纸不仅仅是一种商品，它还有着很多的民俗含义。他们一方面希望纱纸商品化，让他们能够从中获得更多的收入；另一方面，他们又希望能更多地保存纱纸的传统性，也就是纱纸的文化意义。对于现在正在生产纱纸的中年人来说，纱纸是他们谋生的手段，是他们小孩的学费，是家里的柴米油盐，因此，他们更加关心如何才能从纱纸里赚更多的钱，纱纸对于他们来说，就是一个产品，和邻村种来卖的粮食或其他作物一样。而对于外出打工的年轻人来说，传统的纱纸工艺是"落后"的，他们不愿意去生产纱纸，他们希望用更现代化的东西来取代这种传统工艺。

不仅纱纸的生产者对传统纱纸工艺背后的文化内涵缺乏认识，当地政府和文化界也普遍认为纱纸只是一种寻常的商品，在现代机械文明的冲击下，没有保护的必要。地方政府对于调查组竟然花了好几个月的时间来调查这种他们看来再寻常不过的东西感到惊讶。当被调查组问及是否有必要对纱纸工艺进行保护时，他们更是觉得奇怪。在他们看来，如果当地有更合适的产业，为何还要保护这种老手艺呢？

(2) 纱纸产品缺乏创新。

如果一种传统工艺缺乏创新，就很难在商品林立的市场经济中占有一席之地。对于贡川传统纱纸工艺来说，千百年来，他们一直延续着相似的工艺，创造相同的产品。现代工艺的主要变化是在部分工序中用机械动力代替了人力，用一些化学试剂取代了传统的石灰、草木灰，以提高生产的效率；而对于产品本身，并没有进行过任何的创新。通过调查，我们还发现当地人普遍认为对纱纸的深加工不应该是他们考虑的事，他们没有条件和能力去考虑这样的事，所能做的只是按照老一辈传下来的规格和样式进行加工。可以说，正是纱纸产品缺乏创新使得现在的贡川纱纸业陷入尴尬的境地。

(3) 产品价格受到成本与市场的双重挤压。

由于传统纱纸是手工作坊式生产，它的生产周期较长，原料供应也较少且昂贵，生产工序较复杂，协作关系也较复杂，需要手工精工细作，成本价格很难降下来。调查组对一个普通造纸家庭（夫妻俩做纱纸）的收支情况进行了调查，发现一个纱纸加工家庭一个月花在纱纸上的开支达1 706元，而这一个月的纱纸收入为2 850元。也就是说，一个普通家庭一个月做纱纸的纯收入是1 144元。据此计算，一张53 cm×60 cm的老规格纸能卖0.075元，而成本却高达0.045元。[46]

21世纪以来，工业化、城市化进程浪潮涌向中西部偏远山区，强烈冲击着相对弱小、零散、落后的传统手工业，迅速地瓦解着本就脆弱的传统手工业生产群体。同时，随着传统纱纸生产所需的原料纱皮的急剧减少，纱皮价格急剧攀升，纱纸的成本也就随之急剧上升，而与机制纸相比，纱纸却不具有竞争力，因此价格只能保持不变。这使得纱纸的生产、销售急剧萎缩。

总之，贡川壮族纱纸遭遇的困境是内外综合的。就其外因来说，先进的机械化大生产对传统纱纸工艺产生了重大打击，壮族传统习俗和传统节日的淡化也使得纱纸的传统功能——民间祭祀或仪式用纸被机制纸抢占了部分市场。而传统纱纸工艺不能与时俱进、不能适应市场经济则是导致纱纸衰败的内在原因。

2. 相关建议与对策

(1) 对传统纱纸制品进行革新。

贡川纱纸继承和发扬了本地民间具有上千年历史的纱纸

[46] 韦丹芳.贡川壮族纱纸的考察研究[J].中国科技史料，2003, 24 (4)：291-311.

生产工艺，保持了古代纱纸生产的传统。传统贡川纱纸是以山区特有的纱皮为原料，沿用古代精细造纸工艺而制成的特种纸。其质量特点是具有极高的韧性，极好的吸湿性、透气性，富有弹性，纸质洁白，细韧柔软，拉力强韧，可保存千年而不变质，是银行捆

⊙1

钞、食品茶叶药材包装、古书修复、档案部门捆档案材料和玩具生产模具隔离中的重要用品。贡川纱纸曾经享誉整个东南亚，但是时过境迁，随着价格低廉、品种多样的机制纸的流行，传统纱纸的市场日渐萎缩。在这种情况下，有意识地对传统纱纸工艺和制品进行革新成为贡川纱纸从业者致富的一种选择，也是纱纸工艺能够传承下去的一个前提。然而，调查组在调查中所能看到的技术革新仅仅是在部分工艺中用机械动力代替人力、用石灰和漂白粉等化学物质代替草木灰和石灰，在纱纸制品上的革新则仅仅是把整张的纱纸裁剪成供银行捆钞票的纱纸条。这些革新对提高生产效率、降低成本、扩大市场起到了一定的作用，但在现代化的冲击之下显得力量太微弱。在调查中还发现，当地人对通过技术和产品的革新来改变纱纸业的现状抱有很大的信心，但这还只是人们茶余饭后的畅想，极少有人去付诸实践。正如美国著名人类学家恩伯夫妇所言，有无革新能力部分地取决于智力水平高和富有创造性等个人特征，但是创造性可能会受到社会条件的影响。[47]调查组在对贡川纱纸经销商、生产者进行调查时发现，一些纱纸经销商很愿意对纱纸进行革新，但他们缺乏对纱纸进行深加工的条件和能力，也对纱纸革新所带来的风险表示担心；绝大多数的纱纸生产者则不愿意去考虑对纱纸进行革新的事，在他们看来，按纱纸经销商的要求来生产纱纸是最好的选择。因此，调查组认为，地方政府应有意识地和纱纸经销商合作，共同探讨如何对传统纱纸制品进行革新，以期进一步扩大市场，更好地保护和传承传统纱纸工艺。

（2）增加经济效益，激发当地人传承纱纸工艺的热情。

调查组也发现，经济的驱动是纱纸工艺传承的重要因素。当地人仍在津津乐道20世纪90年代贡川纱纸畅销的盛况：当时贡川几乎家家都有纱纸作坊，做出来的纱纸也不必担心销路，许多纱纸生产者用卖纱纸的钱建起了两层小楼房，一些有经济头脑的贡川人也因此致富。然而现在纱纸的价格越来越低，做纱纸的人也越来越少，一些纱纸经销商也转向其他产业，外出打工的中青年人也越来越多。中国传统工艺研究会理事长华觉明先生认为，“传统工艺的市场开拓是历史的必然”，“从历史发展来看，传统工艺的产生和成长从来都是和需求、和市场联系的”[48]。纱纸作为一种传统技艺，它的传承、发展和振兴均有赖于市场的开拓。如果没有市场，纱纸生产者也就没法生存，自然也就无人愿意去继承老祖宗传下来的手艺，更谈不上发展和振兴了。政府和贡川纱纸生产者曾围绕着如何传承、发展和振兴纱纸业进行了很多努力，也取得了一些成效。例如，仅2006年清明节期间，贡川村就先后接待了来自德国、美国和韩国的三批外国客商，全村的外贸订单排到了10月份，纱纸总销

⊙1 废弃的纸槽 Abandoned papermaking trough

[47] 恩伯C,恩伯M.文化的变异：现代文化人类学通论[M].杜杉杉,译.沈阳：辽宁人民出版社,1988: 532.

[48] 华觉明.传统手工技艺保护、传承和振兴的探讨[J].广西民族大学学报(自然科学版),2007,13(1): 6-10.

量超过300万张。纱纸走出国门，当地农民手工造纸作坊尝到了甜头，一些贡川人也因此愿意从事纱纸业，这在一定程度上使传统的纱纸工艺得以传承。总之，现代背景下民族传统工艺传承不能忽视经济上的议题。一项传统工艺是否能得到传承和发展，经济效益是最重要的杠杆之一。只有不断开拓市场，增加传统工艺的经济效益，才能激发保护和传承的热情。

(3) 让当地人正确理解纱纸工艺的文化价值。

对纱纸工艺文化价值的了解也是影响纱纸传承的一个重要因素。调查组发现，近几年来，尽管一些贡川人外出打工的收入并不比在家做纱纸多，有些甚至根本挣不到钱，但他们还是不愿意在家做纱纸。在和当时一造纸户家正上高中的女儿小娜聊天时，她说："我不愿意在家做纱纸，即使能够赚钱我也不愿意。辛苦就不说了，反正外出打工也辛苦。主要是大家都出去打工，谁在家做纱纸都会被其他人说是没本事。"在现代背景下，当地社会的价值标准也随着时代的变迁而发生了变化，昔日受欢迎的传统工艺现在变成落后的代名词，会做纱纸者不再是当地的能人，也不再是备受关注的重要人物。外出打工可以赚取与此相当的收入，而不必再与这些"老旧"事物打交道。在年轻人看来，传统的纱纸工艺早就是应该抛弃的落后技术了。纱纸生产者和经营者都没有充分认识到传统纱纸的文化特性和经济特性。他们忽视了传统纱纸作为一种民族传统工艺，不能只具有商品属性。纱纸作为壮族人民世代传承下来的工艺，本身包含着人们艰辛的劳动、创造和技艺，包含着壮族人对自己传统的理解。如果仅一味地进行商业运作，必然会使纱纸的传统价值下降，文化价值减弱。

(4) 对传统工艺的保护与传承要成为自觉行为。

文化变迁无处不在，即使是远离城市的小山村也不例外，人们总自觉或不自觉地受到外界文化的影响。传统工艺在文化变迁中首当其冲，成为最早面临淘汰危险的传统文化。对于日渐消失的传统工艺，学术界、政府和民间工艺爱好者都纷纷呼吁要予以保护。而"保护"一词在很大程度上包含着一种对弱势文化的单向意愿。"保护者"处于强势，"被保护者"处于弱势，在文化保护中，这种文化势力的强弱在很大程度上又是以经济实力为后盾的。[49]我们在谈保护传统文化时，往往是从局外人的角度去倡议，却没有从传统工艺传承者的角度去思考是否应该保护、怎样保护的问题。调查组发现，当地大多数人，特别是中青年人并不重视他们曾经世代赖以为生的纱纸工艺。对于他们来说，这只是一项在没有其他选择的情况下的谋生技能，如果有更好的选择，他们不会选择以做纱纸为生。

调查组认为，应该让当地人主动参与到传统工艺的保护和传承中，让传承和保护成为他们的自觉行为。参与式方法可能是实现这一目标的有效途径。参与式方法是20世纪后期确立和完善起来的，是一种主要用于与农村社区发展有关内容的工作方法，其目标是加强那些在社会和经济生活中被边缘化的人群参与制订与他们生活有关的决策。[50]其设想是赋权给当地人，使他们具有技能和自信，能够分析身处的现状，达成共识，做出决策和采取行动，以改善他们的处境。其最终目的是实现更公平和更持续的发展。[51]参与式方法的核心思想在于"赋权"，使当地群众在他们熟悉的环境中能够充分地把他们自己的知识及技能运用到发展活动中去。在对传统工艺特别是实用型传统技艺进行传承和保护时，我们不能仅以局外人的视角单方面强调要对其进行传承和保护，而要努力使传统工艺从业者参与到工艺的传承和保护中来，让他们意识到传统工艺的经济价值和文化价值，从而把被动的传承和保护变成他们的自觉行为。

当然，传统工艺的传承是一个任重而道远的问题，在瞬息万变的现代社会中，单凭传统工艺从业者的力量很难实现像贡川纱纸这种实用型传统技艺的传承，还需要当地群众、专家学者和当地政府共同参与进来。

[49] 霍志钊.民族文化保护与文化自觉：兼论文化人类学者在民族文化变迁中的责任[J].广东社会科学,2006(4): 86-89.

[50] 李小云.参与式发展概论：理论-方法-工具[M].北京：中国农业大学出版社,2001.

[51] 刘莉.白裤瑶铜鼓的传承与保护研究[D].南宁：广西民族大学,2006: 42.

大化壮族

351

纱纸

Sha Paper
by the Zhuang ethnic group
in Dahua County

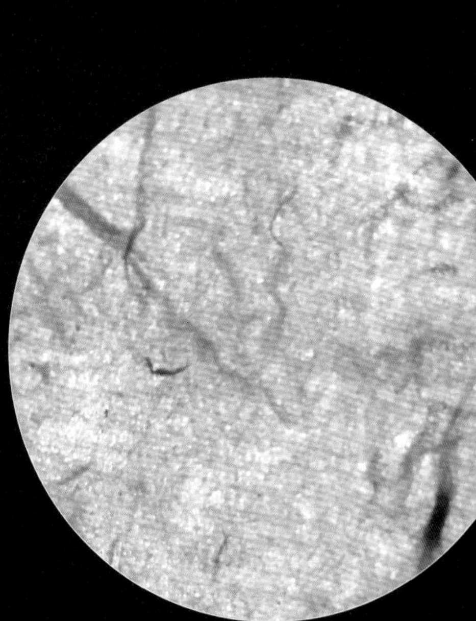

贡川村纱纸透光摄影图
A photo of Sha paper in Gongchuan Village
seen through the light

第四节

乐业竹纸

广西壮族自治区
Guangxi Zhuang Autonomous Region

百色市
Baise City

乐业县
Leye County

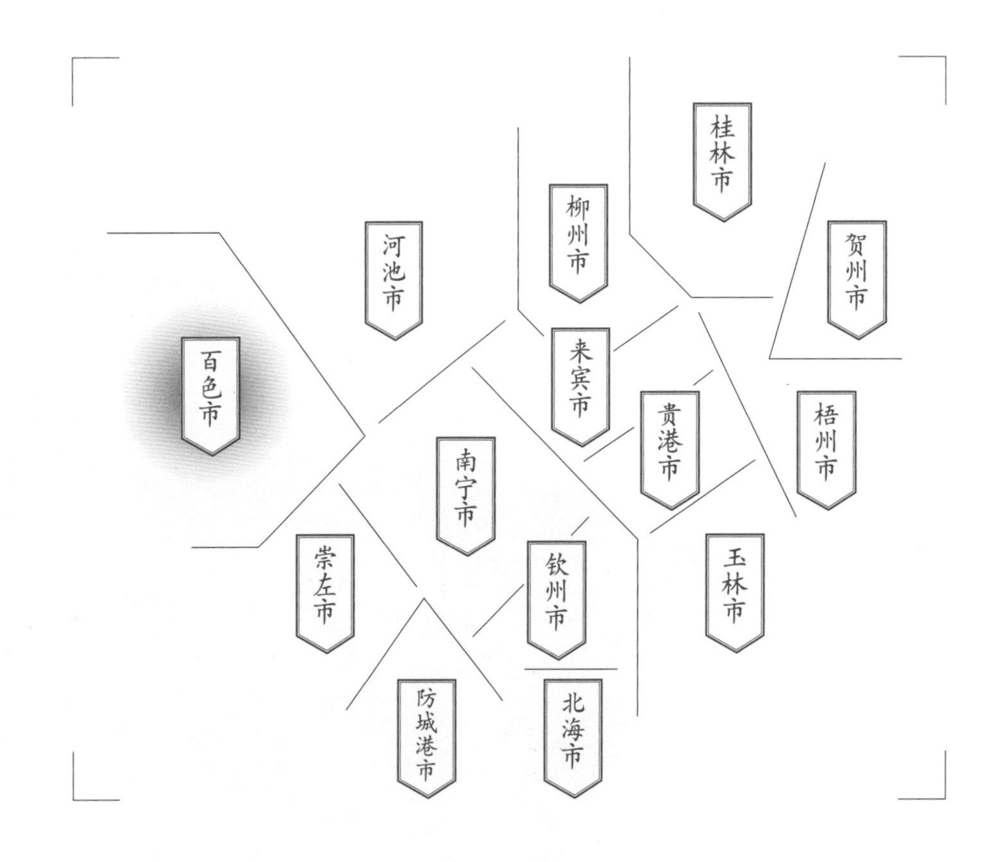

调查对象

同乐镇
六为村
竹纸

Section 4
Bamboo Paper in Leye County

Subject

Bamboo Paper in Liuwei Village of Tongle Town

一
乐业竹纸的基础信息及分布

1
Basic Information and Distribution of Bamboo Paper in Leye County

据把吉屯造纸户张德魁口述，他们张家因战乱从湖北施南府迁到把吉屯，现已有11代约200年的历史。造纸的主要原料是当地出产的白竹、麻竹、凉山竹等竹子。生产出来的纸，当地人称之为“火纸”，主要用于红白喜事、祭奠祖宗，也可用于写毛笔字。2013年调查时，把吉屯只有5户还在坚持造纸，造出的纸主要在本县的乐业、烟棚、刷把等圩场上销售，也有批发商前来收购转销。有造纸作坊的家庭一年纯收入可达上万元。

⊙1

⊙1 把吉屯造纸作坊外景 Exterior of papermaking mill in Baji Village

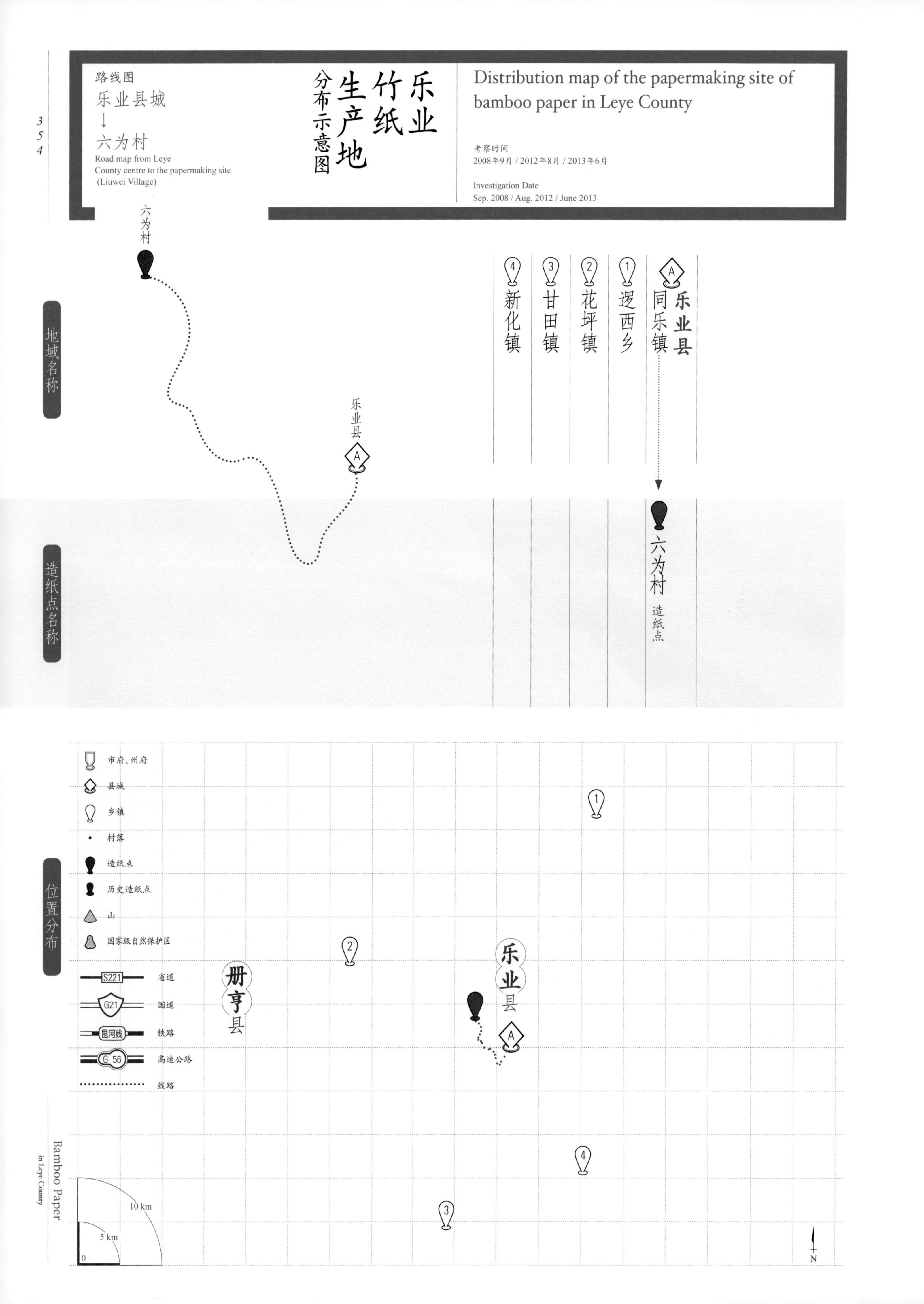

路线图
乐业县城
↓
六为村
Road map from Leye County centre to the papermaking site (Liuwei Village)
乐业竹纸生产地分布示意图
Distribution map of the papermaking site of bamboo paper in Leye County
考察时间
2008年9月 / 2012年8月 / 2013年6月
Investigation Date
Sep. 2008 / Aug. 2012 / June 2013
六为村
乐业县
A
地域名称
乐业县
A
同乐镇
1
逻西乡
2
花坪镇
3
甘田镇
4
新化镇
造纸点名称
六为村
造纸点
位置分布
市府、州府
县城
乡镇
村落
造纸点
历史造纸点
山
国家级自然保护区
S221
省道
G21
国道
昆河线
铁路
G56
高速公路
线路
册亨县
乐业县
10 km
5 km
0
N

二
乐业竹纸生产的人文地理环境

2
The Cultural and Geographic Environment of Bamboo Paper in Leye County

乐业县位于广西西北部，隶属于百色市，地处云贵高原东南麓，东北与河池市天峨、凤山两县相邻，东南依凌云县，西南与田林县接壤，西北与贵州省的册亨、望谟、罗甸三县隔红水河相望。

乐业县原属凌云县地。1935年，析凌云县置乐业县，治乐业圩，取“安居乐业”意，属百色行政监督区。1940年属第五行政督察区。1949年后，乐业属百色专区。1951年乐业县与凌云县合并置凌乐县，1961年复置乐业县至今。[52]

乐业县总面积2 633.17 km^2，耕地面积252 km^2，县辖4个镇和4个乡，2014年末人口17.39万，其中农村人口14.12万。[53]有壮、汉、瑶、苗、布依、侗等6个民族，其中壮族占50%，汉族占48%，其他少数民族占2%。[54]乐业县属于亚热带湿润气候区，年降水量1 100～1 500 mm，年平均气温在16.3℃左右，冬无严寒，夏无酷暑，气候较为舒适。地形以西南为最高，向东西北三面逐渐倾斜降低，境内中部、南部大部分为石灰岩发育的喀斯特山地山原区，石山屹立延绵成片，坡度陡峭，多溶洞和地下长河。[55]

乐业县旅游资源丰富而且独特，喀斯特地貌尤其雄奇瑰丽。在不足20 km^{2}的范围内已发现天坑28个，全球13个超大型天坑就有7个分布在该县境内，天坑数量和分布密度在全球绝无仅有，因此乐业也被誉为“世界天坑之都”。其中乐业大石围天坑约形成于6 500万年前，垂直深度613 m，东西长600 m，南北宽420 m，坑底原始森林96 000 m^2，是世界上最大的地下原始森林。2010年10月，广西乐业—凤山地质公园被联合国教科文组织授予“世界地质公园”称号。[56]乐业县还

[52] 乐业县志编纂委员会.乐业县志[M].南宁：广西人民出版社，2002: 34-35.

[53] 广西壮族自治区地方编纂委员会.广西年鉴2015[M].南宁：广西年鉴社,2015: 378-379.

[54] 乐业县地方编纂委员会.乐业年鉴2011-2012[M].南宁：广西人民出版社,2015: 49.

[55] 乐业县志编纂委员会.乐业县志[M].南宁：广西人民出版社，2002: 75-78.

[56] 乐业县地方编纂委员会.乐业年鉴2011-2012[M].南宁：广西人民出版社,2015: 171.

⊙1

拥有天然生成的布柳河仙人桥、百朗岩溶森林大峡谷、马庄九龙山巨型天然佛像、五台山原始映山红等著名景点，丰富的溶洞奇观、可供探险科考的庞大地下暗河系统是乐业县最具开发潜力的旅游资源。[57]

⊙2

同乐镇位于乐业县中部，全镇总面积355 km^2，耕地面积约30.6 km^2，其中水田约12.4 km^2。镇辖4个社区和15个行政村。2012年，全镇共6 933户，29 837人，粮食总产量6 386吨，农民人均收入3 836元。年平均气温16.3 ℃，年均降水量1 372 mm。境内农作物有水稻、玉米、蔬菜等。旅游景点有大石围天坑、罗妹莲花洞、穿洞天坑、火卖民俗村等。[58]

把吉屯属同乐镇六为行政村，距天坑约3 km，东南距乐业县城约15 km。居民住房建筑在山腰上，传统住房一般用圆木头、长方形木板等材

⊙1/3
乐业县大石围天坑
Dashiwei Sinkhole in Leye County

[57] 容小宁.超越·崛起:广西旅游文化十大精品[M].南宁:广西人民出版社,2007: 82-83.

[58] 乐业县地方编纂委员会.乐业年鉴2011—2012[M].南宁:广西人民出版社,2015: 264-265.

03

料搭成。近年来，由于农村经济的发展，住房建筑转向以砖房为主。当地经济以农业为主，林业和畜牧业生产也占一定的比重。

⊙1

⊙2

三 乐业竹纸的历史与传承

3 History and Inheritance of Bamboo Paper in Leye County

据1936年的调查，当时同乐乡（现为同乐镇）后兴屯、幼朗乡那翁村造草纸（通常是1～2人单独工作），主要销往本县或百色一带。1949年后，造纸和其他小手工业一起自然沿袭下来。20世纪70年代初，乐业出现了国营纸厂，当时乐业县城共有六家国营企业单位。[59]

2008年9月、2012年8月、2013年6月，调查组先后三次对乐业县把吉屯造纸进行了实地考察。2008年调查时，据时年63岁的造纸户张德魁介绍，该村以张姓汉族为主，始祖张汉元从湖北施南府

⊙1 把吉屯晨景 Morning scene of Baji Village

⊙2 把吉屯传统木建筑 Traditional wooden building in Baji Village

[59] 乐业县编纂委员会.乐业县志[M].南宁：广西人民出版社,2002: 226-228.

⊙3

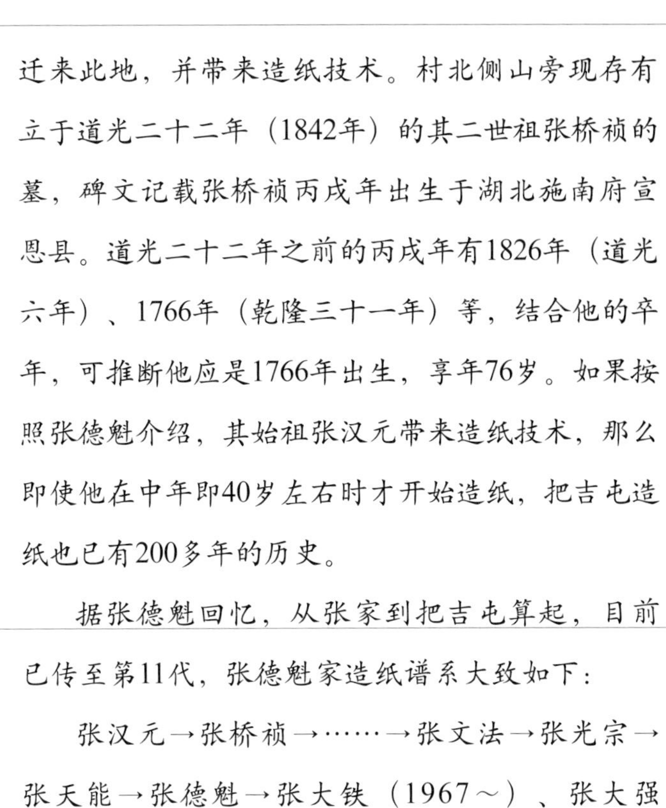

迁来此地，并带来造纸技术。村北侧山旁现存有立于道光二十二年（1842年）的其二世祖张桥祯的墓，碑文记载张桥祯丙戌年出生于湖北施南府宣恩县。道光二十二年之前的丙戌年有1826年（道光六年）、1766年（乾隆三十一年）等，结合他的卒年，可推断他应是1766年出生，享年76岁。如果按照张德魁介绍，其始祖张汉元带来造纸技术，那么即使他在中年即40岁左右时才开始造纸，把吉屯造纸也已有200多年的历史。

据张德魁回忆，从张家到把吉屯算起，目前已传至第11代，张德魁家造纸谱系大致如下：

张汉元→张桥祯→……→张文法→张光宗→张天能→张德魁→张大铁（1967～）、张大强（1969～）、张大文（1974～）。

另据造纸户张德魁、张德忠等介绍，他们爷爷一辈时，乐业幼平乡大新村后山屯、上里村王福湾与把吉屯人有亲戚关系的人曾来把吉屯学习造纸技术。如果没有亲戚关系，造纸户一般不愿教授造纸技艺。

⊙4

⊙5

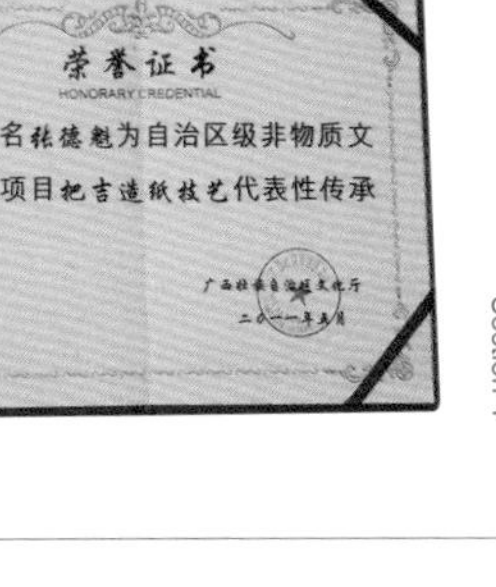

⊙6

⊙3 / 4
张桥祯墓
Tomb of Zhang Qiaozhen (second ancestor who brought papermaking technique to the village)

⊙5
张德魁夫妇
Papermaker Zhang Dekui and his wife

⊙6
张德魁被评为自治区级非物质文化遗产『把吉造纸技艺』代表性传承人证书
Zhang Dekui was voted as the representative inheritor of Autonomous Regional Intangible Cultural Heritage of Baji Papermaking Technique

四 乐业竹纸的生产工艺与技术分析

4 Papermaking Technique and Technical Analysis of Bamboo Paper in Leye County

（一）乐业竹纸的生产原料与辅料

据张德魁、张德忠等介绍，造纸所用的竹以当地所产的麻竹、白竹为主，其纤维组织发达，且容易泡软，凉山竹、钓鱼竹、甜竹、大白兰竹、棚竹等亦有使用。造纸所用的竹子有两种来源：自家种植和购买。整个村种植、购买大约各占一半，张德魁家种植的比买的多，其余造纸户买的多，主要从乐业县幼平乡、马庄乡、新化镇等地收购。因周边竹子数量不太多，自产及购买的竹子只够目前几家造纸户生产半年，2008年约0.2元/千克。

当地造纸需用纸药，当地称为滑水。所用纸药有三种：老须杉树的根、鲜楠树根及一种不知名的粗皮植物。

老须杉，也称杨桃根，当地高山上有野生的，无人工种植。张德魁等造纸户认为鲜楠树类似楠树。

制作滑水时，先将地里的老须杉树、鲜楠树的根挖出，露出来的不能用。接着用木棒捶烂后取其表皮，放入杨桃缸（即装纸药的缸）中用清水浸泡，老须杉一般要泡几小时，汁多的一小时即可，而鲜楠树片刻即可用。滑水每做一次可用半个月，然后清一次杨桃缸，但每四五天需要加10～15 kg捶好的树皮，以保持浓度。不知名的粗皮植物，其制法类似。张德魁等造纸户认为滑水可使纸料纤维均匀分散、粘连紧密，造出的纸也较为光滑。

⊙1/2 捶、撕『老须杉』根 Hammering and tearing Lao Xu Shan's (a local plant) roots as papermaking mucilage

⊙3 滑水 Papermaking mucilage

(二)
乐业竹纸的生产工艺流程

经调查，乐业竹纸的生产工艺流程为：

壹	贰	叁	肆	伍	陆	柒	捌	玖	拾	拾壹	拾贰
砍麻	去枝条	断麻	划麻	捆麻	背麻	泡麻	洗麻	干烧	泡麻	打料	踩麻

拾叁	拾肆	拾伍	拾陆	拾柒	拾捌	拾玖	贰拾	贰拾壹	贰拾贰	贰拾叁	贰拾肆
下料	拱麻	放水	加水	搅麻	捞纸壳	加滑水	打槽面	捞纸	压纸	刮垛子	抹垛子

贰拾伍	贰拾陆	贰拾柒	贰拾捌	贰拾玖	叁拾	叁拾壹	叁拾贰	叁拾叁	叁拾肆
放榨	扛垛子	刮纸	打纸	擂纸	揭纸	拖纸	晾纸	叠纸	包装

⊙4
把吉屯造纸作坊
Papermaking workshop in Baji Village

壹 砍麻

1 ⊙1

不同竹子的砍伐时间不同。白竹在农历五月左右砍伐，麻竹、梁山竹在农历九月至十月砍伐，大白兰竹在农历十月半至正月初十砍伐，棚竹在腊月砍伐。一般砍伐生长了约五个月、准备开叶的嫩竹。长叶子的老竹子不好用。

⊙1 ⊙2

贰 去枝条

2 ⊙2

用刀将麻的旁枝及竹尖去除。

叁 断麻

3 ⊙3

如砍麻的地方离麻塘较近，则直接将麻砍断至每段长约1.4 m，同时划麻、捆麻。如到较远的山上去砍麻，砍后将麻砍断成每段长2.7～3 m。太长的话不方便扛。把麻扛到麻塘附近后再截成两段。

肆 划麻

4 ⊙4

用刀在麻的断面垂直由上往下划2次，将其划成4瓣。

⊙3 ⊙4

当地对竹子的相关称呼颇具特色，没砍称竹，砍后且用于造纸的为麻，其过程称砍麻。但如果用作其他用途，则称砍竹。

⊙1 砍麻 Lopping the bamboo materials

⊙2 去枝条 Cutting the branches

⊙3 断麻 Lopping the bamboo materials

⊙4 划麻 Halving the bamboo materials

伍

捆　　麻

5　⊙5～⊙9

在地上钉四条桩，围成一个长方形。将两根长木头置于长边桩的内侧，于其上再将两根短木头置于短边桩的内侧，将40～50 kg麻放到木头上，用一竹篾从中间穿过，旋转捆3次，然后用两块木板夹紧。如果仅捆中间，两端易翘起来。同上述方法，再捆两端。一般一人一天可砍500 kg麻并划好、捆好。

⊙5

⊙6

⊙7

⊙8

⊙9

陆

背　　麻

6　⊙10

将捆好的麻背到麻塘旁边。

⊙10

⊙11

柒

泡　　麻

7　⊙11

将麻放到干的麻塘内，通常每两层麻放一层石灰，也有的每三层麻放一层石灰，最上面多加一些石灰。其上依次用木头、石头压，不让麻漂起来。麻塘大小不一，张德魁家的麻塘可放70～80捆麻，需加350～400 kg石灰，也有更大或更小的麻塘。加水泡四个月以上，使麻充分泡软。在泡软但不烂的前提下，泡的时间越久越好，最长可泡一年。

⊙5/9 捆麻 Binding the bamboo materials

⊙10 背麻 Carrying a bundle of bamboo materials

⊙11 泡麻 Soaking the bamboo materials

捌

洗　麻

8

用手在麻塘里尽量将麻上的石灰渣洗掉，洗好的麻置于麻塘的坎上。洗完所有麻后，放掉麻塘里的水。

⊙12

玖

干　烧

9　⊙12

将洗好的麻放在麻塘里发酵，当地称为干烧。如果放在原麻塘里干烧，需用清水把底部的石灰渣冲洗干净。将洗好的麻整齐摆放在麻塘里，其上依次盖塑料薄膜、草，再用木头、石头压紧，干烧20天到1个月。放草可以更好地保温，也可以不用草。但是如果只用草而不用塑料薄膜等隔离，草腐烂后进入麻里，不容易弄干净，造的纸不好。用木头、石头压紧可使之不漏风、漏气。干烧时间不能太长，否则麻易变黑，造的纸也就黑。

拾

泡　麻

10

加水进麻塘，洗掉麻发酵后产生的黏液，再用清水浸泡一个月。造纸户认为二次泡麻可以除臭、除垢，如果不泡，则麻易被沤烂，造出的纸色黑，甚至造不出纸。

⊙13

⊙14

⊙15

拾壹

打　料

11　⊙13～⊙15

取出舀一天纸所需的麻，约50 kg，背到打料房。启动打料机后，一人送料，另一人左手缓慢将料塞进打料机的入料口，右手拿木板盖住出料口。盖木板一则阻止料飞出去，二则可延长打料时间，料打得更细。一般要打5～6次，打50 kg麻只需要半小时。

以前称打麻，也称舂麻。将泡好的麻放入石碓窝中，脚踏木碓反复舂打，同时用一根带铁钩的长棍来回翻拨碓窝里的麻，使之被舂成均匀的泥状纸料。如果石灰放得多、泡得烂，可直接舂打，或多舂两遍。否则先将麻砍断（砍麻），最长1 cm，再舂。一个人需要一天才能舂50 kg麻，仅够一天造纸所需。此外，1970～1980年还用过牛拉石碾子碾麻，但需2个人合作。大约从1990年始，张德魁将原用于打猪菜的踩板机改用来打麻，后逐渐改成目前的打料机。

张德魁认为用舂的麻造纸，纸更绵韧，纸质更好，用打料机打的纸脆一些。

⊙12 干烧 Fermenting the bamboo materials

⊙13 打料 Beating the papermaking materials

⊙14 砍麻 Chopping the bamboo materials

⊙15 舂麻 Beating the bamboo materials

拾贰 踩麻

12 ⊙16～⊙19

将纸料装入背篓，背到造纸作坊，放入踩槽，一槽一般可放50 kg，多的可放75 kg。加几盆水，用脚斜着踩，一般踩十几分钟。如要踩得更细，则需更长时间。通过观察，如果料已较细，像泥浆，不成团，就说明踩好了。如果料没踩好，粗且成团，造出的纸也会粗糙。

⊙16

⊙17

⊙18

⊙19

拾叁 下料

13 ⊙20

将踩好的料放到槽子中，加入适量清水。当地人称之“清凉水”。

⊙20

⊙21

拾肆 拱麻

14 ⊙21

用拱耙不断地前后左右拱，把槽子内的纸料拱散，约需十几分钟。

拾伍 放水

15

当天晚上，用麻筋把洞堵住，把槽子里的混水放掉。从踩麻到放水，一般都是在压纸的空隙里完成的。

拾陆 加水

16

第二天早上，往槽子里加清凉水。

⊙16 背料 Carrying the papermaking materials

⊙17/19 踩麻 Stamping the bamboo materials

⊙20 下料 Putting the papermaking materials in the water

⊙21 拱麻 Stirring the bamboo materials

拾柒 搅麻

17 ⊙22

用拱耙将槽子里的麻拱起来一部分后，用竹棍在槽内划倒“8”字，同时将粗料捞出来。捞纸到下午麻少时，再用拱耙拱起一部分麻。

拾捌 捞纸壳

18

操作同捞纸。先捞一张厚的纸，称为纸壳。将纸壳翻盖于垛底板上，以保护上面的纸；如果没有纸壳，刚捞的几张纸易粘在垛底板上而坏掉。

拾玖 加滑水

19 ⊙23

往槽子里加滑水，量根据料的多少而定，一般一次加2盆，如果料多则多加一盆。捞到不滑或不好捞时，再加一次。

贰拾 打槽面

20 ⊙24

捞筋棍沿倒“8”字进行搅动。

⊙22

⊙23

⊙24

贰拾壹 捞纸

21 ⊙25～⊙27

当地也称舀纸。捞纸时需“横一下、竖一下”。先由外往里舀水，这步较平，称为“横一下”；后由右到左舀水，水往右流下去，称为“竖一下”。左边即头边麻多，冲过去后，右边即尾巴麻少，捞出来的纸左边（纸头）厚些，右边（纸尾巴）薄些。造纸户认为纸头厚些好揭，捞纸时也好捞。

⊙25

⊙22 捞筋 Picking out the residues

⊙23 加滑水 Adding in papermaking mucilage

⊙24 打槽面 Stirring the paper pulp

⊙25 捞纸 Scooping and lifting the papermaking screen out of water

捞好一张纸后，将纸帘架置于槽子的T形架上，手提纸帘，将其轻轻倒放在垛子上，用手在纸帘上抹一下，再将纸帘提离垛子。捞纸有讲究，如果滑水多了，则需用拱耙拱起一部分麻，否则纸太薄，揭不起来；如果少了，则加滑水，否则纸厚且粗。熟练的造纸户一般一天可以捞出1 600～1 700张纸，熟练且年轻的造纸户一天可捞2 000多张纸。

捞了一段时间纸后，需加滑水，将纸帘、压纸板、木墩盖上，避免垛子变形。而且将垛子压得矮一些，更方便盖纸以及后续压纸。

⊙26

⊙27

贰拾贰 压纸

22 ⊙28～⊙34

也称榨纸。捞完纸后，将纸帘盖在垛子上，再盖上盖纸板、两块侧码、一两块码子，压去部分垛子里的水。造纸户往往在这个空隙里去踩麻。

凭经验，水去除得差不多时，用手掰掉垛子的虚边。接着将垛子上的纸帘、盖纸板等去掉，将垛底板往外拉，使垛子居中。在垛子上放一张干纸或废旧纸帘，再盖上盖纸板、两块侧码、一块码子，最后加咬码，插入凹棒，然后开始压榨。

压榨时，先用手轻压凹棒，此时用力要小，动作要慢且小心，否则纸中水分流不出，易将垛子榨爆。压掉部分水后，换成老杆，用手逐渐加力压，垛子矮到一定程度时，加木墩，再用两根粗的钢丝绳将老杆和滚筒套起来，将翘杆插入滚筒的滚子眼，继续用手压翘杆。至压不动后，换成凹棒，先用手压，然后踩上去继续压。至用手指压垛子，压不进去时，认为垛子已经干了。

⊙28

⊙29

⊙30

⊙31

⊙32

⊙33

⊙34

⊙26/27 压纸 Pressing the paper

⊙28 去虚边 Removing the deckle edges with hands

⊙29 往外拉垛底板 Pulling out the bottom board

⊙30 放干纸 Putting on a piece of dry paper

⊙31/34 压纸 Pressing the paper

贰拾叁

刮 垛 子

23 ⊙35

压完纸后，用木刮把垛子四边的水刮掉。

⊙35

贰拾肆

抹 垛 子

24

再用布或棕丝擦（以前用得多，滤水性能好）把水分抹干。

贰拾伍

放 榨

25 ⊙36

垛子干后，松开钢索，取下老杆等。

⊙36

贰拾陆

扛 垛 子

26 ⊙37

将垛子扛回家。

⊙37

贰拾柒

刮 纸

27 ⊙38

将垛子翻过来，即纸壳子朝上，用菜刀或柴刀从上往下刮除尾巴边外的三边，尾巴边不刮也揭得下，其余三边不刮揭不下。造纸户认为，如垛子不翻过来，则揭不开。

⊙38

贰拾捌

打 纸

28 ⊙39

即揉边，当地叫“把纸打起来”。将垛子再翻转，用手由下往上揉纸纸头。

⊙39

贰拾玖

擂 纸

29 ⊙40

用擂纸棰上下左右划纸面。

⊙40

⊙35 刮纸 Scraping the paper edges to squeeze water out

⊙36 放榨 Unleashing the pressing device

⊙37 扛垛子 Carrying the paper pile

⊙38 刮纸 Scraping the paper edges to squeeze water out

⊙39 打纸 Rubbing the paper edges

⊙40 擂纸 Hammering the paper

叁拾 揭 纸

30 ⊙41～⊙43

用手将纸一张张从左往右揭开，第一张揭离约16 cm，此后每两张之间间隔约1.5 cm，3张为一贴，揭起拖至纸尾巴。之后随着纸贴增多，揭离可少到约11 cm。

揭了若干贴纸后，再擂纸。纸若好揭就擂少一些，可以一满贴（18贴）擂一次；纸若不好揭，每几贴就擂一次。

⊙41

⊙42

⊙43

叁拾壹 拖 纸

31 ⊙44～⊙47

一人右手持拖纸片将揭开的一贴纸拖离垛子，左手握拖纸棍置于一贴纸的中央，使之自然垂掉于拖纸棍两侧，如两侧纸不对齐，则用左手的拇指与食指适当拧一下，使之对齐；接着右手持拖纸片从上到下刷一下纸头一侧，后整齐地摞到木凳的另一头，垛起来。

⊙44

⊙45

⊙46

⊙47

⊙41/43 揭纸 Splitting the paper layers

⊙44/47 拖纸 Piling the paper with a stick

叁拾贰 晾纸

32 ⊙48⊙49

用晾纸耙将纸一贴贴挂在木杆上晾，3张合为一贴晾，一次3贴（即9张纸一起晾）。天气好，一般晾2～3天，可放在室外晒，但害怕风吹或者雨淋；下雨天如果十多天都晾不干，也可以用火烘干，但是纸张容易发黑。

⊙48

⊙49

叁拾叁 叠纸

33 ⊙50

晾干后，将一贴贴纸对叠，75贴为一捆。现在也有的5张一贴，但要定做。

⊙50

据张德魁说，1949年前5张为一贴，因数量多则价高，后改为3张一贴。因5张一贴重很多，技术好的造纸户才能5张一起拉下来，否则容易扯烂。如果有渣渣，有些看不清楚，也容易扯烂。3张一贴少一些，如果有渣渣看得清，烂的少。1988年前150贴为一捆，但往往虚3贴，即147贴就算一捆，后降到75贴一捆。大捆量多，但是不少人用不了那么多，所以做成小捆更便于销售。

叁拾肆 包装

34 ⊙51

两边夹竹片，使之不会分散，然后用竹篾捆好。以上便完成了整个造纸工艺。上述工艺和廖国一对把吉屯竹纸工艺进行的调查基本一致。[60]

⊙51

⊙48/49 晾纸 Drying the paper in the shadow

⊙50 叠纸 Folding the paper

⊙51 包装好的纸 Packed paper

[60] 廖国一.传统与创新：乐业县把吉村高山汉古法造纸与旅游开发研究[J].广西右江民族师专学报，2004,17(04): 39-44.

(三)

乐业竹纸生产使用的主要工具设备

壹 踩槽 1

大小不完全一致，形状也略有区别，所测踩槽长80 cm，宽35 cm，深约55 cm。

⊙52

贰 纸槽 2

大小不完全一致，所测纸槽长约150 cm，宽约110 cm，高约85 cm。

⊙53

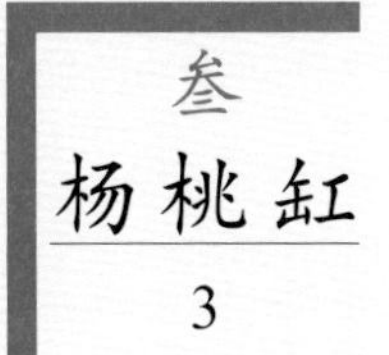

叁 杨桃缸 3

大小不完全一致，所测杨桃缸长85 cm，宽70 cm，高50 cm。

⊙54

肆 拱耙 4

所测拱耙长93 cm，耙头长30 cm，大小不完全一致，但比纸槽短。

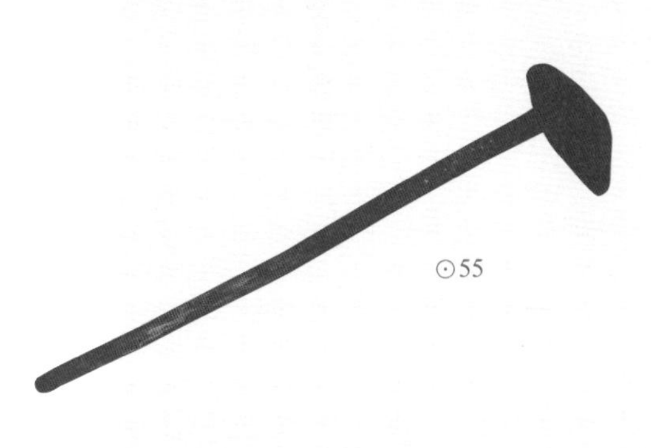

⊙55

伍 榨 5

各部分名称及相对位置见图。

⊙56

⊙52 踩槽 Trough for stamping raw materials

⊙53 抄纸槽 Papermaking trough

⊙54 杨桃缸 Container for making papermaking mucilage

⊙55 拱耙 Stirring rake

⊙56 榨 Wooden pressing device

陆 擂纸棰 6

木制，所测擂纸棰长15 cm，两边大，中间小，便于手握。

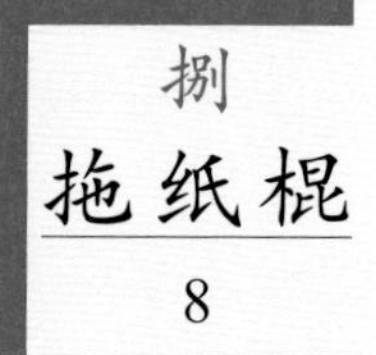

柒 拖纸片 7

半圆柱竹片。所测拖纸片长25 cm，直径4.5 cm。

捌 拖纸棍 8

细竹棍。所测拖纸棍长38 cm。

⊙57

⊙58

性能分析

(四)

乐业竹纸的性能分析

所测乐业六为村竹纸为2013年所造，相关性能参数见表 3.11。

表3.11 六为村竹纸的相关性能参数
Table 3.11 Performance parameters of bamboo paper in Liuwei Village

指标		单位	最大值	最小值	平均值
厚度		mm	0.172	0.149	0.157
定量		g/m²	—	—	36.6
紧度		g/cm³	—	—	0.233
抗张力	纵向	N	13.68	7.11	10.39
	横向	N	7.70	4.73	5.76
抗张强度		kN/m	—	—	0.54

⊙57 擂纸棰 Wooden mallet

⊙58 拖纸片与拖纸棍 Apparatuses for piling the paper

(续表)

指标	单位	最大值	最小值	平均值
白度	%	21.74	21.40	21.58
纤维长度	mm	11.37	0.75	2.28
纤维宽度	μm	49	1	11

由表3.11可知，所测六为村竹纸厚度较小，最大值比最小值多15%，相对标准偏差为5%，说明厚薄差别不大，较为均匀。经测定，六为村竹纸定量为36.6 g/m^2，定量较小，主要与纸张较薄有关。经计算，其紧度为0.233 g/cm^3。

六为村竹纸纵、横向抗张力差别较大，经计算，其抗张强度为0.54 kN/m，抗张强度较小。

所测六为村竹纸白度平均值为21.58%，白度较低且差异相对较小。这应与六为村竹纸为生料法造纸，没有经过蒸煮和漂白有关。相对标准偏差为0.6%。

所测六为村竹纸纤维长度：最长11.37 mm，最短0.75 mm，平均2.28 mm；纤维宽度：最宽49 μm，最窄1 μm，平均11 μm。在10倍、20倍物镜下观测的纤维形态分别见图★1、图★2。

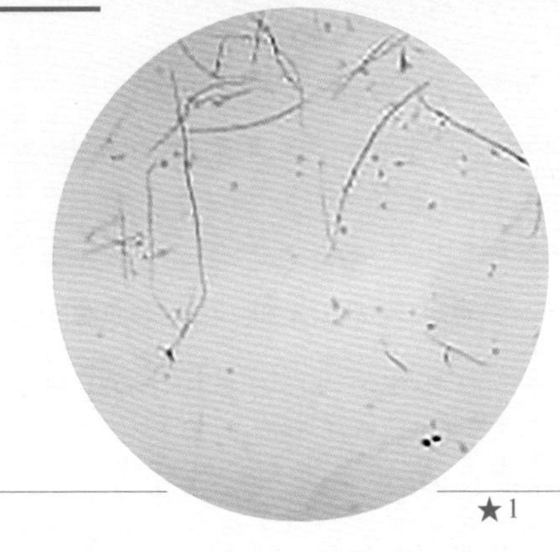

★1

★2

五 乐业竹纸的用途与销售情况

5 Uses and Sales of Bamboo Paper in Leye County

(一) 乐业竹纸的用途

把吉屯所造竹纸，当地称为“火纸”，主要在祭祀和红白喜事时用，也可用于写毛笔字，以前还曾用作卫生纸、接生用纸等。

1. 书写用纸

据张德魁介绍，以前没有白纸，写毛笔字、写信所用的就是当地产的火纸，他小时候读书的作业本、草稿本都是用本地的火纸做成的。

2. 包装用纸

以前包装材料少，把吉屯火纸被广泛用于包装，如包盐、糖、糖果等，不易变味、不易受潮。此外也用于包腊肉，认为火纸所包腊肉不易生虫。据张德魁介绍，2011年乐业县城还有人来买火纸用于包腊肉。

★1 六为村竹纸纤维形态图(10×) Fibers of bamboo paper in Liuwei Village (10× objective)

★2 六为村竹纸纤维形态图(20×) Fibers of bamboo paper in Liuwei Village (20× objective)

3. 祭祀用纸

老人过世，只用火纸，不用机制纸。老人身下、两侧都用火纸塞紧，最少用2捆火纸。此外，还可将火纸打成纸钱，烧给过世的老人。一个老人过世，少则烧3～5捆，多则烧几十捆。

逢年过节，尤其是七月半家家户户都要给老祖宗烧纸钱。七月半时，用火纸来打包封，一般一个老祖宗烧3～6包。据张德魁、张德忠介绍，1包在阴间算1万元，最少3包，认为最少3万才够花一年。但是现在有些人没那么讲究，也有烧1～2包的。最多的烧6包，父母和爷爷、奶奶一般烧6包。6包在当地叫“依禄”，意思是说最多受得起6包。

(二) 乐业竹纸的销售情况

乐业竹纸长约36 cm，宽约23 cm，在乐业县全县范围内销路尚好。据张德魁介绍，村里的竹子目前不能满足屯内5家造纸作坊的生产需要，每年需向外采购。一个造纸户平均一天捞8墩纸，2013年时可卖200元，一般捞半年，收入约3.6万元。竹子虽可从外地购买，但也只够半年使用，否则整年都可造纸，收入更高。

六 乐业竹纸的相关民俗与文化事象

6 Folk Customs and Culture of Bamboo Paper in Leye County

(一) 真钱假钱

据张德魁等造纸户介绍，火纸好烧，且烧的灰很轻，很容易飘散开来；而机制纸烧的灰是黑色的，且不好烧，黑色的灰会成块留下。当地老百姓认为火纸是真钱，而机制纸是假钱，老祖宗得不到。

(二) 焚烧“火纸”的相关习俗

作为外省迁来的汉族，把吉屯在相对封闭的环境内保持了较多的汉族传统习俗。

民间焚烧“火纸”的习俗，自唐代以来流行于湖南、湖北一带。明代宋应星的《天工开物》卷十三载：“盛唐时，鬼神事繁，以纸钱代焚帛，故造此者名曰火纸。荆楚近俗，有一焚侈至千斤者。

此纸十七供冥烧，十三供日用。”[61]这一记载的大意是荆楚地区（即今湖南、湖北一带），在明朝时候盛行烧纸祭祀的风俗，有奢侈到一次烧一千斤者。当时产的纸十分之七用于祭祀，十分之三供日常应用。把吉屯张氏迁自湖北，也延续了这一习俗。

一直以来，把吉屯的“火纸”主要用于祭祀等，或寄托哀思，或驱邪避恶，以保现世平安，或者祈求财富和幸福等。乐业县居民大都有烧火纸的习惯。

据造纸户张德魁等介绍，当地烧火纸的习俗较为复杂：

每年从农历腊月三十至第二年正月十五间，当地村民每天早上在吃早饭前的七八点钟，都会在客厅中央的祖宗神台前烧火纸。此外，在神台、大门口、火炕边、灶边、屋檐角、天香（即在屋子里对天烧）、土地庙等都要烧，早上、晚上吃饭前烧，之后再吃饭。特别是大年三十、年初一、正月十二、正月十五这几天，吃什么就拿什么去祭拜，肉、酒（1～2碗）、米饭（1～2碗）。另在神台、土地庙前要烧三炷香，其余地方烧一炷香。

清明节当天，村民需在祖先墓前烧火纸。一处最少烧两三张纸，多的可烧五六张，亦有烧十几张的。

每年农历七月，也是火纸焚烧量较大的时期。当地人们每家每户从农历七月初一至七月十五，每天在客厅祖先神台前烧火纸。烧前，纸上通常用毛笔书写所祭祀祖先者和祭祀人的姓名及祭语，祈求祖先保佑。

在农历十一月十五早、晚也烧火纸，祈求祖先保佑。

此外，农历每月的初一、十五，乐业一带的村民也都比较普遍地烧火纸，希望人丁兴旺，多积功德。乐业大石围天坑一带的村民，如果碰上父亲或母亲去世，通常要请人做道场，一次往往烧掉一二十捆火纸，有的人家甚至烧四五十捆的火纸。

[61] [明]宋应星.天工开物：卷十三[M].上海：商务印书馆,1933: 218.

七 乐业竹纸的保护现状与发展思考

7 Preservation and Development of Bamboo Paper in Leye County

(一) 乐业竹纸的保护现状

乐业把吉屯在1999年时有11家造纸。调查组从2008年到2013年3次去调查，都只有5家造纸户。据调查，造纸户数减少有以下几个原因：一是竹子不够用，有的造纸户觉得买竹子造纸需要更多成本；二是造纸收益不高，按造纸户的说法是工价低。一个造纸户平均一天捞8墩纸，2013年时可卖200元，但除了一人捞纸外，还需要一人揭纸，此外还有很多其他工序。张德魁、张大文等现在仍在坚持造纸的造纸户认为，捞纸时一天约赚200元，收入虽然不高但也还可以。张大文现和张德魁年轻时一样，每天可捞10墩，捞纸越多，收益越高。张德魁年纪大了，2008年时一天还可捞8墩，2013年一般只能捞5～6墩。

乐业造纸面临的问题，除了原料和收益外，还有一个最大的问题是用途。如前所述，民间祭祀这一传统习俗在把吉屯及周边保存得较好。但随着交通逐渐便利，相对封闭的环境被打破，很多人外出打工，祭祀习俗逐渐减弱，整体需求量下降。同时，由于纸的用途相对低端，故价格不太可能有较大提升，这从一些造纸户不愿意买竹子来造纸也可见一斑。

由上可见，由于时代的变化，乐业造纸逐渐萎缩，值得欣慰的是还有几户造纸户在坚持造纸。

(二) 乐业竹纸的发展思考

乐业竹纸的传承与发展，可以考虑从以下几个方面着手：

1. 联合多家单位研究其造纸工艺，并采用多种形式进行记录和保存

乐业县把吉屯竹纸具有一定的历史，其工艺保存得非常完整。建议当地文化部门与相关研究机构合作，对把吉屯竹纸的技艺和相关历史、文

化进行系统、深入的挖掘和整理，并利用影像、录音、文字等多种手段进行记录。

2. 开发手工纸新品种、新用途

在传承传统造纸工艺的基础上，进行技术改进及产品开发。可以考虑采用熟料法造纸，即对竹子进行蒸煮，得到更为细腻、均匀的纸浆，造出更为平滑、柔韧的纸张，用于书写、绘画等。还可以考虑用把吉屯竹纸制作成各种精美别致的旅游纪念品。

3. 适当进行旅游开发

廖国一对把吉屯竹纸进行调查时，认为需要保护和开发把吉屯古老的造纸工艺，打造“岭南造纸第一村”的旅游品牌[60]。

调查组认为乐业有很多旅游资源，尤其是天坑离把吉屯仅3 km，将自治区级非物质文化遗产代表性项目“把吉造纸技艺”与旅游适当结合，不但可以丰富乐业旅游的历史和文化内涵，也将对乐业县把吉屯竹纸的传承与保护起到重要的作用。

在旅游开发中，可以将把吉屯竹纸的技艺和相关历史、文化以影像、文字等多种形式展现出来，并开发若干旅游产品。另外，可以让游客参与到造纸的过程中，如砍麻、踩麻、捞纸、揭纸等。如能像中国宣纸股份有限公司的宣纸文化园那样，将游客自己所捞的纸快速烘干，让游客带走，那会更有意义。

⊙1 乐业县大石围天坑 Dashiwei Sinkhole in Leye County

竹纸

Bamboo Paper
in Leye County

六为村竹纸透光摄影图
A photo of bamboo paper in Liuwei Village
seen through the light

第五节

凌云竹纸

广西壮族自治区
Guangxi Zhuang Autonomous Region

百色市
Baise City

凌云县
Lingyun County

调查对象
逻楼镇
林塘村
竹纸

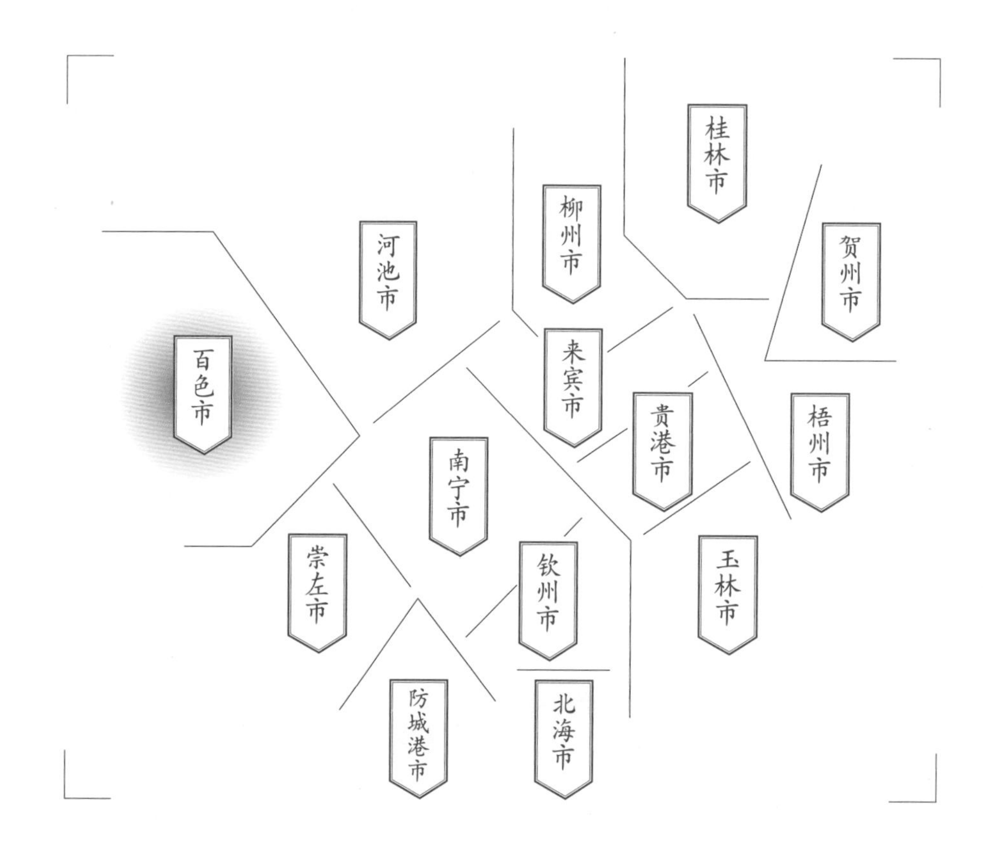

Section 5
Bamboo Paper
in Lingyun County

Subject
Bamboo Paper in Lintang Village of Luolou Town

一

凌云竹纸的基础信息及分布

1

Basic Information and Distribution of Bamboo Paper in Lingyun County

凌云县逻楼镇等地的瑶族手工造纸可追溯到清光绪年间。清末民国初汉族人进入瑶族地区，在深山里开设造纸厂，向瑶族人租借竹山造竹纸，瑶族人渐渐学会汉族造纸技术，便和汉族人联合办厂。随着越来越多的瑶族人掌握手工造纸技术，便开始自行办厂。逻楼镇林塘村蓝靛瑶中的中年人都还能复述造竹纸的技术，只是他们现在多从事八角种植，不再造纸。[62]

⊙1

⊙1 凌云崎岖山路 Rough mountain road in Lingyun County

[62] 邓文通.瑶族传统科技中的造纸术[J].广西民族学院学报(自然科学版),2001(2): 126-128,150.

凌云竹纸生产地分布示意图

Distribution map of the papermaking site of bamboo paper in Lingyun County

考察时间
2008年9月 / 2013年6月

Investigation Date
Sep. 2008 / June 2013

路线图
凌云县城
↓
林塘村

Road map from Lingyun County centre to the papermaking site (Lintang Village)

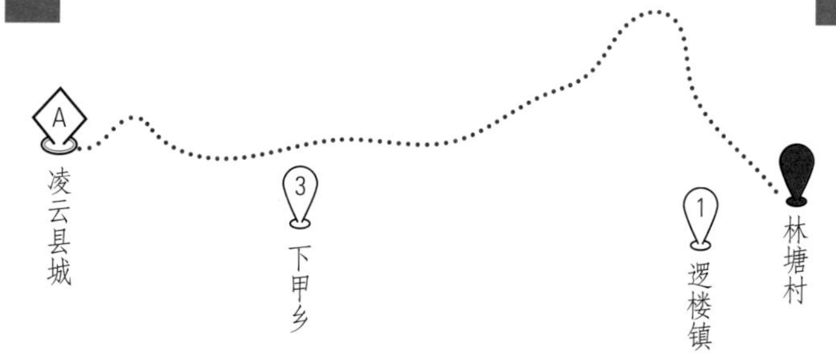

	ⓐ 凌云县	①	②	③	④	⑤
地域名称	泗城镇	逻楼镇	加尤镇	下甲乡	朝里瑶族乡	玉洪瑶族乡
造纸点名称		林塘村 造纸点				

位置分布

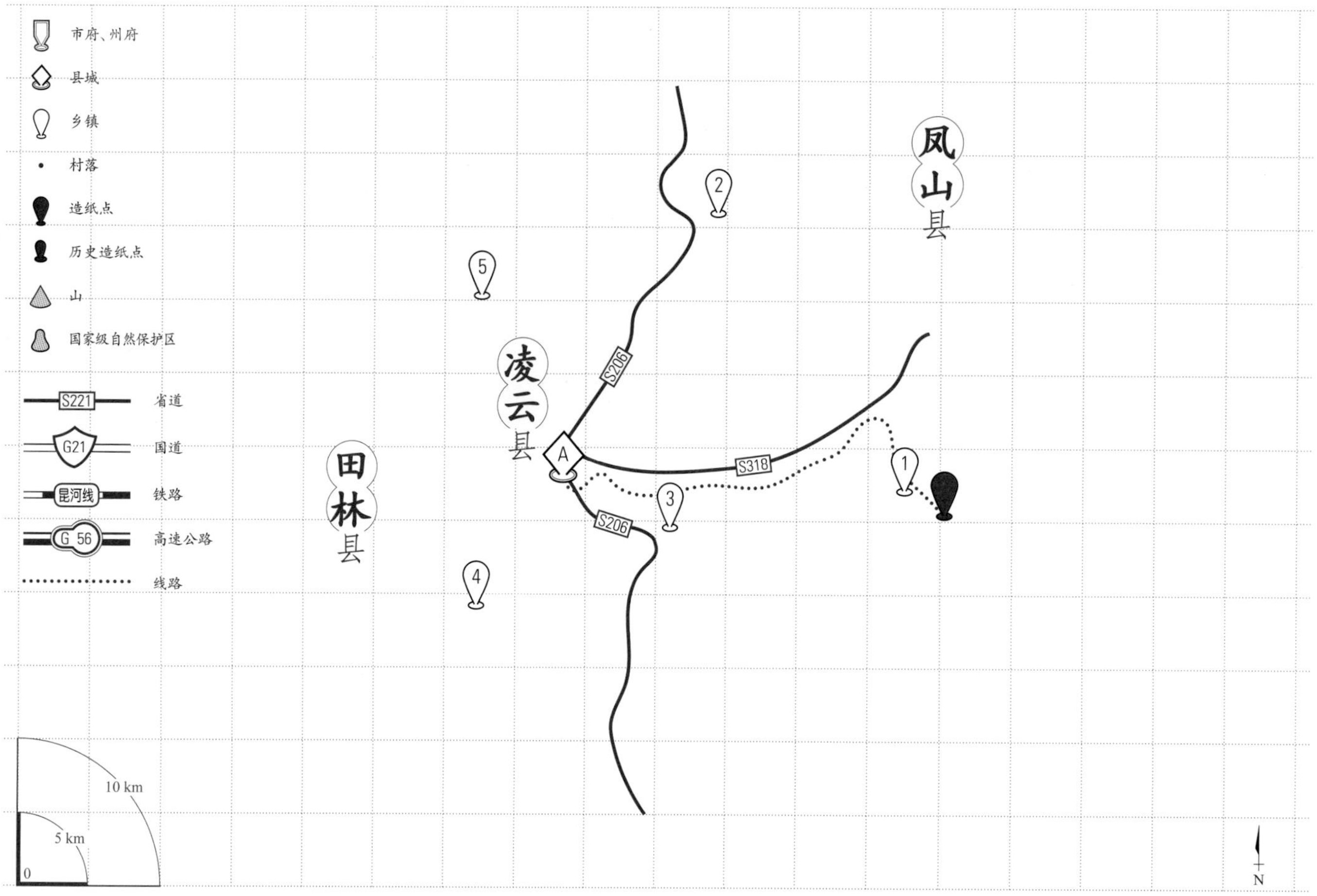

二
凌云竹纸生产的人文地理环境

2
The Cultural and Geographic Environment of Bamboo Paper in Lingyun County

凌云县位于广西西北部，隶属于百色市，东与河池市凤山县、巴马县瑶族自治县接壤，南靠右江区，西邻田林县，北依乐业县。[63]

凌云建制历史悠久，古称泗城，历代为州、府、县建置之地。秦时属桂林郡，两汉属郁林郡，三国属吴。南北朝时，宋、齐属晋兴郡。隋属郁林郡，唐属横山郡羁縻县地，五代十国属邕、黔两州，宋、元、明、清设置为泗城州，利州、安隆州、上林岗、程县均属泗城州管辖。清乾隆五年(1740年)泗城州改置凌云县，今凌云、乐业两县全部及天峨、凤山、田林、百色的一部分均属当时凌云县领辖。民国时期建制辖地多有变迁。1952年凌云县与乐业县合并为凌乐县。1962年3月，经国务院批准，撤销凌乐县，恢复凌云县、乐业县，沿袭至今。[63]

凌云县行政区域面积2 057.5 km^2，2014年末人口22.18万，其中农村人口19.97万，壮、瑶等少数民族人口10.61万。[53]凌云县属亚热带季风气候地区，气候呈显著季节性变化。夏热多雨，间有洪涝。冬无酷寒，温凉且干燥，偶有低温霜冻天气，高山地区常有冰冻积雪。秋高气爽，春旱频仍。全县地处云贵高原向东南倾斜延伸部位，地势特点是西北高东南低，由西北向东南方向倾斜。县境以山地为主，属山岳地域，地形起伏大，海拔在210～2 062 m之间，由土山（砂岩和页岩）和石山（石灰岩喀斯特地形）两类组成。[64]

1990年全国第四次人口普查登记结果表明，凌云县居住着汉、壮、瑶、回、苗、彝、布依、满、土家、达斡尔、仫佬、毛南等民族。[65]1992年，经广西壮族自治区人民政府批准，凌云县享受少数民族自治县待遇。[66]

凌云瑶族分为背陇瑶、兰靛瑶和盘古瑶三支。兰靛

[63] 凌云县志编纂委员会.凌云县志[M].南宁：广西人民出版社,2007: 63-65.

[64] 凌云县志编纂委员会.凌云县志[M].南宁：广西人民出版社,2007: 102.

[65] 凌云县志编纂委员会.凌云县志[M].南宁：广西人民出版社,2007: 166.

[66] 中共广西区委党史研究室.广西壮族自治区50年纪事[M].南宁：广西人民出版社,2008: 294-295.

瑶因种植南板兰、泡制兰靛、漂染土布而得名。

凌云旅游资源十分丰富，有“二十八景”之说，奇山秀水，文化名城，自然景观和人文景观丰富而独特，漫步在山间水畔，处处可见绝佳的景致。县境内旅游景点星罗棋布，风光各异，文庙、博物馆、茶山绿色金字塔、岩流瑶寨、逻楼新寨、石钟山、云台山、五指山、弄福公路等旅游景点备受游客青睐。

逻楼镇位于凌云县东面，东接凤山县平乐乡，南靠沙里瑶族乡，西与泗城镇接壤，距县城38.5 km。清代已有泗城府北静甲逻楼的地名，民国沿袭。1950年后，镇名、辖地多次变更，1984年称逻楼镇。逻楼镇属石山区，化石丰富，层位多，在李四光的《中国地质学》和赵金科、

⊙1

张雯佑编的《广西地层表》中将其地层命名为“逻楼层”。[67] 镇总面积337 km^2，2013年耕地面积约17.8 km^2，其中水田约6.5 km^2，粮食总产量8 872吨，总人口4.2万，农民人均纯收入4 300元。镇辖15个村民委员会，主要为壮、汉、瑶族，其中汉族占多数。[68]

所调查的逻楼镇林塘村距逻楼镇十余千米，山清水秀，环境优美。

⊙2

⊙1 凌云大茶壶 Tea pot statue in Lingyun County

⊙2 林塘村风光 Landscape of Lintang Village

[67] 凌云县志编纂委员会.凌云县志[M].南宁：广西人民出版社，2007: 78.

[68] 凌云年鉴编纂委员会.凌云年鉴2012-2013[M].南宁：广西人民出版社,2015: 274.

三
凌云竹纸的历史与传承

3
History and Inheritance of Bamboo Paper in Lingyun County

据1942年《凌云县志》记载，当时县境内的手工业产品就包括草纸、纱纸。[69]2007年《凌云县志》也记载，1949年前，凌云县就有造土纸的家庭个体手工业。[70]

邓文通经过对相关史料的梳理及对凌云县逻楼镇林塘村的调查，认为凌云县逻楼镇等地的瑶族手工造纸可追溯到清光绪年间。[62]

2008年9月、2013年6月，调查组两次来到凌云县逻楼镇林塘村对凌云竹纸进行了较为详细的调查。

据林塘村刘承寿介绍，他家最少已有4代人造纸。刘承寿祖父刘兴爵将造纸技术传给其父刘世书，其后再传刘承雨、刘承华、刘承寿、刘承觉等人，刘承雨的儿子刘宏飘也继承了造纸技艺。然而，比刘家更早的是邓家造纸，刘家大约在1936年时从逻楼镇陇朗村搬来，后向邓家学习造纸。

龚仁书（1947～）能记起来的是他祖父龚祖凤会造纸，他十几岁就通过父亲龚芳美的言传身教学习造纸，年长后，逐渐摸索出一套造火纸的诀窍，制作的火纸厚薄均匀，手感光滑，燃烧后烟少、灰少，深受当地群众的喜爱。龚仁书的长子龚易发约于1988年开始造纸，次子龚易恒1997年、四子龚易良2003年先后学习造纸，但由于造纸效益不高，这一辈人近年来都不以造纸为主业。大儿子龚易发目前在镇上经营一家百货店，偶尔回家帮忙造纸。

⊙3

⊙3 林塘村造纸作坊群 Papermaking mills in Lintang Village

[69] 何景熙,罗增麒.凌云县志[M].台北:成文出版社,1974: 240.

[70] 凌云县志编纂委员会.凌云县志[M].南宁:广西人民出版社,2007: 375.

四
凌云竹纸的生产工艺与技术分析

4
Papermaking Technique and Technical Analysis of Bamboo Paper in Lingyun County

(一)
凌云竹纸的生产原料与辅料

凌云造纸所用原料为当地产的苦竹、薄苦竹、白竹，部分由造纸户自己砍伐，部分从其他村民处购买，2008年调查时竹子价格为0.24元/千克。当地造纸户认为薄苦竹、白竹是最好的造纸原料，一般在农历三月中旬到四月中旬间砍伐，此时竹子刚脱掉笋壳、生长枝子但尚未长出嫩叶。大苦竹一般在农历四月份砍，比白竹、薄苦竹晚10～20天。

老竹子，只能供机械造纸厂用机器打浆造纸，所造机制纸在当地称为“国家纸”。当地造纸户认为机制纸不易燃、不好烧、不好化，手工纸易烧、好化。

⊙1

⊙1 小竹林
Small bamboo forest

凌云造纸需用纸药，当地称为胶水。传统胶水用的是天松木根，老根、嫩根均可。以前只有野生的天松木，需要时可到市场上买；20世纪60年代后有人工种植的天松木，需要时就去砍。那排林场种植天松木较多，本村只有几家种了几棵。将天松木根砍回来后，把皮去掉，用木棍把根打碎，放到池里泡大约8小时即可使用，1.5～2 kg可用5～6天。之后要换水和胶水，如果不换，由于杂质多，捞出来的纸容易烂。

以前如果找不到天松根，也会到深山里去找野棉花作为替代品。但是野棉花黏性不够，大约到20世纪70年代就没有继续使用了。

此外滑石兰、仙人掌也可以使用。用滑石兰时，先把皮去掉，再用刨子来刨木花泡水；用仙人掌时，将皮去掉或直接敲碎泡水，几小时后即可使用。龚仁书认为滑石兰、仙人掌都太黏了，不好用。

2008年以来，凌云造纸所用纸药改用聚丙烯酰胺泡制，是由四川卖纸帘的推荐使用的。一次加2小勺，一槽加12～13次。1 kg卖20元，可用20槽。

（二）

凌云竹纸的生产工艺流程

经调查，凌云竹纸的生产工艺流程为：

壹	贰	叁	肆	伍	陆	柒	捌	玖	拾	拾壹	拾贰
砍竹麻	划竹麻	捆竹麻	下塘	泡竹麻	洗竹麻	放竹麻	二次泡竹麻	踩麻	下麻	打槽面	加胶水

拾叁	拾肆	拾伍	拾陆	拾柒	拾捌	拾玖	贰拾	贰拾壹	贰拾贰	贰拾叁	贰拾肆
舀纸	拉垛子	去虚边	压垛子	刮边	放榨	分垛子	打垛子	揭纸	扫纸	晾干	捆纸

壹 砍竹麻 1

用柴刀砍只生长了2个月左右的嫩竹。接着将竹子的枝丫去掉，即剥丫。然后将竹子顶端太嫩、不能划开的部分砍掉，即“砍巅巅”。再砍断成长约2 m的竹段，用竹篾将其打成捆，拉到麻塘边。

贰 划竹麻 2

用镰刀将竹段对半划开。一般大一些的竹子划成4瓣，小的划成2瓣。

叁 捆竹麻 3

用6根木棒夹麻，使之变紧，然后用竹篾两头各捆一道，如果捆三道更好。捆成直径约20 cm一把，重15～25 kg。砍后2～3天需划竹麻、捆竹麻。

肆 下塘 4

在麻塘底部先放上竹桥，其上放竹麻，一排（即一层）约40把竹麻，需加一层约60 kg石灰，一般可放3～8排竹麻。最上面放若干根木棒，再用石头压。

伍 泡竹麻 5

加水，泡一个月以上，最好泡2～3个月，泡的时间太长竹麻会烂。泡竹麻时，如能每个月换一次水，造出的纸更好。

陆 洗竹麻 6

用钉耙钩住竹麻，在麻塘里洗。将洗好的竹麻置于田坎上，再排掉麻塘里的石灰水，底部的废石灰不用冲洗干净。

柒 放竹麻 7

把洗好的竹麻放到麻塘里的竹桥上，其上盖芭蕉叶、塑料薄膜，再用木棒、石头压，放5～6天。以前没有塑料薄膜时，用芭蕉叶和草盖。

捌 二次泡竹麻 8

加清水浸泡，如急用泡一个月，不急用可泡半年，甚至一两年。泡得久些更好踩，泡5～6个月造出的纸最好，但是泡的时间超过一年则不好舀纸。

玖 踩麻 9

取出60～65 kg泡好的竹麻放进踩槽，用脚踩麻。麻泡得好的踩3小时，不好的要踩4～5小时，根据经验观察竹麻已经踩得很细即可。

拾 下麻

10

放水进舀纸槽，一次性加入踩好的竹麻，用咚耙搅匀，再用捞筋棍把粗渣捞掉，然后把水放掉，再放高约50 cm的水。

拾叁 舀纸

13 ⊙2～⊙4

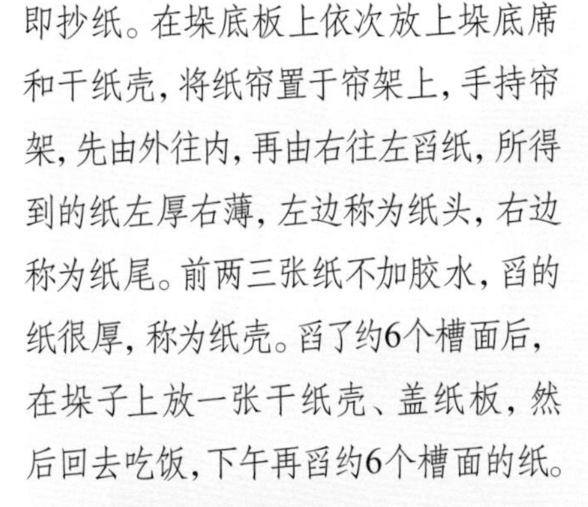

即抄纸。在垛底板上依次放上垛底席和干纸壳，将纸帘置于帘架上，手持帘架，先由外往内，再由右往左舀纸，所得到的纸左厚右薄，左边称为纸头，右边称为纸尾。前两三张纸不加胶水，舀的纸很厚，称为纸壳。舀了约6个槽面后，在垛子上放一张干纸壳、盖纸板，然后回去吃饭，下午再舀约6个槽面的纸。

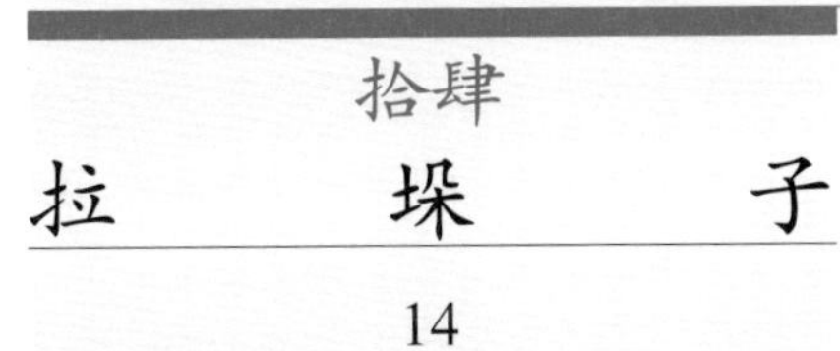

拾肆 拉垛子

14

舀完纸后，将垛底板往外拉。

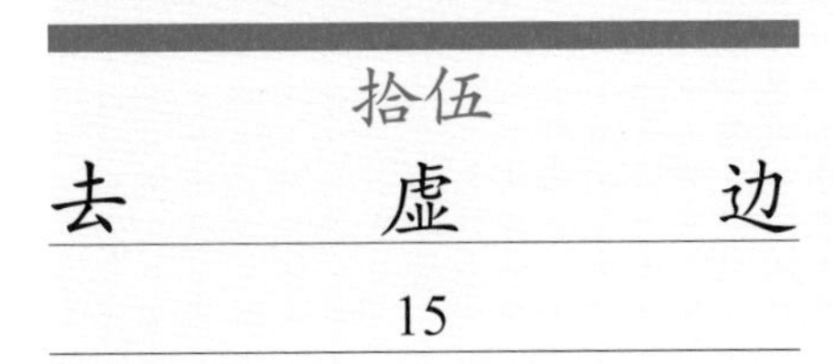

拾伍 去虚边

15

用手将垛子靠近将军柱的那一面的虚边去掉。

拾壹 打槽面

11 ⊙1

先用咚耙拱，再用撸筋棍搅。如果舀一段时间纸后，槽面没麻了，也需要再打槽面。

⊙1

⊙2

⊙3

拾贰 加胶水

12

打一次槽面加一次胶水，然后用撸筋棍将胶水搅拌均匀，捞一槽料的纸一般要加12～13次胶水。加胶水很有讲究，槽面黏加3瓢，不黏加1瓢半，一瓢胶水约1.5 kg。竹麻不好胶水要多加一些，冬天也要多加些。如果胶水加多了，就打槽面，否则舀的纸容易坏。当地造纸户认为胶水有以下作用：一是膨垛，即垛子较疏松，纸容易揭下来；二是使纸光滑，如果不用胶水，得到的纸就较粗糙，虽然也可以用，但是不光滑、不好看。

⊙4

⊙1
打槽面示意
Showing how to stir the pulp

⊙2/4
舀纸（凌云县科协 提供）
Lifting the papermaking screen out of water and turning it upside down on the board (provided by Association for Science and Technology in Lingyun County)

拾陆 压垛子

16 ⊙5～⊙7

在湿垛子上面放一张干纸壳，再依次放榨纸板、两根撞码、码子、含口，先用手杆轻压5分钟左右。再换上老杆，用手压。接着套上榨索，将手杆插在滚子的洞里，先用手压，之后人踩在手杆上压。每压到垛子下降到一定程度，不好再往下压时，就松榨加一次码子，一般需加3次码子，压到约原来的一半高，总过程约需半小时。垛子需要固定，否则垛子中间易鼓出来，不易压干，而且容易压破。

⊙5

⊙7

⊙6

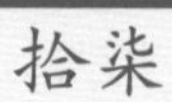

拾柒 刮边

17

用刮子把垛子除头边外的其他三边的毛边刮掉，然后用布将这三边的水抹掉。

⊙8

拾捌 放榨

18

刮完边后，把老杆等去掉。

拾玖 分垛子

19 ⊙8

将帘桩插到垛子底部中央，用双手按住垛子两边，稍用力往外压，将其分成两个垛子。然后将垛子背回家。

贰拾 打垛子

20

用手将垛子除纸尾外的三边由下往上揉。再用擂纸棰划纸面，使之膨松。

⊙5/7
压垛子（凌云县科协 提供）
Pressing the paper pile (provided by Association for Science and Technology in Lingyun County)

⊙8
分垛子
Dividing the paper pile into half

贰拾壹

揭　　纸

21　⊙9

用手将纸一张张撕开，每两张之间间隔约1cm。4张为一贴，一贴贴置于垛子旁边。

贰拾贰

扫　　纸

22　⊙9

一般连续揭15贴再扫纸。扫纸时，拿起一贴纸，将扫纸杆插在纸中间，再用扫纸片将其刷平。然后将纸置于扫垛上，用扫纸片将其压平，再在交叠处压一下。

⊙9

⊙9
揭纸、扫纸
Splitting the paper layers and flattening the paper

⊙10
晾纸
Drying the paper in the shadow

贰拾肆
捆　　纸
24

80贴为1登，5登为1捆，以前用竹篾，现在用包装带捆好。每2登头尾相错，使两端高度基本一致。

以上就完成了整个造纸过程。上述造纸过程和邓文通1999年对凌云县逻楼镇林塘村林合瑶寨的调查基本相同，只是林合瑶寨造纸所用纸药为黄桑树和木芙蓉[62]。林塘村六瑶小组则用天松木根、野棉花、滑石兰、仙人掌，2008年以来，主要用聚丙烯酰胺。

(三) 凌云竹纸生产使用的主要工具设备

壹 舀纸槽 1

所测舀纸槽长200 cm，宽80 cm，高85 cm。以前是木制，1995年后改用水泥制。

⊙1

贰 胶水桶 2

所测胶水桶长80 cm，宽35 cm，高80 cm。以前是木制，1995年后改用水泥制。

⊙2

叁 踩槽 3

所测踩槽长140 cm，宽37 cm。

肆 咚耙 4

木质，用于搅匀竹料。

⊙1 舀纸槽、胶水桶 Papermaking trough and trough for holding the papermaking mucilage

⊙2 踩槽 Trough for stamping the papermaking materials

(四)

凌云竹纸的性能分析

所测林塘村竹纸为2012年所造，相关性能参数见表3.12。

表3.12 林塘村竹纸的相关性能参数
Table 3.12 Performance parameters of bamboo paper in Lintang Village

指标		单位	最大值	最小值	平均值
厚度		mm	0.191	0.123	0.164
定量		g/m²	—	—	31.6
紧度		g/cm³	—	—	0.193
抗张力	纵向	N	14.51	10.20	12.27
	横向	N	11.73	4.08	8.19
抗张强度		kN/m	—	—	0.68
白度		%	26.37	25.71	26.04
纤维长度		mm	4.91	0.45	1.82
纤维宽度		μm	40	1	12

由表3.12可知，所测林塘村竹纸厚度较小，最大值比最小值多55%，相对标准偏差为14%，说明纸张厚薄并不均匀。经测定，林塘村竹纸定量为31.6 g/m²，定量较小，主要与纸张较薄有关。经计算，其紧度为0.193 g/cm³。

林塘村竹纸的纵、横向抗张力有一定区别，经计算，其抗张强度为0.68 kN/m，抗张强度值较小。

所测林塘村竹纸白度平均值为26.04%，白度较低，这应与林塘村竹纸为生料法造纸，不经过蒸煮，也没有漂白有关。相对标准偏差为0.9%。

所测林塘村竹纸纤维长度：最长4.91 mm，最短0.45 mm，平均1.82 mm；纤维宽度：最宽40 μm，最窄1 μm，平均12 μm。在10倍、20倍物镜下观测的纤维形态分别见图★1、图★2。

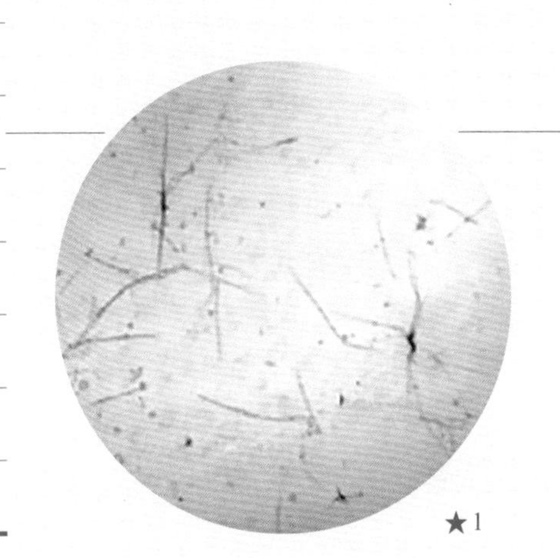

★1
林塘村竹纸纤维形态图（10×）
Fibers of bamboo paper in Lintang Village (10× objective)

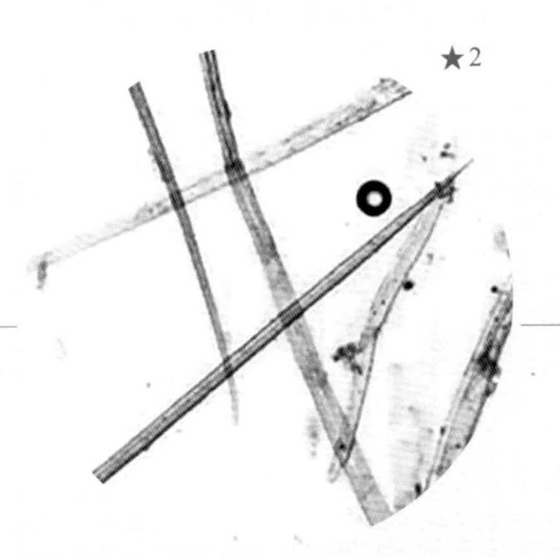

★2
林塘村竹纸纤维形态图（20×）
Fibers of bamboo paper in Lintang Village (20× objective)

五 凌云竹纸的用途与销售情况

5 Uses and Sales of Bamboo Paper in Lingyun County

凌云竹纸通常长51 cm，宽18 cm，主要用于祭祀。2008年时，一登卖11元，按一人一年生产1 000登纸计，销售额1.1万元。商贩卖12元/登。主要是圩日时拿到逻楼镇卖，也会卖给逻楼镇的商贩，再由商贩卖给本镇以及凌云县城、乐业县、河池凤山县等地的老百姓。此外也有少量顾客上门买。不管采用哪种销售方式，一般纸造出来后，都会迅速卖掉，及时拿到钱。2013年再去调查时，发现销售状况和以前略有变化。因为纸少，价格较高，商店不愿意要。纸不算好卖，但造纸户觉得降价不划算，故需要的顾客就上门购买。

表3.13 不同年份凌云竹纸价格
Table 3.13 Price of bamboo paper in Lingyun County in different years

年份	2008	2009	2010	2011	2012	2013
价格（元／登）	11	15	15	16	20	25

六 凌云竹纸的相关民俗与文化事象

6 Folk Customs and Culture of Bamboo Paper in Lingyun County

(一) 男女分工

传统上，需要较多体力的工序由男的来做，如踩麻、舀纸、压垛子等。近年来也有女的从事舀纸工作。

(二) 造纸习俗

逻楼镇造纸户每年主要在三个时间段造纸：春节前、清明前和七月十四前。春节前造纸从农历十月至腊月，清明前造纸从公历三月十日至四月初，七月十四前造纸从农历六月中旬至七月初十。三个时间段造纸分别满足春节、清明节和七月十四祭祀用纸。也有少数造纸户全年都造。

(三)

婚庆用纸

凌云县汉族有近百个姓氏，沿袭了许多风俗，但有的已经被其他民族影响而同化，只有婚俗的汉族色彩仍较为浓厚。婚配中过礼较为频繁，有求亲、烧香、讨庚、结婚、回门等五个行礼阶段，而结婚又有迎亲、拜堂、谢驾、夜筵、下彩等程序，不同阶段的用纸不同，有红书、纸钱等。[71]

七 凌云竹纸的保护现状与发展思考

7 Preservation and Development of Bamboo Paper in Lingyun County

造纸户刘承寿认为目前凌云竹纸面临的问题主要有二：一是竹子少，很多地被开辟用来种杉木、芭蕉等；二是经济上不划算，成本太高。由于上述原因，造纸的人数比以前大幅度减少，以前最多有100多户造纸，2008年时大概只有30户。

很多地被开辟用来种杉木、芭蕉等，这主要是因为种植这些植物可以带来更多的经济效益。在土地有限的情况下，这是难以避免的。

对于造纸成本和经济收入，我们可以做一个简单的分析。

造纸成本主要是竹子、石灰和聚丙烯酰胺。根据2008年的数据，若一个造纸户一年生产竹纸需用5 000 kg竹子（一个泡料池可放竹子数

[71] 凌云县政协文史资料调研委员会.凌云文史资料：第三辑[Z].1988: 80-85。

量)，约需加1 250 kg石灰，可以生产1 000登纸，造纸户将纸批发，每登纸11元，销售额1.1万元。竹子0.24元/千克，5 000 kg需1 200元；石灰0.4元/千克，1 250 kg需500元。聚丙烯酰胺20元/千克，可用10槽，可抄180登纸，一年只需不到100元钱。三项合计约1 800元，不计劳力支出，年纯收入约9 200元。

前面也已提到，逻楼镇造纸户每年在农历十月至腊月、公历三月十日至四月初、农历六月中旬至七月初十造纸。一年总造纸时间大约4个月，也就是说一个月造纸可有约2 300元收入。虽然造纸比较累，而且可能比部分外出打工的人赚钱少一些，但不用离家外出，也还是一种比较好的选择。

然而，凌云竹纸很难有更大的发展。

从原料来说，由于种杉木、芭蕉等可以带来更多的经济效益，很多地被开辟用于种杉木、芭蕉，而竹子的数量逐渐减少；从用途来说，凌云竹纸目前完全用于祭祀，低端用途决定其价格不太可能有大的上升空间。同时，手工纸用于祭祀，其用量也不会增加。反而可能会随着各种机制纸的祭祀用品逐渐增多，手工纸需求会逐渐减少。如果供大于求，手工纸价格还会有所下降。以前最多有100多户造纸，2008年时大概还有30户造纸，可以说这其中也有市场的因素在起作用。

然而，凌云造纸的地方逻楼镇林塘村交通不是特别便利，尤其是从镇到村之间的路较难走。交通不太便利，竹子等物资运送相对困难，使得当地经济不太发达，所以一个月约2 300元的收入会使得有人继续从事手工造纸。

应该说，凌云竹纸在一段时间内，会基本维持现状，但不太可能有大的发展。

⊙1

⊙1
林塘村民居一景
Tile-roofed house in Lintang Village

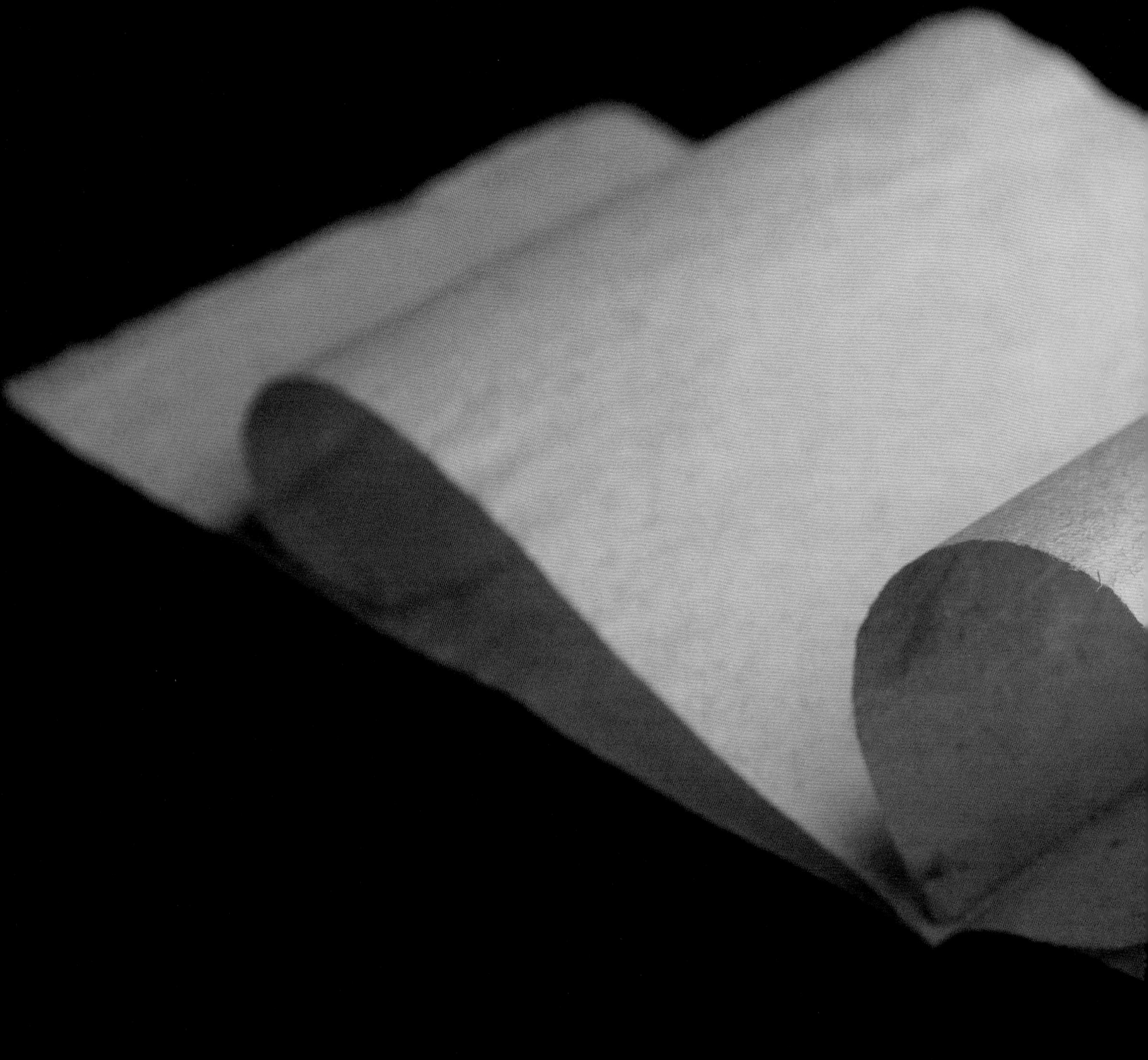

凌云竹纸

Bamboo Paper in Lingyun County

林塘村竹纸透光摄影图

A photo of bamboo paper in Lintang Village seen through the light

第六节

靖西壮族皮纸

广西壮族自治区
Guangxi Zhuang Autonomous Region

百色市
Baise City

靖西市
Jingxi City

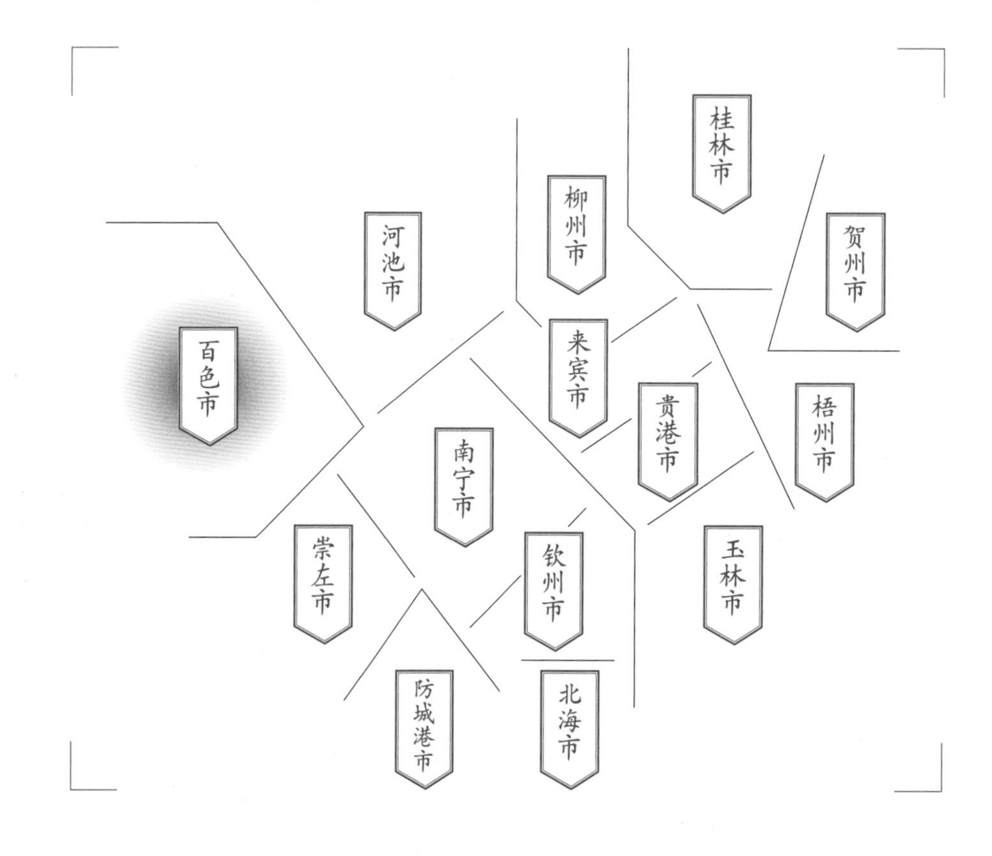

调查对象

同德乡东球村皮纸

Section 6

Bast Paper by the Zhuang Ethnic Group in Jingxi City

Subject

Bast Paper in Dongqiu Village of Tongde Town

一
靖西壮族皮纸的基础信息及分布

1
Basic Information and Distribution of Bast Paper by the Zhuang Ethnic Group in Jingxi City

靖西壮族皮纸以构树皮、斜叶榕树皮为原料，调查组所调查的是同德乡东球村。东球皮纸当地称为东球土纸，也有一些报道称之为东球贡纸或东球供纸。

二
靖西壮族皮纸生产的人文地理环境

2
The Cultural and Geographic Environment of Bast Paper by the Zhuang Ethnic Group in Jingxi City

靖西市位于广西西南部边境，隶属于百色市。西与那坡县毗邻，北与右江区、云南省富宁县相连，东与崇左市天等、大新两县接壤，东北紧靠德保县，南与越南高平省重庆、茶岭、河广三县交界。

靖西市历史悠久，根据出土文物考证，早在新石器时代就已有人类居息繁衍。靖西古属百越之地，秦时属象郡。唐朝先后置归淳州（后改为归顺）、安德州，宋先后置温弄州、安德州、归化州，元置归顺州、温州、安德州，明清置归顺州，光绪十二年（1886年）升为归顺直隶州，1912年改归顺府，1913年废府设靖西县。[72] 2015年8月1日，撤销靖西县，设立县级靖西市。[73]

[72] 靖西县县志编纂委员会.靖西县志[M].南宁：广西人民出版社,2000: 1-3.

[73] 靖西县县志编纂委员会.靖西县志[M].南宁：广西人民出版社,2000: 60-61.

路线图
靖西市区
↓
东球村
Road map from Jingxi City centre to the papermaking site (Dongqiu Village)

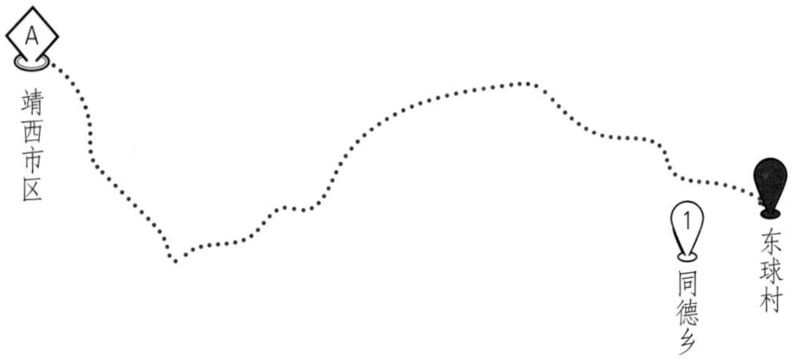

靖西壮族皮纸生产地分布示意图

Distribution map of the papermaking site of bast paper by the Zhuang Ethnic Group in Jingxi City

考察时间
2013年6月

Investigation Date
June 2013

地域名称
A 靖西市区
1 同德乡
东球村
靖西市 新清镇
1 同德乡
2 果乐乡
3 南坡乡
4 新甲乡
5 壬庄乡

造纸点名称
东球村 造纸点

位置分布
市府、州府
县城
乡镇
村落
造纸点
历史造纸点
山
国家级自然保护区
S221 省道
G21 国道
昆河线 铁路
G 56 高速公路
线路

那坡县
德保县
靖西市
S69
S60
10 km
5 km
0
N

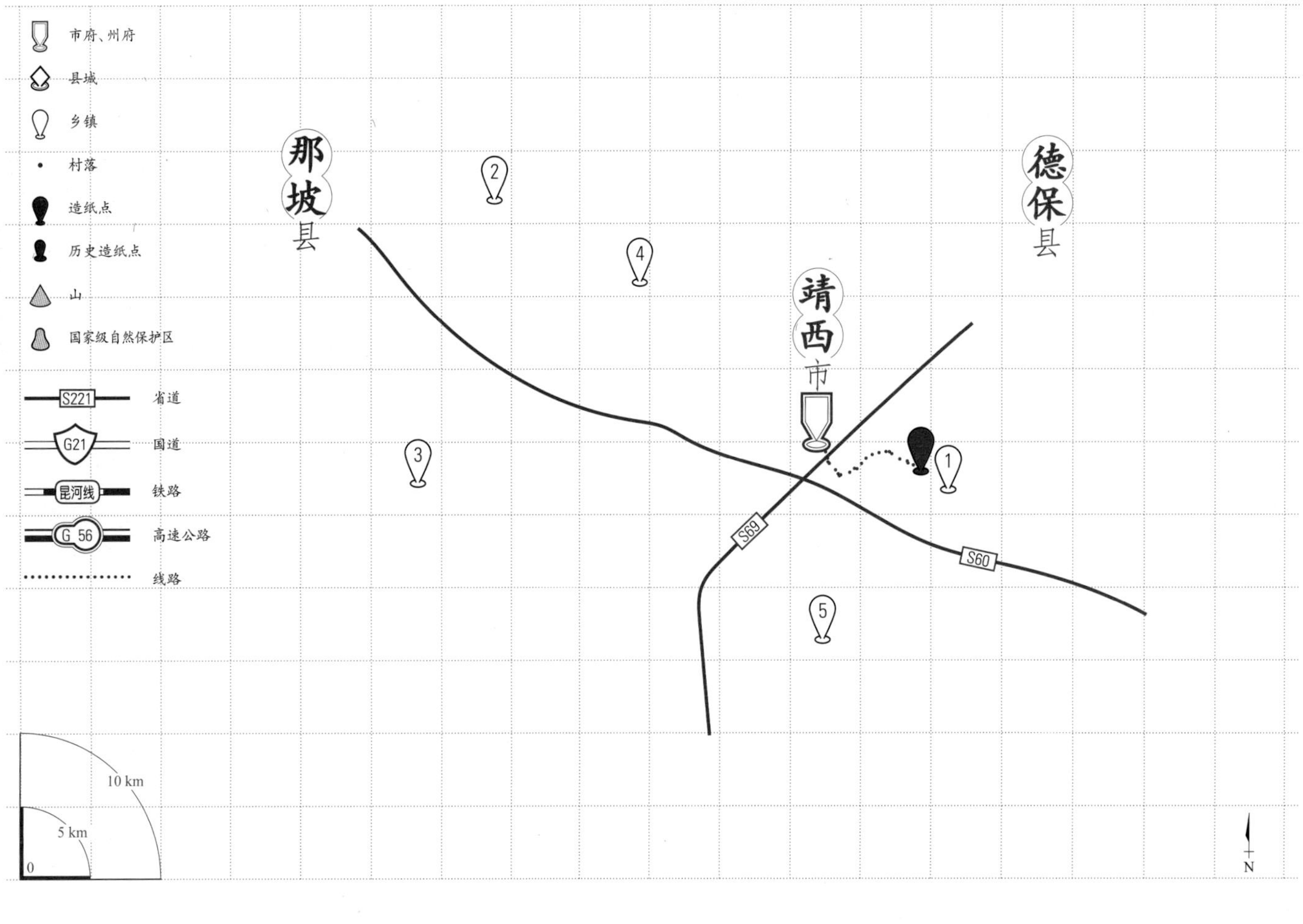

靖西市总面积3 325.59 km^2，东西长99 km，南北长75 km。辖10个镇和9个乡。2014年末，总人口65.84万，其中壮族占99.4%。[74]靖西地处云贵高原边缘，属由碳酸盐岩构成的高原型岩溶地区，最低海拔260 m，最高海拔1 370 m。山为峰丛或峰林，间有土山，峰林发育优美，山间谷地和盆地土地肥沃。气候宜人，夏凉冬暖，温差不大，春秋季长。[72]雨量充沛，年降水量达1 658.8 mm。靖西市境内以溶蚀高原地貌为主，山明水秀，以奇峰异洞、四季如春的自然风光闻名遐迩，有"小桂林"[75]之誉。景点星罗棋布，著名的有宾山、主山、狮子山、大龙潭、甲岗岩、太极洞、中山公园、三叠岭瀑布、通灵大峡谷、旧州风光、鹅泉、渠洋湖、照阳关、观音岩、苍崖山、伏石牛鸣、紫壁山、云峰山、卧龙洞等处，还有岑氏土司墓、张天宗陵园、胡志明洞、鹅字碑、烈士陵园、十二道门、黑旗军遗址等名胜古迹。旖旎风光、文物胜迹加上四季如春的宜人气候，构成得天独厚的旅游避暑胜地。[72]

同德乡位于靖西市区东南部17.6 km。东邻德保县，北靠武平乡，西接新靖、化峒二镇，南与湖润镇、岳圩镇相连。全乡总面积154.56 km^2，耕地面积17.99 km^2，其中水田面积12.18 km^2，林地面积25.41 km^2。乡辖11个行政村，2011年末，有7 074户，27 918人。农业主种水稻、玉米，兼种黄豆，年产粮12 680吨，经济作物有田七、八角、花生、柑橙、砂仁等。[76,77]

东球村位于同德乡政村西北5 km，原由东塘、足球二村合并得名，地处峰林谷底和部分丘陵地区。2011年，辖14个自然屯，有714户3 369人，耕地面积1.91 km^2。以农为主，粮食作物主要为水稻、玉米，经济作物有烤烟、甘蔗、桑蚕等。[76,77]

⊙1

⊙1 东球村一景 Scenery of Dongqiu Village

[74] 广西壮族自治区地方编纂委员会.广西年鉴2015[M].南宁：广西年鉴社,2015: 377.

[75] 《广西壮族自治区概况》编写组.广西壮族自治区概况[M].北京：民族出版社,2008: 383.

[76] 《靖西年鉴》编纂委员会.靖西年鉴2012[M].南宁：广西人民出版社,2014: 280-283.

[77] 靖西县人民政府地名委员会.广西壮族自治区靖西县地名志[Z],1985: 25,31.

三
靖西壮族皮纸的历史与传承

3
History and Inheritance of Bast Paper by the Zhuang Ethnic Group in Jingxi City

关于靖西皮纸的历史，所能搜集到的文献资料很少。据1948年的资料统计，当时靖西工业生产门类主要有冶金、采矿、制陶、竹木工、纺织、印染、制糖、食品加工、酿酒、烟丝、染料、榨油、缝工、石灰、首饰、小五金修造以及其他日用品等，都属于小规模的家庭手工作坊。上述记载并没有明确提到土纸的生产。1949年后，工业生产活动进一步发展。1956年，成立手工联合社，全县共有26个手工集体性质的生产合作社和小组，其中就有纸业组。1958年，靖西县上马的项目中有造纸厂，1961年下马，但没说明是机制纸厂还是手工纸厂。[78]

⊙2

2013年6月，调查组通过靖西县广播电视局（以下简称靖西广电局）了解到靖西同德乡东球村尚有手工造皮纸，随即前往东球村进行调查。

据东球村造纸户梁高星（原名梁高殿，1941～）介绍，他祖上于清乾隆、道光年间从广东南海桥头村迁徙至东球村，并带来了造纸技术。他还提到附近村庄有道公还保留有用那时的纸抄写的经书，但道公往往不愿意给人看。

⊙3

梁高星本人是1979年自卫反击战回来后，和妻子农凤前（1947～）一起跟其表哥苏元基（1928～2012年）学习造纸技艺。苏元基很小就开始造纸，直至2011年还在造纸。梁高星将该技术传给女儿梁凤吉（1974～）、女婿苏兵（1969～）。苏兵的儿子苏绍传也已在2012年时造过纸。

据梁高星口述，他所造的纸曾被称作东球土纸，集体大生产时叫共纸，2011年靖西一副县长将其称为贡纸。目前一些报道称之为东球贡纸或东球供纸。

⊙1 靖西通灵大峡谷之通灵大瀑布 Tongling Waterfall of Tongling Crayon in Jingxi City

⊙2 调查组成员在靖西广电局交流 Researchers visiting Administration of Radio, Film and Television in Jingxi City

⊙3 东球村民居 Residence in Dongqiu Village

[78] 靖西县县志编纂委员会.靖西县志[M].南宁：广西人民出版社,2000: 254.

四 靖西壮族皮纸的生产工艺与技术分析

4 Papermaking Technique and Technical Analysis of Bast Paper by the Zhuang Ethnic Group in Jingxi City

(一) 靖西壮族皮纸的生产原料与辅料

靖西东球皮纸所用原料之一为构树皮，当地称作纱树皮。用纱树皮造的纸称纱纸。每年农历二三月的晴天，去砍生长了2～3年的构树并剥皮，一般不同年份到不同地方去砍。东球村附近构树少，但稍远的地方尤其是距县城约25 km的地州乡坡豆村有许多构树。通常是两个人带干粮走路去山上砍，2～4天可得一担干皮，20～25 kg，晒干后带回来。安德镇有干构树皮卖，原来2～3元/千克，2013年时，涨到4～5元/千克。

⊙1

⊙2

据梁高星口述，用构树皮造的纸颜色深，纸质好，虫不吃，放在衣柜等里面没什么变化，只要不被雨淋，其韧性好。但造纸难度大一些，纱皮纤维可钻到纸帘的缝里，不好弄出来。

靖西东球皮纸所用原料之二为"蓖榭"，当地人认为是小榕树。中国科学院昆明植物所杨建昆根据"蓖榭"的照片，认为是斜叶榕（*Ficus tinctoria G. Forst*）。一般用生长了2年的枝条上的皮，生长了3～4年的皮如果不黄也可以用。据梁高星介绍，"蓖榭"树汁的腐蚀性较强，连续剥皮三天手会烂。

⊙1 构树（纱树）
Paper mulberry tree

⊙2 『蓖榭』（斜叶榕）
Ficus tinctoria G. Forst

据梁高星口述，用“蓖榭”造的纸颜色较白，造纸容易，纸没那么好。虽比一般白纸耐久，但不如纱树皮造的纸耐久，虫会吃。所造纸用于拜山，当地叫“纸钱”，即一般地方说挂清的“清”，一样是挂清用途。

生产东球皮纸时，用当地称为“栲剋”的一种樟科植物作纸药，当地将纸药简称为药。原来制纸药时，用木棍将生的叶子打烂或舂碎，后放到缸里，再加水混合、搅拌，静置一夜即可用。用了1天后加水，药又出来，0.5 kg树叶可用10天。梁高星约在2000年时改用将叶子晒干，用木棍打成粉，亦是一次可用十天。刚制好的纸药最浓，后面逐渐变稀。舀纸时，浓的时候少加些，稀时多加些。

(二)

靖西壮族皮纸的生产工艺流程

用构树皮或“蓖榭”皮造纸，虽其造纸难易程度、质量有所差别，但其工艺几乎一致。以下介绍以构树皮为原料的靖西壮族皮纸工艺。需要说明的是，工艺图示中所折的树是“蓖榭”。

靖西壮族皮纸的生产工艺流程为：

壹	贰	叁	肆	伍	陆	柒	捌	玖	拾	拾壹	拾贰
砍树	去枝条	剥皮	剥里皮	晒皮	捆皮	晒皮	泡水	捆把	浆灰	煮纸	淘纸

拾叁	拾肆	拾伍	拾陆	拾柒	拾捌	拾玖	贰拾	贰拾壹	贰拾贰	贰拾叁	贰拾肆	贰拾伍
浸纸	打纸	洗纸	下炉	搅纸	放药	舀纸	压纸	取纸	剥纸	贴纸	揭纸	叠纸

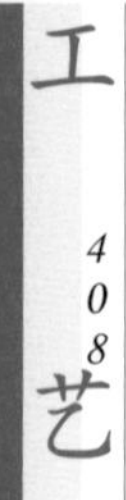

壹 砍树

1

用柴刀将合适大小的构树或枝条砍下来。如果树或枝条较小，也可以直接用手折。

⊙1

贰 去枝条

2

用柴刀去掉所砍下的构树或枝条周边的小枝条。

叁 剥皮

3

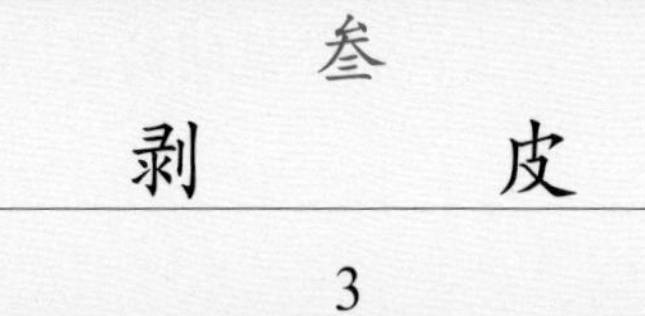

先用柴刀背敲碎构树或枝条的根部，后用手从根部往上部将构树皮整体撕开。

⊙2

肆 剥里皮

4

用柴刀将里皮与外皮剥开。

伍 晒皮

5

将剥开的纱皮放在两根木条上，置于太阳下晒，天气好时一天即可干。如果纱皮还没晒干就下雨，则在山洞里烧火烤干，一般2小时即可。如果纱皮不晒干或者烤干，容易变黑，所造的纸也会变色。

陆 捆皮

6

晒得20多千克干纱皮后，用纱皮将成捆纱皮捆好，挑到路边，再运回家。

⊙1 折树 Breaking the branches

⊙2 剥皮（靖西广电局 提供） Stripping the bark (provided by Administration of Radio, Film and Television in Jingxi City)

柒

晒　皮

7 ⊙3

将纱皮再晒两天。如果纱皮不够干，易发霉，会变成红色、黑色，造出的纸就不好。现在往往直接放在楼上晾。

⊙3

捌

泡　水

8

农历八九月时，将煮一锅所需的干纱皮，一般25～30 kg，放在水塘里泡4～5天。

玖

捆　把

9

将泡好后的纱皮分扎成小捆，一小捆约有0.5 kg干纱皮。

拾

浆　灰

10

戴上手套，将一小捆纱皮放到石灰水里，吸了石灰水后捞出来，挂在钩上，用手拧去纱皮里大部分石灰水。一般10 kg干皮用3 kg生石灰（0.4元/千克）。如果石灰用量适当多一些，造的纸更好，但会提高成本；少了则煮不熟纱皮，造不成纸或者造的纸不好。

拾壹

煮　纸

11 ⊙4

即煮纱皮，从这步骤开始都不叫皮而叫纸。先在锅底放一层稻草，防止烧焦，同时火也均匀些。接着将纱皮一把把弯起来，沿着圆周整齐堆放到大锅里，中间留一个洞，最上面2～3层，不用留洞。锅约有40 cm高，加水至约30 cm，水热了就冲上来，可以充分利用热量。用薄膜（以前用树叶）将纱皮包起来，并用绳子捆好，其上用锅盖盖，使气不漏出来。一般从早上8点煮到晚上12点，如果水干了纱皮就坏了，故需时不时用木棍穿下去看是否有水，一般加2～3次水，火大需加4～5次。火越大越好，更易煮熟，如不熟，打槽时不好打融。第二天早上，用手取出，装在筐里，挑到池塘里。煮一锅需用柴约100 kg，如用煤约需75 kg。煤是烤烟时剩的，没单独买过，可能700～800元/吨。

⊙4

⊙3 晒干的皮
Dried bark

⊙4 煮纸（靖西广电局 提供）
Boiling the bark (provided by Administration of Radio, Film and Television in Jingxi City)

拾贰 淘纸

12 ⊙5

也称挥纸。在水塘里，一把把将粘在纱皮上的石灰淘干净或者挥干净。

⊙5

拾叁 浸纸

13

也称“洁纱”。重新将淘洗干净的纱皮一把把放到有水流的池塘里泡2天，将皮上的黏液、石灰全部冲洗干净后，捞起来，放在筐里搓、揉，然后拧干水分，置于阴凉处晾。

如果皮汁太浓，纱皮容易变黑，造的纸质量不好，也不好看。如果皮不够干净，尤其是砍树时太忙，黑皮没有完全弄干净，则可用洗衣粉在石头上将纱皮搓洗干净。

⊙6

拾肆 打纸

14 ⊙6

将一小捆搓揉干净的纱皮置于石板上，用木棰捶打2～3次，约需10分钟。

⊙5 挥纸（靖西广电局 提供）
Cleaning the bark (provided by Administration of Radio, Film and Television in Jingxi City)

⊙6 打纸（靖西广电局 提供）
Beating the bark (provided by Administration of Radio, Film and Television in Jingxi City)

拾伍 洗纸 15

将打好的料放到筐里，置于水中，用手或木棍搅，同时拣掉长的、粗的黄皮、黑壳等杂质。

拾陆 下炉 16

即通常说的下槽，当地将长方形的槽子叫炉。将纸水放到炉里。

拾柒 搅纸 17 ⊙7

也叫追纸。用竹棍从上往下打，将纸水搅散。

⊙7

⊙8

拾捌 放药 18

用瓢舀水，然后放纸药。放纸药后，再用竹棍进行二次搅动，这便于纸张的分离。纸药浓的少放些，稀的多放些。一般浓的放1瓢，稀的2瓢，具体用量凭经验而定。如纸药放多了，可适量多加一些水。纸药量是否合适，可以用稻草来“舀纸”3～6次，看其厚薄，有筷子那么厚就合适了，少了则薄，多了则厚。一天只需放一次纸药。

拾玖 舀纸 19 ⊙8

将帘子置于帘架上，其上左右两侧各放一方木条，手持帘架，由外往里舀水，再将水往外倒。如此反复两次，然后将左边点头，头要厚一些，便于揭纸。将湿纸置于旁边石板上的方形竹篾片上，即舀成一张纸。因为纸直接置于竹篾片上，前三四张会坏。中午回去吃饭时，在湿纸垛上放一竹篾片，接着在两侧各竖放一根圆木，称为直木，用石头压在直木上。最后，舀3～5次才能得到一张纸时，说明已基本捞完。一天可捞大约600张纸，捞出的湿纸垛称为一段。3～4天换一次炉里的水。如果下大雨，则停工，纸棚两边用塑料布盖住。

⊙7 搅纸（靖西广电局 提供）
Stirring the pulp (provided by Administration of Radio, Film and Television in Jingxi City)

⊙8 舀纸（靖西广电局 提供）
Scooping and lifting the papermaking screen out of water and turning it upside down on the board (provided by Administration of Radio, Film and Television in Jingxi City)

贰拾

压　　纸

20 ⊙9

舀完纸后，先在湿纸垛上放一竹篾片。接着在两侧各竖放一根圆木，称为直木；随后在其上横放一根圆木，称为绞木；再将一方形长木，称为压纸杆，插入湿纸垛前方洞里，压在绞木上。轻压片刻后，放一块石头于压纸杆末端，慢慢压，后逐渐加石头至压纸杆中下部为止，共用约150 kg的石头。压纸约需1小时。压干后的纸垛称为一抄纸。

⊙9

贰拾壹

取　　纸

21

压干后，将石头、压纸杆等取下，将一抄纸取出来。

贰拾贰

剥　　纸

22

将一抄纸翻过来，先用米浆刷纸头，从反面开始剥纸。造纸户认为如果不翻过来，会很容易弄坏纸。

贰拾叁

贴　　纸

23

剥开一张纸后，将其贴到墙上。依次将纸一张张剥开，并从上往下贴到墙上，两张纸之间间隔约2 cm。如贴得太密，纸容易脱落；如太稀，纸撕下来后又不太光滑。一早上可以贴完前一天捞的纸，一般2~3天干。原来贴在土墙上，墙不平，纸不太平整；现在是砖房，墙面光滑，纸也更平整。以前也采取过用太阳晒干的方式，但晒的纸面不光滑，现在都于室内晾干。

贰拾肆

揭　　纸

24

纸晾干后，撕开最下面一张纸的左上角，后由左上往右下将纸揭开。其后的纸用同样的方式逐一从墙上揭下来。如果用于做书，一次揭两张纸。

贰拾伍

叠　　纸

25 ⊙10

将揭下来的纸叠整齐，沿长边对折。

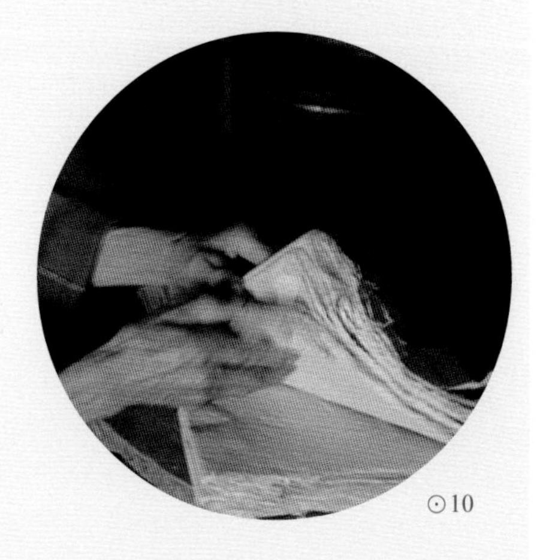

⊙10

⊙9 压纸（靖西广电局　提供）Pressing the paper (provided by Administration of Radio, Film and Television in Jingxi City)

⊙10 叠纸（靖西广电局　提供）Folding the paper (provided by Administration of Radio, Film and Television in Jingxi City)

(三)

靖西壮族皮纸生产使用的主要工具设备

壹 炉 1

⊙11

石制纸槽，中间涂水泥。所测炉长约126 cm，宽约70 cm，高约45 cm，不太规则。槽边距地约90 cm，太高、太低都不好舀纸。当地将长方形的槽子称为炉，小的、圆的称为坛。

贰 帘架与帘子 2

帘架为一简单的四方木框，帘子由细竹丝编成。舀纸时，将纸帘子置于帘架上，其上左右两侧各放一方木条。

⊙12

⊙13

⊙14

叁 压纸杆 3

木制，方形，便于在其上放石头。所测压纸杆长2.5 m。

⊙11 炉 Stone papermaking trough

⊙12 帘架 Frame for supporting the papermaking screen

⊙13 帘子 Papermaking screen

⊙14 帘架与帘子 Papermaking screen and its supporting frame

五 靖西壮族皮纸的用途与销售情况

5 Uses and Sales of Bast Paper by the Zhuang Ethnic Group in Jingxi City

(一) 靖西壮族皮纸的用途

据梁高星介绍，靖西东球皮纸有以下用途：

1. 书写用纸

靖西东球皮纸因用纯树皮，拉力、韧性都较好，保存时间长，当地常用其来书写，包括抄经书、记账等。当地很有特色的一个书写用途是做成家庭的小族谱，也称庚谱，当地习惯称为书。做书的纸，剥纸时，一次剥两张，沿长边对折，再将其切成合适大小。书的厚薄不同，价格也不同。30～32张纸，即双层的15、16张，做成的书，20元/本；如果是20张（即双层的10张）的，则15元/本。周边村庄家家户户要该书来记家人姓名、八字等信息，认为该书永远不会坏。

1949年前订婚时，女家用红帖书女子生辰八字；1949年后，一些农村还保留了订婚习俗。[79]

2. 祭祖用纸

东球皮纸韧性好，且较白，是很受欢迎的祭祖用纸。东球皮纸可用于制作纸钱。此外，挂清可用红、白、蓝的纸来做，东球皮纸也是其中之一。

3. 捆钞

因东球皮纸韧性好，裁成条状后可用于捆钞。

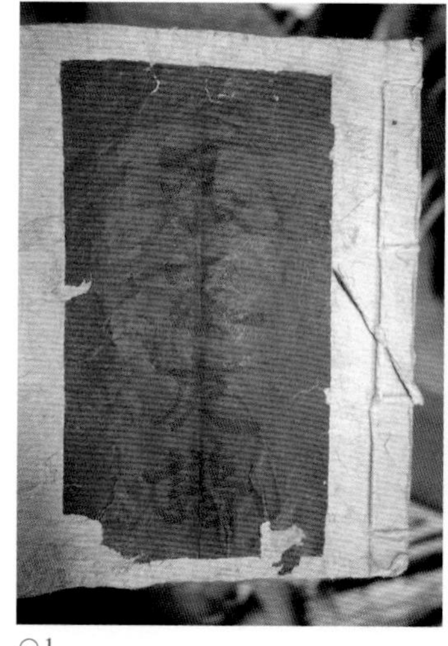

⊙1

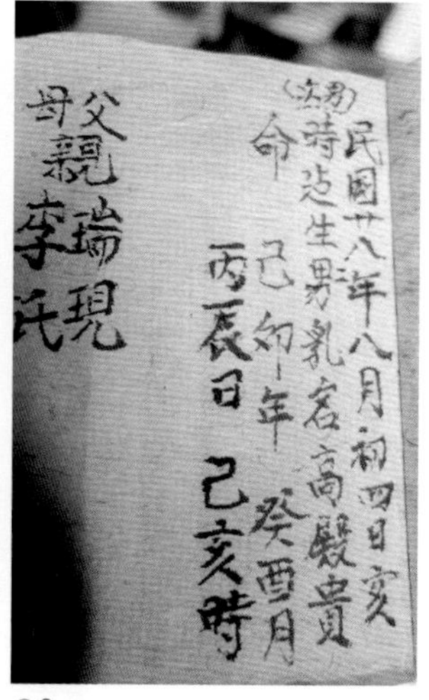

⊙2

⊙1/2 梁家庚谱 Genealogy of the Liangs

(二) 靖西壮族皮纸的销售情况

调查组了解到，靖西壮族皮纸在集体生产时有十几个作坊。在生产队时家家户户单独造纸，但造的纸归集体所有，计算工分。现在造纸户一般一天砍树、剥皮晒干后得4～5 kg干树皮，5 kg干树皮可造700张纸。2008年时双层的皮纸0.2元/张。2013年时，双层的皮纸1元/张，主要用于书写，其长38 cm，宽27 cm；单层的皮纸0.8元/张，其长48 cm，宽36 cm，主要在祭祖时使用。

[79] 靖西县县志编纂委员会.靖西县志[M].南宁：广西人民出版社,2000: 753-760.

舀一天纸需4捆纱皮，早上2捆，下午2捆。纱皮捆大小不同，造纸数量也不同，一般一天可造皮纸600张左右。一般每年造两次纸，主要在农历九十月份，端午后农闲时也可造一次纸。一年舀纸15～20天。按照舀纸20天计，约可做400本书，有8 000元收入，主要是东球村及周边村民上门购买。

六 靖西壮族皮纸的相关民俗与文化事象

6 Folk Customs and Culture of Bast Paper by the Zhuang Ethnic Group in Jingxi City

(一) 男女分工

靖西东球皮纸具有明显的男女分工现象，女的负责剥纸、贴纸、叠纸，男的负责找构树皮及其他工作。一般2个造纸户一起去找构树皮，但各找各的，只是相互做伴。如果没有伙伴，则只在附近或者周边找。

(二) 靖西相关用纸民俗

在《靖西县志》[79]中有多处民俗用纸，择其要整理如下。

1949年前，凡家中大人亡故，入殓时，棺材里先放筛过的火灰，上铺纱纸；棺材上放棺罩，男的放纸帽或纸马，女的放纸鹤。葬礼时，长男捧灵牌，头戴竹纸扎笼帽（或破竹帽），持拐杖（帽、杖以白纸裹包）；有人抬纸扎马轿、金童玉女等，一路撒纸钱。到交叉路口烧灵牌及纸扎冥衣冥物。

清明，坟上插纸钱，墓碑贴小块红纸。农历七月十二，制备冥衣冥布放于神台，七月十四，即中元节时，家家杀鸭祭祖，烧冥衣、冥布、冥钱。

中秋节，县城和一些圩镇的群众，以扎鸟、兽、鱼、莲花、走马、走龙灯等各种彩灯，悬于门口，摆设香烛、月饼、果品、芋头，祭拜月亮。小孩则拉纸兔灯、坦克灯，或提彩灯游街。

此外，1949年前在秧苗涨到3 cm时，在田角插上各色纸钱，一只熟鸡蛋破边插上香火再插入田角，祈望秧苗茁壮多分蘖。大年初一在果树杆贴上红纸，预祝当年果实累累。

七 靖西壮族皮纸的保护现状与发展思考

7 Preservation and Development of Bast Paper by the Zhuang Ethnic Group in Jingxi City

据梁高星介绍，如一次煮纸用30 kg干纱皮，可舀纸10天，每天600张，按一本书30张纸算，因两张纸可得两页书，故600张可做20本书；一般一年煮两次纸即可。粗略按一年两次都用30 kg干纱皮算，可做书400本，销售收入8 000元。而每次造纸，10 kg干皮用3 kg生石灰，调查时0.4元/千克，则一次需9 kg生石灰，需3.6元；按用煤75 kg，800元/吨算，60元；共需63.6元。造两次纸需127.2元。即使买干纱皮，则60 kg最多也只花300元，总成本不到420元。如不计造纸相关工具、设备的费用及损耗，其花费相对销售收入来说仅是很小的一部分。舀纸20天，前期准备工作约需10天，女的负责剥纸、贴纸、叠纸，大约需10天，按总共40天计，则平均一人一天约190元。此外，如去找树皮，一般2～4天可得一担干皮，约20～25 kg，即使按2天得25 kg，1 kg按5元算，平均一天仅折合工钱62.5元。由此可见，造纸算相当可观的收入，这应也是调查时梁高星虽已72岁高龄，还在造纸的一大原因。

由上可见，调查发现东球村采用传统的制作工艺，且不少工艺，如淘纸、压纸等相当有特色。同时，其不少工序、工具的名称也很有特色，如从煮纸开始都不叫皮而叫纸；将长方形的槽子称为炉，小的、圆的称为坛。

值得提出的是，靖西电视台对东球皮纸相当关注，多次去拍东球皮纸的制作工艺，起到了较好的宣传作用。2014年，“靖西东球供纸制作技艺”入选第五批自治区级非物质文化遗产代表性项目名录。笔者从广西文化厅非遗处了解到，自从“靖西东球供纸制作技艺”入选区级非遗项目后，东球皮纸不但得到一定的经济支持，同时还得到更多关注，其销售价格、数量也有所上涨。可以说，在短时间内，靖西东球皮纸仍会继续生产，但长久来看，仍存在失传的危险。比较理想的未来是梁高星的女儿、女婿年纪再大些后，不出去打工，能继续将东球皮纸这一自治区级非遗传承下去。

靖西东球皮纸的传承与发展，可以考虑从以下几个方面着手：

1. 系统、深入挖掘靖西东球皮纸的技艺和相关历史、文化，并记录

针对目前靖西东球土纸的传承态势，当地政府、相关文化部门与相关研究机构合作，对靖西东球皮纸的技艺和相关历史、文化进行系统、深入挖掘和整理，并利用影像、录音、文字等多种手段进行记录。万一以后不再生产，还可以保留较为完整的资料，便于未来的研究，甚至必要时进行复原生产。

2. 适当进行旅游开发

靖西有很多旅游资源，对靖西东球皮纸进行适当旅游开发，不但可以丰富靖西旅游的历史、文化内涵，也将为靖西东球皮纸的传承与保护起到重要的作用。

皮纸

Bast Paper
by the Zhuang Ethnic Group
in Jingxi City

东球村皮纸透光摄影图
A photo of bast paper in Dongqiu Village
seen through the light

第七节

隆林竹纸

广西壮族自治区
Guangxi Zhuang Autonomous Region

百色市
Baise City

隆林各族自治县
Longlin Autonomous County

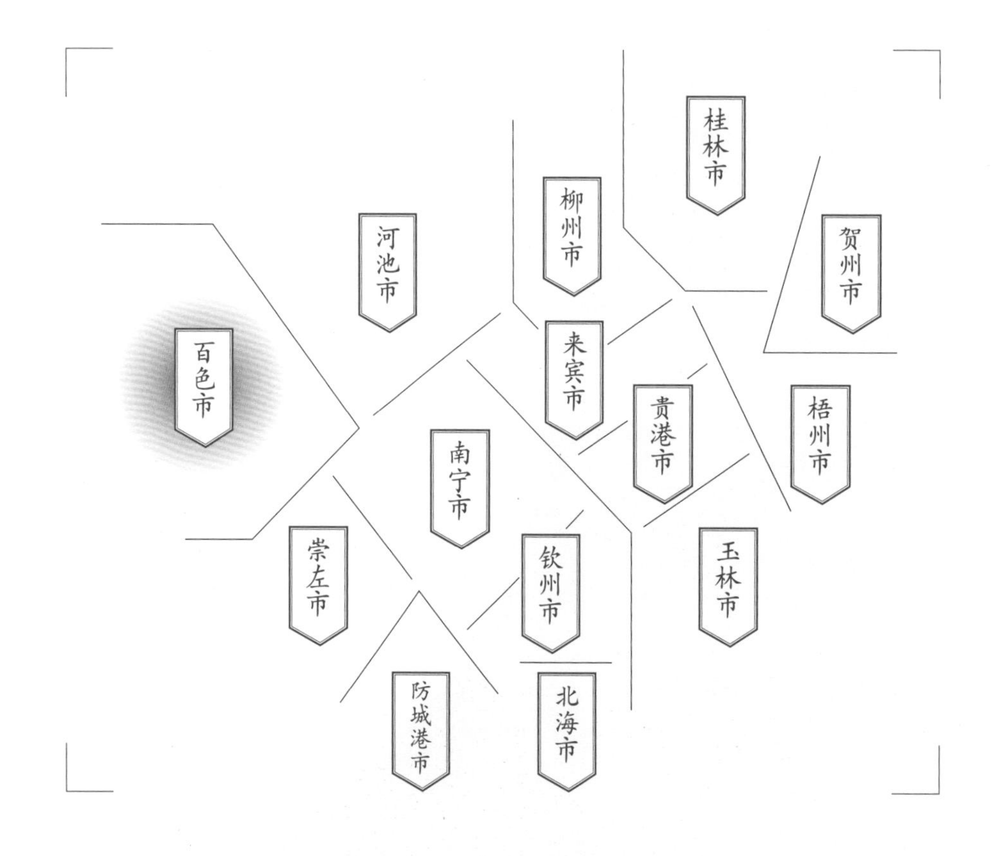

调查对象

介廷乡老寨村竹纸

Section 7
Bamboo Paper in Longlin County

Subject

Bamboo Paper in Laozhai Village of Jieting Town

一
隆林竹纸的基础信息及分布

1
Basic Information and Distribution of Bamboo Paper in Longlin County

根据调查组了解到的信息，隆林竹纸主要集中在介廷乡老寨村的大冲屯、伟才屯，以及马窖村的交伟屯，这三个屯相距较近。20世纪80～90年代，这三个屯基本上家家造纸。1997年左右，年轻人逐渐出去打工，造纸户逐渐减少，2012年以后都已不再造纸。

隆林竹纸因为洇水，不用于写字；因为容易回潮、软，也不用于包东西。其主要用于祭祀。虽然目前已不再造纸，但介廷乡、隆或镇不少人都希望老寨村的纸厂能重新建起来。手工竹纸烧时不发灰，当地人认为敬神更灵。此外，造纸户廖成忠提到造纸师傅有三个：蔡伦、滑师大娘、母猪大神。这是较有特色的民俗。

除竹纸外，据老寨村造纸户廖成忠、姜秀刚等介绍，以前也有用构皮做的皮纸，但近几十年都没有造，现已无人会造。

⊙1

⊙1 老寨村风景 Scenery of Laozhai Village

路线图
隆林县城
↓
老寨村
Road map from Longlin County centre to the papermaking site (Laozhai Village)

隆林竹纸生产地分布示意图

Distribution map of the papermaking site of bamboo paper in Longlin County

考察时间
2008年1月

Investigation Date
Jan. 2008

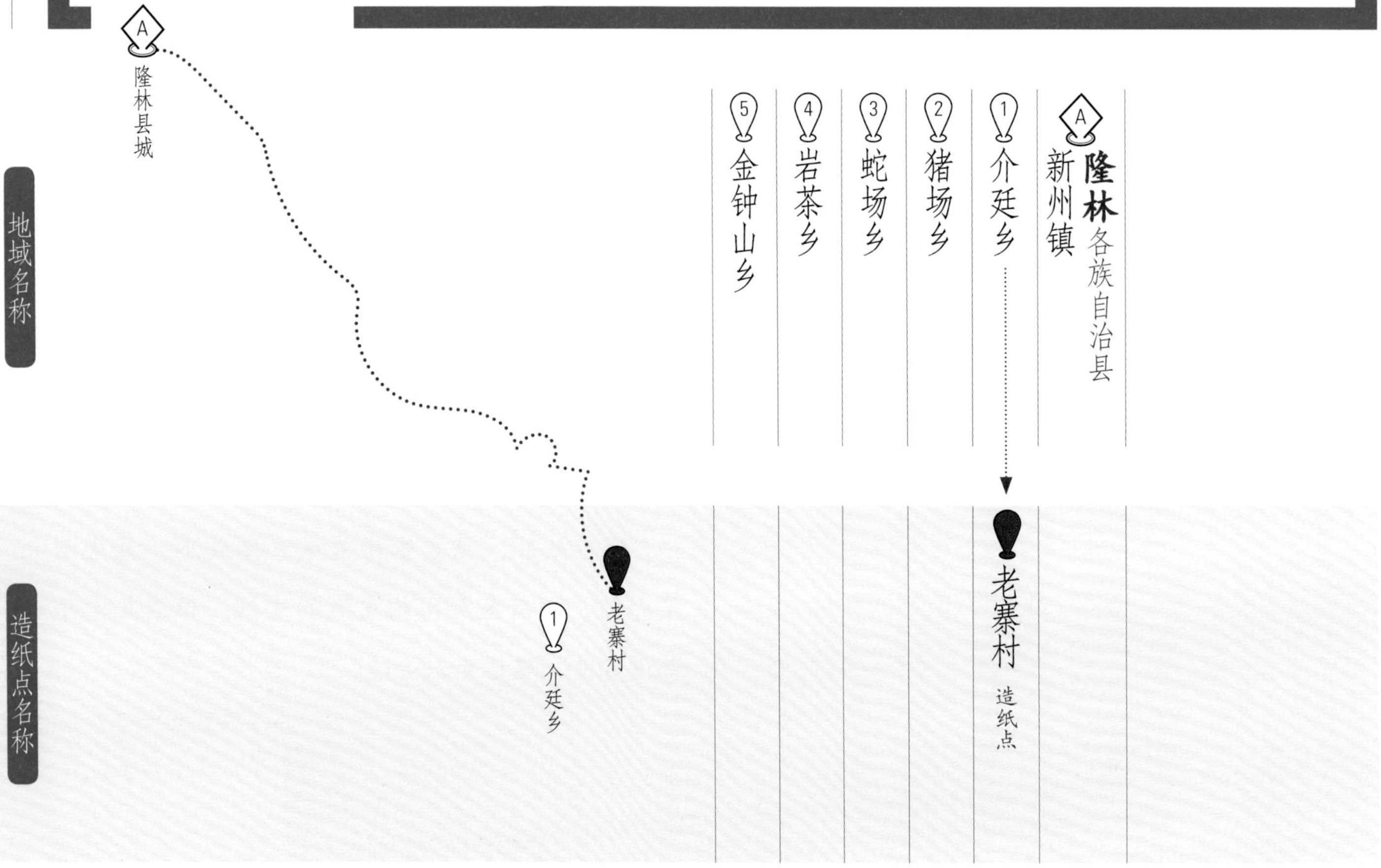

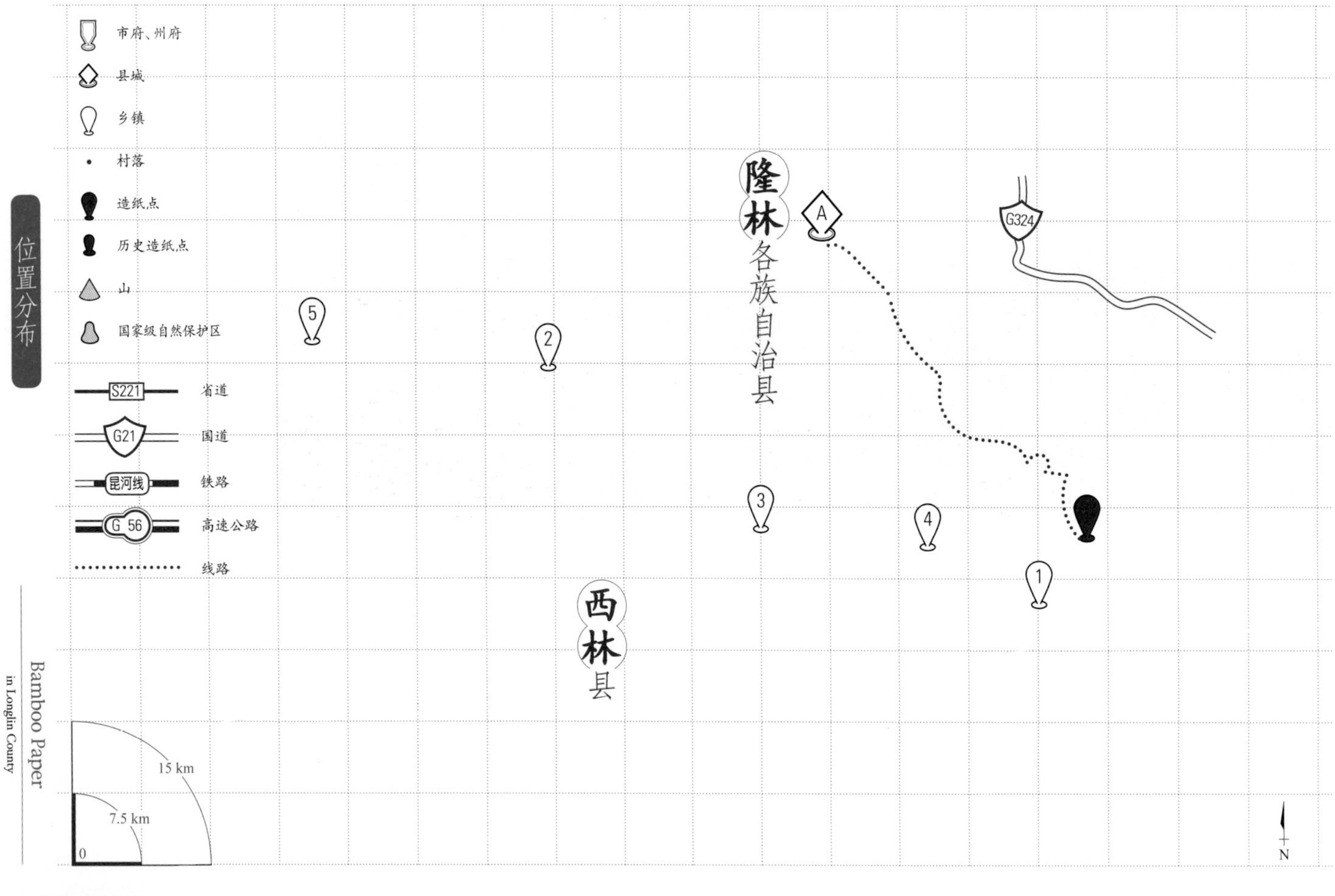

地域名称

A 隆林各族自治县 新州镇
1 介廷乡
2 猪场乡
3 蛇场乡
4 岩茶乡
5 金钟山乡

A 隆林县城

造纸点名称

老寨村 造纸点
老寨村
1 介廷乡

位置分布

市府、州府
县城
乡镇
村落
造纸点
历史造纸点
山
国家级自然保护区
S221 省道
G21 国道
昆河线 铁路
G56 高速公路
线路

隆林各族自治县
西林县
G324
15 km
7.5 km
0
N

二
隆林竹纸生产的人文地理环境

2
The Cultural and Geographic Environment of Bamboo Paper in Longlin County

隆林县位于广西西北部，隶属于百色市，地处云贵高原东南边缘，红水河南盘江以南，滇、黔、桂三省交界地带。东与田林县为邻，南与西林县接壤，北以南盘江为界与贵州省的兴义、安龙、册亨等县市隔江相望。县内主要有壮族、苗族、彝族、仡佬族、汉族5个民族。

隆林县历史悠久，早在旧石器时代已有人类在这里活动。[80]宋宝裕元年（1253年）置安隆峒，隶属泗城州，为隆林行政建置之始。元致和元年(1328年)建立安隆州辖安隆峒，隶属云南省。安隆州废为寨后归泗城州辖，属广西省。明建文四年(1402年)十二月置安隆长官司（司治在今田林县旧州镇），先属泗城州辖，后属直隶广西布政使司。清康熙五年（1666年）安隆长官司改土归流置西隆州，隶属思恩府。雍正五年（1727年）改属泗城府。雍正十二年（1734年）西隆升为直隶州，辖领西林县。1912年西隆州改为西隆县，隶属田南道。1951年8月，西隆县改为隆林县。1953年实行民族区域自治，建立隆林各族联合自治区（县级）。1955年9月，改称隆林各族自治县，属百色至今。[81]

隆林县总面积3 517.6 km^2，耕地面积509 km^2，农田有效灌溉面积154 km^2。县辖6个镇，10个乡。据统计，2014年末有人口39.58万，其中苗、彝、仡佬等少数民族人口有10.89万。[82]隆林县自然条件良好，年平均气温19.1℃，年平均日照1 764小时，年均降水量1 599.0 mm。县境地形中部高，北部低。[80]地貌结构有土山区和石山区两大类，其中土山区面积约占总面积的65.08%，石山区面积约占34.92%。全县有大小河流118条，其中集雨面积10 km^{2}以上的有27条。水力资源丰富，境内有国家重点工程天生桥一、二级水电站和平班水电站，年发电量分别为132亿千瓦时和16亿千瓦

[80] 隆林各族自治县地方志编纂委员会.隆林各族自治县志[M].南宁：广西人民出版社，2002: 1.

[81] 隆林各族自治县地方志编纂委员会.隆林各族自治县志[M].南宁：广西人民出版社，2002: 27-28.

[82] 广西壮族自治区地方编纂委员会.广西年鉴2015[M].南宁：广西年鉴社，2015: 380.

⊙1
隆林天生桥水库一景
Scene of Tianshengqiao Reservoir in Longlin County

⊙1

⊙2

介廷乡位于隆林县城东南部，是隆林、田林、西林三县交界乡镇，乡政府驻地距县城75 km。全乡总面积198.29 km²，耕地面积8.47 km²，其中水田3.55 km²。2010年，粮食种植面积8.40 km²，其中水稻3.80 km²、玉米3.20 km²、大豆0.47 km²、其他谷物0.33 km²。乡辖8个村委会。2010年，全乡有14 596人，其中汉族5 979人，壮族7 025人，苗族1 586人。农村人均纯收入3 188元。那达河、介廷河、平利河自西向东贯穿全乡，水力资源丰富，已开发和正在开发的有平达电站，那达一、二级电站。境内大部分为土山，适宜农林牧业及水果生产，主要有灵芝、天冬、三时青、首乌等药材，还有香菇、云耳、黑糯、薏米等特产。[84]

时。冷水河上有7座梯级电站。[83]矿产资源丰富，主要矿产资源有锑、金、煤等。[80]2011年，森林覆盖率为62.31%，有名贵药材灵芝、天麻、首乌、杜仲等。黑山羊、黄牛、山油茶、油桐、烤烟等特产享誉自治区内外。[83]

⊙3

县内主要旅游景区有天生桥生态旅游度假区、德峨自然保护区、大哄豹自然保护区、雪莲洞、龙洞大寨等。苗族的“跳坡节”、彝族的“火把节”、仡佬族的“尝新节”、壮族的“三月三·颠罗颠罗那”歌会等原生态民族风情节日多姿多彩，被联合国教科文组织专家誉为“活的少数民族博物馆”。[83]

⊙1 正在参加文艺活动的隆林壮族歌手（林斌 提供）
Zhuang ethnic singers attending antiphonal singing party in Longlin County (provided by Lin Bin)

⊙2 隆林苗族月琴舞（林斌 提供）
Traditional Miao Ethnic dance in Longlin County (provided by Lin Bin)

⊙3 隆林彝族彩裙舞（林斌 提供）
Traditional Yi Ethnic dance in Longlin County (provided by Lin Bin)

[83] 《百色年鉴》编纂委员会.百色年鉴2011-2012[M].南宁：广西人民出版社,2015: 674-675.

[84] 隆林年鉴编纂委员会.隆林年鉴2009-2010[M].南宁：广西人民出版社,2013: 293-294.

三

隆林竹纸的历史与传承

3

History and Inheritance of Bamboo Paper in Longlin County

关于隆林竹纸的历史，《隆林各族自治县志》没有相关记载。

1958年9月13日，国务院发布《中华人民共和国工商统一税条例(草案)》，隆林于当年10月起执行。工商统一税共有108个税目，按少数民族税收照顾的有关规定，隆林只征收30个税目，其中土纸税率为10%，焚化品为55%。[85]这说明在20世纪50年代，隆林就有土纸生产，且有一定产量。调查组对介廷乡老寨村进行了调查，据该村造纸户廖成忠介绍，老寨村造纸从其先祖廖应方开始，至今已有6代，但不知造纸技术从何而来。其谱系如下：廖应方→廖正财→廖登富→廖小法（1929～）→廖成忠（1955～）→廖月敏（1977～）。廖成忠20岁时开始造纸。据他介绍，以前造纸赚钱，大儿媳妇就是靠造纸接来的。他儿子廖月敏大约1992年开始造纸，2000年出去打工。因为打工相对轻松，赚钱也更多，所以就不再造纸了。人手少了，他和妻子谭老莲年纪也逐渐大了。大约在2002年，由于身体不好，也没有人用柴火烧石灰，而用煤烧的石灰不好，廖成忠夫妻便不再造纸。

另据时年48岁的造纸户姜秀刚介绍，他家从他爷爷就开始造纸，爷爷将造纸技术传给父亲姜成贵，父亲再传给他。由于身体原因，姜秀刚2012年后不再造纸。据马窑村吴绍兵支书介绍，马窑村造纸历史比老寨村短。由上可以推断，隆林造纸至少有一百多年的历史。

1949年前老寨村的大冲屯、伟

⊙4 造纸户廖成忠夫妇及孙女 Papermaker Liao Chengzhong with his wife and granddaughter

⊙5 造纸户姜秀刚夫妇 Papermaker Jiang Xiugang and his wife

[85] 隆林各族自治县地方志编纂委员会.隆林各族自治县志[M].南宁：广西人民出版社，2002: 366.

才屯，马窑村的交伟屯基本上家家造纸。1949年后，因废除封建迷信等原因停止造纸，1983年才恢复。20世纪80～90年代，上述三个屯基本上家家造纸，总共有60～70户，其中马窑村的交伟屯有8户造纸。1997年左右，年轻人逐渐出去打工，造纸逐渐减少。2004年大冲屯已无人造纸，2009年伟才屯、交伟屯各有3～4户造纸，2012年后都不再造纸。

⊙1
介廷乡老寨村一景
Landscape of Laozhai Village in Jieting Town

四 隆林竹纸的生产工艺与技术分析

4 Papermaking Technique and Technical Analysis of Bamboo Paper in Longlin County

(一) 隆林竹纸的生产原料与辅料

隆林竹纸所用的原料为青竹。据造纸户廖成忠、姜秀刚介绍，青竹在农历三月以后生出，当年四月下旬至五月中旬时砍，当时一般高约1.7 m。除了生虫的竹子碾不烂外，其他竹子都可以用。

造纸所用竹子主要为造纸户自家所种，也有少量是从其他村民处购买的。一般1根竹子得1个麻，1个麻得1捆纸。2011年时，1个麻划破捆好后卖2块钱。

隆林县造竹纸需要用纸药，当地称滑，有仙人掌、皮子滑和野棉花几种。

整个仙人掌，包括地下部分，都可以用于制作纸药。用刀将仙人掌剖成两半，放入滑缸，用清水泡一天一夜后即可使用。10 kg纸药大约可以用一周，如纸药黏度变小了，还可随时加仙人掌。

皮子滑，是指用当地称为滑皮树的皮制作的纸药。老寨村没有滑皮树，马窑村有。使用时，将滑皮树的皮捶烂，在滑缸里用手揉，滑就出来了，当时即可用。

野棉花的使用与皮子滑类似，将其捶融，在滑缸里用手揉，5分钟即可用。

皮子滑、野棉花，一天用2 kg左右。相比来说，皮子滑用量较野棉花更多，尤其是在天气冷时。天冷时仙人掌不出滑，只能用皮子滑。

(二)

隆林竹纸的生产工艺流程

据造纸户廖成忠、姜秀刚介绍，隆林竹纸的生产工艺流程为：

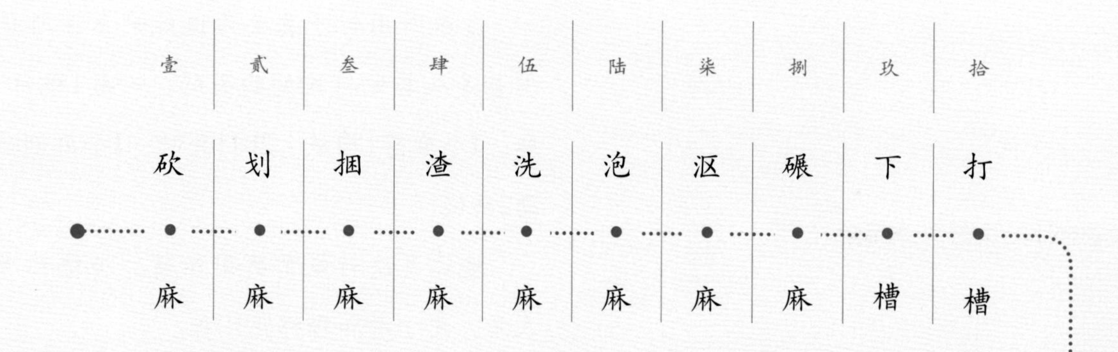

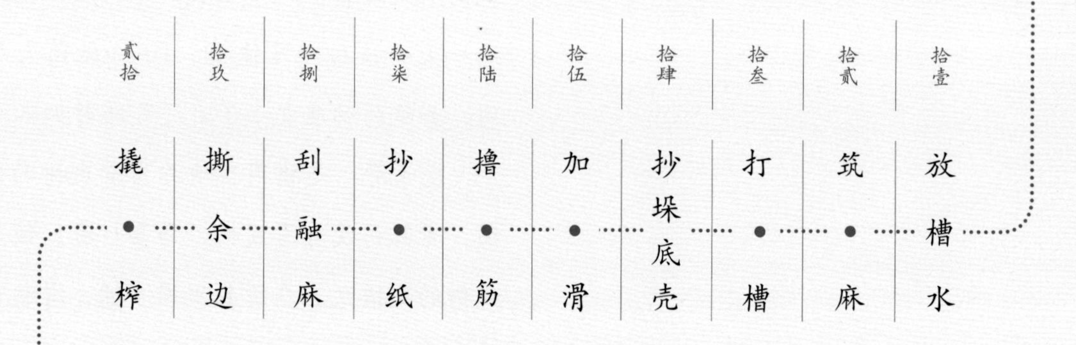

贰拾壹 分垛
贰拾贰 刮垛
贰拾叁 抽垛
贰拾肆 扯纸
贰拾伍 晾纸
贰拾陆 收纸
贰拾柒 撕纸
贰拾捌 配纸
贰拾玖 捆纸

壹
砍麻
1

在老寨村，竹麻一般简称麻。农历四月下旬至五月中旬，上山用柴刀砍当年生的嫩竹，一人一天可砍100多根。

贰
划麻
2

用柴刀将砍下的竹麻划成四瓣。

叁
捆麻
3

用竹篾将竹麻捆成每捆约10 kg，然后背到麻塘。一人一天可划麻、捆麻30～40捆。

肆
渣麻
4

麻塘底部先用3条大木垫起来，然后用老竹子的竹块铺好，再一层层放上成捆的麻，每3层麻放1层石灰。根据麻塘大小、麻的数量，其上用若干竹片、石头压，加满水，渣一个月，麻就泡熟了。

麻塘可放两排麻，两排麻中间相错。两头如还有空隙，可横向再放一些麻。大的麻塘可放400～500捆，小的可放200捆，1捆叫1个麻。如果石灰多，麻与石灰质量比为1∶1；如果石灰少，可降为1∶0.8。石灰加得多，水是黄的；石灰少，水是白的，不好造纸。

渣麻一般由两个人合作完成。如果有400个麻，从砍麻到渣麻，需要12天时间。1个人也可以做，也可以请人帮工。

伍
洗麻
5

用手将麻在麻塘里洗干净，2个人1天可以洗完400个麻。

陆
泡麻
6

把麻塘里的石灰水放掉，石灰渣可以不洗干净，三根大木使得麻与石灰渣隔离。在大木上放老竹块，再放上洗干净的麻，两头平齐，中间可交叉插紧。此时，两头空隙不再放麻，以免弄脏。其上用老竹块、石头压紧。加满水，一周后水变黑。两周麻出“蛆”，就可以把水排掉。共约需一个月。造纸户通过水是否变黑、出“蛆”等判断泡麻的程度。

洗麻时可以穿胶鞋，戴胶手套，但是当地一般都赤手赤脚，也不涂东西保护，洗200个麻手不会烂。

柒
沤麻
7

把水排掉，沤一周。用手按或者掰，感觉麻软了即可。

捌 碾麻 8

用背篼将沤好的麻背到碾盘，用牛拉石碾来碾麻。根据碾盘的不同大小，一次可放150～250 kg麻。碾麻时，人用锄头将碾出来的麻拨回到碾槽。渣得好的，只需碾1～2小时；不好的需2个多小时；石灰加得少的，需3～4小时。以前碾麻的时候，师傅叫加些水，下槽时更好打散；现在一般不加水，造纸户认为加水会把麻弄散，不好背。不加水的，下槽时要多打些时间，稍费点劲。

玖 下槽 9

将碾好的麻背到槽子边，一次性放进槽子里。

拾 打槽 10

加水，用拱耙拱起一部分麻后，从左、右两个方向轮流打槽，一般需打十几分钟。至用手捞麻起来，麻散了即可。

拾壹 放槽水 11

把槽里的水全部放掉。

拾贰 筑麻 12

水放完后，用拱耙把四周拱起来的麻打紧。

拾叁 打槽 13

放入清凉水，用拱耙将上层麻拱起来，打散。

拾肆 抄垛底壳 14

先抄两张垛底壳（大约共1 cm厚），接着正常抄纸。如不抄垛底壳，底部几张纸会烂掉。

拾伍 加滑 15

将用棕丝编成的篾片放在竹箩筐上，纸药经篾片过滤（当地称滤滑）后加入到槽子中。

拾陆
撸筋

16

用撸筋棍将纸药和水搅拌均匀，当地称为调滑，同时将未碾细的麻筋撸出来。调滑时，如果撸筋棍上粘有好的麻，说明滑还不够，需加滑。至撸筋棍上光滑，没有融麻，即可抄纸。

拾柒
抄纸

17 ⊙1⊙2

先由外往里舀水，再由里往外推。此时左手抬高，水从右边倒出去。一天可抄4～5捆，每捆750张。因一帘两张，即一天捞1 500～1 875帘。

⊙1

⊙2

拾捌
刮融麻

18

抄完以后，盖上盖纸板，用楔子将垛子四周的融麻刮掉，这样撬榨时垛子里的水更容易出来。

拾玖
撕余边

19

用手将两头的余边撕掉，也可以在撬榨后再撕。

贰拾
撬榨

20

用2根撑棒抵在纸桩和矮桩之间，用于抵住纸桩。在垛子上盖塑料布（以前用树叶、垛底壳）、底板、手码、码子、码口、老杆，先用手慢慢压，水流掉一部分后，垛子易往前（往高桩方向）或往后（往人方向）歪，在垛子快歪时即可加码子，一般加1～2次码子。垛子歪了，则需调整回来，例如垛子往前歪，则把码子往前移，用老杆一扳即可扳过来。手压不动后，套上钢丝绳。用手杠插在滚子眼内，手轻轻扳，逐渐用力。到压不下去时，用人的重力扳，最后人踩到手杠上。至踩不动，手按垛子按不进去时，即认为已经干了。加钢丝绳后，一般加两次码子，半小时即可。在撬榨过程中，需要多次刮融麻。

贰拾壹
分垛

21

松榨。抬起垛子，将手码置于垛子下，轻轻一按，将其分成两个小垛子。

⊙1/2
抄纸示意
Showing how to scoop and lift the papermaking screen out of water

贰拾贰

刮　　垛

22

垛子背回家后翻转放置，用刀从上往下刮垛子。

贰拾叁

抽　　垛

23

再将垛子翻转，左手压在垛子的纸头一侧上，右手由下往上抽角及纸头。

贰拾肆

扯　　纸

24

纸头在左，用手从左下角将纸扯起来，扯开约1/3，然后往右折。10张为一贴，每两张间距约1 cm。再将扯开的折回来，再翻过去，将纸拉离垛子，据造纸户介绍，这样拉不会散开也不会断。虽然男女都可扯纸，但主要是女的扯。一人一晚上可扯3捆。一般是晚上扯完白天所抄的纸，家里的老人、小孩往往也会帮忙。

贰拾伍

晾　　纸

25

在桌上堆至一定厚度后，拿到晾纸杆上晾干。晴天1天即干，阴雨天要2～3天，但不用火烤。

贰拾陆

收　　纸

26

将晾干的纸一贴贴收下来。

贰拾柒

撕　　纸

27

将纸一张张撕开，30张作为一块，理齐。

贰拾捌

配　　纸

28

将纸1/3往中间折，25块按照同一个方向放。

贰拾玖

捆　　纸

29

用竹篾捆在厚的一侧中央，捆一道即可。

（三）

隆林竹纸生产使用的主要工具设备

壹 碾盘 1

全村只有一个，据说有2～3辈人的历史，是以前全村造纸户花钱共建的，一直共用。碾盘直径255 cm。碾子头直径55 cm，尾直径50 cm，头端、尾端之间距离55 cm。

⊙1 碾子 Stone roller

⊙2 碾盘和碾子 Grinding base and stone roller

贰 槽子 2

每个造纸户有一个槽子，上宽下窄。所测槽子上部长152 cm，宽95 cm；下部长140 cm，宽85 cm；高80 cm。用石头、水泥、石灰砌成，2000年前用木板制作。槽子底部放一块竹篾，称槽折，将麻放下去时，加水，麻上的泥巴经槽折漏掉。槽子面前的板为一整块。可见处用水泥和沙子砌成，其外还有一层木板，抄纸时用于保护人的腹部。

⊙3 槽子 Papermaking trough

叁 滑缸 3

大小不一。所测滑缸长60 cm，宽60 cm，高50 cm。以前一般为木制圆形的滑缸。

⊙4 滑缸 Vat for holding the papermaking mucilage

⊙5 槽子与滑缸 Papermaking trough and vat for holding the papermaking mucilage

肆 拱耙 4

所测拱耙已断，剩余部分长80 cm，正常长约150 cm，竹制。耙头长15 cm，中部宽10 cm，木制。

⊙6

伍 帘架与帘子 5

帘架为木质，自制。帘子中间有隔线，抄一帘得两纸。用苦竹丝编成。帘子三侧有包边，保护余边不烂，抄出纸后没有余边。

⊙7

⊙8

陆 榨 6

木制。

老杆：老师傅压纸直接用，长200 cm，直径12 cm。

高桩：高140 cm，中间大梁距地105 cm。

手杆：学徒先用手杆压，长145 cm，直径6 cm。

短柱：距地92 cm。

滚子：中心距地60 cm。

⊙9

⊙6 拱耙 Stirring rake

⊙7 帘子 Papermaking screen

⊙8 帘架 Frame for supporting the papermaking screen

⊙9 榨 Wooden pressing device

(四)

隆林竹纸的性能分析

所测隆林老寨村竹纸为2011年所造，相关性能参数见表3.14。

表3.14 老寨村竹纸的相关性能参数
Table 3.14 Performance parameters of bamboo paper in Laozhai Village

指标		单位	最大值	最小值	平均值
厚度		mm	0.199	0.097	0.140
定量		g/m^2	—	—	30.1
紧度		g/cm^3	—	—	0.215
抗张力	纵向	N	7.72	4.74	6.32
	横向	N	6.82	3.02	5.26
抗张强度		kN/m	—	—	0.39
白度		%	28.62	26.18	26.96
纤维长度		mm	3.77	0.35	1.34
纤维宽度		μm	45	1	11

由表3.14可知，所测老寨村竹纸厚度较小，最大值比最小值多105%，相对标准偏差为26%，说明纸张厚薄并不均匀。经测定，老寨村竹纸定量为30.1 g/m^2，定量较小，主要与纸张较薄有关。经计算，其紧度为0.215 g/cm^3。

老寨村竹纸纵、横向抗张力差别较小，经计算，其抗张强度为0.39 kN/m，抗张强度值较小。

所测老寨村竹纸白度平均值为26.96%，白度较低且差异相对较大。这应与老寨村竹纸为生料法造纸，不经过蒸煮，也没有漂白有关。相对标准偏差为4%。

所测老寨村竹纸纤维长度：最长3.77mm，最短0.35 mm，平均1.34 mm；纤维宽度：最宽45 μm，最窄1 μm，平均11 μm。在10倍、20倍物镜下观测的纤维形态分别见图★1、图★2。

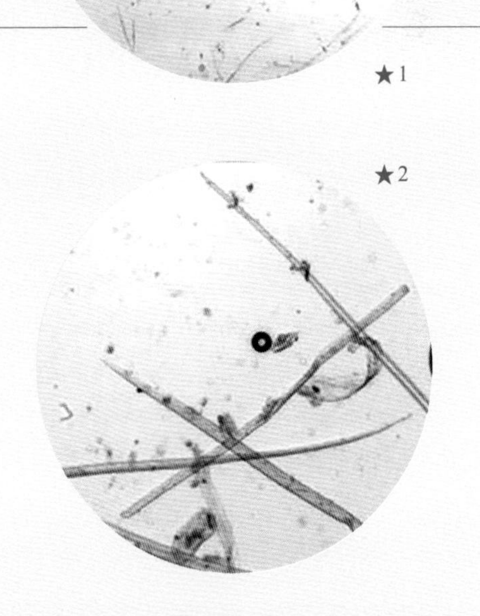

★1 老寨村竹纸纤维形态图(10×)
Fibers of bamboo paper in Laozhai Village (10× objective)

★2 老寨村竹纸纤维形态图(20×)
Fibers of bamboo paper in Laozhai Village (20× objective)

五
隆林竹纸的用途及销售情况

5
Uses and Sales of Bamboo Paper in Longlin County

(一) 隆林竹纸的用途

所测量的隆林竹纸长35 cm，宽18 cm。廖成忠认为纸偏小，正常规格隆林竹纸长39 cm，宽20 cm。

隆林竹纸因洇水，不用于写字；因其易回潮，也不用于包东西。其主要用途有：

1. 老人过世用纸

老人过世时，垫在老人身下及两侧，一般用1～2捆。通常经济条件好、天气热则多用一些。此外，还要焚化几捆。

2. 祭祀用纸

先将一张竹纸裁成三张，后打上3路，每路7个钱心，即得到纸钱。现在机制纸钱长20 cm，宽13 cm，和传统纸钱大小一致。

逢年过节都要烧纸钱，数量较为随意。农历七月半用得最多，用于做包封。一个包封内可放一块纸，也可只放十几张。记到哪代则包封写到哪代，如果岳父岳母已过世，也写。另外准备一些零钱，即不做包封，直接拿竹纸撕来烧给老祖宗。把老祖宗的烧了后，再随意烧一些给小鬼。

目前这两方面都还有较大的需求，调查时，造纸户廖成忠、姜秀刚等都提到隆或镇很多人希望纸厂重新建起来。当地人认为机制纸用纸壳、不卫生的纸来造，烧时发灰，对神灵不敬。手工纸用竹子造，烧时不发灰，更加恭敬。

(二) 隆林竹纸的销售情况

隆林竹纸主要在周边销售，本地村民一般在老人过世时上门买。上门买便宜一些，2002年时大约45元/捆。大部分拉到隆或市场卖，2002年时大约50元/捆。即使是本地村民，逢年过节时也都要到隆或市场购买。由于目前所剩的少量纸是2012年造的，之后就没有再造纸，目前价格已超过100元/捆，而且很难买到。

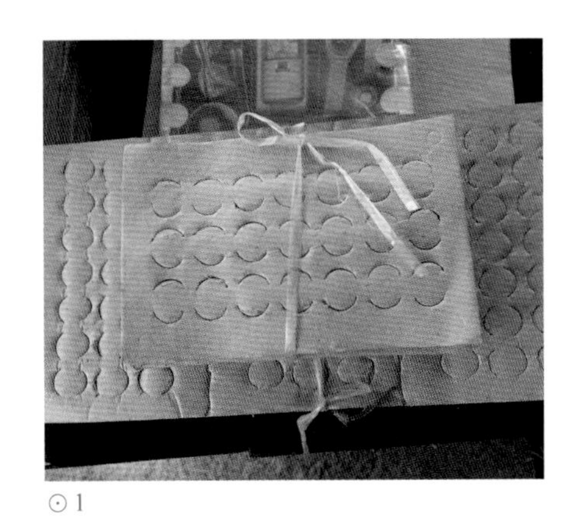
⊙1

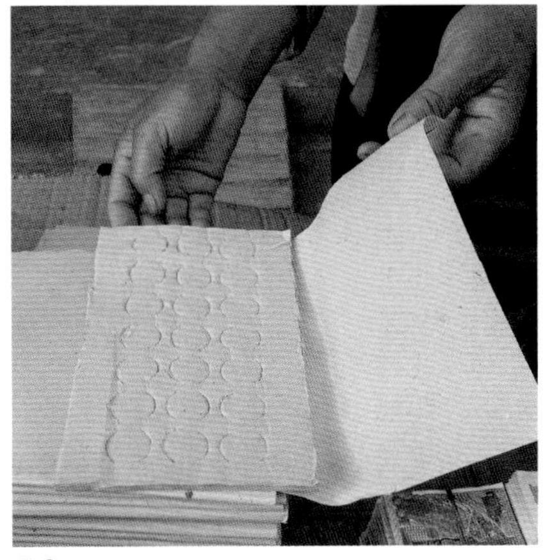
⊙2

⊙3

六 隆林竹纸的相关民俗与文化事象

6 Folk Customs and Culture of Bamboo Paper in Longlin County

⊙1 机制纸钱 Machine-made joss paper

⊙2/3 做包封示意（机制纸）Showing how to make machine-made joss paper envelope

（一）祭造纸师傅

老寨村造纸户提到造纸师傅有三个：蔡伦、滑师大娘、母猪大神。据说，蔡伦抄成纸但扯不开，滑师大娘教用滑水，还是扯不开，之后有一个母猪把垛子拱翻，才扯得成张。

每年大年三十吃年夜饭前，造纸户用1个猪头、1只雄鸡、2杯酒、3炷香，拿到槽子处祭蔡伦、滑师大娘、母猪大神，烧十几张纸，并请三个造纸师傅来吃，保佑纸造得好；如果不祭，纸造不好。如果不再造纸，就不祭。

（二）七十二道活路

据一代代口口相传，造纸有七十二道活路，即有七十二道工序，说明造纸工序多、复杂。经调查组梳理，其主要工序近三十道，如果算上一些细的工序，则要多出不少。

（三）
用纸禁忌

女人生小孩、坐月子时，不能摸竹纸，当地人认为那样对神灵不敬。此外，当地人认为手工竹纸烧时不发灰，敬神更灵，而烧机制纸则对神灵不够恭敬。

七
隆林竹纸的保护现状与发展思考

7
Preservation and Development of Bamboo Paper in Longlin County

隆林竹纸曾发挥较为重要的作用。虽然近几年不再生产，而机制纸也大量普及，但介廷乡、隆或乡不少人希望老寨村的纸厂能重新建起来。他们认为手工竹纸烧时不发灰，敬神更灵，而烧机制纸对神灵不够恭敬，这也是当地人愿意花较高价格买手工纸的原因所在。应该说，隆林竹纸在当地还有较大的民间影响。

隆林竹纸一直以来销路都比较好，但由于只用于低端的祭祀用途，经济效益不太高。随着年轻人不断外出打工，造纸户越来越少，2012年后已无人造纸。

隆林竹纸的传承与发展，可以考虑从以下几个方面着手：

1. 更系统、深入地挖掘、整理隆林竹纸的历史、技艺和文化

调查组针对目前隆林竹纸的传承态势，建议当地政府、相关文化部门与相关研究机构合作，对隆林竹纸的相关历史、技艺、文化进行系统、深入的挖掘和整理，保留较为完整的资料，便于未来的研究，甚至在必要时进行复原生产。

2. 政府适当扶持，争取活态传承

据调查组了解，调查时还有造纸户有泡好的竹麻，只是已经两年不造纸，一些造纸工具也

⊙1

有所损坏，不太愿意继续造纸。政府如果能对造纸户予以一定扶持，还有可能实现手工造纸技艺的活态延续。

⊙1
用机制纸做的祭祀用品
Machine-made paper products used in sacrificial ceremony

第四章
桂南地区

Chapter IV
South Area of Guangxi Zhuang Autonomous Region

第一节
宾阳竹纸

广西壮族自治区
Guangxi Zhuang Autonomous Region

南宁市
Nanning City

宾阳县
Binyang County

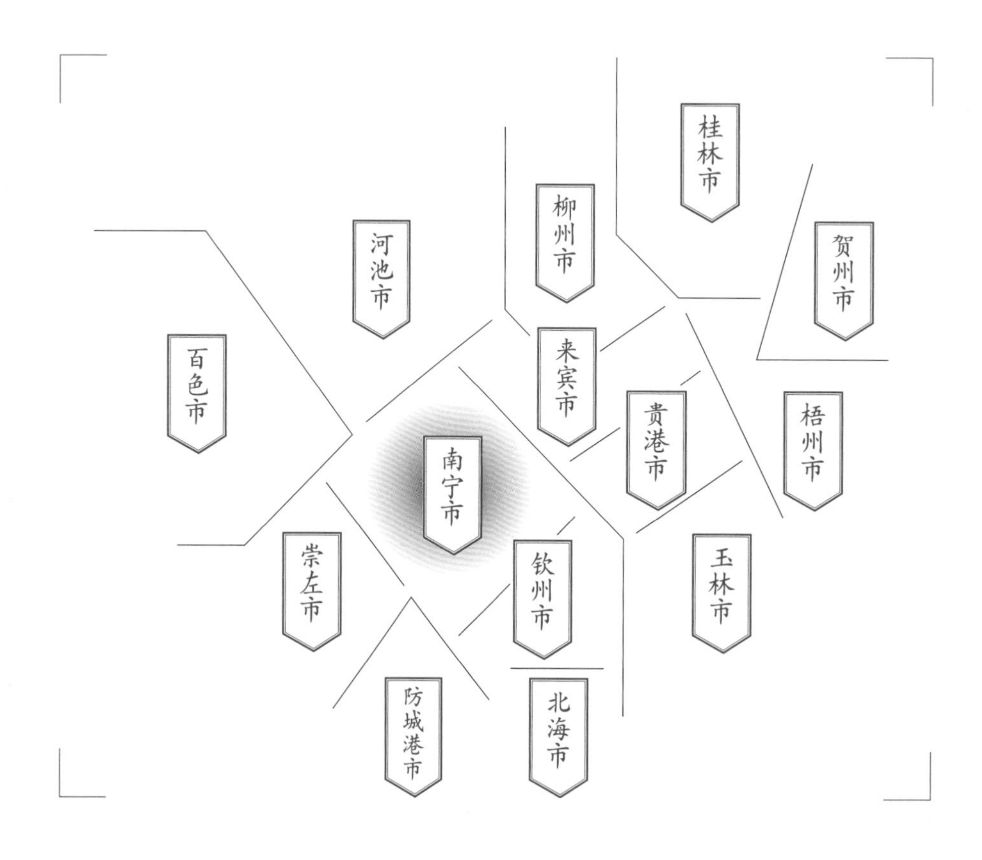

调查对象
思陇镇
太新村
竹纸

Section 1
Bamboo Paper in Binyang County

Subject

Bamboo Paper in Taixin Village of Silong Town

一
宾阳竹纸的基础信息及分布

1
Basic Information and Distribution of Bamboo Paper in Binyang County

宾阳竹纸以前广泛分布在思陇、太守、新桥、宾州一带山区，是许多自然村的重要副业产品。据调查组所掌握的信息，到2008年时，仅思陇镇太新村尚有手工造纸。

⊙1

⊙2

⊙1 造纸作坊 Papermaking mills

⊙2 村寨风景 Landscape of the village

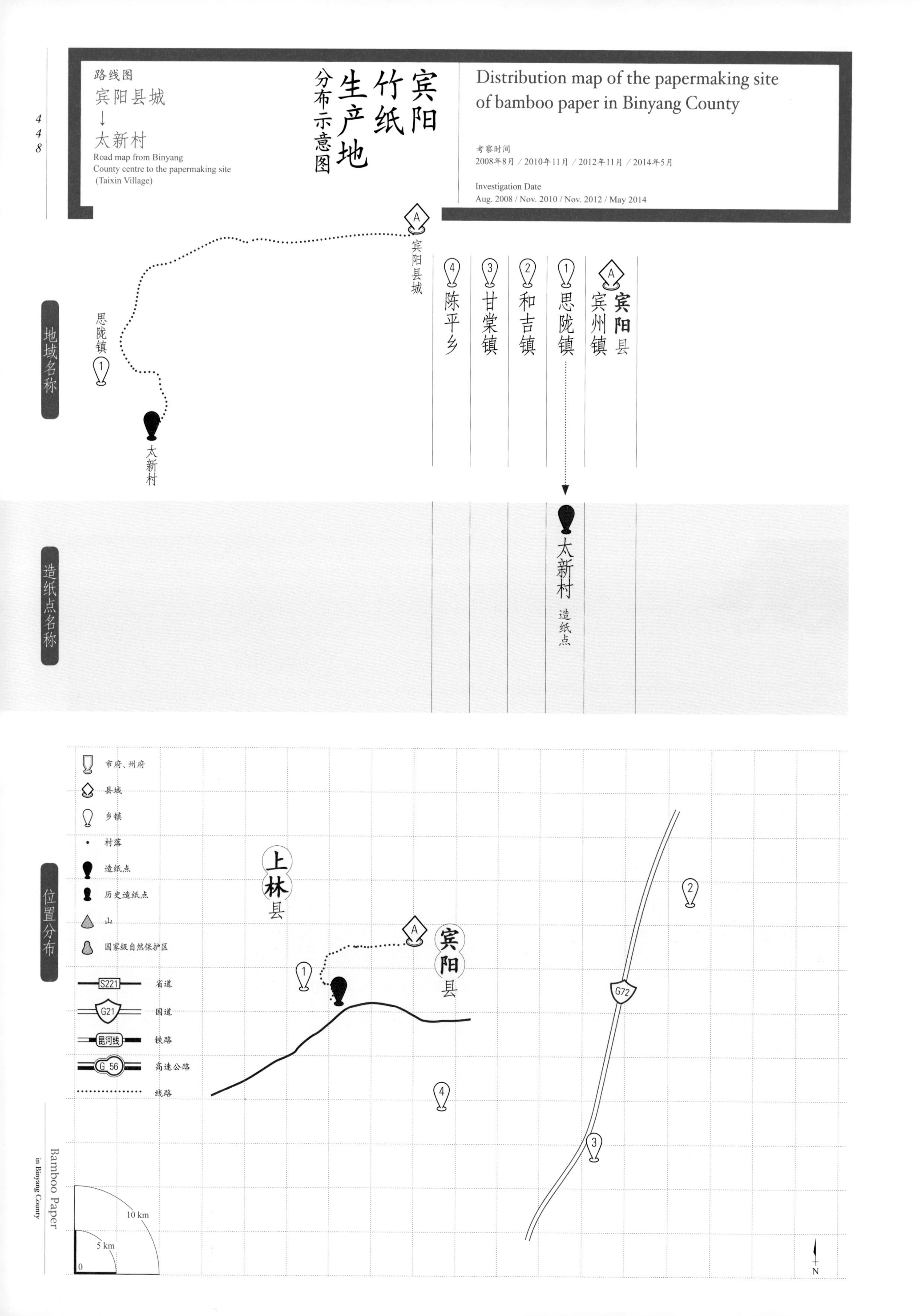
路线图
宾阳县城
↓
太新村
Road map from Binyang County centre to the papermaking site (Taixin Village)
宾阳竹纸生产地分布示意图
Distribution map of the papermaking site of bamboo paper in Binyang County
考察时间
2008年8月 / 2010年11月 / 2012年11月 / 2014年5月
Investigation Date
Aug. 2008 / Nov. 2010 / Nov. 2012 / May 2014
宾阳县城
思陇镇
太新村
地域名称
宾阳县
宾州镇
思陇镇
和吉镇
甘棠镇
陈平乡
造纸点名称
太新村
造纸点
位置分布
市府、州府
县城
乡镇
村落
造纸点
历史造纸点
山
国家级自然保护区
S221
省道
G21
国道
昆河线
铁路
G 56
高速公路
线路
上林县
宾阳县
G72
10 km
5 km
0
N

二 宾阳竹纸生产的人文地理环境

2 The Cultural and Geographic Environment of Bamboo Paper in Binyang County

宾阳县位于广西中部偏南，隶属于南宁市，东邻贵港市覃塘区，南偏东与横县接壤，南与兴宁区、青秀区交界，西与武鸣区相连，西北衔接上林县，东北与来宾市兴宾区相邻。宾阳交通区位优势十分明显，昆仑关雄峙于南，屏障宾邕，前控关山，后镇古漏，扼桂中南交通之咽喉，历来为兵家必争之地。[1]

宾阳县古为百越之地。夏至周为荆州地，秦时属桂林郡。西汉元鼎六年（公元前111年）正式建领方县，为宾阳县行政建置之始。唐贞观五年（631年）正式在该地置宾州。清宣统三年（1911年）改宾州为宾县。1912年改称宾阳县。1958年12月，与上林县合并，改称宾林县，次年5月又分开，恢复宾阳县。[1]

宾阳县以汉族为主，同时聚居着壮、瑶、苗、侗、仫佬、毛南等21个少数民族[2]。2014年末，辖16个镇，总人口105.48万，其中农村人口73.80万，壮、瑶等少数民族人口21.89万。[3]

宾阳县处在北回归线以南，受海洋暖湿气流调节，高温多雨，夏长冬短，属亚热带季风气候。年平均气温为20.8℃，年均降水量1 589.2 mm，[4]霜日5天，又有中亚热带气候特征，便于多种经营。县境东、南、西三面边缘土山连亘，北及东北面边缘石山崛起，中为冲积平原。明代著名地理学家徐霞客惊叹其“平畴一望，天豁岚空，不意万山之中，复有此旷荡之区也”[1]。

广阔的良田沃野使得宾阳县物产异常丰富，1996年被列为“九五”首批国家商品粮基地县。矿产资源多，主要矿产资源有钨、钼、铋、铜、石灰石、花岗岩等。与此同时，宾阳县传统手工业也种类繁多且技艺精湛。“宾阳货”自古以来就兴盛不衰，唐代生产的筒布，宋代制作的藤枲、藤器曾列为贡品。明代的莞（草）席、

[1] 宾阳县志编纂委员会.宾阳县志[M].南宁：广西人民出版社,1987:1-4.

[2] 宾阳县志编纂委员会.宾阳县志[M].南宁：广西人民出版社,1987: 561.

[3] 广西壮族自治区地方编纂委员会.广西年鉴2015[M].南宁：广西年鉴社,2015: 336.

[4] 宾阳县志编纂委员会.宾阳县志[M].南宁：广西人民出版社,1987: 39-42.

瓷器、纸扇，清代的陶器、毛笔、纸伞、油帽、壮锦等相继兴起，产品远销各地。[5]特别是以竹编产品为主的工艺品，以其实用舒适、雅致清新、乡土风味十足的特点享誉自治区内外，甚至畅销美、英、法、日等30多个国家和地区。[6]

宾阳交通便利，对发展商品生产和商品流通非常有利。[3]宾州镇为广西四大古镇之一，县城治地芦圩于明朝万历十三年(1585年)前已成圩场，[7]自古就是商贾云集之地，以“百年商埠”闻名于桂中南。

最具宾阳特色的是炮龙节，即每年农历正月十一晚举行舞龙活动，吸引众多国内外游客前来观光旅游，并于2008年进入第二批国家级非物质文化遗产名录。[8]宾阳县山秀水丽，风光旖旎，景色醉人。同时还拥有丰富的人文景观，除了驰名中外的“昆仑关战役”遗址之外，还有宾州古城文化景区、程思远故居、古辣镇蔡氏书香古宅群、白鹤观竹海等。[3]

思陇镇，位于宾阳县境西部，镇政府驻地思陇圩，距宾阳县城20 km。清置思陇巡检司于此，20世纪50年代初设思陇乡，此后多次变更，1994年置镇。2005年7月，太守乡并入思陇镇。[9] 2013年，行政区域面积173 km^2，其中山地面积约132 km^2，是典型的山区乡镇。耕地面积有69.80 km^2，其中水田28.70 km^2，粮食总产量63 000吨。全镇共辖9个村（居）民委员会，154个自然村，[10]有造纸厂和草绳厂等。镇上交易以土纸、竹木器、姜等为大宗。古迹南有昆仑关、东有古漏关等。[11]

[5] 宾阳县志编纂委员会.宾阳县志[M].南宁：广西人民出版社,1987:299.

[6] 宾阳县志编纂委员会.宾阳县志[M].南宁：广西人民出版社,1987: 411.

[7] 宾阳县志编纂委员会.宾阳县志[M].南宁:广西人民出版社,1987: 13.

[8] 《南宁年鉴》编纂委员会.南宁年鉴2008[M].南宁：广西人民出版社,2008: 474.

[9] 广西大百科全书编纂委员会.广西大百科全书·地理[M].北京：中国大百科全书出版社,2008: 847-850.

[10] 宾阳县地方志编纂委员会.宾阳年鉴2014[M].南宁：广西人民出版社,2016: 198.

[11] 戴均良,等.中国古今地名大词典：中[M].上海：上海辞书出版社,2005.

三
宾阳竹纸的历史与传承

3
History and Inheritance of Bamboo Paper in Binyang County

据明万历二十五年（1597年）所修《广西通志》记载，当时宾州已经生产手工纸，称为“宾州纸”，距今已有四百多年的历史，并且当时宾州纸的生产工艺水平应处于同类纸品中的领先地位，质量上乘，有“宾州纸极佳”的赞誉[12]。由此我们还可以推测，当时生产的宾州纸已具备一定的规模。可惜由于史料缺乏，无法得知宾州纸的生产原料、工艺等信息。

另据明谢肇（1567～1627年）的《百粤风土记》记载，当地能制造一种纸质甲胄，称为“纸甲”。这种纸甲防御性能很好，“矢石不能入，胜于铁也”。这种纸甲所用的纸正是出自宾州，“其纸出自柳之宾州，裹以旧絮，杂松香，熟槌千杵，外固以布，点缀而缝之。每甲费白金六七钱许耳”[13]。由此可见，宾州纸在当时已运用于军事，作为制作士兵甲胄的重要材料。相对于传统铁甲，这种纸甲的制作成本相对低廉。遗憾的是该书也没有对宾州纸所用原料及制作工艺进行描述。

宾阳历史上隶属南宁府管辖，清乾隆六年（1740年）《南宁府志·食货志》记载的物产货属类中就有竹纸。[14]这说明南宁境内生产竹纸的历史距今至少已有两百七十余年。

据1987年版《宾阳县志》记载，“万金纸（土纸），为思陇、太守、新桥一带的产品，共有56个村991户3 280人投入生产，其中新桥镇余村产纸已有100多年历史”[15]。调查组到宾阳县太新村实地调查，得知当地人所造竹纸以粉单竹为原料，文献中的万金纸（土纸），在当地也被称为福纸。

很多太新村造纸户认为，宾阳手工造纸最早出现在太新村的龙公村。据农乐业（1950～）介绍，其父农士耀、祖父农告余及曾祖、高祖都曾造纸。同村的农宝光（1954～）老人也确

[12] 广西通志馆旧志整理室.广西方志物产资料选编:上 [M].南宁:广西人民出版社,1991: 12.

知祖父曾造纸。

据农乐业、农宝光介绍，自20世纪20年代始，太新村陆续建立纸厂，由于博白县的造纸师傅技术好，且勤劳能干，因此多数纸厂聘请博白县的师傅造纸，并将所产纸的30%作为酬劳。据调查组调查，宾阳手工纸和博白县、北流市、岑溪县等地的工艺非常相似，说明上述县市之间的手工纸技术交流与传播是存在的。但由于缺乏相关资料，目前难以考证宾阳手工造纸技术的来源。20世纪80～90年代，农乐业、农宝光等还曾到博白、北流、陆川等地考察手工纸，并将博白的竹纸带回宾阳出售。他们认为太新村和博白县的手工纸工艺是相同的，但太新村竹纸质量不如博白的好。

1949年后，太新村造纸传统依然延续。由于本地劳动力富余，不再聘请博白的造纸师傅。1954年以后，宾阳对手工业进行社会主义改造，在手工纸、竹器、陶器、瓷器等22个行业成立各种手工业生产合作社[16]。1975年后，宾阳县纸厂逐渐多起来，基本上每个生产队都设有纸厂，甚至3～5人就成立一个纸厂。每个纸厂配有一辆水车，一般可带2～3个水槽（即捞纸槽）。据1983年的统计，宾阳的思陇、太守、新桥等镇有56个自然村，1 227户，5 666人，其中从事万金纸生产的有991户，共3 280人，分别占总户数的81%和总人口数的58%。1983年宾阳手工纸总产量2.9万件，总产值69.75万元[17]。1985年以后，为适应日益丰富的市场需求，宾阳出现了多品种的机制纸，而不再是单一的手工造纸。全县办起了80多家机制造纸厂，发展迅速，产量连年递增。

⊙1

⊙2

与当地手工纸密切相关的另外的手工制品便是有着悠久历史的纸扇和纸伞了。《宾阳县志》中载“明代莞席、陶器、瓷器、纸扇等产品陆续问世”[1]，此外还有“清代宾阳即出产纸伞”的记载。宾阳纸伞生产距今已经有200多年历史，是以竹片做伞骨，外面糊纸，纸上涂油而成，美观大方，经久耐用[15]。调查组成员2014年5月前往宾阳调查时，据制作油纸伞的老艺人陆玉贷介绍，制作油纸伞所用的纸是绵纸（当地称为“沙纸”或“纱纸”）。

目前，宾阳现代纸业和再生纸业已经形成重要的产业集群，手工纸业由于生产效率低，受到严重冲击，传统手工纸工艺的生存现状不容乐观，其保护与传承亟待加强。

⊙3

⊙1 宾阳油纸伞 Oil-paper umbrella in Binyang County

⊙2 宾阳纸扇 Paper fan in Binyang County

⊙3 调查组成员与陆玉贷合影 A researcher and local oil-paper umbrella maker Lu Yudai

[13] 广西通志馆旧志整理室.广西方志物产资料选编:上 [M].南宁: 广西人民出版社,1991: 53.

[14] 广西通志馆旧志整理室.广西方志物产资料选编:上 [M].南宁: 广西人民出版社,1991: 123.

[15] 宾阳县志编纂委员会.宾阳县志[M].南宁: 广西人民出版社,1987: 303-304.

[16] 宾阳县志编纂委员会.宾阳县志[M].南宁: 广西人民出版社,1987: 209.

[17] 宾阳县志编纂委员会.宾阳县志[M].南宁: 广西人民出版社,1987: 307.

四 宾阳竹纸的生产工艺与技术分析

4 Papermaking Technique and Technical Analysis of Bamboo Paper in Binyang County

(一) 宾阳竹纸的生产原料与辅料

宾阳竹纸的原料是粉单竹，造纸户认为生长一年以上的都可以用。但仅生长一年的一般都留着生竹笋，并且嫩竹纤维还不太适合捞纸。主要使用生长了2～3年的老竹子，这样的竹子长得结实，纤维好，成纸率高，造出的纸也好。3年以上的也可以用。1年生的干竹子100 kg只能得60 kg干竹纸，而3年以上的老竹子可得80 kg。

除了生竹子，还可用竹篾肚。2010年调查时，干的竹篾肚0.30元/千克，当时生竹子亦是0.30元/千克，但100 kg生竹子晒干只有75 kg。由此可见，竹篾肚比生竹子便宜些，但纤维也少一些，造出的纸也没有用生竹子造的纸好。100 kg干竹篾肚可得70 kg晒干的成品纸。

有些造纸户家里就有竹林，去砍即可。也有些造纸户家里没有竹子或者原料不够，就需要购买。宾阳造纸户整体上以买竹子为主。

(二) 宾阳竹纸的生产工艺流程

调查组2008年8月、2010年11月、2012年11月和2014年5月四次到宾阳思陇镇太新行政村委那逢自然村实地调查。据调查，宾阳太新村造竹纸工艺流程为：

壹	贰	叁	肆	伍	陆	柒	捌	玖	拾	拾壹	拾贰	拾叁	拾肆	拾伍	拾陆
砍竹	破竹	晒竹	浸泡	腌灰	堆垛	洗竹	晾竹	捣碓	踩纸泥	打槽	捞纸	绞纸	开纸	晒纸	包装

壹 砍竹 1

农闲时，造纸户在造纸作坊附近砍生长了一年以上的竹子，一人一天可砍200～250 kg。如果到周边山上砍，因路远且要搬运，一人一天只能砍50～100 kg。

贰 破竹 2

将竹子砍成约1.2 m一段，然后用刀在竹段细的一端打十字口，再插入两根小竹片，把刀插到开口处，将细竹子破成4片。也可直接用刀将竹子对半再对半破开。如果竹段直径较大，一般先破成4片，再对半破开。破开的竹片一般1～2指宽，竹片越细越好。通常一人一天可破100～150 kg竹子。

叁 晒竹 3

用竹篾将竹片捆好，放在太阳下晒干。所需时间视天气而定，太阳大的话晒十天左右即可，否则需二十天左右。造纸户认为晒竹时，最好是晴天、雨天交替，这样竹子原来很硬很生的“性格”烂了，适于造纸；如果只是晴天，也可造纸，但捣碓时很难捣碎；而如果竹片被淋后在雨天收回，则不适于造纸。

肆 浸泡 4 ⊙1

将晒干的竹片放在竹塘里，其上可盖上稻草，用木棒、石头压紧以免竹片浮起来，浸泡一个月以上。浸泡时，可用清水泡，也可加入石灰。造纸户认为用清水泡，水容易变臭，竹片还可能会长虫子；加入石灰可以防止水变臭，且能造出颜色偏黄的好纸。如果竹塘第一次浸泡竹片，则要加较多的石灰，100 kg干竹子要加30 kg石灰。第二次浸泡时，因有石灰残留在竹塘里，可加得少一些，100 kg干竹子加20 kg石灰即可。多次浸泡后，可以不再加入石灰。

伍 腌灰 5

把买回来的生石灰放在石灰井里，加水，待石灰发好后，戴上手套、穿上水鞋，将纸竹（即浸泡后的竹片）一捆捆放入石灰井，待纸竹四周均匀腌上石灰后，随即拿出来。大约二十年前，造纸户没有水鞋和手套，都是空手赤脚来操作。

陆 堆垛 6 ⊙2

将腌过灰的纸竹置于干燥的地面，堆成垛，用稻草盖好，其上可再压几块石头，堆放3～6个月。造纸户认为堆放2个月也行，但其后捣碓的时间要长些。如果堆放时间太短，纸竹还不“成熟”，造出的纸质量不好；如果堆放时间太长，纸竹完全腐烂，造出的纸质量也不好，甚至不能造纸。堆垛的最初十天，早晚各加一次水，使之保持一定的湿度，此后纸竹在石灰的作用下慢慢腐烂，就不需要再加水。

⊙1 浸泡 Soaking the bamboo materials

⊙2 堆垛 Bamboo materials pile covered by straws

柒 洗竹 7

揭开稻草，将纸竹钩到竹塘里清洗干净，同时将石灰洗到竹塘里。一般夫妇两人一天可洗500～1000 kg，但通常只需要洗150～200 kg，够一天使用即可。

捌 晾竹 8

将洗好的纸竹晾晒半天，如果洗得不太干净，则用棍子将粘上的石灰敲下来。不能在太阳下暴晒，造纸户认为暴晒会导致纸竹太干、太白，捣碓时很难捣碎，同时造的纸太白，质量不好。

玖 捣碓 9 ⊙3

将约100 kg干的纸竹，放在水碓里舂12小时左右，舂成纸泥。捣碓时，要不时地翻料。受碓和空间大小的影响，造纸户韦守南家的碓一次可舂75～150 kg。

⊙3

拾 踩纸泥 10 ⊙4

将刚舂好后的纸泥放到踩槽里，加入适量水，两脚平行、脚磨脚地从一侧踩到另一侧，再反方向踩回来。现在一般来回踩5～6遍，能多踩几遍更好，将粘着的纸泥踩开踩融，以前要踩10遍。一般一次踩25～30 kg纸泥，需用1小时左右。踩纸泥很有技巧，必须两脚平行、脚磨脚踩，否则踩不开。

⊙4

拾壹 打槽 11 ⊙5

⊙5

将纸泥放到纸槽里。以前捞的纸比较薄，一槽放25 kg纸泥，现捞的纸比较厚，一槽放50 kg纸泥。加水至距槽面20 cm处时，两人分站槽两边，各持一槽鞭打槽，打槽时，两人打槽方向相反，先朝一个方向打120鞭，再朝反方向打120鞭，使纸泥在槽内转动起来，最终打成纸浆。现在造纸户通常一个人打槽，花10分钟打30～50鞭，把纸泥打起来即可。造纸户认为这是“偷工减料”，打得远远不够，会影响纸的质量。

⊙3 捣碓 Beating the papermaking materials

⊙4 踩纸泥 Stamping the papermaking materials

⊙5 打槽 Beating the papermaking materials in the papermaking trough

拾贰
捞　纸

12　⊙6～⊙9

先将纸成放在成框上，然后把U形架压在纸成上，将纸成与成框压紧后将成框由外往里深深插到纸槽里，再缓缓平抬起来，由里往外倒水，随后将成框置于纸槽的桥梁上，松开压条，提起纸成，转身将湿纸翻盖于纸饼上。捞纸时，捞了一定数量后，在纸饼上放上废旧纸成或均匀撒上一层细沙子，便于松榨后将纸饼分块。以前主要用废旧纸成分隔纸饼，近年来由于所造的纸较厚，往往用细沙子分隔。如果由于沙子导致其上下各一张纸烂了，就将其用于包装。

据农乐业、农宝光等介绍，捞纸时很讲究手法，速度须均匀，不能快，倒水时要使水均匀往外流，可把纸浆压平，否则纸饼经压榨后纸容易相互粘在一起，不容易剥开。不能让水大量从纸成下面漏出来，这会导致纸变烂或者纸浆压不平。以前造元宝纸，倒水时左高右低，纸浆由左往右冲下去，造出的纸更薄。

捞纸时，如果纸浆还没沉下去，捞的纸太厚，则待纸浆沉下去一部分后再捞；如果捞的纸太薄也不行，这说明纸浆都沉在槽底了，此时需拿打槽鞭打几下，让纸浆漂起来再捞。据农乐业、农宝光介绍，以前对纸的质量要求高，尤其是元宝纸、鞭炮纸等要薄，所以捞纸手法必须到位；现在对纸的质量要求低一些，捞纸手法没有以前那么讲究了，纸也更厚了。以前一人一天只能捞40～50 kg纸泥，大约24～26张纸才1 kg重；现在一般一人一天能捞100 kg，8～10张就1 kg重了。

此外，如果要做大红色鞭炮纸，就在纸槽里加入大红颜料。

⊙6

⊙7

⊙8

⊙9

⊙6/9
捞纸
Scooping and lifting the papermaking screen out of water

拾叁 绞纸

13 ⊙10～⊙13

当纸饼堆到矮钉（作用是拦住纸饼）顶部即可绞纸（压榨）。如果抄得更多，也可用木条将矮钉加高。纸饼由于水分多，容易弯曲，绞纸前，一般在纸饼与矮钉、高钉之间加上一两块顶板。绞纸时，先在纸饼上盖上废旧竹编或纸成，然后依次放上纸板、两块脚（即垫木塞的木条）、木塞、压枕（也称垫枕），用小竹棍将纸饼四周刮平，接着将手杆插入上榨梁，缓慢压榨。到压不下去时，换上绞梁，用绞纸绳将其和榨辊子绞紧，将手杆插入榨辊子的孔洞，手扶绞梁，脚踩手杆，继续压榨约15分钟。松榨，去掉木塞，将绞梁插入下榨梁，继续压榨。接着再松榨加木塞，继续压榨，直至将纸饼压到原高度的约40%即可。随后用刮子将纸饼四周的水刮掉。绞纸后纸饼中若水分留得太多，纸会粘在一起，不容易一张张剥开，绞纸时应尽可能多地去除纸饼中的水分。绞纸也很讲究技术，尤其是刚开始时，一定要慢，并注意用力大小。操作技术不好的，当把绞梁放上去时，可能纸饼就裂开了。以前绞纸需要一个半小时，现在由于纸厚，质量也没有以前讲究，40分钟左右即可。近几年也有的用千斤顶来绞纸。

⊙10

⊙11

⊙12

⊙13

⊙10 刮边 Trimming the deckle edges

⊙11/13 绞纸 Pressing the paper

⊙14

⊙15

⊙16

拾肆
开　纸

14　⊙14～⊙18

松榨后，将纸饼分块。搬一块到桌子或椅子上，手持木棒捶松纸面，再用手将纸块的四个角揉松，然后将纸一张张剥开，至纸块剩余约三分之一时需用纸棰将纸块捶松后才能剥开。因为用纸棰将纸块捶松后，纸之间有了空气，就容易剥开了。据造纸户介绍，如果捞纸时捞得顺，剥纸时也就好剥。遇到不好剥的，也可以2～3张一起剥，用于制作大鞭炮纸。将所有的纸剥开后，将剥开的纸翻回去，用手揉所剥纸的对角，将纸一张张地彻底分开。

⊙17

⊙18

⊙14 纸饼分块 Dividing the paper into several blocks

⊙15 捶纸 Hammering the paper

⊙16 揉纸边 Rubbing the paper edges

⊙17 开纸 Splitting the paper layers

⊙18 揉纸 Rubbing the paper edges

拾伍 晒纸

15 ⊙19～⊙22

将开好的纸一叠叠分开，每一叠折一个角，若干叠拿起来，分放在地上或竹竿上晒干，也可在室内晾干。晒纸遇太阳大时，5～6张为一叠，否则3～4张为一叠，一般一天即可晒干。若一张张晒，太阳大的话1小时就可以晒干。在室外的竹竿上晒，如果晚上还没干，通常会将竹竿聚拢，用一塑料盖在上面，避免纸被雨水、雾水等打湿。阴雨天则将5～6张叠在一起晾在室内竹竿上，通常5～6天可以阴干。阴雨天造纸，也可以先不晒，纸饼放一个月也不会坏。造纸户认为晒干和阴干的纸在质量上没有区别，只是晒干的纸轻一些，阴干的纸重一些。

⊙19

⊙20

⊙21

⊙22

拾陆 包装

16

将晒干的纸一张张撕开，四周对齐，按每捆25 kg或30 kg进行包装，也有的每捆 50 kg，用竹篾在两头各捆一道。

⊙19 分纸 Splitting the paper layers

⊙20 晒纸 Drying the paper in the sun

⊙21 晾纸 Drying the paper in the shadow

⊙22 盖纸 Covering the paper

(三)
宾阳竹纸生产使用的主要工具设备

壹 纸槽 1

大小不定，造纸户认为最合格的纸槽应是长200 cm，宽130 cm，高100 cm。如果空间受限制，也可因地制宜。

贰 踩槽 2

用于将纸泥踩开。所测踩槽长200 cm，宽67 cm，高20 cm。

叁 纸成 3

所测纸成长81 cm，宽50 cm，造出的纸长74 cm，宽44 cm。主要购自北流，约60元/个，可用1～2年。

⊙1

肆 成框 4

含U形架，所测成框长89 cm，宽54 cm，约40元/个，可用10年。

⊙2

伍 桥梁 5

纸槽中的木杆，用于放成框，同时挡住纸槽内远离捞纸人一侧的纸泥，使之逐渐沉下去。

⊙1 纸成 Papermaking screen
⊙2 成框 Frame for supporting the papermaking screen

陆 绞纸绳 6

用于连接榨杆与榨辊子。以前所用的绞纸绳一般是用粉单竹的青皮部分做成，将剥下的青皮部分放在竹塘浸泡一周左右，拿起来洗干净，晾一小时，半干后，几个人一起将其拧成一根绳。1980年开始，改用麻绳，约1984年后改用钢丝绳。

⊙3

近年来宾阳县太新竹纸工艺与传统相比，有所变化，如表4.1所示。

表4.1 宾阳县太新村竹纸工艺变化表
Table 4.1 Contrast of the traditional and modern papermaking techniques of bamboo paper in Taixin Village of Binyang County

序号	工序	传统工艺	现在工艺
1	腌灰	腌灰时，空手赤脚操作	戴手套、穿水鞋
2	踩纸泥	踩10遍	踩5～6遍
3	打槽	一槽放25 kg，两人分站槽两边，打槽方向相反，先朝一个方向打约120鞭，再朝反方向打120鞭	一槽放50 kg纸泥，一个人打槽，打30～50鞭
4	捞纸	一天能捞40～50 kg纸泥，大约24～26张纸重1 kg	一天能捞100 kg纸泥，8～10张纸重1 kg
5	绞纸	用木榨，需一个半小时。绞纸绳用粉单竹的青皮制成	用木榨或千斤顶，一般40分钟即可。1980年改用麻绳，约1984年后改用钢丝绳

由上可见，宾阳县太新竹纸的工艺变化：一是改善了劳动条件，降低了劳动强度，如腌灰时戴手套、穿水鞋，绞纸时改用千斤顶等；二是造纸户所说的“偷工减料”，如踩纸泥的次数减少，打槽的次数减少，所捞的纸变厚等。

⊙3 木榨 Wooden pressing device

(四)

宾阳竹纸的性能分析

所测宾阳太新村竹纸为2007年所造，相关性能参数见表4.2。

表4.2　太新村竹纸的相关性能参数
Table 4.2　Performance parameters of bamboo paper in Taixin Village

指标		单位	最大值	最小值	平均值
厚度		mm	0.572	0.471	0.518
定量		g/m^2	—	—	149.1
紧度		g/cm^3	—	—	0.274
抗张力	纵向	N	27.61	19.06	23.02
	横向	N	14.64	7.59	11.60
抗张强度		kN/m	—	—	1.15
白度		%	18.17	17.21	17.78
纤维长度		mm	4.55	0.54	1.67
纤维宽度		μm	47	1	13

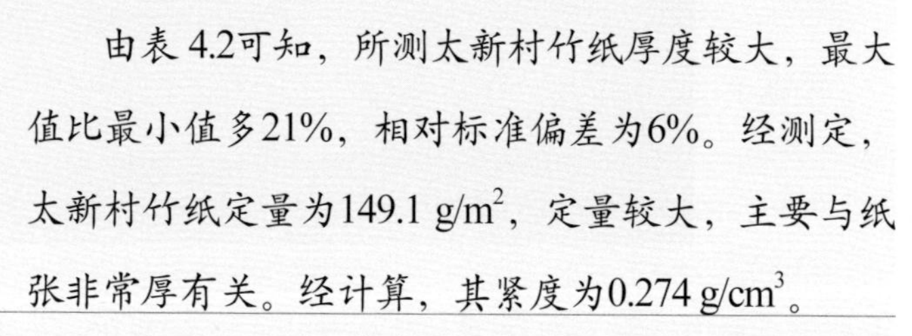

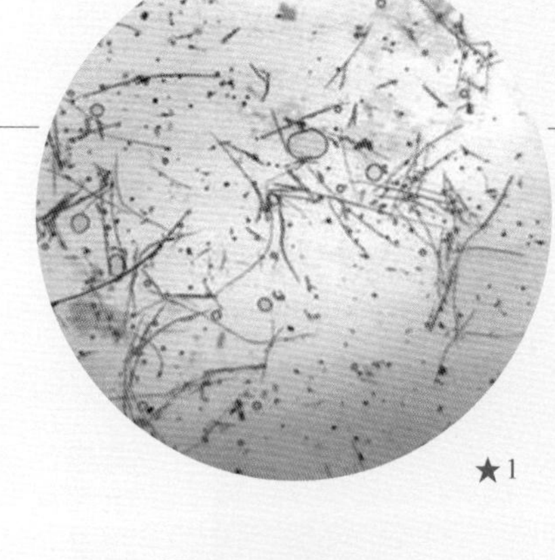

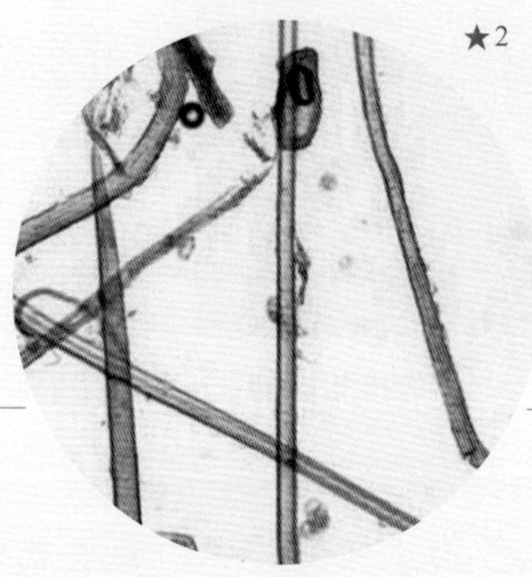

由表4.2可知，所测太新村竹纸厚度较大，最大值比最小值多21%，相对标准偏差为6%。经测定，太新村竹纸定量为149.1 g/m^2，定量较大，主要与纸张非常厚有关。经计算，其紧度为0.274 g/cm^3。

太新村竹纸纵、横向抗张力差别较大，经计算，其抗张强度为1.15 kN/m。

所测太新村竹纸白度平均值为17.78%，白度很低，这应与太新村竹纸没有经过蒸煮、漂白有关。相对标准偏差为1.6%。

所测太新村竹纸纤维长度：最长4.55 mm，最短0.54 mm，平均1.67 mm；纤维宽度：最宽47 μm，最窄1 μm，平均13 μm。在10倍、20倍物镜下观测的纤维形态分别见图★1、图★2。

★1
太新村竹纸纤维形态图(10×)
Fibers of bamboo paper in Taixin Village (10× objective)

★2
太新村竹纸纤维形态图(20×)
Fibers of bamboo paper in Taixin Village (20× objective)

五 宾阳竹纸的用途与销售情况

5 Uses and Sales of Bamboo Paper in Binyang County

(一) 宾阳竹纸的用途

宾阳县太新村竹纸虽然都称福纸，但按厚薄、用途细分，有多个品种，用途较广，销售形式不一，具体如表4.3所示。

表4.3　宾阳县太新村竹纸品种、用途和销售形式
Table 4.3　Types, uses and marketing forms of bamboo paper in Taixin Village of Binyang County

序号	品种	1 kg纸的张数	用途	销售形式
1	元宝纸	36	制作元宝，祭祀时烧	按张卖
2	小鞭炮纸	22～28	鞭炮用纸	按重量卖
3	大鞭炮纸	16～20	鞭炮用纸	按重量卖
4	普通福纸	24～26（传统） 8～10（现在）	垫棺材，以前还用作卫生纸和用于敷墙	按重量卖

注：据农宝光介绍，元宝纸尺寸比现在普通福纸大一些，大约84 cm × 50 cm。

⊙1

⊙2

⊙1 制作纸钱 Making joss paper

⊙2 贴银元宝纸 Joss paper with silver mark on it

宾阳竹纸第一个用途是作为地方的丧葬民俗用纸。传统丧葬民俗用纸称为元宝纸，生产元宝纸很有讲究，所捞的纸要尽量薄；开纸时，要一张张开，撕破一点就不能用了。用作丧礼或祭祀时用的纸钱（即元宝），分为贴金、贴银两种。大约从2000年开始，丧葬民俗用纸中已有部分机制纸。但是村民们认为机制纸太紧密，易粘在一起，不易烧，而手工竹纸不那么密实，容易烧，因此当时竹纸在当地丧葬民俗中仍有一定的市场。然而，因造纸户不再生产元宝纸，而普通竹纸太厚，不能用作元宝纸，所以现在当地所用元宝纸均为机制纸。

第二个用途其实也是丧葬用纸，当地农村用5～6张较厚的普通福纸来垫棺材底部及两侧。因为宾阳竹纸吸水性特别强，做衬里能吸水并保持卫生和美观，现在也有改用白布、海绵等来垫的。

第三个用途是作为卫生用纸，特别是作为产妇用的卫生纸。由于纸较粗糙，且各种机制卫生用纸不断出现，20世纪80年代中期以后就逐渐不用作卫生纸了。

第四个用途是鞭炮用纸，这是宾阳手工纸传

统上最重要的用途。鞭炮纸有两种：小鞭炮纸，每千克有22～28张；大鞭炮纸，可用于做拇指大及更大的鞭炮，每千克只有16～20张，比小鞭炮纸厚一些，但比小鞭炮纸便宜一些。当地造纸户认为用于制作鞭炮的话，机制纸不如手工纸：机制纸做成的鞭炮，爆炸力不强，响声不大；此外，机制纸由于采用机器打浆，纤维太细，制作鞭炮时易开裂，手工纸不是机器打浆，打得没有那么细，结合力好，不易开裂。然而，随着机制纸不断增多，价格也相对便宜，宾阳手工竹纸用于制作鞭炮的用途也在逐渐萎缩。1990年时，大鞭炮纸还有很多，1995年时已较少，2000年之后已经基本不用手工竹纸来制作鞭炮。2012年调查时，当地造纸户提到当时机制纸100 kg约卖 240元，竹纸则为280～320元，如是像机制纸那么薄的，约需360元。与机制纸相比，宾阳手工纸显然在价格上没有竞争力。

第五个用途是敷墙。当地人将竹纸弄湿、打碎后，或直接用纸泥，与石灰、水泥、沙子等按一定比例搅拌均匀，敷在墙上，可使墙更加密实、光滑。据农宝光介绍，这在以前属于相当高档的用途，一般人家还用不起。20世纪80年代后，这种用途也逐渐变得很少了。

可见，宾阳竹纸在传统民俗生活中有很大的应用空间。但是由于现代造纸工业迅速发展，宾阳竹纸的生存空间被严重挤压，而其品质的下降也是其市场萎缩的一个重要原因。

(二)
宾阳竹纸的销售情况

受到大量机制纸厂的冲击，宾阳手工纸的生产现状不容乐观。调查组2008年去调查时，太新村还有5户人家生产手工纸，2010年时仅剩下两户，而2012年只有一户还在断断续续地生产。

以前，不同品种的宾阳竹纸按照不同的方式和价格来卖。例如，元宝纸按张卖，其他的如鞭炮纸、普通福纸等论重量卖。而同一品种的纸，如鞭炮纸又分成小鞭炮纸和大鞭炮纸，越薄的越贵。目前，由于市场的萎缩，宾阳竹纸的品种也逐渐单一化，造纸户现在只生产和销售普通福纸。

以前，宾阳竹纸主要由购买者开车上门购买，生意不好时，造纸户也自己拉到周边如新桥、国泰等市场及鞭炮厂去卖。以前销售区域包括宾阳县的新桥镇、国泰乡、芦圩镇，广西的横县、南宁、柳州，乃至广东、贵州、云南、湖南、河南等地。近年来产量大幅萎缩，纸质也大不如前，主要销售给周边乡镇的村民用于祭祀。据说仍有部分卖到云南、贵州供少数民族使用，但是由于直接卖给上门采购的老板，其具体用途不得而知。

2012年调查时，如果是上门收购，竹纸价格大约为2.8元/千克，如果是造纸户自己拉出去卖，则为3.2元/千克。如果按照一户有两人造纸，年产竹纸10吨计算，一年销售额约2.8万元，利润约2万元，人均利润1万元。这对于普通农民来说虽然不是一笔小数目，但较外出务工者的收入还是要低，而且造纸比外出务工更加辛苦。目前，太新村唯一还在造竹纸的韦守南师傅，平时也到机制纸厂做工，机制纸厂提供免费的午餐，工资为60～70元/天。他觉得到机制纸厂做工轻松一些，效益也高一些。

六
宾阳竹纸的
相关民俗与文化事象

6
Folk Customs and Culture of Bamboo Paper in Binyang County

(一)
祭鲁班

宾阳太新村有一个很有意思的文化现象，该地手工造纸户供奉的行业神是鲁班，而不是蔡伦。木工和手工纸工匠都祭鲁班，这在调查组所调查的区域里是极其罕见的。据本地人说，他们不知道纸是谁发明的。祭拜鲁班，反映了宾阳的一种独特的民间信仰，即相信造纸和鲁班有莫大的关联，鲁班在当地手工纸工匠心目中有着崇高的地位。

每月初二、十六，造纸户都要举行拜鲁班的仪式，一般是在纸厂举行。在举行仪式之前，要准备好三牲，即猪、鱼、鸡，若没有鸡，也可以用鸡蛋代替。祭祀绝对不能用鸭，据说鲁班根据鸭子游泳的原理造出了船。在祭拜的过程中，要烧元宝、放鞭炮，数量多少不重要，重要的是要怀着虔诚的心。参加祭拜的可以是造纸工匠一人，也可以是全家老少。如果造纸工匠因故不能祭拜，请朋友代为祭拜也可以。当然，除了在上述两个固定的日子里举行正式祭拜仪式之外，造纸工匠还可以随时进行祭拜。祭拜时，即使没设鲁班牌位，也可以恭敬作揖，并祈求：“师傅保佑我们平安！安全、顺利生产！”也可以什么都不说，在内心里默默祈祷。

除了祭拜仪式的要求，与鲁班有关的禁忌还很多。比如，造纸工匠们相信，如果不祭拜鲁班，不但纸造不好，还容易出事故。这种信念一直在他们心中萦绕，他们常常担心在将纸压干时自己被绞梁翘起来，捣碓时手被碓压断等。此外，造纸户忌讳乱说话，尤其是在纸厂，就连“今天是否拜鲁班”这样的话语都被视为冒犯。可见鲁班在造纸户心目中的神圣地位。从更深层的意义来讲，这些信仰现象也反映了造纸的产量及顺利与否，对当地人民的生活有着很大的影响。

(二)
节日用纸

在宾阳，各种节日中对手工纸的使用也较为普遍。清明节，当地的村民以姓或村为单位，联宗拜祭祖先，到祖墓烧香焚钱，有的村庄还放铁炮、杀猪、杀羊来祭拜祖墓。而当年添男丁的人家，要交报丁钱，并且作为筹备扫墓的"头人"。祭拜完后，在祖墓会餐。

七月初一至初七为"烧衣节"，有的人家要给亡灵焚化纸衣、纸帽、纸鞋、纸被、纸帐、纸钱。

七 宾阳竹纸的保护现状与发展思考

7 Preservation and Development of Bamboo Paper in Binyang County

在讨论保护现状及发展思考前，有必要先分析一下宾阳竹纸的独特价值。

(一) 宾阳竹纸的独特价值

1. 独特的名称和制作工具

宾阳县太新村制作竹纸的不少材料、工序和工具都有较为独特的名称，如碓好的竹料称为纸泥，后继工序称为踩纸泥，纸帘称为纸成，纸帘架称为成框等。顾名思义，纸是成型于纸帘上，故纸帘称为纸成；盛放纸成的框称为成框；刚碓好的竹料还粘在一起，形似泥巴，故称为纸泥。

此外，从竹子到纸的过程中，不同阶段有不同名字。最初叫竹子，破开后叫竹片，用石灰浸泡后称纸竹，纸竹顾名思义即专门用来造纸的竹，舂捣后为纸泥，所抄成的湿纸呈饼状，叫纸饼，压干、揭开后叫纸。

宾阳手工纸制作过程中，使用的纸帘架即成框含有一个U形架，与其他很多地方使用的纸帘架有所不同。

2. 独特的民俗

与宾阳手工纸有关的最独特的民俗是祭鲁班。这也是调查组第一次见到造纸户祭祀鲁班，此外博白县那林镇造纸户也是祭鲁班。询问当地造纸户，他们不知道纸是谁发明的，但鲁班是木匠的祖师爷，而造纸需要用到很多木制工具和设备，因此就祭鲁班。

祭鲁班及其诸多讲究，反映出宾阳的一种独特的民间信仰，也足见鲁班在当地手工纸工匠心目中的崇高地位。

3. 较为独特的造纸技术

宾阳县太新村手工造纸技术的较为独特之处表现在采用抄纸法但没有使用纸药。关于这一点，韦丹芳等学者在调查中也已发现[18]。通常，浇纸法因浇一张纸就用一个固定式纸帘，故不用纸药。而抄纸法一般需用纸药，纸药起到悬浮、润滑、热降解等作用[19]。甚至有专家认为，纸药是发明造纸的关键，蔡伦发明造纸时就已经使用了纸药[20]。

调查组在调查中发现，也有浇纸法用纸药、抄纸法不用纸药的特殊情况。其中采用抄纸法而不用纸药的，除了宾阳，还有广西玉林市的博白县、北流市、容县及广西梧州市的岑溪县。非常遗憾的是，除了宾阳，其他地方都已不再生产手工纸了。此外，富阳竹纸[21,22]、山西忻州麻纸[23]以及本调查组调查的山西沁源麻纸等也是用抄纸法而不用纸药。

这些独特的名称和制作工具、独特的民俗、较为独特的造纸技术蕴含了手工纸起源、传播的信息。据调查组调查，广西玉林市的博白县、北流市、容县及广西梧州市的岑溪县等地竹纸的工序名称、制作工具、造纸技术与宾阳县太新村竹纸非常相似，博白县那林镇造纸户祭鲁班的风俗也与宾阳县太新村相似，这应是造纸技术传播或造纸点相互交流的结果。上述这些造纸点所用的纸帘大多从北流购买，这也是造纸技术传播的一个佐证。可以说，深入研究宾阳县及其他相关地方的手工纸，不但可以丰富对中国手工纸的认识，而且对探讨中国手工纸起源等重大问题都有一定的作用。

（二）
宾阳竹纸的现状

表4.4　宾阳县太新村不同年份竹子价格、普通福纸价格、福纸张数变化表
Table 4.4　Price of bamboo paper and Fu paper in Taixin Village of Binyang County in different years

年份	竹子（元/百千克）	普通福纸（元/千克）	福纸张数（张/千克）
1983	6	44	24～26
1990	9	70	18～20
2000	12	120	8～10
2008	25	220	8～10
2010	30	240～260	8～10
2012	40	280～320	8～10

宾阳竹纸的现状不容乐观。宾阳县太新村不同年份竹子价格、普通福纸价格、福纸张数变化如表4.4所示。虽然竹纸价格近三十年来涨到了原来的7倍，但其原料竹子的价格也同样涨了，而各种物价尤其是工价涨得更加厉害。当地造纸户普遍认为造纸不如外出务工，宾阳的造纸户也因此急剧减少。由于纸价相对低廉，人工较贵，造纸户为了能有更多效益，纸张做得越来越厚，传统福纸1 kg有24～26张，而2000年后只有8～10张。这导致

[18] 韦丹芳.广西壮、汉、瑶民族造纸技术的调查研究[J].广西民族学院(自然科学版),2004,10(3): 24-27.
[19] 刘仁庆.关于手工纸“纸药”的研究[J].中华纸业,2010,31(13): 72-75.
[20] 荣元恺.纸药:发明造纸术中决定性的关键[J].中国造纸,1986(6): 64-66.
[21] 庄孝泉,孙学君.富阳竹纸制作技艺[M].杭州: 浙江摄影出版社,2009.
[22] 李少军.富阳竹纸[M].北京:中国科学科技出版社,2010.
[23] 樊嘉禄.山西忻州麻纸传统制作技艺调查[M]//姜振寰.技术史理论与传统工艺.北京:中国科学技术出版社,2012: 179-188.

其用途越来越单一，销路也更加不畅。

目前，宾阳县现代造纸产业得到迅速发展，严重挤压了传统竹纸的生存空间，生产效率和经济效益相对低下的传统竹纸业已处于濒临消亡的状态。更堪忧的是，宾阳传统竹纸的传承态势趋弱，该地传统竹纸业一直采取原生态的生存方式，在创新性和适应性方面不足，在开拓当代市场方面几乎是空白的，并且其仅存的狭窄的销售市场也很不稳定。

(三)
宾阳竹纸的发展思考

如前所述，宾阳县太新村竹纸具有独特的价值。尤其其采用抄纸法却不使用纸药的独特的造纸技术，应是从"浇纸法不用纸药"技术发展到"抄纸法用纸药"技术之间的一种重要的过渡状态，是中国手工纸发展过程中极为重要的标本。因此，宾阳县太新村竹纸的传承与发展具有重要的历史和现实意义。

宾阳县太新村竹纸的传承与发展，可以考虑从以下几个方面着手：

1. 联合其他单位研究其特殊的造纸技术，申报自治区级乃至国家级非物质文化遗产

宾阳县太新村竹纸采用抄纸法但不用纸药的独特的造纸技术，迫切需要有关单位合作进行更为深入的研究，进一步挖掘该技术的历史及传播路径。

在上述研究的基础上，将宾阳县太新村竹纸申报为自治区级乃至国家级非物质文化遗产，将其传承与保护纳入到非物质文化遗产保护体系，使得宾阳县太新村竹纸可以获得更广泛的关注。

2. 还原纸的良好品质

目前，宾阳县太新村所生产的竹纸非常厚，论重量卖，销售不畅，而以前生产的如用于制作元宝的纸的厚度仅为现在纸的三分之一，其制作工艺较为讲究。品质的下降是导致宾阳县太新村竹纸市场衰落的原因之一。还原纸的良好品质，不仅是宾阳县太新村竹纸得以继续生存的出路，也是其拓宽用途、开拓新市场从而赢得更大发展空间的坚实基础。

3. 开发手工纸新品种、新用途

在保留传统造纸技术的基础上，考虑进行技术改进及产品开发。可以考虑采用熟料法造纸，即对竹子进行蒸煮，得到更为细腻、均匀的纸浆，造出更为平滑、柔韧的纸张，用于书写、绘画等。还可以考虑将手工纸制作成各种精美别致的旅游纪念品。

4. 适当进行旅游开发

宾阳有很多旅游资源，如汉代古城遗址、始建于宋代的宾州古镇、程思远故居以及中日昆仑关战役遗址。太新村还有保持得相当完好的清代农氏厅堂，以及可吸引近十万游客的一年一度的炮龙节等。此外，太新村距离南宁仅80 km，而南宁作为"中国—东盟博览会"主办地，也拥有众多的旅游资源。对宾阳县太新村传统造纸进行适当旅游开发，不但可以丰富宾阳乃至南宁旅游的历史、文化内涵，也将对宾阳县太新村竹纸的传承与保护起到重要的作用。贵州省丹寨县石桥村依托手工造纸进行旅游开发就是一个很好的例子。由于旅游搞得好，每年有众多国内外游客前去参观，该村生产的手工纸及手工纸工艺品获得了国内外的高度关注，其手工纸也因此得到了较好的传承与保护。

⊙1

⊙2

⊙1
太新村清代农氏厅堂
Hall of the Nongs built in the Qing Dynasty in Taixin Village

⊙2
调查组成员与农乐业（左）、农宝光（中）于太新村清代农氏厅堂前合影
A researcher with Nong Leye (left) and Nong Baoguang (middle) at the door of the hall of the Nongs built in the Qing Dynasty in Taixin Village

宾阳竹纸

Bamboo Paper in Binyang County

太新村竹纸透光摄影图

A photo of bamboo paper in Taixin Village seen through the light

第二节
隆安壮族纱纸

广西壮族自治区
Guangxi Zhuang Autonomous Region

南宁市
Nanning City

隆安县
Long'an County

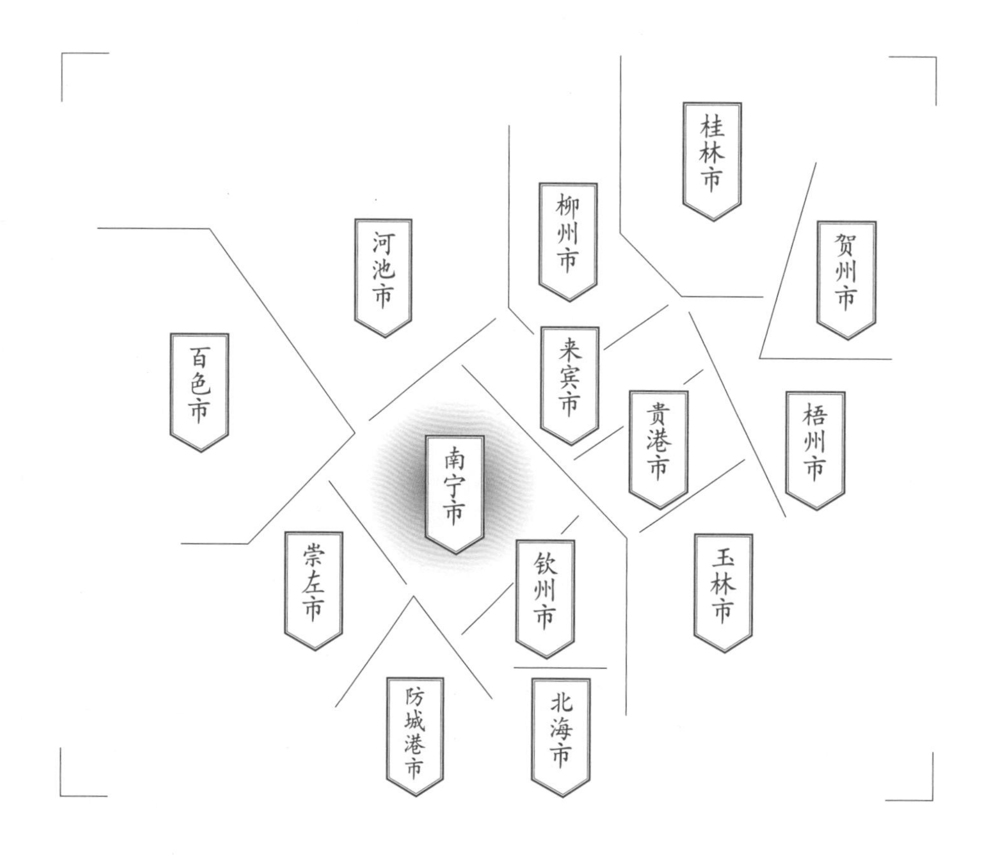

调查对象
南圩镇
联造村
纱纸

Section 2
Sha Paper by the Zhuang Ethnic Group in Long'an County

Subject
Sha Paper in Gudou Village of Lianzao Village in Nanwei Town

一
隆安壮族纱纸的基础信息及分布

1
Basic Information and Distribution of Sha Paper by the Zhuang Ethnic Group in Long'an County

隆安壮族纱纸即构皮纸，由于当地称构树为纱树，故而得名。纱纸曾经有着广泛的用途，除了作为抄经文、写经书及书法用纸以及用于制作纸扇等外，也用于银行捆钞。涂上桐油后，还可用于制作纸伞，以及防水盖头。此外，还用于擦窗户以及制作各类民俗用品（如纸钱、纸马、纸龙、挂青等）。

近年来，由于各种替代产品不断涌现，隆安壮族纱纸的用途及产销额日趋萎缩。据调查组了解，隆安县目前只有南圩镇联造村古斗屯的黄国价夫妇仍在坚持生产壮族纱纸。

⊙1

⊙1 隆安风景（隆安县文化馆 提供）
Scenery of Long'an County (provided by Long'an County Cultural Museum)

隆安壮族纱纸生产地分布示意图

Distribution map of the papermaking site of Sha paper by the Zhuang Ethnic Group in Long'an County

考察时间 2014年5月

Investigation Date May 2014

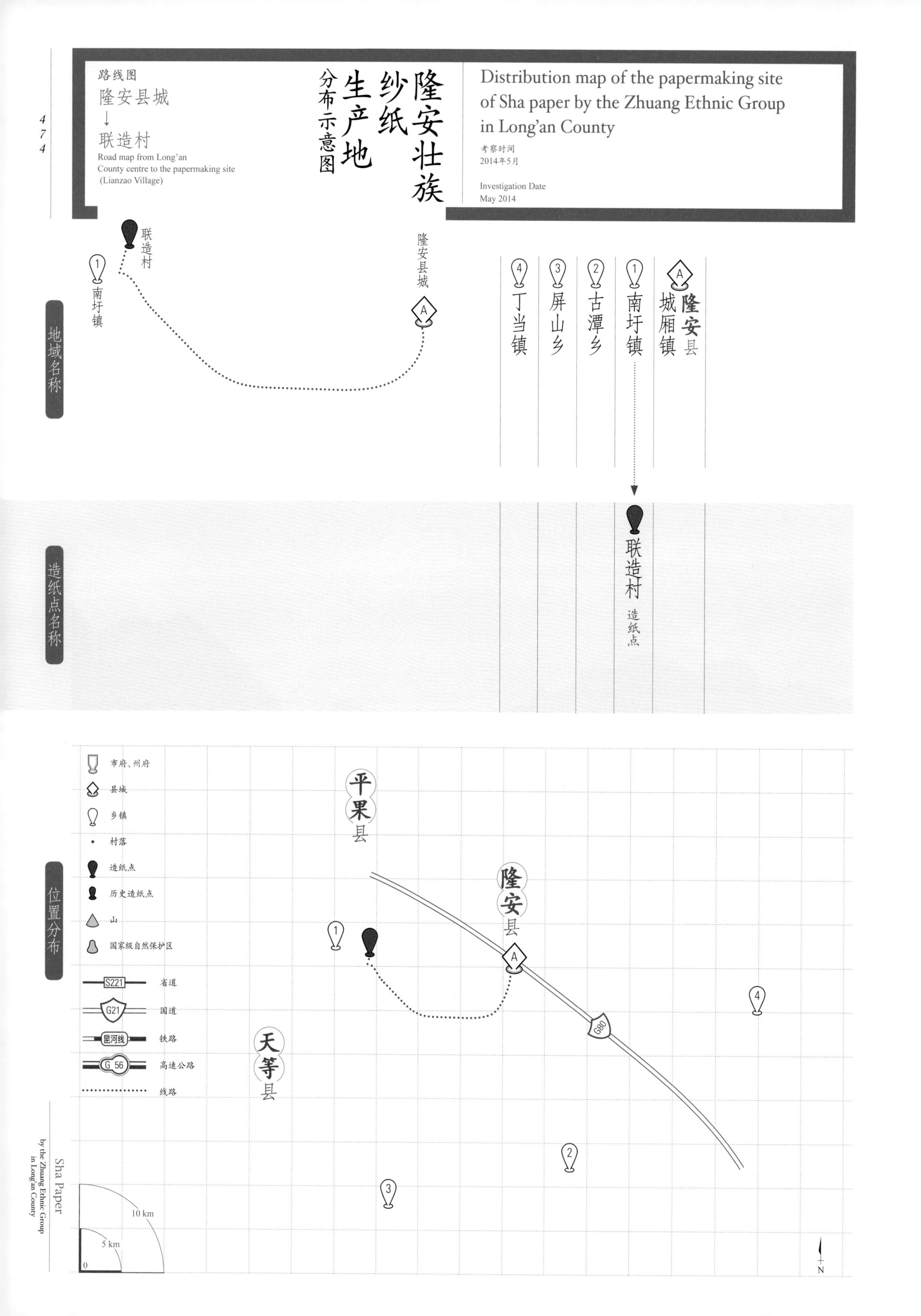

二 隆安壮族纱纸生产的人文地理环境

2 The Cultural and Geographic Environment of Sha Paper by the Zhuang Ethnic Group in Long'an County

隆安县位于广西中部偏西南，隶属于南宁市，东临武鸣区、西乡塘区，南连扶绥县、崇左市江州区，西接大新县、天等县，北隔右江与百色市平果县相望。

今隆安县地域，秦朝属象郡，汉初为南越国辖地。汉武帝平定南越国后，属郁林郡增食县地。隋开皇十八年（598年），置宣化县。唐武德五年（622年），从宣化县分设朗宁县时，为朗宁地，属邕州。至乾元年间（758～759年），邕州添置思龙县，县治在今城厢镇之南，此为隆安今地独立设县之始。宋元时，其地域是宣化县思龙乡、西乡及武缘县永宁乡的属地。明嘉靖八年（1529年），两广总督王守仁奏请增设隆安县建置。明嘉靖十二年（1533年）四月，将宣化县思龙乡、西乡及武缘县永宁乡这三个乡的部分属地划出，正式设置隆安县。因县治设在旧思龙县，龙与隆同音，且祈冀置县后帝业隆盛，社稷安宁，皇帝故赐名。1958年

⊙1

⊙1 布泉风光（何宏生 提供）
Scenery of Bu Quan in Long'an County (provided by He Hongsheng)

12月，隆安县与武鸣县合并称武隆县。1959年5月10日，恢复隆安县建置至今。[24]

全县总面积2 305.59 km^2，耕地面积624 km^2（其中水田面积180 km^2），林地面积1 365 km^2。2014年末，辖6个镇、4个乡，总人口41.53万（其中农业人口33.38万），壮、瑶、苗、侗等11个少数民族人口40.09万，其中壮族人口占绝大多数，2013年末壮族人口占总人口的95.23%。[25,26]

隆安县的主要景点有龙虎山自然保护区、渌水江漂流景区、布泉河景区、雁江古镇等，其中龙虎山自然保护区为国家AAA级旅游景区。主要矿产资源有银矿（储量1 333吨）[25]、煤和水晶石，其中凤凰山银矿储藏量居全国第三，广西第一。[27]

南圩镇位于隆安县中部偏西南，因位于隆安县城南面，故名南圩[28]。东连城厢镇，南邻乔建镇，西连布泉乡，北靠雁江镇、都结乡。乡境呈“一”字形，境内约一半为平原、丘陵，一半为山地。镇政府设在南圩，距隆安县城4.5 km。1915年属西区的南七团，1958年属红旗人民公社，同年12月改称南圩公社。1984年改为南圩乡，1996年2月撤乡设镇。2005年7月，杨湾乡并入南圩镇。[29]2013年底，全镇总面积314 km^2，其中耕地面积78.20 km^2。镇辖2个社区居委会和18个村委会，有17 685户，67 996人。2013年南圩镇粮食总产量达20 660吨，[30]水稻稳产高产，南圩被定为自治区商品粮生产基地。[31]

⊙1

⊙2

⊙1 屏山仙缘洞（何宏生 提供）
Xianyuan Cave in Pingshan Town (provided by He Hongsheng)

⊙2 乔建风光（何宏生 提供）
Scenery of Qiaojian Town (provided by He Hongsheng)

[24] 隆安县志编纂委员会.隆安县志[M].南宁：广西人民出版社,1993: 27-28.

[25] 广西壮族自治区地方编纂委员会.广西年鉴2015[M].南宁：广西年鉴社,2015: 337.

[26] 隆安年鉴编纂委员会.隆安年鉴2014[M].南宁：广西人民出版社,2015: 1-2.

[27] 《南宁年鉴》编纂委员会.南宁年鉴2008[M].南宁：广西人民出版社,2008: 479.

[28] 隆安县地名委员会.广西壮族自治区隆安县地名集[Z],1982: 10.

[29] 隆安县志编纂委员会.隆安县志1986-2006[M].南宁：广西人民出版社,2011: 33.

[30] 隆安年鉴编纂委员会.隆安年鉴2014[M].南宁：广西人民出版社,2015: 353.

[31] 隆安县志编纂委员会.隆安县志[M].南宁：广西人民出版社,1993: 39.

三
隆安壮族纱纸的历史与传承

3
History and Inheritance of Sha Paper by the Zhuang Ethnic Group in Long'an County

关于隆安壮族纱纸的历史，所能搜集到的文献资料很少。据1934年《隆安县志》卷四《食货考》记载，隆安有纱纸，且是大宗交易的土货之一[32]。1944年全县有个体手工业247家，其中杨湾乡龙造、东联两村有87户兼做纱纸业，年产纱纸7.2万刀(约15吨)。1949年，全县手工产品中有纱纸15.1吨。[33]纱纸主要在县内市场销售，同时也销往南宁。[34]

1949年后隆安县的手工业有所发展。1953年全年生产纱纸15吨。当时的“土产品”中，还包括“纱树叶”。“文革”期间，“取缔社员家庭造纸业，纱树叶转为出口的土产品。1968年收购出口154吨，1973年增至264吨。1980年后无货出口”。[35]然而结合古斗屯壮族纱纸调查及其他地方调查，都没有用纱树叶造纸的情况，文献所载“纱树叶”很可能是“纱树皮”。此外，隆安县供销社1978～1985年收购的造纸原料分别为5 844.1吨、3 688.1吨、582.9吨、1 373.7吨、1 728.2吨、443.9吨、130.1吨和63.4吨[36]。由上可见，1982年后，所收购的造纸原料急剧减少，其原因有待于进一步研究。

2014年5月，调查组前往南圩镇联造村古斗屯调查壮族纱纸。联造村是1959年各取当时的东联村和龙造村两名一字而命名，今沿用。古斗屯约建于1782年。村中有一棵大枫树，当地“古”指“棵”，“斗”指枫树，故名。[37]

古斗屯的造纸户黄有威（1922～）和黄国价（1934～）均认为自从有了古斗屯就开始有手工造纸。1949年前，古斗屯的田地都归地主所有，普通老百姓只有靠造纸为生。据黄国价介绍，他的曾祖父从那桐镇那重村迁至古斗屯，祖父黄居

[32] [民国] 刘振西.隆安县志[M].台北：成文出版社,1975: 242.

[33] 隆安县志编纂委员会.隆安县志[M].南宁：广西人民出版社,1993: 236.

[34] 隆安县志编纂委员会.隆安县志[M].南宁：广西人民出版社,1993: 233.

[35] 隆安县志编纂委员会.隆安县志[M].南宁：广西人民出版社,1993: 312.

[36] 隆安县志编纂委员会.隆安县志[M].南宁：广西人民出版社,1993: 294.

[37] 隆安县地名委员会.广西壮族自治区隆安县地名集[Z],1982: 104.

义跟村里的人学习造纸，之后将技术传给父亲黄有奎，黄有奎再传给黄国价，黄国价再传给儿子黄立功（1957～）。黄国价家已有四代造纸，有近百年的历史。古斗屯的造纸历史如从始建古斗屯算起，则已有两百多年的历史。

黄国价家的造纸历史，在某种程度上是古斗屯造纸历史的缩影。他的祖父学造纸时，全村有100多个纸槽，当时造纸对该村农民来说是一项重要的谋生手段。而现今，由于经济效益不佳等原因，已经很少有人从事这一手艺，调查时该村只有黄国价和妻子曾少芳（1950～）仍在造纸。

⊙1

⊙2

⊙1
调查组成员与造纸户黄国价（中）、隆安县文化馆的同志等合影
Researchers with Huang Guojia (middle) and staffs of the Cultural Centre in Long'an County

⊙2
黄国价家的造纸作坊
Huang Guojia's papermaking mill

四 隆安壮族纱纸的生产工艺与技术分析

4 Papermaking Technique and Technical Analysis of Sha Paper by the Zhuang Ethnic Group in Long'an County

(一) 隆安壮族纱纸的生产原料与辅料

隆安壮族纱纸的生产原料为构树皮，当地称纱皮。在每年农历二三月纱树准备生新叶时砍生长了2年的树，这样的构树皮好剥且质量较好。不要树枝，因为树枝上的皮较难剥。黄国价不用老树的皮造纸，因老树皮泡不烂、打不融，造出的纸有很多粗渣。如果用机器造纸则可以用老树皮。

构树主要生长在布泉乡、都结乡等山区乡镇，这乡镇的市场有构树皮售卖。据黄国价说构树皮主要卖到机制纸厂，用于做白纸、五色纸等。黄国价家三代人都是去都结乡买构树皮，自己拉回来。2013年，干构树皮5.0～5.6元/千克。如果两个人造纸，一年可用500 kg。

生产纱纸需要用碱，以前用石灰，现在用将生石灰泡水得到的石灰膏。100 kg干构树皮用30 kg石灰，调查时，石灰价格约为0.3元/千克。或者用10袋石灰膏，一袋约10 kg，价格为5元/袋。可见，用石灰比用石灰膏要便宜很多，但石灰比较难买到，近年来主要用石灰膏。

生产纱纸需要用纸药，将当地壮语称为“咪号”的一种灌木刨成薄片，浸水，即有汁出。一般第二天用，不好的只能用一天，好的可泡3～4天。

⊙3

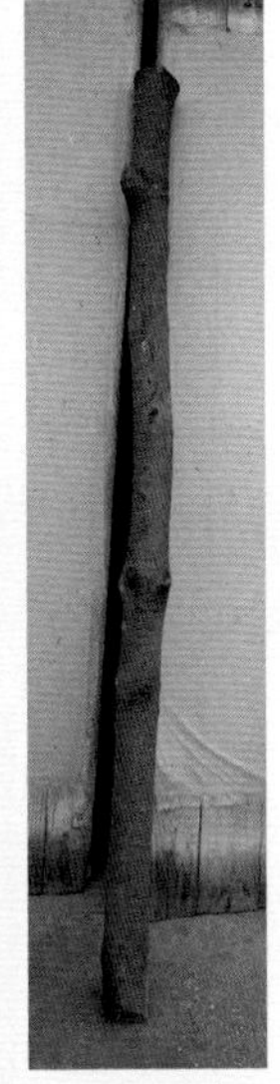
⊙4

⊙5

⊙3 干构树皮 Dry paper mulberry bark

⊙4 用于做纸药的灌木『咪号』 Bush named Mi Hao as papermaking mucilage

⊙5 刨『咪号』 Stripping the bark of Mi Hao

(二) 隆安壮族纱纸的生产工艺流程

隆安壮族纱纸的生产工艺流程为：

壹	贰	叁	肆	伍	陆	柒	捌	玖	拾	拾壹	拾贰	拾叁	拾肆	拾伍
浸纱	拌灰	沤纱	煮纱	洗纱	选纱	打纱	搅槽	下『号』	捞纸	压纸	焙纸	揭纸	压纸	包装

壹 浸纱 1

把干纱皮拿到小河里浸泡3小时，使生料变软，并将其中一种淡红色的丝去掉，拿回家。当地将还没煮的纱称为生料纱。

贰 拌灰 2

将石灰置于石灰坑，加水发石灰。然后将纱皮放在石灰坑里浸泡，使之均匀沾上石灰。现在一般直接用石灰膏。

叁 沤纱 3 ⊙1

将纱皮卷成一个垛子，折合干纱约10 kg，其上用塑料布等盖住，堆放3～4天。沤纱起到催熟作用。

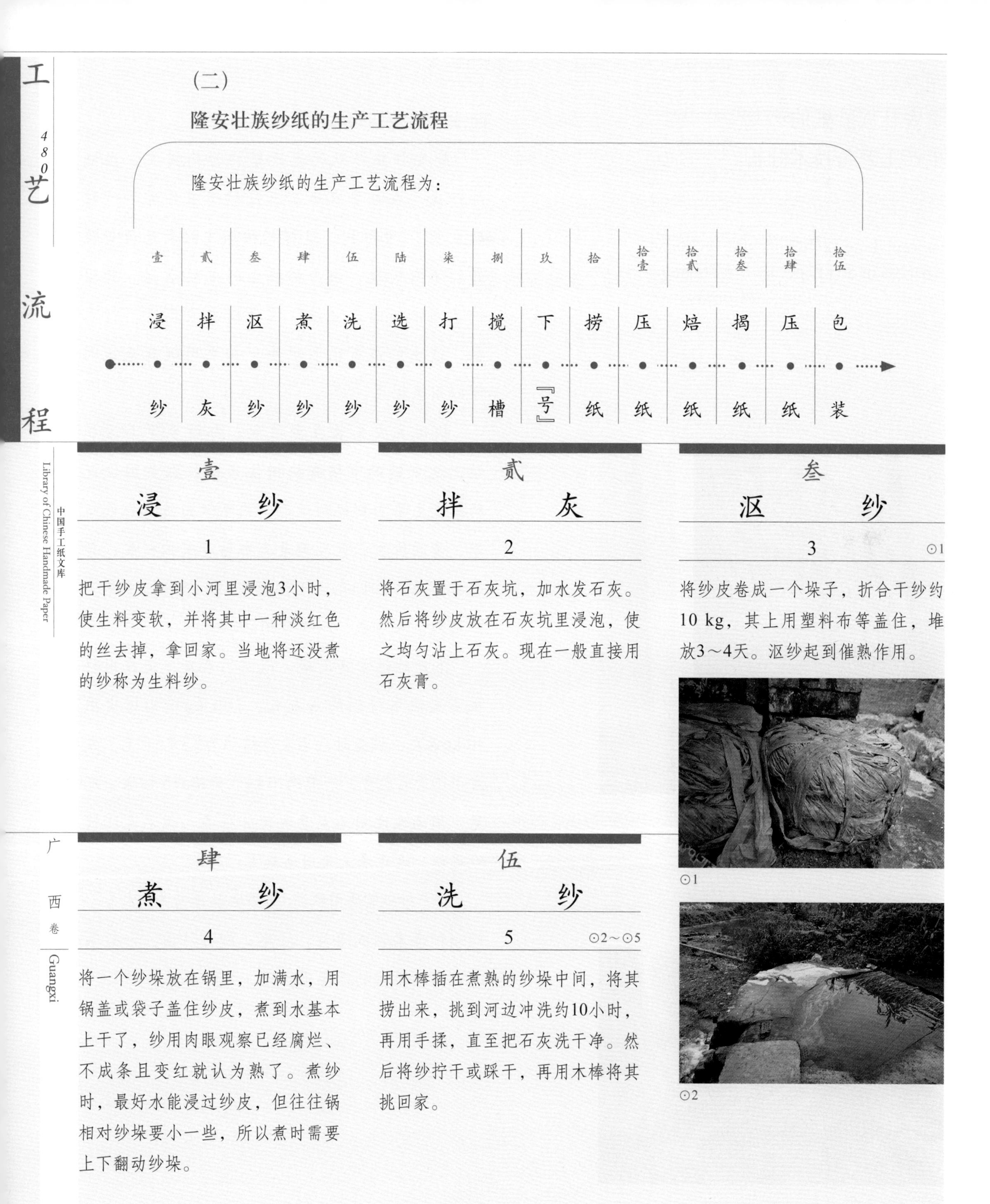

⊙1

⊙2

肆 煮纱 4

将一个纱垛放在锅里，加满水，用锅盖或袋子盖住纱皮，煮到水基本上干了，纱用肉眼观察已经腐烂、不成条且变红就认为熟了。煮纱时，最好水能浸过纱皮，但往往锅相对纱垛要小一些，所以煮时需要上下翻动纱垛。

伍 洗纱 5 ⊙2～⊙5

用木棒插在煮熟的纱垛中间，将其捞出来，挑到河边冲洗约10小时，再用手揉，直至把石灰洗干净。然后将纱拧干或踩干，再用木棒将其挑回家。

⊙1 沤纱 Fermenting the bark

⊙3

⊙4

陆 选纱

6 ⊙6⊙7

用手逐一将上有黑壳、斑点等的纱拣出来，这些纱可用来做质量差一些的纱纸，当地称次品纱纸。次品纱纸以前挂青常用，近年来用得少一些。

⊙5

⊙6

⊙7

柒 打纱

7 ⊙8～⊙10

将选好的纱置于砧板上，双手各持一打纱木打纱，打了一遍后，将纱往中间折叠继续打，直至将纱捶细、打融，同时剔除纱中的杂质。一人一天可打10 kg干纱，够捞2天的纸。以往生产队集体造纸时，用机器将纱搅碎。

⊙8

⊙9

⊙10

⊙2／3 洗纱 Cleaning the bark

⊙4 踩纱 Stamping the bark

⊙5 挑纱 Carrying the bark

⊙6／7 选纱 Picking out the residues

⊙8 打纱 Beating the bark

⊙9 翻纱 Stirring the bark

⊙10 剔除杂质 Picking out the residues

捌 搅槽

8 ⊙11～⊙12

将打融的纱放到槽里，加水，用搅槽木不断地顺时针或逆时针搅拌。

⊙11

⊙12

玖 下“号”

9 ⊙13⊙14

凭经验加入泡好的“咪号”汁液，再用搅槽木、小型搅拌器搅槽，搅到水泡较多且破裂即可。“咪号”有黏性，可促进纱分布均匀，加得稍多也没关系。如果加得太多，就再加一些水；但“咪号”如果加少了，则纸成不了张或有块状物导致造出的纸不均匀、不光滑。

⊙13

⊙14

拾 捞纸

10 ⊙15～⊙20

将竹帘置于帘架（当地称拖）上，手持拖由外往里捞，后左右晃动，将纸浆往外泼出，如此重复3～4次。接着竹帘前端适量捞点纸浆，将梁移回中央，将拖置于梁上再将帘标（即竹帘前端竹片）往里压，使纸头平整且比纸尾略厚。然后用刮在湿纸的左右

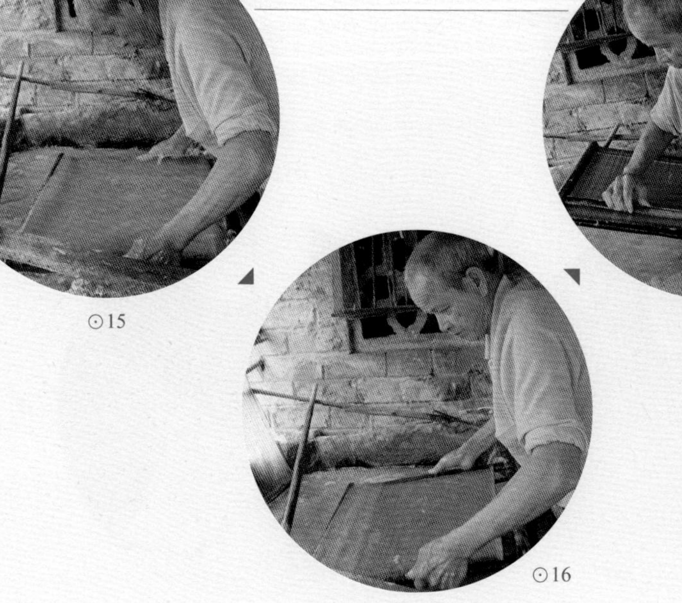

⊙15

⊙16

⊙17

⊙11／12 搅槽 Stirring the pulp

⊙13 下『号』 Adding in papermaking mucilage

⊙14 搅槽 Stirring the pulp

⊙15／17 捞纸 Scooping and lifting the papermaking screen out of water

两侧各竖着按一下，使湿纸符合规格。

每槽捞出第一张湿纸后，其上放一张干纸，后翻盖于石台上的废竹帘上，干纸使湿纸不与废竹帘粘在一起。半天可捞完一槽纱，折合干纱约2.5 kg，约得400张纸，压干后约高27 cm，称一格，一天捞两格。两格纸之间也用一张干纸隔开，便于将两格纸分开。

⊙18

⊙19

⊙20

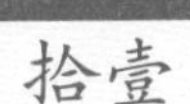

拾壹
压　纸

11　⊙21～⊙23

在湿纸垛上放张废竹帘，其上依次放木板、木块，先用压杆压。至纸垛的水去掉相当一部分，水一滴滴往下滴后，在压杆上套上犟并逐渐往犟里加砖块，水流出得变快。再至水一点点往下滴，又加砖块。一般一次加2～3块，总共加16～17块，不宜过多。

⊙21

⊙22

⊙23

⊙18／19 放干纸 Putting a piece of dry paper on the papermaking screen

⊙20 盖纸 Turning the papermaking screen upside down on the board

⊙21／23 压纸 Pressing the paper

拾贰
焙　　纸

12　⊙24～⊙27

去掉犟、压杆、木块、木板、废竹帘，将纸垛翻过来，剥去原先的干纸，再将两格纸分开。先用手撕开纸垛最上一张纸的左上角，再将该纸全部撕开，贴于木板上，并用棕刷刷平。木板从上到下贴三张纸，贴了若干块木板后，第一块木板上的纸变得稍干，在其上再贴第二层。如此反复，同一位置可贴3～5层，同一层两张纸上下间隔2～3 cm。一块木板的一面贴满后，再贴另一面。贴完纸后，木板两面轮流晒，如有太阳半天即干。1949年前家家造纸，产量大，纸要干得快，因此当时用火墙来焙。据黄有咸、黄国价介绍，先用竹篾搭成架，后在外侧涂上白泥，并打磨光滑，干后即成火墙，当地称之为“黄牛”。

⊙24　⊙25　⊙26　⊙27

拾叁
揭　　纸

13　⊙28⊙29

用手将干了的纸一张张揭下来，40张为1叠，理齐。

⊙28

⊙29

⊙24 翻纸垛 Turning the paper pile upside down

⊙25／27 焙纸 Drying the paper on the wall

⊙28／29 揭纸 Peeling the paper down

拾肆 压纸

14 ⊙30

将理齐的纸堆在一起，上下两叠头尾相错，并错开2 cm左右，其上可用木板、石头压，将纸压得更紧也更平整。

⊙30

拾伍 包装

15 ⊙31⊙32

将一叠纸对折，10叠为1把，用绳子捆扎。以上就完成了整个造纸过程。

⊙31

⊙32

(三)
隆安壮族纱纸生产使用的主要工具设备

壹 石灰坑

1

所测石灰坑内侧长约55 cm，宽约45 cm，深约40 cm，不太规整。石灰坑上盖有石片，这是为了尽量减少杂质入内。

⊙33

贰 砧板

2

所测砧板长230 cm，宽37 cm，打纱时将纱皮置于其上。

叁 打纱木

3

木制，可手握。大小不一，所测打纱木长约45 cm，宽约5 cm。

⊙34

⊙30 压纸 Pressing the paper

⊙31/32 包装 Packing the paper

⊙33 石灰坑 Container for soaking the bark

⊙34 打纱砧板与打纱木 Board for placing the bark and the wooden stick for beating the bark

肆
槽
4

石制，所测槽上部长90 cm，宽85 cm，深80 cm。上宽下窄，四个角不是直角。

⊙35

伍
搅槽木
5

竹制，所测搅槽木长123 cm。虽是竹制，但当地壮族土话叫"木"，竹子也叫竹木。

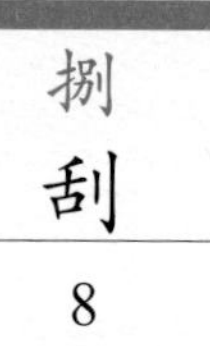
⊙36

陆
竹帘
6

所测竹帘长50 cm，宽43 cm。

⊙37

柒
帘架
7

所测帘架长58 cm，宽51 cm。当地壮族土话叫"拖"。

⊙38

捌
刮
8

竹制，所测刮长44 cm，宽2.5 cm，用于确定纸的大小。

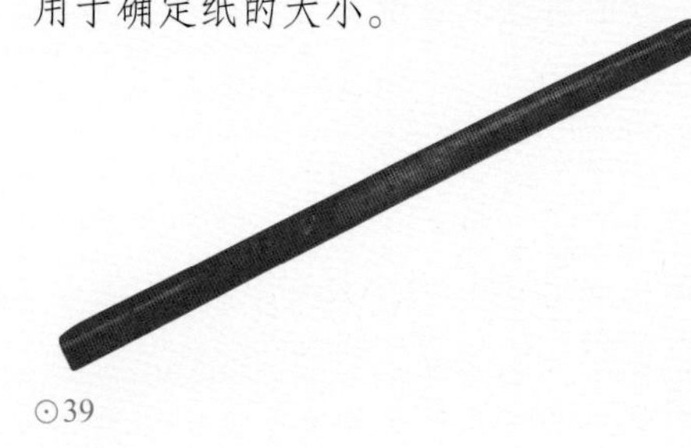
⊙39

玖
石台
9

石制，所测石台长76 cm，宽67 cm。其上有凹槽，便于水流走。

⊙35 槽 Papermaking trough
⊙36 搅槽木 Stirring stick
⊙37 竹帘 Papermaking screen
⊙38 拖 Frame for supporting the papermaking screen
⊙39 刮 Bamboo ruler for measuring the paper

拾 榨 10

包括𢴳、压杆等。

𢴳：即盛砖的框，𢴳在当地意思是指它可以抬很重的东西。底部木制，其上放两块木板，木板上放砖。

压杆：所测压杆长290 cm，中部直径约8 cm，头部两侧削平，便于插入孔中。

⊙40

⊙41

⊙42

拾壹 棕刷 11

所测棕刷长24 cm，宽11 cm，用于将纸刷于木板上。

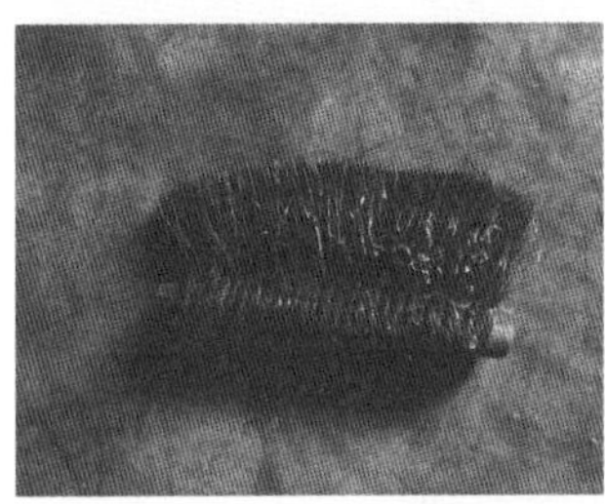
⊙43

拾贰 竹篾席 12

所测竹篾席长48 cm，宽47 cm。

⊙44

拾叁 木架 13

所测木架高85 cm，短边35 cm，长边37 cm。

⊙45

⊙40/41 𢴳 Wooden frame for holding bricks
⊙42 榨 Pressing device
⊙43 棕刷 Coir brush
⊙44 竹篾席 Bamboo mat
⊙45 木架 Wooden frame

（四）

隆安壮族纱纸的性能分析

所测隆安联造村壮族纱纸为2013年所造，相关性能参数见表4.5。

表4.5 联造村纱纸的相关性能参数
Table 4.5 Performance parameters of Sha paper in Lianzao Village

指标		单位	最大值	最小值	平均值
厚度		mm	0.088	0.063	0.077
定量		g/m^2	—	—	19.6
紧度		g/cm^3	—	—	0.255
抗张力	纵向	N	14.97	11.61	12.89
	横向	N	10.22	8.30	9.23
抗张强度		kN/m	—	—	0.74
白度		%	34.49	33.52	34.08
纤维长度		mm	9.72	1.20	2.96
纤维宽度		μm	41	1	11

由表4.5可知，所测联造村纱纸厚度较小，最大值比最小值多32%，相对标准偏差为14%，说明纸张薄厚分布并不均匀。经测定，联造村纱纸定量为19.6 g/m²，定量极小，主要与纸张较薄有关。经计算，其紧度为0.255 g/cm³。

联造村纱纸纵、横向抗张力有一定差别，经计算，其抗张强度为0.74 kN/m。

所测联造村纱纸白度平均值为34.08%，相对标准偏差为1.0%。白度较低，差异较小。

所测联造村纱纸纤维长度：最长9.72 mm，最短1.20 mm，平均2.96 mm；纤维宽度：最宽41 μm，最窄1 μm，平均11 μm。在10倍、20倍物镜下观测的纤维形态分别见图★1、图★2。

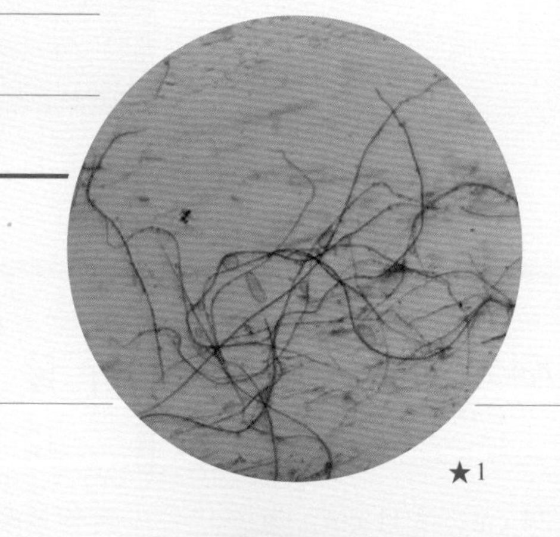

★1
联造村纱纸纤维形态图（10×）
Fibers of Sha paper in Lianzao Village (10× objective)

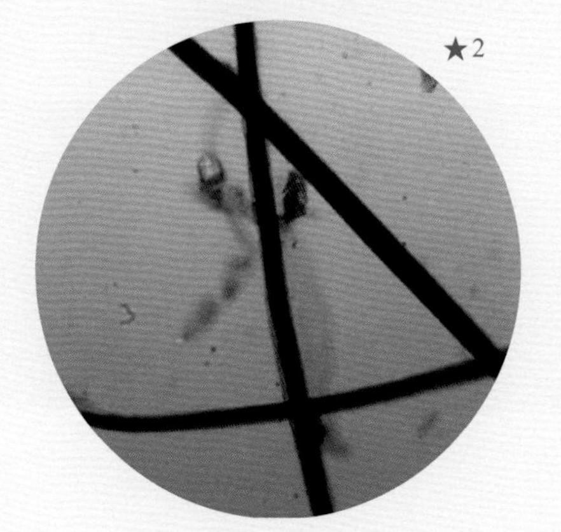

★2
联造村纱纸纤维形态图（20×）
Fibers of Sha paper in Lianzao Village (20× objective)

五
隆安壮族纱纸的用途与销售情况

5
Uses and Sales of Sha Paper by the Zhuang Ethnic Group in Long'an County

(一)
隆安壮族纱纸的用途

1. 书写用纸

由于采用纯纱皮制成，隆安壮族纱纸经久耐用，目前道公抄经文、写经书也还是用纱纸，也有部分书法家、书法爱好者用纱纸写字，但用于一般日常写字较少，有时红白喜事的账本仍使用纱纸。

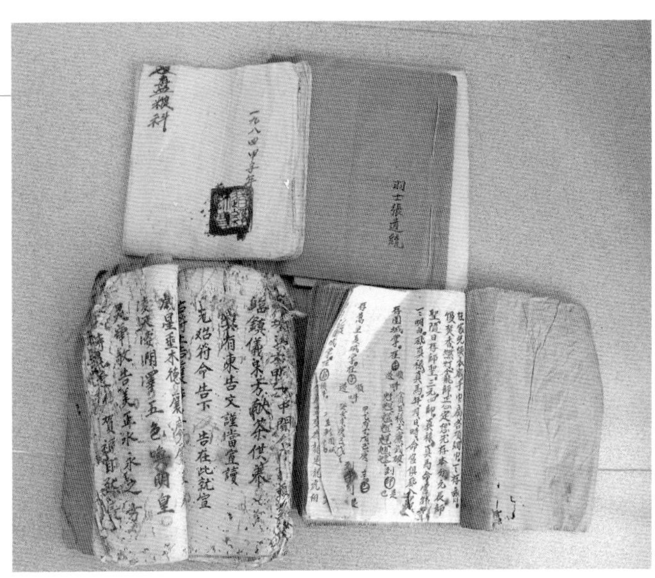

⊙1

2. 银行捆钞

隆安壮族纱纸采用纯纱皮制成，纸的拉力强，当地及周边一些银行将其用于捆钞。近年来，由于机制纸品种越来越多，而手工纱纸价格相对机制纸偏高，日常已经较少使用。

3. 制作孔明灯、纸扇

以前还用于制作孔明灯、纸扇。

4. 纸伞、防水盖头

涂上桐油后，可用于制作纸伞及防水盖头。防水盖头可用于盖稻谷、玉米、船上所运物品等，防止雨淋。

⊙1
用隆安壮族纱纸抄写的经书等
（黄涛 提供）
Scripture written on Sha paper by the Zhuang Ethnic Group in Long'an County (provided by Huang Tao)

5. 民俗用纸

制作纸钱、纸马、纸龙、挂青等。

(二)
隆安壮族纱纸的销售情况

调查时，普通隆安壮族纱纸长43 cm，宽36 cm，0.6元/张。品质差一点的纱纸，0.4元/张。近几年，黄国价夫妇一年需用150～200 kg干纱皮。调查时，黄国价说纱纸不愁卖，除了周边村民上门购买外，都结乡也有老板上门购买。一天可捞完两槽纱，约需5 kg干纱，得800张纸，可卖480元。

六
隆安壮族纱纸的相关民俗与文化事象

6
Folk Customs and Culture of Sha Paper by the Zhuang Ethnic Group in Long'an County

调查时，没能从造纸户黄国价、黄有威那了解到隆安壮族纱纸的相关民俗及文化事象，以下资料，除了放孔明灯外，均来自于《隆安县志》[38]。

(一)
丧葬用纸习俗

入棺前，棺内先放火灰和炒谷去壳的米花，再铺上一层纱纸，垫一张白布。入殓后，棺材停放于厅堂中央，棺头贴上用红纸写的“福”“寿”字。棺底、棺顶两头，各点一盏长明的花生油灯。棺头前面安放一张八仙桌，桌上立牌位，摆祭品，烧香点烛。孝男孝女日夜在柩旁守候。

出殡时，边行进边撒纸钱和炒谷去壳的米花。下葬后，

[38] 隆安县志编纂委员会.隆安县志[M].南宁：广西人民出版社,1993: 655-658.

送殡亲友向新坟作最后一拜，并解下系在头上或手臂上的白巾在焚烧的纸钱、纸马火堆上“过火”，即转头回家。

送葬后翌晨，家属要具祭品、香烛、鞭炮、纸钱到坟前祭奠整坟。葬后次年农历二月初二，家人和亲属要具酒肉及香纸，于午夜后到墓前等候，待鸡啼头遍便行祭祀，称“扫新坟”。此后每年清明节，都去扫墓。

一般在埋葬后三年便拾骨另行安葬。拾骨要择日子挖开坟墓，由孝男孝女仔细拾出枯骨，用纱纸抹干净，再用香火熏干，再按人的骨架规例安置于专门制作的陶缸中。

(二)

节庆习俗

清明和农历三月初三，隆安县城乡均开展扫墓活动。这时，各户都准备酒肉、香烛、纸钱和糯米饭到祖坟祭扫。

中元节从农历七月十二日开始，到十五日结束，隆重程度仅次于春节。其中十四日最为热闹，家家户户杀鸡杀鸭，并具纸钱元宝焚祭祖先，俗为“化衣”。十五日宴请亲友，妇女多携儿带女回娘家探亲。此俗今仍盛行。

(三)

放孔明灯

南宁、岑溪等地，清代有放孔明灯的习俗。孔明灯是用纱纸或绢布制作，内点油灯，靠热气升空。因油尽灯落时易引起火灾，故清朝官府明令禁止，但民国年间尚遗存此俗。[39]

(四)

其他民俗

每遇久旱不雨或人畜遭灾，有的村屯群众便集资聚众“做斋”，杀猪祭天地，请道公逐户“过油”(用一小盆，注进桐油，带着纸钱，点着火，到各户喃吆)，消灾纳福，求天降雨。此俗今已不存。

[39] 广西壮族自治区地方志编纂委员会.广西通志·民俗志[M].南宁:广西人民出版社,1992: 320.

七 隆安壮族纱纸的保护现状与发展思考

7 Preservation and Development of Sha Paper by the Zhuang Ethnic Group in Long'an County

黄国价的祖父跟村里的人学造纸，说明当时造纸对农民来说是一项重要的谋生手段。这也可以从黄有威介绍的当时全村有100多个纸槽的情况中得到印证。而随着时代的变化，纱纸的大部分用途逐渐被机制纸或其他材料所替代。由于纱纸用途的萎缩，加之造纸辛苦且收入不多，大部分村民都外出打工，造纸户也就逐渐减少了。如前所述，黄国价一天可捞完两槽纱，约需5 kg干纱皮，得800张纸，可卖480元。调查时，黄国价夫妇一年用150～200 kg干纱皮，如按用175 kg算，一年卖纸毛收入约16 800元。如果产量能翻倍，用350 kg干纱皮，一年卖纸毛收入可达33 600元。应该说，还具有一定的经济效益。但是，其具有一定经济效益的一个重要原因是目前只有黄国价夫妇造纸，产量小，不愁卖，如果造纸的人多了，产量大了，售价、销路都会发生变化。

2005年还有十几户造纸，2010年仍有几户，2014年调查时只有黄国价和妻子曾少芳仍在造纸，而他们年近六十的儿子黄立功也由于造纸效益不高而外出打工。考虑到黄国价夫妇年纪大了，为了减轻搅槽工作量，黄立功买了个小型搅拌器。

针对这一情况，趁着黄国价和妻子曾少芳仍在造纸，一些造过纸的老人也还健在，目前迫切需要对隆安壮族纱纸的历史、工艺、民俗等做更全面、更深入的调查、挖掘，形成更完整的文字和音像资料。此外，还要尽可能收集相关工具、不同年代的纸及纸制品，保留下更为丰富的第一手资料。

还可以将隆安壮族纱纸纳入非遗保护体系，使纱纸技艺及相关纸文化得到更长久的传承。隆安县文化馆韦蔚兰馆长提到隆安县对壮族纱纸传承与保护工作的重视：2010年底，隆安县党委和政府拨出专项资金，县文体局成立了“构树手工造纸技艺”保护工作领导小组，负责对该技艺进行挖掘和保护。2012年2月，“隆安构树造纸技艺”列入南宁市第四批非物质文化遗产代表性项目名录；2014年，入选第五批自治区级非物质文化遗产代表性项目名录。在非遗项目的支持下，“隆安构树造纸技艺”参加了多次展演，如南宁市三月三文化艺术节，让更多人了解了壮族纱纸，同时也得到了一定的经济支持。黄国价夫妇表示只要他们还有能力造纸，就会一直坚持下去。但此后的传承与发展，仍存在一定的不确定性。比较理想的情况是黄国价的儿子黄立功将来不出去打工，或许能将壮族纱纸制作技艺传承下去。

⊙1

⊙1 隆安构树造纸技艺参展2015年南宁市三月三文化艺术节
Long'an handmade papermaking exhibition booth on the traditional Zhuang Ethnic Festival held in Nanning City in 2015

隆安壮族纱纸

Sha Paper by the Zhuang Ethnic Group in Long'an County

联造村纱纸透光摄影图
A photo of Sha paper in Lianzao Village seen through the light

第三节

岑溪竹纸

广西壮族自治区
Guangxi Zhuang Autonomous Region

梧州市
Wuzhou City

岑溪市
Cenxi City

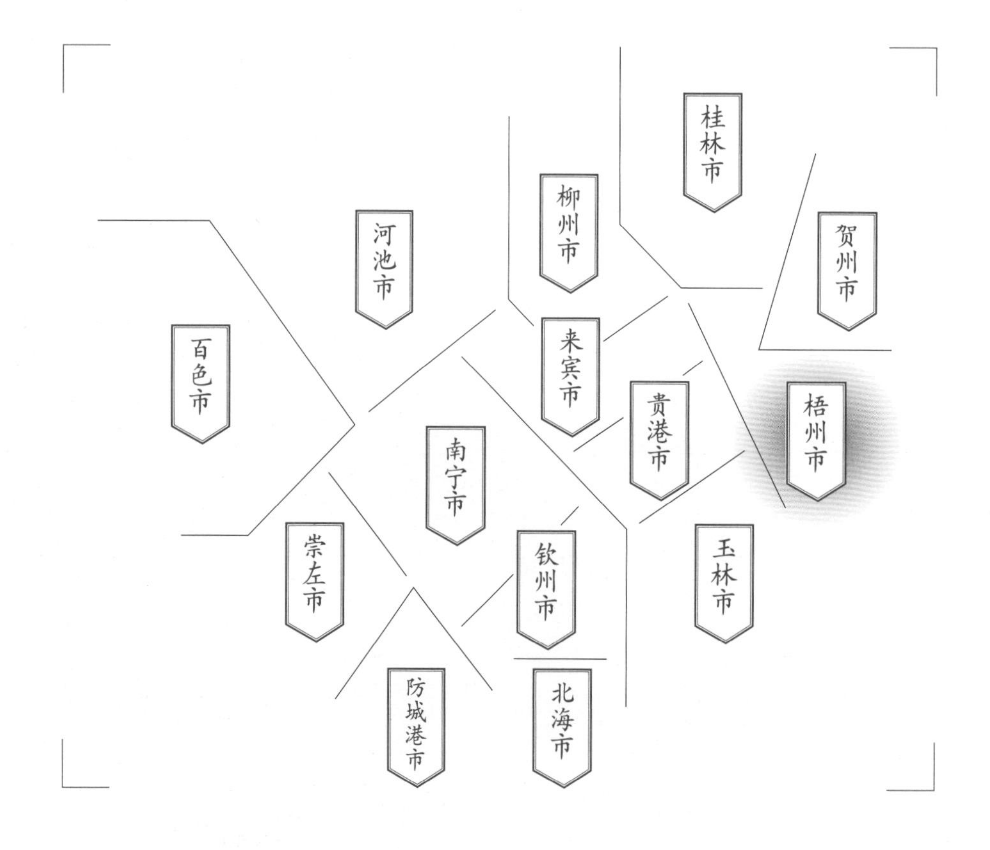

调查对象
南渡镇苏河村竹纸

Section 3
Bamboo Paper in Cenxi City

Subject
Bamboo Paper in Suhe Village of Nandu Town

一
岑溪竹纸的基础信息及分布

1
Basic Information and Distribution of Bamboo Paper in Cenxi City

岑溪南渡镇竹资源丰富，当地所产竹纸主要用作包装纸（如包装盐、糖、中药等）、卫生纸、祭祀用纸等。据《岑溪市志》记载，万金纸的生产分布在吉太、南渡、大隆、梨木、大湴、归义、樟木、三堡、波塘等乡镇。[40]据调查组调查，大约2003年之后就不再有手工纸生产。

⊙1

⊙1 南渡镇路边的小竹林 Small bamboo forest in Nandu Town

[40] 岑溪市志编纂委员会.岑溪市志[M].南宁：广西人民出版社,1996: 251.

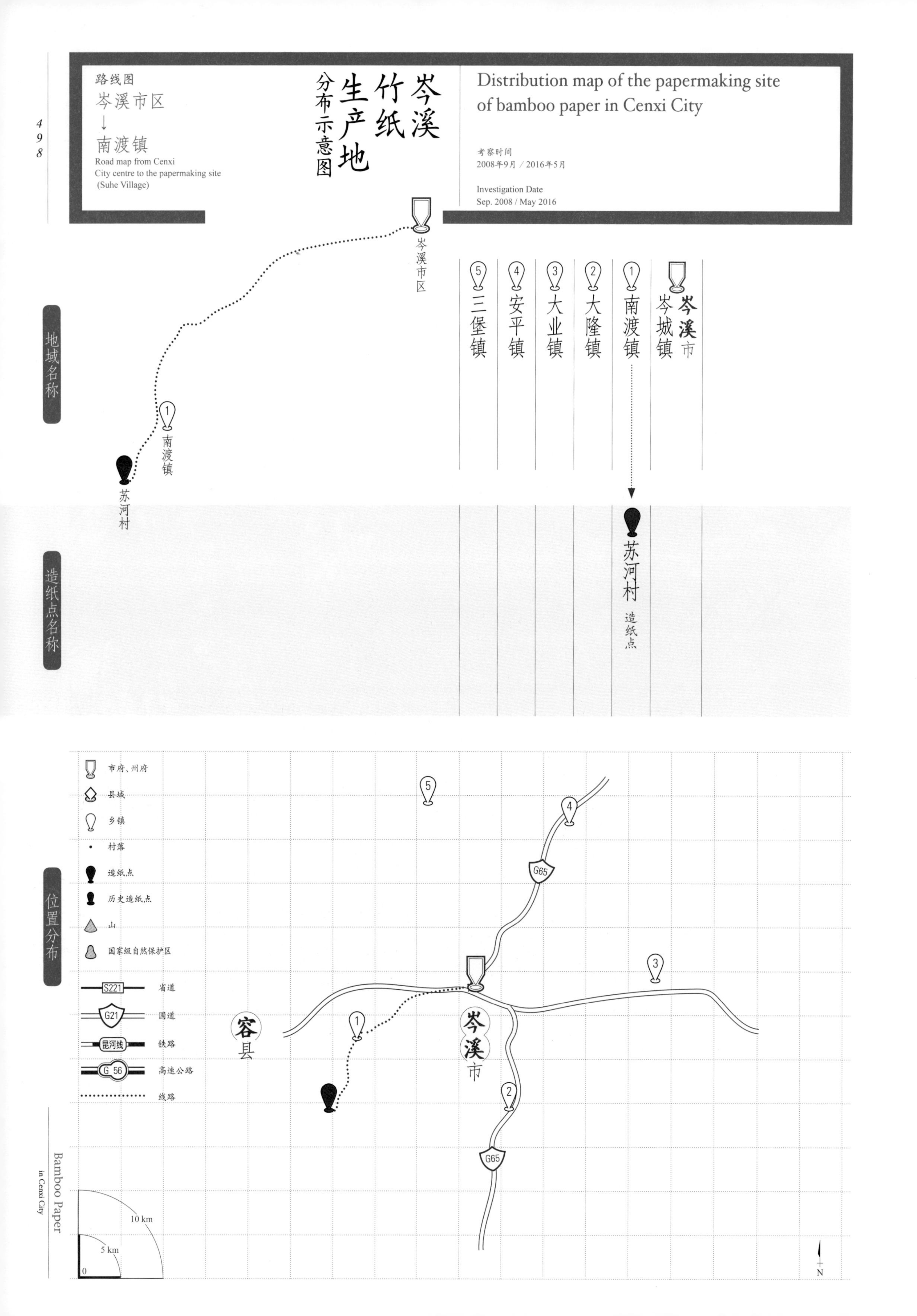

路线图
岑溪市区
↓
南渡镇
Road map from Cenxi City centre to the papermaking site (Suhe Village)
岑溪竹纸生产地分布示意图
Distribution map of the papermaking site of bamboo paper in Cenxi City
考察时间
2008年9月 / 2016年5月
Investigation Date
Sep. 2008 / May 2016
岑溪市区
南渡镇
苏河村
地域名称
岑溪市
岑城镇
① 南渡镇
② 大隆镇
③ 大业镇
④ 安平镇
⑤ 三堡镇
造纸点名称
苏河村
造纸点
位置分布
市府、州府
县城
乡镇
村落
造纸点
历史造纸点
山
国家级自然保护区
S221 省道
G21 国道
昆河线 铁路
G56 高速公路
线路
容县
岑溪市
G65
10 km
5 km
0
N

二
岑溪竹纸生产的人文地理环境

2
The Cultural and Geographic Environment of Bamboo Paper in Cenxi City

岑溪市位于广西东南部，隶属于梧州市，东南与广东省郁南、罗定、信宜三县市相邻，西连玉林市容县，北连藤县，东北接苍梧县。

汉初，今岑溪市境隶属南越国。汉元鼎六年（公元前111年）平南越后，置苍梧郡猛陵县，今市境大部分为猛陵县境。南朝梁普通五年（524年），在今市境大部分地区置永业郡，郡治在今筋竹镇旧县村。隋开皇三年（583年）废郡，改为永业县。曾一度废县，于开皇十六年（596年）复置。唐武德五年（622年），以永业县地置南义州，分置安义（在今市东部）、龙城（在今市中部）、义城（在今市西部）三县，州治设在龙城县。至德二年（757年），安义县改为永业县，龙城县改为岑溪县，是为岑溪县名之始。宋开宝六年（973年），原南义州三县先后并归岑溪县。此后历代除隶属变迁外，岑溪县名及建置基本不变。1951年和1953年，原属藤县的糯垌、三堡两区先后划归岑溪。1995年9月，岑溪撤县设县级市，仍隶属梧州地区。[41]1997年4月，改由梧州市代管。[42]

岑溪市总面积2 783 km^2，耕地面积367 km^2，林地面积2 032 km^2。市境东西最大横距63.7 km，南北最大纵距66.6 km，形似荷叶。[43]2014年末共有93.77万人，其中农村人口44.2万。[44]岑溪著名地方特产有中国古典三黄鸡、砂糖橘、玉桂、桂圆肉和软枝油茶等，主要矿产资源有花岗岩和铅锌矿，主要旅游景区有石庙、天龙顶山地公园、白霜洞、邓公庙、樟木古街等，有中国花岗岩之都、中国玉桂之乡、中国古典三黄鸡之乡、中国观赏石之乡、中国长寿之乡等称号。[44]

南渡镇位于岑溪市西南面，东邻大隆镇，西接容县六王镇，南与水汶镇接壤，北与马路镇毗邻。南渡镇历史悠久，唐武德五年（622年）置

[41] 岑溪市志编纂委员会.岑溪市志[M].南宁：广西人民出版社,1996: 44-45.

[42] 梧州市地方志编纂委员会.梧州市志·综合卷[M].南宁：广西人民出版社,2000: 106.

[43] 岑溪市志编纂委员会.岑溪市志[M].南宁：广西人民出版社,1996: 1.

[44] 广西壮族自治区地方编纂委员会.广西年鉴2015 [M].南宁：广西年鉴社,2015: 355.

南义州于黄华河北岸，地处州西南，往来靠木船撑渡，两岸成为渡口，故名。明清时为西南乡。1933年为南义区南渡乡。1950年为岑溪县一区，1953年改为二区。1957年分设南渡、盘古乡。1958年为南渡（东方红）公社。1961年为南渡区所辖的南渡、盘古公社。1968年为南渡公社。1984年改为南渡镇，镇驻地南渡圩。[45]2005年吉太乡并入南渡镇。[46]南渡镇总面积245 km^2。2014年，南渡镇辖24个村民委员会，2个社区居民委员会，总人口87 895人。南渡镇竹芒编织较有特色，有竹芒编织专业村2个，竹芒编织工艺厂32家，3 000多人从事竹芒编织业。[47]此外，万金纸曾是南渡镇的土特产。[48]

南渡镇也是旅游之乡，桂东南第一漂和全国第一个山地公园均坐落在境内，境内有邓公庙、关帝庙等自治区级、市级文物胜迹。坐落在镇区内的邓公庙远近闻名，其中四根蟠龙柱最有历史和艺术价值，是广西独一无二的古代木雕龙柱，十分珍贵，自治区人民政府于1994年公布其为自治区级重点文物保护单位。[49]2014年，成功申报“广西百镇建设示范工程”，成功举办“中国•南渡2014民俗文化旅游节”。南渡镇吉太三江口被自治区人民政府授予“广西特色旅游名村”称号、广西特色景观旅游名村示范单位。[47]

⊙1

⊙2

⊙1
南渡镇一景
View of Nandu Town

⊙2
旅游名镇——南渡镇
Nandu Town, a famous tourist resort

[45] 蔡中武.广西乡镇手册 6 梧州地市分册[M].桂林：广西师范大学出版社,1989: 17-18.

[46] 广西大百科全书编纂委员会.广西大百科全书·地理[M].北京：中国大百科全书出版社,2008: 949.

[47] 岑溪市志编纂委员会办公室.岑溪年鉴2015[M].南宁：广西人民出版社,2015: 226-227.

[48] 岑溪市志编纂委员会.岑溪市志[M].南宁：广西人民出版社,1996: 59.

[49] 谭坚,李荣彬.岑溪五十年建设成就录[M].中共岑溪市委党史办公室,2000: 116.

三
岑溪竹纸的历史与传承

3
History and Inheritance of Bamboo Paper in Cenxi City

岑溪具有悠久的手工纸历史，据乾隆四年（1739年）所修《岑溪县志》记载，当时岑溪已经有皮纸生产。[50]除了皮纸，文献更多记载的是当地的竹纸。据《岑溪市志》记载，清乾隆十三年（1748年），吉太朱魁龙利用当地竹子和水资源的优势生产万金纸。在他的影响下，当地盛产竹子的乡村逐渐开始从事万金纸的生产活动。这些纸主要用作包装纸、卫生纸、焚化品用纸、爆竹纸等。[51]这些纸的销售主要集中在当地圩场，据记载乾隆时期岑溪设有大小圩场四个。

根据所用竹子品种的不同，竹纸又有火纸、福纸之分。同治十二年（1873年）《梧州府志》记载："皮纸出岑溪……（岑溪）火纸以丹竹为之；福纸以蒲竹为之。"[52]

自清末至民国时期，岑溪竹纸的生产、销售情况间或出现在相关文献中。

清宣统元年（1909年），宗仁小学所编《岑溪县乡土历史地理教科课本•物产编》记载："制造品有木器、竹器、砖瓦、土瓮、铁锅、土布等物，然皆粗而未精……惟福纸（今称土纸）一项销路颇广。"[53]清宣统二年（1910年），岑溪出口土纸达7 000石（502.5吨）。[51]

民国时期，岑溪出口林产品中，竹纸是其中的大宗产品之一。关于岑溪竹纸的产量及生产规模，民国后的部分年份在《岑溪市志》等文献中有较为详尽的记录。民国时全县共设七圩，1933年，市场销售竹纸2 000担、万金纸3 200担。当年岑溪还出口土纸160吨。[51]1935年产纸2 500市担。[54]1946年，县内手工业有土纸制造业65家。[53]另外，《梧州市志·经济卷·供销志》也记载，

[50] 广西通志馆旧志整理室.广西方志物产资料选编：下[M].南宁：广西人民出版社，1991: 553.

[51] 岑溪市志编纂委员会.岑溪市志[M].南宁：广西人民出版社,1996: 401.

[52] [清] 吴九龄,史鸣皋.梧州府志[M].台北：成文出版社,1961: 92.

[53] 岑溪市志编纂委员会.岑溪市志[M].南宁：广西人民出版社,1996: 265.

[54] 岑溪市志编纂委员会.岑溪市志[M].南宁：广西人民出版社,1996: 195.

1949年前，梧州市多销售昭平竹纸和自良竹纸，其次是岑溪的万金纸、富川的黄保头纸等。[55]可见，岑溪土纸在当地占有一定的市场。民国时期，岑溪南渡万金纸还形成了自己的品牌，以“朱仁利”“永昌号”为商标远销香港、澳门地区市场。[51]

1949年后，随着森林资源的增长，当地林产品产量大幅度增加。岑溪被列为广西土纸主产区。解放初期，土纸生产恢复发展较快，销售状况良好。当地各圩市公路交通便利，有利于群众赶集。县城处于玉梧公路边，又是岑罗公路起点，是交通和商业的中心集市。便利的交通有利于当地土纸等商品交易的发展。根据《岑溪市志》“1952～1990年岑溪市土纸产量表”的记载可以看出，20世纪50年代

表4.6　1952～1990年岑溪市土纸产量（单位：吨）
Table 4.6　Output of local handmade paper from 1952 to 1990 in Cenxi City (unit: ton)

年份	1952	1953	1954	1955	1956	1957	1958	1959
产量	113	36	1 047	815	607	858	237	314
年份	1960	1961	1962	1963	1964	1960	1961	1962
产量	149	156	531	1 197	1 585	149	156	531
年份	1963	1964	1965	1966	1967	1968	1969	1970
产量	1 197	1 585	715	425	285	132	421	257
年份	1971	1972	1973	1974	1975	1976	1977	1978
产量	158	432	572	684	694	689	717	842
年份	1979	1980	1981	1982	1983	1984	1985	1986
产量	957	1 103	2 640	2 115	1 750	3 053	3 956	5 589
年份	1987	1988	1989	1990				
产量	6 924	6 403	7 767	7 567				

中前期当地土纸产量整体迅速增加，并出现了产量高峰，顺应了当时国家社会主义改造和“一五”计划的实施。但50年代后期“大跃进”和人民公社化运动导致流通渠道阻塞，土纸产量明显下降，市场商品供应紧张。虽然在“文革”前夕，当地土纸生产再次出现产量高峰，但紧接着集市贸易遭受冲击而冷落、萧条，土纸生产迅速回落，且历年产量极不稳定。十一届三中全会召开后，国家逐步在流通领域进行系列改革，重新肯定集市贸易的作用，开放农产品市场。随着改革开放等经济政策的落实，集市贸易又迅速发展起来。到了1990年，全县乡镇、村办纸厂51个，产纸2 045吨。联户和个体办纸厂年产纸13 886吨，部分产品出口。[40]

《岑溪市志》还记载了当地土纸被专业公司或土产公司收购的情况。1949年后若干年份土纸、纸浆的收购情况见表4.7。[56]

表4.7　若干年份土纸、纸浆收购情况（单位：吨）
Table 4.7　Purchase volume of local handmade paper and paper pulp in different years (unit: ton)

年份	1954	1959	1969	1979	1980	1985
土纸	659.4	314	420.9	957	1 103	4 053
纸浆	—	10 475	1 638	2 448.1	760.1	151.3
年份	1986	1987	1988	1989	1990	
土纸	5 332.1	6 585.1	5 671.4	6 988.5	7 567.3	
纸浆	305.4	414	—	—	—	

土纸作为当地重要农副土产品，是对外出口的重要商品，深受外商喜爱。据《梧州文史资料选辑（第7辑）》记载，岑溪……生产福纸及万金纸……纸质虽然粗糙，但也有其特殊用途，且价格低廉，很受东南亚各地欢迎。[57]《岑溪市志》也记载，吉太乡君垌村的万金纸，纹质幼细坚韧，色泽黄净，深受外商青睐。[40]

1949年后，万金纸、五色纸依旧是出口商品，部分年份万金纸出口数量见表4.8。[58]

表4.8　1961～1980年外贸出口万金纸数量（单位：吨）
Table 4.8　Export volume of Wanjin paper from 1961 to 1980 (unit: ton)

年份	1961	1962	1963	1964	1965
出口量	43	307.98	385.27	384.13	127.41
年份	1966	1967	1968	1969	1970
出口量	87.71	75.47	11.20	107.63	54.37
年份	1971	1972	1973	1974	1975
出口量	53.15	136.49	120.40	138	107.70
年份	1976	1977	1978	1979	1980
出口量	113.18	86.48	76	29.04	3.70

2008年9月，调查组前去调查时，南渡镇苏河村的造纸户陈文彩、陈文广介绍，他们小时村里就造纸，当时用脚碓舂料，但不清楚村里最早从

[55] 梧州市地方志编纂委员会.梧州市志·经济卷上[M].南宁：广西人民出版社,2000: 1435.

[56] 岑溪市志编纂委员会.岑溪市志[M].南宁：广西人民出版社,1996: 357.

[57] 龚经华.广西造纸工业概况和梧州市造纸业发展的经过[Z]//中国人民政治协商会议梧州市委员会文史资料组.梧州文史资料选辑：第7辑,1984: 69.

[58] 岑溪市志编纂委员会.岑溪市志[M].南宁：广西人民出版社,1996: 381-384.

何时开始造纸，也不知道造纸技术从哪里传来。他们1980年去看别人造纸就跟着造了，没有专门拜师。他们的父母、子女都不造纸。陈文彩的造纸作坊共有两个人，陈文广的造纸作坊有四个人。大约2003年，陈文彩去玉林市容县看到有用水车作为动力带动牵纸机的自动牵纸系统后，回来请师傅帮助制造了水车，自己组装了一套类似的系统，从此不再用手工捞纸，而改用机器牵纸。

四 岑溪竹纸的生产工艺

4 Papermaking Technique of Bamboo Paper in Cenxi City

(一) 岑溪竹纸的生产原料与辅料

岑溪生产竹纸所用原料为丹竹、黄竹。2008年9月，调查组前去调查时，南渡镇苏河村的造纸户陈文彩、陈文广介绍，当地过去没有竹子，完全靠买。2000年后当地有些村民开始自己种竹子卖给纸厂，但大部分仍从梧州购买。

⊙1

⊙2

⊙1 南渡镇苏河村一景 View of Suhe Village in Nandu Town

⊙2 调查组成员与陈文彩合影 Researchers with papermaker Chen Wencai

(二)

岑溪竹纸的生产工艺流程

2008年9月、2016年5月，调查组两次前去岑溪南渡镇苏河村调查，岑溪竹纸的生产工艺流程为：

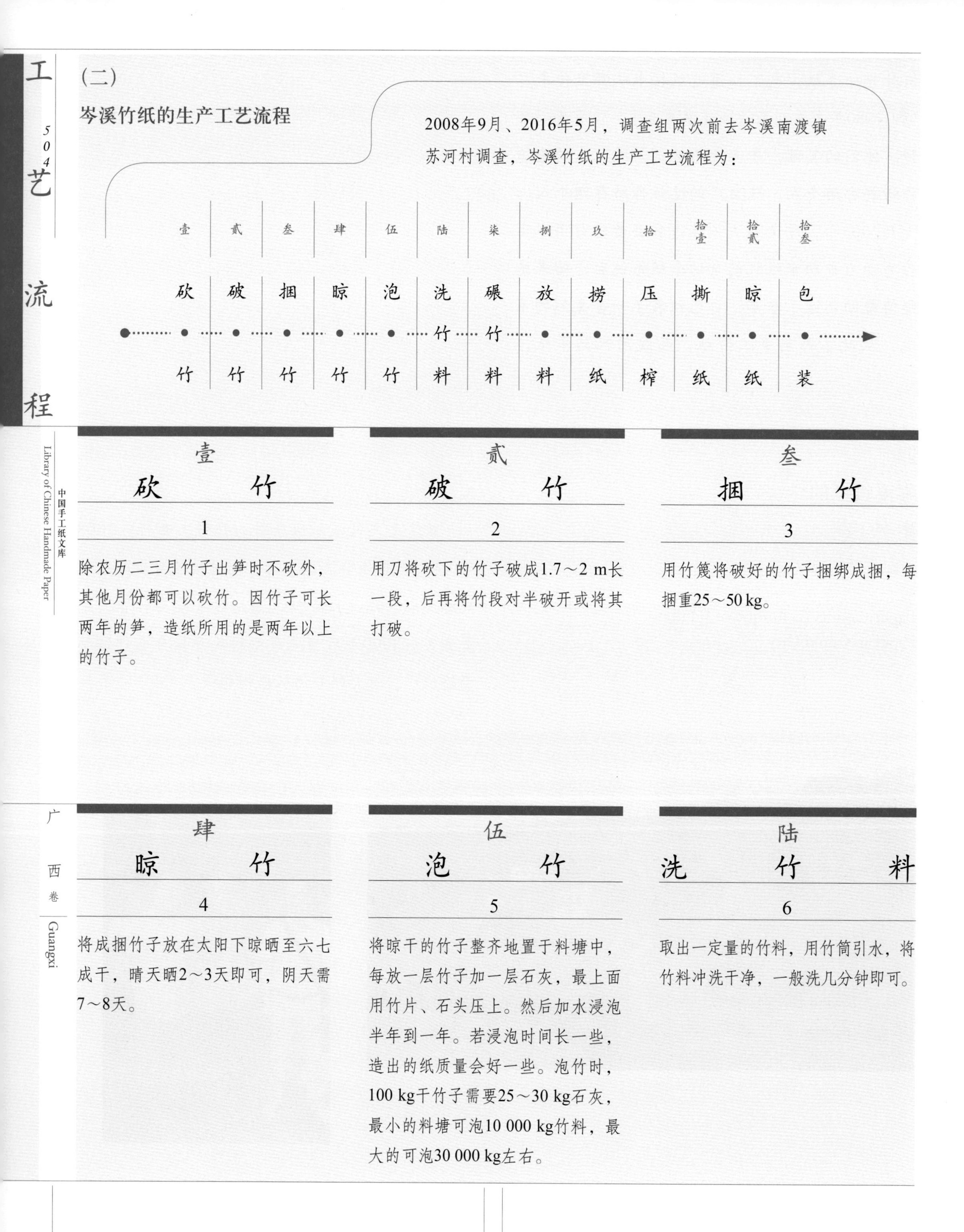

壹 砍竹 1

除农历二三月竹子出笋时不砍外，其他月份都可以砍竹。因竹子可长两年的笋，造纸所用的是两年以上的竹子。

贰 破竹 2

用刀将砍下的竹子破成1.7～2 m长一段，后再将竹段对半破开或将其打破。

叁 捆竹 3

用竹篾将破好的竹子捆绑成捆，每捆重25～50 kg。

肆 晾竹 4

将成捆竹子放在太阳下晾晒至六七成干，晴天晒2～3天即可，阴天需7～8天。

伍 泡竹 5

将晾干的竹子整齐地置于料塘中，每放一层竹子加一层石灰，最上面用竹片、石头压上。然后加水浸泡半年到一年。若浸泡时间长一些，造出的纸质量会好一些。泡竹时，100 kg干竹子需要25～30 kg石灰，最小的料塘可泡10 000 kg竹料，最大的可泡30 000 kg左右。

陆 洗竹料 6

取出一定量的竹料，用竹筒引水，将竹料冲洗干净，一般洗几分钟即可。

柒

碾竹料

7

将洗好的竹料拿到水碓里，用水碓将料碾碎，碾料的快慢视水流的速度而定，水流大就碾得快些，水流小就慢些。

捌

放料

8

将碾好的竹料放到捞纸槽里，用冲耙将料搅匀。

玖

捞纸

9

双手持纸帘，由外向里捞，一次捞成。料池的水若清一些，纸的质量就会好一些。平均一天可捞25～30 kg成品纸，最多可捞75 kg。

拾

压榨

10

捞完纸后，湿纸垛上面要先放木板，然后用千斤顶压榨。压榨时，速度要慢，否则纸垛容易压坏，一般要压1～1.5小时。

拾壹

撕纸

11

将纸放在纸台上，先用手揉左上角，然后从左上角往右下角将纸一张张撕开。

拾贰

晾纸

12

将约10张纸一起放在竹竿上晾，厚约5 cm。一般晴天需要15～20天能晾干，阴天则需一个月甚至更长时间。

拾叁

包装

13

将晾干的纸取下来，大约20 kg为一扎。上下各放两根竹竿，用竹篾在纸扎两边和中间各捆一道。捆的时候，先捆中间，后捆两边，一定要捆紧。以上就完成了整个造纸过程。

(三)

岑溪竹纸生产使用的主要工具设备

壹 捞纸槽 1

大小不完全一致，所测捞纸槽有长225 cm、宽120 cm、高90 cm的，也有长240 cm，宽130 cm，高90 cm的。

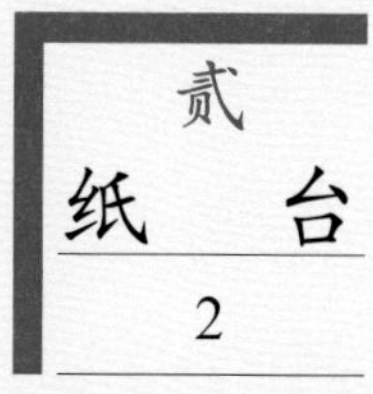

贰 纸台 2

所测纸台长160 cm，宽58 cm，高68 cm。

五 岑溪竹纸的用途与销售情况

5
Uses and Sales of Bamboo Paper in Cenxi City

(一)

岑溪竹纸的用途

1. 祭祀用纸

祭祀用纸一直以来是岑溪竹纸的最大用途，逢年过节祭祀时都要焚烧一定量的竹纸。

2. 包装用纸

当地生产的竹纸，以前一个很重要的应用就是用于包装日常生活用品，如盐、糖和药材等。然而现在盐、糖等都有现成包装，且还有众多包装材料，岑溪竹纸作为包装用纸的功能逐渐淡化。

3. 卫生用纸

以前机制卫生纸很少，岑溪竹纸常作为卫生用纸。但目前这一用途也逐渐减弱。

(二)

岑溪竹纸的销售情况

竹纸造出后，造纸户便自己挑到公路边卖给本地人，价格约为24元/担，即12元/扎。

六
岑溪竹纸的相关民俗与文化事象

6
Folk Customs and Culture of Bamboo Paper in Cenxi City

(一)

分工合作制

岑溪生产竹纸所用的竹子，主要是造纸户向村民收购或者从梧州购买。这是获取造纸原料的一种分工合作制。

(二)

纸厚薄与纸价的关系

调查中，我们发现一个有趣的现象，即岑溪竹纸的厚薄随纸价不同而不同。具体来说，纸价高的时候，捞的纸薄一些，纸价低时捞的纸厚一些。

究其原因，岑溪竹纸通常按扎卖，每扎约20 kg。纸价低时纸捞厚些，一天可以捞更多的纸，可获得稍微多一点的经济效益；而纸价高的时候，捞的纸薄一些，同样重量，张数更多，更利于销售。

七
岑溪竹纸的保护现状与发展思考

7
Preservation and Development of Bamboo Paper in Cenxi City

调查组2008年前去调查时，发现造纸户普遍认为造纸收入低，年轻人宁愿外出打工也不愿意造纸。

从前面的分析也可看到，一般一个作坊最少需要两个人，年产竹纸10～15吨，按每扎20千克、12元/扎计算，年销售收入仅0.6～0.9万元。这还不包括各种费用。粗略计算，若15吨干竹子约生产15吨纸，则销售收入0.9万元。而2007年时干竹子0.30元/千克，需4 500元，单是买竹子所需费用就占到销售额的一半。此外，每100 kg竹子需要25～30 kg石灰，15吨干竹子则需3 750～4 500 kg石灰。为方便计算，假设需要4 000 kg石灰。石灰是造纸户自己去盘古挑回来，3～4元/担（每担约重50 kg），按3.5元/担计算，需280元。两个人一年生产15吨纸，不计劳力支出，一年仅有约4 200元利润。按每人每天生产30 kg纸计，一人一天仅赚8.4元。造纸收入之低可见一斑，这也是当地的年轻人宁愿打工也不愿意造纸的主要原因。

岑溪造纸户也在考虑如何可以获得稍大的经济效益。陈文彩去玉林市容县看到有用水车作为动力带动牵纸机自动牵纸的系统后，回来照样做了一套类似系统，大约2003年后不再用手工捞纸，而改用机器牵纸。这样既减轻了劳动强度，同时又极大地提高了生产效率，两个人的纸厂一年也可以生产50吨纸，经济效益有了较大提高。同时，由于不需要高强度的劳动，即使老年人也可以从事生产。2008年时，陈文彩已经70岁，陈文广已64岁，他们都还继续生产竹纸。2016年再去调查时，陈文广已过世，陈文彩由于年纪较大，也不再造纸。

目前迫切需要采取博物馆式的保护，对岑溪各地的竹纸历史、工艺、民俗等做更全面、更深入的调查和挖掘，并尽可能收集相关工具、纸样，保留下更为丰富的第一手资料。

此外，南渡镇也是旅游之乡，可以将竹纸作为南渡镇旅游的一个亮点。这样既让南渡镇的旅游有了更多的文化内涵，同时也让岑溪竹纸得到更为广泛的关注。

⊙1

⊙2

⊙1 废弃的造纸作坊 Abandoned papermaking mill

⊙2 老街 Local old street

第四节

容县竹纸

广西壮族自治区
Guangxi Zhuang Autonomous Region

玉林市
Yulin City

容县
Rongxian County

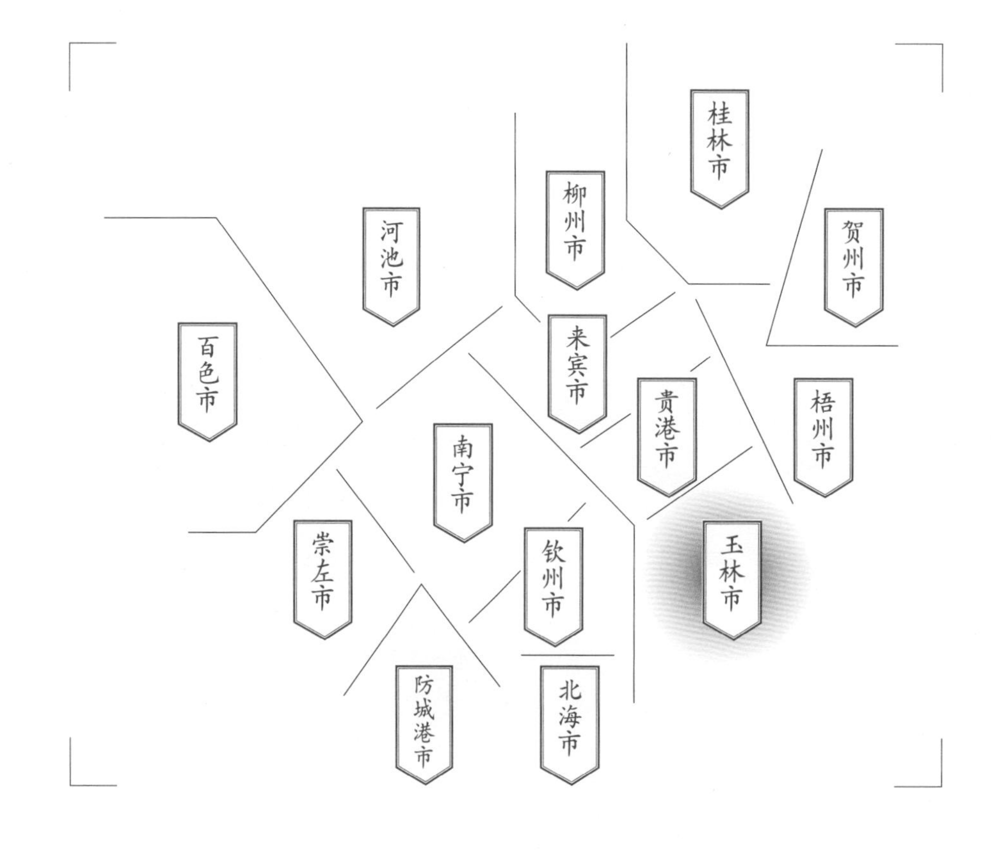

调查对象

浪水乡
白饭村
竹纸

Section 4
Bamboo Paper in Rongxian County

Subject

Bamboo Paper in Baifan Village of Langshui Town

一
容县竹纸的基础信息及分布

1
Basic Information and Distribution of Bamboo Paper in Rongxian County

容县竹纸制作工艺有从福建传入的记载，"旧志康熙间，有闽人来容教作福纸"[59]。容县竹纸以大眼竹为原料，嫩竹出的为福纸，质地较细致平滑；老竹出的为万金纸，质地较粗糙。在容县，以土纸等农副产品生产而久负盛名的乡镇有浪水乡、自良镇等。据调查组调查，1995年左右浪水乡已不再生产手工纸。

二
容县竹纸生产的人文地理环境

2
The Cultural and Geographic Environment of Bamboo Paper in Rongxian County

容县古称容州，地处广西东南部，隶属于玉林市，东部与梧州市岑溪相邻，东北部与梧州市藤县、贵港市平南县相接，南部与北流市、广东省信宜县接壤，西部与北流交界，西北部与贵港市桂平市毗连。

秦时为象郡管辖，汉初属南越国，汉至三国为交州合浦县地和郭平县地。晋朝时将合浦县分置合浦、荡昌，属荡昌县地，是容县地置县之始。南朝梁普通四年（523年）改荡昌县为阴石县，置阴石郡，是容县置郡之始。隋朝阴石县先后改为奉化县、普宁县。唐武德四年（621年）置铜州，贞观元年（627年）因境内有大容山而改名容州，开元二十一年（733年）置容州管内经略

[59] [清] 易绍悳，封祝唐. 容县志：卷六[M]. 台北：成文出版社，1974: 308.

路线图
容县县城
↓
白饭村
Road map from Rongxian County centre to the papermaking site (Baifan Village)

容县竹纸生产地分布示意图

Distribution map of the papermaking site of bamboo paper in Rongxian County

考察时间
2008年8月

Investigation Date
Aug. 2008

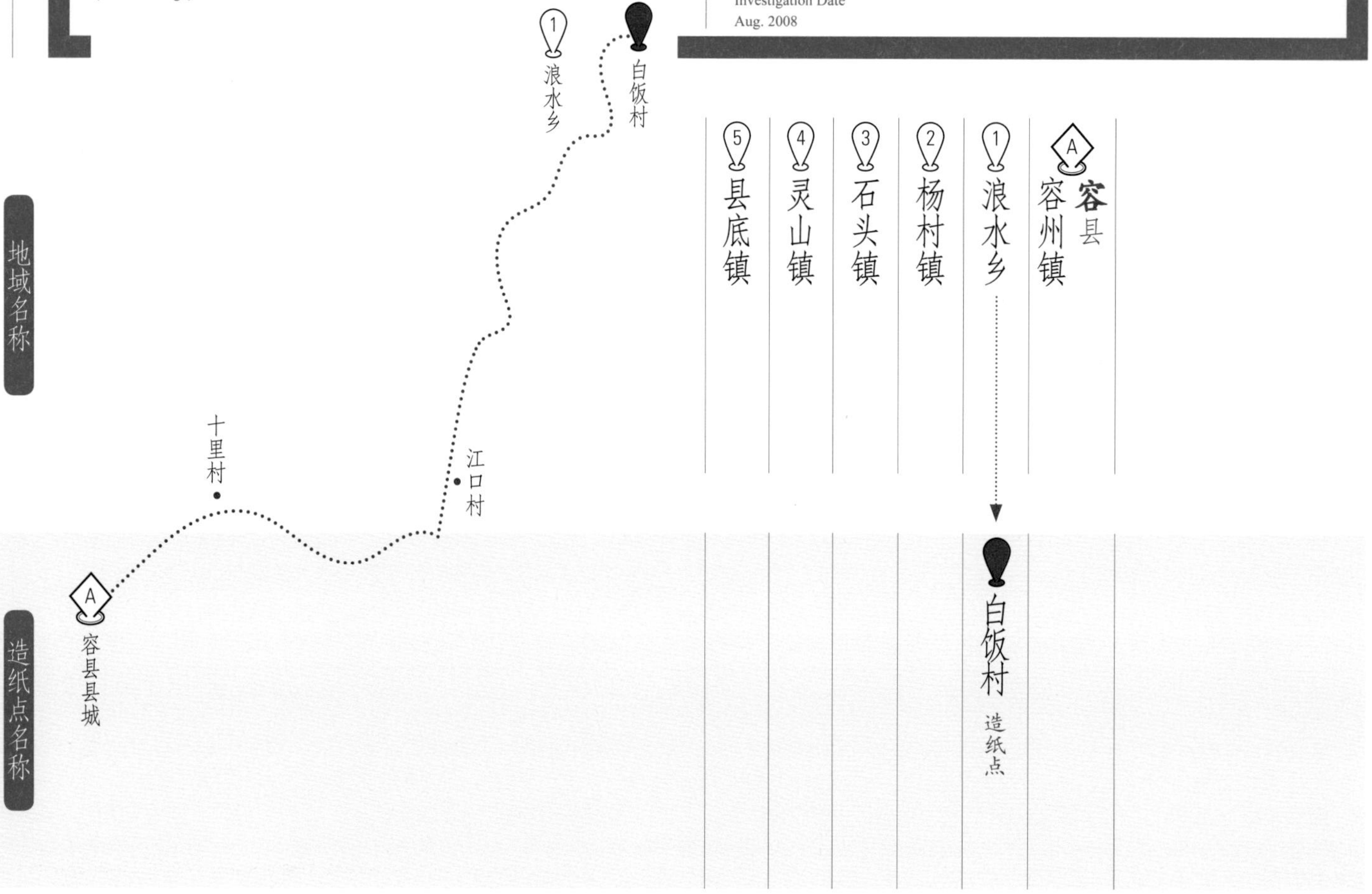

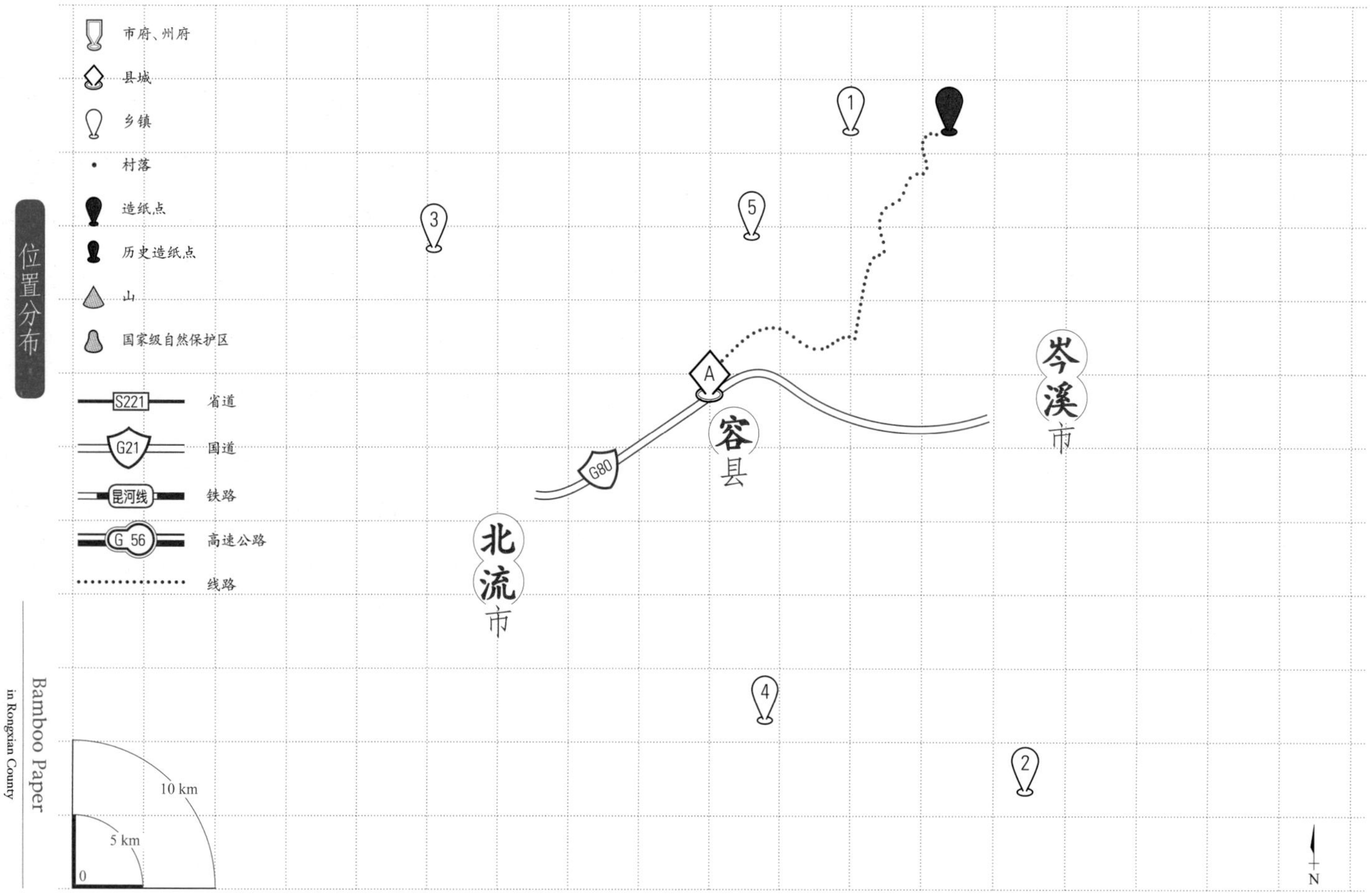

地域名称

容县 容州镇
1 浪水乡
2 杨村镇
3 石头镇
4 灵山镇
5 县底镇

造纸点名称

白饭村 造纸点

容县县城
十里村
江口村
浪水乡
白饭村

位置分布

市府、州府
县城
乡镇
村落
造纸点
历史造纸点
山
国家级自然保护区
S221 省道
G21 国道
昆河线 铁路
G56 高速公路
线路

容县
岑溪市
北流市
G80

10 km
5 km
0
N

使，领十四州60余县，容州成为南疆的政治、军事重镇。宋皇佑五年（1053年）置容州路，治所在普宁县。明洪武二年（1369年）撤普宁县，其地并入容州；洪武十年（1377年）改容州为容县。从此容县之名沿用至今，只是隶属关系不断变化。1949年11月属梧州专区。1951年7月玉林、梧州两专区合并称容县专区。1958年7月撤销容县专区，分设梧州、玉林两专区，容县属玉林管辖至今。[60]

容县总面积2 257 km^2，其中陆地占97.51%，水域占2.49%。[60]2014年末人口85.04万，其中农村人口62.12万。[61]地处南亚热带，受季风气候影响，雨量较为充沛。气候宜人，年平均气温21.3℃，平均年降水量1 698.9 mm。容县位于大容山和云开大山两大弧形山脉之间。地势特征是东西南三面高，中部和东北部低，由南向东北微坡倾斜，平缓下降。县境内重峦叠嶂，岭谷相间，丘陵起伏，是一个丘陵、山地占优势的县。地貌类型复杂，除丘陵外，还有堆积平原、台地、山地等。[62]

容县物产资源丰富。其中，沙田柚在古代被列为朝廷贡品，[63]在中国12种名产柑橘中被列为首位。1953年在莱比锡国际博览会上获得高度评价，被视为“中国珍果”，列为中国四大名果之一。1986年英国女王来我国进行国事访问，容县沙田柚被作为款待果品和赠送礼品。容县沙田柚在国内和国际市场上都具有很高竞争力，是内销和出口的重要商品之一。[64]2016年容县沙田柚旅游文化节期间，全县累计接待游客12.5万人次。容县特产还有以肉香、骨软、色黄而饮誉海内外的霞烟鸡[63]，味甘芳香、畅销欧美的肉桂，大红八角以及荔枝、龙眼、茶叶、蚕桑、柿子、三德柑、猕猴桃等。[65]

⊙1

⊙1 容县沙田柚（容志毅 提供）
Shatian pomelo in Rongxian County (provided by Rong Zhiyi)

容县多丘陵山地，陆路交通多受溪河阻隔。清末，全县有记载的乡村道路有桥梁96座，渡口42个，渡船44艘。1989年全县尚有行人渡口27个，渡船27艘，其中分布于绣江干流的渡口就有19个。[66]调查组前去调查时，所经的白饭渡口即是其中之一，与《容县志》记载“渡船均为人力撑划木质船艇”不同的是，船夫通过拉绳子而渡河。

容县山清水秀，是旅游胜地。容县“三名”旅游景区由“名楼”“名人”“名山”三部分组成，于2002年成为国家AAAA级旅游景区。名楼，是指全国重点文物保护单位古经略台真武阁，被誉为“天南杰构”，与岳阳楼、黄鹤楼、滕王阁合称江南四大名楼，是唯一一座没有进行重建而完整保留至今的四大名楼；名人，是指古代中国四大美女之一杨贵妃，至今保留有杨妃山、杨妃庙、杨妃井等遗迹；名山，是指中国道教的第二十洞天，自治区级风景名胜都峤山，是三教合一圣地（道、释、儒），自古为容州著名宗教圣地，徐霞客曾专程前去考察。此外还有黎

[60] 容县志编纂委员会.容县志[M].南宁：广西人民出版社,1993: 39-41.

[61] 广西壮族自治区地方编纂委员会.广西年鉴2015[M].南宁：广西年鉴社,2015: 371.

[62] 容县志编纂委员会.容县志[M].南宁：广西人民出版社,1993: 102-109.

[63] 容县志编纂委员会.容县志[M].南宁：广西人民出版社.1993: 1.

[64] 容县志编纂委员会.容县志[M].南宁：广西人民出版社,1993: 283.

[65] 容县志编纂委员会.容县志[M].南宁：广西人民出版社,1993: 295-298.

[66] 容县志编纂委员会.容县志[M].南宁：广西人民出版社,1993: 416.

村温泉、绣江湖等景区。[67]

容县历代名人辈出，是中国古代四大美女之一的杨贵妃的故乡。民国时期，容县籍的军政名人众多，有6位省主席、74位将官。这些叱咤风云的将军为国家民族存亡立下显赫战功，容县也被誉为抗日爱国将军县。[68]容县还是广西著名的侨乡，祖籍容县的海外华侨、华人和港澳台同胞82.51万人，[61]分布于马来西亚、泰国、新加坡、美国、危地马拉、英国、印度尼西亚、加拿大、巴西、日本、卢旺达、澳大利亚、法国、越南、文莱、新西兰、墨西哥、德国、毛里求斯、伊拉克、缅甸等几十个国家和地区。[68]

⊙1

浪水镇位于容县东北部，东与岑溪市波塘镇交界，南临十里镇，西连县底镇，北接自良镇及藤县象棋镇，1987年从自良镇析置。[69]镇政府驻地浪水村，距县城33 km。全镇总面积126.39 km^2，有耕地6.25 km^2，其中水田4.21 km^2。有林地73.34 km^2，森林覆盖率82%。镇辖8个行政村，2013年末共22 863人。[70]浪水为山区，山多田少。有绣江从各村旁边蜿蜒流过。乡人广植松树，在河边遍植竹子，屋边、沟边、洼地都种有沙田柚树，因而盛产木材、松脂、沙田柚和柴、竹、纸、炭，是县内农林特产最多之乡[71]。2013年，沙田柚种植面积4.33 km^2，共产0.6万吨。[70]

浪水电站周围是容县有名的山水风光胜地。那里林海莽莽，四季翠绿，江水平缓清澈。两岸翠竹成行，婀娜多姿。尤其电站大坝飞湍的瀑布，如飞雪流银，十分壮观。[71]

⊙1 白饭渡口守则碑
Code of Practice Monument at Baifan Ferry

[67] 容县志编纂委员会.容县志[M].南宁：广西人民出版社,1993: 1008-1014.

[68] 容县志编纂委员会.容县志[M].南宁：广西人民出版社,1993: 177-178.

[69] 广西大百科全书编纂委员会.广西大百科全书·地理[M].北京：中国大百科全书出版社,2008: 1013.

[70] 容县地方志编纂委员会办公室.容县年鉴2014[M].南宁：广西人民出版社,2015: 407.

[71] 容县志编纂委员会.容县志[M].南宁：广西人民出版社,1993: 92.

⊙2

⊙3

⊙4

⊙2
白饭渡口守则牌
Code of Practice Billboard at Baifan Ferry

⊙3
调查组成员与白饭渡口船员合影
Researchers and Baifan Ferry crew

⊙4
渡船
Ferryboat

⊙1
真武阁（容志毅 提供）
Zhenwu Pavilion (provided by Rong Zhiyi)

⊙2
容县都峤山风景图（周行 提供）
Duqiao Mountain in Rongxian County (provided by Zhou Xing)

三
容县竹纸的历史与传承

3
History and Inheritance of Bamboo Paper in Rongxian County

关于容县竹纸的历史，有以下两条重要的史料。同治十二年（1873年）《梧州府志》记载："康熙间，闽潮来容始创纸篷于山中。今有篷百余间，工匠动以千计。"[52]光绪二十三年（1897年）《容县志·物产》中记述得更加翔实："旧志康熙间，有闽人来容教作福纸，创纸篷于山间。春初采扶竹各种笋之未成竹者，渍以石灰，沤于山池。越月，碾洒成絮，濯以清流，又匝月下槽。随捞随焙，因而成纸。每槽司役五六人，岁可获百余金，至乾隆间多至二百余槽。如遇荒年，藉力役以全活者甚众。"[59]上述两条史料都将容县福纸的历史指向康熙年间（1662～1722年），可见容县造纸业历史较为悠久。只是关于技术来源的表述不完全一致，但都提到闽人即今福建人。前者还提到"潮"，应指广东潮州。

历史上容县竹纸的生产规模极其壮观。清乾隆年间，容县有生产土纸的纸槽200多个。1933年有纸蓬200家，年产土纸2 000吨。[72]1935年土纸产量达24万担，主要产地在自良、绣江两岸的白饭、泗河、泗利、扶昨、古旺、云松、十里、江口一带。其中，自良区在20世纪50年代有350多个造纸棚，每年秋冬季节，即砍伐嫩竹子作原料，用石灰水浸沤(俗称沤竹麻)，将捣成浆状，再手工操作纸帘捞制纸浆，晾(烘)干即为成品。[73]

1941年容县工商业登记情况统计见表4.9，当时容县工商业登记的纸业资本额达11 000元，虽然只占所统计的总数4 312 470元的0.26%，但其比西药、百货业、五金电器、糖业、仓库业、铁器业、锡器业、图书教育、钢器业、茶业、钱业、运输业等行业资本额都高，说明当时纸业在当时容县人民生活中占有相当重要的地位。[74]

1949年后，土纸生产户

[72] 容县志编纂委员会.容县志[M].南宁：广西人民出版社,1993: 391.

[73] 容县志编纂委员会.容县志[M].南宁：广西人民出版社,1993: 588.

[74] 容县志编纂委员会.容县志[M].南宁：广西人民出版社,1993: 623.

表4.9　1941年容县工商业登记情况统计表
Table 4.9　Statistics of recorded local industry and business in 1941

行业种类	户数	资本额(国币)	行业种类	户数	资本额(国币)
粮食业	68	405 800	纸业	35	11 000
油业	67	27 400	铁器业	28	4 200
盐业	35	2 039 500	锡器业	5	1 000
国药	47	100 000	图书教育	5	10 800
西药	2	5 000	钢器业	2	2 000
棉花业	10	54 000	木业	44	23 200
布绸业	153	476 000	银行业	2	公营
纱业	5	203 800	茶业	31	10 650
百货业	199	70 220	钱业	2	7 000
五金电器	6 000		运输业	3	2 000
糖业	10	9 000	民船业	105	53 500
仓库业	3	6 000	电力工业	1	750 000
煤油业	2	25 000	其他	28	9 400
			共计	895	4 312 470

人数有所减少。1954年全县土纸生产44户，从业152人。1955年全县有土纸生产合作社9个，其中自良7个，石头、灵山各1个。1963年国民经济调整后有土纸生产合作社5个，从业99人。1989年，除了个体户生产土纸外，乡镇有土纸生产企业5家，从业41人，年产土纸2 000多吨。[72]

1949年后容县土纸生产变化的概况可以从当时农副产品的收购情况中反映出来。当时土纸等农副产品由供销合作社收购。[75]1954年供销社收购土纸2 000多吨，1956年农业合作化后，竹林及其他生产资料平价入社，土纸产量下降，供销社收购量下降至480多吨。1958年以后，土纸生产一度陷于停顿状态，县内市场供应十分紧张。1964年随着国民经济的恢复发展，土纸生产又复兴起，收购量近1 200吨。1965年土纸供过于求，库存积压日增。1966年收购价调低27.5%，收购量逐年下降，1972年市场又出现供不应求情况。再复调高收购价24%，收购量略有回升。但由于竹林采伐无度，资源遭到破坏，加上土纸与粮食及竹篾的相对价格不合理，土纸产量继续下滑。1979年收购量降至300多吨。十一届三中全会确定以经济建设为中心的政策后，土纸生产得到恢复，收购量自1980年起逐年回升，1985年收购土纸2 000多吨。1986年后，商贩深入产地抬价降级收购，供销社收购量大减，1989年仅收1 100多吨。[75]

1989年乡、村两级造纸企业共17个，代表企业包括十里塘冲纸厂、泗河纸厂、县底造纸厂等，但是主要造纸产品为机制纸及纸板。[76]1991年浪水乡将全乡泗河等127个大小造纸厂联合成立集产、供、销于一体的容县浪水造纸工业公司，有职工564人，1993年总产值1 651万元，占全县乡村造纸企业总产值的24.89%。该公司主要生产和销售全木浆水泥纸袋、挂面箱纸板、牛皮卡纸、高强度瓦楞纸及全竹浆万金纸。[77]

表4.10　容县供销社1951～1989年土纸收购数量（单位：吨）[75]
Table 4.10　Purchase volume of handmade paper by the local Supply and Marketing Cooperative in Rongxian County from 1951 to 1989 (unit: ton)

年份	数量	年份	数量	年份	数量
1951	48.8	1964	1 198.8	1977	617.25
1952	316.1	1965	1 072.4	1978	587.6
1953	630.9	1966	753.15	1979	324.2
1954	2 009.55	1967	562.65	1980	492
1955	764.05	1968	713.8	1981	1 264.7
1956	486.95	1969	606.4	1982	1 277.6
1957	949.5	1970	561.95	1983	1 140.35
1958	1 483.4	1971	497.6	1984	2 005.7
1959	1 018.05	1972	447	1985	2 782.85
1960	548.25	1973	501.05	1986	1 094.05
1961	348.25	1974	685.8	1987	53 500
1962	400.6	1975	801	1988	1 140.25
1963	603.15	1976	853.4	1989	1135

[75] 容县志编纂委员会.容县志[M].南宁：广西人民出版社,1993: 557-563.

[76] 容县志编纂委员会.容县志[M].南宁：广西人民出版社,1993: 359.

[77] 广西壮族自治区地方志编纂委员会.广西通志·乡镇企业志[M].南宁：广西人民出版社,2002: 168.

[78] 容县志编纂委员会.容县志[M].南宁：广西人民出版社,1993: 582.

容县土纸的兴盛，还要得益于其悠久的贸易历史。容县早在唐代就已有集市贸易，其时为不定期的集市交换，到宋代发展成为五天一圩期的集市贸易。清末光绪年间，容城在护城内外建有八街八巷，西城门口有圩亭，城西登高岭设牛圩。在乡村有16个圩场。民国时，集市交易的商品不仅有粮食、蔬菜、盐、油、茶叶、农具，还有棉布、药材、陶瓷器以及各种日用手工业产品，有些圩场则有其独特的产品，如自良圩以柴、竹、纸、炭、沙田柚产品居多。[78]

在容县以土纸等农副产品生产而久负盛名的乡镇有浪水乡、自良镇等。浪水乡、自良镇紧临绣江，这为其造纸业的发展和贸易提供了重要交通条件。民国以来，容县所产土纸，除销往内地外，还畅销港、澳市场。民国后期，土纸等手工行业因产品单一，批量小，以县内自给性生产为主。[61]

表4.11　容县历年土纸收购统计表（单位：吨）[72]
Table 4.11　Purchase volume of handmade paper in Rongxian County (unit: ton)

年份	数量	年份	数量	年份	数量	年份	数量
1951	50	1961	348	1971	459	1981	1 177
1952	316	1962	401	1972	447	1982	1 778
1953	631	1963	603	1973	501	1983	1 619
1954	2 009	1964	1 198	1974	686	1984	1 140
1955	764	1965	1 072	1975	801	1985	1 346
1956	486	1966	753	1976	853	1986	1 453
1957	910	1967	562	1977	612	1987	1 621
1958	1 484	1968	714	1978	587	1988	1 832
1959	1 018	1969	606	1979	324	1989	2 095
1960	548	1970	562	1980	493		

民国时，自良在绣江两岸生产的土纸，定名为自良土纸，是传统的出口商品。20世纪50年代，自良竹纸在国内外市场享有盛誉，远销港、澳两地及东南亚各国。[73]尤其自良镇为绣江水运咽喉，江滨码头繁忙，街上天天成市。因此，自良一带素有“小南洋”之美誉。[71]1960年，自良被自治区定为土产基地和土产出口基地。1963年2月确定白饭、长寿、泗河、泗利、浪水、扶昨、古旺、思旺8个乡为土产出口基地。1984年共收购出口土纸1.24万吨，1985年除土纸外其余土产停止收购，1989年收购土纸1 135吨。[73]

2008年8月，调查组到容县浪水乡白饭村白石队调查。据时年80岁的造纸户冯定西介绍，他的爷爷冯彩成在清末时就开始造纸，爷爷将造纸技术传给父亲冯振南，再传给冯定西、冯达文（时年72岁）、冯达彬（时年70岁）兄弟。冯定西兄弟很小就开始造手工竹纸，1954年后不再造纸。而他们的子孙后来造机制竹纸。

据冯定西介绍，1987年浪水电站成立后，白饭村才通电，大约1990年开始出现机制纸，1995年之后全部是机制纸，不再生产手工纸。调查组结合相关资料，认为这应与1991年浪水乡成立容县浪水造纸工业公司有很大关系，该公司1993年总产值1 651万元，占全县乡村造纸企业总产值的24.89%，[77]可见其产量之大。

⊙1

⊙2

⊙1 冯家住宅 Residence of the Fengs

⊙2 造纸户冯定西兄弟合影 Papermaker Feng Dingxi and his brother

四 容县竹纸的生产工艺与技术分析

4 Papermaking Technique and Technical Analysis of Bamboo Paper in Rongxian County

(一) 容县竹纸的生产原料与辅料

浪水乡白饭村白石队生产的竹纸所用的原料为本地野生的大眼竹。

浪水乡白饭村白石队生产的竹纸所用的辅料主要是石灰，竹子堆放前需先过石灰水。造纸户认为石灰能促进竹子的发酵。

白石队造纸用老竹子，不用纸药。但冯定西提到，如用嫩竹做福纸，则需用纸药。其制法是：将胶木（榕胆树）的叶子置于锅中，加水煮到出胶，将叶子去掉即可。

(二) 容县竹纸的生产工艺流程

根据调查组到浪水乡白饭村白石队的实地调查，记录其竹纸的生产工艺流程为：

壹	贰	叁	肆	伍	陆	柒
砍竹	破竹	晒竹	浸泡	堆放	洗涤	舂碓

拾肆	拾叁	拾贰	拾壹	拾	玖	捌
捆纸	晾纸	开纸	压榨	捞纸	放料	踩料

壹 砍竹 1

除了春季竹笋生长，不砍竹外，其余时间都可砍竹。砍两年以上的老竹，越老越好。

贰 破竹 2

将竹子先破成约每段2 m长，后用刀再对半破开。

叁 晒竹 3

将破开的竹片放在太阳下晒干，天气好要半个月，即使下雨也不收。当地造纸户认为不晒的话，竹会融掉。

肆 浸泡 4

将晒干的竹片置于竹塘中，用清水浸泡约100天，最少也要泡2个月。

伍 堆放 5

将石灰放到石灰池里，加水发石灰。然后将竹片成把过石灰水，再整齐堆放成垛，最上面用草盖。堆放时早晚用水淋，一天淋2次，保持湿润，更好发酵，一般需堆放60～70天。

陆 洗涤 6

如果可以用手很轻松将竹片对折，说明竹片已经发酵充分。取一部分发酵好的竹片放在河里，将其石灰洗掉。

柒 舂碓 7

用水碓将洗好的竹料碓碎，一次放10把料（1把料大约50 kg），一般要碓3天，可生产400 kg纸。

捌 踩料 8

将约50 kg竹料放在竹筐里，用脚踩融，踩得快的约需半小时。

玖 放料 9

将踩融的竹料放在捞纸槽里，加水，用棍子左右、上下撞击约半小时，使竹浆分散均匀。

拾 捞纸 10

⊙1⊙2

由外往里捞纸，然后将水去掉，将湿纸翻盖于盖板上，之后的湿纸翻盖在前一张纸上。

⊙1

⊙2

拾壹 压榨 11

捞完一天纸后，在纸块上放废旧纸帘、木板、木头，套上榨杆，逐渐加力压榨。压榨前约高1.5米，压至大约原来三分之一，即0.5米左右。压到用手压纸块的侧面，没有水流出来即可。

拾贰 开纸 12

用手将纸一张张撕开。

拾叁 晾纸 13

大约10～20张纸一起晾在竹竿、木杆上，夏天晾一周，阴雨天晾半个月左右。冬天无雨，干得比春天快。不用太阳晒，晒的纸会变白，当地认为黄的纸好，偏白不好。

拾肆 捆纸 14

纸晾干后，25 kg作为一把，用竹篾捆起来。

(三) 容县竹纸生产使用的主要工具设备

壹 捞纸槽 1

砖石砌成，长、宽均约2 m，高约1.3 m。

贰 水碓 2

木质，碓头铁质，长2～3 m。

⊙1/2 捞纸示意 Showing how to scoop and lift the papermaking screen

(四)

容县竹纸的性能分析

所测容县白饭村竹纸为20世纪50年代所造，相关性能参数见表4.12。

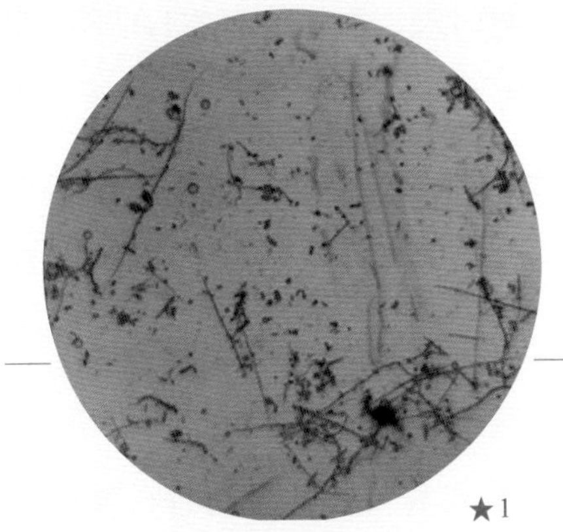

★1

★2

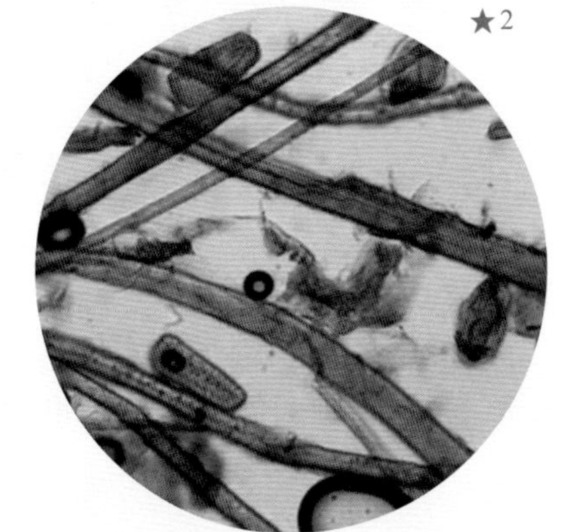

表4.12 白饭村竹纸的相关性能参数
Table 4.12 Performance parameters of bamboo paper in Baifan Village

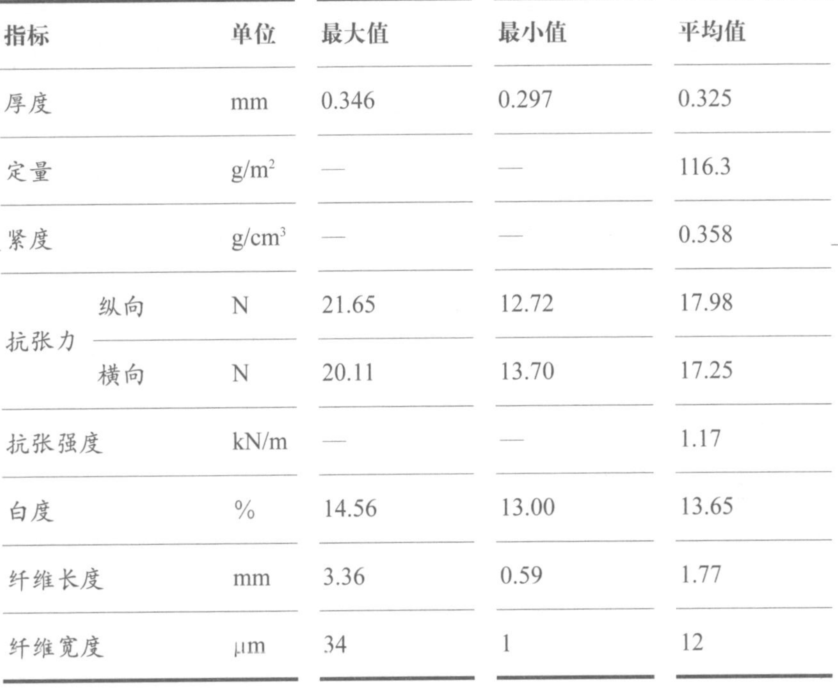

指标		单位	最大值	最小值	平均值
厚度		mm	0.346	0.297	0.325
定量		g/m²	—	—	116.3
紧度		g/cm³	—	—	0.358
抗张力	纵向	N	21.65	12.72	17.98
	横向	N	20.11	13.70	17.25
抗张强度		kN/m	—	—	1.17
白度		%	14.56	13.00	13.65
纤维长度		mm	3.36	0.59	1.77
纤维宽度		μm	34	1	12

由表4.12可知，所测白饭村竹纸厚度较大，最大值比最小值多16%，相对标准偏差为6%，说明纸张薄厚差异较小，分布较为均匀。经测定，白饭村竹纸定量为116.3 g/m²，定量较大，主要与纸张较厚有关。经计算，其紧度为0.358 g/cm³。

白饭村竹纸纵、横向抗张力差别较小，经计算，其抗张强度为1.17 kN/m。

所测白饭村竹纸白度平均值为13.65%，白度较低，这应与白饭村竹纸没有经过蒸煮、漂白，且放置了60年左右有关。相对标准偏差为4%。

所测白饭村竹纸纤维长度：最长3.36 mm，最短0.59 mm，平均1.77 mm；纤维宽度：最宽34 μm，最窄1 μm，平均12 μm。在10倍、20倍物镜下观测的纤维形态分别见图★1、图★2。

★1 白饭村竹纸纤维形态图（10×）
Fibers of bamboo paper in Baifan Village (10× objective)

★2 白饭村竹纸纤维形态图（20×）
Fibers of bamboo paper in Baifan Village (20× objective)

五 容县竹纸的用途与销售情况

5 Uses and Sales of Bamboo Paper in Rongxian County

(一) 容县竹纸的用途

据《容县志》记载，1949年前，容县纸制品有用土纸制作的纸条(引火用)、纸角(杂货零包用)和用色纸制作的纸鞋、纸扎冥居等。1962年从事纸条生产的在容城有4户4人，在杨梅圩有1户1人。此后纸条生产因烟民抽卷烟后销路少而停产。迷信用品不能公开生产，时有时无。[79]

调查时，造纸户提到容县竹纸的主要用途如下：

1. 包装用纸

以前包装材料少，容县竹纸广泛用作包装纸，如包白糖、盐等。

2. 祭祀用信纸

也称元宝纸，逢年过节烧给老祖宗。这是最主要的用途。

3. 手纸

以前没有机制纸时，容县竹纸也广泛用作手纸。

(二) 容县竹纸的销售情况

容县竹纸的销售主要是客户上门购买。外地人主要是梧州人通过梧州西江、容县绣江上门购买。原来陆路不通，只能担到河边，通过船运卖出去。

六
容县竹纸的相关民俗与文化事象

6
Folk Customs and Culture of Bamboo Paper in Rongxian County

(一)
节日不造纸

以前白饭村一年四季都造纸，一般一年造350天左右，但传统的节日不造纸。

(二)
纸换谷子

以前钱少，尤其周边的村民，买纸不直接付钱，而是用谷子换。60 kg谷子可换一担纸。

(三)
仪式用纸

容县汉族几乎每户都养母猪，少则一头，多则二三头。各家均在猪栏边设猪栏神位。猪崽出生要做“三朝”，拿祭品拜了祖先后，再供到猪栏前，祈求保佑猪崽长得又快又好。猪崽出栏时，要祭拜“猪栏神”。[80]祭拜时，都要烧元宝纸。

七
容县竹纸的保护现状与发展思考

7
Preservation and Development of Bamboo Paper in Rongxian County

白饭村手工纸由于用途低端，基本没有经济效益。1990年左右当地又设立了机制竹纸企业，可以说手工纸衰亡是历史的必然。调查组认为应采取博物馆式的保护，对容县各地的手工纸历史、工艺、民俗等做更全面、更深入的调查和挖掘，并尽可能收集相关工具、纸样，保留下更为丰富的第一手资料。

⊙1

⊙1 废弃的机制竹纸厂 Abandoned machine-made bamboo papermaking factory

[79] 容县志编纂委员会.容县志[M].南宁：广西人民出版社,1993: 398.

[80] 广西壮族自治区地方志编纂委员会.广西通志·民俗志[M].南宁：广西人民出版社,1992: 24.

第五节

北流竹纸

广西壮族自治区
Guangxi Zhuang Autonomous Region

玉林市
Yulin City

北流市
Beiliu City

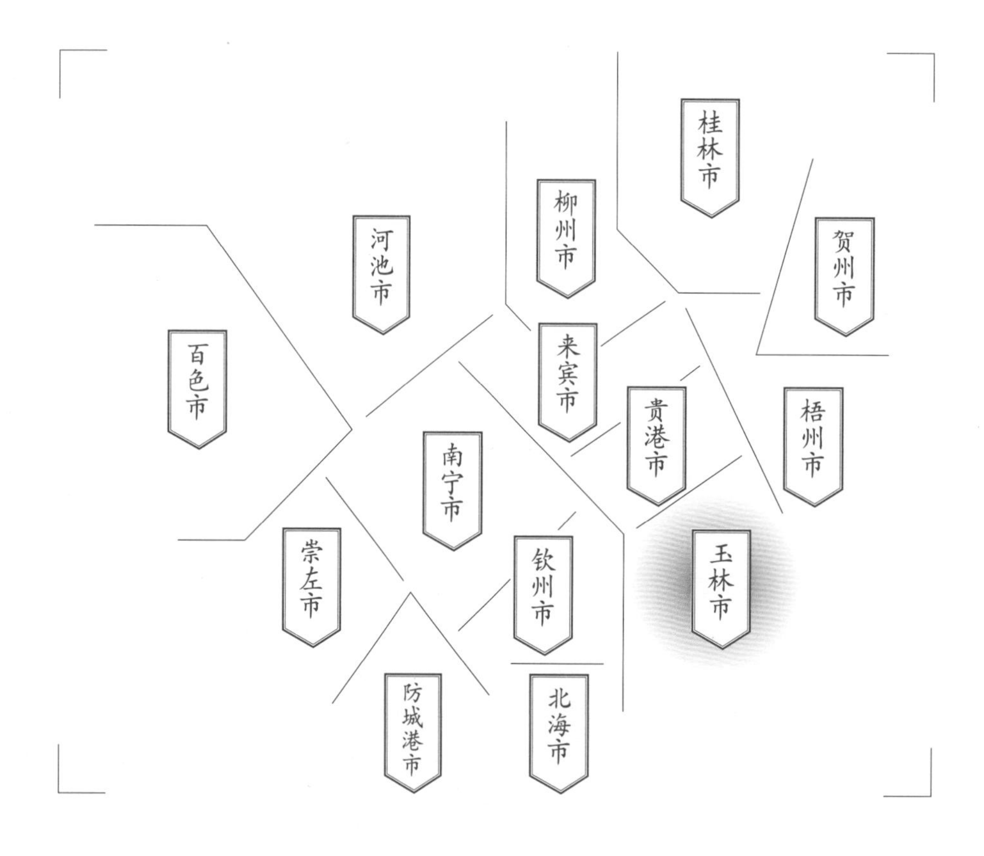

调查对象

石窝镇平田村竹纸

Section 5

Bamboo Paper in Beiliu City

Subject

Bamboo Paper in Pingtian Village of Shiwo Town

一 北流竹纸的基础信息及分布

1 Basic Information and Distribution of Bamboo Paper in Beiliu City

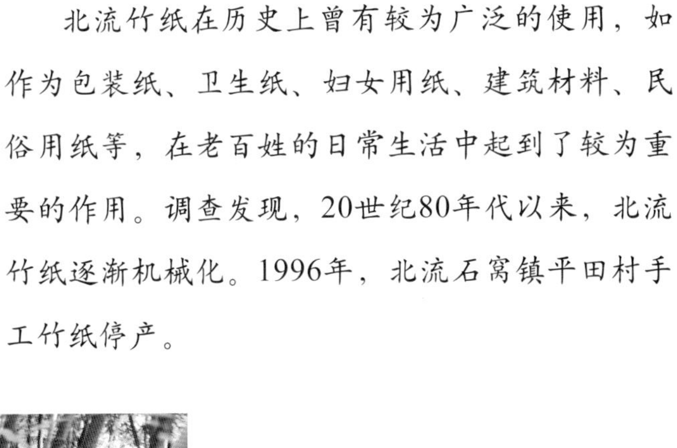

北流竹纸在历史上曾有较为广泛的使用，如作为包装纸、卫生纸、妇女用纸、建筑材料、民俗用纸等，在老百姓的日常生活中起到了较为重要的作用。调查发现，20世纪80年代以来，北流竹纸逐渐机械化。1996年，北流石窝镇平田村手工竹纸停产。

⊙1

二 北流竹纸生产的人文地理环境

2 The Cultural and Geographic Environment of Bamboo Paper in Beiliu City

北流位于广西东南部，隶属于玉林市，东邻容县和广东省信宜县，南与广东省高州、化州县接壤，西毗玉州区、陆川县，北与容县、贵港市桂平市交界。

秦始皇于岭南置三郡后，今北流属象郡辖地。汉初，属南越国，元鼎六年（公元前111年）至晋，属合浦郡合浦县地。南朝齐永明六年（488年），置北流郡，因境内圭江河由南向北流而得名。南朝梁（502～557年）时北流郡改称北流县，是北流县行政建制之始。隋属合浦郡，大业二年（606年），废陆川县建置并入北流县。唐武德四年（621年），北流县析置北流、陵城、扶来三县，复置陆川县，均属铜州（治所北流）辖地。宋开宝五年（972年），撤销峨石、扶来、罗下、陵城四县，其地并入北流县，

⊙1 平田村小竹林 Small bamboo forest in Pingtian Village

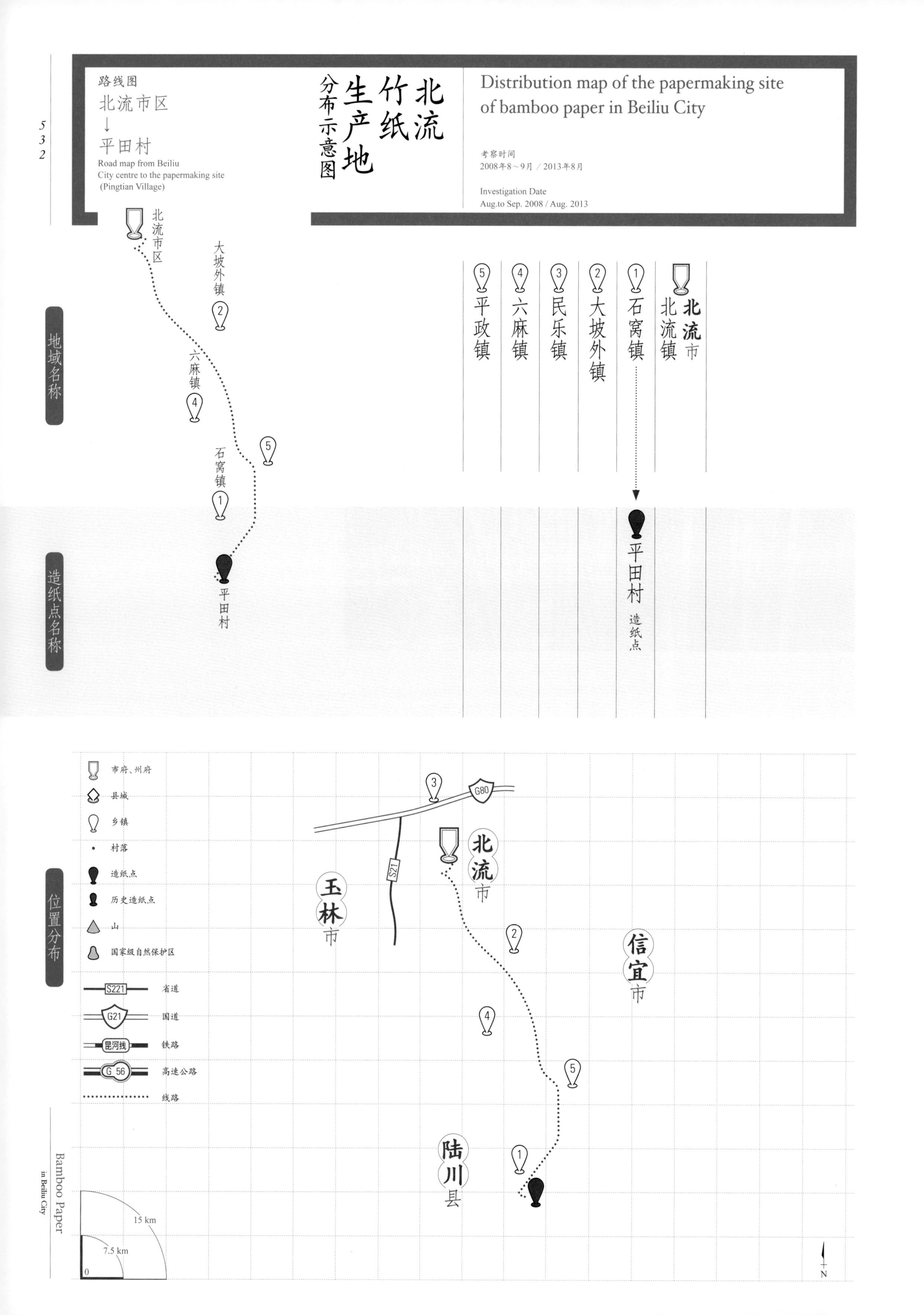
路线图
北流市区
↓
平田村
Road map from Beiliu City centre to the papermaking site (Pingtian Village)
北流竹纸生产地分布示意图
Distribution map of the papermaking site of bamboo paper in Beiliu City
考察时间
2008年8～9月 / 2013年8月
Investigation Date
Aug.to Sep. 2008 / Aug. 2013
北流市区
大坡外镇
六麻镇
石窝镇
平田村
地域名称
北流市
北流镇
石窝镇
大坡外镇
民乐镇
六麻镇
平政镇
造纸点名称
平田村
造纸点
位置分布
市府、州府
县城
乡镇
村落
造纸点
历史造纸点
山
国家级自然保护区
S221
省道
G21
国道
昆河线
铁路
G 56
高速公路
线路
G80
S21
玉林市
北流市
信宜市
陆川县
15 km
7.5 km
0
N

⊙1

属容州都督府普宁郡辖地。此后北流范围无重大变化，只是多次更改其隶属。1949年后，北流县属郁林专区。1951年7月属容县专区。1958年7月撤销容县专区，设立玉林专区，北流属玉林至今。1994年北流撤县建市。[81]

北流市总面积2 457 km^2，辖22个乡镇和3个街道。2014年末，人口147.17万。[82]北流重要矿产资源有独居石、石灰石、高岭土，其中独居石储量1.2万吨。著名地方产品有陶瓷、水泥、皮革、凉亭土鸡（出口名牌产品）、奶水牛、荔枝、桂圆等。北流是广西远近闻名的特色工业城市，旧称“粤桂通衢”“古铜州”，历史上曾“富甲一方”，素有“小佛山”和“金北流”之称。[83]著名景点有大容山国家森林公园、道教二十二洞天勾漏洞、汉代冶铜遗址铜石岭、古道名关“鬼门关”、全国农业旅游示范点罗政村和会仙河等，

⊙1 北流大容山风景
Landscape of Darong Mountain in Beiliu City

[81] 北流县志编撰委员会.北流县志[M].南宁：广西人民出版社,1993: 57-58.

[82] 广西壮族自治区地方编纂委员会.广西年鉴2015[M].南宁：广西年鉴社,2015: 373.

[83] 北流县志编撰委员会.北流县志[M].南宁：广西人民出版社,1993: 972-976.

其中铜石岭为自治区级风景区。[82,83]北流是国家园林城市、中国最美文化生态旅游名市、中国陶瓷名城、中国荔枝之乡、中国“凉亭”土鸡品牌保护生产基地、世界铜鼓王的故乡和广西第二大侨乡。[82]

石窝镇在北流市南部，位于两广三县市交界处，北与陆川县沙坡镇相邻，西与陆川县乌石镇相邻，南与广东省化州市文楼镇接壤，东与六靖镇相邻，距北流城区70 km。驻地附近多山间盆地，故名。1950年为北流第10区，1957年设石窝乡，1958年后几经变更，1994年5月设镇。2005年，华东镇并入石窝镇。镇辖20个村。全镇面积153 km^2，耕地面积14.36 km^2，其中水田13.31 km^2。森林面积48.053 km^2。2006年末全镇6万人。以农业为主，主要农产品有稻谷、红薯、木薯、花生、茶叶、水果等。[84]

三
北流竹纸的历史与传承

3
History and Inheritance of Bamboo Paper in Beiliu City

造纸及纸类制品业是北流的传统手工业，在历史上曾经非常辉煌，这应与当地得天独厚的自然资源和商贸环境有关。

北流南部盛产竹子，有“斩不完的石梯竹，运不尽的北流木”之说。市内竹林品种较多，主要有沙罗竹、粉单竹、小径竹、大径竹、撑篙竹等数种，共24 km^2。其中，沙罗竹面积约8.5 km^2，主要分布于平政、白马、华东和清湾等地；粉单竹面积约6.1 km^2，主要分布在清水口、六麻、白马、隆盛等地；小径竹面积约8.8 km^2，主要分布于平政、六麻、白马、华东、六靖、清湾等地；其他竹类面积约0.6 km^2。[85]

凭借当地土纸、竹木、稻米、陶瓷器等丰富的物产及独特的地理优势，北流的商品经济经过长期发展，及至清朝初期，已十分发达，造纸等

[84] 广西大百科全书编纂委员会.广西大百科全书·地理[M].北京：中国大百科全书出版社，2008: 1028.

[85] 北流县志编撰委员会.北流县志[M].南宁：广西人民出版社,1993: 455-458.

传统手工产业也随之不断繁荣。据1935年版《北流县志》记载："所有郁林五属及高廉各县土产货物均荟萃于北流，运销梧粤各处，商业为最盛期，谚称北流为'小佛山'"。[86]

富饶的竹林资源，发达的商业环境，为北流境内的造纸业带来了优势。当地农民因地制宜，在乡间河旁设立作坊造纸，其产品多为万金纸、石角纸。清宣统二年（1910年）全县产纸2万石（每石约合现在60 kg），占玉林产量的80%左右。纸类制品，在1949年前主要为纸条，即用县内所产之万金纸卷成条状供引火用。1945年全县有造纸及卷纸条业356户，从业人员788人，产纸27 534担（每担50 kg），年产值为5 266.08万元。1946年，全县有造纸作坊189家，卷纸条作坊221户。[87]

新中国成立前当地个体工业已稍具规模。如平政上梯、六合一带盛产竹子，造纸业兴旺，部分个体造纸户经营数个作坊，所产万金纸、石角纸曾远销港、澳地区。据1949年前编写的《北流统计提要》记载，1946年全县个体工业有陶、造纸作坊189家。[88]

⊙1

⊙1 调查组成员与廖名禄夫妇合影 Researchers with papermaker Liao Minglu and his wife

20世纪50年代，造纸业日趋发展。1950年全县有造纸户427户，从业人员1 153人，年产值为18.67万元；到1954年，造纸户发展到631户，从业人员发展到1 593人，年产值上升到58.74万元。1959年县手工业联社在民乐斗口建立集体所有制造纸厂，年产纸曾达50吨，后因经济效益不佳而停产。1969年县城区日用品社、缝衣社、白铁社3家二轻手工业生产合作社投资3万元，在县城筹建造纸厂，1971年投产，1985年产纸400吨。县内纸类制品业，解放初期为个体经营。1956年，县城区纸类制品（卷纸条）户参加了北流县城区麻绳社。1972年该社和城区竹器社、弹棉社合并，成立北流县城区日用品社，从事纸袋（水泥袋）、纸箱生产。[87]

2008年8～9月调查组前往北流市石窝镇平田村造纸户廖瑞登、廖珅祥家调查。关于北流竹纸历史，两位时年74岁的造纸老师傅也不是十分清楚，但可以肯定的是至少已有三四代人从事造纸。另据廖瑞登、廖珅祥口述，到了2000年左右整个北流基本上不再有手工纸的生产。2013年8月，调查组前往北流市石窝镇平田村造纸户廖名禄（1947～）家补充调查。

[86] 北流县志编撰委员会.北流县志[M].南宁：广西人民出版社,1993: 631.

[87] 北流县志编撰委员会.北流县志[M].南宁：广西人民出版社,1993: 555-556.

[88] 北流县志编撰委员会.北流县志[M].南宁：广西人民出版社,1993: 537.

四 北流竹纸的生产工艺与技术分析

4 Papermaking Technique and Technical Analysis of Bamboo Paper in Beiliu City

(一) 北流竹纸的生产原料与辅料

北流竹纸生产的原料是本地人工种植的篾竹、沙罗竹、青点竹和大径竹。一般都用三年以上的老竹，也可以用两年的老竹。

(二) 北流竹纸的生产工艺流程

经调查，北流市石窝镇竹纸的生产工艺流程为：

壹	贰	叁	肆	伍	陆
砍竹	破竹	捆竹	泡竹	洗竹	沤竹

拾贰	拾壹	拾	玖	捌	柒
捞纸	放料	踩料	碓料	洗竹	泡竹

拾叁	拾肆	拾伍	拾陆	拾柒
压水	捶纸	撕纸	晒纸	包装

壹 砍竹

1

一般农历八月后，用刀砍生长了3年及以上竹子，可以砍到次年正月。两年生的竹子也可以砍，但因为还可以生竹笋，农户往往舍不得砍。

贰 破竹

2

用刀将竹子砍成长约1.5 m一段，后用刀背将竹段敲破。接着在地上立一个桩，将已敲破的竹子置于桩上，用手将其撕开成若干片。

叁 捆竹

3

将破好的竹片用竹篾捆起来，约25 kg一捆。

肆 泡竹

4

将捆好的竹片放在清水池里泡4个月。

伍 洗竹

5

将泡过的竹片捞起来，去掉竹篾，在清水池里把竹片上的泥巴洗掉。

陆 沤竹

6

将洗干净的竹片用竹篾捆成小把后，成把依次放到石灰池里浸泡，再堆成垛，上用芒草盖住。过几天浇一次水，保持湿润。需沤一个月，此时石灰已经浸入竹片。

柒 泡竹

7

再将竹片放在清水池里泡2个月。

捌 洗竹

8

取出100～150 kg竹料，拿到河里将其上的石灰洗掉。

玖 碓料

9

将洗干净的竹料搬到水车旁，一次性放入水碓，用水车提供动力将其碓成纸泥。碓料所需时间根据水大小而定，水大时冲力大，10小时即可，水小时约需15小时。碓好的竹料当地称作纸泥。

拾 踩料

10

将碓好的纸泥放到小水池里，加水浸泡10小时左右。用脚踩十几分钟，将纸泥踩均匀。

拾壹 放料

11 ⊙1

晚上放水进大池，再将纸泥放入大池中，用木棍搅匀，直至搅成糨糊状，此时细竹料漂上来，粗竹料沉下去。纸泥若加工得好，一般打十几分钟即可；加工得不好则需要多打一些时间，而且做出的纸不够光滑。若大池没有纸泥了，立即从小池中取。

⊙1

⊙1 搅料示意 Showing how to stir the pulp

拾贰
捞　　纸
12 ⊙2～⊙4

第二天早上捞纸。由外往里捞一次即成。一般一天可捞1 600～2 000帘。

⊙2 ⊙3 ⊙4

拾叁
压　　水
13

捞完纸后，纸块上放一块木板，再放木头、榨杆，用绳索将榨杆和轧辊连起来，将手杆插到轧辊的孔里，缓慢压榨。逐渐换到轧辊的其他孔，压去部分水分。纸块高度下降较明显后，松榨，逐渐加木枕，一次加一块，共加5～6次。待用手杆压不出水后，人踩到手杆上压，直至用手压纸块的侧面，没有水流出来就认为已经干了。压榨前纸块一般高1.2～1.5 m，压到厚度大约为原来的1/3即可。

拾肆
捶　　纸
14

用木棰一轮轮捶纸，沿着长边方向捶，将纸块捶松。木棰长约33 cm，故要捶两次，只需1分钟甚至更短时间。

拾伍
撕　　纸
15

用手由下往上揉左上角的侧边，揉松后由左上角往右下角一张张撕开。

拾陆
晒　　纸
16

7～10张作为一叠，在太阳下晒。阳光充足时，一叠的张数可以多些；阳光不足时，适量少些。一般2～3天即干。

拾柒
包　　装
17

将若干张纸作为一只，十只作为一担。这样就完成了整个造纸过程。

据调查，北流市石窝镇平田村以前都采用手工捞纸。约从1981年开始，纸张较大的，用吊帘捞纸。后来纸张规格变小，并且发展出一帘两张、三张和四张纸。一只纸的张数也在逐渐变少，原来一只为200张，约1958年时降为150张，1983年时为100张，1986年时为80张。

⊙2／4
捞纸示意图
Showing how to scoop the papermaking screen

(三)

北流竹纸生产使用的主要工具设备

壹 纸帘 1

不同纸帘有不同的尺寸。图⊙5所示的一帘三张的纸帘长86.5 cm，宽35 cm。图⊙6所示的一帘四张的纸帘长101 cm，宽30 cm。由宽约1 mm的竹丝做成，间隙也约1 mm。上有“宁万兴”三字，据调查，该纸帘是北流平政乡六合人宁万兴所制。玉林大部分纸帘都是北流生产的。

⊙5

⊙6

⊙7

⊙8

贰 纸帘架 2

所测纸帘架长62 cm，宽39 cm，木制，四周为木条，其一长边上有两个小木桩，用于固定纸帘位置，纸帘架两短边中间有6根小圆木棒，棒之间的间距均为7 cm。

U形架长、宽均略大于纸帘，不同纸帘需配上不同U形架，所测的U形架长110 cm，宽31 cm。

纸帘架组图如图⊙8所示，将纸帘置于纸帘架上，且纸帘长度远大于纸帘架，其上再放U形架，纸帘架和U形架共同固定纸帘。

叁 大水池 3

用石头和石灰砌成，上宽下窄，用于捞纸。

肆 小水池 4

紧挨着大水池，亦是用石头和石灰砌成，上宽下窄，用于踩料。

⊙9

⊙10

⊙5/6 纸帘 Papermaking screen

⊙7 纸帘架 Frame for supporting the papermaking screen

⊙8 纸帘架组图 Papermaking screen and its supporting frame

⊙9 大水池 Big papermaking pool for scooping the papermaking screen

⊙10 水池 Papermaking pool for stamping the materials

(四) 北流竹纸的性能分析

所测北流平田村竹纸为1990年所造，相关性能参数见表4.13。

表4.13 平田村竹纸的相关性能参数
Table 4.13 Performance parameters of bamboo paper in Pingtian Village

指标		单位	最大值	最小值	平均值
厚度		mm	0.280	0.232	0.246
定量		g/m²	—	—	70.1
紧度		g/cm³	—	—	0.285
抗张力	纵向	N	11.64	7.53	9.11
	横向	N	8.10	4.51	6.92
抗张强度		kN/m	—	—	0.53
白度		%	11.19	10.57	10.80
纤维长度		mm	6.44	0.36	1.64
纤维宽度		μm	68	1	10

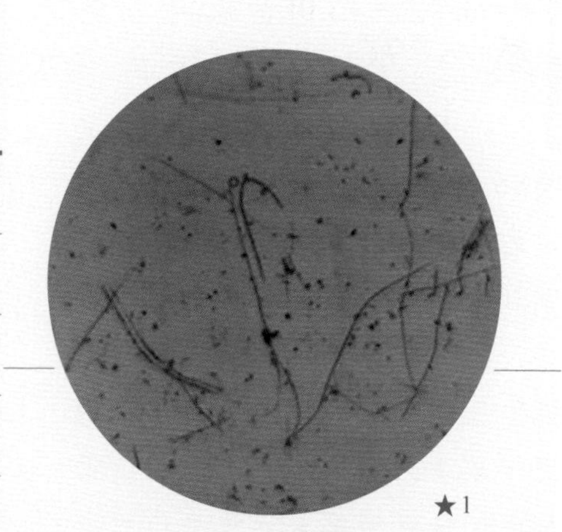

★1

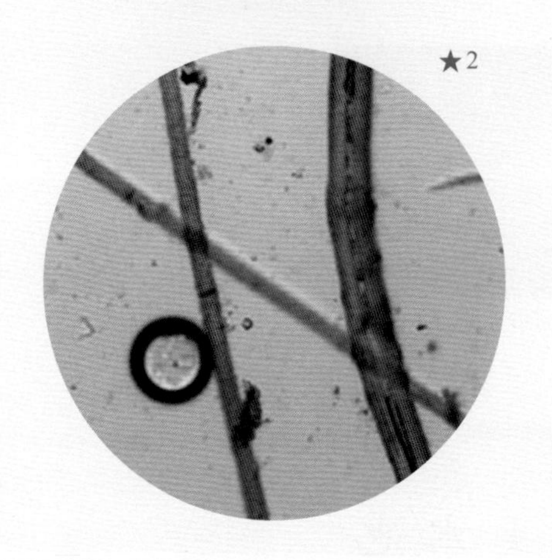

★2

性能分析

由表4.13可知，所测平田村竹纸厚度较大，最大值比最小值多21%，相对标准偏差为6%，说明纸张厚薄差异小，较为均匀。经测定，平田村竹纸定量为70.1 g/m²，定量较大，主要与纸张较厚有关。经计算，其紧度为0.285 g/cm³。

平田村竹纸纵、横向抗张力有一定区别，经计算，其抗张强度为0.53 kN/m，抗张强度值较小。

所测平田村竹纸白度平均值为10.80%，白度较低，这应与平田村竹纸没有经过蒸煮、漂白，且放置20多年有关。相对标准偏差为1.7%。

所测平田村竹纸纤维长度：最长6.44 mm，最短0.36 mm，平均1.64 mm；纤维宽度：最宽68 μm，最窄1 μm，平均10 μm。在10倍、20倍物镜下观测的纤维形态分别见图★1、图★2。

★1 平田村竹纸纤维形态图（10×）
Fibers of bamboo paper in Pingtian Village (10× objective)

★2 平田村竹纸纤维形态图（20×）
Fibers of bamboo paper in Pingtian Village (20× objective)

五 北流竹纸的用途与销售情况

5 Uses and Sales of Bamboo Paper in Beiliu City

北流竹纸在1949年前主要做成供引火用的纸条，[87]1949年后，由于普遍使用火柴，供引火用的纸条也就很少使用了。

调查组了解到，北流竹纸由于会洇水，一般不用于写字，主要有以下用途。

北流竹纸的第一个用途是包装纸。以前包装材料较少，而北流竹纸纯手工制成，只用到石灰，具有微弱的碱性，因此广泛用于糖、盐、点心等物品的包装。

北流竹纸的第二个用途是建筑材料。竹纸泡水、捣碎后和水泥混合，可用于刮天花板，增加其拉力和韧性。

北流竹纸的第三个用途是焚化用纸。逢年过节各种祭祀都要用到大量的竹纸。

北流竹纸的第四个用途是卫生纸和妇女用纸。尤其是在以前没有机制的卫生巾和卫生纸时使用，1995年后已比较少见。

调查组了解到，1995年时，北流石窝镇平田村一般一个造纸作坊有3人，一人碓料，两个人轮流抄纸和撕纸。一天可捞约2 000帘，约50 kg100只纸，以0.8元一只计算，则一天造纸销售额约80元。造纸所需成本主要是石灰，而这与销售额相比，仅占一小部分。考虑到还有其他砍竹、沤竹等工序，平均一人一天也能有20余元的收入。这即使在1995年平田村手工纸停产前，也还是较为可观的收入。北流石窝镇平田村所生产的竹纸，当时主要销售到广东化州、梅县（现梅州），仅有少量在北流本地销售，主要是因为当时北流许多乡镇都生产竹纸。

六 北流竹纸的相关民俗与文化事象

6 Folk Customs and Culture of Bamboo Paper in Beiliu City

北流竹纸一个很有趣的文化现象是以前纸帘厂以及造纸户都很有品牌意识。以北流石窝镇平田村调查为例，我们看到纸帘上有“宁万兴”三个字，据调查宁万兴是北流平政乡六合人，其纸帘厂用其名来做标记。此外，纸晒干后，还会盖上相应商标。据了解，1949年前都会打上商标，1949年后就不再打。平田村有“奇山站”“同福站”“二兴站”等商标。不管是纸帘上的标记还是纸上的商标，都充分体现了他们的品牌意识。

七 北流竹纸的保护现状与发展思考

7 Preservation and Development of Bamboo Paper in Beiliu City

北流竹纸曾广泛用于包装纸、建筑材料、妇女用纸、卫生纸和焚化用纸等，长期以来在当地人民生活中占有重要的地位和作用。然而由于时代的发展，北流竹纸受到了极大的冲击。

北流竹纸碰到的首要问题是用途逐渐萎缩。北流竹纸的许多用途，如包装纸、建筑材料、妇女用纸、卫生纸等逐渐被机制纸或其他材料所替代，逐渐萎缩到焚化用纸这一较为单一且低端的用途，这对于北流竹纸的发展是极大的打击。

北流竹纸碰到的最大问题是机制纸的竞争。玉林的多个县在1990年左右开始有机制纸生产，一个手工造纸作坊一天只能生产约50 kg纸，而一个小规模的机制纸厂一天就能生产1 000 kg纸。很显然，机制纸厂产量高，且纸厂数量多，这使得机制纸的生产总量远远高于手工纸，同时机制纸价格也较手工纸便宜很多。1996年，北流石窝镇平田村手工纸停产。

北流竹纸碰到的第三个问题是工价逐渐升高与利润不断降低。以北流石窝镇平田村为例，虽然在1995年时，平均一人一天也能有20余元的收入，还较为可观。但随着工价逐渐升高，如果请人来造纸，会很不划算。即使不请人，相比于从事其他工作，其收入并不算高。加上用途迅速萎缩，以及机制纸的竞争，不再可能像以前那样有那么多的手工作坊和手工纸生产了。2008年8～9月，调查组前去调查时，采访了多位多年造手工纸、机制纸的师傅，了解到当时机制纸厂一个普通工人一天工作8小时，最低工钱也要60元，还要管吃住。很显然，在当时即使还有手工纸生产，其利润也很难支持这么高的工价，而且即使在相同工价下造手工纸也更加辛苦，因此也很难能请到人，甚至自己都不愿意去造。

从调查来看，北流竹纸与宾阳竹纸应具有较为紧密的联系。

首先，从工艺上看，两者工艺基本一致，尤其是抄纸法都不用纸药。

其次，从表述上看，两者不少表述相近甚至完全一样，尤其是纸竹、纸泥等。

北流竹纸也具有较为重要的研究价值。目前迫切需要做的是采取博物馆式的保护，对北流各地的手工纸历史、工艺、民俗等做更全面、更深入的调查和挖掘，并尽可能收集相关工具、纸样，保留下更为丰富的第一手资料。

⊙1

⊙1 机制竹纸厂 Machine-made bamboo papermaking factory

竹纸

Bamboo Paper in Beiliu City

平田村竹纸透光摄影图

A photo of bamboo paper in Pingtian Villag seen through the light

第六节

博白竹纸

广西壮族自治区
Guangxi Zhuang Autonomous Region

玉林市
Yulin City

博白县
Bobai County

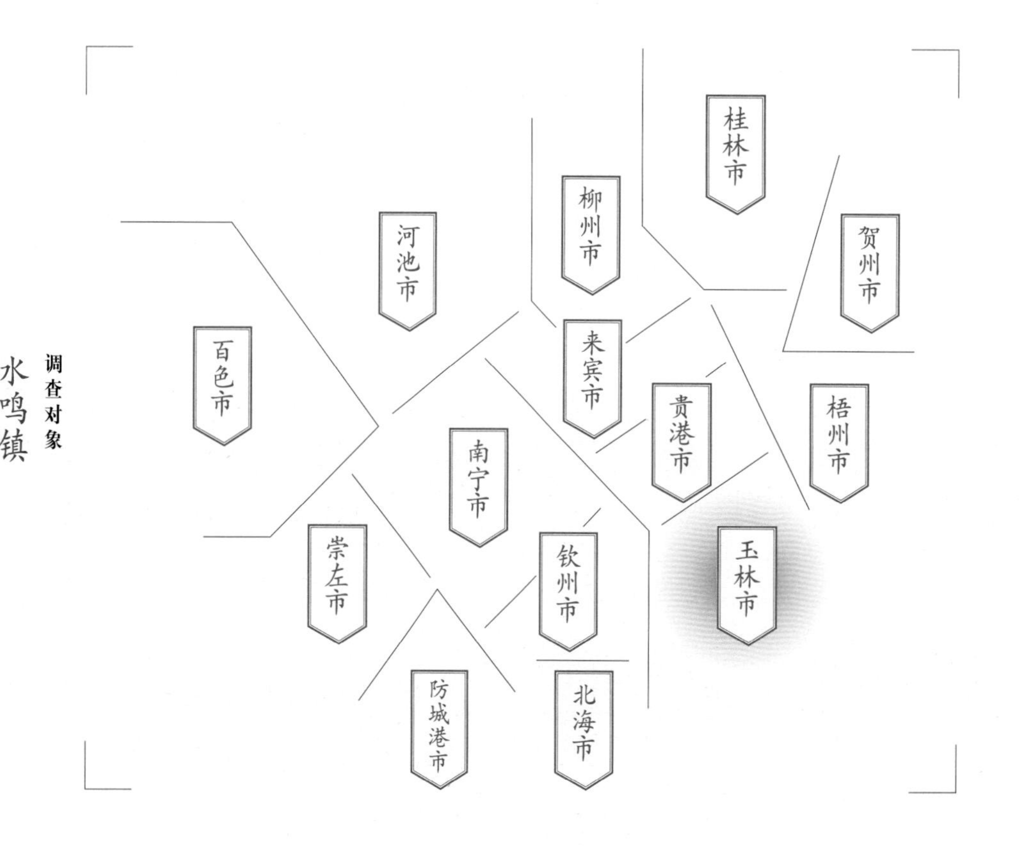

调查对象

水鸣镇 江宁镇 松旺镇 巨山心村 那林镇 乐民村 竹纸

Section 6
Bamboo Paper in Bobai County

Subject

Bamboo Paper in Lemin Village of Nalin Town, Jushanxin Village of Songwang Town, Jiangning Town and Shuiming Town

一
博白竹纸的基础信息及分布

1
Basic Information and Distribution of Bamboo Paper in Bobai County

博白竹纸以前广泛存在于那林、江宁、宁潭、水鸣、松旺、龙潭、径口等乡镇，主要造纸原料为当地称为“湿竹”的竹子，也可用丹竹。博白竹纸用途较为广泛，可用作包装纸、鞭炮纸、结婚开字纸、妇女用纸、卫生纸、祭祀用纸、建筑用纸（敷石灰墙）等，曾经是当地村民重要的生活用品。20世纪80年代以后，机制纸厂不断增多，博白手工竹纸逐渐萎缩，到2000年基本消失。

二
博白竹纸生产的人文地理环境

2
The Cultural and Geographic Environment of Bamboo Paper in Bobai County

博白县古称白州，位于广西东南部，隶属玉林市。东与陆川县接壤，东南与广东省廉江县毗连，南与北海市合浦县相依，西与钦州市浦北县交界，北邻福绵区。南流江斜贯县境。秦始皇三十三年（公元前214年）设置桂林、南海、象三郡，今博白县地属象郡。汉初，属南越国。汉元鼎六年（公元前111年）至南朝齐，属合浦郡。南朝齐时，属临漳郡漳平、百梁县所辖。南朝梁（502～557年）时，百梁郡治所在今博白县菱角乡南端，同期置南昌县，县治设在今三滩圩。隋朝（589～618年）初期，南昌县先后隶禄州、合州。大业五年（609年）隶合浦郡。唐武德四年（621年），今博白县境内除南昌县外，新置博白、朗平、建宁、周罗、淳良五县。博白县建置由此始，因博白江（今小白江）而名。南昌县改

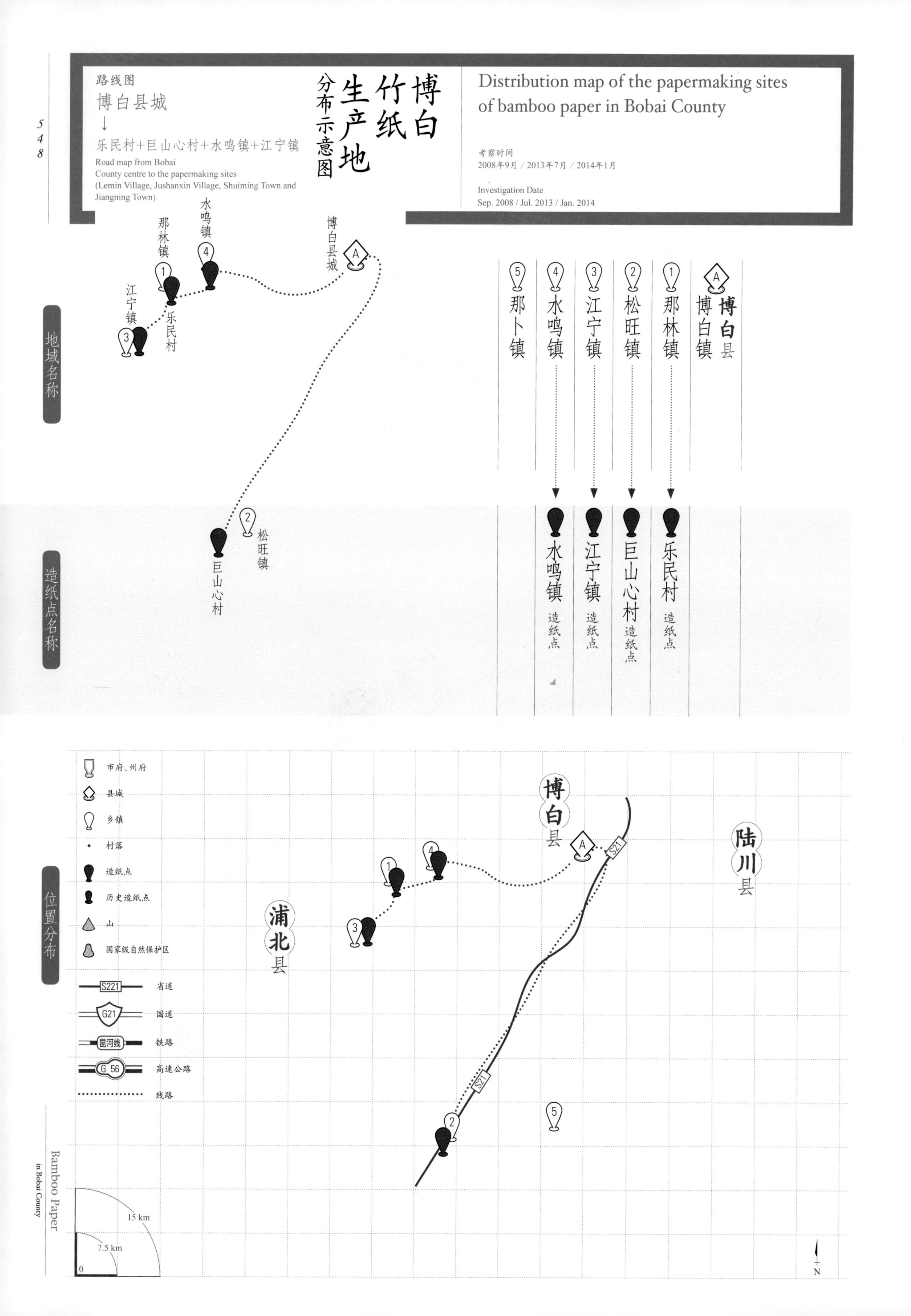

路线图
博白县城
↓
乐民村+巨山心村+水鸣镇+江宁镇
Road map from Bobai County centre to the papermaking sites (Lemin Village, Jushanxin Village, Shuiming Town and Jiangning Town)
博白竹纸生产地分布示意图
Distribution map of the papermaking sites of bamboo paper in Bobai County
考察时间
2008年9月 / 2013年7月 / 2014年1月
Investigation Date
Sep. 2008 / Jul. 2013 / Jan. 2014
地域名称
那林镇
水鸣镇
博白县城
江宁镇
乐民村
松旺镇
巨山心村
博白县
博白镇
那林镇
松旺镇
江宁镇
水鸣镇
那卜镇
造纸点名称
乐民村 造纸点
巨山心村 造纸点
江宁镇 造纸点
水鸣镇 造纸点
位置分布
市府、州府
县城
乡镇
村落
造纸点
历史造纸点
山
国家级自然保护区
S221 省道
G21 国道
昆河线 铁路
G 56 高速公路
线路
博白县
陆川县
浦北县
S21
15 km
7.5 km
0
N

隶南宕州，州治在南昌县治；其余各县隶南州，州治在今博白县城。武德六年（623年），改南州为白州。这是古白州之名的由来。贞观六年（632年），南昌县改隶白州；贞观十二年（638年），将朗平、淳良二县并入博白县。天宝元年（742年），改白州为南昌郡，至乾元元年（758年）复为白州。五代十国时期（907～960年），仍为博白、建宁、周罗、南昌4县，属南汉白州。宋开宝五年（972年），撤南昌、建宁、周罗三县归入博白县，博白县境域包括今博白县全境和浦北县历山、官垌乡以及合浦县白沙镇一部分，与白州境域基本相同（除龙壕、天都县归白州时外）。政和元年（1111年）取消白州，博白县改隶郁林州。宋开宝五年。白州几经废复，但境域不变。元朝、明朝时期，博白县境域没有详细资料记载。清初，博白县隶属广西行省梧州府。雍正三年（1725年），属直隶郁林州。清末至民国时期，博白县行政区划虽有多次变更，但境域一直不变。1951年7月，郁林专区与梧州专区合并为容县专区，博白县属之。1958年，撤销容县专区，设玉林专区，博白县属玉林至今。[89]

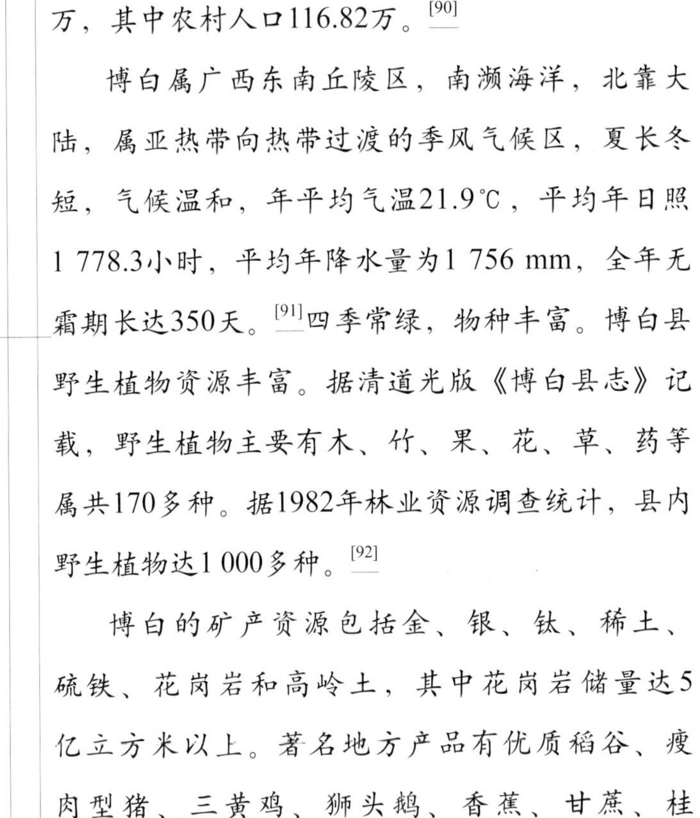

博白县总面积3 835.85 km^2，其中林地面积2 518 km^2。县辖28个乡镇。2014年末人口181.21万，其中农村人口116.82万。[90]

博白属广西东南丘陵区，南濒海洋，北靠大陆，属亚热带向热带过渡的季风气候区，夏长冬短，气候温和，年平均气温21.9℃，平均年日照1 778.3小时，平均年降水量为1 756 mm，全年无霜期长达350天。[91]四季常绿，物种丰富。博白县野生植物资源丰富。据清道光版《博白县志》记载，野生植物主要有木、竹、果、花、草、药等属共170多种。据1982年林业资源调查统计，县内野生植物达1 000多种。[92]

博白的矿产资源包括金、银、钛、稀土、硫铁、花岗岩和高岭土，其中花岗岩储量达5亿立方米以上。著名地方产品有优质稻谷、瘦肉型猪、三黄鸡、狮头鹅、香蕉、甘蔗、桂圆、荔枝、蕹菜、菠萝、剑麻等。其中博白蕹菜（即空心菜）和桂圆为国家地理标志产品。博白是中国桂圆之乡、中国编织工艺之都、中国杂技之乡。[90]

博白人才辈出，其中客家人的杰出代表包括：语言文字学者王力、革命先驱朱锡昂、被毛泽东誉为“江南才子”的广州市第二任市长朱光、国家司法部原部长邹瑜、全国著名育种专家王腾金等。[93]博白县现有分别以王力、朱光名字命名的王力中学和朱光中学。主要旅游景区有：宴石寺、亚山温泉、王力故居、宇祖庙、钱鹭

⊙1

⊙1 博白蕹菜 Water spinach in Bobai County

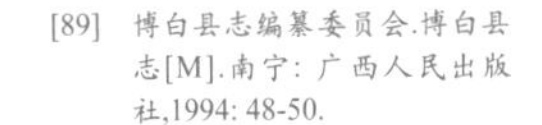

[89] 博白县志编纂委员会.博白县志[M].南宁：广西人民出版社,1994: 48-50.

[90] 广西壮族自治区地方编纂委员会.广西年鉴2015[M].南宁：广西年鉴社,2015: 372.

[91] 中华人民共和国民政部,中华人民共和国建设部.中国县情大全·中南卷[M].北京：中国社会出版社,1992: 1567.

[92] 博白县志编纂委员会.博白县志[M].南宁:广西人民出版社,1994: 126.

[93] 博白县志编纂委员会.博白县志[M].南宁：广西人民出版社,1994: 3.

⊙1

岛、绿珠庙、云飞圣迹，以及朱锡昂、刘永福、朱光等名人故里，其中宴石寺为自治区级风景名胜区。[90]

那林镇位于博白县西部，与浦北县接壤，镇政府驻地距博白县城40 km。那林镇清代为那裸堡，民国时期改堡为乡，1933年那裸乡与林村乡合并，称那林乡，属沙河区。1950年6月并入江宁并设区，1958年1年复设那林乡。1962年7月称那林区，1969年1月改称那林公社。1984年9月复称为那林乡，1987年9月改乡为镇。[94]全镇总面积201.9 km^2，其中，耕地面积12.92 km^2，水田面积11.92 km^2。山岭面积159 km^2。

⊙2

镇辖那林社区和12个行政村。2014年，全镇1.296万户，5.15万人。那林境内山高岭陡，属六万大山余脉，[95]植被茂密，物产丰富，为自治区水源林自然保护区、“全国绿化千佳镇”。旅游资源有博白十景之一的“云飞圣迹”、全县最高峰六塘颈等。主要河流有那林江、金阵江。

⊙3

松旺镇位于博白县南部，镇政府所在地距县城50 km。镇名取松山兴旺之义。2014年，全镇总面积183.5 km^2，辖1个社区和11个村民委员会，12 011户，总人口47 211人。松旺镇主要属于那交河的支流蕉林河（上游为松山河）流域。旅游景点有朱光故居、朱为鈴故居、马子嶂、射广嶂、客家围屋等，矿产有锡、铝、钨、金、水晶、磁铁等，物产有甘蔗、烟叶、荔枝、龙眼、柑橙等。[96]

⊙1 坐落在王力中学校园的王力教授纪念像 Professor Wang Li's statue located at Wang Li Middle School 2

⊙2 王力故居 Former residence of Wang Li

⊙3 朱光故居 Former residence of Zhu Guang

[94] 博白县志编纂委员会.博白县志[M].南宁：广西人民出版社,1994: 73.

[95] 博白县志编纂委员会办公室.博白年鉴2015[M].南宁：广西人民出版社,2015: 357.

[96] 博白县志编纂委员会办公室.博白年鉴2015[M].南宁：广西人民出版社,2015: 408.

三 博白竹纸的历史与传承

3 History and Inheritance of Bamboo Paper in Bobai County

博白竹纸在当地主要称为福纸，也称为土纸。不仅在春节、元宵节、清明节、中元节等传统节日里[97]，在诸如丧葬祭奠等风俗活动[98]中都有其重要用途。

竹纸生产是博白县那林、宁潭等山区农民家庭的传统副业，竹纸是博白县内传统林副产品之一。博白竹纸生产是以山间推动水碓的流水为动力，以竹子为原料，以小茅寮、小草舍为厂房，以夫妻、父子、兄弟为劳动力进行的传统手工生产活动。[99]

博白县的造纸业起于何时，文献中未明确记载。清道光十一年（1831年）修《博白县志》中所载县内各类物产中未见有竹纸。但在民国时期，博白造纸业已比较兴盛。1934年版《广西各县概况》载："（博白）县属有缝织、竹、木、造纸等手工业，其出品则以水鸣、那祼、凤山各区造纸工业为最大宗。"据1934年出版的《博白县政府公报》（第8期）记载，博白县"手工业有线衣、线袜、线帽、纸张、竹木器具等，以那林及凤山区所制之纸为大宗"。当时造纸业之兴盛，可见一斑。又根据1940年4月资料，"永安那祼等乡制纸业自县府派员督导改良，其产品已推销全县及邻县"[100]。1946年，全县有圩市35个，有商店472户，其中与纸业相关的达113户。[101]1949年后，博白县造纸业发展较快。1955～1956年，土法造纸户有同益隆、宏利栈、同益栈等。

根据《博白县志》记载，1949年以后至80年代，土纸制造的乡镇企业主要有乡（镇）办、村（街）办、联（户）办三种形式，但以村（街）办为主[102]。据1959年的造纸工业调查资料，县

[97] 博白县志编纂委员会.博白县志[M].南宁：广西人民出版社,1994: 963.

[98] 博白县志编纂委员会.博白县志[M].南宁：广西人民出版社,1994: 961.

[99] 博白县志编纂委员会.博白县志[M].南宁：广西人民出版社,1994: 211.

[100] 博白县志编纂委员会.博白县志[M].南宁：广西人民出版社,1994: 302.

[101] 博白县志编纂委员会.博白县志[M].南宁：广西人民出版社,1994: 468.

[102] 博白县志编纂委员会.博白县志[M].南宁：广西人民出版社,1994: 324-326.

内的村办造纸厂有英桥公社的文黎，江宁公社的佑邦、乐民、垌心，水鸣公社的大安、上包、贞平，浪平公社的莲塘、均田，沙河公社的大观，凤山公社的竹围、鸡塘、石榕，亚山公社的旺茂，东平公社的石角，那卜公社的那卜等16家，从业人员276人。由于缺乏必要的厂房设备和技术力量，加之经营和管理不善等原因，不少企业于50年代末或60年代初先后解散。尔后，不少村办企业上马又下马，几经波折，惨淡经营，办得好的、生命力强盛的企业寥寥无几。到1989年村办造纸企业还有10个。[102]

1949年后至90年代初期，一些国营企业[103]、集体企业（县联社）[104]都进行了包括土纸在内的大宗农副土产品的收购。表4.14收录了1952～1989年县内土纸收购情况。

此外，博白县的对外贸易也有比较久远的历史。在清乾隆年间就有商品出口，商品收购后，从南流江运到郁林再转运梧州，或经南流江运至合浦、北海转销国外。[105]至1989年，博白县出口商品扩大到170个品种，其中，土纸（竹纸）年收购额曾达到100万元[105]。表 4.15收录了1953～1978年出口土纸的收购情况。

表4.14　1952～1989年土纸收购量统计表（单位：吨）[104]
Table 4.14　Purchase volume of local handmade paper from 1952 to 1989 (unit: ton)

年份	1952	1953	1954	1955	1956	1957	1958	1959	1960
收购量	3.15	13.65	36.22	473.6	78.8	305.5	644.9	734.5	434.4
年份	1961	1962	1963	1964	1965	1966	1967	1968	1969
收购量	73	152.25	444.35	708.5	530.4	331.6	345.1	420.5	536.1
年份	1970	1971	1972	1973	1974	1975	1976	1977	1978
收购量	600.5	1697.8	485.6	485.6	548.2	622.1	621.5	423	604.8
年份	1979	1980	1981	1982	1983	1984	1985	1986	1987
收购量	297.1	198	119.8	240.8	109	53.55	155.95	148.1	231
年份	1988	1989							
产量	47	44							

表4.15　1953～1978年出口土纸收购量统计表（单位：吨）[105]
Table 4.15　Export volume of local handmade paper from 1953 to 1978 (unit: ton)

年份	1953	1954	1955	1956	1957	1958	1959	1960	1961
出口量	287.4	—	75.6	93.6	48.8	—	133.7	40	—
年份	1962	1963	1964	1965	1966	1967	1968	1969	1970
出口量	119.6	155.03	171.36	165.48	—	0.11	75.85	104.01	76.83
年份	1971	1972	1973	1974	1975	1976	1977	1978	
出口量	90.67	73.72	141.07	115.45	141.75	107.29	103.22	21.5	

[103] 博白县志编纂委员会.博白县志[M].南宁：广西人民出版社,1994: 439.

[104] 博白县志编纂委员会.博白县志[M].南宁：广西人民出版社,1994: 459-462.

[105] 博白县志编纂委员会.博白县志[M].南宁：广西人民出版社,1994: 495-501.

⊙1

⊙2

2008年9月、2013年7月，调查组两次前往那林镇乐民村十一生产队、秀街坡，2014年1月前往松旺镇巨山心行政村巨岭下、山心等自然村，调查博白竹纸的历史和工艺等。此外，调查组还分别前往江宁镇、水鸣镇了解相关情况。

据那林镇乐民村十一生产队的造纸户宾松真（1931～）介绍，他祖父曾经造过纸，但更早的情况他就不了解了。父亲宾喜财将技术传给自己，宾松真12岁开始造纸，后传给儿子宾业东，但调查时全家已有二十几年不再从事造纸了。同一生产队的造纸户张盛真（1948～）从十几岁开始造纸。其伯公张秀荣从北流迁来，造过大红纸，即在捞纸时加入大红染料。张盛真赠送给调查组的大红竹纸为20世纪50年代所造。

乐民村秀街坡的造纸户蔡全铭17岁时跟北流人学习造纸。生产队办桥头洞纸厂时也是请北流师傅教的。1982年后生产队停办纸厂，蔡全铭从此不再造纸。蔡全铭的儿子没有造过手工纸。

据蔡全铭及佑邦村的造纸户陈成介绍，民国时有北流人到乐民村造纸。他们认为乐民村的造纸技术是从北流传入的，但佑邦村的则不是。

据调查组掌握资料，那林镇乐民村、东风村、佑邦村都曾有手工造纸作坊，作坊最多的是乐民村。江宁、水鸣、松旺等镇也曾有手工造纸，但其历史没有那林长，水鸣镇的造纸技术应该源自那林。

⊙3

⊙1 那林镇乐民村民居 Local residences in Lemin Village of Nalin Town

⊙2 松旺镇巨山心村一景 View of Jushanxin Village in Songwang Town

⊙3 调查组成员与造纸户蔡全铭（中）、陈成（右）合影 A researcher with papermakers Cai Quanming (middle) and Chen Cheng (right)

四 博白竹纸的生产工艺与技术分析

4 Papermaking Technique and Technical Analysis of Bamboo Paper in Bobai County

在多次调查中，那林镇乐民村十一生产队、秀街坡的调查收获最为丰富、详细。因不同乡镇竹纸制作工艺大体相似，故以下以那林镇为主来进行介绍。

(一) 博白竹纸的生产原料与辅料

博白竹纸的生产原料为当地产的“湿竹”，也曾用过丹竹，但不用大头竹，因大头竹不容易舂融。一般在农历八月至次年三月砍生长了2～3年的竹子，造纸户认为那时的竹子最好。如果竹子太嫩，纤维少；更老的竹子虽也能用，但有竹刺，很难舂融。竹子一般是从农户那里买的，也有的造纸户自己种，自己砍。100 kg竹子在20世纪60年代时需2.4元，80年代需3.0元。

竹纸的生产辅料为石灰，不用纸药。

(二) 博白竹纸的生产工艺流程

2008年9月、2013年7月，调查组到那林镇乐民村十一生产队、秀街坡调查。

据与造纸户宾松真、蔡全铭、陈成等交流，记录竹纸的生产工艺流程为：

壹	贰	叁	肆	伍	陆	柒	捌	玖	拾	拾壹	拾贰	拾叁	拾肆
砍竹	破竹	捆竹	晒竹	浸竹	洗竹	分捆	腌竹	堆白竹	出白竹	晒白竹	放碓	踩竹泥	拱纸槽

工艺流程

拾伍	拾陆	拾柒	拾捌	拾玖	贰拾	贰拾壹	贰拾贰	贰拾叁	贰拾肆	贰拾伍	贰拾陆	贰拾柒	贰拾捌
打纸槽	捞纸	刮边	绞纸	刮水	推成	分幢	捶纸	拨纸边	撕纸	推纸	算纸	晒纸	收纸

壹 砍竹

1

造纸户一般在农历八月至次年三月到山上用柴刀将生长了2～3年的竹子砍下来，去掉小枝及竹尾，然后将其砍断成1.5～1.8 m长的竹段。砍后用于造纸的竹子称为纸竹。

贰 破竹

2

用刀等将纸竹对半破开。

叁 捆竹

3

用竹篾将破开的纸竹捆好，约50 kg一捆，挑回家。捆竹时，竹肚朝上，最上面一层竹肚朝下，这样最上面两层纸竹的竹肚合起来，浸竹时泥浆不易进去。

肆 晒竹

4

将成捆纸竹放在塘边晒至八九成干。下雨也不用收回来，被雨淋过的纸竹只是周边有点黑，中间仍是好的，但如果有纸竹腐烂，则需去掉腐烂的部分。

伍 浸竹

5

把纸竹放到竹塘里泡，大的竹塘可放70 000～80 000 kg，小的可放10 000 kg。纸竹上可用石头压，也可不压，一般浸泡15~20天，之后把臭水放掉，再加入清水浸泡2~3个月。

陆 洗竹

6

用手在竹塘里洗纸竹，尽量把纸竹上的泥浆洗掉，将纸竹洗干净。如果水浑浊，可以把水放掉，再加入清水。

柒
分捆
7

重新将纸竹捆成约5 kg一捆，也可以10～15 kg一捆。

捌
腌竹
8

将石灰放入盛水的石灰窝，待石灰化开、冷却后再用。腌竹前，人的手脚上都涂茶油，先放一层黑竹进石灰窝，人站在黑竹上，用手将黑竹捆放到石灰浆内浸泡，随后捞出并立起来，使石灰浆在里面浸均匀。10 000 kg生竹子一般约需2 500 kg生石灰。腌前的纸竹称为黑竹，腌后称为白竹。

玖
堆白竹
9

在平地上摆上两列木条，若干个人将白竹传到木条上，整齐摆放。一般堆起有一层楼高，四周用芒、草来盖，并用竹片将芒、草插紧，防止被风吹开。其上用木头压紧，堆放一个半月以上，最好达到两个月，那样发酵程度更高，更好造纸。但最多可以堆四个月，否则太烂了亦不好造纸。堆白竹十天以后，每天早晚各加一次水，加到周围有水出来即可。加水半个月后，一天只需加一次水。

拾
出白竹
10

搬一部分白竹到竹塘里，泡一周左右。然后用棍敲打白竹，以使石灰更容易去除，洗干净即可捞起来。

拾壹
晒白竹
11

将白竹晒到七八成干，一般一下午即可。如果白竹太湿，不容易舂碎。

拾贰
放碓
12

一般一次放3担纸的纸竹，舂约5小时，再舂另一半。都舂过后，将前一半划回来，再加水舂至竹泥用手拿起感觉像海绵一样即可。一般早上5点开始放碓，到下午5点结束。纸竹舂好后便叫竹泥。

拾叁
踩竹泥
13

将半担竹泥放至踏料池，脚侧着踩约20分钟。竹纸踩好后叫纸泥。每捞完一槽踩一槽。

拾肆
拱纸槽
14

将踩好的半担纸泥全部放入纸槽，用“槽胆”打槽，将纸泥钩起来，打浮纸泥。60 kg生竹子可造1担纸。

拾伍

打 纸 槽

15

用槽鞭打纸槽，拱一次打一次，一般需拱、打两三次再捞纸。

拾陆

捞 纸

16

将U形架置于纸帘上，双手持帘往下沉，再缓缓抬起，后往前（槽背）泼水，称为泼滑面。随后将帘床置于纸槽的桥梁上，松开U形架，提起纸帘，转身将第一张湿纸翻盖于纸底板上的隔帘上，其后的湿纸翻盖于纸幢上。捞了一半纸后，在纸幢上放一隔帘，便于后续松榨后可以将纸幢分成两块。

必须有泼滑面的工序才能撕开纸，也只有往前泼才能撕开。捞纸时，纸帘沉的深度也有讲究，纸泥多则沉浅一些，少则沉深一些。除了最后的纸泥粗一些，捞的纸稍厚一些，其他的纸厚度都一样。

拾柒

刮 边

17

在绞纸前，用塞纸板刮开纸幢四边上的水，蔡全铭认为水中还有石灰浆，刮后水易流出来。

拾捌

绞 纸

18

捞纸捞到矮钉处即可压纸，如果还没捞完，则可在矮钉中空处插一木条或竹条，适当加高。捞完纸后，在纸幢上放上隔帘、纸面板、垫板、牛轭枕、小绞杆。用手压小绞杆十几分钟，压下去后，加一块垫板。一般可加至用5块垫板。后换大绞杆，套上绞索（钢丝绳，原来用竹缆），将踩棍插到六峰即滚筒洞里，人踩上去压。如果为了增加重量，可2个人一起踩。松榨、加垫板4～5次。至手从侧面压不进纸幢，且手离开后纸幢被压处没有水流出来时，则认为已经压干了。

拾玖

刮 水

19

差不多绞干后，用塞纸板（一块木板）刮开纸幢四边上的水。

贰拾

推 成

20

即松榨，将榨松开。

贰拾壹

分 幢

21

将纸幢分成两块，称为纸块。

贰拾贰

捶 纸

22

用纸棰沿着长边方向捶，一轮轮捶松纸面。只能捶纸面，不能捶纸底，因为撕纸时从纸面开始撕。

贰拾叁
拨　纸　边
23

由下往上拨纸头（即帘棍一侧）和一侧边。

贰拾肆
撕　纸
24

一张张用手撕纸。用手由下往上揉左上角的侧边，将这一边弄松，然后由右下角往左上角撕。

贰拾伍
推　纸
25

将纸块翻过来，用手推原左上角，即所撕开角的对角。

贰拾陆
算　纸
26

6张为1贴，若干贴一起撕开。

贰拾柒
晒　纸
27

放在外面晒，太阳大的话一天半可以晒干，阴天则要2～3天才能晾干。如果下雨则抬回家，不下雨再抬出去。如果一直下雨，则放在室内晾，但这样一周都不易干，尤其是中间的纸不好干。

一般一根晒竿可放8贴，32贴为1提。这样也便于计算。

贰拾捌
收　纸
28　⊙1⊙2

晒干后收回，一贴纸叠成三叠，即左右都从三分之一处往中间叠。128贴为1头，2头为1担。原来每一头上下各用一张纸将其包起来，这两张纸称为纸皮，剩下四张也同其他贴一样折叠放里面。后来也有造纸户为了方便，上下各用3张纸包起来，左中右各捆一道，这样可以保护里面的纸。

单帘的一天可捞一担至一担半左右，双帘（即一帘两张）的可以翻倍。

⊙1　⊙2

⊙1 叠纸示意 Showing how to fold the paper

⊙2 包纸示意 Showing how to pack the paper

（三）

博白竹纸生产使用的主要工具设备

壹 踏料池 1

长1.4～1.5 m，宽约1 m，以前用竹篾编织，后来用水泥砌。

贰 水槽 2

长3～4 m，宽2～3 m，高1～1.3 m。

叁 槽胆 3

即搅槽用的棍，顶部为圆形。

⊙3

肆 纸帘 4

单帘长约70 cm，宽约40 cm，后来发展成双帘。由北流人制作，纸帘很细，上面涂有“铁油”，很光滑，他们认为这是所捞竹纸不用纸药也不会粘在一起的原因。其上圆形木棍称为帘骨，上有帘钉。

伍 帘床 5

即纸帘架。U形架在当地称为帘握手。

陆 竹塘 6

泥塘，浸竹时容易有泥浆进入竹肚，不易洗干净。故捆竹时竹肚朝上，最上面一层竹肚朝下，这样最上面两层纸竹的竹肚合起来，浸竹时泥浆不易进去。

柒 竹泥池 7

一侧为竹篾编，另外三侧为木板，底部有坡度。

捌 纸槽 8

原为木制，后改用水泥砌成。纸槽上方中部有一木杆，称为槽梁，用于放帘床。同时将纸槽分成槽前和槽背，其中捞纸一侧称为槽前，另一侧称为槽背。捞纸时纸槽的加水量很有讲究，水面不能超过槽梁面，不能低于槽梁底。

⊙3 废弃竹塘 Abandoned papermaking pool

(四)
博白竹纸的性能分析

所测博白乐民村竹纸约为1955年所造，相关性能参数见表4.16。

表4.16　乐民村竹纸的相关性能参数
Table 4.16　Performance parameters of bamboo paper in Lemin Village

指标		单位	最大值	最小值	平均值
厚度		mm	0.360	0.240	0.292
定量		g/m²	—	—	82.3
紧度		g/cm³	—	—	0.282
抗张力	纵向	N	21.08	12.22	16.36
	横向	N	11.03	7.31	9.28
抗张强度		kN/m	—	—	0.85
白度		%	—	—	—
纤维长度		mm	5.11	0.60	1.41
纤维宽度		μm	43	1	9

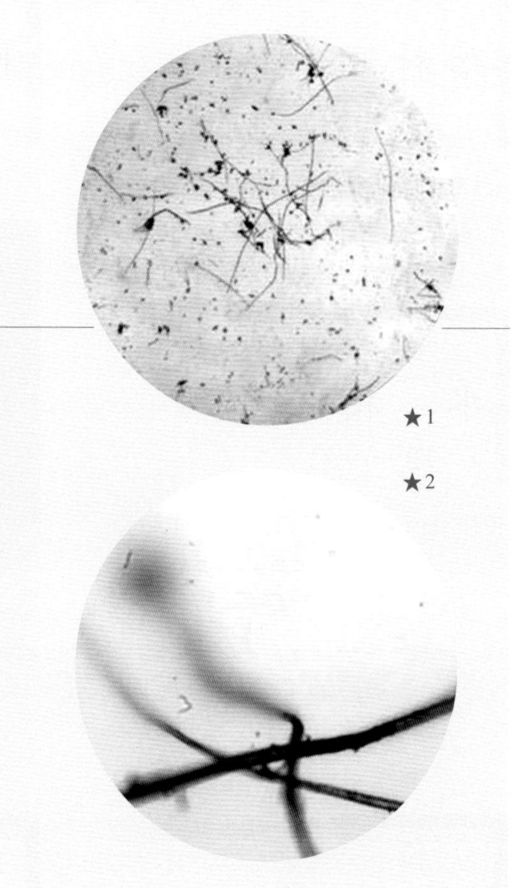

性能分析

由表4.16可知，所测乐民村竹纸厚度较大，最大值比最小值多50%，相对标准偏差为13%，说明纸张厚薄分布并不均匀。经测定，乐民村竹纸定量为82.3 g/m^2，定量较大，主要与纸张较厚有关。经计算，其紧度为0.282 g/cm^3。

乐民村竹纸纵、横向抗张力差别较大，经计算，其抗张强度为0.85 kN/m，抗张强度较大。

因所测乐民村竹纸为红色纸，故不测白度。所测博白竹纸纤维长度：最长5.11 mm，最短0.60 mm，平均1.41 mm；纤维宽度：最宽43 μm，最窄1 μm，平均9 μm。在10倍、20倍物镜下观测的纤维形态分别见图★1、图★2。

★1 乐民村竹纸纤维形态图(10×)
Fibers of bamboo paper in Lemin Village (10× objective)

★2 乐民村竹纸纤维形态图(20×)
Fibers of bamboo paper in Lemin Village (20× objective)

五
博白竹纸的用途与销售情况

5
Uses and Sales of Bamboo Paper in Bobai County

(一)
博白竹纸的用途

所收集到的博白竹纸（当地称福纸）长70 cm，宽40 cm。由于纸会洇水，不用于写字。主要有以下用途：

1.包装纸

主要用于包如饼干等食品，因纸可以吸水，饼干可以保存很长时间。但不能用于保存糖、盐等，这些食品容易受潮。

2. 卫生用纸

可以作为产妇卫生用纸，在妇女生小孩时，用来吸水。但由于纸较粗糙，且各种卫生用纸品种不断丰富，20世纪80年代中期后逐渐不再用作卫生用纸。

3. 祭祀用纸

当地农村福纸垫在棺材底部过世老人身下及两侧，用于吸水，保持卫生。

4. 敷石灰墙

直至20世纪80年代末，敷石灰墙时还加纸泥以增加强度和韧度。后改用白粉。

5. 鞭炮纸

鞭炮纸是福纸的一大用途。捞纸前，在纸槽里加红粉，捞出来的纸就是红的。此外，其纸长70 cm，宽50 cm，比普通福纸大一些。纸也粗一些，如果太薄不适合卷鞭炮筒，0.5 kg鞭炮纸约有17～19张，50 千克/担。

6. 结婚开八字

传统结婚开八字时，用大红纸。

(二)
博白竹纸的销售情况

据造纸户蔡全铭、陈成回忆，不同年份猪肉、福纸价格对照见表4.17。大致来说，一担福纸和5 kg猪肉价格相当。

表4.17　不同年份猪肉、福纸价格
Table 4.17　Price of pork and Fu paper in different years

年份	猪肉（元/千克）	福纸（元/担）
1982	2.8	16～17
1990	8	43～45
1996	16	86

单帘的一天可捞一担至一担半左右，双帘（即一帘两张）的可以翻倍。一般一家一年可做200担，以前做出来的福纸都卖给乡供销社。

据造纸户蔡全铭、陈成介绍，60 kg生竹子可造1担纸，按一家一年做200担纸计算，需生竹子12吨，按20世纪80年代生竹子价格3.0元/100 kg计算，所需生竹子成本为360元。此外，100 kg生竹子约需25 kg生石灰，故共需3 000 kg生石灰。按20世纪80年代生石灰价格4.0元/100 kg计算，所需生石灰成本为120元。不计工具损耗等，每年造纸成本约为480元。按1982年福纸价格计算，一年造纸收入为3 200～3 400元，毛利2 720～2 920元。这在当时还是一笔不小的数目。

1997年后，有人在那林生产机制纸。因机制纸产量大、价格便宜，而相对机制纸来说，造手工纸辛苦且效益不高，并且当时工价也提高了，因此没人做手工纸了。江宁方屋2000年左右也不再有人造手工纸了。

六
博白竹纸的
相关民俗与文化事象

6
Folk Customs and Culture of Bamboo Paper in Bobai County

据调查，博白县各地与福纸相关的民俗文化事象有所不同。

（一）
拜鲁班、关公

在博白县存在一个很有意思的文化现象，就是该地手工造纸户供奉的行业神是鲁班、关公，而不是蔡伦。调查时，很多造纸户提到山上的东西都归鲁班管，因此只要上山砍竹、木等，都要拜鲁班；而关公保人和机器的平安，故也要拜。那林镇乐民村于每个月的初二、十六的早上或晚上吃饭前在纸厂拜。在举行仪式之前，要准备好糖、饼干、水果、猪脚、三杯酒、三支香，以及福纸若干。那林镇佑邦村除了时间是初一、十五外，其余均相同。

（二）
拜土地神、去庙里祈福

那林镇乐民村、佑邦村造纸户拜土地神时都要烧三支香，烧若干福纸。乐民村去庙里祈福时，还要放点钱，保佑造纸顺利。

（三）
祭祖

用福纸祭祖是博白普遍的习俗，一般主要集中在过年、清明、端午、农历七月十四、农历八月十五、重阳（或农历十月初十）、冬至这几个节日。过年时，在大年三十、初一、初二、初七、十五的早上或晚上吃饭前要烧福纸。当地中元节为农历七月十四，那时要多买一些黄纸。此外，重阳和农历十月初十，两个节日只过一个。

（四）
拜造纸师傅

那林镇佑邦村还要拜造纸师傅，但无法考证是谁。拜时需要三茶五酒，即三杯茶、五杯酒，还要一块猪肉，并用一个竹筒插三支香，此时一般烧3张纸，也可以多烧一些。

调查组前去松旺镇巨岭下村、山心村调查时，发现两个村都不敬任何神灵。当地造纸户，如巨岭下村时年74岁的王业英、山心村时年56岁的王运宁认为可能是因为这两个村子分别由生产队、学校办纸厂，故不敬神。上述两个造纸厂分别成立于20世纪50年代和70年代，不敬神也应与当时的社会环境有关。

⊙1

（五）
分工合作

以前一个纸厂最起码有三个人，一人碓料，两个人轮流抄纸，称为隔里捞。一天抄纸，一天撕纸。

⊙2

⊙1 调查组成员与松旺镇巨岭下村造纸户王业英（中）等合影
Researchers with papermaker Wang Yeying (middle) in Julingxia Village of Songwang Town

⊙2 调查组成员与松旺镇山心村造纸户王运宁（中）合影
Researchers with papermaker Wang Yunning (middle) in Shanxin Village of Songwang Town

七
博白竹纸的
保护现状与发展思考

7
Preservation and Development of Bamboo Paper in Bobai County

博白竹纸虽然在历史上具有较为重要的作用，但由于受到机制纸的冲击，大约2000年后就不再生产。此后，机制纸厂也由于环保原因被取缔，而有其他地方的机制纸进入博白市场。博白竹纸的用途相对低端，其用途逐渐被机制纸和塑料等材料所取代。在这一现状下，生产性的恢复具有一定的困难，同时也不一定有必要。

从调查来看，博白竹纸与宾阳竹纸应具有一定的联系。

首先，从工艺上看，两者工艺基本一致，尤其是抄纸法都不用纸药。

其次，从术语上看，两者不少术语相近甚至完全一样，尤其是纸竹、纸泥等。

再次，从民俗上看，两者都祭鲁班。松旺镇山心村、巨岭下村不敬任何神灵，应与创办纸厂时的社会环境有关。

最后，从交流上看，至少近几十年来，宾阳与博白民间有较多交流。

可以说，博白竹纸具有较为重要的研究价值，而生产性恢复又不太现实，可考虑采取博物馆式的保护，对博白各地的福纸历史、工艺、民俗等做更全面、更深入的调查和挖掘，并尽可能收集相关工具、纸样，保留下更为丰富的第一手资料。

此外，博白是中国的一个客家大县，博白竹纸工艺及其纸文化也是博白传统文化的一部分。在未来的博白旅游发展规划中，可以考虑将福纸、客家围屋以及其他客家文化等进行展示与宣传。

大红竹纸

Large Red Bamboo Paper
in Bobai County

乐民村大红竹纸透光摄影图
A photo of large red bamboo paper in Lemin
Village seen through the light

Introduction to Handmade Paper in Guangxi Zhuang Autonomous Region

1 History of Handmade Paper in Guangxi Zhuang Autonomous Region

1.1 Records of Handmade Paper in Lingnan Area Before the Ming Dynasty

The exact time that handmade papermaking practice started in Guangxi Zhuang Autonomous Region was not found by our research team in any specific ancient literature so far. Since Cai Lun, the Shangfangling (official in charge of manufacturing instruments and weapons) during the Eastern Han Dynasty, improved the papermaking technology, the use of paper and papermaking techniques had been gradually popularized. As early as the Three Kingdoms Period, people in the south of the Yangtze River began to use paper mulberry bark to make paper. Lu Ji, from Wu State in the Three Kingdoms Period, recorded in *Annotations on Grass, Trees, Birds, Beasts, Insects and Fishes*: "People from You Prefecture called paper mulberry tree Gu Sang or Chu Sang while people from Jin, Yang, Jiao and Guang Prefectures usually called it Gu, people in Zhong Prefecture called it Chu ... In the case of paper mulberry tree, people in south of the Yangtze River twisted the bark to make cloth, pestled the bark to make paper, which was called mulberry bark paper, being several zhang (an old chinese measure of length equal to 3.58 metres) long, white and bright, fine-textured." Gu means paper mulberry tree. Thus, according to the reliable literature, about 1,800 years ago, people in south of the Yangtze River had mastered the papermaking techniques using paper mulberry bark. The bast paper they made was typically long and enjoyed high quality.

Explicit records in the Tang Dynasty on the processing and producing of bast paper in Guangzhou area can be found. Liu Xun, in the Tang Dynasty, recorded in *Linbiaoluyi* (a book about products and social customs of Lingnan people): "Luo Prefecture abounded in *Aquilaria sinensis*, which had willow-like trunk, white and exuberant flowers, tangerine-like leaves. Its bark can be used to make paper, which was grey with veins, similar to Yuzi paper." Luo Prefecture was located on the border of Guangdong Province and Guangxi Zhuang Autonomous Region, now at the north area of Lianjiang City in Guangdong Province. As early as the Tang Dynasty, local people had used the bark of *Aquilaria sinensis* to make fragrant bark paper. In addition, Duan Gonglu in the late Tang Dynasty mentioned fragrant bark paper in *Beihulu* (a book about social customs of Lingnan people). These records showed that fragrant bark paper produced in Luo Prefecture was famous at that time.

In addition to bast paper, bamboo paper also enjoyed a long history of production in Lingnan area. Su Shi, the famous poet in the Northern Song Dynasty, composed *On Lingnan Bamboo*: "Lingnan folks owe a lot to bamboo. They eat bamboo shoots, live in bamboo-tile houses, ride on bamboo rafts, light the fires and cook with bamboo, wear bamboo bark clothes and bamboo shoes, and write on bamboo paper. Could they really live for one day without bamboo?" Lingnan area was inhabited by the ancient Baiyue people. It was traditionally believed that the area covered the modern provinces of Guangdong, Hainan, and most parts of Guangxi Zhuang Autonomous Region. The expression by Su Shi provides valuable historical data about bamboo paper in Lingnan area during the Northern Song dynasty. Concluded from the writing, the bamboo resources were abundant in Lingnan area at that time. Local people obtained, produced, manufactured and used all kinds of daily necessities with bamboo as raw materials. The bamboo paper mentioned in Su Shi's prose, should have been made by the local bamboo. Due to the vast territory of Lingnan area, it is unlikely that the local bamboo materials were shipped to areas outside Lingnan area and then sold back, after being made into bamboo paper. Moreover, with the development of culture and education in the Northern Song Dynasty, the support and dissemination of papermaking, printing and other techniques are essential. At that time, the bamboo papermaking techniques in Lingnan area should have a considerable foundation and environment. Therefore, we can assume that local people use rich local bamboo resources to make paper.

In general, Guangxi Zhuang Autonomous Region belongs to remote area of Nanjiang before the Ming Dynasty, and lacks the atmosphere of reading and writing. Therefore, handmade paper recordings could hardly be traced then.

Statue of Su Dongpo at Dongpo Academy in Danzhou City of Hainan Province (provided by Wang Min)

1.2 Development of Handmade Paper in Guangxi Zhuang Autonomous Region in the Ming Dynasty

Papermaking practice in Guangxi Zhuang Autonomous Region had already developed in the Ming Dynasty. At least in the Mid-Ming Dynasty in the 16th century, exact records of handmade paper production could be traced in the history of this area, and the quality of handmade paper had enjoyed excellent reputation.

In the 3rd year of Wanli Reign of the Ming Dynasty (1575), Cai Ying'en and Gan Dongyang compiled *The Annals of Taiping Prefecture in Guangxi* and recorded in Volume 2 that "The paper was made by the Jun's family in the west end", i.e Junjia Village in the west of Taiping Prefecture made paper at that time. Taiping Prefecture spanned the modern Jiangzhou District in Chongzuo City of Guangxi Zhuang Autonomous Region. In *The Annals of Nanning Prefecture: Products* published during the Jiajing Reign of the Ming Dynasty (1522-1566), the bamboo paper was listed into the catalogue of local products with lead, tea, bamboo materials and sucrose. In *The Annals of Guangxi: Products* (the edition published during Wanli Reign of the Ming Dynasty) and *The Annals of Guangxi: Foods* in the 22nd year of Kangxi Reign (1683), there were both records describing "Guilin Jingmian paper and Binzhou paper enjoyed good reputation."

Binzhou Prefecture was one of the important places harboring Guangxi handmade paper production in the Ming Dynasty. It is rather remarkable that Binzhou paper produced in Binzhou Prefecture of Guangxi in the Ming Dynasty, had been widely applied in military field, becoming the important material to make paper armour. Records about paper armour were found in the history books as early as the Southern Dynasty. During the Tang and Song Dynasties, paper armour was applied in military warfare in large scale, and used in the battlefield even in the Ming and Qing Dynasties. According to records in *Social Customs of Guangdong* by Xie Zhaozhi (1567-1627) in the Ming Dynasty, Binzhou paper was the important material for the local people to make paper armour. "Originated from Binzhou Prefecture, Binzhou paper was wrapped with used waddings, mixed with rosin, then being pestled for thousand times with hammer, covered with cloth, sewed into armour. Each paper armour costed six or seven qian (an old Chinese measure of weight) silver." Compared with the traditional armour production, the cost of making paper armour was relatively low.

Records about papermaking in Guangxi Zhuang Autonomous Region were easy to find to the end of the Ming Dynasty. Xu Xiake, a travel writer of the Ming dynasty, recorded in *Travel Notes of Xu Xiake: Diary of Travelling in the West of Guangdong*: From June to July in the 11th year of Chongzhen Reign (1638), when Xu Xiake travelled in Guangxi, he recorded the scenes of making handmade paper, purchasing paper, burning paper to worship gods, evaluating the quality of paper and taking paper to make rubbings from inscription on stone tablets for several times. When visiting Tieqi Rock in Rongxian County in the rain, he found a cave, "in the depths of the cave, the local people were making paper, which was rough-textured, and the tools for papermaking were installed along the rocks." Another time he stood on Weigui Mountain in west Shanglin County, exclaiming that "It was really the fairyland." "Dozens of papermaking mills leant on the northern slope of the mountain, scattering in the higher or lower part of the mountain. Looking at this scene, I felt like walking on clouds like a fairy." Dozens of mills took papermaking as a means of livelihood, and gathered together, which looked like a professional papermaking village.

Bronze Statue of Xu Xiake at Huixian Mountain Scenic Spot in Yizhou City of Guangxi Zhuang Autonomous Region

There were records about papermaking activities in various regions in local annals and documents at the beginning of the Qing Dynasty. For example, *The Annals of Guangxi* in the 11th year of Yongzheng Reign of the Qing Dynasty (1733) recorded: "Paper was made by prefectures and counties in Guilin Prefecture." "Gu paper made from paper mulberry. was produced by the village headmen of Tian Prefecture and Tu Prefecture. Straw paper was made by the village headman of Si'en Prefecture." The local annals in the early Qing Dynasty also recorded the papermaking activities in Liu Prefecture, Luocheng, Xing'an and Cenxi areas, etc. Because the events recorded in the local annals in the early Qing Dynasty actually happened in the Ming dynasty or early Qing Dynasty, these documents could reflect the distribution of the papermaking practice in Guangxi Zhuang Autonomous Region in the Ming Dynasty.

The documents above indicated that papermaking practice in Guangxi Zhuang Autonomous Region distributed widely in the Ming Dynasty, ranging from the counties in Guilin Prefecture in the north, to Luocheng City in the west, and the tribal villages in Si'en Prefecture and Taiping Prefecture in the southwest, including Shanglin, Binyang in the middle areas and Cenxi in the southeast, etc, covering all over the modern Guangxi region.

Since paper was liable to decay and hard to be preserved, rare ancient paper was found so far in the humid land of Lingnan area of Guangxi Zhuang Autonomous Region. As for the unearthed official dispatch used as the mountain entrance card of the Tang and Song Dynasties, it was difficult to tell whether the paper was made in Guangxi region. In 1956, a set of papermaking tools used in the Ming Dynasty was discovered in Dayao Mountain in Jinxiu Yao Autonomous County of Guangxi Zhuang Autonomous Region, which was a very precious antique papermaking equipment. The unearthed tool could confirm that at that time handmade papermaking practice had already existed in mountainous areas like Dayao Mountain in Guangxi Zhuang Autonomous Region.

1.3 Development of Handmade Paper in Guangxi Zhuang Autonomous Region in the Qing Dynasty

The existing documents indicated that handmade papermaking practice in Guangxi Zhuang Autonomous Region had presented some unprecedented features in the Qing Dynasty.

Firstly, handmade papermaking sites were distributed more widely than ever before, which became an important local livelihood. Around the 11th year of Yongzheng Reign (1733), "Paper was made by prefectures and counties in Guilin Prefecture." There were records about setting up sheds to make handmade paper or trading for handmade paper in the fairs in the local annals of Rongxian, Lingchuan, Xinning, Beiliu, Lingyun, Xing'an, Si'en, Sicheng, Wuzhou, Tengxian, Zhaoping and Cenxi printed and published in the Qing Dynasty. The papermaking practice played an increasingly important role, especially in the case of famine, when papermaking practice could save people's lives that "When suffering from famine, people could make a living by making paper."

Secondly, the production of handmade paper was scaled up rapidly, and large-sized papermaking clusters emerged in some places. The papermaking practice in Rongxian County had achieved prosperity during Qianlong Reign (1736-1795). Meanwhile, papermaking troughs, sheds and number of papermakers all reached an unprecedented level. Each year, the papermaking mills "usually hired 5 to 6 papermakers and could earn hundreds of silver money. The number of papermaking troughs amounted to over 200 during Qianlong Reign."

Thirdly, the papermaking factories and

papermaking companies run by local government appeared. *The Annals of Guangxi: Products* (Vol. 31) in the 11th year of Yongzheng Reign of the Qing Dynasty (1733) recorded that: "Bamboo paper was produced in Liudong Village. The local government ran the papermaking factories, and the paper made was smooth and fine-textured." The government-dominated papermaking practice lasted all through to the late Qing Dynasty. In the 32nd year of Guangxu Reign (1906), the local government allocated 6,000-liang silver to establish "Xing'an Papermaking Company", which was located in Lan'ganping area of Liudong Village in Huajiang Town of Xing'an County, and Lv Du was appointed the director, and Dai Zhewen the vice director and instructor. It was the early modern papermaking company in Guangxi Zhuang Autonomous Region. This company employed eight managers and thirty-one workers. In their papermaking process, soda was adopted, and bamboo slice, rice straw and *Wikstroemia delavayi* were employed as raw materials. The major equipment included six papermaking troughs, two soda boiling woks, for steaming papermaking materials, and one semi-mechanical pressing machine. The products included Shize paper and Fanghan paper, and the monthly output was 110,000 pieces. However, it was closed down due to the poor quality of products and heavy deficit afterwards.

Records about paper in *The Annals of Rongxian County* during Guangxu Reign

1.4 Development of Handmade Paper in Guangxi Zhuang Autonomous Region During the Republican Era

Literature review showed that during the Republican Era, handmade paper in Guangxi Zhuang Autonomous Region presented some modern characteristics.

Firstly, large-scale papermaking factories had appeared during this period. The Republican Era witnessed the increase of many papermaking sites. Papermaking had been mentioned in prefecture and county annals of Yangshuo, Yibei, Tianhe, Xindu, Guiping, Hexian, Laibin, Long'an, Pingle, Qianjiang, Rongxian, Binyang and Sanjiang, in which specific records about the production, use and trade of handmade paper were mentioned. Since then, large-scale papermaking factories arised in Guangxi Zhuang Autonomous Region. For example, in 1936, "there were more than ten papermaking factories in Yangshuo County, with the amount of paper made by each factory ranging from dozens of dan (an old Chinese measure of weight) to over one hundred dan." Around 1937, "there was a big factory in Guangrong Village of Zhi'an Town in Yibei County, with the price of paper per one hundred jin ranging from three yuan to five yuan."

Secondly, handmade paper featured diverse types and uses, and quite a few paper products were sold to other places. On the one hand, the handmade paper products had many applications, which could be used to make firecrackers, in addition to the regular use for writing, or as sacrificial offerings. For example, "the handmade paper made in Yibei County was produced by soaking bamboo, and added lime in the pulp. After a few months, the bamboo decomposed into paste, which was then hammered to make firecrackers". On the other hand, much handmade paper was sold to other places. Although *The Annals of Yibei County* recorded that: "Industry of our county was inferior to that of other counties, due to adhering to the old rules and no improvement of instruments. The products had poor quality and low value." However, things are different for paper, "it could be sold to other places such as Huaiyuan area." In 1936, "the output of the handmade paper in Yangshuo County was about a thousands dan per year, enough to meet the local demand." Then the handmade paper products began to move out of self-serve model, towards a bigger market. The handmade paper trade was at the startup stage, "few were sold to Pingle, Lipu and Guilin Counties." Around 1920, "Luoxiu paper from Guiping County was exported with large quantities every year."

A noteworthy phenomenon is that the gradual growth of paper products trade impacted the old management model of handmade paper marketing, and brought the reshuffle of papermaking practice in Guangxi Zhuang Autonomous Region. In the field of paper products trade, the oversupply phenomenon had appeared in some places. Around 1934, Hexian County papermaking practice encountered unprecedented crisis: "Recently the local handmade paper didn't sell well, and barely half of 40 papermaking factories in Lisong, Chengjia and Yongqing areas could maintain the business. Papermaking workers had to seek other ways to make a living."

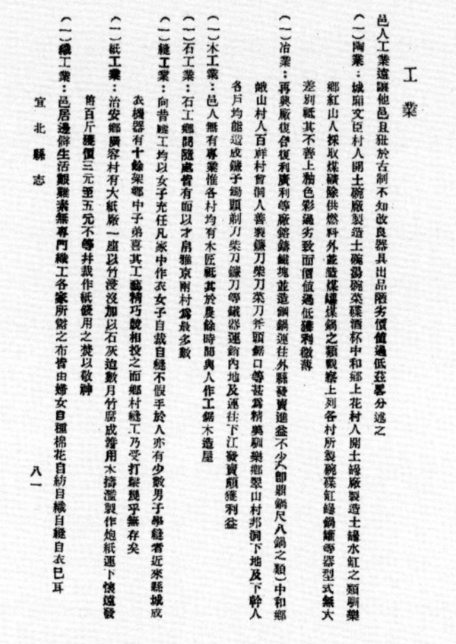

Records of Handmade paper in *The Annals of Yibei County* during the Republican Era

Thirdly, the varieties and types of handmade paper increased rapidly. A lot of new brands of paper arose in papermaking practice in Guangxi Zhuang Autonomous Region during the Republican Era. For example, Sha paper in Gongchuan Town, Luoxiu paper and Bamboo paper in Guihua Town were named after the places of origin: Sha paper in Gongchuan Town was produced in Gongchuan Township of Nama County (now Gongchuan Town of Dahua County), "Luoxiu paper was produced in Luoxiu Township, south of Guiping County", and bamboo paper in Guihua Town was produced in Guihua Town of Zhaoping County (now Wenzhu Town). Biaoxuan Paper and Huomei Paper were named after their applications, "which were used to wrap the sundries and make the scrips". Sha paper, Gu paper, bast paper and bamboo paper were named after the raw materials. Handmade paper was also entitled after the source place of its producing techniques, e.g. Xiang paper. Moreover, there were other appellations of paper, such as Quanliao (the thinnest paper), Fu paper (rough paper) and Luck paper, Tu paper, etc. Diverse handmade paper types reflected the fast change of handmade paper production and marketing in Guangxi Zhuang Autonomous Region, as well as the diversification of products and technical sources during the Republican Era.

Guihua Bamboo paper in Zhaoping County

In the 25th year of the Republican Era, there were detailed records about the local bamboo papermaking practice in *The Annals of Rongxian County*: "The raw material for paper is Nan bamboo, which is 5 to 6 cun in diameter. The bamboo forest was developed from bamboo shoots. Before the bamboo grew old, it was cut into segments, then thrown into lime pit to ferment. After a period, it was taken out and grinded. Then a certain leave was added in the pulp as adhesive. Pour the pulp into a vessel to make paper using papermaking screen. Then, dry the paper in the sun or by the fire. The thinnest paper was called Quanliao, Dong paper for less thin paper, which was used for writing, packing and practicing penmanship. While the thickest paper was called Fu paper, which could be used as cardboard."

Former Site of Gongchuan Sha Paper Processing and Sales Liaison Office in Dahua County

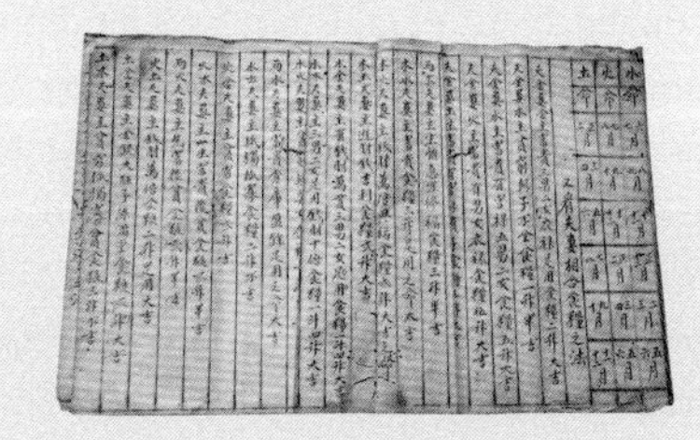

Handwritten copy Using Xiang paper in Lantian Yao Town of Lingchuan county

1.5 Key Time-points of Handmade Paper Development in Guangxi Zhuang Autonomous Region

In the accessible local annals in the Ming Dynasty, there were no records about when the papermaking techniques came into Guangxi Zhuang Autonomous Region and the source of papermaking techniques. From the exact records about the specific origin of bamboo paper production appearing in Guangxi Zhuang Autonomous Region during Jiajing Reign of the Ming Dynasty (1522-1566), to the first explicit record about the introduction of papermaking techniques in local annals of the Qing Dynasty, then till 1940s, in the time duration of about 400 years, there had been some noteworthy time-points of important events.

Jiajing Reign of the Ming Dynasty (1522-1566): Specific records about bamboo paper production appeared in Guangxi Zhuang Autonomous Region.

Wanli Reign of the Ming Dynasty (1572-1620): Guilin Jingmian paper and Binzhou paper enjoyed good reputation.

The 11th year of Chongzhen Reign of the Ming Dynasty (1638): Xu Xiake recorded the papermaking mills in Tieqi Rock in Rongxian County and the papermaking village on Weigui Mountain in western Shanglin County.

Kangxi Reign of the Qing Dynasty (1662-1722): Fujian people came to Rongxian County to set up bamboo papermaking sheds. *The Annals of Wuzhou Prefecture: Products* in the 12th year of Tongzhi Reign (1873) recorded that "Visitors from Fujian and Guangdong areas began to set up sheds in the mountains." *The Annals of Rongxian County* in the 23rd year of Guangxu Reign (1897) accounted in greater detail that "During Kangxi Reign, Fujian people came to Rongxian County to teach the local people how to make Luck paper, and set up papermaking sheds on the mountains. In early spring, the bamboo shoots were chopped and soaked with lime, then fermented in the pool. After several months, being grinded and cleaned, the materials could be used to make paper after drying."

Qianlong Reign of the Qing Dynasty (1736-1795): The local government established papermaking factories to make paper in Liudong Village (now Xing'an County).

Tongzhi Reign of the Qing Dynasty (1862-1875): Fujian people came to Zhaoping County, planting bamboo to make paper. "Bamboo paper was produced in papermaking factories in Guihua, Qinjiang, Foding, Danzhu, Xianhui and Majiang areas. During Tongzhi Reign, a Fujian guy whose family name is Wang migrated to Shangsichong area of Danzhu. Considering the wild field and suitable soil for planting bamboo, he took six branches of bamboo to the county, planting and making bamboo paper, which had lasted for 70 years up to now."

Guangxu Reign of the Qing Dynasty (1875-1909): The Han people moved to the mountain area of the Yao ethnic residence in Lingyun County to establish papermaking factories. Yao Ethnic Group Gradually mastered the papermaking techniques under the guidance of Han people. Initially the Yao people cooperated with the Han people to make paper, then they set up papermaking factories to make paper all by themselves.

The 32nd year of Guangxu Reign of the Qing Dynasty (1906): The local government founded Xing'an Papermaking Company in Liudong Village of Xing'an County once again. However, it was closed due to the poor quality of products and serious deficit.

The 26th year of the Republican Era (1937): The annual output of Sha paper made in Nama County reached over 921,000 jin, approximately 10,200 dan. Most of them were produced in Gongchuan Township, hence called Gongchuan paper. In 1938, the lab of Guangxi Papermaking Industry Institute was established in Gantangdu area of Lingchuan County. There were 53 workers, who produced paper with used books and newspapers. Its annual output was 1,328 ton, and in 1941, it was moved to Longchuanping area of Guilin City.

2 Current Production Status of Handmade Paper in Guangxi Zhuang Autonomous Region

2.1 Promotion of the Handmade Papermaking Industry to the Development of Local Economy and Technology

Guangxi was located in the remote area of China, whose economy fell behind that of regions south of the Yangtze River and Central Plains over a long period of time in history. The economic and technical basis for developing the handmade paper was consequently weak. The Ming Dynasty witnessed economic development of Guangxi, however, the economic and technical development of the region stayed underdeveloped until the Qing Dynasty and the early Republican Era. This situation in some areas had even lasted longer. *The Annals of Qianjiang County* in the 24th year of the Republican Era (1935) recorded: "The locals made no research on industry. For example, the potters could only make bricks and tiles, the carpenters and stonemasons could only make rough desks and chairs, build humble rooms and chisel stone benches, and other workers barely made progress in the field of needlework, oil-pressing, sugar refining or wine-making." *The Annals of Yongning County* in the 26th year of the Republican

Era (1937) wrote: "The industry of our province could find no chance in market, being rough and poor." "In the past, local residents could be virtually self-sufficient. Recently, the import of industrial products at home and abroad surged, which were exquisite with low cost. Consequently, our local handicrafts couldn't compete with the foreign goods in the market."

However, from the mid and late Ming Dynasty to the Republican Era, the gradual development of handmade paper practice shed a significant impact on economy and technology in some parts of Guangxi Zhuang Autonomous Region.

First of all, papermaking practice created new market opportunities for the local upstream and supporting industries, such as lime manufacturing, iron and wood tools manufacturing. Especially with the rapid development of handmade paper production, the demand for lime had experienced a large-scale growth, compared with the previous time. Although our team had observed in the field investigation that, until the contemporary era, most tools for making handmade paper in Guangxi Zhuang Autonomous Region were still self-made, there were some tools unavailable for practitioners, such as the broadsword for cutting the bamboo used by the papermakers in Lingchuan County, and the iron tools to mark the paper. These tools all had to be bought from the market.

Paper Umbrella in Binyang County

Paper Fan in Binyang County

Secondly, papermaking practice brought close-range and low-cost raw material supplies for the development of paper fan, paper umbrella, firecracker and printing industry etc. Since modern times, paper fan and paper umbrella produced in Binyang County could be sold all over Guangxi area as well as Hunan, Yunnan and Guizhou areas etc. Every year, Binyang umbrella-making practice would purchase Sha paper in large quantities as the raw material from Gongchuan Township of Nama County. Sha paper was painted with tung oil or mixture of coagulated pig blood and lime, then made into the umbrella fabric. The development of papermaking practice also hastened the development of other local non-agricultural industries such as printing, and breeding working opportunities for new industries.

The handmade paper practice not only created new means of living for the common people, but also brought new forms of industry. It obviously played a positive role in changing the local pattern of the "farmers engaged in agriculture only, ignorant of any form of business."

2.2 Close Connection Between the Development of Handmade Papermaking Industry and Local Cultural Tradition

During the several hundred years from the mid Ming Dynasty to the late Qing Dynasty, the social culture of Guangxi area developed at a steady pace. The existence and development of papermaking practice enjoyed a more stable and traditional cultural environment than the inland modernized areas.

For hundreds of years, paper had played a very important role in the social lives of all social strata in Guangxi area. People's material life, spiritual life and religious belief had always been associated with paper.

At the end of the Ming Dynasty, Xu Xiake had once witnessed local people burning paper to worship when traveling in Qingxiu Rock of Lingui County. "When I bent myself into the hole, I was surrounded by dense mist caused by burning incense and paper. However, there were no statues of gods, so I had no idea who the local people were worshipping."

In history, paper could be traced not only in the rituals of Guangxi people such as birth, marriage and funeral, but also in their secular and religious activities such as compiling genealogy, making contract and copying scripture. In the 25th year of Republican Era (1936), *The Annals of Laibin County* recorded the following event: When the local people in Laibin County married off a daughter, "the bride's side would make paper or velvet flower as head-pinned flowers." The fruit containers displayed in the wedding, "were made by paper into the shape of peaches, and painted to harden the container." "Sha paper (also named Mian paper)was dyed crimson, and cut into long pieces, 8 or 9 fen (30 centimeters) in width. Then crosscut the paper with serrated blade... Square red paper with side length of some 6 centimeters was used to write four-or-five-character blessings diagonally, each piece of paper with one character, and then attach the small square paper to the long paper."

The significance of papermaking practice on the progress of Guangxi society was reflected on its creating the employment opportunities in papermaking, printing and other related industries, and a group of industrial workers getting monthly salaries emerged. *The Annals of Pingle County* in the 29th year of the Republican Era (1940) recorded that: "Papermakers were paid monthly, ranging from 20 yuan to 40 yuan of Guichao (local money), varied by quality of paper they made. No food was provided by the boss."

Since modern times, handmade paper still had great significance on the development of minority groups. Some ethnic groups in the territory of Guangxi Zhuang Autonomous Region scattered in the mountains, which were teemed with the raw materials for papermaking. These regions had rich plant resources, which were very suitable papermaking raw materials, such as bamboo, paper mulberry tree and various papermaking mucilage plants, providing very favorable conditions for the development of papermaking practice. Developing papermaking practice not only created new means of living, but also promoted the economic and social exchanges between different ethnic groups. From 2008 to 2016, our research team acquired the following information through the 8-year multi-round survey. At the beginning of 21st century, papermaking practice in Guangxi Zhuang Autonomous Region shrank largely. There were less than 20 villages still being engaged in the local production of handmade paper. But fortunately, except for Han people, the traditional handmade papermaking techniques had been well preserved in the Zhuang, Yao and Miao Ethnic Groups.

2.3 Current Distribution of Handmade Papermaking Industry in Guangxi Zhuang Autonomous Region

Our survey in Guangxi Zhuang Autonomous Region began in August 2008, and ended in July 2016, covering 24 papermaking villages in 20 counties (see Table 1.1). During our survey, there were 15 villages of 14 counties (including county-level city) still engaging in production of handmade paper, while 9 villages had ceased papermaking practice.

What needs to be explained is that "Sha Pi" in the table actually is a local name for paper mulberry bark. The papermaking mucilage that we did not see in person or could not determine the specific name are quoted by their local names. The ethnic groups listed in the table are just the major groups in the villages we have investigated, while other groups are also involved in the papermaking practice. In addition, due to the various species of bamboo, a variety of bamboo were used to make paper, so we did not specify the type of bamboo in the table. Papermaking mucilage and ways of drying the paper also take the local common standards when we were doing our survey.

As shown in the Table 1.1, the ethnic groups involved in papermaking practice in Guangxi mainly include Han, Zhuang, Yao and Miao Ethnic Groups. Raw materials contain paper mulberry bark (usually called Sha Pi), *Ficus tinctoria G.Frost*, bamboo, glutinous rice straw and *Eulaliopsis binata*. Ways of beating include hammering by hand, stamping, using foot pestle or hydraulic pestle and machine-beating, etc. The papermaking

Table1.1 Handmade Papermaking information in Guangxi Zhuang Autonomous Region investigated by the project team

Address	Ethnic group	Raw materials	Ways of making pulp	Papermaking mucilage	Ways of making the paper	Ways of drying the paper	Current status
Dongshan Town of Quanzhou County	Yao	Bamboo	Using foot pestle	Chinese gooseberry vine	Employing movable papermaking screen	Drying in the sun	In production
Longji Town of Longsheng County	Zhuang	Bamboo	Stamping	Shen Xian Hua, Yan Bi Bua, Xiao Lan Ye (local plant)	Employing movable papermaking screen	Drying in the sun	In production
Lantian Town of Lingchuan County	Yao	Bamboo	Machine-beating	Gao Yao tree leaves etc. (local plant)	Employing movable papermaking screen	Drying in the sun	In production
Wantian Town of Lingui District	Yao	Bamboo	Stamping	Shen Xian Gao leaves etc. (local plant)	Employing movable papermaking screen	Drying in the sun	In production
Sitang Town of Lingui District	Han	Straw	Using foot pestle	None	Employing movable papermaking screen	Drying in the sun	Ceased production
Baishou Town of Yongfu County	Yao	Bamboo	Machine-beating	Gao Yao (local plant)	Employing movable papermaking screen	Drying in the sun	In production
Zhongfeng Town of Ziyuan County	Yao	Bamboo	Stamping	Shan Jiang Zi leaves (local plant)	Employing fixed papermaking screen	Drying in the sun	Ceased production

(Continued)

Address	Ethnic group	Raw materials	Ways of making pulp	Papermaking mucilage	Ways of making the paper	Ways of drying the paper	Current status
Hongshui Town of Rongshui County	Yao	Paper mulberry bark, glutinous rice straw	Hammering by hand	*Althaea rosea(Linn.) Cavan, Hibisus mutabilis Linn.*	Employing movable papermaking screen	Drying in the sun	In production
Xiangfen Town of Rongshui County	Miao	Bamboo	Using hydraulic pestle	Gum tree leaves	Employing movable papermaking screen	Drying on the wall	Ceased production
Wenzhu Town of Zhaoping County	Han	Bamboo	Machine-beating	Lai Mu tree leaves (local plant)	Employing movable papermaking screen	Drying on the wall	In production
Anyang Town of Du'an County	Han	*Eulaliopsis binata*	Machine-beating	Elm gum	Employing movable papermaking screen	Drying on the wall	In production
Gaoling Town of Du'an County	Zhuang	Sha Pi (paper mulberry bark)	Machine-beating	Leaf juice of *Broussonetia papyrifera*	Employing movable papermaking screen	Drying in the shadow	In production
Gongchuan Town of Dahua County	Zhuang	Sha Pi (paper mulberry bark)	Machine-beating	Leaf juice of *Broussonetia papyrifera*	Employing movable papermaking screen	Drying on the wall	In production
Tongle Town of Leye County	Han	Bamboo	Using foot pestle	*Keteleeria pubescens*	Employing movable papermaking screen	Drying in the shadow	In production
Luolou Town of Lingyun County	Yao	Bamboo	Using foot pestle	Root of Hibiscus and Ye Mian Hua (Local plant)	Employing movable papermaking screen	Drying in the sun	In production
Tongde Town of Jingxi City	Zhuang	Sha Pi (paper mulberry bark), *Ficus tinctoria G.Forst*	Hammering by hand	Kao Ke (local plant)	Employing movable papermaking screen	Drying in the sun	In production
Jieting Town of Longlin County	Han	Bamboo	Using hydraulic pestle	Cactus, Pi Zi Hua, Ye Mian Hua(local plant)	Employing movable papermaking screen	Drying in the sun	Ceased production
Silong Town of Binyang County	Han	Bamboo	Using hydraulic pestle, stamping	None	Employing movable papermaking screen	Drying in the sun	In production

(Continued)

Address	Ethnic group	Raw materials	Ways of making pulp	Papermaking mucilage	Ways of making the paper	Ways of drying the paper	Current status
Nanwei Town of Long'an County	Zhuang	Sha Pi (paper mulberry bark)	Hammering by hand	Mi Hao (local plant)	Employing movable papermaking screen	Drying in the sun	In production
Nandu Town of Cenxi City	Han	Bamboo	Using hydraulic pestle	None	Employing movable papermaking screen	Drying in the sun	Ceased production
Langshui Town of Rongxian County	Han	Bamboo	Using hydraulic pestle	Leaves of *Ficus* (not used when the raw material is old bamboo)	Employing movable papermaking screen	Drying in the sun	Ceased production
Shiwo Town of Beiliu City	Han	Bamboo	Using hydraulic pestle	None	Employing movable papermaking screen	Drying in the sun	Ceased production
Nalin Town of Bobai County	Han	Bamboo	Using hydraulic pestle	None	Employing movable papermaking screen	Drying in the sun	Ceased production
Songwang Town of Bobai Couty	Han	Bamboo	Using hydraulic pestle	None	Employing movable papermaking screen	Drying in the sun	Ceased production

mucilage used includes Chinese gooseberry vine, Shen Xian Hua, Yan Bi Hua, Xiao Lan Ye, *Althaea rosea (Linn.) Cavan* and *Hibiscus mutabilis (Linn.)*. In other places, the papermakers do not use papermaking mucilage. Ways of making the paper include employing a movable or fixed papermaking screen. Ways of drying the paper include drying on the wall, drying in the shadow or drying in the sun. These features present the diversity of raw materials and techniques of handmade papermaking practice in Guangxi Zhuang Autonomous Region.

Glutinous rice straw for papermaking by the Yao Ethnic Group in Rongshui County

Eulaliopsis binata for papermaking in Du'an Calligraphy and Painting Papermaking Factory

Ficus tinctoria G.Forst

Small paper mulberry tree for papermaking by the Yao Ethnic Group in Rongshui County

Bamboo for papermaking by the Yao Ethnic Group in Lingchuan County

3 Current Preservation and Researches of Handmade Paper in Guangxi Zhuang Autonomous Region

3.1 Preservation status of Handmade Paper Cultural Heritage in Guangxi Zhuang Autonomous Region

Guangxi Zhuang Autonomous Region is among the earliest provincial area starting the protection and inheritance of intangible cultural heritage and handmade paper techniques. On April 1st, 2005, the Standing Committee of the 10th People's

Congress passed *Preservation Regulation of Traditional Folk Culture of Guangxi Zhuang Autonomous Region*. On January 1st, 2006, this ordinance was officially issued and implemented to protect traditional folk production, producing techniques and other traditional skills.

On September 9th 2005, Decisions of Guangxi Zhuang Autonomous Regional People's Government on strengthening the *Protection of Intangible Cultural Heritage* with two attachments "The interim rules of declaring and assessing the representative works of regional intangible cultural heritage" and "The official joint conference rules of protecting regional intangible cultural heritage in Guangxi Zhuang Autonomous Region" was enacted by the local government of Guangxi Zhuang Autonomous Region.

From 2007 to 2014, 5 batches of regional representative intangible cultural heritage programs were elected in Guangxi Zhuang Autonomous Region. Among them, the ones concerning handmade paper are "Gongchuan Sha papermaking techniques" in Dahua Yao Autonomous County (in the first batch, 2007), "Baji papermaking techniques" in Leye County (in the third batch, 2010), "Lingyun Huo papermaking techniques" in Lingyun County (in the fourth batch, 2012), "Long'an paper mulberry papermaking techniques" (in the fifth batch, 2014), and "Dongqiu Tribute papermaking techniques" in Jingxi County (in the fifth batch, 2014). Moreover, programs of origami and paper umbrella producing techniques were listed in the directory of representative regional intangible cultural heritage programs, such as, "Quanzhou folk papercut techniques" in Quanzhou County (in the third batch, 2010), "Binyang oiled paper umbrella techniques" in Binyang County (in the fifth batch, 2014), and "Lipu origami techniques" in Lipu County (in the fifth batch, 2014).

As the supervision department of regional intangible cultural heritage, the Department of Culture of Guangxi Zhuang Autonomous Region has done lots of work on protecting and inheriting handmade paper, some of which can be summarized as follows:

In December 2015, the Department of Culture announced the fourth list of demonstration centres for inheriting, exhibiting and protecting regional representative intangible cultural heritage programs. Baji (a place in Liuwei Village of Baise City) built up the producing and protecting base of regional intangible cultural heritage program "Baji Papermaking Techniques".

Baji papermaking techniques

In 2016, the Department of Culture allocated funds for the protection of local representative intangible cultural heritage, Dongqiu Tribute papermaking skills in Tongde of Jingxi, Baise.

Dongqiu Tribute papermaking techniques

In April 2016, the Department of Culture set up the anti-poverty expert group for Guangxi Intangible Cultural Heritage, responsible for making recommendations to the poor households in the region's poverty-stricken areas, relying on intangible cultural heritage project resources to alleviate poverty. This work covers handmade papermaking techniques.

On April 9 of 2016, Cultural Events on March 3 Festival by the Zhuang Ethnic Group were held in the Anthropology Museum of Guangxi. Activities cover colorful silk balls, Lusheng show which represent typical local features of Guangxi, and also a number of traditional techniques like handmade papermaking, eg. , paper mulberry papermaking techniques in Long'an County held in Nanning in 2005.

Long'an Handmade Paper Show Booth for March 3 Festival of the Zhuang Ethnic Group in Guangxi Zhuang Autonomous Region (provided by Long'an County Cultural Museam)

In May 2016, the Department of Culture issued *Work Program of Intangible Cultural Inheritage Projects of Guangxi, 2016* to enhance the understanding of the artistic and practical values of the traditional handicraft, to guide the local traditional handicraft, to achieve intangible cultural heritage protection and prosperity, to promote local employment and people's income, and to let intangible cultural heritage boost poverty alleviation work. Techniques of handmade paper are also covered in this work.

3.2 Current Overview of Handmade Paper Researches in Guangxi Zhuang Autonomous Region

According to the information that the investigation group has mastered, at present, it is the section of "papermaking techniques " in the book *History of Science and Technology of the Zhuang Ethnic Group* written by Tian Yude that systematically introduces the information about handmade paper in Guangxi Zhuang Autonomous Region, including the introduction and development of the local papermaking techniques, papermaking raw materials, the production process and techniques of Sha paper and bamboo paper. In addition to handmade paper, it also briefly introduced the emergence of machine-made paper in Guangxi and the scientific research and experiments on the mechanization of handmade bamboo paper, etc.*General Situation of Papermaking Industry in Guangxi Region and Development Process of Papermaking Industry in Wuzhou City* written by Gong Jinghua, mainly focuses on machine-made paper. It also introduces the distribution of handmade paper production areas in Guangxi and the production steps of Sha paper when Gong Jinghua came to the production areas for investigation.

Guangxi handmade paper can be divided into bast paper (also known as Sha paper), bamboo paper, and straw paper. And the academia mainly concentrates on the first two categories. The following part respectively introduces the research of Sha paper and bamboo paper in Guangxi Zhuang Autonomous Region, and other relevant researches.

3.2.1 Researches on Sha Paper in Guangxi Zhuang Autonomous Region

The research of Sha paper in Guangxi Zhuang Autonomous Region started from 1920s to 1930s. At that time, the emerging machinery industry in Guangxi region was still at the government-sponsored stage, while the local handicrafts such as homespun and linen, had faded as a result of invasion of capitalist goods. Even if there were survivors, they, using the cheapest labor, could only struggle to survive, to linger in the harsh environment and a very small market. The Sha paper industry "(before the year of 1924 or so) in Du, Long, and Na areas had been prosperous for a while, but in recent years, it has entered into the declining period". In this context, some scholars began a survey of Sha paper in Guangxi Zhuang Autonomous Region, focusing on three places, Du'an, Longshan, and Nama Counties.

A Survey of Sha Paper Industry in Du, Long and Na Counties, published by Office of Construction of Guangxi Provincial Government, is a more detailed investigation report. The paper describes the status of Sha paper industry and analyses the division of labor and living conditions of the papermakers and how merchants selling paper took advantage of them. The paper also introduces the trading methods of raw materials as well as the paper itself. In addition, it describes the papermakers' capital, the cost and tools of making the paper.

A Survey of Sha Paper Industry in Du, Long, and Na Counties in Guangxi by Liu Bingxin, is a precious report about Sha paper industry in 1930s in Guangxi region. The paper introduces the status of the industry in the three counties, the trading of raw material and the paper products, and studies the case that Yang Wei from Binyang planning to establish Maoxinglong Paper Mill in Longshan County. So it is a valuable historical record to understand those papermaking villages in Du, Long, and Na Counties.

Chen Hanliu's *Sha Paper Industry in Nama County,* describes the status of the papermaking industry in Nama County, and analyzes the causes of the sluggish development and proposes a way to improve the situation. At the end of this article, the manufacturing methods are attached, the eleven procedures of the local papermaking practice are listed and the manufacturing methods of glue are also briefly introduced.

A Report of Making Sha Paper in Longshan County by Wang Rulin, makes a detailed introduction to the raw material of the paper and simply depicts the producing methods of paper and glue. In the same year, *Draft of Planning the Establishment of Provincial Paper Factory* describes some issues about the paper, such as its producing methods, origin of the raw materials, and price. The producing method of the paper is divided into seven parts, basically clarifying the process, but not detailed enough. The author focuses on the improvement of the paper.

Handmade Sha Paper by Huo Mingyi, elaborates on the distribution of paper mulberry tree, and the specific procedures of papermaking from lopping to stripping. In this paper, the papermaking process is divided into nine steps. And it also introduces some tools, such as the specifications of the papermaking trough and the glue making methods. It is a rare record and research of the manufacturing process of Sha paper in the late Republican Era. But unfortunately, Huo Mingyi did not give a comprehensive description about the specifications of a full set of tools in producing the paper. So we don't know the specific information of the tools employed at that time.

Test of Making Mulberry Bark Pulp with Alkali was the result of the government's attempt to improve the techniques of papermaking. In this paper, the author introduces the procedure and results of alkaline pulping.

Prior to 1949, the focus of research was on the improvement of Sha paper techniques, while the procedures of papermaking were rarely described in detail, and topics about the cultural significance of Sha paper for the Zhuang Ethnic Group were hardly found.

Wei Chengxing's *The Past and Present of Du'an Sha Paper Industry* is an article with a more systematic and rich content. This paper firstly discusses the origin of Sha paper industry and concludes that the paper can be traced to the Guangxu Reign of the Qing Dynasty. Then it introduces the production and marketing of the old Chinese Sha paper industry before the founding of the People's Republic of China in detail, including the production and its economic status, the production process, the transportation and sale, tax, and use. Finally, the situations of the paper industry during the War of Resistance Against Japan and after liberation are introduced in succession.

Wei Danfang's *A research on Sha Paper by the Zhuang Ethnic Group in Gongchuan Village* takes the method of anthropological fieldwork, and gives a detailed description of history of Sha paper in Gongchuan Village, such as its producing process, techniques, and the production of papermaking mucilage and oven (paper mounting tools). Comparative study of field data is done to show the change of the papermaking techniques in modern times. Through the analysis of its environment and economy, it is found that the papermaking techniques by the Zhuang Ethnic Group is closely related to the environment, and a set of corresponding cultural traditions are derived from the practice.

Wei Danfang's *Inheritage Dilemma and Corres ponding Measures of Traditional Crafts : A Case Study of the Techniques of Sha Paper in Gongchuan Village of Guangxi*, uses the survey methods of observation and questionnaire to carry on the investigation of Sha paper in Gongchuan Village inheritance. It suggests that the lack of cultural recognition, the rigid and monotonous papermaking process, and the lack of innovation are the main reasons for the dilemma of Sha paper in Gongchuan Village. And it also proposes innovation of the traditional practice.
Wei Danfang carried out comparative research on the Sha paper by the Zhuang Ethnic Group in Gongchuan Village of Guangxi in the book *A Comparative Study of Crafts of the Zhuang Ethnic Group in Making Sha Paper in Gongchuan Village of Guangxi,* and *Research on Sci-technology Anthropology of Sha Paper by the Zhuang Ethnic Group in Gongchuan Village of Guangxi,* and investigates the paper from the perspective of anthropology of science and techniques.

Wei Danfang Communicating with a papermaker in Gongchuan Village of Dahua County

In the book *Traditional Crafts from the Perspective of Anthropology* jointly written by Wang Fubin, Wei Danfang and Meng Zhenxing, the authors elaborate on the effects of the paper as traditional craft on local economy based on the information that Wei has collected in the earlier years when she carried out research on handmade paper. The book also explores into the interpersonal relationship established through Sha paper.

In *Research on Anthropology of Papermaking Techniques in Gongchuan Village of Guangxi* co-authored by Wei Danfang and Zhao Xiaojun, they made elaboration on the definition and features of anthropology of science and technology, through a case study of the fieldwork they carried out on the Sha paper by the Zhuang Ethnic Group in Gongchuan Village.

In Zhu Xia's *A Research on Handmade Paper and Customs of Zhuang People in Guangxi*, she carries out research on handmade Shapi paper by the Zhuang Ethnic Group in Gongchuan Village of Dahua County in Guangxi from the perspectives of techniques and folk customs, pointing out that the paper contains many features and plays an important role in daily life and customs of local Zhuang people.

Chen Biao made field investigation on the papermaking techniques and status of Sha paper by the Zhuang Ethnic Group in Long'an County. He reveals that paper made by Huang Guojia couple does bring economic benefits, but only due to the fact that they are the only papermakers in the region and the limited supply of paper. Though put on the fifth batch of provincial level intangible cultural heritage protection list, Long'an paper mulberry papermaking techniques are still threatened in terms of inheritance and development.

3.2.2 Researches on Bamboo Paper in Guangxi Zhuang Autonomous Region

In the book *Culture and Papermaking Industry in Beijiang Area* written by Liang Puyun, he explores the origin, development and declining of bamboo paper in Rongshui County. Cao Shiqian mentions in the paper *History of Various Trades in Rongshui County* that people from Hunan Province established simple papermaking mills in Zipei Village to produce bamboo paper during the late Ming and early Qing Dynasties. Meanwhile, he also introduces the papermaking status of several villages in Rongshui County, especially the story that Liang Pingsan engaging in innovation in the early period of the Republican Era, and the success of trial production of Baiyu Paper which is made of straw purchased from Shanghai. He's once awarded the third place of Panama International Tournament, where he got a silver medal with golden edge. These are important data to reveal the history of bamboo paper in Rongshui County.

In the early 21st century, based on previous literature on social history of the Yao Ethnic Group, Deng Wentong puts forward the view that handmade paper in Guangxi Zhuang Autonomous Region is introduced from Han people to the Yao Ethnic Group in the late Qing Dynasty and the early Republican Era based on his fieldwork survey, and describes the techniques and producing process of paper by the Yao Ethnic Group in Lintang Village of Lingyun County; analyzes the causes of the disappearance of papermaking practice in Landianyao region.

In 2004, Liao Guoyi investigates the techniques and procedures of Baji ancient papermaking methods, as well as Baji handmade paper and local folk customs. Later he proposes that making paper with Baji ancient methods has important historical value and tourism promise, but should firstly advocate its protection and tourism planning. In terms of tourism, it can be jointly developed with world famous natural landscape – Dashiwei Sinkhole.

Dashiwei Sinkhole in Leye County

Wang Zongpei concisely introduces the history, raw material, techniques, application and sale of bamboo paper in Zhaoping County in the book *Zhaoping Bamboo Paper*. In *A Brief History of Mao Bamboo and Nan Bamboo in Wenzhu Town*, he explores the history of bamboo planting and bamboo papermaking in Wenzhu Village of Zhaoping County.

In two articles written by Qin Zhuyuan in 2011 and 2012 respectively, based on the field investigation, he states the traditional handicraft of papermaking through analysis and comparison between historical and present situation of papermaking handicraft by the Zhuang Ethnic Group in Mahai Village of Longsheng County in Guangxi Zhuang Autonomous Region; analyzes the challenges and puts forward corresponding suggestions for developing the traditional papermaking handicraft by the Zhuang people.

Papermaking by the Zhuang Ethnic Group in Mahai Village of Longsheng County

3.2.3 Other Researches on Handmade Paper in Guangxi Zhuang Autonomous Region

Wei Danfang made a comparative research on three papermaking techniques in Guangxi, in the paper *A Research on the Local Papermaking Techniques by the Zhuang, Han, Yao Ethnic Groups in Guangxi Zhuang Autonomous Region*. It is believed that the minority groups in Guangxi Zhuang Autonomous Region are still employing traditional papermaking tools and methods, which is of important reference value in recovering the Chinese ancient papermaking techniques and studying the development of papermaking crafts.

Bei Weijing expresses views in the paper *A Research of Diverse Papermaking Techniques in Yunnan and Guangxi* that handmade paper techniques, instruments and raw materials that the ethnic groups in Yunnan and Guangxi employed are characterized by diversity, which is the result of different environment, economy and culture.

In *A Review of Handmade Paper Research in Ethnic Areas in Southwest China* by Chen Hongli and Wei Danfang, the authors work on the books and papers on handmade paper in Guangxi, Yunnan, Sichuan, Guizhou and Tibet and explore into the existing problems in the researches, such as the apparent imbalance in handmade investigation, lack of literature research compared to field investigation; striking influence by academic backgrounds of the authors etc.

图目
Figures

章节	图中文名称	图英文名称
第 六 节	资源瑶族竹纸	Section 6 Bamboo Paper by the Yao Ethnic Group in Ziyuan County
	调查组成员与造纸户赵秀全	A researcher and papermakers Zhao Xiuquan
	调查组成员与赵秀全等造纸户	Researchers visiting papermakers Zhao Xiuquan et al
	山姜子的叶子	Leaves of Shan Jiang Zi (raw material of papermaking mucilage)
	舀水	Scooping the papermaking screen
	挑水	Lifting the papermaking screen out of water
	焙纸示意	Showing how to dry the paper on the wall
	理纸示意	Showing how to sort the paper
	一帘两纸的纸帘	Papermaking screen that can make two pieces of paper simultaneously
	一帘一纸的纸帘	Papermaking screen that can only make one piece of paper each time
	纸帘架	Frame for supporting the papermaking screen
	木榨桩	Wooden pressing device
	资源县中峰乡竹林	Bamboo forest in Zhongfeng Town of Ziyuan County

章节	图中文名称	图英文名称
第 七 节	融水瑶族苗族手工纸	Section 7 Handmade Paper by the Yao and Miao Ethnic Groups in Rongshui County
	穿盛装的苗族姑娘（容志毅　提供）	Girls wearing the Miao ethnic dresses (provided by Rong zhiyi)
	融水苗族芦笙坡	Lushengpo Festival of the Miao Ethnic Group in Rongshui County
	香粉乡入口	Entrance to Xiangfen Town
	香粉乡一景	View of Xiangfen Town
	红水乡良双村苗寨风景（贾世朝　提供）	Landscape of Miao ethnic residence in Liangshuang Village of Hongshui Town (provided by Jia Shizhao)
	红水乡良双村大保屯苗寨一景	View of Miao ethnic residence in Dabaotun of Liangshuang Village in Hongshui Town
	融水苗族系列坡会宣传栏	Billboard showing the Miao ethnic festivals in Rongshui County
	调查组成员与潘正龙（左一）、贾文勋（右二）、荣成富（右一）合影	A researcher with papermakers Pan Zhenglong (first one from left), Jia Wenxun (second one from the right), Rong Chengfu (first one from right)
	赵娣节家合影	A photo of Zhao Dijie's family
	"藤麻"——小构树	Paper mulberry tree (papermaking raw materials)
	大叶子纸药——木芙蓉	Raw materials of papermaking mucilage (leaves of *Hibiscus mutabilis linn.*)
	小叶子纸药——蜀葵	Raw materials of papermaking mucilage (leaves of *Althaea rosea (Linn.) Cavan.*)
	剪	Reaping the millet
	捆	Binding the millet
	晒	Drying the millet
	踩	Stamping the millet
	剁	Cutting the papermaking materials
	加石灰	Adding in limewater
	加水	Adding in water
	加火灰	Adding in plant ash
	煮	Boiling the papermaking materials
	钳纸料	Picking out the papermaking materials
	洗	Cleaning the papermaking materials
	拧干的纸料	Papermaking materials after squeezing
	打	Beating the papermaking materials
	搓	Rubbing the papermaking materials
	滤	Filtrating the papermaking mucilage
	搅	Stirring the materials and mucilage together
	拧	Stirring the papermaking materials and picking out the residues
	泼	Pouring water onto the papermaking screen
	浇头次	Pouring water for the first time
	浇二次	Pouring water for the second time
	留	Waiting for a few minutes untill the extra water drain away
	晒	Drying the paper
	烤	Drying the paper by fire
	剥	Peeling the paper down
	折	Folding the paper
	禾剪	Scissors for reaping the millet
	纸帘、纸帘架	Papermaking screen and its supporting frame
	木棰、石板	Wooden mallet and stone board
	古都村竹纸纤维形态图（10×）	Fibers of bamboo paper in Gudu village (10× objective)
	古都村竹纸纤维形态图（20×）	Fibers of bamboo paper in Gudu village (20× objective)
	雨帽	Rain hat
	用融水瑶族"麻纸"写的经书	Scriptures written on Ma paper by the Yao Ethnic Group in Rongshui County
	良双村草纸透光摄影图	A photo of straw paper in Liangshuang Village seen through the light
	良双村"麻纸"透光摄影图	A photo of Ma paper in Liangshuang Village seen through the light
	古都村竹纸透光摄影图	A photo of bamboo paper in Gudu Village seen through the light

章节	图中文名称	图英文名称
第 八 节	昭平竹纸	Section 8 Bamboo Paper in Zhaoping County
	昭平黄姚古镇带龙桥	Dailong Bridge in Huangyao Ancient Town of Zhaoping County
	昭平黄姚古镇石跳桥	Shitiao Bridge in Huangyao Ancient Town of Zhaoping County
	民宅	Local residence
	捞纸师傅李保艺（1932~2012）	Papermaker Li Baoyi (1932~2012)
	造纸户农自兵、刘金兰夫妇	Papermaker Nong Zibing and his wife Liu Jinlan
	茂盛的竹林	Flourishing bamboo forest
	熬制纸药	Boiling the papermaking mucilage
	盛放在纸药桶里的纸药液	Papremaking mucilage in a bucket
	癞木	*Ilex rotunda Thunb*. (raw materials of papermaking mucilage)
	红蕨	*Pteridium* (raw materials of papermaking mucilage)
	调查组成员请造纸户农自兵核实材料	A researcher inquiring the details from papermaker Nong Zibing
	放竹麻	Lopping the bamboo materials
	破竹麻	Lopping the bamboo
	捆竹麻	Binding the bamboo
	解开竹篾	Unleashing the bamboo strips
	撒石灰	Scattering lime powder
	腌竹麻	Soaking the bamboo materials
	洗竹麻	Cleaning the bamboo materials
	灌满水	Filling the pool with water
	放干水	Drain the pool
	腌好的竹麻	Soaked bamboo materials
	碾料	Grinding the papermaking materials
	用拱棰搅拌	Stirring the pulp with a rake
	用捞耙捞粗筋	Picking out the residues with a rake
	用打槽棍把料打匀	Stirring the pulp with a stirring stick
	加癞	Adding the papermaking mucilage into the pulp
	用打槽棍捞细纸筋	Picking out the residues with a stirring stick
	打底	Scooping the papermaking screen for the first time
	盖浪	Scooping the papermaking screen for the second time
	打槽棍搅拌	Stirring the pulp with a stirring stick
	高靠与定位销	Marks for counting the paper
	起帘	Lifting the papermaking screen from wet paper
	压水	Pressing the paper
	用圆竹片刮纸浆	Removing the redundant paper pulp with a round bamboo sliver
	用单刃竹刀刮纸浆	Removing the redundant paper pulp with a bamboo sliver

	煮皮	Boiling the bark
	捞皮	Picking out the boiled bark
	洗皮	Cleaning the boiled bark
	挤胶水	Squezing the papermaking mucilage
	加胶水	Adding in papermaking mucilage
	铺干纱纸	Spreading a piece of dry Sha paper on the papermaking screen
	抄纸	Scooping and lifting the papermaking screen out of water
	盖纸	Turning the papermaking screen upside down on the board
	压榨	Pressing the paper
	去按纸	Removing the top paper
	撕纸	Splitting the paper layers
	揭纸	Peeling the paper down
	纱纸堆	Sha paper pile
	叠纸	Folding the paper
	捆纸	Binding the paper
	打浆机	Beating device
	纸槽	Papermaking trough
	纸帘	Papermaking screen
	洗皮筐	Container for cleaning the bark
	弄池村纱纸纤维形态图（10×）	Fibers of Sha paper in Nongchi Village (10× objective)
	弄池村纱纸纤维形态图（20×）	Fibers of Sha paper in Nongchi Village (20× objective)
	弄池村纱纸透光摄影图	A photo of Sha paper in Nongchi Village seen through the light

章节	图中文名称	图英文名称
第 三 节	大化壮族纱纸	Section 3 Sha Paper by the Zhuang Ethnic Group in Dahua County
	大化县贡川纱纸加工销售联系处旧址	Former site of Gongchuan Sha paper Processing & Sales Liaison Office in Dahua County
	大化奇石	Natural stone in Dahua County
	纱树	Paper mulberry
	白纱皮	White paper mulberry bark for making thinner paper
	卖“构叶”	Selling Gou Ye (local plant for making mucilage)
	泡纱皮	Soaking paper mulberry bark
	煮纱皮	Boiling paper mulberry bark
	煮好的纱皮	Boiled paper mulberry bark
	洗纱皮	Cleaning paper mulberry bark
	漂白纱皮	Soaking white paper mulberry bark
	选纱皮	Picking out the impurities
	碾料	Grinding the papermaking materials
	碾好的料	Ground papermaking materials
	造槽水	Making papermaking solution
	加胶水	Adding in papermaking mucilage
	捞纸	Lifting the papermaking screen out of water
	加木板	Pressing the paper with a wooden board
	加石头压榨	Pressing the paper with stones
	晒纸	Drying the paper in the sun
	揭纸	Peeling the paper down
	数纸	Counting the paper
	切好的纸	Trimmed paper
	蒸锅	Boiling wok
	碾纱池	Container for grinding the materials
	纸帘架	Frame for supporting the papermaking screen
	火炉	Drying oven
	贡川村纱纸纤维形态图（10×）	Fibers of Sha paper in Gongchuan Village (10× objective)
	贡川村纱纸纤维形态图（20×）	Fibers of Sha paper in Gongchuan Village (20× objective)
	零售纱纸	Sha paper for sale
	造纸户家中悬挂的用纱纸书法作品	Calligraphy written on Sha paper hanging in a papermaker's home
	师公展示他用纱纸抄写的经书	The elder showing the scripture he transcribed on Sha paper
	正在制作仪式用纸	Making ritual paper
	纱纸（图中白色的纸）制作用于丧礼的纸	Sha paper (white one) used in sacrificial ceremony
	清明节前制作上坟用纸	Making joss paper before Qingming Festival
	制好的清明用纸	Paper used in Qingming Festival
	村庙	Local shrine
	听爷爷介绍历史	Listening to grandfather's introduction about history
	耳濡目染的传承	Offsprings learning the papermaking technique from what they see and hear
	废弃的纸槽	Abandoned papermaking trough
	贡川村纱纸透光摄影图	A photo of Sha paper in Gongchuan Village seen through the light

章节	图中文名称	图英文名称
第 四 节	乐业竹纸	Section 4 Bamboo Paper in Leye County
	把吉屯造纸作坊外景	Exterior of papermaking mill in Baji Village
	乐业县大石围天坑	Dashiwei Sinkhole in Leye County
	把吉屯晨景	Morning scene of Baji Village
	把吉屯传统木建筑	Traditional wooden building in Baji Village
	张桥祯墓	Tomb of Zhang Qiaozhen (second ancestor who brought papermaking technique to the village)
	张德魁夫妇	Papermaker Zhang Dekui and his wife
	张德魁被评为自治区级非物质文化遗产“把吉造纸技艺”代表性传承人证书	Zhang Dekui was voted as the representative inheritor of Autonomous Regional Intangible Cultural Heritage of Baji Papermaking Technique
	捶、撕“老须杉”根	Hammering and tearing Lao Xu Shan's (a local plant) roots as papermaking mucilage
	滑水	Papermaking mucilage
	把吉屯造纸作坊	Papermaking workshop in Baji Village
	砍麻	Lopping the bamboo materials
	去枝条	Cutting the branches
	断麻	Lopping the bamboo materials
	划麻	Halving the bamboo materials
	捆麻	Binding the bamboo materials
	背麻	Carrying a bundle of bamboo materials
	泡麻	Soaking the bamboo materials
	干烧	Fermenting the bamboo materials
	打料	Beating the papermaking materials
	砍麻	Chopping the bamboo materials
	舂麻	Beating the bamboo materials
	背料	Carrying the papermaking materials
	踩麻	Stamping the bamboo materials
	下料	Putting the papermaking materials in the water
	拱麻	Stirring the bamboo materials
	捞筋	Picking out the residues
	加滑水	Adding in papermaking mucilage
	打槽面	Stirring the paper pulp
	捞纸	Scooping and lifting the papermaking screen out of water
	压纸	Pressing the paper
	去虚边	Removing the deckle edges with hands
	往外拉垛底板	Pulling out the bottom board
	放干纸	Putting on a piece of dry paper
	压纸	Pressing the paper
	刮纸	Scraping the paper edges to squeeze water out
	放榨	Unleashing the pressing device
	扛垛子	Carrying the paper pile

	白饭村竹纸纤维形态图（20×）	Fibers of bamboo paper in Baifan Village (20× objective)
	废弃的机制竹纸厂	Abandoned machine-made bamboo papermaking factory

章节	图中文名称	图英文名称
第 五 节	北流竹纸	Section 5 Bamboo Paper in Beiliu City
	平田村小竹林	Small bamboo forest in Pingtian Village
	北流大容山风景	Landscape of Darong Mountain in Beiliu City
	调查组成员与廖名禄夫妇合影	Researchers with papermaker Liao Minglu and his wife
	搅料示意	Showing how to stir the pulp
	捞纸示意	Showing how to scoop the papermaking screen
	纸帘	Papermaking screen
	纸帘架	Frame for supporting the papermaking screen
	纸帘架组图	Papermaking screen and its supporting frame
	大水池	Big papermaking pool for scooping the papermaking screen
	水池	Papermaking pool for stamping the materials
	平田村竹纸纤维形态图（10×）	Fibers of bamboo paper in Pingtian Village (10× objective)
	平田村竹纸纤维形态图（20×）	Fibers of bamboo paper in Pingtian Village (20× objective)
	机制竹纸厂	Machine-made bamboo papermaking factory
	平田村竹纸透光摄影图	A photo of bamboo paper in Pingtian Village seen through the light

章节	图中文名称	图英文名称
第 六 节	博白竹纸	Section 6 Bamboo Paper in Bobai County
	博白蕹菜	Water spinach in Bobai County
	坐落在王力中学校园的王力教授纪念像	Professor Wang Li's statue located at Wang Li Middle School
	王力故居	Former residence of Wang Li
	朱光故居	Former residence of Zhu Guang
	那林镇乐民村民居	Local residences in Lemin Village of Nalin Town
	松旺镇巨山心村一景	View of Jushanxin Village in Songwang Town
	调查组成员与造纸户蔡全铭（中）、陈成（右）合影	A researcher with papermakers Cai Quanming (middle) and Chen Cheng (right)
	叠纸示意	Showing how to fold the paper
	包纸示意	Showing how to pack the paper
	废弃竹塘	Abandoned papermaking pool
	乐民村竹纸纤维形态图（10×）	Fibers of bamboo paper in Lemin Village (10× objective)
	乐民村竹纸纤维形态图（20×）	Fibers of bamboo paper in Lemin Village (20× objective)
	调查组成员与松旺镇巨岭下村造纸户王业英（中）等合影	Researchers with papermaker Wang Yeying (middle) in Julingxia Village of Songwang Town
	调查组成员与松旺镇山心村造纸户王运宁（中）合影	Researchers with papermaker Wang Yunning (middle) in Shanxin Village of Songwang Town
	乐民村大红竹纸透光摄影图	A photo of large red bamboo paper in Lemin Village seen through the light

表目
Tables

表中英文名称

术语
Terminology

地 理 名 Places

汉语术语 Term in Chinese	英语术语 Term in English
安阳镇	Anyang Town
把吉屯	Baji Village
白饭村	Baifan Village
百色市	Baise City
百寿镇	Baishou Town
北流市	Beiliu City
博白县	Bobai County
岑溪市	Cenxi City
大保屯	Dabao Village
大化瑶族自治县	Dahua Yao Autonomous County
东球村	Dongqiu Village
东山瑶族乡	Dongshan Yao Town
都安瑶族自治县	Du'an Yao Autonomous County
都景屯	Dujing Village
高岭镇	Gaoling Town
贡川村	Gongchuan Village
贡川乡	Gongchuan Town
古斗屯	Gudou Village
古都村	Gudu Village
灌阳县	Guanyang County
桂花乡	Guihua Town
桂林市	Guilin City
和平乡	Heping Town
河池市	Hechi City
贺州市	Hezhou City
红水乡	Hongshui Town
江底乡	Jiangdi Town
江宁镇	Jiangning Town
介廷乡	Jieting Town
径口镇	Jingkou Town
靖西市	Jingxi City
兰田瑶族乡	Lantian Yao Town
浪水镇	Langshui Town
老寨村	Laozhai Village
乐民村	Lemin Village
乐业县	Leye County
冷水涔自然村	Lengshuicen Natural Village
联造村	Lianzao Village
良双村	Liangshuang Village
林排山村民组	Linpaishan Villagers' Group
林塘村	Lintang Village
临桂区	Lingui District
灵川县	Lingchuan County
凌云县	Lingyun County
柳州市	Liuzhou City
六为村	Liuwei Village
龙脊镇	Longji Town
龙胜各族自治县	Longsheng Autonomous County
龙潭镇	Longtan Town
隆安县	Long'an County
隆林各族自治县	Longlin Autonomous County
逻楼镇	Luolou Town
马海村	Mahai Village
那林镇	Nalin Town
南坳村	Nan'ao Village
南渡镇	Nandu Town
南宁市	Nanning City
南圩镇	Nanwei Town
宁潭镇	Ningtan Town
弄池村	Nongchi Village
瓢里乡	Piaoli Town
平水村	Pingshui Village
平田村	Pingtian Village
全州县	Quanzhou County
容县	Rongxian County
融安县	Rong'an County
融水苗族自治县	Rongshui Miao Autonomous County
三江侗族自治县	Sanjiang Dong Autonomous County
上财村民组	Shangcai Villagers' Group
社岭村	Sheling Village
深潭王自然村	Shentanwang Natural Village
石枧坪村	Shijianping Village
石窝镇	Shiwo Town
双合村	Shuanghe Village
水鸣镇	Shuiming Town
四塘镇	Sitang Town
松旺镇	Songwang Town
苏河村	Suhe Village
田心自然村	Tianxin Natural Village
同德乡	Tongde Town
同乐镇	Tongle Town
宛田瑶族乡	Wantian Yao Town
文竹镇	Wenzhu Town

五里桥街	Wuliqiao Street
香粉乡	Xiangfen Town
新隆村	Xinlong Village
兴安县	Xing'an County
岩口行政村	Yankou Administrative Village
永福县	Yongfu County
玉林市	Yulin City
昭平县	Zhaoping County
纸社村	Zhishe Village
中锋乡	Zhongfeng Town
资源县	Ziyuan County
自良镇	Ziliang Town

纸品名 Paper names

汉语术语	英语术语
Term in Chinese	Term in English
白玉纸	Baiyu paper
北流竹纸	Bamboo paper in Beiliu City
表清纸	Biaoqing paper
宾阳竹纸	Bamboo paper in Binyang County
宾州纸	Binzhou paper
博白竹纸	Bamboo paper in Bobai County
草纸	Straw paper
岑溪竹纸	Bamboo paper in Cenxi City
大化壮族纱纸	Sha paper by the Zhuang Ethnic Group in Dahua County
都安书画纸	Calligraphy and painting paper in Du'an County
都安壮族纱纸	Sha paper by the Zhuang Ethnic Group in Du'an County
防寒纸	Fanghan paper
福纸	Fu paper
贡川纸	Gongchuan paper
桂花纸	Guihua paper
桂林镜面纸	Guilin Jingmian paper
穀 纸	Gu paper
禾夹纸	Hejia paper
虎皮纸	Hupi paper
火纸	Huo paper
靖西壮族皮纸	Bast paper by the Zhuang Ethnic Group in Jingxi City
乐业竹纸	Bamboo paper in Leye County
临桂手工纸	Handmade paper in Lingui District
灵川瑶族竹纸	Bamboo paper by the Yao Ethnic Group in Lingchuan County
凌云竹纸	Bamboo paper in Lingyun County
龙胜壮族竹纸	Bamboo paper by the Zhuang Ethnic Group in Longsheng County
隆安壮族纱纸	Sha paper by the Zhuang Ethnic Group in Long'an County
隆林竹纸	Bamboo paper in Longlin County
皮纸	Mulberry bark paper
全州瑶族竹纸	Bamboo paper in Quanzhou County
容县竹纸	Bamboo paper in Rongxian County
融水手工纸	Handmade paper in Rongshui County
时仄纸	Shize paper
土纸	Tu papper
香皮纸	Fragrant bark paper
湘纸	Xiang paper
宣纸	Xuan paper
永福竹纸	Bamboo paper in Yongfu County
鱼子笺	Yuzi paper
昭平竹纸	Bamboo paper in Zhaoping County
资源瑶族竹纸	Bamboo paper by the Yao Ethnic Group in Ziyuan County

原料与相关植物名 Raw materials and plants

汉语术语	英语术语
Term in Chinese	Term in English
“蓖榭”（斜叶榕）	*Ficus tinctoria G. Forster*
膏药树	Gaoyao tree
构叶	*Broussonetia papyrifera*
构树	Paper mulberry tree
胶木（榕胆树）	Ficus
胶树	Gum tree
“栲剋”	Kao ke
癞木叶	Lai Mu tree leaves
老须杉	*Keteleeria pubescens*
龙须草	*Eulaliopsis binata*
“咪号”	Mi hao
猕猴桃藤	Chinese Gooseberry vine
木芙蓉	*Hibisus mutabilis Linn.*
糯稻草	Glutinous rice straw
山姜子	Shan Jiang Zi
神仙膏	Shen Xian Gao
神仙滑	Shen Xian Hua
蜀葵	*Althaea rosea (Linn.) Cavan.*
天松木根	Root of Hibiscus
仙人掌	Cactus
小蓝叶	Xiao Lan Ye
岩壁滑	Yan Bi Hua
野棉花	Ye Mian Hua
榆木胶	Elm gum
栈香树	Aquilaria sinensis

工艺技术和工艺设备 Techniques and tools

汉语术语	英语术语
Term in Chinese	Term in English
安水槲	Putting two bamboos into the papermaking trough
扳杆	Lever of the pressing device
扳纸头	Rubbing the deckle edges
半圆竹刀	Bamboo sliver
拌浆	Making the paper pulp
背垛	Carrying the paper pile
背麻	Carrying a bundle of bamboo materials
焙笼	Drying wall
焙纸	Drying the paper on the wall
剥	Peeling the paper down
踩	Stamping the millet
踩槽	Trough for stamping the papermaking materials
踩料编	Mat for stamping the materials
踩料示意	Showing how to stamping the papermaking materials

踩麻	Stamping the bamboo materials
踩纸泥	Stamping the papermaking materials
踩竹麻示意	Showing how to stamp the bamboo materials
长竹刀	Long bamboo sliver
抄纸	Scooping the papermaking screen
成框	Frame for supporting the papermaking screen
捶纸	Hammering the paper
搓	Rubbing the papermaking materials
打	Beating the papermaking materials
打槽	Stirring the papermaking materials
打槽棒	Stick for beating the papermaking materials
打槽棍	Stick for beating the papermaking materials
打槽面	Stirring the paper pulp
打浆槽	Beating trough
打浆机	Beating device
打料	Beating the papermaking materials
打纱	Beating the bark
打纱砧板与打纱木	Board for placing the bark and the wooden stick for beating the bark
打商标	Stamping the brand seal on the paper
打纸	Beating the bark
大灶	Stone device for boiling the materials
捣碓	Beating the papermaking materials
叠纸	Folding the paper
断麻	Lopping the bamboo materials
堆垛	Bamboo materials pile covered by straws
剁	Cutting the papermaking materials
放料	Adding the papermaking materials in water
放药	Adding in papermaking mucilage
放榨	Unleashing the pressing device
放竹麻	Lopping the bamboo materials
分垛子	Dividing the paper pile into half
盖印	Stamping the paper with seals
干烧	Fementing the bamboo materials
搁纸板	Stone board for placing the paper
拱槌	Stirring stick with a half round weight in the one end
拱麻	Stirring the bamboo materials
拱耙	Stirring rake
钩刀	Hook knife
刮	Bamboo ruler for measuring the paper
刮边	Trimming the deckle edges
刮麻刀	Knife for stripping the materials
刮麻架	Frame for stripping the materials
刮麻示意	Showing how to strip the bamboo materials
刮水	Swaying away water
刮纸	Scraping the paper edges to squeeze water out
刮纸边	Scraping the deckle edges
刮竹皮示意	Showing how to strip the bamboo bark
禾剪	Scissors for reaping the millet
厚木板与薄木板条	Thick wooden board and thin wooden strip
划麻	Halving the bamboo materials
滑缸	Vat for holding the papermaking mucilage
挤滑浆	Squeezing Actinidia chinensis vine as adhesive

加滑	Adding in papermaking mucilage
加滑水	Adding in papermaking mucilage
加獭	Adding the papermaking mucilage into the pulp
加纸药	Adding in papermaking mucilage
夹板和裁刀	Papermaking tools for binding and cutting the paper
剪	Reaping the millet
浇	Pouring pulp
胶水桶	Trough for holding the papermaking mucilage
绞纸	Pressing the paper
搅	Stirring the materials and the mucilage together
搅槽	Stirring the pulp
搅槽木	Stirring stick
搅纸	Stirring the pulp
揭纸	Peeling the paper from the lower right corner
浸泡	Soaking the bamboo materials
锯麻示意	Showing how to lop the bamboo materials
锯竹麻示意	Showing how to lop the bamboo materials with a saw
开纸	Splitting the paper layers
砍麻	Lopping the bamboo materials
扛垛子	Carrying the paper pile
捆麻	Binding the bamboo materials
捆纸	Binding the paper
捆竹麻	Binding the bamboo
獭缸	Papermaking mucilage bucket
捞筋	Picking out the residues
捞筋爪	Rake for pick out residues
捞耙	Rake for picking out the residues
捞纸	Scooping and lifting the papermaking screen out of water
擂纸	Hammering the paper
擂纸槌	Wooden mallet
帘床	Frame for supporting the papermaking screen
帘架	Frame for supporting the papermaking screen
镰刀	Sickle
晾纸	Drying the paper in the shadow
留	Waiting for a few minutes until the extra water drain away
炉	Stone papermaking trough
滤	Filtrating the papermaking materials
麻塘	Pool for soaking the papermaking materials
磨边	Trimming the deckle edges
磨纸锯	Saw sharpener
磨纸石	Stone tools for flattening the paper
抹纸头	Sorting the paper from the bottom up
木槌	Mallet
木架	Wooden frame
木榨	Wooden presser
碾料	Grinding the papermaking materials
碾盘和碾子	Grinding base and stone roller
拧	Stirring the papermaking materials and picking out the residues
沤纱	Fementing the bark
沤竹麻	Soaking the bamboo materials
耙头	Rake for stirring the papermaking materials
泡麻	Soaking the bamboo materials

泡纱皮	Soaking paper mulberry bark
泼	Pouring water onto the papermaking screen
破麻示意	Showing how to lop the bamboo materials
破竹麻	Lopping the bamboo
剖竹麻示意	Showing how to halve the bamboo materials
齐纸	Sorting the paper
起边	Sorting the paper
起角	Peeling a corner of paper with a tweezer
起纸	Peeling the paper corner
切纸	Cutting the paper
切纸头	Trimming the deckle edges
去撕边	Removing the deckle edges with hands
去虚边	Removing the deckle edges with hands
去余边	Removing the deckle edges with hands
去枝条	Cutting the branches
去纸头	Trimming the deckle edges
扫纸	Flattening the paper
扫纸盒和扫纸棍	Tools for screeding paper
晒	Drying the millet
晒纸	Drying the paper in the sun
上垛	Putting the paper on board
收纸	Peeling the paper down
数纸	Counting the paper
刷把	Brush for pasting the paper on the drying wall
水碓	Hydraulic pestle
松榨	Unleashing the pressing device
松纸	Beating the paper to make it easier to peel down
踏竹麻	Stamping the papermaking materials with a foot pestle
贴纸	Pasting the paper on the drying wall
拖	Frame for supporting the papermaking screen
拖纸	Piling the paper with a stick
拖纸片与拖纸棍	Apparatuses for piling the paper
洗	Cleaning the papermaking materials
洗皮	Cleaning the boiled bark
洗皮筐	Container for cleaning the bark
洗纱	Cleaning the bark
洗纱皮	Cleaning paper mulberry bark
洗竹麻	Cleaning the bamboo materials
下“号”	Adding in papermaking mucilage
下料	Adding in the papermaking materials
选纱	Picking the residues
选纱皮	Picking out the impurities
选纸	Picking the paper
削青示意	Showing how to strip the bamboo bark
压垛子	Pressing the paper pile
压料编	Frame for pressing the materials
压水	Pressing the paper
压水帘床	Pressing frame
压榨	Pressing the paper
压纸	Pressing the paper
压纸板	Pressing board
腌竹麻	Soaking the bamboo materials
验纸	Inspecting the paper
杨桃缸	Container for making papermaking mucilage
舀纸	Scooping the papermaking screen
舀纸槽	Papermaking trough
造槽水	Making papermaking solution
榨梁	Device for pressing the paper
榨盘	Wooden pressing device
榨纸	Pressing the paper with a wooden presser
榨纸杆	Press lever
榨竹麻	Pressing the bamboo materials to squeeze water out
折	Folding the paper
折纸	Folding the paper
整叠和包装	Sorting and packing the paper
纸板和纸棍	Board and stick for splitting the paper layers
纸焙	Drying wall
纸编	Frame for placing the paper
纸槽	Papermaking trough
纸成	Papermaking screen
纸杆	Wooden stick for squeezing the paper
纸壶	Pool for soaking the papermaking materials
纸帘	Papermaking screen
纸帘架	Frame for supporting the papermaking screen
纸塘	Papermaking pool
纸头锯	Saw sharpener
竹帘	Papermaking screen
竹篾席	Bamboo mat
竹塘	Papermaking pool
煮	Boiling the papermaking materials
煮皮	Boiling the bark
煮纱	Boiling the bark
煮纱皮	Boiling paper mulberry bark
煮纸	Boiling the bark
煮纸药	Boiling the papermaking mucilage
装纸	Packing the paper
棕刷	Coir brush

历　　史　　文　　化 History and culture

汉语术语	英语术语
Term in Chinese	Term in English
都安书画纸厂	Du'an Calligraphy and Painting Papermaking Factory
过山牒文	Official dispatch used as the moutain entrance card
礼簿	Gift money book
兴安造纸公司	Xing'an Papermaking Company
药书	Medical book
昭平桂花水秀厂	Guihua Shuixiu Factory in Zhaoping County
纸钱	Joss paper
字冢	Epigraph for the words

后 记

《中国手工纸文库·广西卷》的田野调查与编撰工作从2008年夏至2016年夏，已历经8年。其间，深入广西壮族自治区各造纸点的调查采样以及一次又一次的补充调研求证贯穿始终。

关于统稿的工作，由于田野调查和文献梳理基本上都是多位成员协同参与完成，且前后多次的补充修订也并非皆出自一人之手，因而即便有田野调研标准方案和撰稿的标准及样稿，全卷的信息采集方式和表述风格依然存在多样性。针对这一状况，初稿合成后，统稿工作小组一共进行了6轮统稿，从2015年5月到2016年11月，最终形成了完整的书稿。我们深知全书有进一步完善之处，但根据《中国手工纸文库》整体工作的安排，诸多的未尽之义与未尽之力便只能心怀遗憾了！

本卷书稿的完成依靠团队各位成员全心全意的投入与持续不懈的努力，特在后记中对各位同仁的工作做如实的记述。

Epilogue

Field investigation and writing of *Library of Chinese Handmade Paper: Guangxi* started from the summer of 2008 and ended in the summer of 2016. In the eight years, the research members explored into the papermaking sites in Guangxi repeatedly for sample collection, investigation and verification.

Modification of the book was cooperated by many research members, therefore, the writing style and information collection method may vary due to the fact that the fieldwork and literature surveys were undertaken by different groups of researchers, even though investigation rules, writing norms and format we enacted may make amends for the possible deviation. Six rounds of modification efforts from May 2015 to November 2016 have contributed to this version for publication, in accordance with the publication plan, though the version can never claim perfection and we still harbor expectation for further and deeper exploration and modification.

This volume acknowledges the consistent efforts and wholehearted contributions of the following researchers:

一、田野调查与文稿撰写部分

区域	县/区	乡村/厂	纸名(种类)	撰写人	调查人
桂东北地区	全州县	东山瑶族乡石枧坪村	竹纸	陈　彪	陈　彪、黄祖宾
	龙胜县	龙脊镇马海村	竹纸	陈　彪	陈　彪、汪常明
	临桂区	四塘镇岩口村、宛田瑶族乡平水村	手工纸	陈　彪	陈　彪
	灵川县	兰田瑶族乡南坳村	竹纸	李宪奇、陈　彪	李宪奇、陈　彪、汪常明
	永福县	百寿镇双合村、新隆村	竹纸	陈　彪、汪常明	陈　彪、汪常明
	资源县	中峰镇社岭村	竹纸	陈　彪、张义忠	陈　彪、张义忠
	融水县	红水乡良双村、香粉乡古都村	手工纸	陈　彪	陈　彪、黄祖宾
	昭平县	文竹镇纸社村	竹纸	陈　彪、蔡荣华	蔡荣华、陈　彪
桂西北地区	都安县	安阳镇五里桥街	书画纸	陈　彪	陈　彪、张义忠
	都安县	高岭镇弄池村	纱纸	陈　彪、张义忠、陈　兵、	陈　彪、张义忠
	大化县	贡川乡贡川村	纱纸	韦丹芳、陈　彪	韦丹芳、陈　彪、张义忠
	乐业县	同乐镇六为村	竹纸	陈　彪、郑　涛	陈　彪、孟振兴、韦　琦
	凌云县	逻楼镇林塘村	竹纸	陈　彪	陈　彪、孟振兴、韦　琦
	靖西市	同德乡东球村	竹纸	陈　彪	陈　彪、韦　琦
	隆林县	介廷乡老寨村	竹纸	陈　彪	陈　彪、温茂强
桂南地区	宾阳县	思陇镇太新村	竹纸	陈　彪、汪常明、陈敬宇	陈　彪、张义忠、汪常明
	隆安县	南圩镇联造村	纱纸	陈　彪	陈　彪
	岑溪市	南渡镇苏河村	竹纸	陈　彪	陈　彪、郑立峰、刘　著
	容县	浪水乡白饭村	竹纸	陈　彪	陈　彪、郑立峰
	北流市	石窝镇平田村	竹纸	陈　彪	陈　彪、郑立峰、刘　著
	博白县	水鸣镇、江宁镇、松旺镇巨山心村、那林镇乐民村	竹纸	陈　彪	陈　彪、李其宁、王祥春、李小玲

二、纸样测试分析与拍摄部分

实物纸样测试分析：朱　赟、郑久良、刘　伟、赵梦君、王钟玲、陈　彪、汪海港

广西手工纸分布与到达地图绘制：郭延龙、何　瑗

实物纸样透光纤维图制作：朱　赟、刘　伟、何　瑗、叶婷婷、汪竹欣

实物纸样整理：朱　赟、郑久良、刘　伟、尹　航、何　瑗、叶婷婷、程　曦、汪竹欣、种伟彭、郭延龙、陈　彪

三、英文翻译部分

领衔主译：合肥工业大学外国语学院　方媛媛

感谢美国罗格斯大学亚洲语言与文化系教授Richard V. Simmons，以及罗格斯大学Lucas Richards同学对书稿英文版提出的修改建议。合肥工业大学翻译硕士刘婉君和朱丽君参与了本书部分章节的翻译。

四、总序、编撰说明、概述、附录与参考文献部分

总序撰写	汤书昆
编撰说明撰写	汤书昆、陈彪、 李宪奇
概述撰写	李宪奇、李金山、陈彪、韦丹芳 统稿阶段其他参与修订增补相关内容的人员：李金山、祝秀丽、孙陶牛、汪海港
附录	表目：刘伟、廖莹文、孔利君、郭延龙 图目：刘伟、廖莹文、孔利君、郭延龙 术语整理编制：陈彪 后记撰写：陈彪
参考文献	陈彪、李金山、汪海港、汪常明

1. Field Investigation and Writing of the Book

Area	County/District	Village/Factory	Paper type	Author	Investigator
Northeast Area of Guangxi Zhuang Autonomous Region	Quanzhou County	Dongshan Yao Town Shijianping Village	Bamboo paper	Chen Biao	Chen Biao, Huang Zubin
	Longsheng County	Longji Town Mahai Village	Bamboo paper	Chen Biao	Chen Biao, Wang Changming
	Lingui District	Sitang Town Yankou Village, Wantian Yao Town Pingshui Village	Bast paper, Bamboo paper	Chen Biao	Chen Biao
	Lingchuan County	Lantian Yao Town Nan'ao Village	Bamboo paper	Li Xianqi, Chen Biao	Li Xianqi, Chen Biao、Wang Changming
	Yongfu County	Baishou Town Shuanghe Village, Xinlong Village	Bamboo paper	Chen Biao, Wang Changming	Chen Biao, Wang Changming
	Ziyuan County	Zhongfeng Town Sheling Village	Bamboo paper	Chen Biao, Zhang Yizhong	Chen Biao, Zhang Yizhong
	Rongshui County	Hongshui Town Liangshuang Village, Xiangfen Town Gudu Village	Bast paper, Bamboo paper	Chen Biao	Chen Biao, Huang Zubin
	Zhaoping County	Wenzhu Town Zhishe Village	Bamboo paper	Chen Biao, Cai Ronghua	Cai Ronghua, Chen Biao
Northwest Area of Guangxi Zhuang Autonomous Region	Du'an County	Anyang Town Wuliqiao Street	Calligraphy and Painting Paper	Chen Biao	Chen Biao, Zhang Yizhong
	Du'an County	Gaoling Town Nongchi Village	Sha paper	Chen Biao, Zhang Yizhong, Chen Bing	Chen Biao, Zhang Yizhong
	Dahua County	Gongchuan Town Gongchuan Village	Sha paper	Wei Danfang, Chen Biao	Wei Danfang, Chen Biao, Zhang Yizhong
	Leye County	Tongle Town Liuwei Village	Bamboo paper	Chen Biao, Zheng Tao	Chen Biao, Meng Zhenxing, Wei Qi
	Lingyun County	Luolou Town Lintang Village	Bamboo paper	Chen Biao	Chen Biao, Meng Zhenxing, Wei Qi
	Jingxi City	Tongde Town Dongqiu Village	Bamboo paper	Chen Biao	Chen Biao, Wei Qi
	Longlin County	Jieting Town Laozhai Village	Bamboo paper	Chen Biao	Chen Biao, Wen Maoqiang
South Area of Guangxi Zhuang Autonomous Region	Binyang County	Silong Town Taixin Village	Bamboo paper	Chen Biao, Wang Changming, Chen Jingyu	Chen Biao、Zhang Yizhong、Wang Changming
	Long'an County	Nanwei Town Lianzao Village	Sha paper	Chen Biao	Chen Biao
	Cenxi City	Nandu Town Suhe Village	Bamboo paper	Chen Biao	Chen Biao, Zheng Lifeng, Liu Zhu
	Rongxian County	Langshui Town Baifan Village	Bamboo paper	Chen Biao	Chen Biao, Zheng Lifeng
	Beiliu City	Shiwo Town Pingtian Village	Bamboo paper	Chen Biao	Chen Biao, Zheng Lifeng, Liu Zhu
	Bobai County	Shuiming Town, Jiangning Town, Songwang Town Jushanxin Village, Nalin Town Lemin Village	Bamboo paper	Chen Biao	Chen Biao, Li Qining, Wang Xiangchun, Li Xiaoling

2. Technical Analysis and Photographer of the Paper Samples

Sample test analysis was undertaken by Zhu Yun, Zheng Liangjiu, Liu Wei, Zhao Mengjun, Wang Zhongling, Chen Biao, and Wang Haigang

Handmade paper distribution maps and maps of the investigated papermaking sites in Guangxi were drawn by Guo Yanlong and He Yuan

Pictures showing the fiber of paper were made by Zhu Yun, Liu Wei, He Yuan, Ye Tingting and Wang Zhuxin

Paper samples were sorted by Zhu Yun, Zheng Jiuliang, Liu Wei, Yin Hang, He Yuan, Ye Tingting, Cheng Xi, Wang Zhuxin, Zhong Weipeng, Guo Yanlong, Chen Biao

3. Translation

Translation was mainly undertaken by Fang Yuanyuan from the School of Foreign Students, together with her MTI students Liu Wanjun and Zhu Lijun.

We should also thank Richard V. Simmons, professor of Asian Language & Culture at Rutgers, the State University of New Jersey, and his student, Lucas Richards, for their valuable suggestions in modifying the English parts of the book.

4. Preface, Introduction to the Writing Norms, Introduction, Appendices and References

Preface	Tang Shukun
Introduction to the Writing Norms	Tang Shukun, Chen Biao, Li Xianqi
Introduction	Li Xianqi, Li Jinshan, Chen Biao, Wei Danfang Modification efforts were made by Li Jinshan, Zhu Xiuli, Sun Taoniu, Wang Haigang
Appendices	Tables: Liu Wei, Liao Yingwen, Kong Lijun and Guo Yanlong Figures: Liu Wei, Liao Yingwen, Kong Lijun and Guo Yanlong Terminology: Chen Biao Epilogue: Chen Biao
References	Chen Biao, Li Jinshan, Wang Haigang, Wang Changming

在历时一年多的6轮统稿工作中，汤书昆、陈彪、李金山、汪海港、汪常明、李宪奇、祝秀丽作为统稿主持人或重要内容的负责人，对文稿内容和图表的修订增补、统一表述格式及准确性的核实做了大量基础性的工作，这是全卷书稿能够以今天的面貌和质量呈送出版的重要环节。没有统稿组力求完善的不懈努力态度和一丝不苟的执行风格，《中国手工纸文库·广西卷》很难达到目前的出版水准。

对全体参与田野调查、纸样采集提供、撰写稿件与修订统稿的同仁们深深致谢，还向为该项工作提供了专项支持的广西科学技术协会及南宁、桂林、河池、百色等市科协和相关县科协，广西壮族自治区文化厅及桂林、南宁、柳州等市文化局和相关县文化局表示衷心的感谢。此外，在《中国手工纸文库 · 广西卷》调查与成稿过程中，万辅彬、容志毅、廖江、汪小虎、吴又进、杨文定、石勤强、秦霄敏、邓琳、周小华、黄性武、全建蓝、漆春江、黎创、黄锐、覃主元等给予了若干帮助，在此一并予以说明并致谢。

陈　彪

2019年9月于中国科学技术大学

Tang Shukun, Chen Biao, Li Jinshan, Wang Haigang, Wang Changming, Li Xianqi and Zhu Xiuli et al., who were in charge of the writing and modification, all contributed their efforts to the completion of this book. Their meticulous efforts in modifying the writing, arranging the tables and figures, and unifying the norms should be recognized and eulogized in the achievement of the high-quality Guangxi Volume.

We owe thanks to all that have contributed to the field investigation, sample collection, wiring and proofreading, specifically to Guangxi Association for Science and Technology, and Nanning, Guilin, Hechi and Base Associations for Science and Technology, as well as Guangxi Department of Culture and Departments of Culture from Guilin, Nanning, Liuzhou, etc. We also want to show gratitude to Wan Fubin, Rong Zhiyi, Liao Jiang, Wang Xiaohu, Wu Youjin, Yang Wending, Shi Qinqiang, Qin Xiaomin, Denglin, Zhou Xiaohua, Huang Xingwu, Quan Jianlan, Qi Chunjiang, Li Chuang, Huang Rui, Qin Zhuyuan, et al. for their help and sincere gratitude should also go to them all!

Chen Biao
University of Science and Technology of China
September 2019

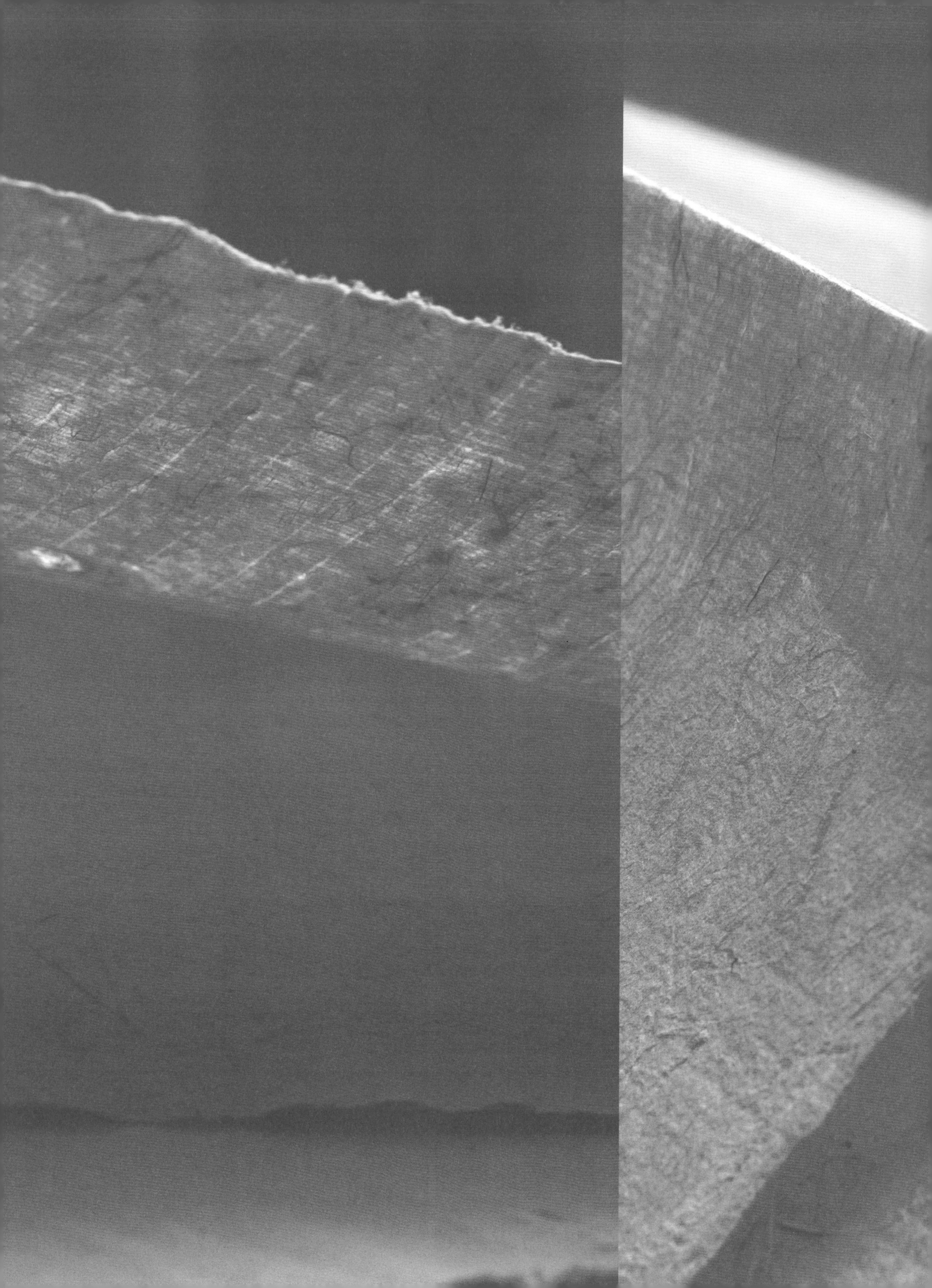

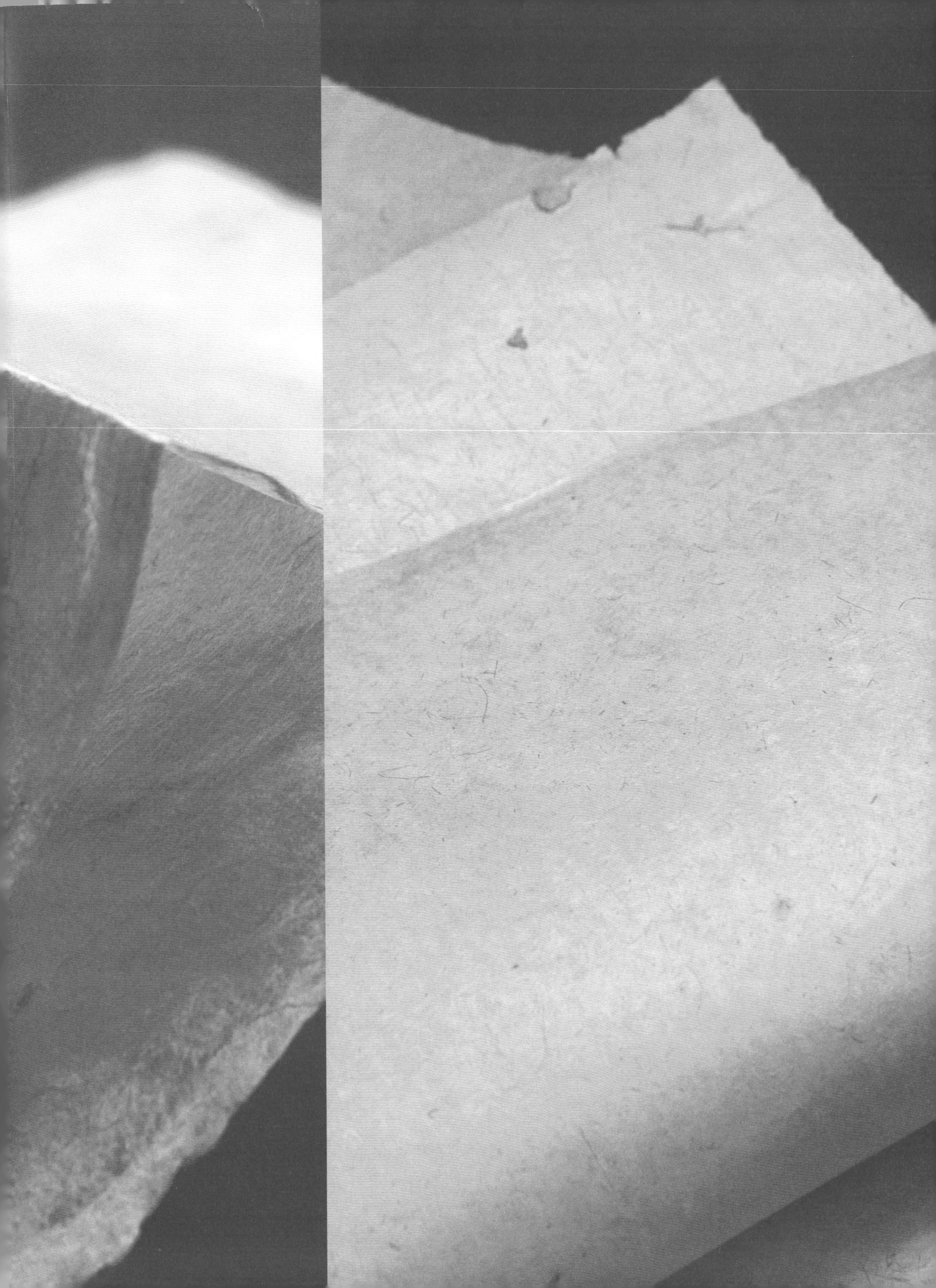